精讲数据结构

Java语言实现

塔　拉　◎ 编著

清華大学出版社
北京

内 容 简 介

本书按照循序渐进的顺序讲解了多种常见数据结构的相关定义、实现方式及应用场景，并通过提供配套代码、研读 Java 源码的方式，让读者能够通过体会代码实现细节的方式加深对各种常见数据结构从理论定义到实践落地过程的理解。本书除了阐述各种常见数据结构的基本定义外，还引申地讲解了常见数据结构内部隐含的特点，使读者能够更加全面地了解各种常见数据结构的特征和优缺点。

本书共 9 章。第 1 章讲解数据结构时间、空间效能的评判标准。第 2 章讲解数组和链表及其引申结构。第 3 章讲解栈和队列两种基于数组和链表的逻辑结构。第 4 章讲解常见的递归、排序算法。第 5 章讲解字符串结构及字符串匹配算法。第 6 章讲解多种常见树结构及相关算法。第 7 章讲解堆结构。第 8 章讲解散列表结构。第 9 章讲解图结构及其常见算法。

本书适合具有一定 Java 语言基础的高校学生作为学习数据结构、研究其实现原理的参考书籍，也对具有一定工作经验、需要对不同数据结构之间的差异性、内在特征进行研究的人群有一定参考价值。

图书在版编目（CIP）数据

精讲数据结构：Java 语言实现 / 塔拉编著. -- 北京：清华大学出版社，2025.1.
（计算机技术开发与应用丛书）. -- ISBN 978-7-302-67906-6
Ⅰ. TP312.8
中国国家版本馆 CIP 数据核字第 2025SA3868 号

责任编辑：赵佳霓
封面设计：吴　刚
责任校对：时翠兰
责任印制：刘海龙

出版发行：清华大学出版社
网　　址：https://www.tup.com.cn，https://www.wqxuetang.com
地　　址：北京清华大学学研大厦 A 座　　**邮　　编**：100084
社 总 机：010-83470000　　**邮　　购**：010-62786544
投稿与读者服务：010-62776969，c-service@tup.tsinghua.edu.cn
质量反馈：010-62772015，zhiliang@tup.tsinghua.edu.cn
课件下载：https://www.tup.com.cn，010-83470236
印 装 者：三河市东方印刷有限公司
经　　销：全国新华书店
开　　本：186mm×240mm　　**印　　张**：31.5　　**字　　数**：708 千字
版　　次：2025 年 3 月第 1 版　　**印　　次**：2025 年 3 月第 1 次印刷
印　　数：1～1500
定　　价：129.00 元

产品编号：099430-01

前言
PREFACE

当今的世界上有数十亿甚至上百亿的电子设备正在运行，这其中包括了手机、计算机、平板电脑、游戏设备、智能家居、智能穿戴设备及自动驾驶汽车等电子产品。可以毫不夸张地说，有电子产品的地方就一定有编程语言；有编程语言的地方就一定有数据结构。因此，数据结构的相关知识已经成为IT行业从业者或者准从业者必不可少的专业技能之一。

数据结构是一门用来研究如何在计算机内存中高效组织、存储和管理数据的学科，数据结构提供了一种抽象的方式来描述数据的逻辑关系和操作方式。数据结构涉及各种不同的结构类型，例如数组、链表、栈、队列、树、图等。每种数据结构都有其独特的特点和适用场景。通过选择合适的数据结构可以有效地组织和操作数据，提高程序的效率和性能。

同时数据结构还是算法分析与设计的前置知识。例如在对一组数据执行排序、查找等算法之前，首先需要通过数据结构的相关知识，实现对这些数据进行规律性存储等，而类似的案例在算法的实际开发场景中比比皆是。由此可见，数据结构和算法关联密切，一个高效的算法往往需要建立在合适的数据结构基础之上。了解数据结构的特点和性能能够帮助算法工程师设计出更加高效和可扩展的算法。

学习数据结构的重要性

学习数据结构的重要性体现在许多方面。

第一，在国内高等教育的计算机相关专业课程体系当中，数据结构及其课程设计通常被设置为专业必修课程。这其中，课程理论部分会为学生讲解常见数据结构的基本原理、使用场景及操作方式等内容，而课程设计部分则要求学生根据已经学习的数据结构理论知识，结合一门编程语言进行具体实现，通过实践的方式加强学生对数据结构相关知识的理解与掌握。以此而言，在国内的计算机高等教育阶段，对数据结构这一学科的重视程度是非常高的。

第二，在国内计算机方向研究生考试的多数初试命题体系中，数据结构占据了较高的分值。此外，一些高校的计算机研究生在复试过程中，还会要求考生对一些数据结构和相关基础算法进行上机实现，以此判断考生是否已经达到进一步研究计算机高级知识的学术水平。由此可见，数据结构在国内计算机方向的研究生考试中同样占据着重要地位。

第三，对于IT行业的从业者或者准从业者来讲，经常会在笔试、面试的环节当中遇到数据结构及相关算法的内容。面试官不仅能通过面试者对于数据结构及相关算法的掌握程度，判断出面试者对计算机相关理论知识的掌握是否充足，而且还能够以此对面试者的逻辑思维能力做出相应的评价，并且在进入开发岗位后，在对一些底层核心业务的实现过程中，同样需要数据结构的相关知识，对代码的运行时间、运行空间进行优化，因此，数据结构在从业就业和实际开发领域同样具有举足轻重的地位。

综合上述诸多方面的因素，不论是计算机相关专业的在校学生，还是已经进入行业的IT从业者都应该重视对数据结构相关知识的掌握，并具备对相关理论知识进行动手实践的能力。

如何学习数据结构

从传统的学术角度来讲，数据结构这一学科对于理论知识的学习要求尤为突出，但是就计算机科学领域整体而言，任何一门理论知识存在的目的及最终价值都能够通过编程语言进行落地实现，并以此解决一些在实际开发过程中遇到的问题。因此，如果想要全面、扎实地掌握数据结构这一学科的相关内容，则至少应该做到如下两点。

第一，有顺序、成体系地学习数据结构的理论知识。在数据结构的知识体系中，很多知识点之间存在逻辑上的先后学习顺序。例如在学习常见的查找算法和排序算法之前，应该首先掌握数据批量存储结构的相关知识；在对树结构的相关知识进行研究之前，则至少应该了解链式存储结构的相关内容等。除此之外，数据结构本身又是一门体系性极强的学科，其中一些理论知识是对其他理论知识的优化与补充，因此在对数据结构的学习过程中决不能断章取义、以点带面，必须在对一个问题所涉及的相关知识进行全面理解与掌握后才能对其进行整体层面上的审视与分析。因此，本书对知识点的讲解顺序进行了一定的编排，力求能使读者循序渐进地对本书的理论内容全面地进行了解。

第二，通过理论与实践相结合的方式对数据结构的相关知识进行学习。前面提到在计算机领域当中，任何一门理论知识存在的最终价值都需要通过代码落地、解决实际问题的方式进行体现，数据结构也不例外。通过程序语言对具体的数据结构及相关算法进行实现不仅对理论知识的理解与掌握大有裨益，而且这一过程还能有效地提升实现者的逻辑思维能力。为了方便广大读者进行讨论与研究，本书以目前主流编程语言中的Java语言为基础对本书所讨论的绝大部分数据结构及相关算法进行了实现。需要注意的是，虽然本书提供了相关的配套代码，但是因为笔者水平的局限，配套代码仅用于简单的效果展示与流程说明。如果需要将示例代码的内容用于实际生产场景，则需读者根据具体的业务逻辑要求自行更改。

资源下载提示

源码等资源：扫描目录上方的二维码下载。

致谢

值此本书出版之际，请允许我谨以本书作者的身份对所有帮助我、支持我的团体及个人致以诚挚的谢意。

首先我要向刘学愚老师表达谢意。如果没有刘老师的深刻启发与谆谆教诲，我也不会想到要将这些知识总结整理成文字，也就更不会有本书的问世。

其次还要感谢我所在工作单位的各位领导与同事。本书编写时间较长，是你们在此期间不断支持我、鼓励我，并在我写书期间始终不离不弃，解决了我所有的后顾之忧。

第三还要向我的三位学生邓云飞、李光敏、杨杰(排名不分先后)致以谢意。感谢三位同学在本书校对期间做出的卓越贡献。祝愿你们在未来的 IT 从业之路上不断精进、大展宏图。

最后还要向本书的所有读者致以谢意，感谢各位读者对本书的鼓励与支持。

因本人水平有限，书中难免存在不妥之处，还请各位读者见谅并提出宝贵意见。

塔　拉

2024 年 11 月

于哈尔滨

目录

CONTENTS

本书源码

第1章 绪论……1

1.1 时间复杂度……1

1.2 空间复杂度……2

第2章 数组与链表……3

2.1 数组结构……4

2.1.1 数组的创建与基本操作……4

2.1.2 数组内存特性分析……7

2.1.3 内存中的多维数组……13

2.2 链表结构……17

2.2.1 基本概念普及……17

2.2.2 链表内存特性分析……19

2.2.3 链表衍生结构……27

第3章 栈和队列……54

3.1 栈结构……55

3.1.1 栈结构概述……55

3.1.2 栈结构的实现……55

3.1.3 栈结构的应用场景……56

3.2 队列结构……63

3.2.1 队列结构概述……63

3.2.2 队列结构的实现……64

3.2.3 队列结构的应用场景……65

3.2.4 队列结构的衍生……68

第4章 递归、查找与排序 …… 73

4.1 递归 …… 73
4.1.1 简单的递归案例 …… 74
4.1.2 递归结构基础 …… 75
4.1.3 递归结构进阶 …… 78
4.2 查找 …… 79
4.2.1 二分查找 …… 79
4.2.2 插值查找 …… 84
4.2.3 斐波那契查找 …… 89
4.3 排序 …… 96
4.3.1 排序算法的稳定性 …… 96
4.3.2 冒泡排序 …… 97
4.3.3 选择排序 …… 101
4.3.4 插入排序 …… 105
4.3.5 希尔排序 …… 110
4.3.6 归并排序 …… 115
4.3.7 快速排序 …… 123
4.3.8 堆排序 …… 131
4.3.9 计数排序 …… 141
4.3.10 桶排序 …… 147

第5章 字符串 …… 152

5.1 基本概念与实现 …… 152
5.1.1 字符串的基本概念 …… 152
5.1.2 Java 中的 String 类 …… 153
5.2 字符串匹配算法 …… 156
5.2.1 通用定义 …… 156
5.2.2 BF 算法 …… 156
5.2.3 RK 算法 …… 161
5.2.4 KMP 算法 …… 168
5.2.5 BM 算法 …… 183
5.2.6 Sunday 算法 …… 196

第6章 树结构 …… 203

6.1 树结构基础 …… 204

6.1.1 树的基础概念 …… 204
6.1.2 树的遍历操作 …… 206
6.2 二叉树 …… 216
6.2.1 二叉树的定义 …… 216
6.2.2 二叉树的基本性质 …… 217
6.2.3 满二叉树和完全二叉树 …… 217
6.2.4 二叉树的遍历操作 …… 219
6.2.5 通过深度优先遍历序列构建二叉树 …… 230
6.2.6 树、森林与二叉树的转换 …… 238
6.3 哈夫曼树与哈夫曼编码译码器 …… 248
6.3.1 哈夫曼树的构建 …… 248
6.3.2 获取明文字符的哈夫曼编码 …… 249
6.3.3 文本编码与译码 …… 250
6.4 线索二叉树与 Morris 遍历 …… 250
6.4.1 线索二叉树的节点定义方式 …… 251
6.4.2 二叉树的线索化 …… 251
6.4.3 线索二叉树的遍历 …… 261
6.4.4 二叉树的 Morris 遍历 …… 274
6.5 二叉排序树 …… 286
6.5.1 二叉排序树的结构特点 …… 286
6.5.2 二叉排序树的增删查找 …… 287
6.5.3 二叉排序树退化为单链表的情况 …… 295
6.6 平衡二叉树(AVL 树) …… 296
6.6.1 AVL 树节点的旋转方式 …… 296
6.6.2 节点增删导致不平衡的情况 …… 304
6.6.3 AVL 树与平衡二叉树的对比 …… 307
6.7 2-3-4 树 …… 308
6.7.1 2-3-4 树的结构特点 …… 308
6.7.2 2-3-4 树的增删查找 …… 310
6.8 红黑树 …… 318
6.8.1 红黑树的平衡策略与染色规则 …… 318
6.8.2 2-3-4 树向红黑树的转换 …… 319
6.8.3 红黑树的节点增删与结构调整 …… 323
6.9 B 树与 B+树 …… 338
6.9.1 B 树结构 …… 338
6.9.2 B+树结构 …… 339

6.9.3 B树与B+树在实际应用方面的区别 …… 341
6.10 字典树(Trie树) …… 344
6.10.1 字典树的结构特点 …… 344
6.10.2 字典树的基本功能与实现方式 …… 346
6.10.3 字典树的时间复杂度与空间复杂度 …… 357
6.11 树状数组 …… 358
6.11.1 前置知识：非负整数的lowBit操作 …… 358
6.11.2 树状数组的构建方式 …… 359
6.11.3 树状数组的基本操作 …… 364
6.11.4 差分数组与基本操作 …… 367

第7章 堆结构 …… 378

7.1 堆结构基础 …… 379
7.2 二叉堆 …… 380
7.2.1 二叉堆的存储方式与特性 …… 380
7.2.2 二叉堆的元素添加操作 …… 381
7.2.3 二叉堆的堆顶元素删除操作 …… 383
7.2.4 二叉堆与Top-*K*问题 …… 386
7.3 左式堆与斜堆 …… 387
7.3.1 左式堆 …… 388
7.3.2 斜堆 …… 395
7.4 二项堆 …… 401
7.4.1 二项树结构 …… 401
7.4.2 二项堆的结构特点 …… 404
7.4.3 二项堆的合并操作 …… 405
7.4.4 二项堆的元素添加操作 …… 409
7.4.5 二项堆的堆顶元素删除操作 …… 412

第8章 散列表 …… 416

8.1 散列表的基本概念 …… 417
8.2 散列函数的常见实现方式 …… 420
8.2.1 前置知识：整数的模运算 …… 421
8.2.2 直接定址法 …… 425
8.2.3 除留余数法 …… 425
8.2.4 数字分析法 …… 426
8.2.5 平方取中法 …… 427

8.2.6　折叠法 …… 427
8.2.7　随机数法 …… 428
8.2.8　全域散列法 …… 428
8.3　散列表常见实现方式 …… 429
8.3.1　开放地址法实现散列表 …… 430
8.3.2　链地址法实现散列表 …… 434
8.3.3　完全散列的实现 …… 434
8.4　散列表的平均查找长度 …… 437
8.5　Java 中的散列表 …… 440
8.5.1　Java 中的 hashCode()与 equals()方法 …… 440
8.5.2　HashMap 类与 HashSet 类 …… 443

第 9 章　图结构 …… 448

9.1　图结构基础 …… 449
9.1.1　图的基础概念 …… 449
9.1.2　图的表示方式 …… 453
9.1.3　图的遍历操作 …… 456
9.2　无向带权图的最小生成树问题 …… 461
9.2.1　普里姆算法 …… 462
9.2.2　克鲁斯卡尔算法 …… 465
9.2.3　普里姆算法与克鲁斯卡尔算法的比较 …… 468
9.3　有向带权图的最短路径问题 …… 469
9.3.1　迪杰斯特拉算法求解有向带权图的单源最短路径 …… 469
9.3.2　弗洛伊德算法求解有向带权图的多源最短路径 …… 473
9.4　AOV 网和拓扑排序问题 …… 479
9.5　AOE 网和关键路径问题 …… 484

参考文献 …… 489

第1章 绪论

数据结构及相关算法之间本身并没有优劣之分，只存在适用场景的不同。

为了区分不同数据结构及相关算法的适用场景，需要根据其本身的诸多特点进行分析。在对一种具体的数据结构或者一个具体的算法实现进行分析时有很多标准可以参考，例如正确性、可读性、稳定性、健壮性等，但是在这些标准中最能够直观地体现数据结构及相关算法性能的是时间复杂度与空间复杂度两种标准。

1.1 时间复杂度

时间复杂度是用来衡量针对数据结构的操作或算法在执行过程中所需时间资源的一个度量。它描述的是随着问题规模的增加，算法执行时间的增长趋势。

时间复杂度通常用大写字母 O 表示，操作或算法所涉及的问题规模使用 N 表示。将二者联系起来即可得到形如 $O(N)$ 的时间复杂度表示方式，即在问题规模为 N 的情况下，某一操作或算法所具有的时间复杂度。这种表示方式与数学中的 $f(x)$ 函数表示方式相似，都是用来描述自变量（问题规模）与因变量（时间复杂度）之间对应关系的一种方式。

当讨论时间复杂度时，主要关注的是操作或算法执行的基本运算数量而不是具体的执行时间。时间复杂度之所以不能用来描述精准的算法或操作执行时间，是因为一个操作或算法的具体执行时间除受自身实现方式所决定的基本运算执行数量限制外还受到很多其他因素的影响。例如在针对同一组存储方式相同的数据使用相同的算法进行操作时，还会受到算法实现语言、执行算法的计算机硬件性能，甚至其他一些随机性因素的影响。这就导致操作或算法的具体执行时间几乎是不可能被精准计算的。

在对数据结构操作或者相关算法进行时间复杂度的估算时，首先需要对操作或算法中诸如数据大小比较、交换等基本运算的执行频度与问题规模 N 之间的关系进行统计。不同的操作或算法具有不同的基本运算执行频度统计方式，这些统计方式将在后续章节分别进行讨论。在得到基本运算的执行频度公式后可以按照下列规则将其转换为时间复杂度的表示方式。

规则1：忽略执行频度公式中的常数项，只保留公式中与问题规模 N 相关的项。

规则2：忽略执行频度公式中具有较低幂数的 N 相关项，只保留具有最高幂数的 N 相关项。

规则 3：忽略最高幂数 N 相关项的常数系数，只保留其幂数部分。

规则 4：若公式中只存在常数项，则表示操作或算法的执行时间与规模无关，此时统一使用 $O(1)$进行表示。

下面通过几个具体案例来对上述规则进行具体演示。

【例 1-1】 某算法基本运算执行频度与问题规模 N 之间的关系符合 $4N^2+3N+2$ 的关系，则该算法的时间复杂度为 $O(N^2)$。

【例 1-2】 某算法基本运算执行频度与问题规模 N 之间的关系符合 $2N\log_2 N+5N$ 的关系，则该算法的时间复杂度为 $O(N\log_2 N)$。

【例 1-3】 某算法基本运算执行频度与问题规模 N 之间的关系符合 $2N+3$ 的关系，则该算法的时间复杂度为 $O(N)$。

【例 1-4】 某算法基本运算执行频度与问题规模 N 之间的关系符合 $5+8$ 的关系，则该算法的时间复杂度为 $O(1)$。

时间复杂度可以根据基本操作运算的增长趋势分为几个不同的等级，常见的时间复杂度包括以下几种。

$O(1)$：常数时间复杂度。操作或算法的执行时间固定，不随问题规模的变化而变化。

$O(\log_2 N)$：对数时间复杂度。操作或算法的执行时间随问题规模的增长而稍微增长，但增长速度比线性时间复杂度慢。

$O(N)$：线性时间复杂度。操作或算法的执行时间与问题规模成正比。

$O(N\log_2 N)$：线性对数时间复杂度。算法的执行时间随着问题规模的增加而增加，但增长速度比二次时间复杂度慢。

$O(N^2)$：二次时间复杂度。算法的执行时间随问题规模的增加而显著增加，增长速度较快。

$O(2^N)$：指数时间复杂度。算法的执行时间随问题规模的增加呈指数级增长，增长速度非常快。

上述几种常见时间复杂度之间的关系可以表示为 $O(1)<O(\log N)<O(N)<O(N\log_2 N)<O(N^2)<O(2^N)$。很明显，在处理相同规模的问题时，具有更低时间复杂度的算法执行速度更快。

注意：对数时间复杂度 $O(\log_2 N)$通常还可以简写为 $O(\log_2 N)$。在后续章节中将采用这种简写方式描述对数时间复杂度 $O(\log_2 N)$及类似的以 2 为底的对数操作。

1.2 空间复杂度

空间复杂度是用来衡量针对数据结构的操作或算法在执行过程中所需额外空间资源的一个度量。它描述的是随着问题规模的增加，算法所需额外空间开销的增长趋势。

空间复杂度与时间复杂度相同，都采用形如 $O(N)$的表示方式。此外，操作或算法空间复杂度与基本运算执行频度之间的转换方式也与时间复杂度相同，但是需要注意的是，空间复杂度的计算只考虑操作或算法额外空间的消耗量，不包括用于承载操作数据本身的存储空间。在处理相同规模的问题时，具有更低空间复杂度的算法所消耗的额外空间也就越少。

第2章

数组与链表

数组与链表是数据结构当中最为基本的两种物理结构。数组和链表都属于批量存储的数据结构，都能够实现对多个相关数据进行存储和增、删、改、查操作。

在理论学习过程中，很多习题会以数组或者链表作为数据载体进行提问，还有很多习题甚至直接考查对于数组和链表及其各种变形形式的相关操作，而在实际开发过程中，在各种语言的原生 API 中也会对数组和链表进行封装，得到易于使用的各种不同结构或者类型。例如在 Java 语言的集合类架构当中，就通过对数组的封装得到了 ArrayList 类型，通过对双链表的封装得到了 LinkedList 类型等，因此足以可见数组和链表这两种基本物理结构的重要性。

之所以将数组和链表称为物理结构，是因为在目前主流的编程语言当中，绝大部分语言支持直接定义数组和链表结构，也就是说在这些编程语言当中对数组和链表的操作都是直接与内存进行交互的，而在数组与链表二者之间，数组内部的数据关联性更加贴近底层，一般由编程语言直接进行组织，而链表结构，则需要事先定义出“节点”的相关概念，然后通过对节点之间的内存地址进行引用操作，将多个节点进行关联。例如在 C 语言当中，可以通过结构体定义节点的结构，而在 C++ 或者 Java 等支持面向对象编程的语言当中，则可以使用类来对节点结构进行定义。在对链表节点的定义过程中，又可以根据节点内部数据存储方式的不同及节点之间引用方式的不同，定义出诸如双链表、循环链表、十字链表、跳跃表等一系列链表结构的衍生结构，用以在不同场景下解决相关的问题。

在数组和链表这两种物理结构的基础之上，通过对其中数据增删、查询的顺序进行约定，又可以衍生出两种较为经典的逻辑结构：栈和队列。

本章主要讲解的是数组和链表这两种经典物理数据结构及其衍生结构的原理、实现方式及其应用场景问题。

本章内容的思维导图如图 2-1 所示。

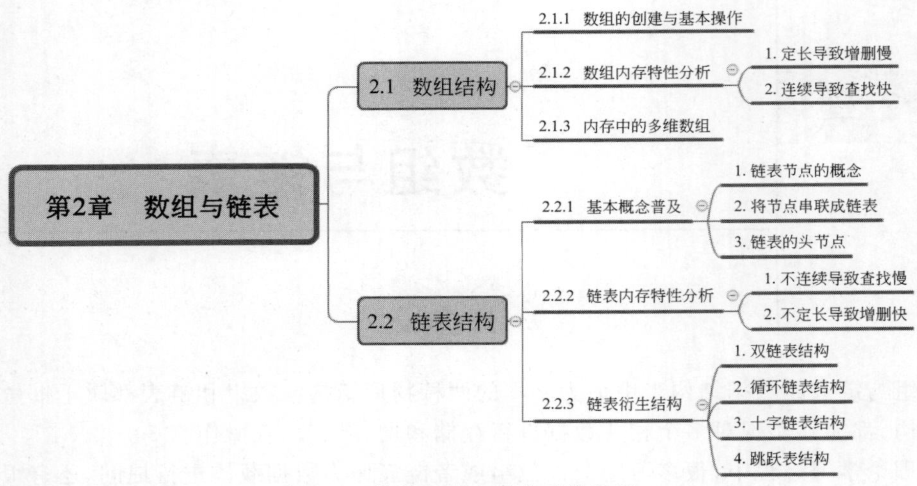

图 2-1 数组与链表章节思维导图

2.1 数组结构

数组结构的定义方式相对比较简单，一般的编程语言当中都支持直接定义数组结构。数组结构的内存特性可以总结为定长且连续，这样的内存特性又会对数组中元素的增删、查找操作的效率产生影响。同时，各种支持数组结构的编程语言一般支持定义多维数组，而多维数组在内存中的存储方式也并非简单地对维度进行扩展。在 2.1 节的数组结构部分将对上述问题进行讲解。

2.1.1 数组的创建与基本操作

在 Java 语言中，创建数组结构的方式一般分为两种：指定数组的长度或者指定数组的内容。

在通过指定长度创建数组的情况下，数组内元素采用默认值进行占位，可以在后续使用数组的时候对取值进行修改，其中以基本数据类型整型（byte、short、int、long）作为元素类型的数组，默认值为 0；以基本数据类型浮点型（double、float）作为元素类型的数组，默认值为 0.0；以基本数据类型字符型（char）作为元素类型的数组，默认值为字符编码 0（Java 语言中 char 类型的默认编码类型为 Unicode）；以基本数据类型真值型（boolean）作为元素类型的数组，默认值为 false；以引用数据类型作为元素类型的数组，默认值为 null。

通过指定长度创建数组，代码如下：

```
/**
 Chapter2_ArrayAndLinkedList
 com.ds.array
```

```
 ArrayCreationAndUsing.java
 数组的创建与使用
  */
public class ArrayCreationAndUsing {

    //通过指定长度创建数组
    public void createArrayByLength() {
        int[] arrayInt = new int[10];                   //默认值:0
        double[] arrayDouble = new double[10];          //默认值:0.0
        char[] arrayChar = new char[10];                //默认值:字符编码 0
        boolean[] arrayBoolean = new boolean[10];       //默认值:false
        Object[] arrayObject = new Object[10];          //默认值:null
    }

}
```

在通过指定内容创建数组的情况下,需要在等号右侧通过{}声明数组中各个元素的取值,元素之间使用逗号进行分隔。此时不需要指定数组的长度,数组的长度由 Java 虚拟机(Java Virtual Machine,JVM)通过花括号中声明元素的数量自动计算得到。

通过指定内容创建数组,代码如下:

```
/**
 Chapter2_ArrayAndLinkedList
 com.ds.array
 ArrayCreationAndUsing.java
 数组的创建与使用
  */
public class ArrayCreationAndUsing {

    //通过指定内容创建数组
    public void createArrayByContent() {
        int[] arrayInt = new int[] {1,2,3,4,5,6,7};
        double[] arrayDouble = new double[] {3.14, 0.618, 1.414, 1.71828};
        char[] arrayChar = new char[] {'A', 'B', 'C', 'D', 'E'};
        boolean[] arrayBoolean = new boolean[] {true, false, true, false};
        String[] arrayString = new String[] {"ABC", "BCD", "CDE", "DEF"};
    }

}
```

在 Java 语言中,同样支持通过简写的方式为数组指定元素。上述代码可以简写为

```
/**
 Chapter2_ArrayAndLinkedList
 com.ds.array
```

```
 ArrayCreationAndUsing.java
 数组的创建与使用
  */
public class ArrayCreationAndUsing {

    //通过简写的方式为数组指定元素
    public void createArrayByContentSimplify() {
        int[] arrayInt = {1,2,3,4,5,6,7};
        double[] arrayDouble =  {3.14, 0.618, 1.414, 1.71828};
        char[] arrayChar = {'A', 'B', 'C', 'D', 'E'};
        boolean[] arrayBoolean = {true, false, true, false};
        String[] arrayString = {"ABC", "BCD", "CDE", "DEF"};
    }

}
```

注意:Java语言不支持在定义数组的时候同时指定数组长度和元素内容,或者同时不指定数组长度和元素内容,即数组的长度和元素内容有且仅有一个被指定。同时,在Java语言中,在等号左侧声明数组元素类型及数组名称的时候,同样支持将代表数组类型的[]放在数组名称之后的写法,如int arrayInt[]。这种写法在早期提供的Java源码当中也是存在的,但是从JDK 1.2版本开始就已经不推荐这种写法了。Java语言更希望使用者将数组元素与[](如int[] arrayInt)连在一起,可理解为数组类型。例如上述案例应该理解为当前名为arrayInt的变量,其类型为以int值作为元素的数组类型。

在定义好一个数组结构后,可以通过数组名称加点访问数组自带length属性的方式得到这个数组的长度。

通过数组名称加点的方式访问数组长度,代码如下:

```
/**
 Chapter2_ArrayAndLinkedList
 com.ds.array
 ArrayCreationAndUsing.java
 数组的创建与使用
  */
public class ArrayCreationAndUsing {

    //通过数组名称加点的方式访问数组长度
    public void visitArrayLength() {
        int[] array1 = new int[] {3,6,1,8,5};
        System.out.println(array1.length);       //5

        int[] array2 = new int[10];
        System.out.println(array2.length);       //10
    }

}
```

在数组中，可以通过数组下标对数组元素进行访问。数组下标取值从 0 开始，最大值为数组长度－1。在 Java 中，如果访问元素的数组下标小于 0 或大于数组长度－1，则会抛出 java.lang.ArrayIndexOutOfBoundsException 异常。

通过元素下标访问数组元素，代码如下：

```
/**
 Chapter2_ArrayAndLinkedList
 com.ds.array
 ArrayCreationAndUsing.java
 数组的创建与使用
 */
public class ArrayCreationAndUsing {

    //通过元素下标访问数组元素
    public void visitArrayElementByIndex() {

        int[] array = new int[] {3,1,6,0,9,7,2,5,8,4};

        System.out.println(array[0]);            //输出 3
        System.out.println(array[1]);            //输出 1
        System.out.println(array[2]);            //输出 6
        System.out.println(array[3]);            //输出 0
        System.out.println(array[4]);            //输出 9

        //通过循环控制变量作为元素下标,遍历数组元素
        for(int i = 0; i < array.length; i++) {
            System.out.println(array[i]);
        }

        //抛出数组下标越界异常
        System.out.println(array[100]);

    }

}
```

2.1.2　数组内存特性分析

数组的内存特性可以总结为定长且连续，其中定长性指的是一个数组一旦被创建，其长度就是一定的，不能进行改变。如果需要修改某一数组引用变量所指向数组的长度，则只能通过重新实例化一个数组对象，并对原始数组中元素进行复制的方式来完成；连续性指的是存在于同一个数组结构中元素之间的内存地址是连续且有规律的。数组结构定长且连续的内存特性，又在其对元素进行增删、查找操作的时候影响这些操作的执行效率。

1. 定长导致增删慢

对于数组元素的增和删两种操作需要分开进行说明。

首先来看向数组中添加元素的操作。

在向数组中添加新元素时，不论是向数组的末尾追加元素，还是在原有元素中间插入新的元素都面临数组已被填满和未被填满两种情况。

假设现在有一个长度为 N 的数组，其中存在 $M(M<N)$ 个元素按顺序存放在数组中，下标取值范围为 $[0,M-1]$。如果现在向指定下标位置 $i(0\leqslant i\leqslant M)$ 上插入一个元素，则情况如图 2-2 所示。

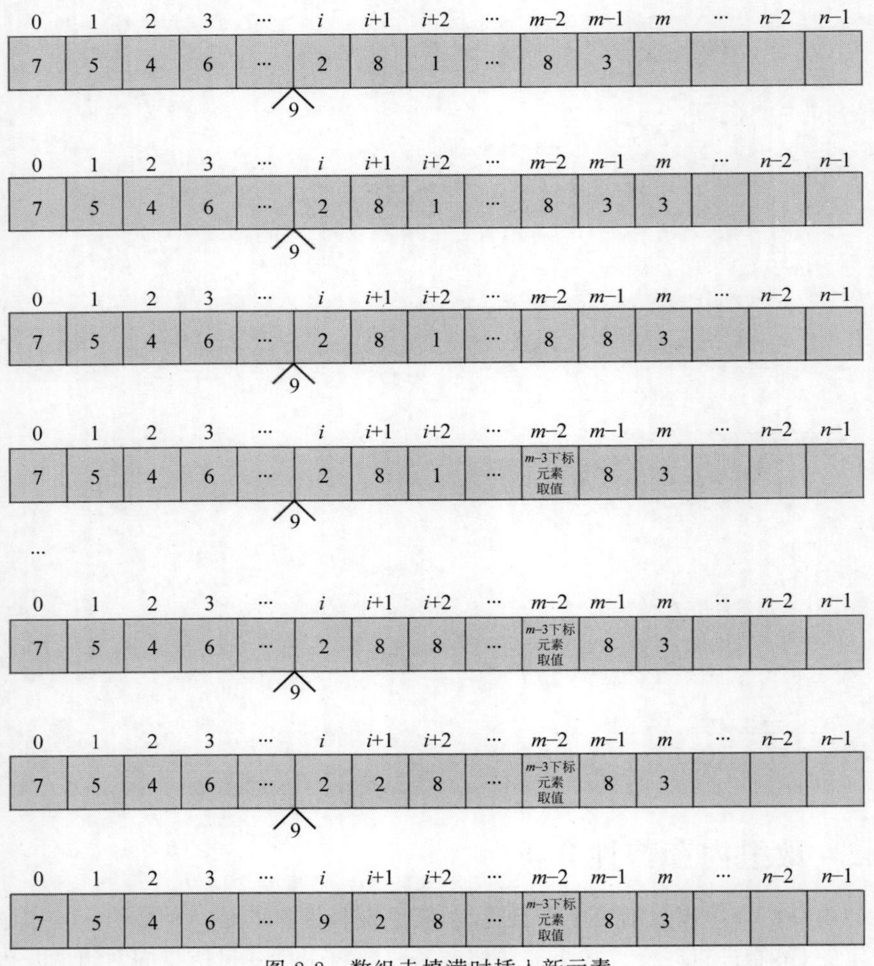

图 2-2 数组未填满时插入新元素

通过图 2-2 可知，当一个数组在没有被填满的情况下，向已有连续元素的中间添加新元素，并不需要创建新的数组，只要将插入位后续的元素向后移动 1 位，将插入位的位置让出来，并使用新元素进行填充即可。

同样假设现有一个长度为 N 的数组，其中所有位置都已经存在元素，即 $M=N$，则不论是在数组的末尾追加元素，还是在数组的中间插入元素都将需要对数组进行扩容操作。所谓扩容操作，即创建一个长度至少为 $N+1$ 的新数组，并将原始数组中的元素全部复制到这个新数组当中来。当扩容完毕后，即可保证新数组能够容纳下追加或者插入的新元素。如果对数组扩容的步骤与插入(追加)元素的步骤进行整合，则可以描述为首先创建长度至少为 $N+1$ 的新数组；其次将原始数组中下标范围为$[0,i-1]$(i 表示元素插入下标)位置上的元素复制到新数组中下标范围为$[0,i-1]$的位置上，然后在新数组下标为 i 的位置上执行新元素的插入操作；插入完成后，将原始数组下标范围为$[i,N-1]$的元素复制到新数组下标$[i+1,N]$的范围内，具体流程如图 2-3 所示。

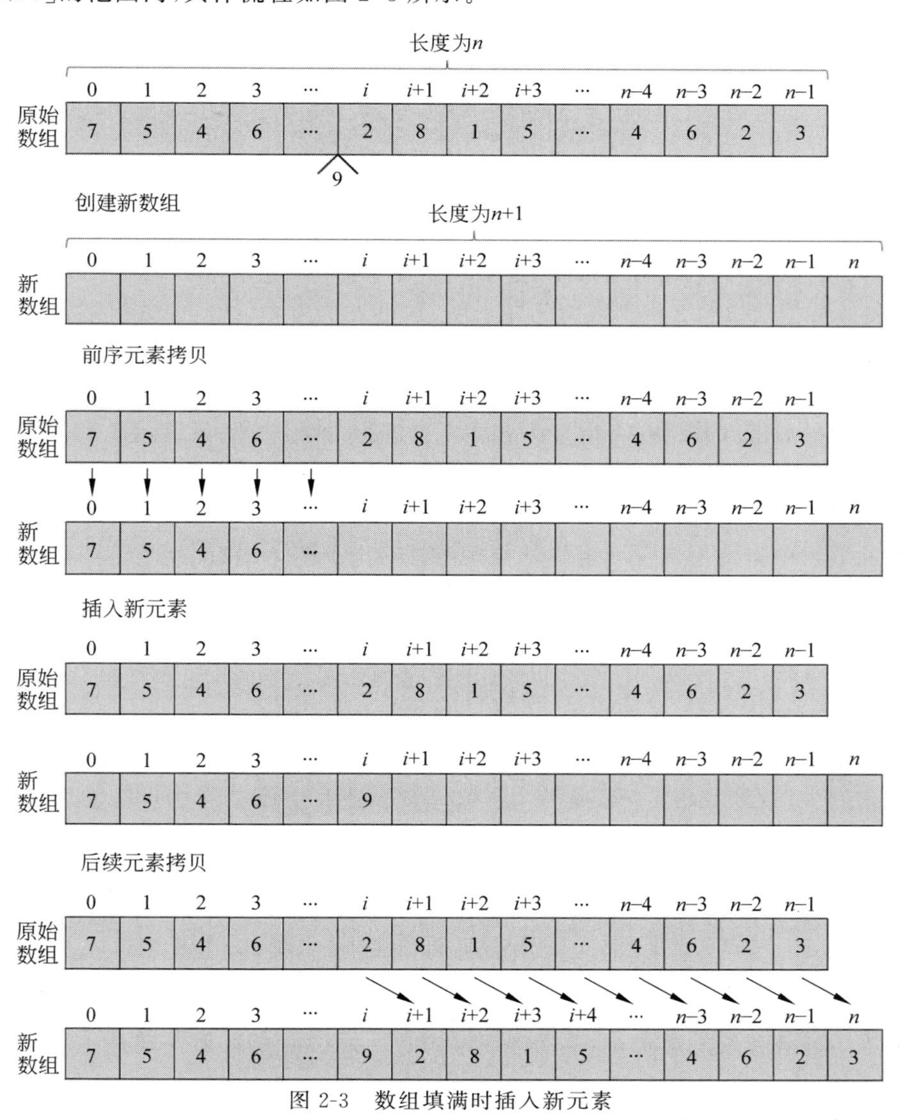

图 2-3 数组填满时插入新元素

在 Java 语言中，创建新的数组对象是十分消耗时间和空间的一种操作，更何况在创建新的数组对象之后，还要花费额外的时间，将原始数组中的元素复制到新数组当中。这些因素都成为导致数组在触发扩容操作的基础上，添加元素速度较慢的原因。此外，如果在已经填满的数组当中插入新元素，并且每次只对原始数组扩容长度为 1 的空间，则可想而知，在后续执行任意一次元素追加或者插入操作的时候都要重复上述步骤，这将造成大量的时间和空间消耗。

为了将上述因素所导致的数组添加新元素效率下降的问题的影响进一步降低，Java 中通过数组封装的集合类 ArrayList 则选择在内部数组长度达到 10 之前，直接将数组长度扩容为 10；在内部数组长度达到 10 以后，则每次都将新数组扩容为原始数组长度的 1.5 倍，通过保留一些空闲空间的空间换时间的方式，尽可能地将数组扩容的触发次数降低。

从理论上讲，在元素数量为 N 的数组当中，至多有 $N+1$ 种插入元素的方式，其中，向下标为 0 的位置插入元素，需要向后移动 N 个元素；向下标为 1 的位置插入元素，需要向后移动 $N-1$ 个元素……向下标为 $N-1$ 的位置插入元素，需要向后移动 1 个元素；向下标为 N 的位置插入（追加）元素，需要向后移动 0 个元素。如果向每个位置插入元素的概率是相等的，则插入操作的平均移动元素数量为 $(N+(N-1)+(N-2)+\cdots+2+1+0)/(N+1)=N/2$ 个，去掉常量系数 1/2 换算成时间复杂度，则可表示为 $O(N)$，即数组结构插入元素的时间复杂度。

在讲解完数组元素插入的两种情况后，接下来讲解数组元素删除的问题。

数组元素的删除操作同样可以分为两种情况进行说明：删除数组元素但是不改变数组长度、删除数组元素的同时缩减数组的长度。

首先说明第 1 种情况。

当删除数组中指定下标位元素的时候，需要将被删除下标位后续的元素逐个向前移动，分别覆盖其前一位的元素。例如假设现有一个长度为 N 的数组，其中存在 $M(M\leqslant N)$ 个元素按顺序存放在数组当中，下标取值范围为 $[0,M-1]$。如果现在要删除数组中下标为 $i(0\leqslant i\leqslant M-1)$ 的元素且不改变数组的长度，则过程如图 2-4 所示。

从图 2-4 中不难看出，在删除数组中指定下标位的元素之后，在数组中连续存储的元素最后会产生空闲的数组空间。这些空间当中保存着元素删除前，最后一位元素的取值，但是这些空闲空间中保存的取值并不被视作有效元素。这些空闲空间有可能在后续的元素追加、插入等操作的时候被重复利用起来，其中的“无效元素”也会被插入、追加的新元素所覆盖，但是如果后续没有这些添加新元素的操作，并且不去处理这些空闲空间中的“无效元素”，就会导致在遍历、查找数组元素的过程中，将这些“无效元素”也一并进行处理，所以在实际开发过程中，一般还会设置一个额外的变量，以此来记录当前数组中有效元素的数量。例如在 Java 中的 ArrayList 类型当中，就额外设置了一个 int size 变量，用来记录当前集合内部数组当中有效元素的数量，并且不难理解的是，size 变量的取值一定是小于或等于当前数组长度的。

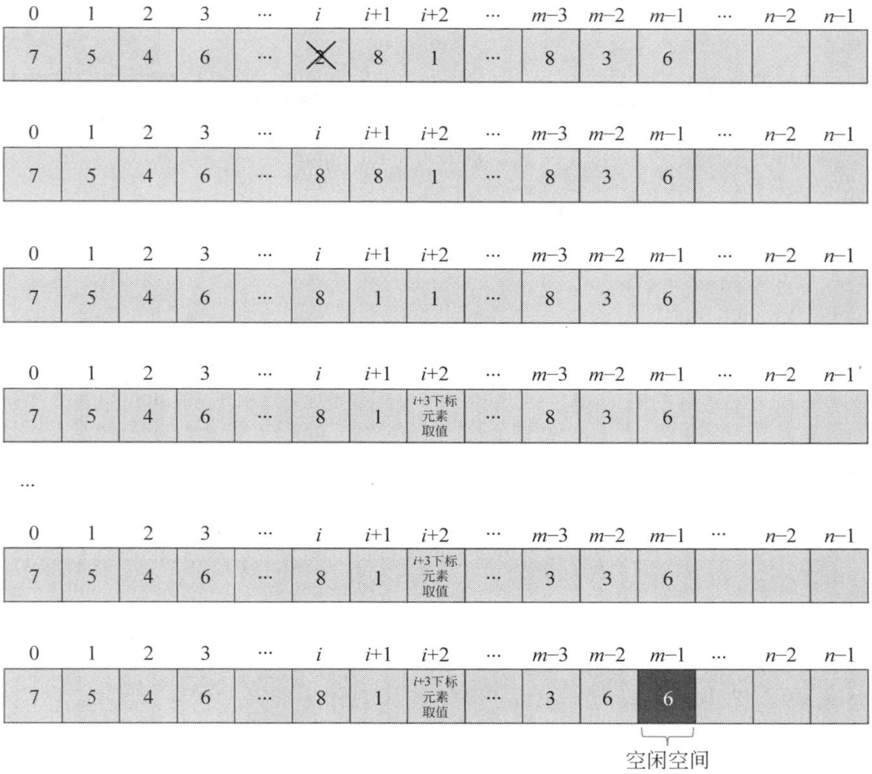

0	1	2	3	···	i	$i+1$	$i+2$	···	$m-3$	$m-2$	$m-1$	···	$n-2$	$n-1$
7	5	4	6	···	2	8	1	···	8	3	6			

0	1	2	3	···	i	$i+1$	$i+2$	···	$m-3$	$m-2$	$m-1$	···	$n-2$	$n-1$
7	5	4	6	···	8	8	1	···	8	3	6			

0	1	2	3	···	i	$i+1$	$i+2$	···	$m-3$	$m-2$	$m-1$	···	$n-2$	$n-1$
7	5	4	6	···	8	1	1	···	8	3	6			

0	1	2	3	···	i	$i+1$	$i+2$	···	$m-3$	$m-2$	$m-1$	···	$n-2$	$n-1$
7	5	4	6	···	8	1	$i+3$下标元素取值	···	8	3	6			

···

0	1	2	3	···	i	$i+1$	$i+2$	···	$m-3$	$m-2$	$m-1$	···	$n-2$	$n-1$
7	5	4	6	···	8	1	$i+3$下标元素取值	···	3	3	6			

0	1	2	3	···	i	$i+1$	$i+2$	···	$m-3$	$m-2$	$m-1$	···	$n-2$	$n-1$
7	5	4	6	···	8	1	$i+3$下标元素取值	···	3	6	6			

空闲空间

图 2-4 删除元素但不改变数组长度

如果在删除数组原有元素的同时缩减数组长度以节省空闲的空间消耗，则需要创建新的数组。新数组的长度至少应该为原始数组长度减 1，并将原始数组中的元素以删除元素的下标为界限分成前后两部分，分别复制到新的数组当中。例如假设现有一个长度为 N 的数组，其中存在 $M(M\leqslant N)$个元素按顺序存放在数组当中，下标取值范围为$[0,M-1]$。如果现在要删除数组中下标为 $i(0\leqslant i\leqslant M-1)$的元素且同时缩减数组长度，则操作流程如图 2-5 所示。

这种在删除元素的同时缩减数组长度的操作，很明显会在每次删除元素的同时都创建出新的数组对象，从而导致极高的额外时间和空间消耗，但是如果不对删除元素之后出现的“空闲空间”进行处理，则又会导致不必要的空间浪费，所以在 Java 的 ArrayList 类当中，删除内部数组中元素的方式采用的是前移覆盖的方式，并且在 ArrayList 内部提供了 trimToSize()方法。该方法的作用是将当前集合对象内部数组的长度与数组中有效元素的数量对齐，即将数组中全部的“空闲空间”释放，从而节省内存空间。

从理论上来讲，在长度为 N 的数组当中，至多有 N 种删除元素的方式。在保证数组中每个元素被删除概率相同的前提下，如果采用前移覆盖的方式对元素进行删除，则删除下标为 0 的元素，需要移动 $N-1$ 个元素；删除下标为 1 的元素，需要移动 $N-2$ 个元素……删除下标为 $N-2$ 的元素，需要移动 1 个元素；删除下标为 $N-1$ 的元素，需要移动 0 个元素。

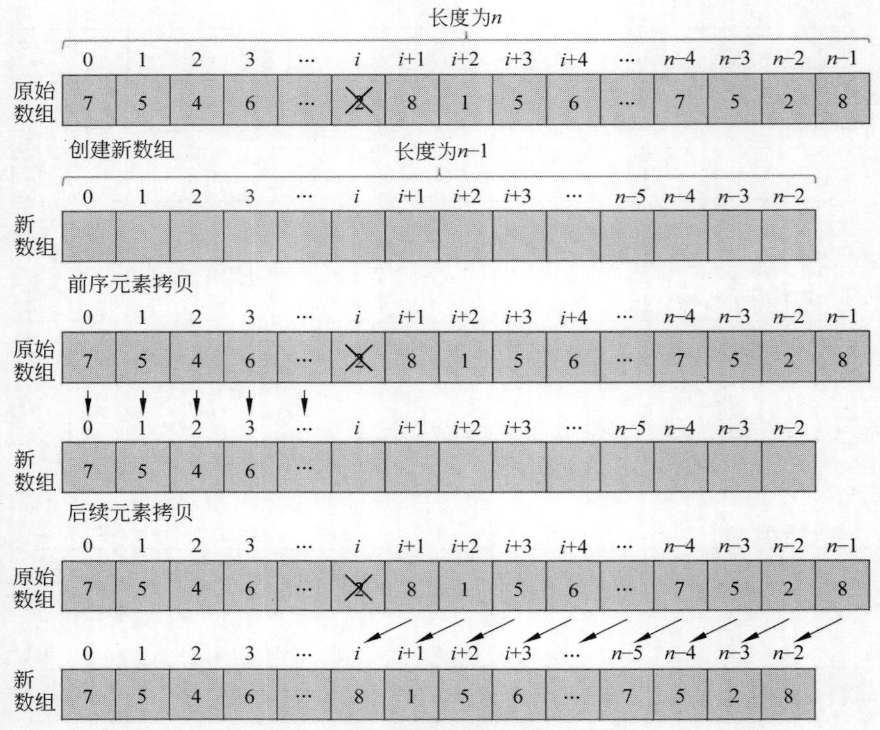

图 2-5 删除元素同时缩减数组长度

由此可得使用前移覆盖方式删除元素平均需要移动的元素个数为$((N-1)+(N-2)+(N-3)+\cdots+2+1+0)/N=(N-1)/2$个,去掉常数项及常数系数换算成为时间复杂度,则可表示为$O(N)$。如果使用缩减数组长度的方式对元素进行删除,则需要对原始数组中剩余的$N-1$个元素进行遍历和复制,换算成时间复杂度同样表示为$O(N)$。

综上所述,在对数组进行元素添加的过程中,如果数组被填满,则再次向数组中添加新元素的时候,必然会导致创建新数组、进行原始元素复制操作,产生额外的时间、空间消耗;在对数组中元素进行删除的过程中,如果不处理"空闲空间",则会导致数组空间浪费;如果通过缩减容量的方式释放"空闲空间",则同样会导致创建新数组、进行原始元素复制操作。上述一切情况的原因都是因为数组的定长特性导致的。因为数组的定长特性,所以不能动态地修改同一数组的容量,进而导致数组在增删元素、扩容缩容的过程中可能产生大量创建新数组、进行原始元素复制操作,从而产生额外的时间、空间消耗,最终导致元素增删效率不高,即定长导致增删慢。

2. 连续导致查找快

在对该话题进行讲解之前,首先普及一下数组首元素地址的概念。

在 Java 中通过形如 int[] array=new int[] {1,2,3,4,5};的代码创建一个数组对象之后,处于这个数组当中的每个元素在内存当中都对应着独立的内存地址,但是引用变量

array 只会保存数组当中下标为 0 元素的内存地址，作为整个数组中所有元素内存地址的代表。保存在变量 array 中、数组 0 号下标元素的内存地址，即被称为数组的首元素地址或者数组的首地址。

在同一个数组结构当中，所有元素的内存地址之间都是连续且有规律的，即数组元素连续的内存特性。根据数组元素内存地址连续的特性，现假设存在一个数组，其下标为 0 的元素在内存中的地址取值为 0x0010，这个数组的总长度为 7，并且每个元素的大小取值为 4 单位，那么这个数组在内存中的存储方式如图 2-6 所示。

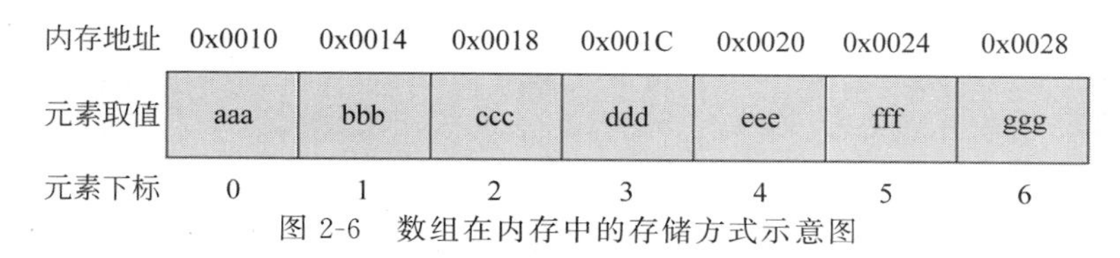

图 2-6 数组在内存中的存储方式示意图

注意：示例中元素内存地址以十六进制表示。

在数组这样元素内存地址连续的结构当中，根据下标访问元素的时候，系统并不需要从数组的首元素出发，通过逐个元素遍历、计数的方式查找到目标下标元素的内存地址，而是可以通过计算直接得到目标下标元素的内存地址。同样以图 2-6 表示的数组结构为例：当需要查询下标为 5 的元素，即获取下标为 5 的元素的内存地址时，可进行如下计算：元素内存地址[5]＝0x0010＋(5×4)＝0x0024。上述计算过程适用于任意长度、任意单位元素大小、任意首地址的数组中元素的查询过程。对上述计算过程进行提炼，可得以下公式：

$$\text{address}(i) = \text{address}(0) + (\text{size} \times i) \tag{2-1}$$

在式(2-1)中，address(i)表示下标为 i 数组元素的内存地址；address(0)表示数组的首元素地址；size 表示数组元素的单位大小。

在数组结构当中，通过内存地址计算而非遍历计数查找指定下标元素的方式，被称为快速随机访问(Quick Random Access)，而上述根据数组首地址、单位元素大小及目标元素下标进行目标元素内存地址计算的公式，即被称为快速随机访问公式。通过快速随机访问方式计算获取数组元素内存地址的时间复杂度是常量级别，即 $O(1)$。

显然，通过内存地址计算得出目标下标元素内存地址的方式，其效率远远高于通过逐个元素遍历、计数得到指定下标元素内存地址的方式，而在数组结构当中之所以能够使用快速随机访问，就是因为数组结构内部元素内存地址之间的连续性，即连续导致查找快。

2.1.3 内存中的多维数组

2.1.2 节中对数组结构的讲解都是基于一维数组结构进行的。在编程语言当中，声明数组结构时使用[]的数量，可以简单地理解为数组的维度。一般支持定义一维数组结构的编程语言，通常也支持定义更高维度的多维数组。从代码结构上来看，定义数组时使用了多少组[]，就代表当前数组具有多少个维度。创建多维数组的方式与创建一维数组的方式基本相同，下面以二维数组为例，演示在 Java 语言中创建多维数组的方式，代码如下：

```java
/**
 Chapter2_ArrayAndLinkedList
 com.ds.array
 ArrayCreationAndUsing.java
 数组的创建与使用
 */
public class ArrayCreationAndUsing {

    //创建多维数组
    public void createMultidimensionalArray() {

        //创建每行等长的动态二维数组:3 行 5 列
        int[][] array1 = new int[3][5];

        //创建每行长度不相等的动态二维数组
        int[][] array2 = new int[5][];
        array2[0] = new int[1];                         //第 1 行长度为 1
        array2[1] = new int[2];                         //第 2 行长度为 2
        array2[2] = new int[3];                         //第 3 行长度为 3
        array2[3] = new int[4];                         //第 4 行长度为 4
        array2[4] = new int[5];                         //第 5 行长度为 5

        //创建每行等长的静态二维数组:3 行 5 列
        int[][] array3 = new int[][] {
            {3,2,3,1,6},
            {5,7,6,2,5},
            {6,8,1,5,2}
        };

        //创建每行长度不相等的静态二维数组
        int[][] array4 = new int[][] {
            {1},
            {1,1},
            {1,2,1},
            {1,3,3,1},
            {1,4,6,4,1}
        };

        //动态静态混用的二维数组创建方式
        int[][] array5 = new int[5][];
        array5[0] = new int[] {1};
        array5[1] = new int[] {1,1};
        array5[2] = new int[] {1,2,1};
        array5[3] = new int[] {1,3,3,1};
        array5[4] = new int[] {1,4,6,4,1};

    }

}
```

从上述代码可以看出，二维数组的每行，其长度可以是不相等的，扩展到其他维度的数组即每个维度下，子数组的数量可以是不相同的，所以在通过多层循环嵌套的方式遍历多维数组的时候，应该尽可能单独地获取每层维度下子数组的数量。通过多层循环嵌套实现多维数组遍历的示例代码如下：

```
/**
 Chapter2_ArrayAndLinkedList
 com.ds.array
 ArrayCreationAndUsing.java
 数组的创建与使用
 */
public class ArrayCreationAndUsing {

    //使用循环嵌套遍历多维数组
    public void visitMultidimensionalArray() {

        //创建每行长度不相等的静态二维数组
        int[][] array = new int[][] {
            {1},
            {1,1},
            {1,2,1},
            {1,3,3,1},
            {1,4,6,4,1}
        };

        //外层循环控制二维数组的行
        for(int i = 0; i < array.length; i++) {
            //内层循环控制行下的每个元素
            for(int j = 0; j < array[i].length; j++) {
                System.out.print(array[i][j]);
            }
            System.out.println();
        }

    }

}
```

在实际开发中能够用到的多维数组，往往以二维数组居多，三维及以上维度的数组结构相对比较少见，而不论是几个维度的数组结构，其基本的元素增删、查找效率和增、删、改、查操作方式都与一维数组相同，所以在此不再对上述内容重复说明，仅针对多维数组（以二维数组为例）的内存结构进行说明。

在讲解多维数组内存结构之前，首先给出一个结论：内存中并不存在真正的多维数组，只存在“数组的数组”。以二维数组为例，通常对二维数组的理解是一种类似于表格的结构：由行和列构成，每行有行下标，行中的每列有列下标，通过行列下标就能够确定二维数组中的一个元素的位置。这种理解方式在使用层面上并不算错，但是如果延展到内存结构当中就会发现这种理解方式的不严谨之处：如果将二维数组看作一张表格，则三维数组是否应该理解为一种具有长、宽和高的三维结构？如果是更高维度的四维数组、五维数组、二十维数组，则应该如何进行理解？所以很明显，这种常用的对多维数组的理解方式，在内存结构当中并不成立。

在 2.1.2 节中曾经说明过：如果想要存储一个一维数组，则只要保存这个数组当中下标为 0 元素的内存地址，也就是数组的首地址即可。那么如果在内存当中创建一个特殊的一维数组，在这个一维数组的每个位置当中，存储的都是其他数组的首地址，这个存储其他数组首地址的数组即可被称为二维数组。这些存储其他数组首地址的特殊数组，也就是"数组的数组"，即多维数组。

二维数组在内存中的存储方式如图 2-7 所示。

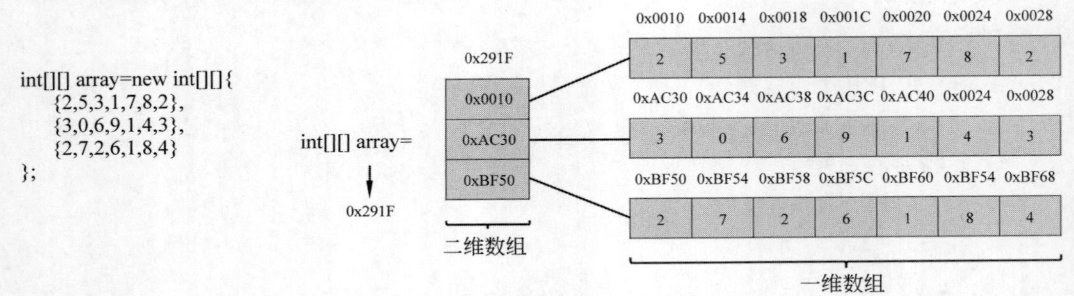

图 2-7　二维数组在内存中的存储方式

如果将这一结构向上扩展，则可得到三维、四维甚至更高维度的多维数组结构。

三维数组在内存中的存储方式如图 2-8 所示。

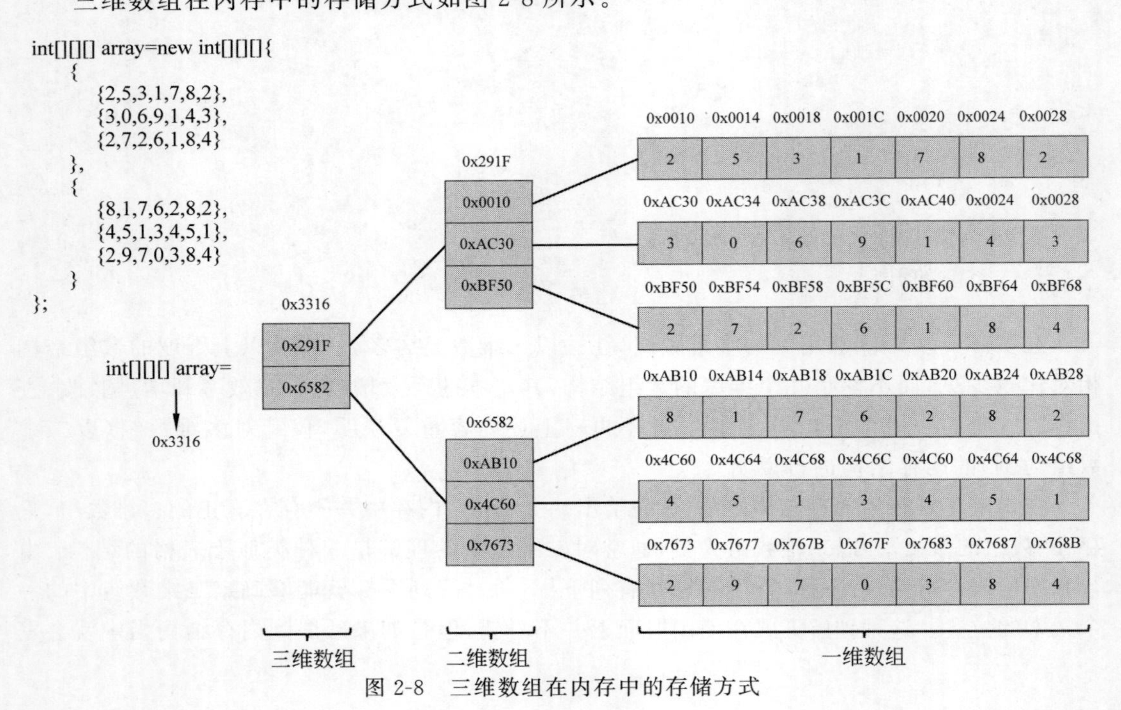

图 2-8　三维数组在内存中的存储方式

通过这种内存结构得到如下结论：①内存当中确实只实现了最高一个维度的数组结构，而多维数组实际上就是在嵌套一维数组。每嵌套一层，数组的维度就上升一层；②通过这种内存结构创建的多维数组的维度上不封顶，想要嵌套多少层都是可以的，并且通过对图2-8中多维数组结构的理解，也能够更好地解释，为什么多维数组当中，每个维度下子数组的数量可以不相同（例如二维数组的每行长度可以不相同）的问题：多维数组同一维度下的各个子数组，相当于是多个单独的、低一个维度的不同数组对象，各个子数组对象之间互不干扰，故而可以使长度互不相同，而这一结论也可以通过上述创建二维数组的示例代码中的二维数组的每行单独实例化的构建方式得以印证。

2.2 链表结构

链表结构也称为链式存储结构，其特点在于将存储于同一个链表当中的每个数据分别存储在一个一个节点当中，并通过节点之间相互的内存地址引用将节点之间相互串联成一个整体。正如链表其名，在理解链表结构的时候可以将链表中的每个节点都看作一个铁环，铁环与铁环之间环环相扣（节点之间的相互内存地址引用）即构成了一个完整的铁链。

在链表结构当中较为典型的就是单链表结构。通过学习单链表结构的相关概念、构成方式及基本操作，即可对链表结构具备相对完整的认知。在此基础上再去讲解链表结构的内存特性及内存特性对读写方面带来的影响就比较方便了。在实际开发过程中，为了适应不同的应用场景，在单链表结构的基础上又会衍生出很多其他的链表结构，例如双链表、循环链表、十字链表、跳跃表等。这些链表结构的衍生结构在内存特性方面与单链表结构相似，只不过在节点结构、应用场景和操作方式上与基础的单链表结构有所差异。

本节首先以单链表结构为蓝本说明链表结构的一些基础概念、操作方式及内存特性，并在此基础上对衍生出来的其他链表结构的使用场景和相关操作进行讲解。

2.2.1 基本概念普及

1. 链表节点的概念

在2.2节的开篇中提到，链表结构的特点在于将存储在同一个链表结构当中的所有数据分别存储在一个一个节点当中，并通过节点之间内存地址的相互引用进行节点之间的联结。从上面对于链表节点作用的描述不难看出：作为链表结构的基本构成单位，链表的节点应该具备两个最基本的功能：①存储数据的功能。链表的节点结构需要在内部根据具体的业务需求创建出能够保存对应类型数据的变量，这个用于保存数据的变量被称为节点的数据域；②保存后继节点内存地址的功能。通过在节点类型内部声明一个与当前节点同类型的变量，用来保存紧跟在当前节点后面，下一节点的内存地址。这个用来保存下一节点内存地址的引用变量，称为节点的后继指针域。通过对后继指针域的相关操作，即可实现对链表中所有节点的逐一遍历。

单链表节点数据类型的定义，代码如下：

```
//链表节点类型定义代码
public class Node {
    Object data;                                    //数据域
    Node next;                                      //后继指针域
}
```

单链表中节点结构如图 2-9 所示。

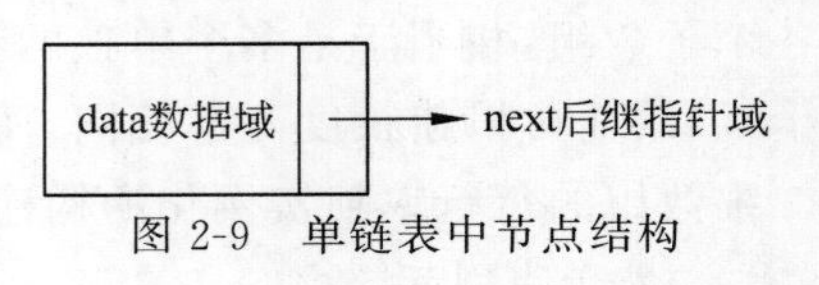

图 2-9　单链表中节点结构

注意：在 Java 当中实际上并没有指针的概念，但提供了与指针概念相似的引用的概念。Java 中的引用与指针的作用相似，都是用来存储对象内存地址的结构。从代码上来看，引用就是具有指定对象类型的变量，所以这种变量也被称为引用变量。在通过 Java 语言实现的链表结构当中，节点的后继指针域只是一种习惯叫法，其真正的身份为用于保存后继节点内存地址的引用变量。

2. 将节点串联成链表

假设现在有 N 个数据需要存储在同一链表结构当中，就需要分别创建 N 个链表节点，每个节点存储一个数据，并将这些节点串联成一个链表整体。显而易见的是，每个实例化得到的节点类型对象，在内存当中都具有独立的内存地址，此时只要让前一个链表节点的后继指针域保存后一个节点的内存地址，以此类推，就能够将所有节点串联成一个链表结构整体。

单链表结构中链表节点与内存地址的关系对比如图 2-10 所示。

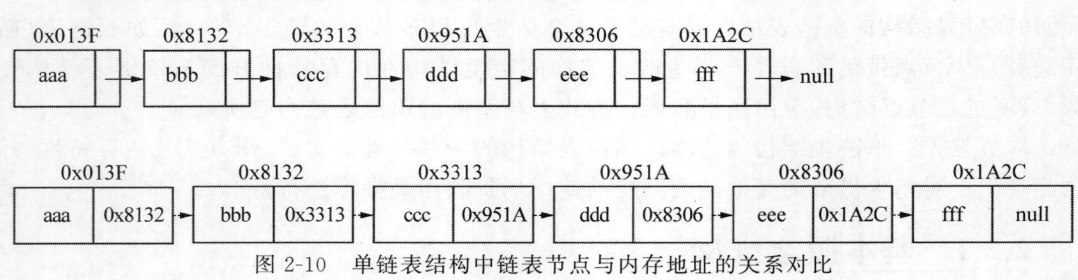

图 2-10　单链表结构中链表节点与内存地址的关系对比

进行一个相对恰当的类比：如果将整个链表结构看作一列火车，则链表上的每个节点都相当于火车中的一节车厢。火车车厢具备两个最基本的功能：①装载乘客或者货物；②挂载下一节车厢。在链表的节点结构中，数据域的作用即等同于火车车厢装载乘客或者货物的功能，数据域当中保存的数据就是乘客或者货物；后继指针域则相当于火车车厢的挂钩，用来挂载下一节车厢，即用来保存下一节点的内存地址。火车总是具有一定长度的，链表结构也是如此。在链表当中，最后一个节点的后继指针域指向 null，而这一特征也会在对链表结构中的节点进行遍历时用于判断是否到达链表结构的末尾。

3. 链表的头节点

通过 2.2.1 节的内容已经基本描述清楚了如何创建一个完整的链表结构，但是如果想要保存一个链表结构，就需要至少知道这个链表结构当中起始节点的内存地址。对于这一问题，在不同的链表结构实现当中有着不同的处理方式。整体来讲，用于保存和引起整个链表结构的处理方式分为两种：①创建一个数据域为空的节点，单纯使用这个节点的后继指针域，指向链表当中第1个保存数据的节点，并通过引用变量保存这个数据域为空的特殊节点的内存地址；②直接使用一个引用变量，保存链表结构中起始节点的内存地址。

在第1种解决方案当中，数据域为空，仅仅用来引起后续存储数据链表部分的节点，被称为头节点。在链表当中使用单独头节点的作用是为了统一整个链表结构的操作方式，使在链表当中对任意位置进行节点增删操作都是相同的，即使在当前链表第1个存储数据节点的前面进行节点添加，或者删除链表当中第1个存储数据的节点都不需要进行额外判断，这就能够保证第1个存储数据的节点，增删操作的代码与其余任意位置节点增删操作的代码是通用的，但是这种使用独立头节点引起链表方式的缺点也显而易见：会额外浪费一个节点的内存空间。

带有头节点的单链表结构如图2-11所示。

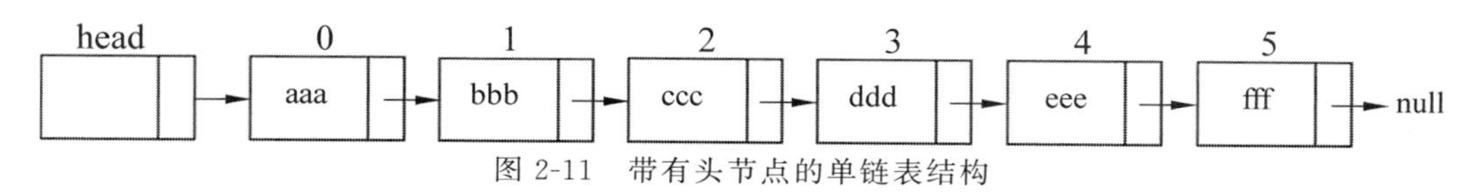

图2-11　带有头节点的单链表结构

还是使用火车的例子进行类比：在带有头节点的链表结构当中，头节点的作用相当于火车头。火车头并不是用来装载乘客或者货物的，但是整列火车都由火车头牵引。

同样是保存节点的内存地址，如果使用引用变量直接保存链表中第1个存储数据节点的内存地址，就形成了第2种解决方案的链表结构。在这种结构当中，不存在单独的头节点，指向链表结构的引用变量直接指向链表中第1个存储数据的节点。这样做的优势在于能够节省头节点带来的空间消耗，但是代价就是在向链表的最前端插入新节点，以及删除链表最前端节点的时候，需要额外判断及对指向链表起始节点引用变量的取值进行更新。

不带有头节点的单链表结构如图2-12所示。

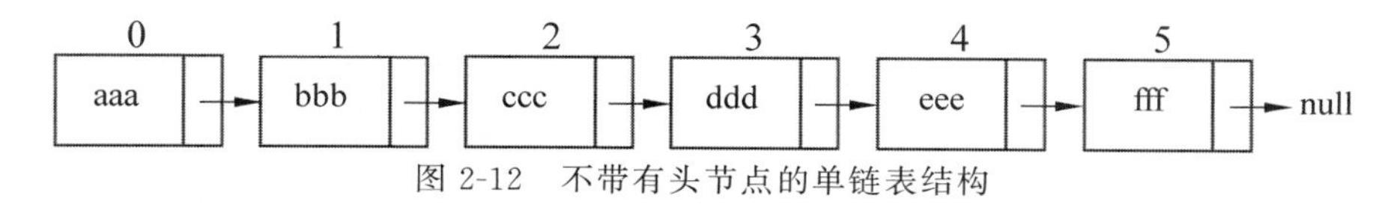

图2-12　不带有头节点的单链表结构

在Java中通过封装（双）链表结构实现的LinkedList集合类型当中采用的就是第2种解决方案，即不使用单独头节点的方式。

注意：在2.2节中将统一采用带有头节点的链表结构进行说明和演示。在一些省略头节点的链表结构当中会进行特殊说明。

2.2.2　链表内存特性分析

链表结构的内存特性与数组结构正好相反，可以总结为不定长且不连续，其中不定长指的是：因为在链表结构当中使用节点对数据进行存储，而存储数据的节点数量是不固定的，有多少数据需要进行存储，就可以创建多少个节点对象，并且节点对象之间使用内存地址引用的方式相互关联，并不像数组结构那样将所有数据存储在一整个内存地址连续的空间内；

不连续指的是：因为链表结构中不同的节点都是通过节点数据类型实例化得来的，所以节点与节点之间的内存地址并不像数组的元素之间那样是相邻且有规律的，即使是存在于同一链表结构当中的节点之间，内存地址也是随机的、没有规律的。

下面对链表结构内存特性对增删、查找方面带来的效率影响进行讲解。

1. 不连续导致查找慢

在 2.2.2 节的开篇中说到，即使处于同一链表结构当中，节点与节点之间的内存地址也都是相互独立、没有规律的，所以相比起数组这种元素之间内存地址连续且有规律的结构，能够使用快速随机访问公式计算得到目标下标元素内存地址的方式，链表结构只能从头节点出发，通过计数器的方式对链表中所有节点一边遍历一边计数，直到计数器达到指定下标并返回对应节点中数据域保存的数据为止。

在单链表结构中按照下标查询节点的操作如图 2-13 所示。

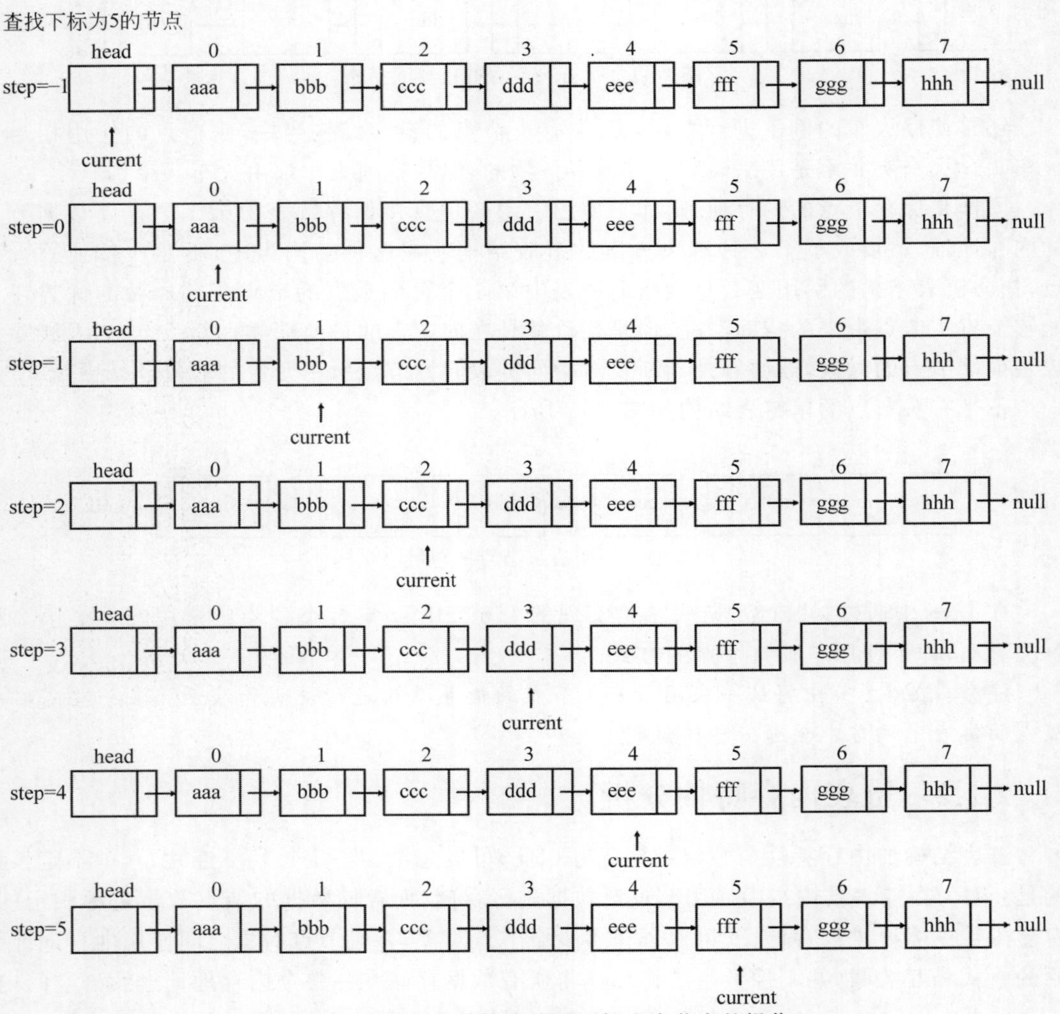

图 2-13　在单链表结构中按照下标查询节点的操作

在单链表中按照下标查询节点并返回节点保存数据的代码操作如下：

```
/**
 Chapter2_ArrayAndLinkedList
 com.ds.linked
 MyLinkedList.java
 自定义单链表封装类型
 */
public class MyLinkedList {

    //通过静态内部类定义链表节点类型
    private static class Node {
        Object data;
        Node next;
    }

    //链表结构头节点
    private Node head = new Node();

    //表示链表中保存数据节点数量的全局变量
    private int size;

    //在单链表中按照下标查询节点并返回节点保存数据,单链表节点下标从 0 开始计算
    public Object get(int index) {

        //1.判断目标下标是否越界
        if(index >= size || index < 0) {
            throw new IllegalArgumentException("链表下标越界:" + index);
        }

        /*
         2.创建计步器,从头节点开始遍历
         从头节点开始遍历是为了防止只有头节点,而没有后续节点的情况
         */
        int step = -1;
        Node current = head;

        while(step < index) {
            //current 变量取得后继节点内存地址
            //current 变量指向下一节点
            current = current.next;
            //计步器自增
            step++;
        }
        //循环结束后,current 变量指向下标为 index 的节点
```

```
        //3.返回节点保存数据
        return current.data;

    }

}
```

从上述代码不难得到如下规律：假设存在长度为 N 的链表结构，链表节点下标取值范围为$[0,N-1]$。当查找下标为0的节点时，循环执行1次；当查找下标为1的节点时，循环执行两次；当查找下标为2的节点时，循环执行3次……当查找下标为 $N-3$ 的节点时，循环执行 $N-2$ 次；当查找下标为 $N-2$ 的节点时，循环执行 $N-1$ 次；当查找下标为 $N-1$ 的节点时，循环执行 N 次。如果链表结构中每个节点的查找概率是相等的，则平均的节点查找循环执行次数为$(1+2+3+\cdots+(N-2)+(N-1)+N)/N=(N+1)/2$ 次，去掉常数项及常量系数转换为时间复杂度，则可表示为 $O(N)$，即为链表结构节点按照下标进行查找的时间复杂度。

由此可见，与数组元素查找的常量级时间复杂度 $O(1)$ 相比，链表结构进行节点及节点中元素查找的 $O(N)$ 级别的时间复杂度确实相对比较低效，其原因归根结底还是因为链表的节点之间的内存地址不连续，不能使用快速随机访问公式计算得到目标下标节点内存地址导致的，所以在链表的内存特性当中：不连续导致查找慢。

对于遍历整个链表中所有节点的操作，可以使用链表中末尾节点的后继指针域指向null的特性来辅助实现，代码如下：

```
/**
 Chapter2_ArrayAndLinkedList
 com.ds.linked
 MyLinkedList.java
 自定义单链表封装类型
  */
public class MyLinkedList {

    //通过静态内部类定义链表节点类型
    private static class Node {
        Object data;
        Node next;
    }

    //链表结构头节点
    private Node head = new Node();

    //表示链表中保存数据节点数量的全局变量
    private int size;
```

```
    //遍历单链表并将其中保存的数据全部输出
    public void traversal() {

        //1.从头节点的下一个节点,即链表中下标位为 0 的节点出发
        Node current = head.next;

        //2.循环条件为 current 不指向空
        //current 指向空表示已经完成链表遍历
        while(current != null) {
            //打印当前节点中保存的元素取值
            System.out.println(current.data + " ");

            //3.临时变量 current 指向下一节点
            current = current.next;
        }

    }

}
```

2. 不定长导致增删快

链表结构的不定长性指的是：链表结构中节点的增删总是随着元素的增删动态进行的，增删元素的同时动态实现对于作为元素载体节点的增删，而在这种动态特性的基础上，链表结构对其本身的长度没有限制。与具有定长性的数组结构相比，链表结构在增删元素的时候并不会出现因为扩容、缩容导致的重新创建整个链表结构并进行原有元素复制操作，节省了大量额外的时间空间开销，进而可知，链表结构仅就元素增删来讲，其效率要高于数组结构。

首先给出单链表结构添加新元素的操作代码如下：

```
/**
 Chapter2_ArrayAndLinkedList
 com.ds.linked
 MyLinkedList.java
 自定义单链表封装类型
 */
public class MyLinkedList {

    //通过静态内部类定义链表节点类型
    private static class Node {
        Object data;
        Node next;
    }

    //链表结构头节点
    private Node head = new Node();
```

```
    //表示链表中保存数据节点数量的全局变量
    private int size;

    //向链表的指定下标位插入新元素
    public void insert(int index, Object data) {

        //1.判断插入下标是否越界
        if(index < 0 || index > size) {
            throw new IllegalArgumentException("链表下标越界:" + index);
        }

        //2.创建新节点,保存新数据
        Node node = new Node();
        node.data = data;

        //3.通过计步器方式找到插入位前驱节点
        int step = -1;
        Node current = head;
        while(step < index-1) {
            current = current.next;
            step++;
        }
        //循环结束后,current 指向插入下标位前驱节点

        //4.执行新节点插入操作
        node.next = current.next;
        current.next = node;
        size++;

    }

}
```

上述代码对应的执行过程如图 2-14 所示。

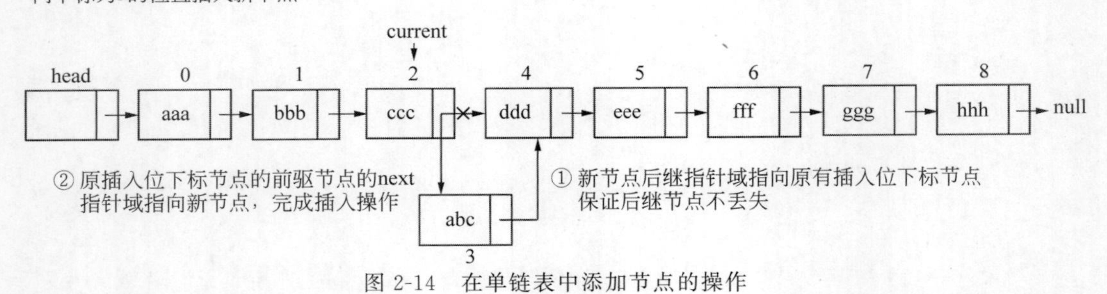

图 2-14　在单链表中添加节点的操作

在添加节点的过程中，需要保证首先完成新节点后继指针域指向原有插入下标位节点的操作之后，再去完成将原有插入下标位节点的前驱节点的后继指针域指向新节点的操作。因为在整个单链表结构当中，插入位上的原节点，只有其前驱节点的后继指针域这一个引用变量在指向它，所以如果上述两个步骤被颠倒顺序，将会导致插入位上的原节点失去其唯一的引用，并且新节点的后继指针域也找不到插入位原节点的内存地址（此时因为上述步骤被颠倒顺序，所以插入位原节点前驱节点的后继指针域的取值已经变成了新节点的内存地址），进而导致整个链表结构从插入位开始完全断裂，包括插入位原节点在内的后继节点将因为失去引用成为垃圾对象，最终被回收。

下面给出在单链表结构中按照下标位删除元素的操作，代码如下：

```
/**
 Chapter2_ArrayAndLinkedList
 com.ds.linked
 MyLinkedList.java
 自定义单链表封装类型
 */
public class MyLinkedList {

    //通过静态内部类定义链表节点类型
    private static class Node {
        Object data;
        Node next;
    }

    //链表结构头节点
    private Node head = new Node();

    //表示链表中保存数据节点数量的全局变量
    private int size;

    //按照下标位删除链表中的元素
    public Object remove(int index) {

        //1.判断删除下标是否越界
        if(index < 0 || index >= size) {
            throw new IllegalArgumentException("链表下标越界:" + index);
        }

        //2.通过计步器方式找到删除位前驱节点
        int step = -1;
        Node current = head;
        while(step < index-1) {
            current = current.next;
            step++;
```

```
        }
        //循环结束后,current 指向删除下标位前驱节点

        //3.找到被删除节点,保存其中数据域取值作为返回值
        Node removed = current.next;
        Object data = removed.data;

        //4.执行删除操作
        current.next = removed.next;
        size--;

        return data;

    }

}
```

上述代码对应的执行过程如图 2-15 所示。

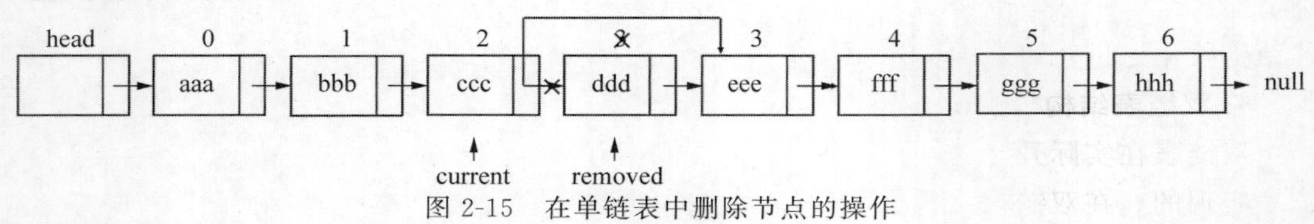

图 2-15　在单链表中删除节点的操作

注意：在 Java 语言当中并没有提供类似于 C++ 语言当中提供的对象析构函数。在 Java 当中存在垃圾回收(Garbage Collection,GC)机制。当一个对象在 JVM 内存当中失去所有的引用时，这个对象将变成“垃圾对象”，由 JVM 进行管理的 GC 线程将会在一定时间内对“垃圾对象”自动进行回收，释放其占用的内存空间，这也是为什么在上述删除链表节点的代码当中，在被删除节点的前驱节点在绕过被删除节点后，不需要手动操作以释放被删除节点内存空间的原因。

从图 2-15 不难看出，在向链表中添加节点和删除节点的时候，更多的是在操作节点的后继指针的取值，而并没有创建或者删除整个链表结构，所以如果忽略掉增删节点过程中定位查找指定下标位的操作所花费的时间，仅讨论增删节点本身时间消耗，其时间复杂度是常量级的 $O(1)$，和数组相比，其元素增删效率大幅提升，所以链表的不定长特性导致链表增删元素比较快，但是在实际开发过程中，用于定位增删节点下标所带来的时间消耗是不能被忽略的，因为每次定位指定下标都相当于对链表执行遍历操作，因此如果考虑到增删节点之前的指定下标定位操作，则链表结构进行元素增删的时间复杂度为 $O(N)$，所以在实际应用场景当中，在单链表结构的头部进行元素增删的效率远高于在尾部进行元素增删的效率。为了在顾及下标定位操作的基础上，进一步提升链表结构元素增删的效率，双链表结构和跳跃

表结构应运而生。关于双链表结构和跳跃表的相关内容，将在后续进行讲解。

值得一提的是，在将上述操作单链表结构实现增删节点的代码与图中示意相对应的时候，不要仅仅着眼于较为形象的"移动箭头"的操作，这样一来可能很难对其内存操作的实际含义进行理解。在对链表结构节点增删操作的理解过程中，需要深入考量在代码执行过程中，指针域中保存对象内存地址取值的变化方式。例如在删除节点的代码当中，current.next=removed.next 不仅表示箭头从被删除节点的前面绕过被删除节点，指向后面的节点，同时也可以理解为将被删除节点后继指针域中保存的下一节点的内存地址，赋予被删除节点的前驱节点的后继指针域进行保存，进而使被删除节点失去所有对其内存地址的引用，最终被 GC 回收。只有将节点指针域内存地址取值的变化，与代码流程、图形表示融会贯通，才能更好地理解链表结构的相关操作。

2.2.3 链表衍生结构

在链表结构当中，除了比较具有代表性的单链表之外，还存在着其他链表结构。这些链表结构在内存特性和对元素增删、查找的效率特征方面与单链表相似，但是在其节点当中对于其他节点进行指向的指针域数量及指向方式之间的不同，最终导致其在整体结构和操作细节上有所差别。下面将对这些特殊链表结构当中的双链表、循环链表、十字链表和跳跃表的结构及用途进行讲解。

1. 双链表结构

双链表在实际开发当中相当常见，例如 Java 当中的集合类 LinkedList 就是通过封装双链表实现的。在双链表结构当中，同一个节点下存在两个指针域：前驱指针域和后继指针域，其中，前驱指针域指向当前节点的前一个节点，即保存当前节点前序节点的内存地址；后继节点则指向当前节点的下一个节点，即保存当前节点下一个节点的内存地址。

双链表节点及双链表构成如图 2-16 所示。

双链表节点结构：

双链表结构：

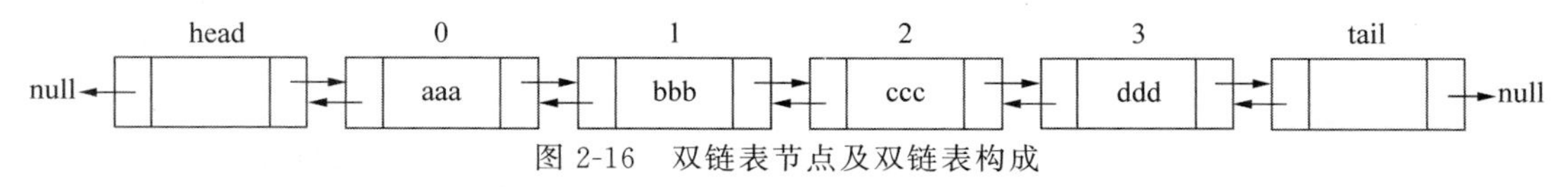

图 2-16 双链表节点及双链表构成

双链表节点定义，代码如下：

```
/**
 双链表节点类型定义
 */
public class Node {
```

```
        Object data;                                    //数据域
        Node prev;                                      //前驱指针域
        Node next;                                      //后继指针域
    }
```

双链表的优点是显而易见的。首先在按照下标进行元素查找方面。虽然从理论上来讲，双链表和单链表在元素查询方面具有相同的 $O(N)$ 的时间复杂度，但是在实际操作中，可以根据被定位下标距离头端更近还是距离尾端更近，来决定是从双链表的哪一端出发进行计步查询。这样一来，双链表在按照下标查询方面的效率比单链表结构提升了一倍。

在双链表的封装结构中按照下标元素进行查询，代码如下：

```
/**
 Chapter2_ArrayAndLinkedList
 com.ds.linked
 MyDoubleLinkedList.java
 自定义双链表封装类型
 */
public class MyDoubleLinkedList {

    //双链表节点内部类
    private static class Node {
        Object data;                                    //数据域
        Node prev;                                      //前驱指针域
        Node next;                                      //后继指针域
    }

    //创建双链表的头尾指针
    private Node head = new Node();
    private Node tail = new Node();

    //表示链表中保存数据节点数量的全局变量
    private int size;

    //在构造器中对头尾节点进行初始化关联
    public MyDoubleLinkedList() {
        head.next = tail;
        tail.prev = head;
    }

    //按照下标获取双链表中保存的元素
    public Object get(int index) {

        //1.判断目标下标是否越界
        if(index < 0 || index >= size) {
```

```
            throw new IllegalArgumentException("链表下标越界:" + index);
        }

        //2.计算判断目标下标距离哪一端更近并进行遍历
        int step;                                          //计步器变量
        Node current;                                      //指向链表中被遍历节点的临时变量
        if(index < size / 2) {
            //2.1 如果目标下标距离头节点一端更近
            step = -1;
            current = head;
            while(step < index) {
                current = current.next;
                step++;
            }
            //循环结束后,current 变量指向下标为 index 的节点
        } else {
            //2.2 如果目标下标距离尾节点一端更近
            step = size;
            current = tail;
            while(step > index) {
                current = current.prev;
                step--;
            }
            //循环结束后,current 变量指向下标为 index 的节点
        }

        //3.返回目标下标节点的数据域取值
        return current.data;

    }

}
```

其次，在元素增删方面同样可以利用与元素按下标查找相似的方式进行节点定位。特别是在删除元素的时候，可以直接定位到被删除节点上，并通过被删除节点的前驱指针、后继指针分别定位其前后节点，使删除操作更加方便，但是需要注意的是，因为在双链表结构当中，节点内存在两个指针域，所以在增删操作的过程中，需要分别对增删节点的前驱、后继指针域进行处理。

在双链表中向指定下标位添加新元素的操作代码如下：

```
/**
 Chapter2_ArrayAndLinkedList
 com.ds.linked
 MyDoubleLinkedList.java
```

```
 自定义双链表封装类型
 */
public class MyDoubleLinkedList {

    //双链表节点内部类
    private static class Node {
        Object data;                                        //数据域
        Node prev;                                          //前驱指针域
        Node next;                                          //后继指针域
    }

    //创建双链表的头尾指针
    private Node head = new Node();
    private Node tail = new Node();

    //表示链表中保存数据节点数量的全局变量
    private int size;

    //在构造器中对头尾节点进行初始化关联
    public MyDoubleLinkedList() {
        head.next = tail;
        tail.prev = head;
    }

    //在双链表中向指定下标位添加新元素的方法
    public void insert(int index, Object data) {

        //1.判断目标下标是否越界
        if(index < 0 || index >= size) {
            throw new IllegalArgumentException("链表下标越界:" + index);
        }

        //2.创建新节点保存新元素
        Node node = new Node();
        node.data = data;

        //3.通过双端计步器法定位插入下标位的前驱节点
        int step;                                           //计步器变量
        Node current;                                       //指向链表中被遍历节点的临时变量
        if(index-1 < size / 2) {
            //3.1 如果目标下标距离头节点一端更近
            step = -1;
            current = head;
            while(step < index-1) {
                current = current.next;
                step++;
```

```
            }
            //循环结束后,current 变量指向插入位置的前驱节点
        } else {
            //3.2 如果目标下标距离尾节点一端更近
            step = size;
            current = tail;
            while(step > index-1) {
                current = current.prev;
                step--;
            }
            //循环结束后,current 变量指向插入位置的前驱节点
        }

        //4.执行节点插入操作
        current.next.prev = node;
        node.next = current.next;

        current.next = node;
        node.prev = current;

        //5.元素数量自增
        size++;

    }

}
```

在双链表中删除指定下标位节点的操作代码如下：

```
/**
 Chapter2_ArrayAndLinkedList
 com.ds.linked
 MyDoubleLinkedList.java
 自定义双链表封装类型
 */
public class MyDoubleLinkedList {

    //双链表节点内部类
    private static class Node {
        Object data;                                          //数据域
        Node prev;                                            //前驱指针域
        Node next;                                            //后继指针域
    }

    //创建双链表的头尾指针
```

```
    private Node head = new Node();
    private Node tail = new Node();

    //表示链表中保存数据节点数量的全局变量
    private int size;

    //在构造器中对头尾节点进行初始化关联
    public MyDoubleLinkedList() {
        head.next = tail;
        tail.prev = head;
    }

    //删除双链表中指定下标位元素的方法
    public Object remove(int index) {

        //1.判断目标下标是否越界
        if(index < 0 || index > size) {
            throw new IllegalArgumentException("链表下标越界:" + index);
        }

        //2.通过双端计步器法定位删除下标位的节点
        int step;                                       //计步器变量
        Node removedNode;                               //指向链表中被遍历节点的临时变量
        if(index < size / 2) {
            //2.1 如果目标下标距离头节点一端更近
            step = -1;
            removedNode = head;
            while(step < index-1) {
                removedNode = removedNode.next;
                step++;
            }
            //循环结束后,removedNode 变量指向删除位置的节点
        } else {
            //2.2 如果目标下标距离尾节点一端更近
            step = size;
            removedNode = tail;
            while(step > index-1) {
                removedNode = removedNode.prev;
                step--;
            }
            //循环结束后,removedNode 变量指向删除位置的节点
        }

        //3.定位被删除节点的前驱节点和后继节点,执行节点删除操作
        Node removedPrev = removedNode.prev;
        Node removedNext = removedNode.next;
```

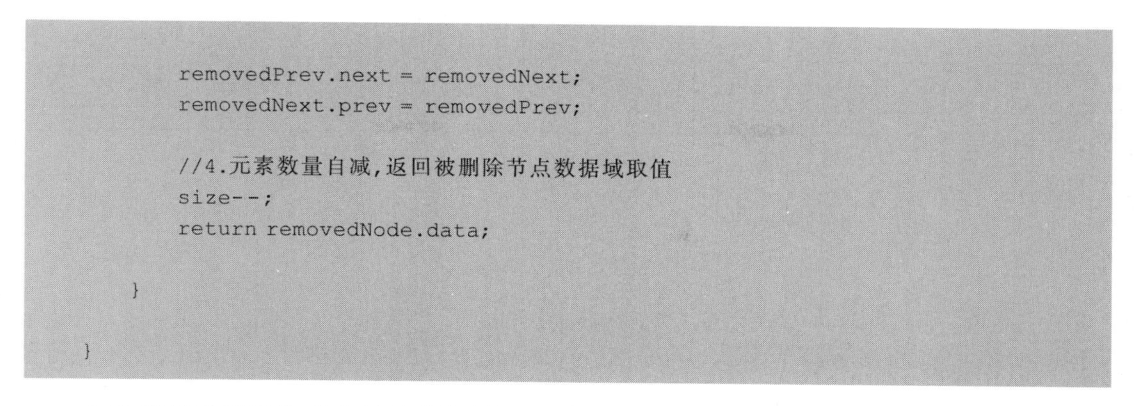

```
        removedPrev.next = removedNext;
        removedNext.prev = removedPrev;

        //4.元素数量自减,返回被删除节点数据域取值
        size--;
        return removedNode.data;

    }

}
```

上述节点增删操作对应的过程如图 2-17 所示。

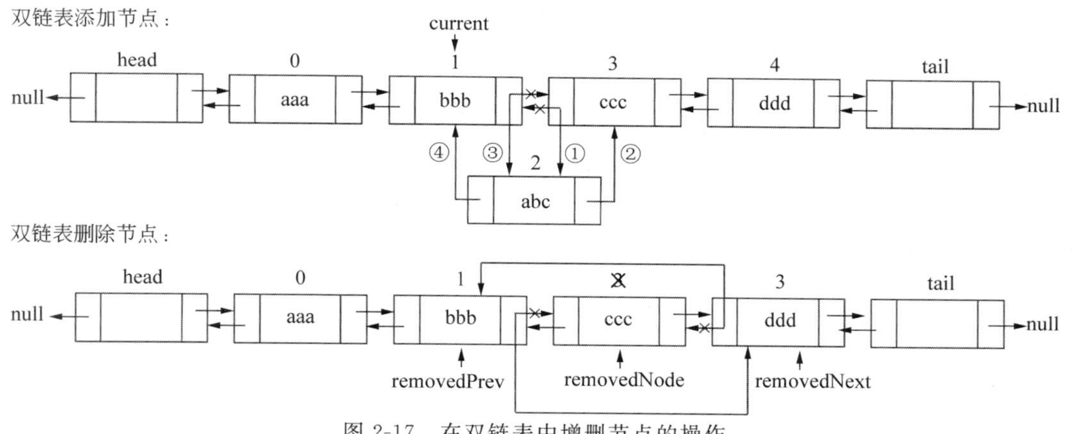

图 2-17　在双链表中增删节点的操作

值得说明的是，在 Java 中的 LinkedList 类下提供了诸如 int lastIndexOf(Object o)、void addLast(E e)、E removeLast()等从后向前或者直接操作链表尾端节点的方法，这些方法的实现，也得益于双链表结构特殊的前后双指针域结构。

2. 循环链表结构

循环链表结构的最后一个节点的后继指针域并不指向 null，而是返回来指向下标为 0 的链表节点。这样一来链表结构就构成了一种首尾衔接的结构。此时，循环链表中不再存在后继指针域为 null 的节点，这一条件也不能再作为循环链表遍历完成的判断条件。循环链表结构在解决约瑟夫环问题、实现斐波那契堆等方面有着广泛的应用。

循环链表结构如图 2-18 所示。

在与循环链表相关的算法当中，比较经典的就是弗洛伊德判环算法了。假设现有一个链表结构，不确定在这个链表结构当中是否存在环形结构（链表中带有环形结构，可以理解为当前链表即为循环链表，或者在这个链表中，只有部分节点构成循环链表），则可通过弗洛伊德判环算法对其进行判断。弗洛伊德判环算法的思路是：创建快慢两个遍历指针，同时

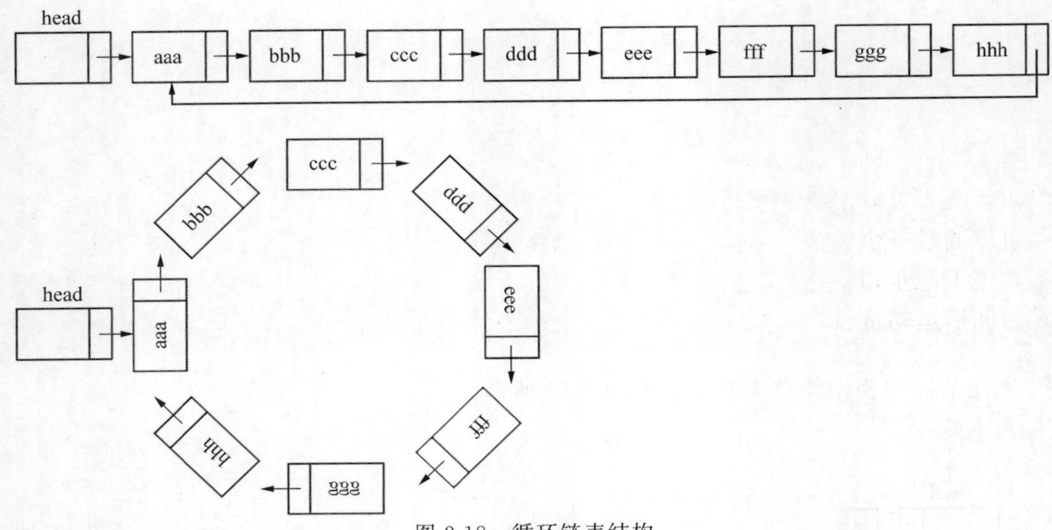

图 2-18　循环链表结构

从链表的头节点或者下标为 0 的节点出发，其中快指针一次向前移动两个节点，慢指针一次向前移动一个节点；如果链表当中存在环结构，则快慢指针将在某一节点上相遇；如果链表中不存在环结构，则快指针一定会先于慢指针结束对整条链表的遍历操作。

弗洛伊德判环算法的实现，代码如下：

```
/**
 Chapter2_ArrayAndLinkedList
 com.ds.linked
 FloydCycleFindingAlgorithm.java
 弗洛伊德判环算法代码实现
 */
public boolean hasCycle(ListNode head) {

    //1.创建快慢指针
    ListNode fast = head;
    ListNode slow = head;

    //2.若链表中不存在环，则快指针一定先完成遍历
    while(fast != null && fast.next != null) {
        slow = slow.next;                    //慢指针每次移动一个节点
        fast = fast.next.next;               //快指针每次移动两个节点

        //3.如果链表中存在环，则快慢指针会有相遇的情况
        if(fast == slow) {
            return true;
        }
```

```
        }

        //循环结束且快慢指针未相遇,表示链表中不存在环
        return false;
    }
```

带环链表及弗洛伊德判环法步骤如图 2-19 所示。

可以通过一个较为形象的例子对弗洛伊德判环算法进行理解：有 A、B 两名运动员在环形跑道上跑步，其中运动员 A 速度较快、运动员 B 速度较慢。二人同向同时出发，在经过一定时间后运动员 A 会首先跑完一圈并追上运动员 B 与之相遇。在这个例子当中，速度较快的运动员 A 就是快指针，速度较慢的运动员 B 就是慢指针。

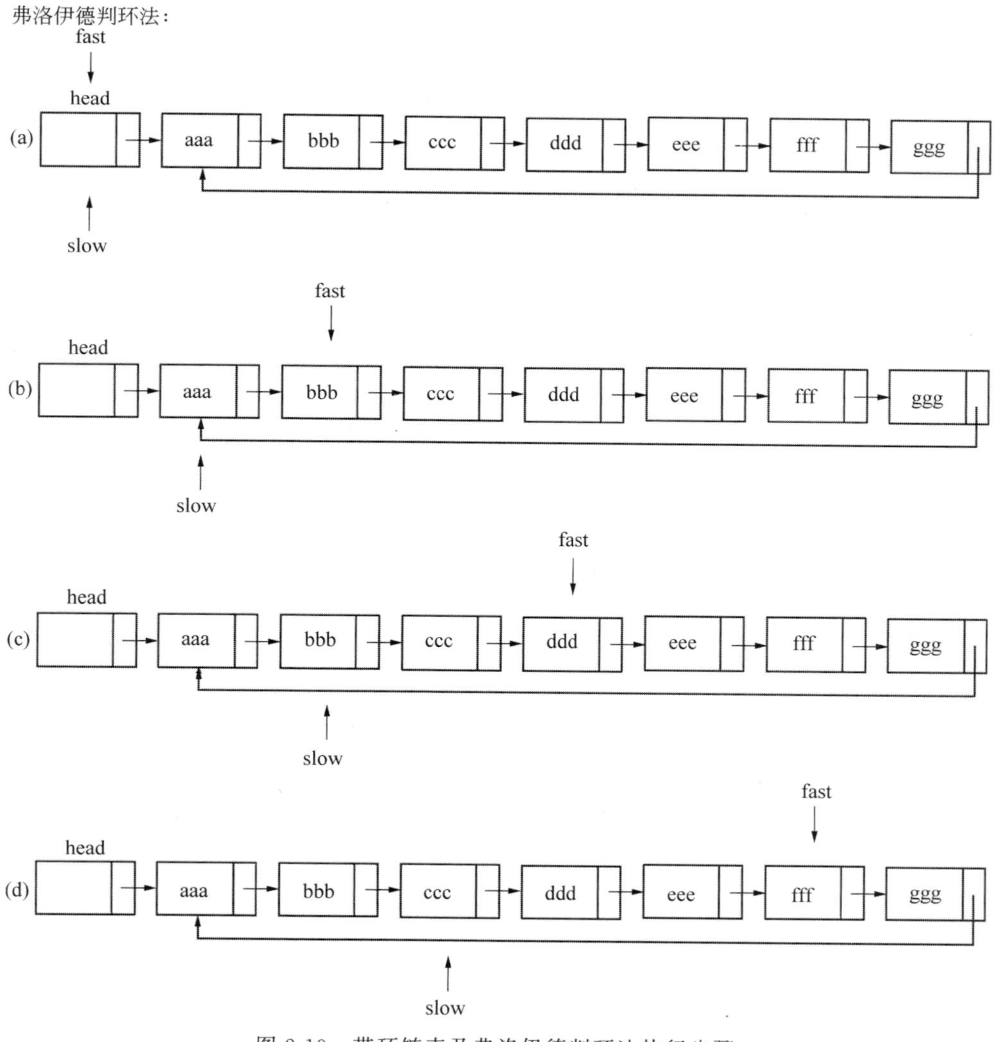

图 2-19　带环链表及弗洛伊德判环法执行步骤

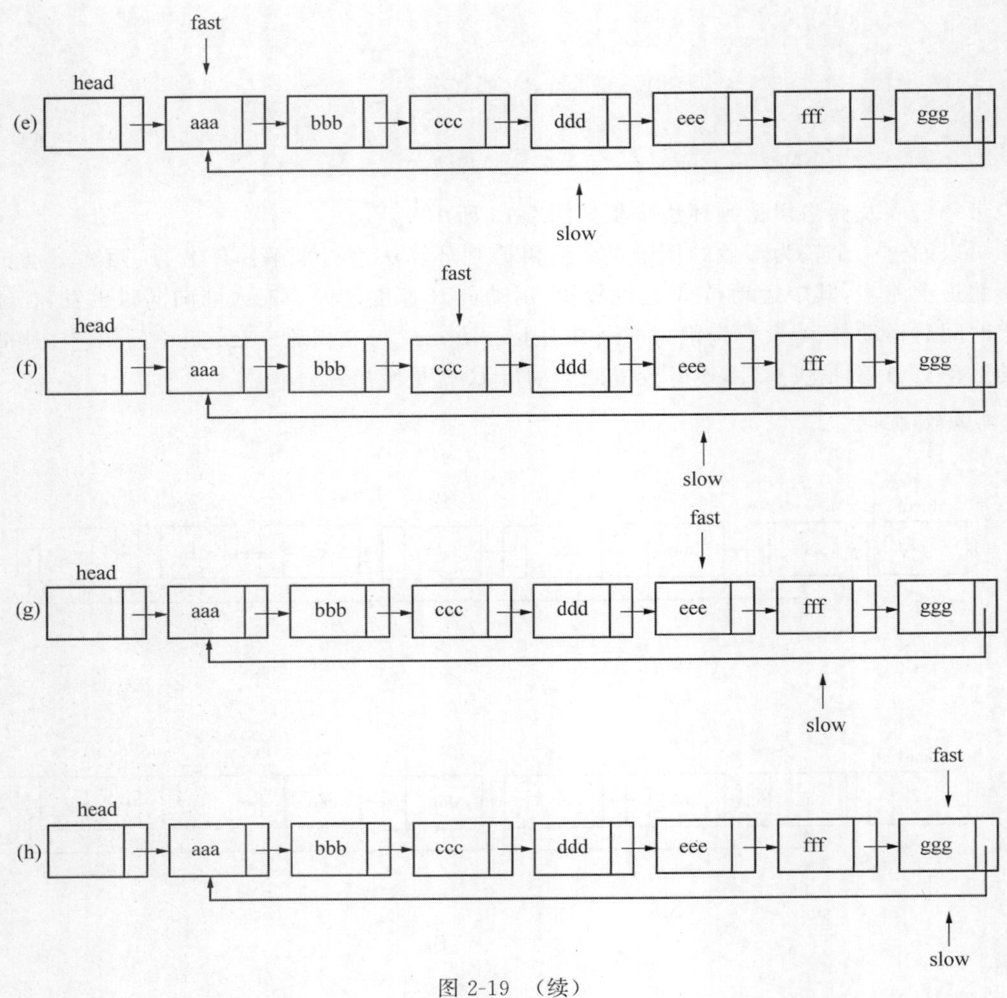

图 2-19 （续）

3. 十字链表结构

在线性代数中，给出了稀疏矩阵的概念。假设某矩阵 $\mathbf{A}_{mn}$ 当中存在 k 个非 0 元素，则当 $k/mn \leqslant 0.05$ 且非 0 值的存在位置没有规律时，将矩阵 $\mathbf{A}_{mn}$ 称为稀疏矩阵。如果将一个稀疏矩阵使用二维数组进行存储将会浪费大量空间用来存储 0 值。为了避免空间浪费，可以使用十字链表结构对稀疏矩阵进行存储。在十字链表结构中，每个节点的数据域都只用来保存非 0 元素取值，并且在保存非 0 元素取值的同时，记录这个非 0 元素所在的行列下标；此外，每个节点通过两个指针域，分别指向本行中的后继节点和本列中的后继节点，从而起到使用最小空间代价保存整个稀疏矩阵的目的。

十字链表节点的定义，代码如下：

```
/**
```

```
十字链表节点类型定义
 */
public class Node {

    int data;                                //保存非 0 值的数据域

    int rowIndex;                            //非 0 值行下标
    int colIndex;                            //非 0 值列下标

    Node rowNext;                            //行后继指针域
    Node colNext;                            //列后继指针域

}
```

十字链表保存稀疏矩阵，如图 2-20 所示。

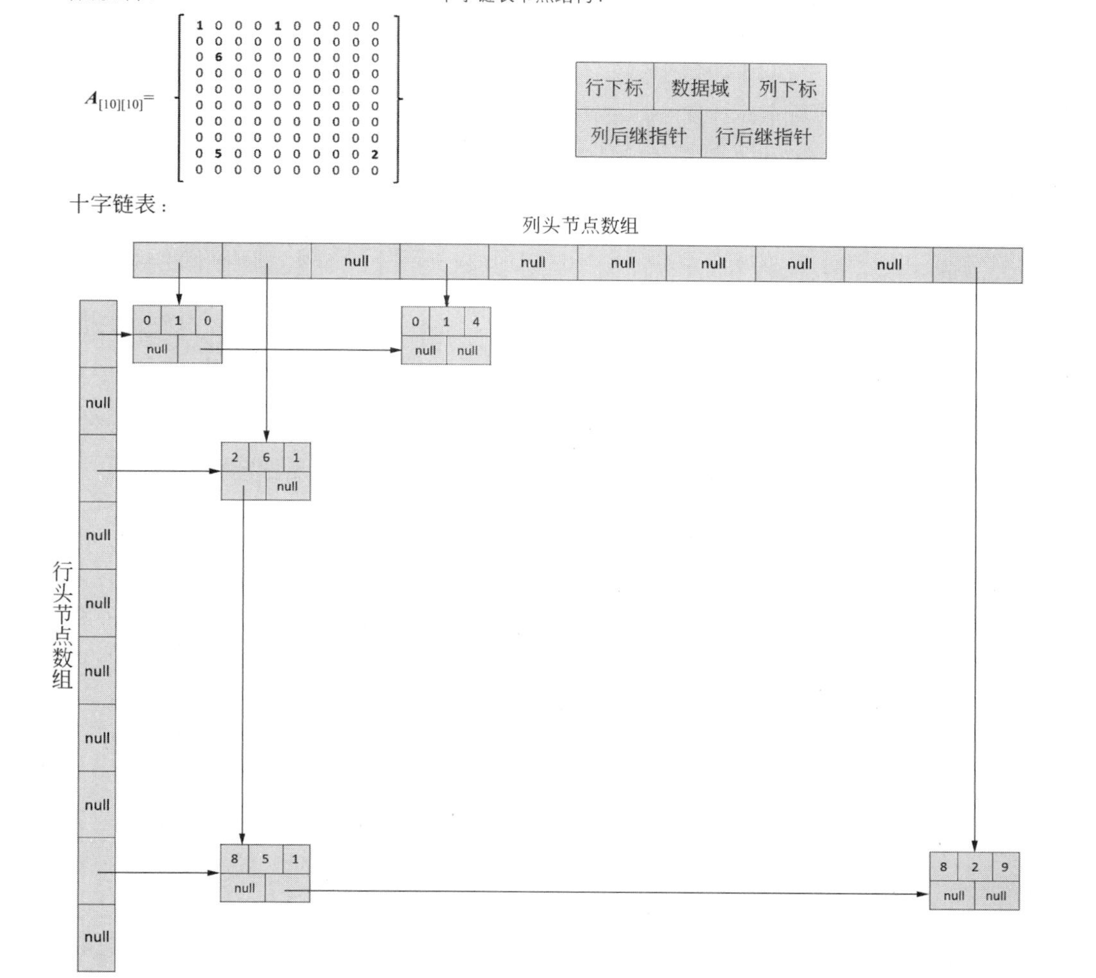

图 2-20　十字链表保存稀疏矩阵示意图

4. 跳跃表结构

关于链表结构对元素进行查找的时间复杂度在 2.2.2 节中已经讲解过：因为受限于链表结构节点间内存地址不连续的内存特性，所以链表结构进行元素查找的时间复杂度为 $O(N)$，并且这一限制在进行元素增删的过程中也有所体现。虽然在双链表结构中，通过双端查找的方式对这一问题进行了优化，但其性能仍旧有进一步提升的空间。在跳跃表结构中，元素查找的时间复杂度被进一步降低到了 $O(\log N)$ 的级别，与在元素有序的数组结构中进行二分查找的效率相当。接下来开始对跳跃表结构和相关操作进行讲解。

首先对跳跃表的节点结构进行讲解。为了方便说明，直接给出跳跃表节点结构的示意图，如图 2-21 所示。

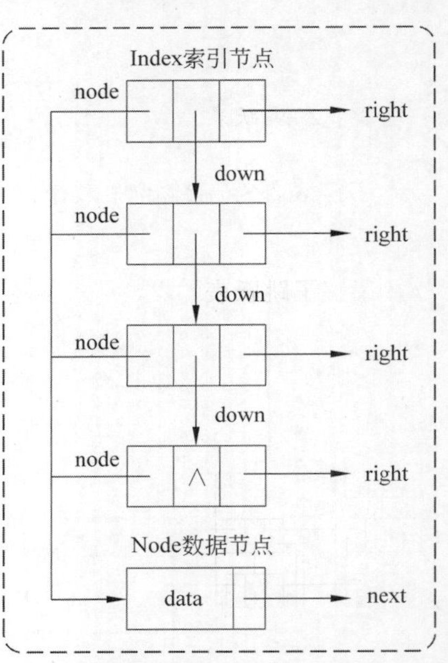

构成跳跃表的一个数据单元

图 2-21　跳跃表的节点结构

从图 2-21 中不难看出，跳跃表的节点由两部分构成，其中最下层的 Node 类型节点中不仅定义了用于保存数据的数据域 data，同时还定义了指向后继 Node 节点的后继指针域 next；在 Node 类型节点的上层，同时存在多层的 Index 类型节点。Index 类型节点由 3 部分构成：指向同列最下层保存数据的 Node 节点的指针域 node、向下指向同一列下一层 Index 节点的 down 指针域和向右指向同一层级右侧下一个 Index 节点的 right 指针域。从图上看来，可以将由一个 Node 类型节点和上层多个 Index 节点共同构成的一列结构看作构成跳跃表的一个数据单元。为了方便后续说明，可以将 Node 类型节点称为数据节点；将 Index 类型节点称为索引节点。

构成跳跃数据表数据单元的两种节点类型的定义，代码如下：

```
/**
 Chapter2_ArrayAndLinkedList
 com.ds.linked
 MySkipList.java
 自定义跳跃表封装类型
  */
public class MySkipList {

    //数据单元数据节点
    private static class Node {
        Object data;                                    //数据域
        Node next;                                      //后继指针域
    }
```

```
    //数据单元索引节点
    private static class Index {
        Node node;                                //指向同一单元数据节点的指针域
        Index down;                               //指向同列下一层索引节点的指针域
        Index right;                              //指向下一单元同层索引节点的指针域
    }

}
```

注意：在跳跃表结构当中，虽然可以将同一列的多个索引节点和一个最下层的数据节点看作在同一个数据单元中的节点，但是实际上在很多实际开发场景中并不会对这种"数据单元"单独地进行数据类型定义。这样做的目的是减少引用变量的包裹层数，方便元素增删操作。

在了解了跳跃表结构的节点构成之后，接下来给出完整的跳跃表结构示意图，如图 2-22 所示。

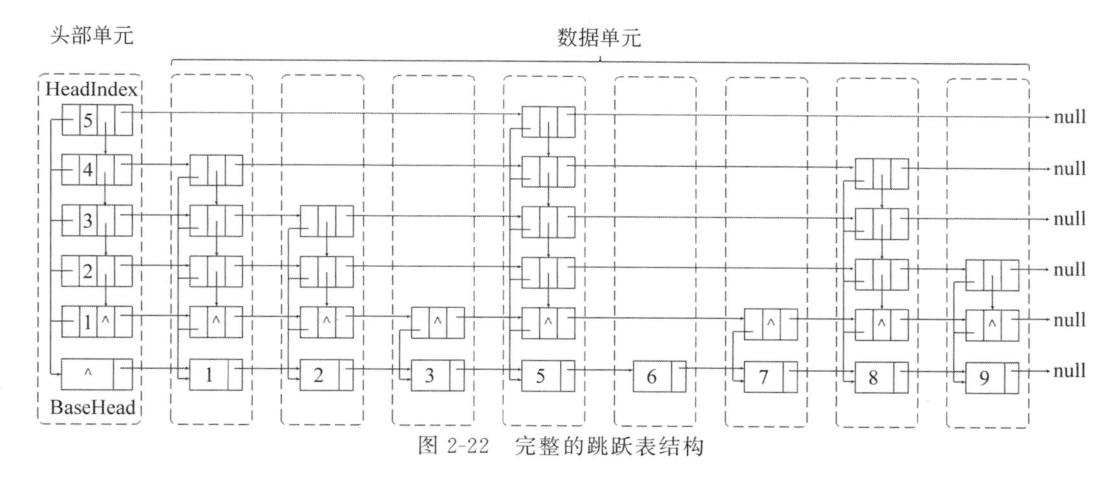

图 2-22　完整的跳跃表结构

注意：为了使图上结构不过于复杂，在后续跳跃表的示意图中将不展示索引节点中指向同一列下数据节点的指针示意线条。

从图 2-22 所示的完整跳跃表结构当中，可以得到如下信息：

(1) 在跳跃表结构中，除了数据节点和索引节点构成的数据单元之外，还额外存储了一个类似于一般链表结构头节点的头部单元。头部单元同样可以分为两部分：由头部单元索引节点 HeadIndex 对象构成的上层索引与充当最底层所有数据节点构成链表结构头节点的一个 Node 类型对象。头部单元索引节点 HeadIndex 的结构与一般数据单元中的索引节点 Index 类型的构成十分相似，只是 HeadIndex 类型除了具有 node、down、right 这 3 个指针域外，还额外增加了用于记录索引层数的 level 变量。

跳跃表头部单元索引节点定义的方式，代码如下：

```
/**
 Chapter2_ArrayAndLinkedList
 com.ds.linked
 MySkipList.java
 自定义跳跃表封装类型
 */
public class MySkipList {

    //数据单元数据节点
    private static class Node {
        Object data;                          //数据域
        Node next;                            //后继指针域
    }

    //数据单元索引节点
    private static class Index {
        Node node;                            //指向同一单元数据节点的指针域
        Index down;                           //指向同列下一层索引节点的指针域
        Index right;                          //指向下一单元同层索引节点的指针域
    }

    /**
     头部单元索引节点
     头部单元索引节点在继承自数据单元索引节点的基础上添加了用来表示索引层数的 level
变量
     索引的层数是自下而上逐层递增的
     */
    private static class HeadIndex extends Index {
        int level;
    }

}
```

（2）跳跃表中每个数据单元所包含的索引节点的层数是不相同的，某些数据单元中具有很多层级的索引节点，而某些数据单元中只具有 1 层甚至不具有索引节点，而在头部单元中，头部索引的层数总是与数据单元中最高的索引层数一致，并且在数据单元的多层索引结构中，总是先有下层索引再有上层索引，上层索引不能在下层索引不存在的前提下“飘浮”存在。

（3）跳跃表结构最底层的数据节点之间构成了一个完整的链表结构。链表的头节点保存在头部单元中，其余节点分别保存在后续的数据单元中。

（4）因为每个数据单元中索引的层数不同，所以每个索引节点的 right 指针域指向的同层后继索引节点也都是不连续的，并且头部单元中每层索引节点的 right 指针域总是指向同一层当中与之最近的同层数据单元索引节点。

观察整个跳跃表结构可以看出：跳跃表结构相当于在一般链表结构的基础上，为其添加了上层的索引部分，而添加索引部分的目的很明显是为了提高节点定位的效率，所以不论是在跳跃表中进行节点的定位，还是基于节点定位的增删操作都得益于这种索引结构，在操作效能上得以提升。下面开始对跳跃表结构的节点定位操作和节点之间的增删操作进行讲解。

在实际开发场景当中，跳跃表常常用来按照表中元素的取值来对元素顺序进行维护，而不是使用下标对元素插入顺序进行维护。例如将一组整型数据{5，7，1，3，2，6，8，4}按照顺序添加到跳跃表结构中，在默认情况下上述数据在跳跃表中的存储顺序最终为{1，2，3，4，5，6，7，8}，所以在讲解跳跃表结构中的元素定位问题时，同样按照元素取值对比的方式进行说明。下面将跳跃表结构中节点定位操作拆分成3个步骤进行说明。

步骤1：同层索引的层内查找。查找操作的初始化状态，总是从头部单元中的最高层级的索引节点出发。也就是说，跳跃表的元素查找操作是从上而下进行的。在层内查找过程中，使用一个索引类型的引用变量 currentIndex，从本层起始位置的头部单元索引节点出发，沿 right 指针域遍历本层所有索引节点。在 currentIndex 变量指向一个索引节点后，用 currentIndex 指向索引节点 node 指针域指向的数据节点中，数据域的取值与目标取值进行比较。如果 currentIndex 指向索引节点所在列（数据单元）的数据节点数据域取值与目标取值恰好相等，则表示目标节点已找到。如果目标取值大于数据节点数据域取值，则 currentIndex 沿 right 指针域继续同层向右寻找；如果 currentIndex 所在列的数据节点数据域取值更大或者 currentIndex 已经指向空（遍历到同层索引链表的尾端），则回退到 currentIndex 左侧前序索引节点，进行降层操作。

同层索引的层内查找操作过程如图2-23所示。

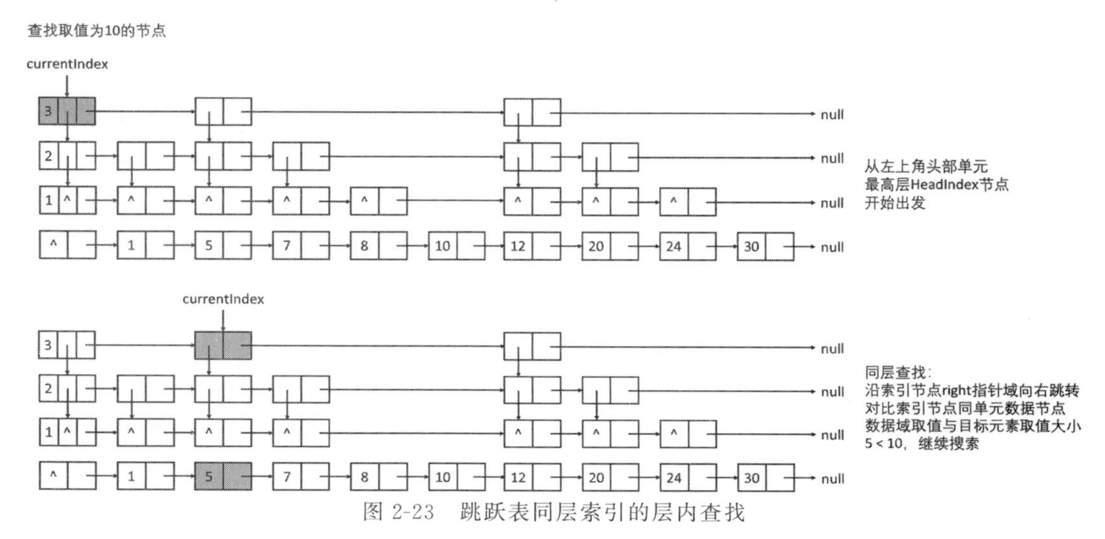

图2-23　跳跃表同层索引的层内查找

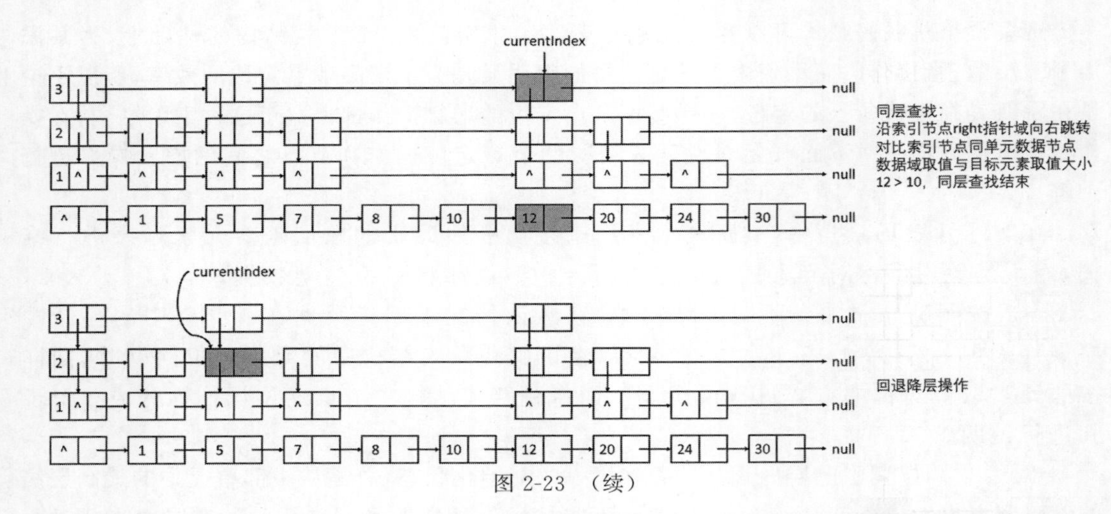

图 2-23 （续）

步骤 2：降层操作。降层操作实际上就是沿索引节点的 down 指针域向下一层移动 currentIndex 变量的操作。需要注意的是，在进行降层操作的时候，并不是每次都会将 currentIndex 变量降至下一层头部单元的 HeadIndex 处。因为在降层操作之前，currentIndex 向左回退只是回退到它的前驱节点上，而如果同一层当中存在多个 Index 类型的索引节点，currentIndex 就可能不会回退到起点位置的 HeadIndex 索引上。在降层的过程中，如果 currentIndex 指向索引节点的 down 指针域不为空，则说明此时跳跃表中还存在更下层的索引结构，正常降层即可，降层后重复执行层内查找和降层操作，但是如果 currentIndex 指向索引节点的 down 指针域指向 null，则表示此时 currentIndex 已经处于跳跃表多层索引结构的最下层，更下层即为保存数据的 Node 节点构成的链表结构。此时将 currentIndex 指向索引节点 node 指针域指向的数据节点取出，准备进行数据节点链表遍历工作。

降层操作的两种情况分别如图 2-24 和图 2-25 所示。

步骤 3：目标数据节点的定位。降层操作完毕后会得到一个 Node 类型的数据节点，在此使用 currentNode 进行表示。通过上述同层索引节点查找和降层操作不难看出：此时 currentNode 指向的数据节点一定是目标数据节点的前驱节点，因此，只要将 currentNode 节点沿着每个数据节点的 next 后继指针域不断向后进行遍历并进行元素比较操作，直到找到目标节点，或者确定目标节点不存在即可，如图 2-26 所示。

在讲解完相对复杂的节点查找操作之后，继续对跳跃表的元素插入、删除操作进行讲解。

首先讲解跳跃表的元素插入操作。跳跃表的元素插入操作可以分为创建新数据单元及新建数据单元的定位与插入两大步骤。

步骤 1：创建新数据单元。在创建一个数据单元的时候，不仅要创建其中用于保存数据的 Node 类型节点，同时还要指定数据节点上层的索引节点有多少层。在确定索引节点层数方面，有以下两种较为常见的算法实现：随机数法和掷硬币法，其中随机数法就是生成一个非负整数，直接作为索引节点的层数使用，根据该取值逐层向上生成连续的索引节点；掷硬币法则是在生成每层索引节点之前，先产生一个随机数，根据随机取值所在的范围决定是否生成本层索引。例如创建一个取值范围为[0,1]的随机数 n，如果 n 的取值为 1，则生成

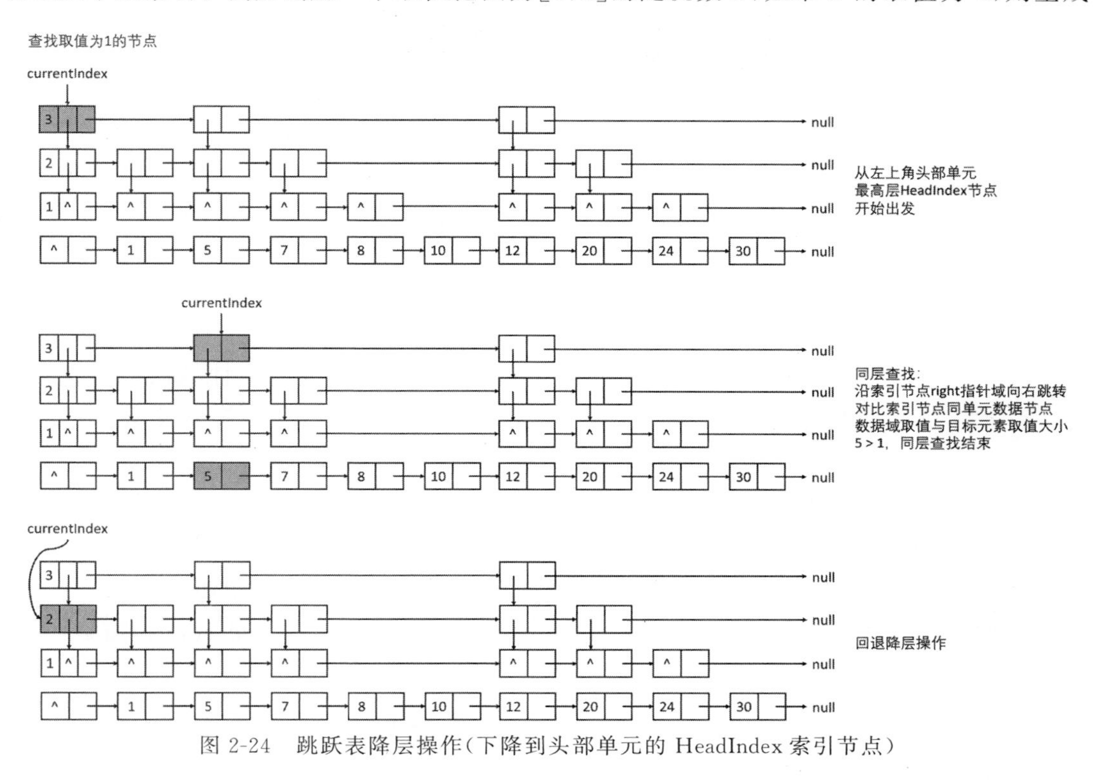

图 2-24　跳跃表降层操作(下降到头部单元的 HeadIndex 索引节点)

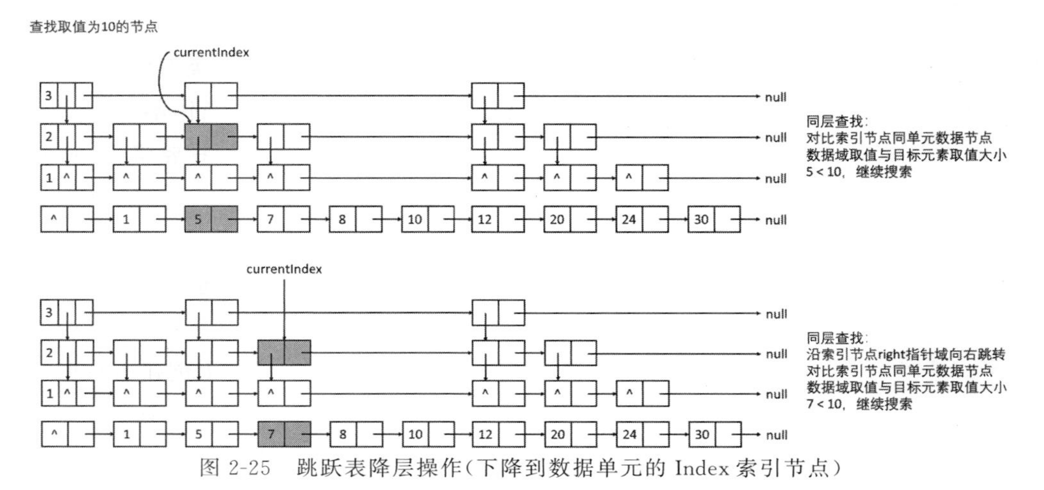

图 2-25　跳跃表降层操作(下降到数据单元的 Index 索引节点)

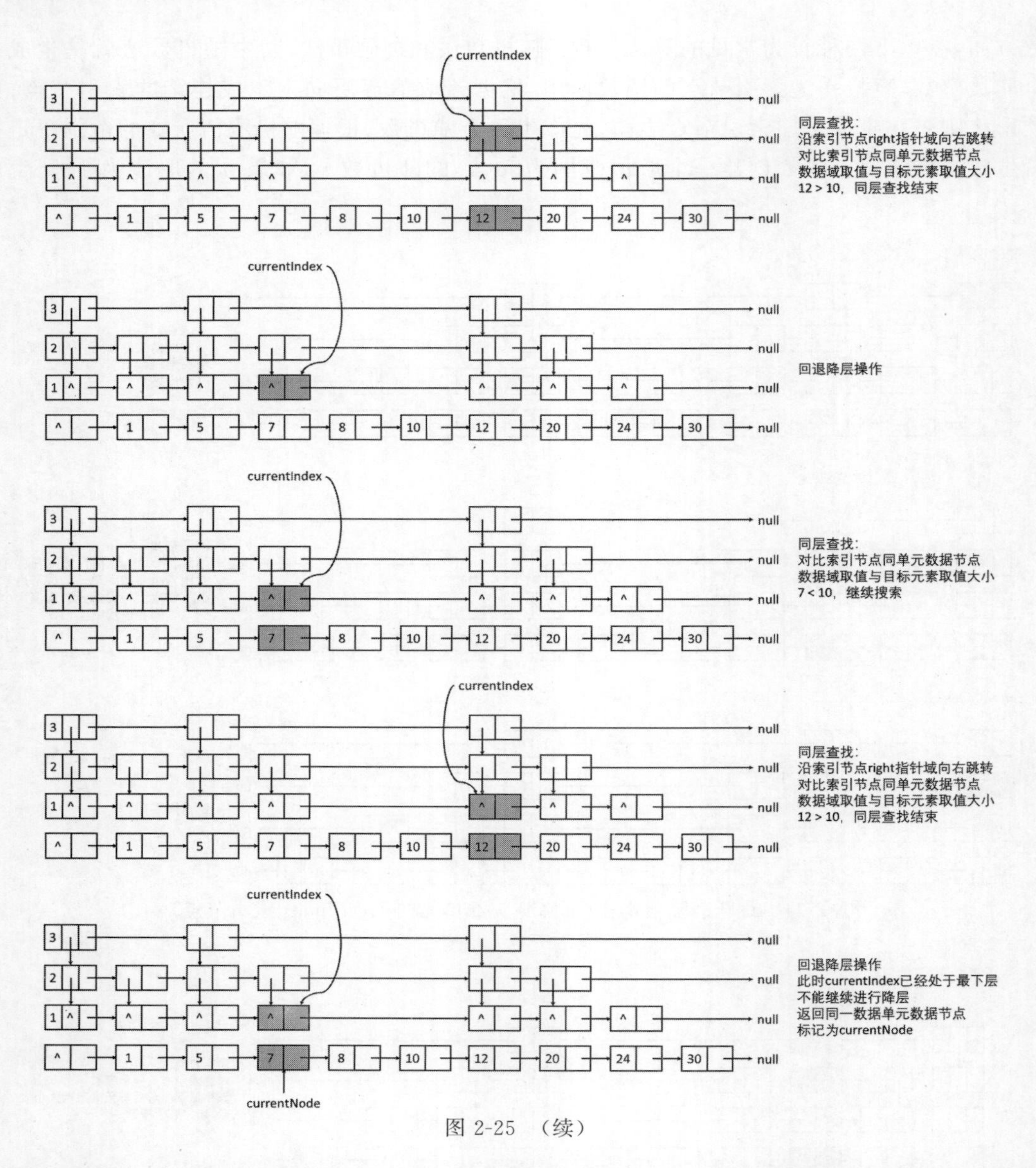

图 2-25 （续）

本层索引节点；如果 n 的取值为 0，则不生成本层索引节点，并且整个数据单元的索引节点生成操作也到此结束。不论是通过哪一种形式创建数据单元中的多层索引，其层数一般在 0 到 32。

通过随机数法和掷硬币法创建数据单元的代码如下：

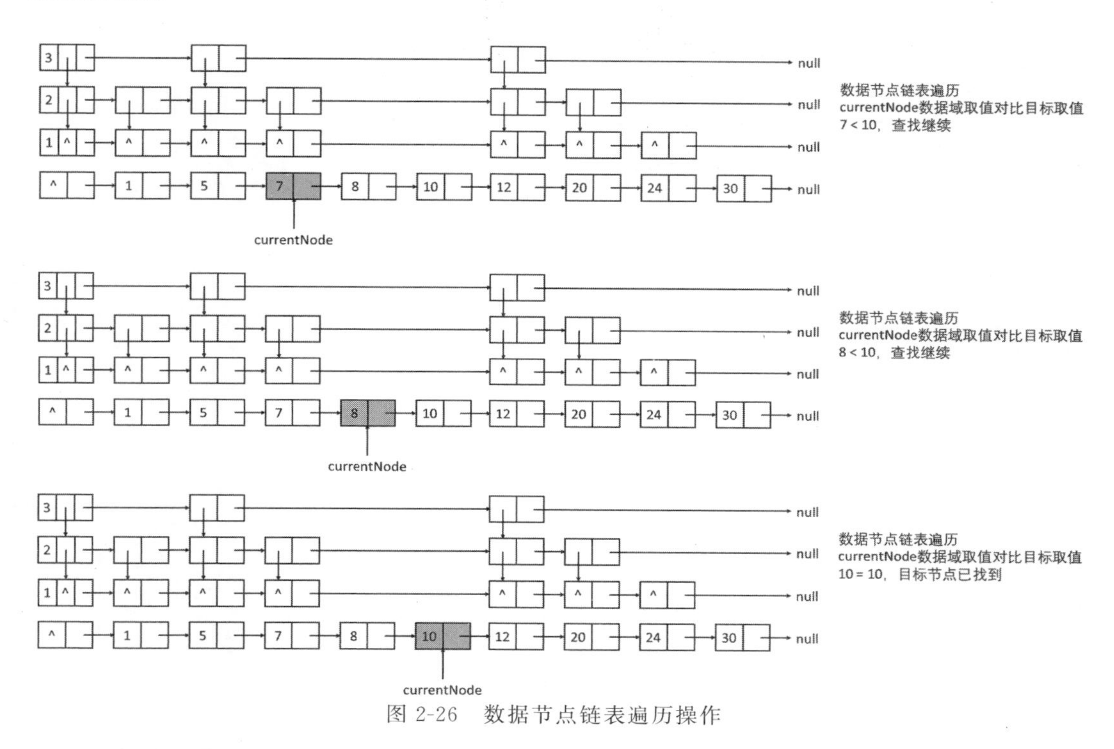

图 2-26　数据节点链表遍历操作

```
/**
 Chapter2_ArrayAndLinkedList
 com.ds.linked
 MySkipList.java
 自定义跳跃表封装类型
 * /
public class MySkipList {

    //数据单元数据节点
    private static class Node {
        Object data;                              //数据域
        Node next;                                //后继指针域
    }

    //数据单元索引节点
    private static class Index {
        Node node;                                //指向同一单元数据节点的指针域
        Index down;                               //指向同列下一层索引节点的指针域
        Index right;                              //指向下一单元同层索引节点的指针域
    }
```

```
/**
 通过随机数法创建数据单元中的多层索引
 返回结果为
     如果索引层级为 0,则返回 null
     如果索引层级大于 0,则返回最上层索引对象
 */
private Index createDataUnitByRandom(Node node) {

    /*
     1.通过随机数产生索引层数
     Java 中 Math.random()函数的返回值为 double 类型
     其取值范围为[0.0, 1.0)
     */
    int level = (int)(Math.random() * 33);

    //2.根据随机数取值创建上层索引结构
    Index downIndex = null;
    Index idx = null;
    for(int i = 1; i <= level; i++) {
        idx = new Index();
        idx.node = node;
        idx.down = downIndex;
        downIndex = idx;
    }
    /*
     循环结束后 idx 的取值:
        若 level == 0,则 idx = null;
        若 level > 0,则 idx 指向多层索引的最上层索引
     */

    return idx;

}

/**
 通过掷硬币法创建数据单元中的多层索引
 返回结果为
     如果索引层级为 0,则返回 null
     如果索引层级大于 0,则返回最上层索引对象
 */
private Index createDataUnitByTossCoin(Node node) {

    //1.创建一个最多执行 32 次的循环,表示掷硬币、创建多层索引的过程
    Index downIndex = null;
    Index idx = null;
```

```
        for(int i = 0; i < 32; i++) {

            //2.掷硬币:产生一个取值范围为[0, 1]的随机数 n
            int n = (int)(Math.random() * 2);

            //3.根据随机数取值决定是否生成本层索引
            if(n == 1) {
                //3.1 生成本层索引节点
                idx = new Index();
                idx.node = node;
                idx.down = downIndex;
                downIndex = idx;
            } else {
                //3.2 不生成本层索引节点且索引节点生成操作结束
                break;
            }

        }
        /*
        循环结束后 idx 的取值:
            若 level == 0,则 idx = null;
            若 level > 0,则 idx 指向多层索引的最上层索引
         */

        return idx;

    }

}
```

在 Java 的 java.util.concurrent 包下的 ConcurrentSkipListMap 与 ConcurrentSkipListSet 中，对于上层索引的生成方式更加巧妙：创建一个 int 型随机数 n，首先用 n 的二进制位的最高位与最低位进行对比，如果 n 最高位与最低位同时为 0(n 为正偶数)，则为当前数据单元创建一层上层索引，否则新建数据单元的上层索引层数为 0，算法直接结束。在创建了一层上层索引的前提下，继续从 n 的二进制位的倒数第 2 位(从右向左的第 2 位)开始逐位进行扫描：如果二进制位为 1，则生成一层索引；如果二进制位为 0，则停止生成索引。也就是说，这种方式生成的索引层数与随机正偶数 n 的二进制位中从倒数第 2 位开始向左连续 1 的数量加 1 相等。根据 int 值由 32 位二进制位表示可以得知，这样做即使不通过循环的次数进行限制，最终生成的索引层数也不会超过 32 层。

在创建新数据单元的过程中，新数据单元所具有的索引层数有可能超过跳跃表头部单元中现有 HeadIndex 的索引层数。此时需要提升头部单元中 HeadIndex 索引的层数，与新建数据单元的索引层数对齐，但是如果在 ConcurrentSkipListMap 与 ConcurrentSkipListSet 中发生上述情况，则不论新建数据单元中索引层数为多少层，头部单元都只会将头部索引的层数提高一层，并反向影响新建数据单元中索引的层数与之对齐。例如在当前跳跃表中最高索引层数

为 7 层，即跳跃表头部单元中 HeadIndex 的层数为 7 层的情况下，若在新建数据单元中计算得到索引层数为 10 层，则跳跃表头部单元只会将 HeadIndex 的层数更新为 8 层，并且以 8 层为标准将新建数据单元的上层索引层数降低至 8 层。这样做的目的在于节省内存空间并降低索引节点查找次数。因为即使新建数据单元中上层索引的层数高出头部单元中头部索引的层数很多，头部索引中新提升出来的部分也只能单独地指向这一个新建的数据单元，这和只提升 1 层效果是一致的，而多出来的头部索引层在节点定位的过程中还会导致不必要的同层索引查找和降层，从而降低节点定位效率。

步骤 2：新建数据单元的定位与插入操作。对高于新建数据单元索引层数的头部索引节点不需要进行任何变动，因为这些头部索引节点不可能指向新建数据单元中的任何索引节点。当跳跃表头部索引节点的层次与新建数据单元的最高索引节点对齐后，逐层定位新建数据单元本层索引节点插入位置的直接前驱、后继索引节点。这一过程与一般的节点查找操作中，通过同层查找、降层实现的前驱索引节点定位是相似的。在找到插入位前驱索引节点后，即可根据其 right 指针域取值，定位到插入位后继索引节点。插入位前驱、后继索引节点定位完毕后，将新建数据单元本层索引节点整合到跳跃表结构中。在完成对新建数据单元所有索引节点的插入操作后，还要进一步实现对新建数据单元中数据节点的插入操作。

跳跃表新建数据单元的插入操作流程分别如图 2-27 和图 2-28 所示。

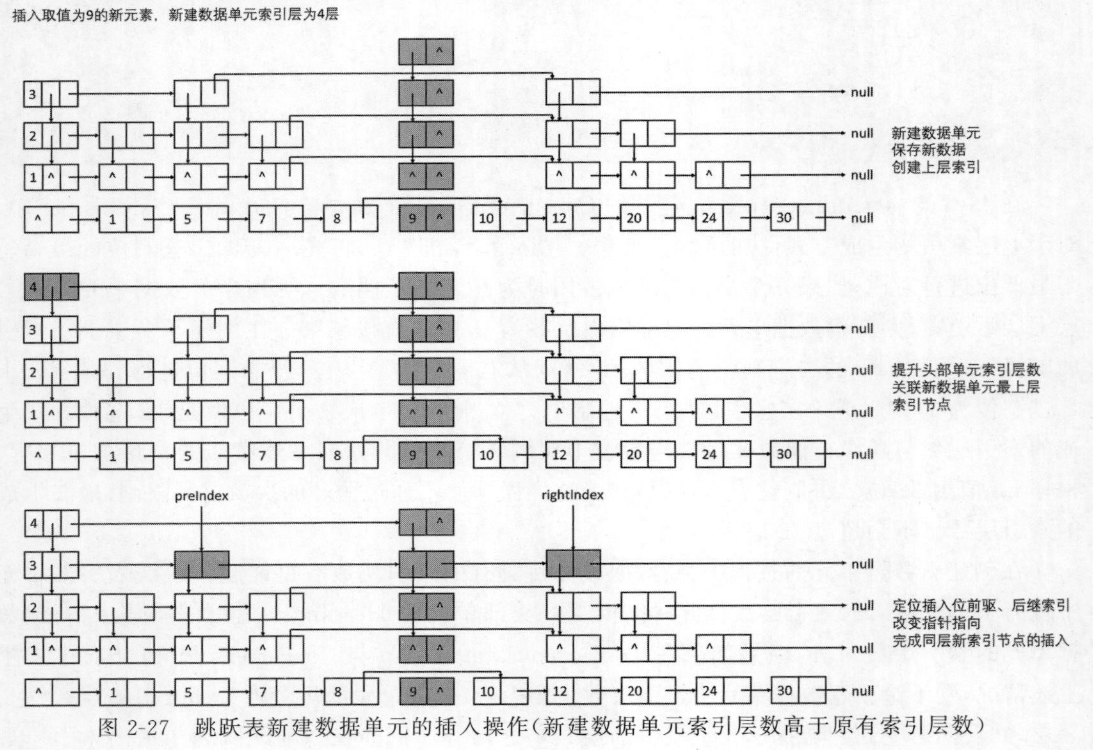

图 2-27 跳跃表新建数据单元的插入操作(新建数据单元索引层数高于原有索引层数)

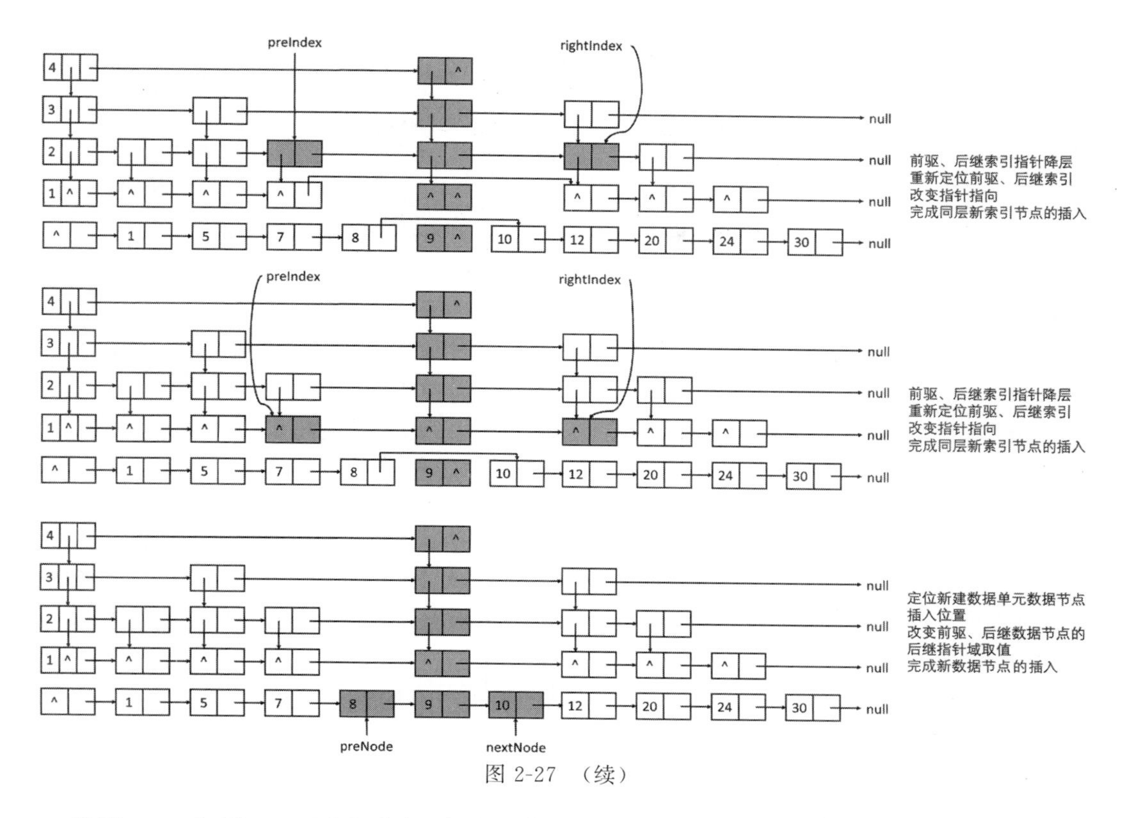

图 2-27 （续）

从图 2-27 和图 2-28 可以看出，在处理索引节点的插入时，同样使用了降层操作。与节点查找操作相似的是，插入操作中的降层也并非每次都会将前驱节点指针下降到下一层的 HeadIndex 上，之所以能够如此操作，同样是因为在跳跃表结构中除最底层的索引节点外，其他上层索引节点存在的前提条件是其存在下层所有的索引节点。通过这种“不回头”的索引节点定位方式，能够大幅提升插入位置前驱索引的定位速度。

在跳跃表中删除元素的操作，实际上就是同时删除这个元素所在的数据单元的过程。在删除数据单元索引的过程中，对原有跳跃表中高于被删除数据单元索引层数的部分不需要进行处理，对于层数小于或等于被删除数据单元索引层数的部分，首先依然是对删除数据单元中每层索引节点的前驱索引节点和后继索引节点进行定位，然后改变前驱索引节点中 right 指针域取值，使其绕过同层被删除索引节点，直接指向其后继索引节点。在处理完索引节点后，还要对被删除数据单元中的数据节点进行同样操作，使其前驱数据节点绕过被删除的数据节点，指向后继的数据节点。数据单元删除处理完毕后，如果被删除数据单元具有最高的索引层数，并且其他数据单元中的索引层数都小于最高索引层数，则要对头部单元中的 HeadIndex 索引层数进行降层处理，具体的处理方式即为删除头部单元中 right 指针直接指向 null 的 HeadIndex 节点。

跳跃表删除数据单元的操作流程分别如图 2-29 和图 2-30 所示。

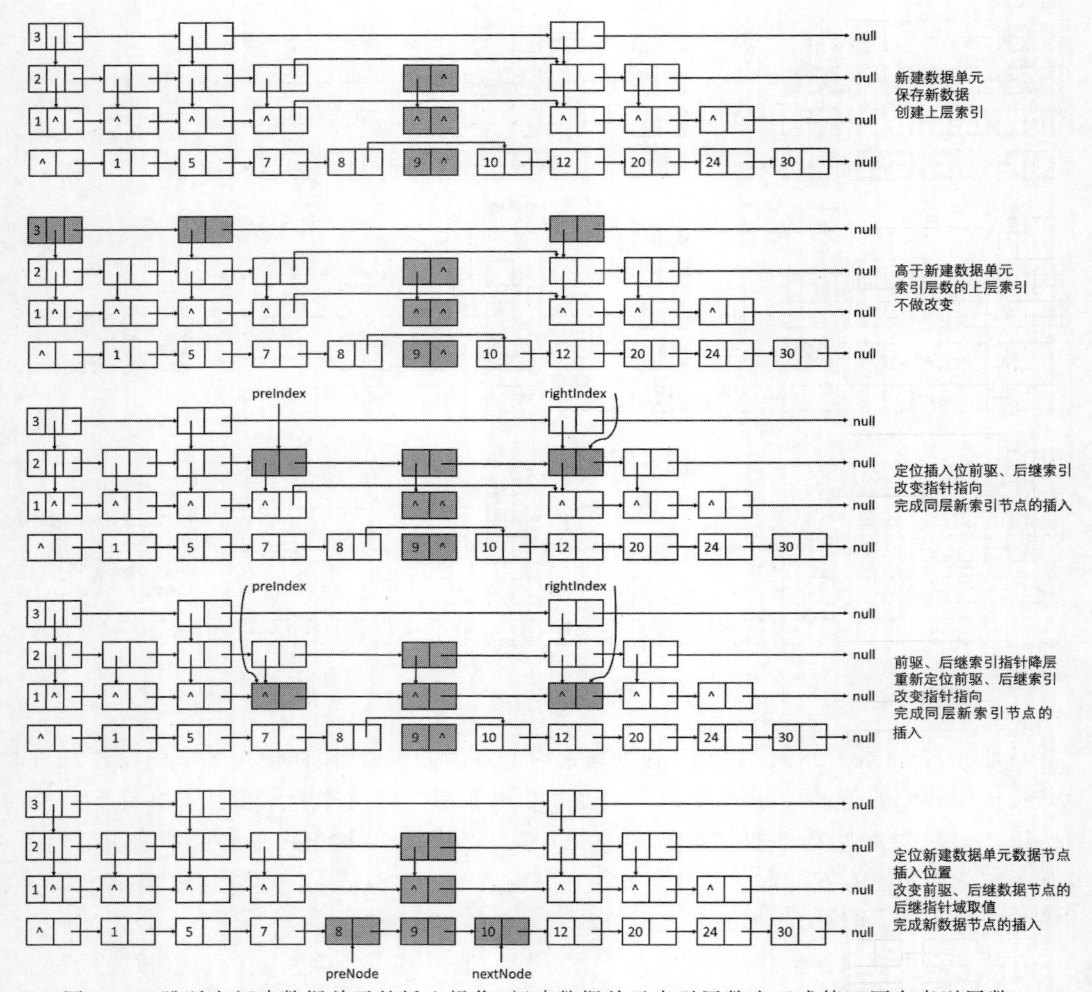

图 2-28　跳跃表新建数据单元的插入操作(新建数据单元索引层数小于或等于原有索引层数)

注意：跳跃表部分的代码实现内容较多，考虑到章节篇幅在此不进行代码示例的展示。下面对跳跃表的时间复杂度与空间复杂度进行分析。

在开始分析跳跃表结构的时间复杂度与空间复杂度之前，首先给出跳跃表结构中各层索引节点数量与元素数量之间关系的说明。假设存在一个保存 N($N>0$ 且 N 为 2 的整数次幂)个元素且结构理想、索引节点分布均匀的跳跃表，根据索引节点生成的方式可以得知：每个索引节点生成的概率是 1/2，并且在必须存在下层索引节点的前提下才能生成上层索引节点。由此可见，相邻的两层索引节点之间，上层索引节点的数量总是下层索引节点数量的 1/2。那么在这个跳跃表结构当中：第 1 层索引节点的数量为 $N/2$ 个，第 2 层索引节点的数量为 $N/4$ 个，第 3 层索引节点的数量为 $N/8$ 个……根据此规律可以计算得到，该跳跃

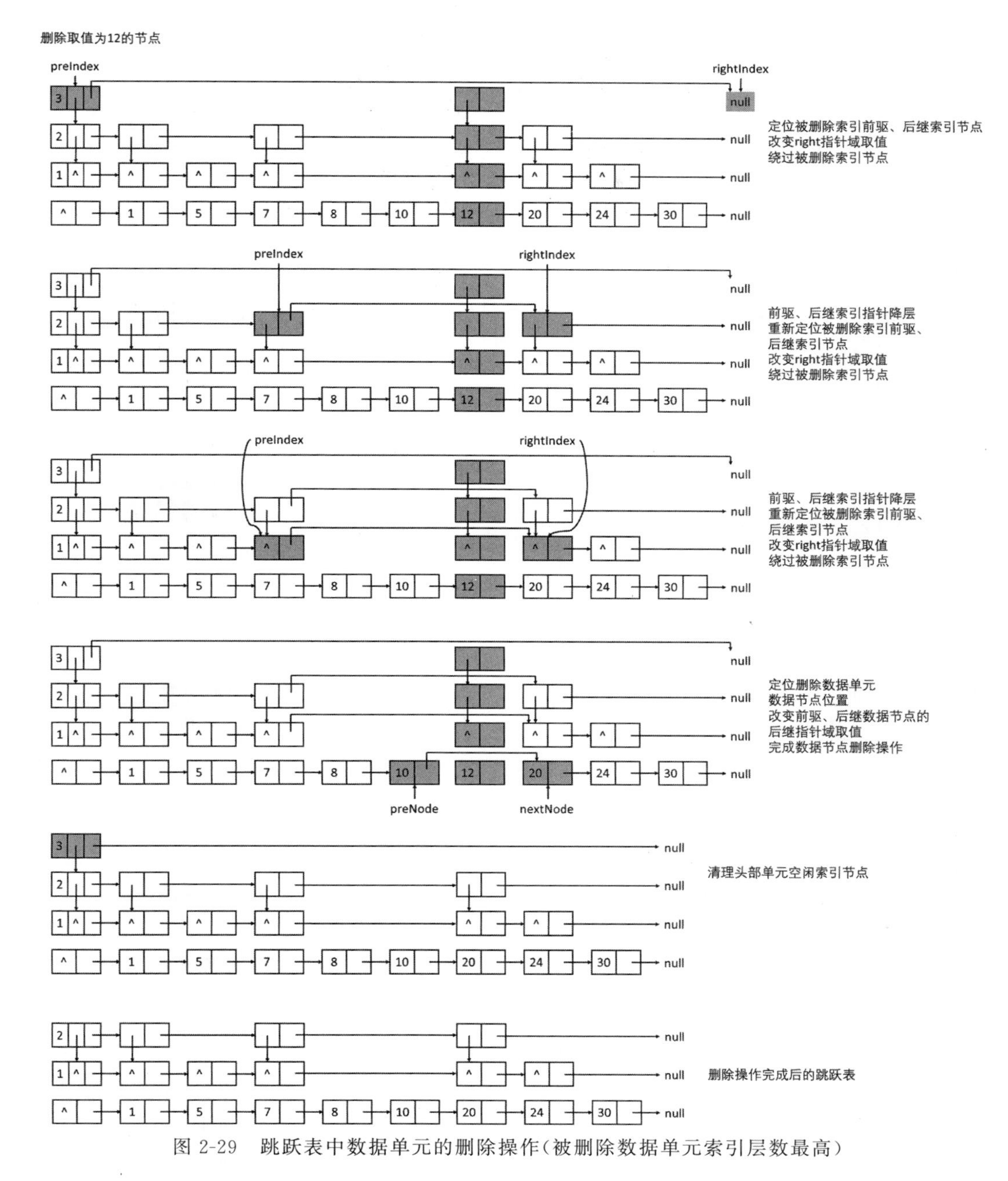

图 2-29 跳跃表中数据单元的删除操作(被删除数据单元索引层数最高)

表的索引节点与数据节点层数的总和应该不超过 $\log_2 N$ 层,并且最上层数据单元索引节点的数量为两个。

下面以如图 2-31 所示的结构理想的跳跃表为基础,对跳跃表时间复杂度与空间复杂度进行分析。

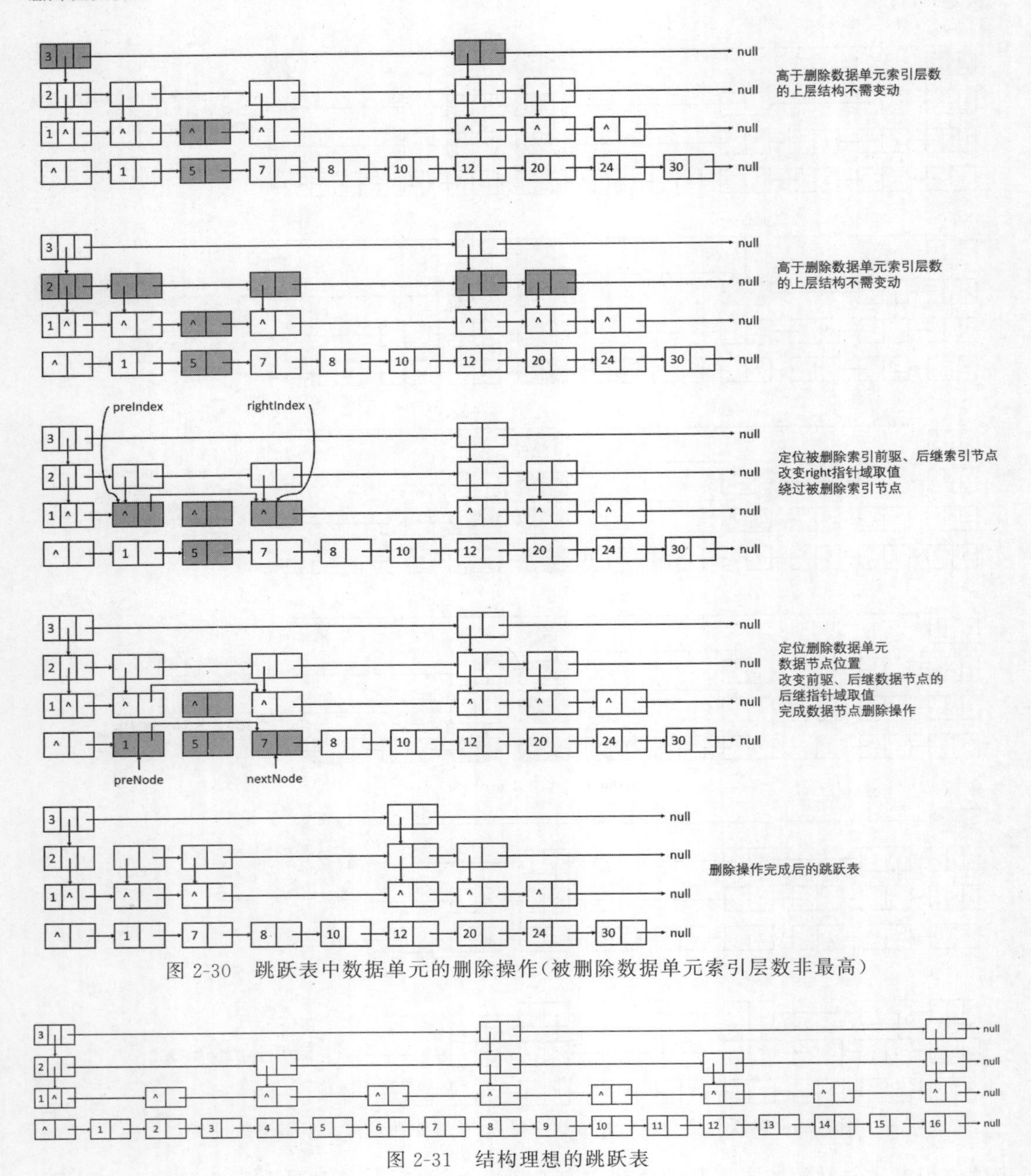

图 2-30　跳跃表中数据单元的删除操作(被删除数据单元索引层数非最高)

图 2-31　结构理想的跳跃表

在跳跃表中进行元素查找操作时,总是自上而下进行索引节点操作的,并且在一层索引节点定位失败而进行降层操作时,也仅仅是将索引指针回退一格,并不需要在降层后对下一层索引全部进行遍历,相当于是将下层索引节点进行二分后,选择其中的一半进行操作。根据这种逐层二分的索引操作方式可以得知：如果在某一层上进行元素搜索操作的索引节点数量为 M 个，则在降层后，下一层需要操作的索引节点数量为 $2\times M$（下层索引节点是上层索引节点的两倍）$\times 1/2$（被二分）$+1$（上层索引指针回退导致下层索引多比较 1 次）个。将最上层操作索引节点数量为 2（最上层 $M=2$ 的情况）代入公式进行求和，可以推导出在保存 N 个元素的跳跃表中进行元素搜索时，操作索引节点数量 Search(N)的公式如下：

$$\mathrm{Search}(N)=\log_2 N+2\times\sum_{k=1}^{\log_2 N}\left(2^k\times\frac{1}{2^k}\right)\tag{2-2}$$

式(2-2)等号右侧以加号为界：左侧表示因降层导致每层多比较 1 个索引节点数量的总和；右侧表示每层需要操作索引数量的总和。很明显，式(2-2)的化简结果为 $3\log_2 N$，去掉常量系数化简为时间复杂度表示方式即为 $O(\log N)$，为在理想结构跳跃表中进行元素查找的时间复杂度。

跳跃表结构的额外空间消耗来自对索引节点的存储。根据上述各层索引节点之间的数量关系，可以推导出保存 N 个元素的理想结构跳跃表中，索引节点数量 Index(N)的公式如下：

$$\mathrm{Index}(N)=\log_2 N+\sum_{k=1}^{\log_2 N-1}\frac{N}{2^k}\tag{2-3}$$

式(2-3)等号右侧同样以加号为界：左侧表示跳跃表头部单元中两种节点数量的总和；右侧表示所有数据单元中上层索引节点数量的总和。在将式(2-3)代入等比数列求和公式并进行化简后可以得到理想结构跳跃表用以存储索引节点的额外空间复杂度为 $\log_2 N+N-2=O(N)$；若考虑到跳跃表中用于保存数据的 N 个数据节点所带来的空间开销，其加和后的整体空间复杂度为 $\log_2 N+N-2+N=\log_2 N+2N-2$，化简后仍为 $O(N)$。

在实际开发环境下，跳跃表中保存数据的数量并不总是 2 的整数次幂，并且跳跃表的结构也并不总是理想的，因此通过式(2-2)及式(2-3)所推得的跳跃表时间复杂度与空间复杂度可以看作在平均情况下的取值。

当跳跃表中所有的数据单元均不具有上层索引节点时，跳跃表具有的最好空间复杂度为 $O(N)$，此时的跳跃表空间复杂度 $O(N)$ 相较于式(2-3)所得空间复杂度 $O(N)$ 具有更小的 N 的系数，而在这种情况下的跳跃表元素查找操作则具有的最坏时间复杂度为 $O(N)$，因为这种形态的跳跃表相当于退化为链表结构；当跳跃表中所有的数据单元均具有最高层次的上层索引时，跳跃表具有的最坏空间复杂度为 $O(N)$，但是此时 N 的系数为 $k+1$，其中 k 为跳跃表单个数据单元所允许具有的最高索引层数，远高于式(2-3)所得空间复杂度 $O(N)$ 中 N 的系数，并且在这种形态的跳跃表中进行元素查找操作同样具有最坏的 $O(N)$ 的时间复杂度，因为这一形态跳跃表中的任意一层索引结构都相当于一条长度为 N 的链表。

综上所述，合理规划跳跃表的索引层数、使用性能稳定的方式生成跳跃表数据单元的上层索引，从而保证跳跃表中索引节点的分布均匀，对于降低跳跃表的时间复杂度与空间复杂度具有重要意义。

第 3 章 栈和队列

在第 2 章当中通过对数组和链表相关知识的学习可以发现：数组和链表属于数据结构当中最基本的物理结构，在具体业务场景中使用时，往往需要进一步地进行封装，简化其操作方式，提升其操作效率。在对数组和链表进行高级封装的过程中，如果从元素的操作顺序上加以约束，就能够得到两种逻辑结构：栈和队列。

在对栈和队列这两种逻辑结构进行具体实现的过程中，其底层既可以使用数组进行实现，也可以使用链表进行实现。例如在 Java 语言的原生 API 中，对于栈结构的实现有 Stack 类型，其内部与 ArrayList 相似，都是使用数组进行封装的；对于队列结构的实现有 LinkedList 类型，其内部使用双链表结构进行封装，但是从 JDK 1.6 版本开始，LinkedList 同样实现了栈结构的相关操作，可以作为栈结构的实现进行使用，所以从这一点看来，对于栈和队列的学习重点应该放在两种结构的元素操作逻辑及相应的使用场景上。

本章内容的思维导图如图 3-1 所示。

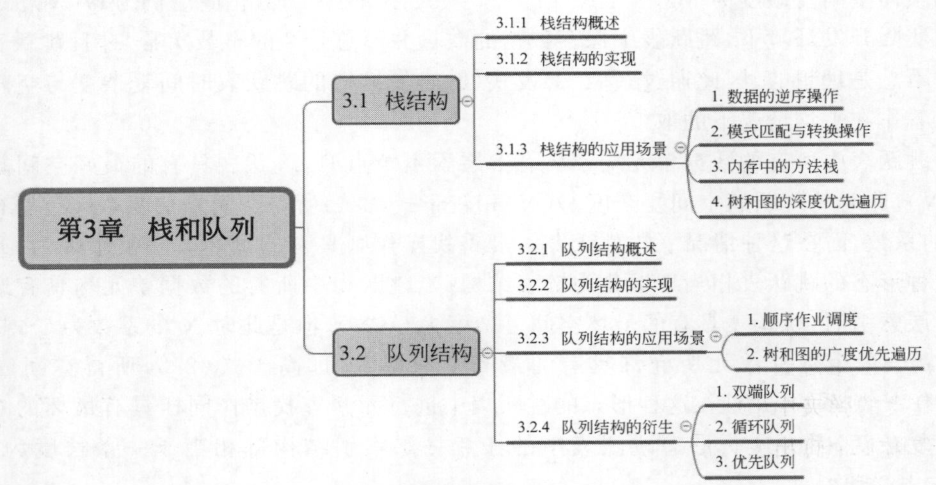

图 3-1 栈和队列章节思维导图

3.1 栈结构

3.1.1 栈结构概述

栈结构的逻辑特点是元素后进先出(Last In First Out,LIFO)。可以将栈结构理解为一个一端开口而另一端封闭的容器,在向容器中添加元素时,后加入的元素会"压住"先加入的元素,只有将后加入的元素逐个退出栈结构,才能将先加入其中的元素取出,而元素加入、退出栈结构的操作都是从同一端进行的。

在栈结构中,将元素加入栈结构的操作称为入栈(push),将元素从栈结构中退出的操作称为出栈(pop)。最先入栈元素所在的位置称为栈底(bottom),元素入栈、出栈所操作的一端称为栈顶(top)。栈底元素一定是栈结构中最先入栈的元素,而位于栈顶的元素一定是最后入栈的元素。在执行出栈操作时,栈顶元素最先出栈,栈底元素最后出栈。在 Java 中栈结构的实现类 Stack 类型下,还提供了看栈顶(peek)操作,即仅返回栈顶元素取值,但不将栈顶元素出栈操作的方法实现。

需要注意的是,当栈结构为空时对其继续执行出栈操作或看栈顶操作被认为是不正确的,此时通常以抛出异常的方式结束操作。

栈结构示意图如图 3-2 所示。

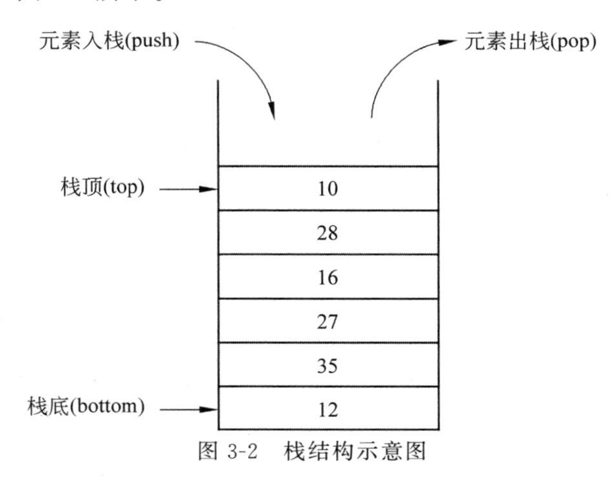

图 3-2 栈结构示意图

用一个形象恰当的例子解释栈结构:影视剧中所展示的枪支的弹夹与栈结构高度相似。在枪支的弹夹中,第一颗被压入的子弹将会被最后一个打出去,而最后一颗被压入的子弹将会被第 1 个打出去,所以很多编程人员也将元素入栈称为"元素压栈",而将元素出栈也称为"元素弹栈"。

3.1.2 栈结构的实现

在通过数组实现栈结构时,通常使用一个 int top 变量保存数组中栈顶元素的下标取值，初始化状态下 top＝－1。元素入栈的操作通过数组元素尾追加的方式实现，即以数组中有效元素的尾端为栈顶方向，此时 top＋＋，而元素出栈操作则相当于删除数组中 top 下标指向的元素，元素删除后 top－－。需要注意的是，在通过数组实现栈结构时，同样需要考虑因为元素入栈导致的数组扩容的相关需求。

通过数组实现的栈结构及相关操作如图 3-3 所示。

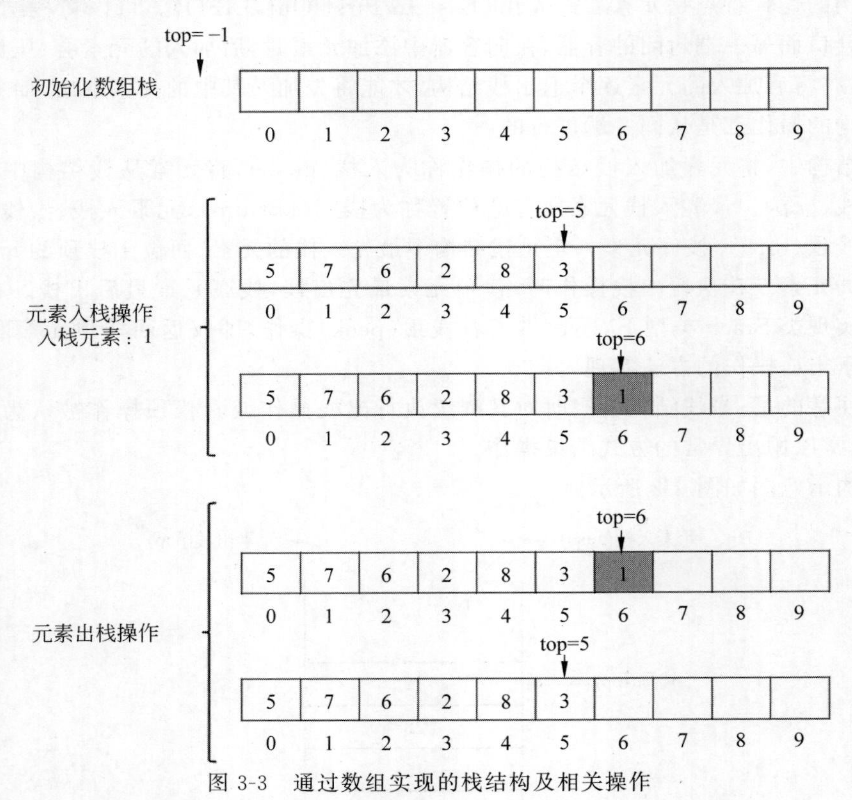

图 3-3　通过数组实现的栈结构及相关操作

在通过链表实现栈结构的时候，元素入栈通常采用头节点插入的方式进行实现，即以链表头部为栈顶方向。相对地，元素出栈操作则是使用头节点删除的方式进行实现。

通过链表实现的栈结构及相关操作如图 3-4 所示。

3.1.3 栈结构的应用场景

对于栈结构来讲容易理解的是，如果将一组数据按顺序逐个进行入栈，然后逐个出栈，即可得到一个数据顺序与原始序列完全相反的新序列，而栈结构也因为这种特性在各种开发场景中广泛用于“逆序”操作。

栈结构“逆序”的特点，大体上可以分为两种使用方式：①直观的数据逆序操作。例如将数据序列{1,2,3,4,5}中的数据依次入栈后再依次出栈，即可得到元素顺序为{5,4,3,2,1}的新序列。这种操作还可以通过灵活地指定每个元素入栈、出栈的时机，实现数据序列整体

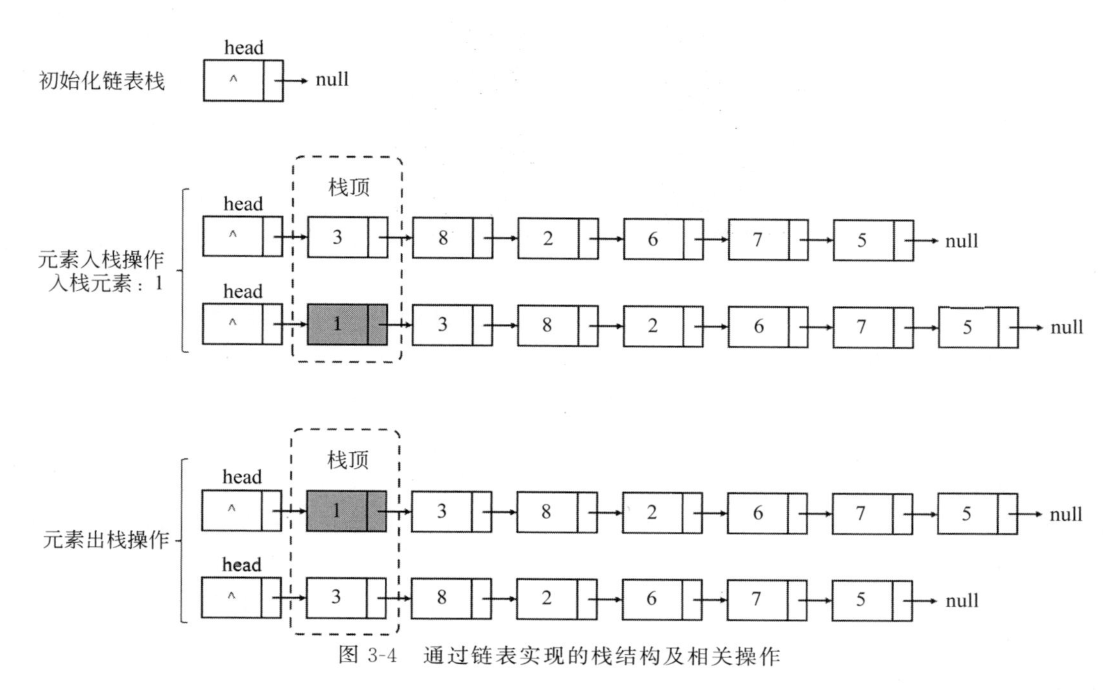

图 3-4 通过链表实现的栈结构及相关操作

或者部分的逆序操作；②实现操作的延后性。假设现有 A、B、C 共 3 个方法，它们之间相互调用，其中 A 方法内部调用 B 方法，B 方法内部调用 C 方法，并且程序整体以 A 方法的调用为起点。对于上述案例来讲，A 方法虽然最先被调用，B 方法次之，C 方法最后被调用，但是在内存中最先执行完毕的应该是 C 方法。因为只有 C 方法运行完成，并将运行结果返回 B 方法，B 方法才能继续向下运行，最终在运行结束时将结果返回给调用它的 A 方法，A 方法最终结束运行。如同在上述案例中这种“先调用、后结束”的操作场景，也可以通过栈结构进行实现。

本节给出了栈结构比较常见的几种具体应用场景，并且结合一些问题案例进行说明与实现。

1. 数据的逆序操作

对于使用栈结构实现最直观的数据逆序操作没有太大的难度，唯一需要注意的是，如果将原始序列中的数据一次性全部加入栈结构中，再一次性全部出栈，最终只会得到整体逆序的新序列，但是在某些应用场景下，原始序列中的元素可能通过部分入栈、部分出栈、再部分入栈、再部分出栈的不规则操作，得到部分逆序的新序列。下面通过两个案例来对上述情况进行演示。

【例 3-1】 存在一个空栈，现有 4 个元素，其入栈顺序为 a、b、c、d，则不可以得到的出栈顺序为(　　)。

A. a,b,c,d　　B. d,c,b,a　　C. c,a,b,d　　D. a,c,b,d

在例 3-1 中，给出了元素入栈的顺序，但是对元素出栈的顺序并未进行要求，也就是说此时有可能出现部分元素入栈、部分元素出栈的不规则操作的情况，但是不论如何进行元素入栈、出栈操作都必须保证元素之间“后进先出”的顺序关系。下面对 4 个选项是否可能出现分别进行分析。

选项 A：a 入栈，a 出栈，b 入栈，b 出栈，c 入栈，c 出栈，d 入栈，d 出栈，可行。

选项 B：a 入栈，b 入栈，c 入栈，d 入栈，d 出栈，c 出栈，b 出栈，a 出栈，可行。

选项 C：a 入栈，b 入栈，c 入栈，c 出栈，此时 b 压在 a 上，所以不可能直接出栈 a，不可行。

选项 D：a 入栈，a 出栈，b 入栈，c 入栈，c 出栈，b 出栈，d 入栈，d 出栈，可行。

【例 3-2】 设有一栈结构 S，元素 s1、s2、s3、s4、s5、s6 依次进栈，如果 6 个元素出栈的顺序是 s2、s3、s4、s6、s5、s1，则栈的容量至少应该是（　　）。

A. 2　　　　B. 3　　　　C. 5　　　　D. 6

例 3-2 的分析思路与例 3-1 相似，元素的入栈顺序一定，为了得到目标的元素出栈顺序，就需要通过元素部分入栈、部分出栈的方式进行操作。在操作过程中，栈结构内同时存在元素数量的最大值，即为栈结构的最小容量。下面对分析过程进行说明。

为了得到例 3-2 中元素的出栈顺序，需按照如下顺序对入栈元素进行操作：入栈 s1、入栈 s2，此时栈内元素为{s1，s2}；出栈 s2，栈内元素为{s1}；入栈 s3，栈内元素为{s1，s3}；出栈 s3，栈内元素为{s1}；入栈 s4，栈内元素为{s1，s4}；出栈 s4，栈内元素为{s1}；入栈 s5、s6，栈内元素为{s1，s5，s6}；出栈 s6，栈内元素为{s1，s5}；出栈 s5，栈内元素为{s1}；出栈 s1，栈空，操作完成。在上述过程中，栈内最多同时存在 3 个元素，所以栈结构最小容量为 3。

2. 模式匹配与转换操作

模式匹配与转换操作可以认为是通过栈结构实现操作延后性的直观体现。

在一些应用场景当中，给出的某一部分数据可能无法直接进行运算操作。这一部分数据需要等到一个合适的操作指令的出现，才能逐个回退着向前进行计算。这样的运算方式在计算机的各种模式匹配与转换算法中经常会用到。下面通过两个具体案例对栈结构在模式匹配和转换操作中的应用进行说明。

【例 3-3】 括号的匹配算法。在编译器对程序语法结构正确性进行检查的过程中，经常需要对语句中出现的括号是否匹配进行测试。现有一表达式，其中只包含(、)及运算数，例如(1＋2)×3、3×((1＋2)＋(5＋4))÷12 等形式。表达式中，括号之间可以嵌套使用，如(())，也可以互相之间并列存在，如()()(()())。设计一个程序，验证以字符串形式输入的表达式中括号是否相互匹配。

在例 3-3 中，当遇见表达式中的左括号时，无法立即确认后续表达式中是否存在与之匹配的右括号，此时可以对遇见的左括号进行入栈操作，对后续表达式内容继续进行遍历，直到遇见一个右括号，位于栈顶的左括号出栈，与之进行匹配。因为表达式中的括号可以嵌套使用，所以在栈结构中可能同时存在多个左括号，而最先入栈的左括号，一定是表达式中最外层括号的组成部分，所以随着表达式的遍历，栈底的左括号一定是最后被匹配上的，这一点就表现出了括号匹配操作的延迟性。如果表达式遍历完成，栈结构中依然存在剩余的左括号，则表示表达式中存在多余的左括号，表达式不合法；如果在表达式遍历过程中遇见右括号，而此时栈结构已经为空，则表示表达式中存在多余的右括号，表达式不合法；只有在表达式遍历到最后一个右括号的同时，栈结构恰好出栈最后一个左括号，才表示表达式匹配正确。

下面给出通过栈结构实现的表达式括号匹配算法的示例代码：

```
/**
 Chapter3_StackAndQueue
 com.ds.stack
 TestStack.java
 栈结构的应用测试类
 */
public class TestStack {

    //对表达式中的左右括号进行匹配,从而判断表达式是否合法
    public boolean testExpression(String exp) {

        //1.创建用于进行括号匹配的栈结构
        Stack<Character> stack = new Stack<>();

        //2.将表达式字符串转换成字符数组
        char[] chs = exp.toCharArray();

        //3.遍历表达式,进行括号匹配
        for(char ch : chs) {
            switch(ch) {
                //遇见左括号:入栈等待匹配
                case '(':
                    stack.push(ch);
                    break;
                //遇见右括号
                case ')':
                    //如果此时栈结构为空,则表示存在多余右括号,表达式不合法
                    if(stack.isEmpty()) {
                        return false;
                    }
                    //栈结构不为空,出栈栈顶左括号,表示匹配
                    stack.pop();
                    break;
                //对于其他符号直接忽略
                default:
                    continue;
            }
        }
```

```
        /*
         4.如果表达式遍历结束且栈结构不为空,则表示表达式中存在多余的左括号,表达式不
合法
         */
        if(!stack.isEmpty()) {
            return false;
        }

        //其余状况下,表达式合法
        return true;

    }

}
```

【例 3-4】 逆波兰表达式的转换。逆波兰表达式是计算机当中用于存储运算表达式的一种表示方式。在将一个正常的运算式转换为逆波兰表达式的时候，首先取得运算符左右两侧运算数的优先表示，然后将运算符放在最后进行表示。例如运算式 $a+b$ 转换成逆波兰表达式为 $ab+$；运算式 $(a+b)\times c$ 转换成逆波兰表达式为 $ab+c\times$，其中 $ab+$ 可以看作 $(a+b)$ 部分的运算结果，与运算数 c 同时表示×运算左右两侧的运算数。现给出一组由字符串表示的逆波兰表达式，如{"a", "b", "c", "d", "+", "e", "×", "+", "f", "+", "×"}，设计一个程序将逆波兰表达式转换为一般的运算式形式。例如将上述逆波兰表达式转换为一般运算式可以表示为 $(a\times((b+((c+d)\times e))+f))$。为了方便起见：①逆波兰表达式中仅包含+、−、×、/四则运算；②在转换过程中，得到任意部分的子运算式后都要在左右两端添加括号以表示子运算式的界限。

在进行逆波兰表达式转换过程中，首先扫描到的一定是运算数，但是在仅得到运算数的情况下是没有办法执行运算操作的，所以此时运算数之间的运算延迟可以通过对运算数进行入栈操作来完成。在继续扫描逆波兰表达式的过程中如果遇见运算符，则将位于栈顶的两个运算数出栈，作为运算符两侧的运算数，结合运算符构成运算式的子部分，并将这一子部分重新入栈，表示作为下一运算符的运算数使用。在逆波兰表达式数组遍历结束后，栈结构中剩余的唯一字符串，即为逆波兰表达式转换得到的对应运算式。需要注意的是，对于减法和除法这样不符合交换律的运算操作，栈顶最先出栈的运算数表示其右侧运算数，其次出栈的栈顶元素表示其左侧运算数，而对于加法、乘法等符合交换律的运算，运算数的左右位置并不重要。

下面给出通过栈结构实现的逆波兰表达式转换运算式算法的示例代码：

```
/**
 Chapter3_StackAndQueue
 com.ds.stack
 TestStack.java
```

```
 栈结构的应用测试类
  */
public class TestStack {

    //逆波兰表达式转换运算式的方法
    public String evalRPN(String[] rpn) {

        //1.创建用于运算式转换的栈结构
        Stack<String> stack = new Stack<>();

        //2.遍历逆波兰表达式数组,进行转化
        String left;
        String right;
        String tmp;
        for(String str : rpn) {

            switch(str) {
                //对于四则运算符的操作
                case "+":
                case "-":
                case "*":
                case "/":
                    //先出栈的是右侧运算数
                    right = stack.pop();
                    //后出栈的是左侧运算数
                    left = stack.pop();
                    //拼接子运算式并入栈
                    tmp = "(" + left + str + right + ")";
                    stack.push(tmp);
                    break;
                //对于一般运算数直接入栈
                default:
                    stack.push(str);
                    break;
            }

        }

        //转换结束,栈中唯一字符串为转换完毕的运算式
        return stack.pop();

    }

}
```

注意：在计算机中对运算式进行表示的方案可以分为前缀表达式、中缀表达式和后缀

表达式，其中前缀表达式亦称为波兰表达式；后缀表达式亦称为逆波兰表达式。中缀表达式中的运算符出现在运算数的中间，也就是常见的一般运算式。

3. 内存中的方法栈

在Java的内存模型当中，如果一个方法被调用，JVM就会创建一个与被调用方法相对应的“栈帧”，并将这个“栈帧”加入方法栈当中。如果在这个方法内部，存在对其他方法的调用操作，则当执行到这一内部方法调用的时候，JVM同样会为内部调用方法再创建新的栈帧，并入栈方法栈。在Java的内存结构当中，之所以使用栈结构描述方法之间的相互调用关系，是因为外部方法在执行过程中，总是依赖内部方法运行完毕后所产生的结果进一步向下执行，所以先调用的方法总是后结束，而在内部被后续调用的方法总是需要先结束，而这种“先调用后结束、后调用先结束”的延迟操作特性，正适合使用栈结构进行实现。

下面给出一组方法相互调用的示例，并以图示的方式演示方法栈中栈帧的变化过程，代码如下：

```
/**
 Chapter3_StackAndQueue
 com.ds.stack
 TestMethodStack.java
 方法栈演示代码
 */
public class TestMethodStack {

    public void methodA() {
        //方法 A 的执行代码
    }

    public void methodB() {
        methodA();
    }

    public void methodC() {
        methodB();
    }

    public void methodD() {
        //方法 D 的执行代码
    }

    public static void main(String[] args) {
        TestMethodStack test = new TestMethodStack();
        test.methodC();
        test.methodD();
    }

}
```

上述方法调用对应的方法栈的变化过程如图 3-5 所示。

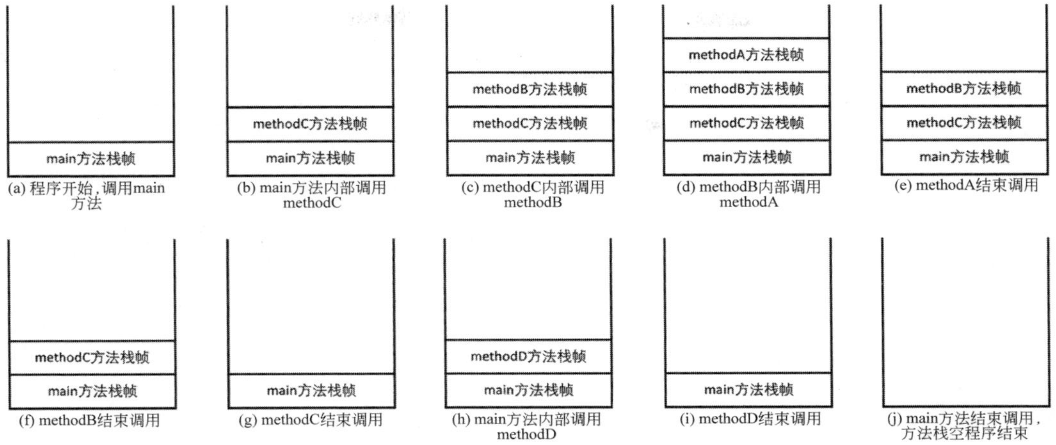

main方法栈帧
(a) 程序开始，调用main方法

methodC方法栈帧
main方法栈帧
(b) main方法内部调用methodC

methodB方法栈帧
methodC方法栈帧
main方法栈帧
(c) methodC内部调用methodB

methodA方法栈帧
methodB方法栈帧
methodC方法栈帧
main方法栈帧
(d) methodB内部调用methodA

methodB方法栈帧
methodC方法栈帧
main方法栈帧
(e) methodA结束调用

methodC方法栈帧
main方法栈帧
(f) methodB结束调用

main方法栈帧
(g) methodC结束调用

methodD方法栈帧
main方法栈帧
(h) main方法内部调用methodD

main方法栈帧
(i) methodD结束调用

(j) main方法结束调用，方法栈空程序结束

图 3-5 方法栈的变化过程

4. 树和图的深度优先遍历

在第 6 章与第 9 章的内容当中，将会继续对树和图这两种非常重要的数据结构进行说明。在针对树和图两种结构的基础操作当中都存在深度优先遍历（Depth First Search，DFS）操作，而在对树或者图进行深度优先遍历操作时，最常用的方式有两种：①通过栈结构实现；②通过递归结构实现。在第 4 章介绍递归结构的内容中还会详细地讲解递归结构在内存中的实现方式，而这一点仍然与前述讲解的方法栈息息相关。

鉴于目前尚未对树结构和图结构进行讲解，缺乏对于二者的基本认知，故而将此部分知识点放在第 6 章与第 9 章中详细说明，在此不过多进行阐述。

3.2 队列结构

3.2.1 队列结构概述

队列结构的逻辑特点是元素先进先出（First In First Out，FIFO）。可以将队列结构理解成为一个两端开口，一端入、一端出的结构，最先加入队列的元素也是最先退出队列的元素，最后加入队列的元素也是最后退出队列的元素。

在队列结构中，将元素从一端加入队列的操作称为入队列（offer），将元素从另一端退出队列的操作称为出队列（poll）。元素入队列的一端称为队列尾（rear），元素出队列的一端称为队列头（front）。最先入队列的元素位于队列头位置，最后入队列的元素位于队列尾位置。在执行出队列操作的时候，队列头元素最先出队列，队列尾元素最后出队列。

与栈结构相似的是，当队列为空的时候执行出队列操作也是被视为不正确的，同样可以通过抛出异常的方式结束操作。

队列结构示意图如图 3-6 所示。

图 3-6 队列结构示意图

队列结构与现实生活中的排队非常相似，先来排队的人优先被服务，后来排队的人需要等前面的人都离开后才能被服务，而在排队过程中，先来排队的人位于队伍最前端，最后来的人位于队伍最末端。人员进入队伍和离开队伍的位置分别位于队伍两端，中间不允许插队。

3.2.2 队列结构的实现

队列结构同样可以使用数组或者链表实现。

在使用数组对队列结构进行实现时，通常设置两个 int 型变量 front 和 rear，其中变量 front 始终指向队列头元素所在下标，变量 rear 始终指向下一个入队列元素所要占用位置的下标。初始状态下，front 和 rear 的取值相等，均为 0。在元素入队列时，入队列元素加入数组中 rear 取值下标的位置并执行 rear＋＋；在元素出队列时，从数组中 front 取值下标的位置退出队列头元素并执行 front＋＋。在元素入队列、出队列过程中，如果 front ＝＝ rear 条件达成（注意此时 front 和 rear 取值可能并不是 0），则表示队列为空。

需要注意的是，通过数组结构实现队列仍然需要考虑因为元素入队列导致的数组扩容问题。同时因为在元素入队列、出队列操作过程中，front 和 rear 变量都是单向递增的，所以当元素出队列后，数组中下标取值小于 front 的部分将不会再被后续入队列元素占用，此时将会导致数组空间的浪费。这一情况在通过数组实现的循环队列结构中有所改善，详细内容将在 3.2.4 节中进行讲解。

通过数组实现的队列结构及相关操作如图 3-7 所示。

通过链表对队列结构进行实现相对简单。在实现过程中，同样需要设置两个节点类型的引用变量 front 和 rear，分别指向链表中队列头节点和队列尾节点（此处注意区分与数组实现队列结构过程中，rear 变量指向位置的不同）。初始状态下，front 和 rear 取值相同，都指向 null，并且反向判断 front 和 rear 同时指向 null 也可以作为当前队列为空的判别标准。元素入队列操作使用链表的尾追加方式实现。当初始队列为空时，保存入队列元素的新节点直接追加在链表的 head 头节点后面，并且 front 和 rear 变量同时指向新节点；如果初始队列非空，保存入队列元素的新节点追加在 rear 指向节点的后面，并且调整 rear＝rear.next。元素出队列操作使用链表的头删除方式实现。首先删除 front 变量指向的节点，并使用其中数据域取值作为返回值，然后调整 front＝head.next，即 front 变量始终指向链表头节点的直接后继节点。如果元素出队列后链表清空，则还需调整 rear＝null。

通过链表实现的队列结构及相关操作如图 3-8 所示。

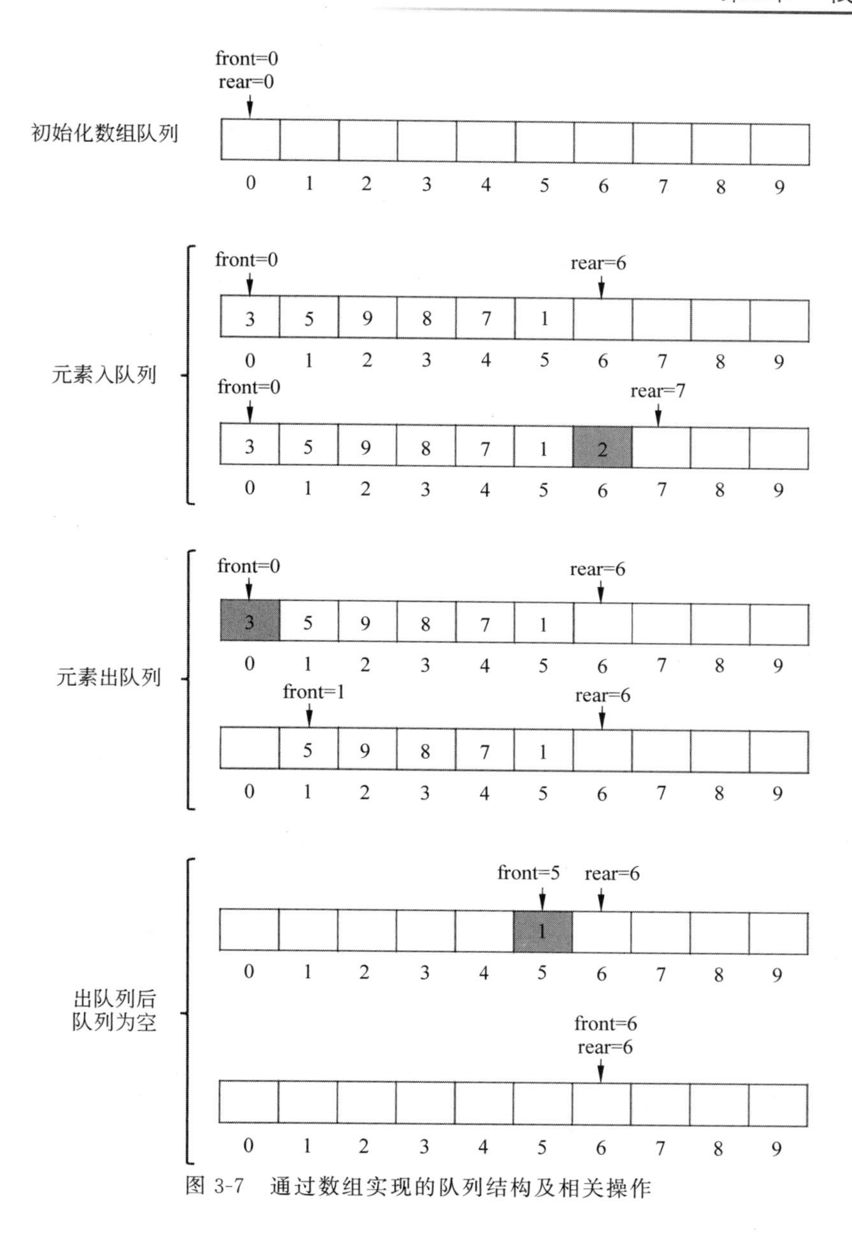

图 3-7 通过数组实现的队列结构及相关操作

3.2.3 队列结构的应用场景

队列结构的应用场景，总是与等待、排队相关。先来排队的元素先被处理，后来排队的元素后被处理。这种特点在很多算法与操作系统的底层应用中非常常见。下面通过两组具体的案例对队列结构的应用场景进行讲解。

1. 顺序作业调度

【例 3-5】 作业调度是操作系统底层为不同请求分配系统资源时进行的操作。如果多

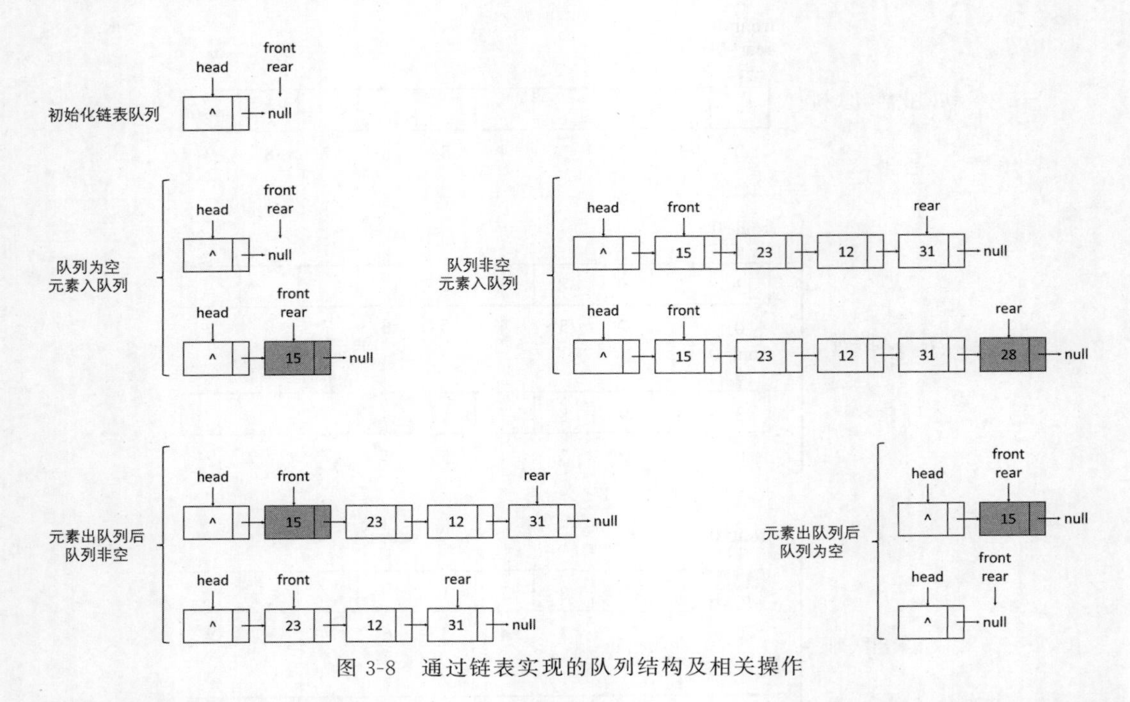

图 3-8 通过链表实现的队列结构及相关操作

个请求需要申请同一系统资源进行支持，而操作系统对多个请求按照资源申请的先后顺序进行处理，即为顺序作业调度。

现假设在一台具有单核 k 线程 CPU 的计算机上同时产生了 n 个请求，每个请求需要占用 CPU 的某一线程一段时间进行处理，同一 CPU 线程同一时间下只能处理一个请求，并且每个请求所占用的 CPU 线程都是由调度随机分配的。设计一个程序模拟上述场景，并在 n 个请求全部处理完毕后，统计 CPU 每个线程被占用的时间。

上述需求是一个典型的顺序作业调度场景。在实现模拟的过程中，可以为每个 CPU 的线程设计一个任务队列，当某一请求发出后，根据随机值为其分配一个用来处理的 CPU 线程，并将这个任务加入对应线程编号的任务队列当中。当所有任务分配完毕后，对每个任务队列循环执行任务出队列操作，直到任务队列为空为止。在出队列过程中，将每个任务对线程的占用时间累加，即可得到每个 CPU 线程被占用的时间总和。

上述模拟场景的实现代码如下：

```
/**
 Chapter3_StackAndQueue
 com.ds.queue
 TestQueue.java
 队列结构的应用测试类
 */
public class TestQueue {
```

```
    /**
     对顺序作业调度场景进行模拟的代码
     参数 int k 表示 CPU 的线程数量
     参数 long[] taskMills 表示请求对 CPU 线程的占用时间
     返回值表示在处理完所有请求后,每个 CPU 线程被占用的总时间
     */
    public long[] sequentialJobScheduling(int k, long[] taskMills) {

        /*
         1.为每个 CPU 线程创建一个任务队列
         为方便操作,将所有任务队列保存在一个长度为 k 的数组当中
         */
        Queue<Long>[] taskQueues = new Queue[k];
        for(int i = 0; i < k; i++) {
            taskQueues[i] = new LinkedList<>();
        }

        /*
         2.为每个请求分配一个 CPU 线程进行操作
         即将每个请求对应的操作时间根据随机值加入对应的任务队列
         CPU 线程编号的取值范围为[0, k-1]
         */
        int queueNum;
        for(int i = 0; i < taskMills.length; i++) {
            queueNum = (int)(Math.random() * k);
            taskQueues[queueNum].offer(taskMills[i]);
        }

        //3.请求分配结束后,对所有线程的占用时间进行统计
        long[] times = new long[k];
        Queue<Long> q;
        for(int i = 0; i < k; i++) {
            q = taskQueues[i];
            while(!q.isEmpty()) {
                times[i] += q.poll();
            }
        }

        return times;

    }

}
```

2. 树和图的广度优先遍历

在 3.1.3 节当中曾说明过,对于树和图两种结构可以使用栈结构或者递归实现其深度优先遍历操作。在深度优先遍历操作之外,树和图两种结构还存在广度优先遍历(Breadth First Search,DFS)操作,而树和图的广度优先遍历操作则是通过队列结构实现的。同样

地，这一部分内容将留在第 6 章与第 9 章进行详细讲解。

3.2.4 队列结构的衍生

1. 双端队列

双端队列就是两端均可以进行元素出入队列操作的队列结构。在双端队列中，元素入队列和出队列的操作又可以被详细地分为 offerFirst、offerLast 和 pollFirst、pollLast 两组。通过上述 4 种操作，可以根据具体的业务需求灵活地实现对队列结构中任意一端顶端数据的入队列、出队列操作。在双端队列的具体实现过程中，offerFirst 和 pollFirst 两种操作都是从结构的起始端进行元素的入队列和出队列操作；offerLast 和 pollLast 两种操作都是从结构的最末端进行元素入队列和出队列的操作。图 3-9 较为明确地演示了这 4 种操作与双端队列实现结构两端的关系。

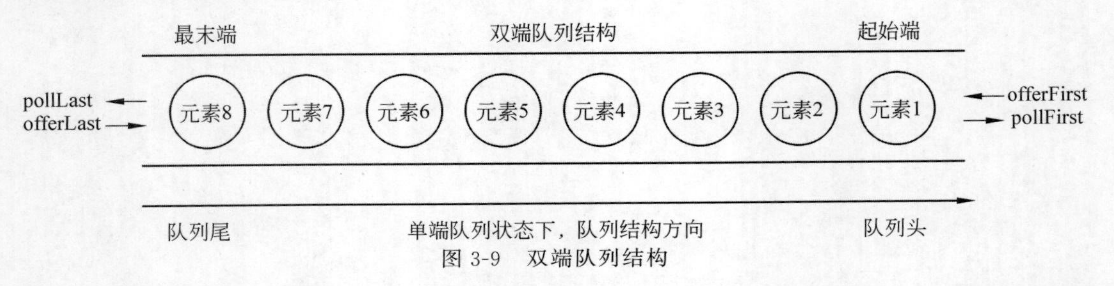

图 3-9 双端队列结构

从理论上来讲，双端队列既可以通过数组方式实现，也可以通过双链表方式实现，但是如 3.2.2 节讲解过的，如果通过数组实现一个不限制长度的队列结构，就有可能导致数组中出现空间浪费的情况，况且双端队列的元素出入队列操作是在数组两端均可实现的，所以不论选择数组结构的哪一端作为元素出入队列的起点都有更大的概率引起数组结构频繁地对元素进行移动操作，所以在此对数组实现双端队列结构的方案不做过多阐述。

在通过双链表结构实现双端队列结构时，因为在双链表中存在 head 和 tail 两个节点，分别从两端引起整个双链表结构，所以在定位链表结构的起始位置与结束位置的时候更加方便。在双端队列不为空的前提下，pollFirst 操作相当于删除 head 节点的直接后继节点；pollLast 操作相当于删除 tail 节点的直接前驱节点。不论双端队列是否为空，offerFirst 操作都相当于向 head 节点的直接后继位置进行新节点的插入；offerLast 操作都相当于向 tail 节点的直接前驱位置进行新节点的插入。

通过双链表实现的双端队列结构及相关操作如图 3-10 所示。

双端队列结构的一大经典应用是在“作业窃取”操作中的使用。

用一个相对通俗的案例解释“作业窃取”操作：假设某学校食堂有 4 个窗口可以打饭，在每个窗口前都有一条相互独立的队伍进行排队，每位前来就餐的学生可以随机选择四个队伍中的一个进行排队。如果在排队过程中，某一窗口前排队的学生都已经取餐完毕，则这个窗口就已经处于空闲状态。空闲状态下的窗口就可以呼唤其他学生队伍中处于队伍末端的同学前来打饭，这就是典型的“作业窃取”操作场景。

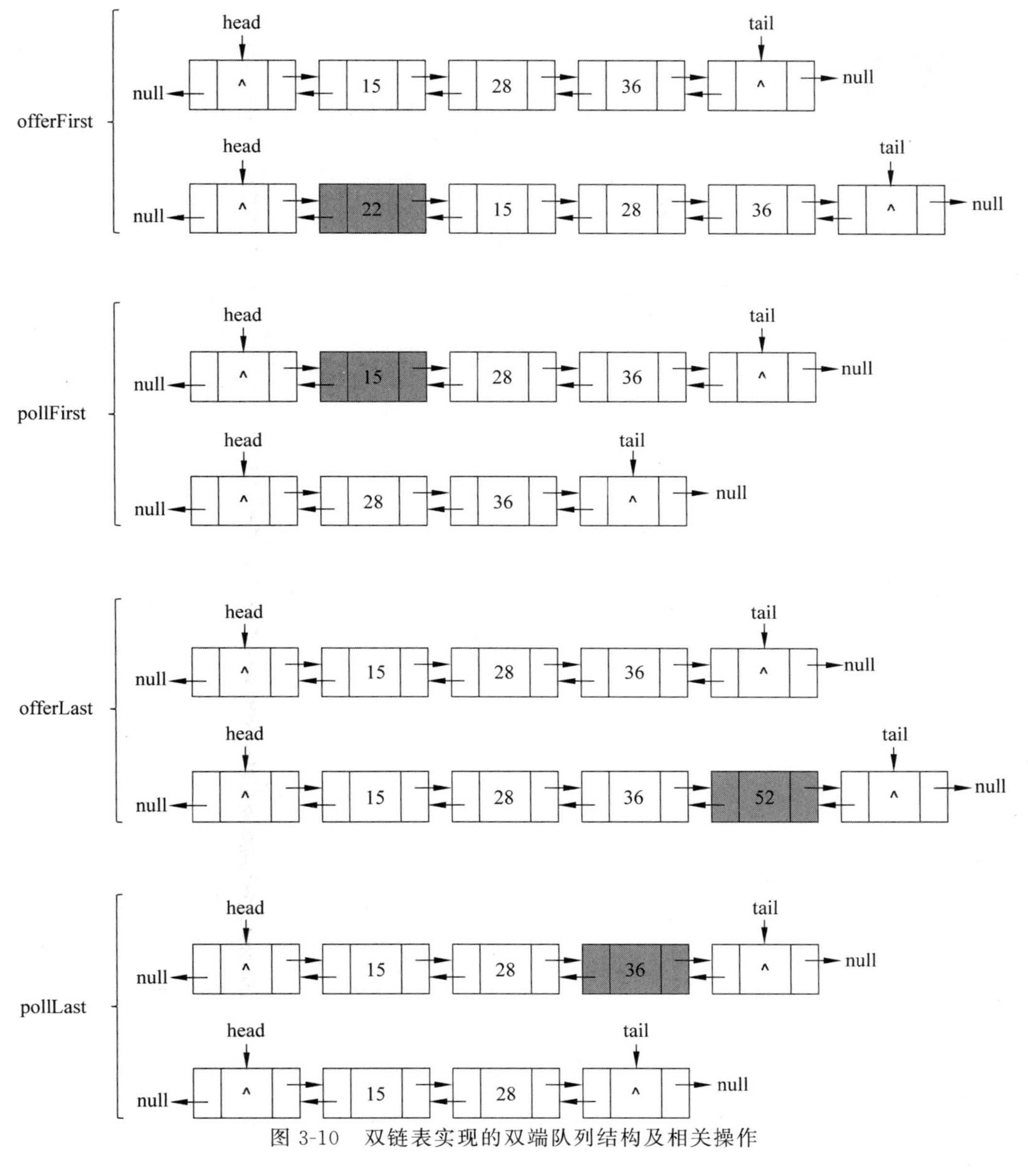

图 3-10　双链表实现的双端队列结构及相关操作

如果将 4 个食堂窗口看作 CPU 的 4 个独立线程，则在窗口前排队的学生队伍就是当前 CPU 线程的任务队列。每个 CPU 线程每次从自己任务队列的最前端出队列一个任务进行处理，而当有其他线程空闲时，这些空闲线程就可以从其他 CPU 线程任务队列的末尾“窃取（出队列）”一个任务进行处理。这样一来就可以最大限度地发挥多线程 CPU 的性能优势，不造成 CPU 线程资源的浪费，从而提升整体的任务处理效率。

在 Java 中提供的 ForkJoinPool 线程池及其相关 API 就是基于上述理论实现的，而其中对于任务队列的实现正是使用了双端队列。

2. 循环队列

在 3.2.2 节中曾讲解过，如果使用数组实现队列，在不限定队列结构长度的情况下会在元素不断入队列、出队列的操作过程中产生大量数组空间的浪费，但是如果指定队列结构的长度，则会在入队列元素数量达到数组总长度时导致队列结构在逻辑上为满。此时即使出队列一些元素，队列头方向释放出来的数组空间也无法重复利用，依然会因为队列结构在逻辑上为满，导致新元素不能入队列。这种数组结构中存在空闲空间，但是队列结构在逻辑上为满、元素无法入队列的情况，称为队列结构的"假溢出"。如果将通过数组结构实现、限定长度的队列结构设计为循环队列，则不仅能有效地解决假溢出的问题，还能够不断地重复利用元素出队列后队列头方向产生的空闲数组空间。

在实现循环队列结构时，通常会在初始化阶段设置循环队列的长度。在通过设定的队列长度创建底层数组结构时，要求数组长度为循环队列长度＋1。在循环队列结构中，同样设置初值为 0 的 front 和 rear 两个变量，用来指定队列头元素所在下标和下一个入队列元素所占用的数组下标，即在循环队列非空的情况下，rear 变量同样指向循环队列结构中队列尾元素所在下标＋1 的位置。

初始状态下的循环队列结构如图 3-11 所示。

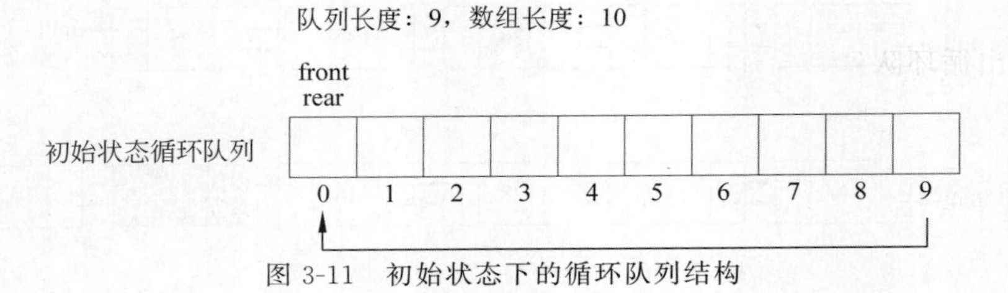

图 3-11　初始状态下的循环队列结构

假设当前循环队列内部数组的长度为 size，即循环队列为满时可容纳 size－1 个元素。

当元素入队列时，占用数组中下标为 rear 的位置，并将 rear 移动到(rear＋1) % size 的位置，即执行 rear＝(rear＋1) % size 的操作。之所在执行上述计算时使用 rear＋1 的取值对数组长度 size 进行取余运算，是因为在边界条件下如果入队列元素占用的是数组中最大下标位置，则可以通过上述操作将 rear 标记位直接移动回数组下标取值为 0 的位置，相当于重复利用数组结构中前序部分的空位，达到元素循环入队列的效果。例如在使用长度为 10 的数组实现的元素容纳数量为 9 的循环队列中，当前 rear 标记位已经指向数组中下标为 9 的位置，那么在新元素入队列并占用数组中下标为 9 的位置后，计算 rear＝(rear＋1) % size＝(9＋1) % 10＝0，即可将 rear 标记位重新指回数组的起始位置。

元素加入循环队列的两种情况如图 3-12 所示。

同样地，当元素出队列时，在取得数组中 front 下标位元素执行出队列操作后执行 front＝(front＋1) % size 操作，其目的同样是为了保证在边界条件下 front 标记位能够返回数组的起始下标位置。

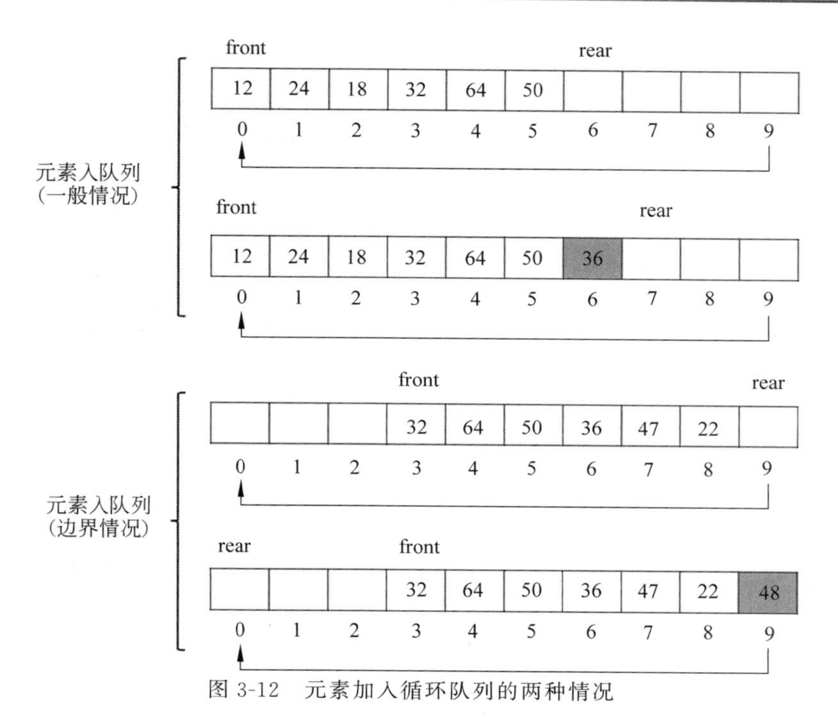

图 3-12　元素加入循环队列的两种情况

元素退出循环队列的两种情况如图 3-13 所示。

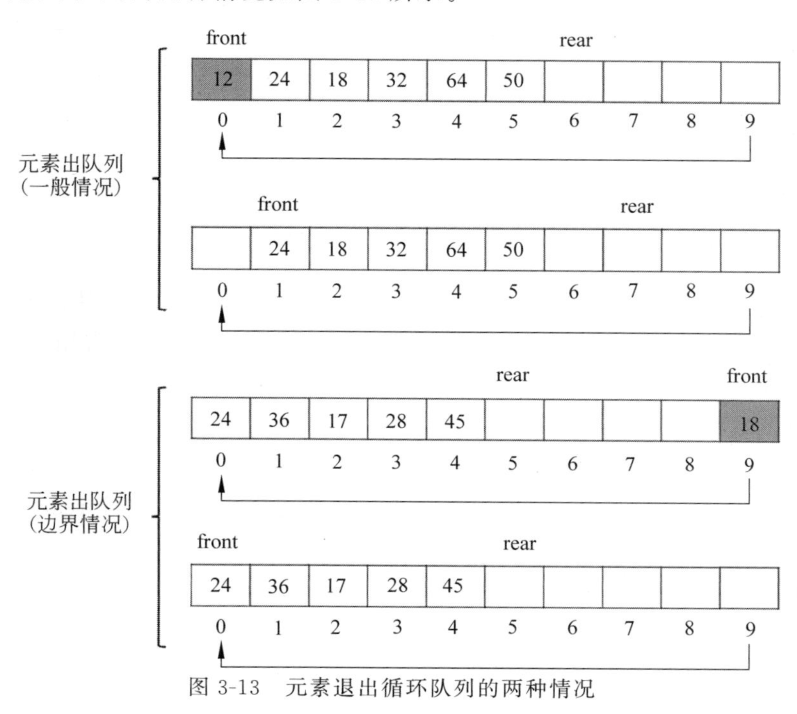

图 3-13　元素退出循环队列的两种情况

在判断循环队列是否为空时,同样可以使用 front == rear 的条件进行判断,但是如果要判断循环队列为满的情况,则需要进行如下讨论:如果将数组结构被填满作为循环队列结构为满的判断标准,则根据 rear 变量取值为队列尾元素下标+1 来计算,当数组被填满时同样会得到 front == rear 的结果,也就是说如果将数组被填满视作循环队列为满,则判断循环队列为满和循环队列为空的条件重叠。为了避免这种情况发生,则浪费掉数组中的 1 位空间,即当数组中只有 1 位空间空闲时,就认为循环队列为满。此时,front 和 rear 两变量之间的关系符合(rear+1) % size == front。这种做法也解释了循环队列底层的数组结构的长度等于循环队列长度+1 的原因,数组结构+1 的长度就是在判断循环队列为满时浪费掉的 1 位空间。

循环队列为空与为满的情况如图 3-14 所示。

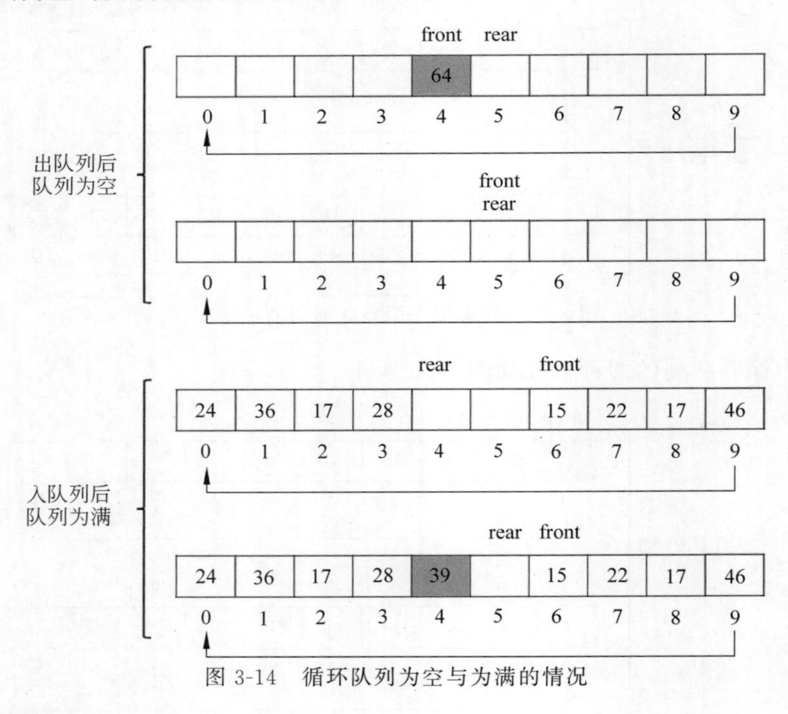

图 3-14 循环队列为空与为满的情况

3. 优先队列

在原生队列结构中,元素存储的顺序总是与元素入队列的顺序相关,但是在优先队列中元素存储的顺序则是与元素的权值相关。在优先队列中允许使用者通过自定义的方式,对加入队列的元素之间的权值进行比较,权值最大或者最小者处于队列头位置。也就是说优先队列每次出队列操作得到的取值,总是其中具有最高权值或者最低权值的元素,与元素加入队列的顺序无关。例如下列元素的取值,即代表元素的权值,元素取值为{3,5,1,0,9,4,2,8}。现将这些元素加入一个高权值优先的优先队列当中,则上述元素出队列的顺序为{9,8,5,4,3,2,1,0}。

Java 中同样提供了优先队列的实现类,即 PriorityQueue 类型,而 PriorityQueue 类型则是借助了堆结构实现其中元素的按照权值出队列功能。关于堆结构的知识将在第 7 章中进行详细讲解,在此不做过多阐述。

第 4 章 递归、查找与排序

第 2 章已经对数组和链表这两种物理结构进行了讲解，但是针对数组和链表结构中元素的操作，除了基本的增、删、改、查外还有很多其他的方式，这其中较为常见的就是元素查找与排序操作。对于数组和链表中元素的查找，除了基本的顺序查找方式外最为常用的就是二分查找。二分查找虽然对数据序列中元素的排列顺序有一定要求，但是其可以在对数级别的时间复杂度下完成对目标元素的查找，并且在二分查找的基础上，还衍生出了插值查找和斐波那契查找等其他查找算法，而元素排序操作根据其实现思路的不同，又可以详细分为多种不同的排序算法，不同的排序算法在时间复杂度、空间复杂度及稳定性方面也具有不同的表现，但是不论查找算法还是排序算法，在实现的过程中又都有用到递归结构的场景，所以本章将对递归结构、多种查找及排序算法进行说明。为了方便讲解，本章中所有的代码示例均以数组结构作为数据序列载体。

本章内容的思维导图如图 4-1 所示。

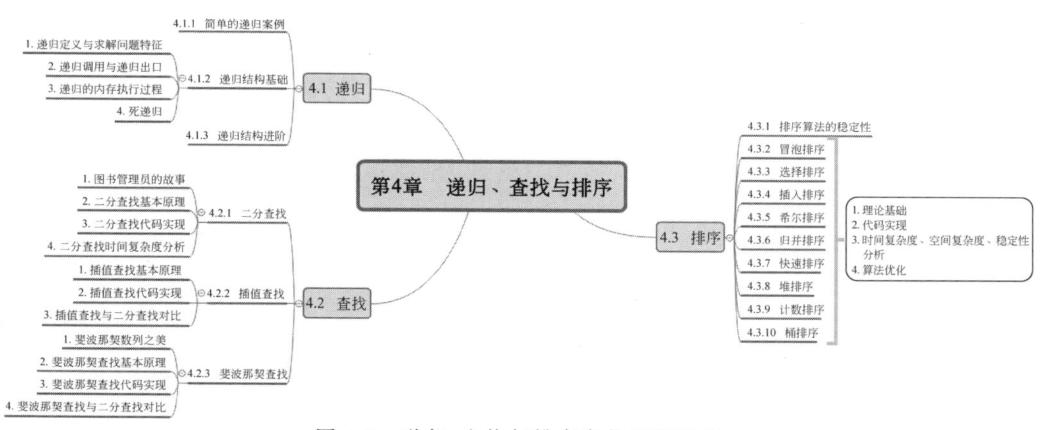

图 4-1　递归、查找与排序章节思维导图

4.1 递归

递归结构一直以来都是数据结构与算法学习过程中的重点和难点，甚至夸张一些来讲，是否熟练掌握递归结构及能否通过递归思想解决问题，可以作为衡量一个程序员水平的标杆。

从代码实现的角度来讲，递归结构并不像之前所讲解的数组、链表、栈、队列及这些结构的封装类型那样是一种具体的代码，递归结构所体现的是一种对编程思想的具象化，所以换句话说，递归结构并不局限于编程语言，通过 Java、C、C++、Python 或者 JavaScript 等编程语言都可以实现递归结构。

下面通过一个简单的案例入手对递归结构进行详细说明。

4.1.1 简单的递归案例

首先来看一道简单的数学问题。

【例 4-1】 以整数为单位，从 1 加到 n 的结果是多少？

对于具有一定编程基础的读者来讲这个问题十分简单：创建一个从 1 到 n 的整数循环进行累加，或者使用等差数列求和公式直接进行计算均可得到答案，但是除了使用循环和等差数列求和公式之外，这一问题还存在如下解决方式。

首先对例 4-1 的计算过程进行分解：从 1 加到 n 的结果，等于 n 加上从 1 加到 $n-1$ 的结果；从 1 加到 $n-1$ 的结果，等于 $n-1$ 加上从 1 加到 $n-2$ 的结果；从 1 加到 $n-2$ 的结果，等于 $n-2$ 加上从 1 加到 $n-3$ 的结果……以此类推。最终当问题拆分到计算从 1 加到 1 的结果时就达到了问题边界，此时可以认为从 1 加到 1 的结果就是 1 本身。

对于上述分析过程可以进行如下总结：①只要求和运算终点 n 的取值不是 1，就说明当前问题的规模还不是最小，还可以继续对求和过程继续进行拆分；②从 1 到 n 求和的结果等于 n 加上从 1 到 $n-1$ 求和的结果，而从 1 到 $n-1$ 求和的计算方式又与从 1 到 n 的求和方式相同，只是计算范围在下降，仍然可以使用相同的方法计算从 1 到 $n-1$ 的求和结果；③当求和运算终点 n 的取值为 1 时，说明已经触达边界，可以直接得到计算结果，即从 1 加到 1 的和就是 1 本身。

将上述问题的分析总结通过如下代码进行实现，即可得到例 4-1 的另一种求解方式：

```
/**
 Chapter4_Recursion_Search_Sort
 com.ds.recursion
 TestRecursion.java
 递归结构测试类
 */
public class TestRecursion {

    //通过递归结构实现的计算从 1 加到 n 的方法
    public int addRecursive(int n) {

        if(n == 1) {
            /*
             当求和终点 n 的取值等于 1 时,即到达问题边界
             求和过程拆分结束,返回从 1 加到 1 的和,就是 1 本身
             */
```

```
            return 1;
        } else {
            /*
            1.当求和终点 n 的取值大于 1 时,求和过程可以继续拆分:
            addRecursive(n) = n + addRecursive(n-1)
            addRecursive(n-1)的求解方式与 addRecursive(n)的求解方式一致
            只是问题规模在下降
            所以仍然可以调用当前方法求解 addRecursive(n-1)
            */
            return n + addRecursive(n-1);
        }

    }

}
```

在上述代码实现中很明显地出现了在一种方法内部调用其自己本身的做法,而这种“方法自己调用自己”的结构即为递归结构。

4.1.2 递归结构基础

通过对例 4-1 的递归方式求解过程进行分析后,可以得出对递归结构的初步认知,并且还可以尝试使用递归结构求解与例 4-1 解题思路类似的、诸如累加求和、阶乘运算等较为简单的问题,而对于能够使用递归结构进行求解的问题来讲,这些问题之间存在一些共性的特征,并且在通过递归结构求解具体问题时,递归结构本身也由一些固定的结构构成。

1. 递归定义与求解问题特征

在 4.1.1 节的结尾已经给出了对于递归结构的定义：方法在内部对自己进行调用即构成递归结构。

一般来讲,能够使用递归结构进行求解的问题都符合如下特征：①在问题拆分的过程中,每次拆解出来的子问题的求解过程与当前大问题的求解过程是一致的；②每次进行拆解,子问题的计算范围也就是问题规模都在下降,即都在向一个不可再拆分的“最小问题”靠近；③最小问题具有直接解。

在了解了能够使用递归结构进行求解的问题的通用特性后,还需要通过实际的代码体现这些特性才能真正地解决问题,而一个相对通用的递归代码模型一般由递归调用与递归出口两部分构成。

2. 递归调用与递归出口

通俗地讲,通过递归结构求解问题的过程就是“大事化小,小事化了”的过程。

其中“大事化小”的过程是通过递归调用来体现的。递归调用的目的是对大问题进行拆分,得到一个规模更小的子问题,并求解出这个子问题的解在当前问题中进行使用,然而正是因为拆分得到子问题的求解过程与大问题的求解过程是一致的,所以仍然可以通过调用当前方法的方式进行计算,只不过在方法调用的过程中,通过参数传递、变量迭代等方式所描述的运算范围更小而已。

在处理递归调用的过程中有以下 3 个方面是必须明确的：①在什么情况下还能够对问题继续进行递归拆分；②如何对子问题进行拆分，也就是问题规模下降的方式；③递归计算子问题的解在当前问题下如何进行使用。例如在例 4-1 中，当 $n>1$ 时就可以继续对求和过程进行递归拆分；每次执行递归调用时，子问题的规模都在当前问题规模的基础上 -1，而将 $n-1$ 递归求和的结果与 n 相加，就是递归计算子问题的解在当前问题下进行使用的体现。

注意：在通过递归调用进行问题拆分的过程中，除了上述的减 1 拆分的方式外，常见的还有折半拆分、分段拆分等方式。这些子问题的拆分方式在一些较为高级的算法当中有所体现。

在递归结构中，对于递归出口的定义与计算就是“小事化了”的体现。在上面的内容中提到过，进行递归调用的过程就是问题规模不断拆分、不断下降的过程，但是问题规模下降的过程并不是无限进行的，也就是说一个问题不可能被无限拆分下去。当问题被拆分到一定小的规模时，这个问题就不能或者不需要继续递归拆分了，而是通过简单的定义或者计算就能够得到解。这种不能或者不需要继续递归的问题称为“最小问题”，最小问题具有直接解，而计算最小问题直接解并返回，从而结束递归的代码部分，就称为递归出口。

在定义递归出口的过程中同样有两个方面是必须明确的：①问题的边界条件是什么，也就是在什么条件下停止对问题的递归拆分，或者说是对方法的递归调用；②如何定义或者计算最小子问题的直接解。同样以例 4-1 为例，当 n 取值为 1 时就触发了问题的边界条件，也就是将问题拆分到了最小问题的规模，遇到了递归出口，而直接定义从 1 加到 1 的和就是 1 本身，也就是最小问题的直接解。

一个递归问题的求解过程至少由一个递归调用和一个递归出口组成，而一些较为复杂问题的递归调用和递归出口数量也可以是不唯一的，这一点将在 4.1.3 节的例 4-2 中进行演示和说明。

在了解了递归调用和递归出口的概念与定义方式后还有一个问题尚未解决：递归结构是如何将子问题的解呈交给上层大问题进行使用，从而得到大问题的解的。这一点需要从递归的内存执行过程入手进行说明。

3. 递归的内存执行过程

实际上递归结构的内存执行过程与一般方法调用的内存执行过程是一致的，其原理都是在第 3 章中讲解过的在内存方法栈中进行栈帧入栈、出栈的操作，并且对于一种方法来讲，其返回值都被交给其调用者，所以在外层方法内部递归调用本身后，被递归调用方法的返回值会在其本身执行结束后，直接返给外部调用自己的方法进行使用。

下面通过递归方式实现的例 4-1 中 $n=3$ 的情况，结合方法栈中栈帧的入栈、出栈及方法调用的时序图，对上述理论进行详细演示。

递归实现例 4-1 中 $n=3$ 情况下，递归的内存执行过程如图 4-2 所示。

4. 死递归

如果在定义递归结构时递归出口定义得不够严谨，没有考虑到所有可能的边界条件，则这个递归结构就有可能变成“死递归”。所谓死递归，就是在递归调用过程中不断地执行下

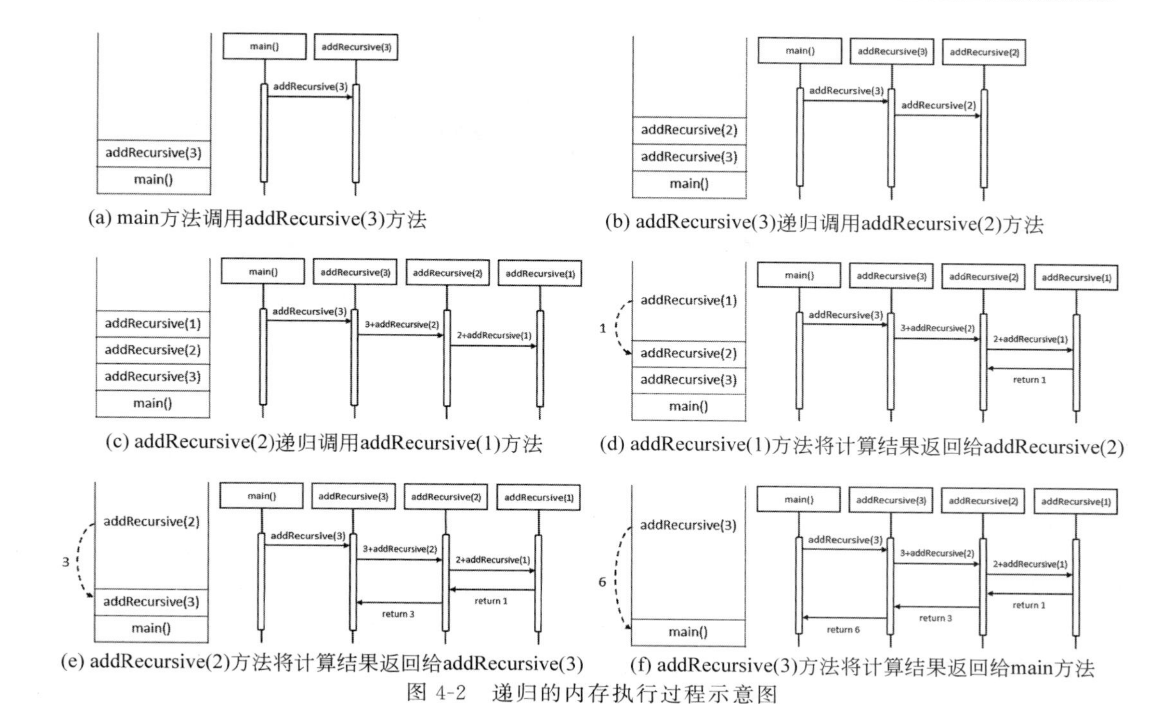

(a) main方法调用addRecursive(3)方法

(b) addRecursive(3)递归调用addRecursive(2)方法

(c) addRecursive(2)递归调用addRecursive(1)方法

(d) addRecursive(1)方法将计算结果返回给addRecursive(2)

(e) addRecursive(2)方法将计算结果返回给addRecursive(3)

(f) addRecursive(3)方法将计算结果返回给main方法

图 4-2 递归的内存执行过程示意图

去，始终无法遇到递归出口的情况。虽然从理论上讲，只要方法栈的内存空间分配得足够大，即使是死递归也可以无限执行下去，但是在实际情况下，方法栈的内存空间不可能是无限大的，因此在不断递归调用所产生的栈帧填满方法栈后就会导致栈内存溢出，这一点在Java 中的体现就是程序抛出 java.lang.StackOverflowError 这一错误。

一个没有递归出口的递归程序，代码如下：

```
/**
 Chapter4_Recursion_Search_Sort
 com.ds.recursion
 TestRecursion.java
 递归结构测试类
 */
public class TestRecursion {

    //一个没有递归出口的死递归程序
    public void deadRecursion() {

        //只有递归调用,没有递归出口
        deadRecursion();

    }

}
```

程序的运行结果如下：

```
Exception in thread "main" java.lang.StackOverflowError
    at com.ds.recursion.TestRecursion.deadRecursion(TestRecursion.java:38)
    at com.ds.recursion.TestRecursion.deadRecursion(TestRecursion.java:38)
    at com.ds.recursion.TestRecursion.deadRecursion(TestRecursion.java:38)
    at com.ds.recursion.TestRecursion.deadRecursion(TestRecursion.java:38)
    at com.ds.recursion.TestRecursion.deadRecursion(TestRecursion.java:38)
    at com.ds.recursion.TestRecursion.deadRecursion(TestRecursion.java:38)
    ...
```

4.1.3 递归结构进阶

4.1.2 节提到：在一些较为复杂的递归问题中，递归调用和递归出口的数量可以是不唯一的。接下来通过一个具体案例对此进行演示和说明。

【例 4-2】 斐波那契数列最早由中世纪意大利数学家莱昂纳多·斐波那契通过一组兔子繁殖的案例引入。案例说明如下：假设在第 1 个月的时候，给出一雌一雄的一对小兔子，小兔子在长大之前不具有繁殖能力；在第 2 个月的时候，小兔子长大成为大兔子，并且大兔子具备繁殖能力；在第 3 个月的时候，大兔子通过繁殖，产下一雌一雄的一对小兔子，此时兔子的总对数达到了 2 对；在第 4 个月的时候，最初始的一对大兔子再次产下一雌一雄的一对小兔子，而上个月产下的一对小兔子也已经长大，具备了繁殖能力，此时兔子的总对数达到了 3 对。此后的每个月当中，上一个月繁殖得到的小兔子都将在经历一个月的时间后长大为大兔子，并将在下一个月再次繁殖得到一雌一雄的一对小兔子，而在之前通过繁殖得到的所有大兔子，每个月又会繁殖得到一雌一雄的一对小兔子，以此类推，循环往复。在不考虑疾病、死亡等不利因素影响的前提下，每个月兔子的总对数将会飞速提升，而每个月兔子总对数构成的数列，即为斐波那契数列。

案例中每月兔子对数的前若干项取值如表 4-1 所示。

表 4-1 每月兔子对数的前若干项取值

数　据	第 1 个月	第 2 个月	第 3 个月	第 4 个月
小兔子/对	1	0	1	1
大兔子/对	0	1	1	2
总对数/对	1	1	2	3
数　据	**第 5 个月**	**第 6 个月**	**第 7 个月**	**第 8 个月**
小兔子/对	2	3	5	8
大兔子/对	3	5	8	13
总对数/对	5	8	13	21

通过对表 4-1 中数据的观察不难发现其中的规律：第 1 个月和第 2 个月兔子的总对数都是 1；从第 3 个月开始每个月兔子的总对数等于其前两个月兔子总对数的和。也就是说，如果将斐波那契数列通过数学公式进行表达，则符合如式(4-1)所示规律：

$$\mathrm{Fi}(n)=\begin{cases}1 & n=1 \text{ 或 } n=2\\ \mathrm{Fi}(n-1)+\mathrm{Fi}(n-2) & n\geqslant 3\end{cases} \tag{4-1}$$

通过式(4-1)不难看出，计算斐波那契数列第 $n(n\geqslant1)$项取值的代码可以使用递归结构实现。假设定义方法为 fibonacci(int n)，则方法的递归调用可以定义为当 $n\geqslant3$ 时返回 fibonacci(n－1)＋fibonacci(n－2)；方法的递归出口可以定义为当 $n=1$ 或者 $n=2$ 时返回 1。

斐波那契数列第 n 项取值计算的代码如下：

```
/**
 Chapter4_Recursion_Search_Sort
 com.ds.recursion
 TestRecursion.java
 递归结构测试类
 */
public class TestRecursion {

    //通过递归结构实现,计算斐波那契数列第 n 项取值的方法
    public int fibonacci(int n) {

        if(n == 1 || n == 2) {
            //递归出口
            return 1;
        } else {
            //递归调用
            return fibonacci(n-1) + fibonacci(n-2);
        }

    }

}
```

在上述的代码实现中，每层的递归调用均为两次，即递归计算 fibonacci(n－1)的取值和 fibonacci(n－2)的取值，两次递归调用的计算结果又以求和的方式构成了当前大问题，即计算 fibonacci(n)问题的解，并且当 n 取值为 1 或者 2 时都会直接返回取值 1 作为结果，即代表递归出口同样有两个。由此可见，在递归结构中递归调用和递归出口都可以是不唯一的，而这一点在 4.2 节与 4.3 节通过递归实现的一些查找与排序算法中同样有所体现。

4.2 查找

4.2.1 二分查找

二分查找算法是在数据集合中对元素进行按取值查找的经典算法。定义在 Java 工具

类 Arrays 与 Collections 中的 binarySearch()方法就是通过二分查找实现的。下面首先通过一个较为形象的案例引出对二分查找的相关讲解。

1. 图书管理员的故事

在图书馆中进行书籍的带出借阅时,需要在离开前对书籍进行扫描登记,如果书籍未被扫描登记就被带离图书馆,将会在出门时触发警报。

某日一同学在图书馆中借阅了 10 本图书并需要带离图书馆,可是在登记过程中漏扫了其中的 1 本并在出门时触发警报,该同学只得返回登记处对借阅的图书重新扫描登记。在重新登记过程中该同学的做法是:逐次拿起每一本书在门禁处尝试,如果没有触发警报,则说明该书籍已经扫描登记过,如果触发警报,则对该书籍进行扫描登记。在尝试了若干次后,登记处的图书管理员不耐烦了,于是拿过同学手中的所有书籍并进行了如下操作:首先将 10 本书对半分为两组,每组 5 本书,将其中的一组在门禁处进行尝试,如果触发警报,则说明未登记书籍就在当前组中,如果未触发警报,则说明未登记书籍在另一分组当中;在确定存在未登记书籍的分组后,再次将组内的书籍按照 2 本、3 本的方式进行分组,首先将 3 本书的一组在门禁处进行尝试,如果触发警报,则说明未登记书籍在当前分组中,如果未触发警报,则说明未登记书籍在另一组 2 本书的分组当中,然后重复上述的分组和尝试操作,直到找到未登记图书为止。在图书管理员的操作下很快就找到了未登记书籍,重新扫描登记后交给该同学带离图书馆。

在上述案例中,在最坏情况下,也就是最后一本书未登记的情况下,借书同学的做法需要依次将所有图书全部测试一遍后才能找到未登记书籍,测试次数为 10 次,但是按照图书管理员的做法,则最少需要 3 次、最多需要 4 次即可找到未登记书籍。很明显图书管理员的折半分组测试操作效率更高。

如果将借书同学的做法称为顺序查找法,图书管理员使用的就是二分查找法,也称为折半查找法。下面开始对二分查找在程序中的原理及实现进行讲解。

2. 二分查找基本原理

首先需要明确的是,二分查找算法的目标为查找到指定元素在序列中的下标,下标取值范围从 0 开始计算。如果被搜索的目标元素存在于序列当中,则返回这个元素在序列中的下标取值;如果目标元素在序列中不存在,则返回一个负数值进行表示。

一个数据序列能够进行二分查找的前提条件是当前序列中的元素必须是有序的,并且从原理上来讲升序序列和降序序列都可以进行二分查找。本部分内容将采用升序有序的序列作为讲解案例,如果要实现对降序序列的二分查找,则只需改动部分比较符号。

假设在一个长度为 n 的升序有序序列 list 中,搜索的目标元素的取值为 key,则二分查找的操作过程如下。

步骤 1:搜索开始前创建 3 个 int 类型变量,分别为 low、high 和 middle,分别用于表示当前搜索区间的起点下标、终点下标及中值下标。在初始状态下赋值 low=0、high=$n-1$。

步骤 2:根据搜索区间起点下标和终点下标的取值计算中值下标的取值,计算方式为 middle=(low+high)/2。在 Java 中,因为上述运算式中所有数据均为整型,所以即使在除不尽的情况下最终的运算结果也会直接舍弃小数位，仅保留整数位，相当于自发地进行了向下取整操作。

步骤 3：将序列 list 内中值下标位置上元素的取值与目标元素 key 的取值进行比较，并做出如下判断。①如果 list[middle]=key，则表示目标元素存在并找到，直接返回 middle 取值，即为二分查找的最终结果；②如果 key＜list[middle]，则说明目标元素可能存于 middle 下标的左半侧区间当中，此时 low 下标取值不变，将 high 下标取值更新为 high=middle－1；③如果 key＞list[middle]，则说明目标元素可能存在于 middle 下标的右半侧区间当中，将 low 下标取值更新为 low=middle+1，high 下标取值不变。

步骤 4：在保证当前搜索区间起终点取值符合 low≤high 条件的基础上重复步骤 2 与步骤 3，直到在序列中找到目标元素并返回其下标，或者确定目标元素不存在于当前序列中为止。

目标元素存在于序列中的二分查找过程如图 4-3 所示。

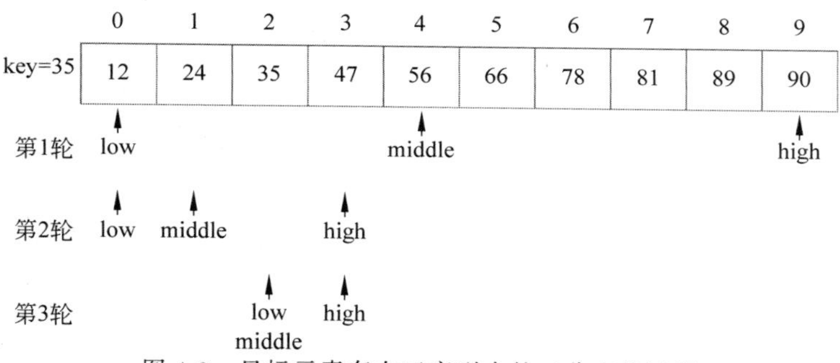

图 4-3　目标元素存在于序列中的二分查找过程

如果目标元素不存在于当前序列中，则在进行最后一轮二分查找时会出现搜索区间 low＞high 的情况，此时目标元素搜索失败，算法结束。

目标元素不存在于序列中的二分查找过程如图 4-4 所示。

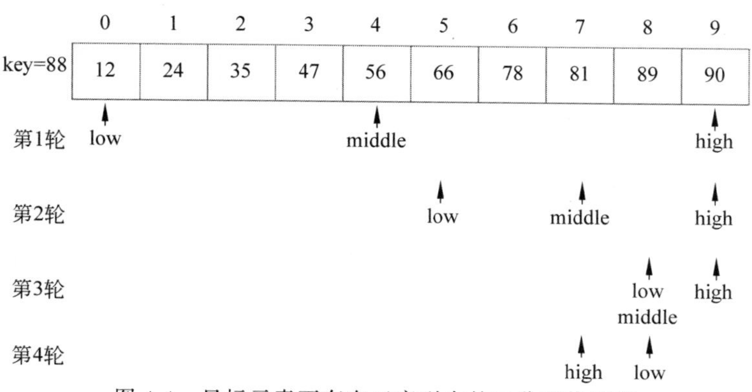

图 4-4　目标元素不存在于序列中的二分查找过程

当目标元素不存在于序列当中时一般需要返回一个负数值进行表示。比较简单的做法是直接返回－1 作为搜索结果值，但另一种比较规范的做法是在搜索失败时返回－(low+1)

的取值。在上面的内容中已经说明过,在搜索失败时会出现 low>high 的情况,而此时 low 的取值可以认为是目标元素 key 在插入序列中后,仍能够保持序列有序性的插入位下标。例如在图 4-4 中查找目标元素 88 失败时 low 变量的取值为 8,即可认为如果将元素 88 插入当前序列中下标为 8 的位置,则依旧可以保证当前序列的有序性,但是如果在搜索一个比序列中所有元素都小的目标 key 值失败时 low 下标的取值恰好为 0,此时即使对 low 进行取反依然为 0,直接进行返回可能会造成目标元素存在于序列下标为 0 位置的误解,所以最终的解决方案为在搜索失败时将 low 取值+1 后进行取反并返回。

3. 二分查找代码实现

二分查找算法的代码可以通过循环或者递归实现。

在二分查找算法的一般实现中,只要将上述搜索过程和返回方式通过判断、循环等结构进行实现即可。

二分查找的一般实现,代码如下:

```
/**
 Chapter4_Recursion_Search_Sort
 com.ds.search
 BinarySearch.java
 二分查找的代码实现类
 */
public class BinarySearch {

    /**
     二分搜索的一般实现
     list 序列中元素升序有序
     key 为查找的目标元素
     */
    public int binarySearch(int[] list, int key) {

        if(list == null || list.length == 0) {
            return -1;
        }

        //1.创建用于表示搜索区间起点、终点、中值下标的变量
        int low = 0;                        //搜索区间起点下标,初值为 0
        int high = list.length-1;           //搜索区间终点下标,初值为数组最大下标
        int middle;                         //搜索区间中值下标

        /*
        //重复执行比较过程,直到目标元素已找到,或者确定目标元素不存在为止
        while(low <= high) {
            /*
             计算中值下标取值,将中值下标元素与目标元素进行大小比较
             并根据比较结果决定进行返回或者更新 low、high 的取值
             */
            middle = (low + high) / 2;
```

```
            if(key < list[middle]) {
                //在左半侧区间中继续查找
                high = middle-1;
            } else if(key > list[middle]) {
                //在右半侧区间中继续查找
                low = middle+1;
            } else {                                    //list[middle] == key
                //目标元素已找到
                return middle;
            }
        }

        //目标元素不存在,返回-(low+1)的取值
        return -(low+1);

    }

}
```

在二分查找算法中,不论搜索区间如何进行折半,在左半侧或者右半侧区间继续进行二分查找的操作过程与在整体区间中进行二分查找的过程是一致的,只不过搜索区间的范围下降为原始搜索区间的一半,所以从这一特点看来,二分查找是可以使用递归结构进行实现的。

在通过递归结构进行二分查找的实现时,递归调用即为在目标元素 key 值与序列中值下标元素 list[middle]比较且不相等的情况下更新 low 或者 high 下标取值后,在左半侧区间或者右半侧区间继续进行搜索的过程;递归出口可以分为两种情况:①在 low>high 的情况下,返回-(low+1)的取值;②在 list[middle] == key 的情况下,直接返回 middle 变量的取值。在二分查找过程中,在任意子区间当中找到目标元素或者确定目标元素不存在都相当于在完整区间当中得到了搜索的最终结果,所以只要将递归调用的结果逐层返回,即可构成最外层方法调用的返回值。

二分查找的递归实现,代码如下:

```
/**
 Chapter4_Recursion_Search_Sort
 com.ds.search
 BinarySearch.java
 二分查找的代码实现类
 */
public class BinarySearch {

    /**
     二分搜索的递归实现
     list 序列中元素升序有序
     key 为查找的目标元素
     low 为当前搜索区间起点下标
```

```
        high 为当前搜索区间终点下标
        */
    public int binarySearchRecursive(int[] list, int key, int low, int high) {

        if(list == null || list.length == 0) {
            return -1;
        }

        //递归出口 2:目标元素不存在,返回-(low+1)的取值
        if(low > high) {
            return -(low+1);
        }

        /*
        计算中值下标取值,将中值下标元素与目标元素进行大小比较
        并根据比较结果决定进行返回或者更新 low、high 的取值,并进行递归调用
        */
        int middle = (low + high) / 2;

        if(key < list[middle]) {
            //递归调用:在左半侧区间继续进行二分搜索
            return binarySearchRecursive(list, key, low, middle-1);
        } else if(key > list[middle]) {
            //递归调用:在右半侧区间继续进行二分搜索
            return binarySearchRecursive(list, key, middle+1, high);
        } else {                                    //list[middle] == key
            //递归出口 1:目标元素存在并被找到
            return middle;
        }

    }

}
```

很明显,在递归结构实现的二分查找当中,递归调用和递归出口也都是不唯一的。

4. 二分查找时间复杂度分析

在对有序序列进行二分查找时,每轮搜索在执行过程中元素比较和变量取值修改的次数都是常数级别的,并且每次对搜索区间进行下降的方式都是二分的,所以对于规模为 N 的有序序列来讲,最多只要通过 $\log_2 N$ 轮对完整区间的二分即可找到目标元素所在下标或者确定序列中不存在目标元素,所以二分查找算法的时间复杂度为 $O(\log N)$。

4.2.2 插值查找

二分查找算法是一种针对有序序列中元素查找的普适性方案,但是在实际开发过程中,待搜索序列中的元素取值可能存在着一定的分布规律。这些分布规律会使序列中的元素在一定取值范围内分布较为均匀。例如当一个升序有序序列中的元素是以 2 为公差的等差数

列中的一部分时，这一序列中的元素在其最大值、最小值指定的范围内的分布就是较为均匀的。此时如果对二分查找过程中中值下标的计算方式进行些许改动，就能够很好地利用序列中元素分布均匀的这一特点提升元素的查找效率，而这也正是插值查找算法的核心思想。下面开始对插值查找算法进行讲解。

1. 插值查找基本原理

在开始讲解插值查找算法之前，首先回顾二分查找当中中值下标 middle 的计算公式。在对下标取值范围在[low, high]之间的有序序列进行二分查找的过程中，用于和目标元素进行比较的中值下标元素在序列中的下标取值计算方式如下：

$$\text{middle}=\left\lfloor \frac{1}{2}(\text{low}+\text{high}) \right\rfloor \tag{4-2}$$

对式(4-2)进行等价变换可以得到如下表现形式：

$$\begin{aligned}\text{middle}&=\left\lfloor \frac{1}{2}(2\text{low}+\text{high}-\text{low}) \right\rfloor \\ &=\text{low}+\left\lfloor \frac{1}{2}(\text{high}-\text{low}) \right\rfloor\end{aligned} \tag{4-3}$$

式(4-3)的形式可以理解为二分查找的一种偏移定位公式。在式(4-3)中，等号右侧以加号为界可以将公式划分成为两部分：加号左边为查找区间的起始下标，加号右边可以理解为偏移量。在式(4-3)中，偏移量始终为待搜索区间长度的一半，即公式中$\lfloor(\text{high}-\text{low})/2\rfloor$所表示的含义。综上所述，式(4-3)整体可以理解为从待搜索区间的起点下标出发，以待搜索区间长度的一半为偏移量，定位中值下标的取值。

注意：在实际开发场景中更偏向于使用式(4-3)所描述的方式实现二分查找算法。因为在使用式(4-2)所描述的方式实现二分查找算法时，在序列下标变量 low 与 high 的取值均比较大的情况下，计算 low+high 取值的结果很可能会超出其数据类型(通常为 int)所表示的取值范围，这种情况被称为值溢出。在发生值溢出时，low+high 的计算结果可能是一个负数或者其他错误的取值，最终导致二分查找算法整体的计算错误，但是如果使用式(4-3)所描述的方式实现，则因为下标变量 low 与 high 之间的计算关系为减法，所以计算结果发生值溢出的概率将会大幅降低。

但是正如本节开头部分所讲，如果待搜索序列中的元素分布较为均匀，则上述式(4-3)所描述的偏移定位方式并没有体现出对这一条件的运用，所以在具备上述条件的场景下对式(4-3)做出如下调整：

$$\text{middle}=\text{low}+\left\lfloor \frac{\text{key}-\text{list}[\text{low}]}{\text{list}[\text{high}]-\text{list}[\text{low}]}(\text{high}-\text{low}) \right\rfloor \tag{4-4}$$

在式(4-4)中，list 表示一个元素分布均匀且升序有序的序列，key 仍然表示被搜索的目标取值。在通过式(4-3)变形后得到的式(4-4)中，偏移定位的起点并没有发生改变，变化的是加号右边对于待搜索区间长度的选取比例。这一比例从二分查找的 1/2 变化为$\lfloor(\text{key}-\text{list}[\text{low}])/(\text{list}[\text{high}]-\text{list}[\text{low}])\rfloor$的取值。这一比值可以理解为目标元素与序列中最小元素的差值与序列中两个极值的差之间的比例关系。在元素分布均匀的情况下，通过式(4-4)

选取的“中值下标元素”比二分查找中所选的中值下标元素有更大的概率直接命中目标元素，而这种“中值下标”的选取方式正是插值查找算法中所采用的方式。下面将两种不同的查找算法代入一个具体案例中进行比较。

假设现有升序有序的待搜索序列 list，序列长度为 100，下标取值范围为[0，99]，序列中的元素是以 0 为首项、以 2 为公差的等差数列元素。现在需要在这一序列中查找取值为 10 的元素所在下标。如果使用二分查找算法，则需要经历 4 次查找才能找到；如果使用插值查找算法，则只需 1 次查找便可以找到。不仅如此，在上述这种等差数列元素构成的待搜索序列中查找任何存在的元素，插值查找算法都只需 1 次查找便可以找到。由此可见，在插值查找算法中，序列的长度和目标元素所在序列中的位置都不再是影响查找次数的主要因素，元素的分布均匀程度才是影响其查找次数的最大因素。

实际上插值查找算法的思想非常容易理解，其思想的核心就是根据目标元素的取值，动态估算该取值所在序列中的区间比例，而这种动态估算区间比例的查找方式在现实生活中也有所体现。例如在英文字典中，假设以任意英文字母作为首字母的单词数量都是差不多的，那么在查找以 A 开头的单词时，并不会从字典的中间位置开始找起，而是尽可能地向前翻，尽可能地将查找范围控制在字典的前 1/26 的位置中；当查找以 Z 开头的单词时则会尽量向后翻，尽可能地将查找范围控制在字典的最后 1/26 的位置中。这一思路就是插值查找算法在现实生活中最形象的体现。

2. 插值查找代码实现

因为插值查找算法的实现步骤与二分查找算法的实现步骤是相同的，只是 middle 下标取值的计算方式及一些代码细节有所不同，所以下面直接给出对升序序列进行插值查找的两种代码实现方式。

插值查找的非递归实现，代码如下：

```
/**
 Chapter4_Recursion_Search_Sort
 com.ds.search
 InterpolationSearch.java
 插值查找的代码实现类
 */
public class InterpolationSearch {

    /**
     插值查找的非递归实现
     */
    public int interpolationSearch(int[] list, int key) {

        if(list == null || list.length == 0) {
            return -1;
        }

        //1.创建用于表示搜索区间起点、终点、中值下标的变量
```

```
        int low = 0;
        int high = list.length-1;
        int middle;

        //2.重复执行比较过程,直到目标元素已找到,或者确定目标元素不存在为止
        while(low <= high) {

            /*
            对待搜索区间中只剩余 1 个元素的情况进行判断
            避免后续计算过程出现分母为 0 的特殊情况
            */
            if(low == high) {
                return key == list[low] ? low : -1;
            }

            /*
            3.计算中值下标取值,将中值下标元素与目标元素进行大小比较
            并根据比较结果决定进行返回或者更新 low、high 的取值
            */
            middle = low + (key - list[low]) * (high - low) / (list[high] - list
[low]);

            //middle 计算完毕后,需要对其取值是否超出搜索范围进行判断
            if(middle < low || middle > high) {
                return -1;
            }

            if(key < list[middle]) {
                high = middle-1;
            } else if(key > list[middle]) {
                low = middle+1;
            } else {
                return middle;
            }
        }

        /*
        4.目标元素不存在,返回-1
        因为在插值查找算法中,当确定目标元素不存在时,low 变量的取值可能并不是目标元素
        在序列中的插入位置
        */
        return -1;

    }

}
```

插值查找的递归实现,代码如下:

```
/**
 Chapter4_Recursion_Search_Sort
 com.ds.search
 InterpolationSearch.java
 插值查找的代码实现类
 */
public class InterpolationSearch {

    //插值查找的递归实现
    public int interpolationSearchRecursive(int[] list, int key,
                                            int low, int high) {

        if(list == null || list.length == 0) {
            return -1;
        }

        //递归出口 2:目标元素不存在,返回-1
        if(low > high) {
            return -1;
        }

        //递归出口 3:待搜索区间中只剩余 1 个元素的情况
        if(low == high) {
            return key == list[low] ? low : -1;
        }

        int middle=low+(key-list[low]) * (high-low)/(list[high]-list[low]);

        //递归出口 4:计算得到的中值下标超出搜索范围,返回-1
        if(middle < low || middle > high) {
            return -1;
        }

        if(key < list[middle]) {
            //递归调用:在左半侧区间继续进行插值搜索
            return interpolationSearchRecursive(list, key, low, middle-1);
        } else if(key > list[middle]) {
            //递归调用:在右半侧区间继续进行插值搜索
            return interpolationSearchRecursive(list, key, middle+1, high);
        } else {
            //递归出口 1:目标元素存在并被找到
            return middle;
        }

    }

}
```

3. 插值查找与二分查找对比

与二分查找算法相比，在时间复杂度方面，如果待搜索序列中元素的分布是相对均匀的，则插值查找算法的时间复杂度可以降低到 $O(\log\log N)$ 的水平，而二分搜索算法的时间复杂度与序列中元素的分布均匀程度无关，始终是 $O(\log N)$，但是在待搜索序列中元素的取值跨度较大、分布不均匀的情况下，例如在{1,2,100,102,105,2000,2001}的序列形式下，插值查找算法的时间复杂度将会大幅升高，甚至达到 $O(N)$ 的水平。由此可见，当待搜索序列中的元素分布不均衡时，未必适合采用插值查找算法。

注意： 插值查找算法时间复杂度的证明方式相对复杂，其具体证明过程可以参考 *Communications of the ACM* 期刊上收录的由 Yehoshua、Perl、Alon 等作者所发表的文章 *Interpolation search—a log logN search* 中的相关内容。相关文献的引用将在本书末具体给出。

4.2.3　斐波那契查找

在 4.2.1 节讲解的二分查找算法与在 4.2.2 节讲解的插值查找算法中，对中值下标 middle 的计算都使用了整数的除法运算，但是对于计算机来讲，整数乘除法运算的底层实现要比单纯的加减法运算复杂很多，因此也会消耗更多的时间开销。那么是否存在一种单纯使用加减法运算便可以得到中值下标 middle 取值的查找算法呢？答案是肯定的，这就是斐波那契查找算法。

1. 斐波那契数列之美

在 4.1 节讲解递归结构的相关内容当中已经接触过斐波那契数列，但是当时只是说明了斐波那契数列的递推规律及如何使用递归结构实现斐波那契数列的计算，并没有对斐波那契数列中各位取值之间所蕴藏的深层规律进行进一步研究。实际上，斐波那契数列是一种“极具美感”的数字序列，下面通过斐波那契数列中前若干项的取值对这一说法进行论证。

首先记斐波那契数列前若干项取值构成的序列为 Fi，则 Fi＝{1,1,2,3,5,8,13,21,34…}，然后将相邻的两项斐波那契数列的取值用前一项除以后一项，可得如下结果：

$$
\begin{aligned}
\frac{\mathrm{Fi}(n)}{\mathrm{Fi}(n+1)} &= 1 \div 1 = 1, \\
&= 1 \div 2 = 0.5, \\
&= 2 \div 3 = 0.666\cdots, \\
&= 3 \div 5 = 0.6, \\
&= 5 \div 8 = 0.625, \\
&= 8 \div 13 = 0.615\cdots, \\
&\vdots \\
&= 610 \div 987 = 0.618034\cdots, \\
&= 987 \div 1597 = 0.618033\cdots, \\
&\vdots
\end{aligned}
\tag{4-5}
$$

当斐波那契数列中的数字取值不断增大时，这一除法运算的结果不断逼近于 0.618。实际上在数学当中这一取值具有特殊的含义，即黄金分割比例。黄金分割比例的具体值为 $(\sqrt{5}-1)/2$，即 5 的平方根减 1 整体除以 2，根据这一比例构建的几何图形被认为是最具美感的几何图形，所以从这一点来看，斐波那契数列确实是一种“极具美感”的数字序列。

根据斐波那契绘制的几何图形如图 4-5 所示。

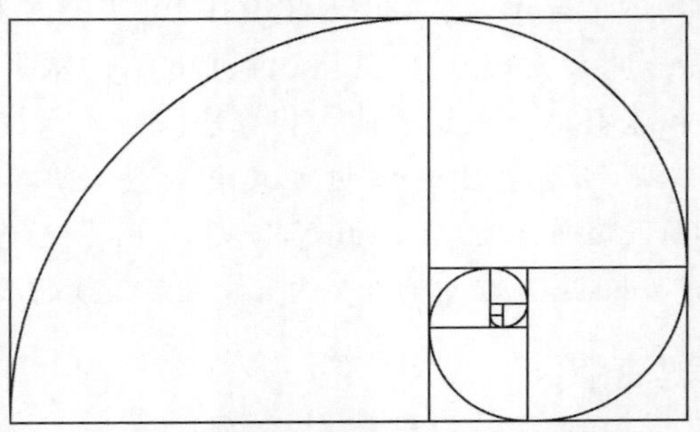

图 4-5　根据斐波那契绘制的几何图形

实际上，斐波那契数列中所蕴含的数学规律不仅在数学科学和计算机科学领域有所应用，其在经济学、物理学、化学等众多领域都有所体现。接下来开始对基于斐波那契数列的斐波那契搜索算法进行讲解。

2. 斐波那契查找基本原理

斐波那契查找算法的基本原理即按照斐波那契数列中的取值进行中值下标取值的计算及两个子区间长度的划分。下面以在长度为 n 的升序有序序列 list 当中对取值为 key 的目标元素进行搜索为例，说明斐波那契查找算法的执行步骤。

步骤 1：通过斐波那契数列的相关算法，计算得到斐波那契数列中第 1 个大于或等于 n 的取值并记为 fMax，以该取值为最大值构建斐波那契数列数组并记为 fArray。

步骤 2：将待搜索序列的长度扩容到 fMax 取值的大小，保证序列的总长度为斐波那契数。待搜索序列扩容过程中，下标大于 $n-1$ 部分的取值，使用原序列中下标最大值元素进行填充。

步骤 3：分别创建整型变量 low、high、middle 和 f，其中 low 表示待搜索区间的起点下标，初值为 0；high 表示待搜索区间的终点下标，初值为 fMax－1；middle 表示待搜索区间的中值下标；f 表示对搜索区间进行划分所使用斐波那契数在数组 fArray 中的下标，初值为 fArray.length－1。

步骤 4：计算 middle 变量的取值，其计算方式为 middle＝low＋fArray[$f-1$]－1。

步骤 5：将 list[middle]与目标元素 key 进行大小比较，根据比较结果决定返回变量 middle 的取值还是继续对待搜索区间进行划分：①如果 key<list[middle]，则变更 high＝middle－1，low 变量取值不变，并且变更 $f-=1$，即继续在左半侧区间中进行斐波那契查找；②如果 key>list[middle]，则变更 low＝middle＋1，high 变量取值不变，并且变更 $f-=2$，即继续在右半侧区间中进行斐波那契查找；③如果 key＝list[middle]，则需判断当前 middle 取值与原始序列长度 n 之间的关系。如果 middle<n，则表示目标元素存在且在原

始序列中被找到，返回 middle 变量的取值，算法结束；如果 middle≥n，则表示目标元素存在且在被扩展的序列部分中被找到。因为被扩展的序列部分是使用原始序列中下标最大值元素进行填充的，所以返回 $n-1$ 的取值作为结果，算法结束。

步骤 6：在保证当前搜索区间起终点取值符合 low≤high 条件的基础上重复上述步骤 4 到步骤 5，直到在序列中找到目标元素并返回其下标，或者确定目标元素不存在于当前序列中为止。

将上述算法步骤代入具体场景中，更容易对其中中值下标的选取和左右子区间的划分进行理解。假设某升序有序的序列在经过填充后长度为 13，则该序列在进行斐波那契查找时所对应的 fArray 数组的取值为{1，1，2，3，5，8，13}。在第 1 次查找时，中值下标 middle 的取值为 7。如果查找失败，则该区间会被划分成为长度分别为 12 和 8 的左右子区间。如果在左侧子区间中继续查找，则下一轮使用的斐波那契数为 5，中值下标 middle 的取值为 4；如果在右侧子区间中继续查找，则下一轮使用的斐波那契数为 3，中值下标 middle 的取值为 10。

上述执行流程如图 4-6 所示。

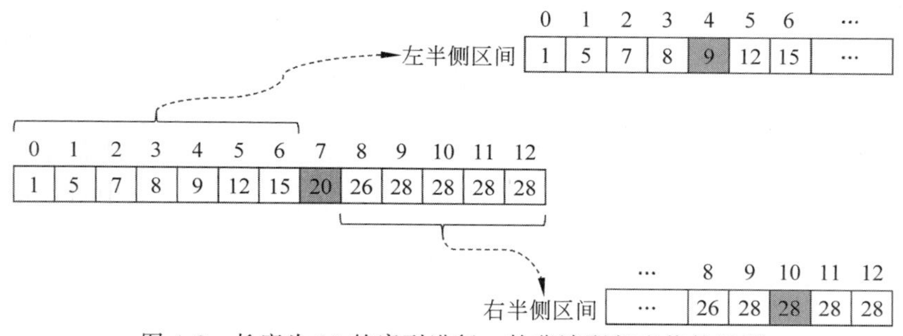

图 4-6 长度为 13 的序列进行一轮斐波那契查找的过程

3. 斐波那契查找代码实现

下面以对升序有序的序列进行斐波那契查找为例，给出斐波那契查找的两种代码实现方式。

斐波那契查找的非递归实现，代码如下：

```
/**
 Chapter4_Recursion_Search_Sort
 com.ds.search
 FibonacciSearch.java
 斐波那契查找的代码实现类
  * /
public class FibonacciSearch {

    //斐波那契查找的非递归实现
    public int fibonacciSearch(int[] list, int key) {
```

```
if(list == null || list.length == 0) {
    return -1;
}

/*
 对长度为 1 的待搜索序列单独处理
 保证进行斐波那契搜索的序列长度均大于或等于 2
 确保在斐波那契数组中取值时不会造成下标越界
 */
if(list.length == 1) {
    return key == list[0] ? 0 : -1;
}

//1.根据原始序列长度计算并得到斐波那契数组
int[] fArray = getFibonacciArray(list.length);
//斐波那契数组中的最后一位即为 fMax 的取值
int fMax = fArray[fArray.length-1];
//记录原始序列长度
int n = list.length;

 //2.将原始序列扩展到 fMax 的大小,并使用原始序列中最大下标元素进行填充
list = Arrays.copyOf(list, fMax);
for(int i = n; i < fMax; i++) {
    list[i] = list[n-1];
}

//3.创建用于斐波那契搜索的各个变量
//待搜索区间的起点下标
int low = 0;
//待搜索区间的终点下标
int high = fMax-1;
//根据斐波那契数组计算的待搜索区间中值下标
int middle;
//用于计算中值下标及子区间划分的斐波那契数在 fArray 中的下标
int f = fArray.length-1;

//4.创建循环,重复执行步骤 4~5
while(low <= high) {
    //5.根据斐波那契数组,计算 middle 变量的取值
    middle = low + fArray[f-1] - 1;

    //6.将中值下标元素取值与目标元素进行比较
    if(key < list[middle]) {
        high = middle-1;
        f -= 1;
```

```
            } else if(key > list[middle]) {
                low = middle+1;
                f -= 2;
            } else {
                if(middle < n) {
                    return middle;
                } else {
                    return n-1;
                }
            }
        }

        //元素不存在的情况
        return -1;

    }

    //根据原始序列长度获取斐波那契数组的方法
    private int[] getFibonacciArray(int n) {

        List<Integer> fList = new ArrayList<>();

        fList.add(1);
        fList.add(1);

        int f;
        while(true) {
            int size = fList.size();
            f = fList.get(size-1) + fList.get(size-2);
            fList.add(f);
            if(f >= n) {
                break;
            }
        }

        int[] fArray = new int[fList.size()];
        for(int i = 0; i < fArray.length; i++) {
            fArray[i] = fList.get(i);
        }

        return fArray;

    }
}
```

斐波那契查找的递归实现，代码如下：

```
/**
 Chapter4_Recursion_Search_Sort
 com.ds.search
 FibonacciSearch.java
 斐波那契查找的代码实现类
 */
public class FibonacciSearch {

    //斐波那契查找的递归实现
    public int fibonacciSearchRecursive(int[] list, int key) {

        if(list == null || list.length == 0) {
            return -1;
        }

        if(list.length == 1) {
            return key == list[0] ? 0 : -1;
        }

        //对待搜索序列进行初始化
        int[] fArray = getFibonacciArray(list.length);
        int fMax = fArray[fArray.length-1];
        int n = list.length;

        list = Arrays.copyOf(list, fMax);
        for(int i = n; i < fMax; i++) {
            list[i] = list[n-1];
        }

        int low = 0;
        int high = fMax-1;
        int f = fArray.length-1;

        //调用通过递归结构实现的斐波那契查找算法
        return fibonacciSearchRecursiveInner(list, key,
                low, high, fArray, f, n);

    }

    /**
     通过递归结构实现的斐波那契查找算法
     list 为扩展并填充后的待搜索序列
     key 为被查找的目标元素
     low 为待搜索区间的起点下标
```

```
 high 为待搜索区间的终点下标
 fArray 为递归各层共享的斐波那契数组
 f 为当前区间搜索中使用斐波那契数在 fArray 中的下标
 n 为待搜索序列的原始长度
 */
private int fibonacciSearchRecursiveInner(int[] list, int key,
                                          int low, int high,
                                          int[] fArray, int f, int n) {

    //递归出口 2:目标元素不存在的情况
    if(low > high) {
        return -1;
    }

    int middle = low + fArray[f-1] - 1;

    if(key < list[middle]) {
        //递归调用:在左半侧区间中继续查找
        return fibonacciSearchRecursiveInner(list, key,
                low, middle-1, fArray, f-1, n);
    } else if(key > list[middle]) {
        //递归调用:在右半侧区间中继续查找
        return fibonacciSearchRecursiveInner(list, key,
                middle+1, high, fArray, f-2, n);
    } else {
        //递归出口 1:目标元素存在并被找到的情况
        if(middle < n) {
            return middle;
        } else {
            return n-1;
        }
    }

}

//根据原始序列长度获取斐波那契数组的方法
private int[] getFibonacciArray(int n) {

    List<Integer> fList = new ArrayList<>();

    fList.add(1);
    fList.add(1);

    int f;
    while(true) {
        int size = fList.size();
```

```
                f = fList.get(size-1) + fList.get(size-2);
                fList.add(f);
                if(f >= n) {
                    break;
                }
            }

            int[] fArray = new int[fList.size()];
            for(int i = 0; i < fArray.length; i++) {
                fArray[i] = fList.get(i);
            }

            return fArray;

        }

    }
```

4. 斐波那契查找与二分查找对比

与二分查找算法相比，斐波那契查找算法的时间复杂度依然是 $O(\log N)$，也就是说其在时间复杂度上相对于二分查找算法并没有明显提升，但是如同本节开始部分所讲，在进行斐波那契查找时，中值下标 middle 的取值计算只使用了加减运算，并没有用到乘除法运算，所以从理论上来讲这一点可以在计算机底层为算法的执行带来性能上的提升，但是在 Java 这一类相对常用的编程语言中，一般提供了针对整型变量的位运算操作，例如对于非负整数除以 2 的操作，Java 语言就可以使用位运算符中的＞＞（右移）或者＞＞＞（无符号右移）运算符进行实现。在计算机的底层实现中，整数的位运算相比加减运算在性能上的差异并不大。

在空间消耗上，斐波那契查找算法的实现还需要对原始序列进行扩展和填充及开辟额外的空间计算和保存斐波那契数组，因此在额外空间消耗的层面来讲，斐波那契查找相比二分查找需要消耗更多的额外空间。

综上所述，斐波那契查找算法的整体表现并不一定优于二分查找算法，但是这并不妨碍其成为一种经典的查找算法理论。

4.3 排序

4.3.1 排序算法的稳定性

在开始对排序算法的相关内容进行讲解之前，首先需要对排序算法稳定性的相关定义进行说明。

排序算法的稳定性是指在待排序序列中存在相同取值元素的情况下，在对序列执行排序算法过程中及排序算法运行结束后，如果相同取值元素的相对顺序始终没有发生改变，则排序算法是稳定的；相反，如果相同取值元素在排序算法执行过程中或者执行结束后相对顺序发生改变，则排序算法就是不稳定的。例如在序列 list 中存在相同取值的元素 a_1 和 a_2，并且在排序之前元素 a_1 先于 a_2 出现，如果在对序列 list 执行某一排序算法过程中及排序算法执行完毕后，在序列 list 中元素 a_1 始终先于 a_2 出现，则该排序算法即为稳定的排序算法；反之，如果在排序算法执行过程中或者执行完毕后，序列 list 中元素 a_2 先于 a_1 出现，则该排序算法即为不稳定的排序算法。

稳定的排序算法相较于不稳定的排序算法在多维度排序的应用上存在优势。例如存在一组学生类对象构成的序列，在学生类型的对象中记录了包含学生年龄和考试总成绩的多个维度的相关信息。现要求对序列中所有学生对象按照考试总成绩进行排序，同时如果存在考试总成绩相同的学生，则相同考试总成绩的所有学生之间按照学生年龄进行排序。在满足上述需求时，可以首先对所有学生按照年龄进行排序，然后对所有学生按照考试总成绩进行排序。如果在排序过程中使用的是稳定的排序算法，则在对学生按照考试总成绩排序后，并不会影响具有相同总成绩的多名学生之间按照年龄排序的有序结果；反之，如果使用的是不稳定的排序算法，则在对学生按照考试总成绩进行排序后，具有相同总成绩的多名学生之间按照年龄排序的相对顺序可能会被打乱。

4.3.2　冒泡排序

冒泡排序算法是所有经典排序算法中思想最为直观、代码实现最为简单的一种，但是冒泡排序的时间复杂度也相对较高。在对待排序序列进行冒泡排序的过程中，序列中无序部分的最大值或者最小值会从无序部分的前端部分逐渐移动到无序部分的最末尾，这就如同烧开的水中，气泡从水壶最底部升至水面并且逐渐变大一样，冒泡排序因此而得名。下面开始对冒泡排序算法进行讲解。

1. 理论基础

冒泡排序算法的核心实现思路为相邻位比较，如果反序，则互换。相邻位是指在序列当中下标连续的两个元素。下面以升序排序为例，对冒泡排序的算法流程进行说明。

步骤1：给定长度为 n 的待排序序列 list。在算法初始化时，创建两个 int 型变量 i 和 j，分别用于表示当前排序算法的执行轮次及本轮排序中正在进行比较的元素下标，两个变量初值均为0；再创建一个用于元素进行交换的临时变量 tmp。

步骤2：在一轮排序过程中，对 list[j]与 list[$j+1$]的元素取值进行大小比较：①如果 list[j]>list[$j+1$]，则对两元素的位置进行互换；②如果 list[j]≤list[$j+1$]，则不进行交换。比较交换完成后执行 $j++$ 并重复上述流程，直到遇见下标 $j+1>n-1$ 的情况，或者元素 list[$j+1$]的后续元素均被前序轮次排为有序状态的情况为止。

步骤3：一轮排序完成后执行 $i++$，直到 $i>n-2$ 时算法结束。

冒泡排序算法的执行流程如图4-7所示。

通过上述流程图4-7所示可以总结出冒泡排序算法的如下规律。

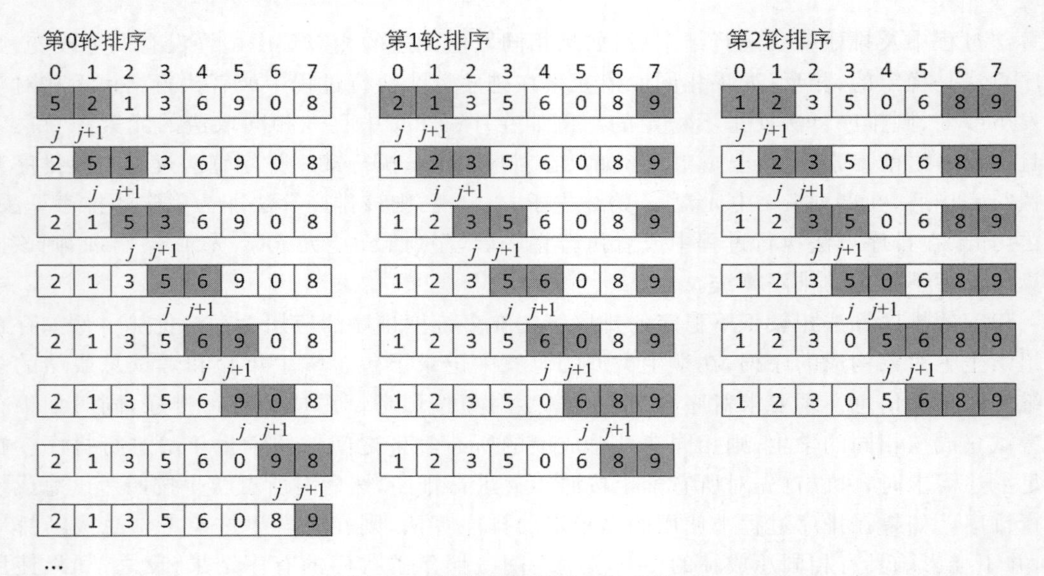

图 4-7 冒泡排序算法的执行流程

规律1：在一轮排序执行完成后，序列中无序部分的最大值会被移动到无序部分的末尾且位置不会再发生改变，这种情况称为元素归位。

规律2：如果将排序轮次从0开始计算，则在第 $i(i \leqslant n-2)$ 轮排序开始的时候，整个序列中有 i 个元素处于有序状态。这 i 个元素已经归位，不需要继续参与后续的比较和交换操作，所以在执行第 i 轮排序时序列中有 $n-i$ 个元素参与比较和交换，轮次内的比较交换操作总共执行 $n-i-1$ 次。

规律3：当序列中无序部分的元素数量为1时，表示序列整体已经处于有序状态。因为1个元素自身与自身有序，不需要进行任何比较和交换操作，所以算法整体执行 $n-1$ 轮排序。

注意：冒泡排序也可以在序列中自后向前进行实现，其实现原理不变。

2. 代码实现

通过上面总结的规律及算法步骤，可以对冒泡排序算法进行如下代码实现：

```
/**
 Chapter4_Recursion_Search_Sort
 com.ds.sort
 BubbleSort.java
 冒泡排序
 * /
public class BubbleSort {

    //冒泡排序代码实现
    public void bubbleSort(int[] list) {
```

```
        if(list == null || list.length == 0) {
            return;
        }

        int tmp;                                            //用于元素交换的临时变量

        //3.排序总共执行 n-1 轮,i 从 0 开始计数,最大值为 n-2
        for(int i = 0; i <= list.length-2; i++) {
            //2.在第 i 轮排序中,有 i 个元素不参与比较
            for(int j = 0; j+1 < list.length-i; j++) {
                //1.相邻位比较,如果反序,则互换
                if(list[j] > list[j+1]) {
                    tmp = list[j];
                    list[j] = list[j+1];
                    list[j+1] = tmp;
                }
            }
        }

    }

}
```

3. 时间复杂度、空间复杂度、稳定性分析

假设待排序序列的长度为 n,并且同样从 0 开始计数排序的轮次,则根据之前总结的规律可以得知,在第 0 轮排序过程中有 n 个元素需要进行 $n-1$ 次比较交换;在第 1 轮排序过程中有 $n-1$ 个元素需要进行 $n-2$ 次比较交换;在第 2 轮排序过程中有 $n-2$ 个元素需要进行 $n-3$ 次比较交换……在第 $n-3$ 轮排序过程中有 3 个元素需要进行两次比较和交换;在第 $n-2$ 轮排序过程中有两个元素需要进行 1 次比较和交换。对上述每轮比较交换的执行次数求和可得 $(n-1)+(n-2)+(n-3)+\cdots+3+2+1=n\times(n-1)\ /\ 2$,并且在冒泡排序中元素比较操作和交换操作的时间复杂度都是常数级别的 $O(1)$,所以不论在初始序列顺序、无序、逆序的状态下,对上述运算式进行转换所得冒泡排序时间复杂度都是相同的 $O(N^2)$。

在冒泡排序中,因为固定只用到了 3 个变量,用于表示排序的轮次、对比元素下标和用于元素交换,所以其空间复杂度为常数级别的 $O(1)$。

在冒泡排序中,等值元素无论在初始状态下处于什么位置,最终都会因为排序过程中的元素交换而相邻,并且从上面的代码实现可知相邻的等值元素之间不需要交换,所以冒泡排序是一种稳定的排序算法。

4. 算法优化

首先给出一组数据{5,1,2,3,4}。在对这组数据进行升序的冒泡排序时可以发现,在经过第 0 轮的排序后序列将整体处于有序状态,但是因为此时排序的轮次尚未达到第 $n-2$

轮，所以后续轮次的排序还会继续执行，但是显而易见，后续轮次的排序操作在每轮中都没有发生元素交换，而这样的无用功将会导致时间上的浪费。上述问题的解决方案是设置一个真值类型的变量，用于记录在本轮排序操作过程中是否发生了元素交换操作。在每轮排序开始前将该变量置为 false，当排序过程中发生元素交换时将该变量置为 true。当一轮排序结束后，对真值变量进行判断：①如果此时真值变量取值仍然为 false，则表示本轮排序在执行过程中并未发生元素交换，即在这一轮排序开始执行时序列已经整体有序，后续轮次没有必要继续执行，算法结束即可；②如果真值变量取值为 true，则表示在当前轮次中发生了元素交换。至于在本轮排序结束后序列是否已经整体有序，则需要在下一轮排序执行完毕后才能判断，所以后续的排序轮次还有必要继续执行。

优化后的冒泡排序实现，代码如下：

```
/**
 Chapter4_Recursion_Search_Sort
 com.ds.sort
 BubbleSort.java
 冒泡排序
  */
public class BubbleSort {

    //冒泡排序优化代码实现
    public void bubbleSortOptimized(int[] list) {

        if(list == null || list.length == 0) {
            return;
        }

        int tmp;
        //用于记录本轮排序中是否有元素发生交换的真值变量
        boolean changed;
        for(int i = 0; i <= list.length-2; i++) {
            //轮次开始时，将真值变量取值置为 false
            changed = false;
            for(int j = 0; j+1 < list.length-i; j++) {
                if(list[j] > list[j+1]) {
                    tmp = list[j];
                    list[j] = list[j+1];
                    list[j+1] = tmp;
                    //当有元素发生交换时，将真值变量置为 true
                    changed = true;
                }
            }
            //轮次结束时，若没有元素发生交换，则说明序列整体有序，提前结束算法
            if(!changed) {
```

```
                break;
            }
        }
    }

}
```

在进行优化后，冒泡排序算法在初始序列完全有序的状态下仅对序列整体进行一轮遍历即可，时间复杂度可以提升为线性级别的 $O(N)$，而在一般的序列无序情况下也能够有效地提升算法的整体运行效率。

4.3.3　选择排序

选择排序与冒泡排序的算法思想十分相近，都是从序列的无序部分中找出最大值或者最小值并置于序列无序部分的最前端或者最末端，但是二者对序列无序部分极值的选择方式有所不同。下面对选择排序算法进行讲解。

1. 理论基础

选择排序的算法思路是选择序列中无序部分的起点位置或者终点位置作为标准位，通过遍历序列无序部分除标准位外的其他元素找出序列无序部分中的最大值或者最小值，并将选出的极值与标准位上的元素进行交换。对于通过遍历查找极值的方案，可以通过将遍历到的元素逐一与标准位上的元素进行大小比较和交换动态实现。在遍历过程中，标准位上的元素会不断地与序列无序部分的元素进行交换，在遍历结束后，标准位上的元素即为序列无序部分中的极值。下面以升序排序为例，对选择排序的算法流程进行说明。

步骤 1：给定长度为 n 的待排序序列 list。在算法初始化时，创建两个整型变量 i 和 j，分别表示本轮排序中标准位的下标及在遍历过程中扫描元素的下标。i 变量的初值为 0，j 变量的初值为 $n-1$，即从序列最末端向前进行元素遍历（亦可从序列 $i+1$ 处开始向后遍历元素）；再创建一个用于元素进行交换的临时变量 tmp。

步骤 2：将序列中元素 list[j]与标准位上的元素 list[i]进行大小比较：如果 list[j]$<$list[i]，则交换 list[j]与 list[i]的取值；如果相反，则略过序列元素 list[j]。比较交换操作完成后执行 $j--$ 并重复上述操作，循环条件为 $j>i$。

步骤 3：一轮排序完成后执行 $i++$，直到 $i>n-2$ 时算法结束。

选择排序算法执行流程如图 4-8 所示。

通过上述流程图 4-8 所示可以总结出选择排序算法的如下规律。

规律 1：与冒泡排序相似，如果从 0 开始计数排序轮次，则在第 $i(i\leqslant n-2)$ 轮排序开始时序列中已经存在 i 个有序元素，这 i 个有序元素不参与本轮的比较与交换。

规律 2：在第 i 轮排序过程中有 $n-i$ 个元素处于无序状态，除去标准位本身则有 $n-i-1$ 个元素需要与标准位上的元素取值进行比较交换。

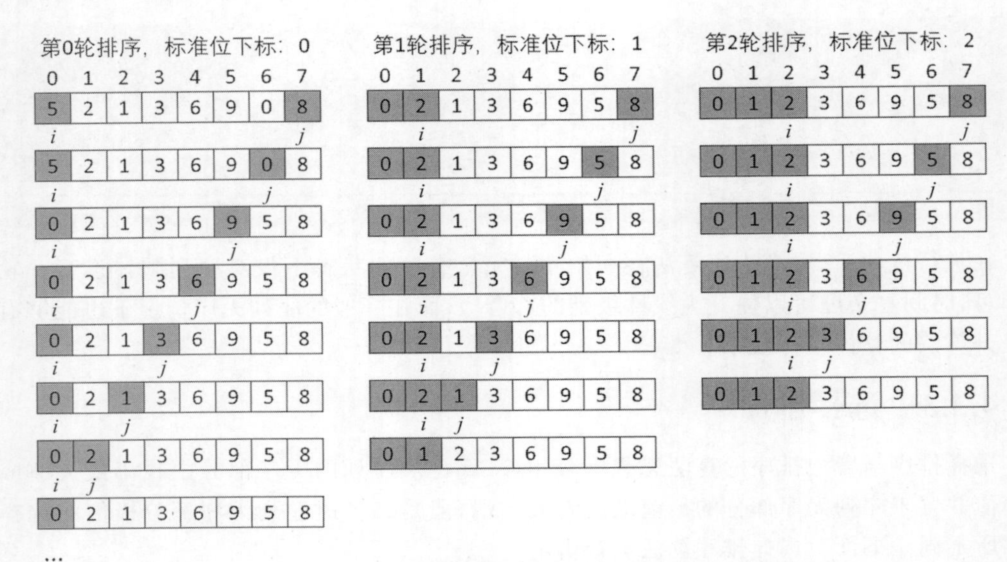

图 4-8　选择排序算法执行流程

规律 3：每轮排序完成后，标准位上的取值都是序列无序部分中的最小值（如果是降序排序则是最大值）。

规律 4：当序列中仅剩余 1 个无序元素时仍然不需要进行额外比较，所以排序的轮次整体也执行 $n-1$ 轮。

注意：选择排序还有另一种哨兵位的实现方式，即额外创建一个用于保存下标位的临时变量作为哨兵位。在对序列无序部分进行遍历过程中仅对其中极值元素的下标进行选择并记录在哨兵位当中。遍历完成后根据哨兵位记录极值元素的下标取值，将序列无序部分中的极值与标准位当中的取值进行比较，如果符合条件，则进行交换。

2. 代码实现

通过上面总结的规律及算法步骤，可以对选择排序算法进行如下代码实现：

```
/**
 Chapter4_Recursion_Search_Sort
 com.ds.sort
 SelectionSort.java
 选择排序
  * /
public class SelectionSort {

    //选择排序代码实现
    public void selectionSort(int[] list) {

        if(list == null || list.length == 0) {
            return;
```

```
        }

        int tmp;                                        //用于元素交换的临时变量

        //1.通过变量 i 表示当前序列中的标准位下标,同时 i 也表示算法的执行轮次
        for(int i = 0; i <= list.length-2; i++) {
            //2.对序列中无序部分的元素进行遍历
            for(int j = list.length-1; j > i; j--) {
                //3.如果遍历元素取值小于标准位元素取值,则进行交换
                if(list[j] < list[i]) {
                    tmp = list[i];
                    list[i] = list[j];
                    list[j] = tmp;
                }
            }
        }

    }

}
```

3. 时间复杂度、空间复杂度、稳定性分析

由于选择排序的时间复杂度推导方式与冒泡排序高度类似,所以在此不再赘述,直接给出结论:选择排序算法在未优化之前,任意情况下的时间复杂度为 $O(N^2)$。

同样地,因为在实现选择排序算法的过程中,同样只用到了常数数量的临时变量来表示标准位的下标、遍历元素的下标和元素交换,所以选择排序算法的空间复杂度也是常数级别的 $O(1)$。

关于选择排序算法的稳定性,首先给出示例数据{3,2a,2b,5,7},其中 2a 与 2b 均为取值为 2 的元素,仅是通过 a、b 来表示二者在序列初始状态下的相对顺序:元素 2a 先于 2b 出现。在对上述示例数据结合代码进行模拟推演后可以发现,当从后向前遍历到元素 2b 时,元素 2b 会首先与标准位上的元素 3 进行交换,并且交换后序列已经整体有序,序列状态为{2b,2a,3,5,7}。很明显,在结果序列中两个等值元素的相对位置发生了改变,所以选择排序是一种不稳定的排序算法,并且即使将每轮中元素的遍历顺序改为从前向后进行遍历,其稳定性也不会发生改变。

4. 算法优化

在一般的选择排序过程中,每轮排序只会在序列无序部分的一端选出一个标准位,也就是在一轮排序过程中只能选出一个极值,让一个元素归位,但是,如果在每轮排序过程中同时将序列无序部分的两端同时作为标准位,即可在一轮排序过程中同时取得两个极值,也就是通过一轮排序让序列无序部分中的最大、最小两个元素同时归位。从理论上来讲这种做法可以将选择排序的执行轮次降低为未优化之前的 1/2。这种优化方式虽然不会从理论上改变选择排序的时间复杂度,但是在实际的耗时表现上则可以让选择排序的效率提升一倍左右。

优化后的选择排序实现代码如下：

```
/**
 Chapter4_Recursion_Search_Sort
 com.ds.sort
 SelectionSort.java
 选择排序
 */
public class SelectionSort {

    //选择排序优化代码实现
    public void selectionSortOptimized(int[] list) {

        if(list == null || list.length == 0) {
            return;
        }

        int tmp;

        //用来记录一轮排序当中,待排序序列中最大值和最小值下标的变量
        int maxIndex = -1;
        int minIndex = -1;

        //理论上来讲,优化后的选择排序,总体执行轮次只需原始选择排序的一半
        int begin = 0;             //用来表示本轮排序起点下标的变量,也是最小标准位下标
        int end = list.length-1; //用来表示本轮排序终点下标的变量,也是最大标准位下标
        while(begin < end) {

            minIndex = begin;
            maxIndex = end;

            //内层循环:用来找到待排序序列中,最大值元素和最小值元素的下标
            for(int i = begin; i <= end; i++) {

                if(list[i] < list[minIndex]) {
                    minIndex = i;
                }

                if(list[i] > list[maxIndex]) {
                    maxIndex = i;
                }

            }

            //内层循环完,先进行最小元素交换
            tmp = list[begin];
            list[begin] = list[minIndex];
            list[minIndex] = tmp;
```

```
            /*
            特殊情况下,当前待排序序列中的最大值正好落在最小标准位上
            此时因为上一步的交换,已经导致待排序序列的最大值下标发生变换
            此时需要更新最大值所在下标
             */
            if(maxIndex == begin) {          //最大值正好落在最小标准位上的情况
                maxIndex = minIndex;
            }

            tmp = list[end];
            list[end] = list[maxIndex];
            list[maxIndex] = tmp;

            //更新起点(最小值标准位)和终点(最大值标准位)下标
            begin++;
            end--;

        }

    }

}
```

在上述代码中需要注意一种特殊情况：如果当序列无序部分遍历完成后无序部分中的元素最大值恰好落在最小标准位 begin 上，则此时会因为首先进行无序部分最小元素 list[minIndex]与最小标准位元素 list[begin]的交换，导致原本记录的最大值下标位发生改变，此时需要对这种情况进行特殊处理。处理方案为，如果判断上述特殊情况成立，则将无序部分最大值下标标记位 maxIndex 的取值更新为交换后的 minIndex 的取值，即原来无序部分中最小元素下标位的取值。

注意：即使改变策略，首先进行无序部分最大元素 list[maxIndex]与最大标准位元素 list[end]的交换，也可能发生无序部分最小值落在最大标记位上的情况，仍然需要进行特殊处理。

4.3.4 插入排序

插入排序的算法思想和生活中玩各种扑克牌游戏时抽取和整理手牌的过程十分相似。假如某玩家手中已有 5 张手牌，并且这 5 张手牌已经从小到大排好序，5 张牌依次为红桃 2、方块 3、红桃 8、梅花 9 和黑桃 10。若当再次轮到该玩家抽牌时该玩家抽到一张黑桃 6，在忽略花色且仅根据牌面数字大小排序的前提下，如果该玩家想将新抽到的牌整理进已经有序的手牌当中，并保证整理完成后新的手牌依然是有序的，则可以将新牌从后向前依次与手中已有的有序手牌进行对比。在与黑桃 10、梅花 9、红桃 8、方块 3 进行比较后，确定可以将新抽到的黑桃 6 插入红桃 8 与方块 3 之间。插入排序的算法执行流程与上面手牌抽取和整理的过程十分相似，下面对插入排序算法进行讲解。

1. 理论基础

插入排序的基本思想是在序列中从下标 0 开始，在连续多个元素已经有序的状态下，将序列中无序部分的第 1 个元素与前面有序部分的元素逐个进行比较和交换，直到在序列有序部分中遇到一个元素不大于其取值（升序）或者不小于其取值（降序）的情况，比较和交换的过程同时结束，以此将该元素成功地整合进序列中已经有序的部分。在上述流程中，序列中初始的有序部分就相当于已经整理好的手牌部分，而无序部分则相当于用于抽牌的牌堆，而无序部分的第 1 个元素则相当于从牌堆中抽取的一张新牌。

但是在上述叙述中存在一个问题：如何保证在初始状态下，序列中就存在从下标 0 开始的连续有序部分。这一点需要用到在 4.3.2 节总结过的一个结论：单个元素自身与自身有序。也就是说如果将序列中下标为 0 的元素单独看成一个长度为 1 的子序列，则这个子序列本身就是有序的。换句话说，插入排序选取元素的顺序是从序列中下标为 1 的位置开始的。

下面以升序排序为例，对插入排序的算法流程进行说明。

步骤 1：给定长度为 n 的待排序序列 list。在算法初始化时，创建两个整型变量 i 和 j，其中变量 i 表示排序算法的执行轮次，同时也表示当前轮次下待排序元素在序列中的初始下标。在算法初始化状态下，变量 i 的取值为 1；j 变量则用于在本轮排序中将待排序元素不断地与前序有序元素进行比较和交换。此外，还需要额外创建用于元素交换的中间变量 tmp。

步骤 2：一轮排序开始时，首先将 j 的取值置为 i，即让变量 j 指向本轮中待排序元素的下标，然后执行元素 list[j]与前驱元素 list[$j-1$]的比较操作：①如果 list[j]<list[$j-1$]，则对元素 list[j]与元素 list[$j-1$]进行交换并执行 $j--$，然后重复上述比较交换的过程；②如果 list[j]≥list[$j-1$]，则根据前序元素的有序性可知，本轮待排序元素 list[j]的取值一定大于或等于序列中所有下标取值小于 $j-1$ 的元素的取值，或者说本轮待排序元素 list[j]已经插入序列有序部分中的合适位置，本轮排序结束；③如果在比较过程中发现 $j=0$，则说明本轮待排序元素 list[j]的取值小于序列有序部分中的所有元素，并且此时已经通过前序的比较交换操作将本轮待排序元素落在序列中下标为 0 的位置，则同样结束本轮排序操作。

步骤 3：一轮排序完成后执行 $i++$，直到 $i>n-1$ 时算法结束。

插入排序算法执行流程如图 4-9 所示。

通过上述流程图 4-9 所示可以总结出如下规律。

规律 1：初始状态下的插入排序以序列中下标为 0 的元素作为初始的有序元素部分，之后的排序轮次从序列中下标为 1 的位置开始，每轮向后选取一个元素作为本轮的待排序元素，与前序的有序部分进行比较交换操作，所以整体来讲需要执行 $n-1$ 轮排序操作。

规律 2：与 4.3.2 节讲解过的冒泡排序和选择排序不同的是，插入排序每轮的元素比较交换次数并不是严格递增或者递减的，也就是说在一轮插入排序过程中，待排序元素有可能并不需要与有序部分的元素都逐一进行比较。

2. 代码实现

通过上面总结的规律及算法步骤，可以对插入排序算法进行如下代码实现：

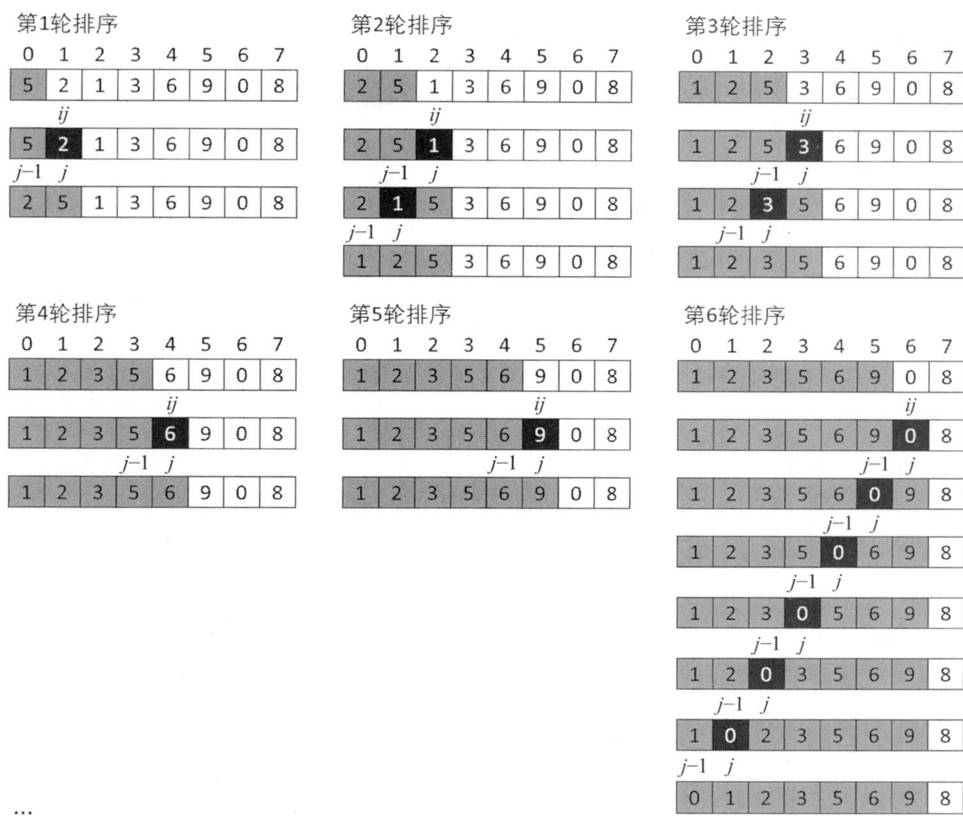

图 4-9　插入排序算法执行流程

```
/**
 Chapter4_Recursion_Search_Sort
 com.ds.sort
 InsertionSort.java
 插入排序
 */
public class InsertionSort {

    //插入排序代码实现
    public void insertionSort(int[] list) {

        if(list == null || list.length == 0) {
            return;
        }

        int tmp;                                          //用于元素交换的临时变量

        //1.排序轮次从 1 开始进行计算,同时也表示本轮待排序元素在序列中的初始下标
```

```
        for(int i = 1; i < list.length; i++) {
            /*
             2.变量 j 始终指向本轮待排序元素在序列中的位置
             如果待排序元素小于前序元素,则执行交换操作并继续
             如果待排序元素大于或等于前序元素
                 则表示待排序元素在有序部分插入成功,本轮结束
             如果循环过程中 j == 0
                 则表示当前待排序元素最小
                 插入序列下标为 0 位置后,本轮结束
             */
            for(int j = i; j > 0 && list[j] < list[j-1]; j--) {
                tmp = list[j];
                list[j] = list[j-1];
                list[j-1] = tmp;
            }
        }

    }

}
```

3. 时间复杂度、空间复杂度、稳定性分析

对于插入排序算法来讲，在初始序列完全有序的状态下，只需将序列中的 $n-1$ 个元素遍历一遍便可以完成排序操作，排序过程中不会进行任何交换操作，所以在上述最理想状态下，插入排序算法的时间复杂度为 $O(N)$；如果在初始序列完全逆序的状态下，则在每轮排序过程中待排序元素都要与前序的所有有序元素进行比较和交换，比较和交换操作的次数从 1 次递增至 $n-1$ 次，所以在上述最坏情况下，插入排序算法的时间复杂度为 $O(N^2)$。

虽然从理论上来看，插入排序与冒泡排序、选择排序具有相同的最坏时间复杂度，但正如本节第 1 部分总结的规律所述，插入排序每轮的元素比较交换次数并不总是严格递增的，所以在实际应用当中，插入排序算法的执行效率要高于冒泡排序和选择排序。

同样地，因为在插入排序算法执行过程中只使用了常数数量的临时变量表示比较的轮次、待排序元素的下标及用于元素的交换，所以插入排序的空间复杂度也是常数级别的 $O(1)$。

在插入排序过程中，待排序元素从前向后依次选择，并且在每轮排序过程中，待排序元素与前序的有序部分元素从后向前依次进行比较交换，所以当序列中的等值元素相遇时并不会进行交换，而是直接结束本轮排序，所以插入排序算法是一种稳定的排序算法。

4. 算法优化

在一轮插入排序过程中，待排序元素与序列有序部分中的元素进行比较和交换的过程，实际上就是查找待排序元素在序列有序部分中插入位置的过程，而在有序序列中进行插入位置查找的流程则可以通过二分查找算法进行优化。在算法优化过程中，以本轮待排序元素为关键值，以序列有序部分的起点和终点下标作为二分搜索的起点和终点，对待排序元素在有序部分的插入位置进行查找。当搜索结果为未找到时，说明有序部分不存在与待排序元素等值的

元素，直接以二分查找算法结束时 low 变量指向的下标作为待排序元素的插入位，通过循环将待排序元素交换到该位置即可；如果搜索结果为已找到，则表示在有序部分中连续存在若干与待排序元素等值的元素。此时为了降低待排序元素移动交换的次数并保证排序算法的稳定性，还需要继续执行待搜索区间的二分操作。在这一操作的执行过程中，low 变量会逐渐偏移至序列有序部分中连续存在的若干与待排序元素等值元素的最末尾。在上述情况下，当二分查找循环达到 low>high 并结束时，low 变量指向下标即为序列有序部分中最后一个与待排序元素等值元素的下一位，即待排序元素在序列有序部分中的插入下标。

优化后的插入排序实现，代码如下：

```
/**
 Chapter4_Recursion_Search_Sort
 com.ds.sort
 InsertionSort.java
 插入排序
 */
public class InsertionSort {

    //插入排序优化代码实现
    public void insertionSortOptimized(int[] list) {

        if(list == null || list.length == 0) {
            return;
        }

        int tmp;
        int insertIndex;                        //用于保存每位待排序元素插入位的临时变量

        for(int i = 1; i < list.length; i++) {
            //通过二分查找算法找到待排序元素的插入位置
            insertIndex = binarySearch(list, 0, i-1, list[i]);
            //将待排序元素移动交换到插入下标位置
            if(insertIndex != i) {
                for(int j = i; j > insertIndex; j--) {
                    tmp = list[j];
                    list[j] = list[j-1];
                    list[j-1] = tmp;
                }
            }

        }

    }

    /**
    插入排序优化使用的二分搜索算法实现
    key 值为插入排序中本轮的待排序元素
```

```
    算法返回结果为本轮待排序元素在序列有序部分的插入下标
     */
    private int binarySearch(int[] list, int low, int high, int key) {

        int middle;

        while(low <= high) {
            middle = (low + high) / 2;
            if(key < list[middle]) {
                high = middle-1;
            } else if(key >= list[middle]) {
                /*
                 当出现 key == list[middle]的情况时，继续执行 low = middle+1 操作，以
保证当二分查找算法结束时
                 low 变量指向整体序列的有序部分中与 key 等值的连续部分的下一位
                 */
                low = middle+1;
            }
        }

        //查找算法结束时 low 下标变量指向的位置即为待排序元素的插入位置
        return low;

    }

}
```

优化之前的插入排序称为直接插入排序，优化后的插入排序称为二分插入排序或者折半插入排序。

4.3.5 希尔排序

在开始对希尔排序进行讲解之前，首先来看一个在实际开发中经常遇见的场景。某公司接到一个开发任务，该任务被分为 n 个子模块，每个任务模块都可以独立进行开发，但是最终需要进行模块整合。在任务初期，因为每个模块的开发难度都比较大，所以公司调用了多名程序员进行开发，每位程序员只负责其中一小部分模块的开发工作。随着任务的不断进展，各个模块逐步开发完成，需要进行后续的整合联调。整合联调过程的难度相对较低，所以公司抽调出开发人员中的一半进行其他项目的开发，剩余的一半程序员需要对自己和邻组的项目进行整合调试。随着整合调试的不断进行，项目整体的运作趋于稳定，各个模块之间整合调试的难度也在不断降低。当剩余程序员每轮的整合调试完成后，公司都会继续抽走其中一半的人手，让剩余程序员继续对自己和邻组负责的模块部分进行整合调试工作。直到最终仅剩余 1 名程序员时，项目整体已经没有太多整合工作需要完成。此时该成员只需将所有模块运行一遍，保证运行结果正确，并整理出最终的报告文档。在上述场景中，复杂的任务多人做、任务越简单做的人越少、逐步提高任务参与者任务量的做法被称为“缩小

增量法”,而希尔排序正是基于这种思想进行实现的。下面对希尔排序算法进行讲解。

1. 理论基础

希尔排序算法的本质是对插入排序算法的一种优化。在希尔排序算法的执行过程中会在每轮设置一个 gap(增量,也称为步长)。在待排序序列最初完全无序的状态下,排序轮次的 gap 会取得相对较大,例如取序列长度的 1/2,然后将序列中的元素按照 gap 进行分组,组内元素之间的下标距离为 gap。例如,某分组内元素的起点下标为 i,则当前组内的元素包括下标为 i、$i+\text{gap}$、$i+2\times\text{gap}$、$i+3\times\text{gap}$、……的各个元素。分组完成后对各个组内的元素分别进行组内插入排序。当所有分组都已经完成组内插入排序后,一轮希尔排序就结束了。在每轮希尔排序结束后,序列整体都相较于这一轮排序开始之前更加趋近于有序状态,所以在开始下一轮希尔排序的时候 gap 的取值会按照一定规律进行递减。gap 取值的递减意味着本轮排序的分组会减少,而每一组负责进行组内插入排序的元素就会增多。当 gap 的取值递减为 1 时,表示序列整体已经高度趋于有序,此时只需一个分组对序列中所有元素进行一轮完整的插入排序便可以将序列最终调整为完全有序状态。

整体来讲可以将希尔排序中 gap 不为 1 的阶段称为“预排序”阶段。在预排序阶段中,序列的各个分组中的元素基本是无序的,所以在此阶段中采用多分组、组内排序元素数量少的方案保证每组元素组内插入排序的效率,而预排序阶段的作用就是将序列整体不断地调整为“趋近有序”的状态,因为通过 4.3.4 节中的说明可知,对整体趋近有序的序列进行插入排序效率是相对较高的。上述做法正是希尔排序对“缩小增量法”的具体体现,而正是通过这种思想,希尔排序保证了算法整体效率的提升。

下面以升序排序为例,对 gap 进行折半变化的希尔排序算法流程进行说明。

步骤 1:给定长度为 n 的待排序序列 list。首先创建最外层循环,用于控制每轮排序过程中使用 gap 的取值。最外层循环初始化时,将整型变量 gap 的初值设定为$\lfloor n/2 \rfloor$,迭代方式为 $\text{gap}=\lfloor \text{gap} / 2 \rfloor$,循环条件为 $\text{gap}\geqslant 1$。

步骤 2:创建内层循环,用于控制一轮排序过程中以 gap 作为间隔进行插入排序元素的下标。假设该层循环控制变量为 i,则 i 的取值范围为$[\text{gap}, n-1]$,即表示待排序序列中下标从 gap 开始到 $n-1$ 结束的所有元素在一轮排序过程中均会进行以 gap 为间隔的插入排序操作。变量 i 的迭代方式为 $i++$,循环条件为 $i<n$。

注意:待排序序列中下标取值范围为$[0, \text{gap}-1]$的元素也会参与本轮次以 gap 为间隔的插入排序操作。例如,下标取值为 0 的元素与下标取值为 gap、$2\times\text{gap}$、$3\times\text{gap}$、……的元素构成一组执行插入排序操作;下标取值为 1 的元素与下标取值为 $\text{gap}+1$、$2\times\text{gap}+1$、$3\times\text{gap}+1$、……的元素构成一组执行插入排序操作……也就是说下标在$[0, \text{gap}-1]$范围内的元素被作为同组元素插入排序的初始有序部分进行使用。

步骤 3:创建第 3 层循环,用于实现选定元素以 gap 为间隔的插入排序操作。假设该层循环的控制变量为 j,则 j 的初值为 i,迭代方式为 $j-=\text{gap}$,并且在迭代过程中始终判断 $\text{list}[j]<\text{list}[j-\text{gap}]$是否成立:①如果条件成立,则执行序列中元素 $\text{list}[j]$与 $\text{list}[j-\text{gap}]$的交换操作,第 3 层循环继续;②如果条件不成立,则表示当前进行插入排序的元素已

经被插入合适的位置，第 3 层循环结束。此外，第 3 层循环的另一个控制条件为 $j \geqslant gap$。

希尔排序算法执行流程如图 4-10 所示。

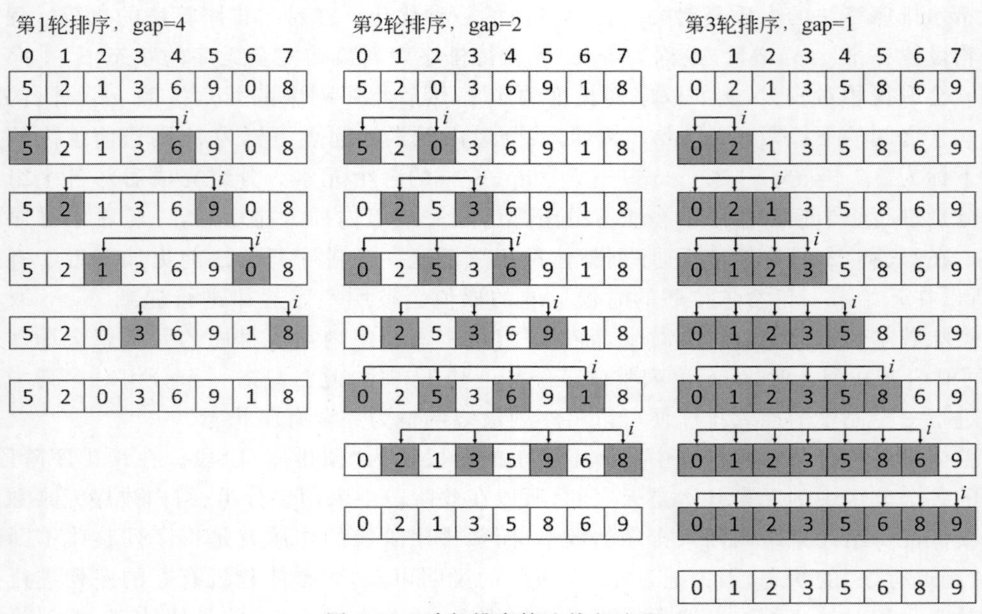

图 4-10 希尔排序算法执行流程

通过上述流程图 4-10 所示可以总结出如下规律。

规律 1：希尔排序的执行轮次与 gap 的迭代方式有关，但是不论 gap 如何进行迭代最后一轮时 gap 的取值都应该是 1，即表示将当前序列中所有元素分在同一组当中进行插入排序。

规律 2：希尔排序的每轮排序实际上都是将序列中间隔为 gap 的诸多元素进行插入排序，所以在每轮排序之后，序列整体都更接近有序状态。

2. 代码实现

通过上面总结的规律及算法步骤，可以对希尔排序算法进行如下代码实现：

```
/**
 Chapter4_Recursion_Search_Sort
 com.ds.sort
 ShellSort.java
 希尔排序
 */
public class ShellSort {

    //希尔排序代码实现
    public void shellSort(int[] list) {

        if(list == null || list.length == 0) {
            return;
```

```
        }

        int tmp;                                      //用于元素交换的临时变量

        //1.最外层循环,用于控制一轮排序过程中使用的步长取值的迭代
        for(int gap = list.length / 2; gap >= 1; gap /= 2) {
            //2.第 2 层循环,用于选定[gap, n-1]范围内的每个元素执行以 gap 为间隔的插入
            //排序操作
            for(int i = gap; i < list.length; i++) {
                /*
                 3.第 3 层循环
                 用于实现选定元素与前序下标取值间隔为 gap 的所有同组元素之间的比较和
                 交换过程,即实现一轮以 gap 为间隔的插入排序操作
                 */
                for(int j = i; j >= gap && list[j] < list[j-gap]; j -= gap) {
                    tmp = list[j];
                    list[j] = list[j-gap];
                    list[j-gap] = tmp;
                }
            }

        }

    }

}
```

3. 时间复杂度、空间复杂度、稳定性分析

首先对希尔排序的时间复杂度进行一些普适性分析。在一轮规模为 N、gap$=k$ 的希尔排序过程中,每组中有 N/k 个元素需要进行组内插入排序。根据插入排序算法时间复杂度为 $O(N^2)$的结论可知,此时每组元素进行组内插入排序的时间复杂度为 $O(N^2/k^2)$,又因为当 gap$=k$ 时可以将序列分为 k 组,所以一轮希尔排序的时间复杂度可以表示为 $O(N^2/k)$。从上述分析的结论来看,希尔排序的具体时间复杂度与 gap 迭代的方式相关。

在最基本的希尔排序当中 gap 以折半的方式进行迭代,则其整体时间开销 $T(N)$可以通过式(4-6)进行估算:

$$T(N) = \sum_{x=0}^{(\log_2 N)-1} \frac{N^2}{2^x} \tag{4-6}$$

在将式(4-6)进行整理化简后可以得到 gap 折半迭代的希尔排序的时间复杂度为 $O(N^2)$的结论。当然,因为在每轮排序过程中并不是所有同组元素之间都会发生完全的交换操作,并且随着 gap 的不断迭代,序列整体会进一步趋近有序状态,同一组内元素之间交换的次数会进一步降低,所以上述结论可以看作希尔排序在最坏情况下的时间复杂度。

实际上,希尔排序算法还有进一步进行优化的空间。正如前文所说,希尔排序的具体时间复杂度与 gap 的迭代方式有关。如果将从 1 开始进行 2 倍迭代并将形如{1,2,4,8,16,…}的

gap 序列称为 Shell 增量序列,则相对的还有很多其他类型的增量序列,其中包括但不限于 Hibbard 增量序列、Knuth 增量序列、Gonnet 增量序列、Pratt 增量序列、Sedgewick 增量序列等。通过从这些序列中选取一个不大于且最接近于待排序序列总长度的值作为增量起点,并倒序使用增量序列中的取值直到 1 为止,可以有效地提升希尔排序的执行效率。

上述列举的各种增量序列对于希尔排序时间复杂度的提升在数学证明方面相当复杂,甚至在希尔排序使用某些增量序列时所具有的时间复杂度尚未被严格证明,仅是通过程序运行结果的数据统计得来的。在这些增量序列中,Hibbard 增量序列与 Sedgewick 增量序列已经被证实可以明显降低希尔排序的时间复杂度。

Hibbard 增量序列的通项公式为式(4-7):

$$h_i = 2^i - 1 \tag{4-7}$$

其递推公式为式(4-8):

$$h_1 = 1, h_i = 2 \times h_{i-1} + 1 \tag{4-8}$$

从通项公式到递推公式的转化过程为式(4-9):

$$h_i = 2^i - 1 = 2^i - 2 + 1 = 2 \times (2^{i-1} - 1) + 1 = 2 \times h_{i-1} + 1 \tag{4-9}$$

在使用 Hibbard 增量序列时,希尔排序的最坏时间复杂度被证明为 $O(N^{3/2})$,其平均时间复杂度被认为是 $O(N^{5/4})$,但是目前尚未得到具体证明。

Sedgewick 增量序列的通项公式为式(4-10):

$$h_i = \max(9 \times 4^j - 9 \times 2^j + 1, 4^k - 3 \times 2^k + 1) \tag{4-10}$$

Sedgewick 增量序列通项公式的使用方式如下:设 $f(j)=9\times4^j-9\times2^j+1$ 和 $g(k)=4^k-3\times2^k+1$,其中变量 j 与 k 分别从 0 和 1 开始独立变化。当 $j=0$、$k=1$ 时,$f(0)=1$、$g(1)=-1$,取 $h_1=f(0)=1$,并且 j 不变,k++;当 $j=0$、$k=2$ 时,$f(0)=1$、$g(2)=5$,取 $h_2=g(2)=5$,并且 j++,k 不变;当 $j=1$、$k=2$ 时,$f(1)=19$、$g(2)=5$,取 $h_3=f(1)=19$,并且 j 不变,k++;当 $j=1$、$k=3$ 时,$f(1)=19$、$g(3)=41$,取 $h_4=g(3)=41$,并且 j++,k 不变……通过上述公式得到的 Sedgewick 增量序列的前 15 项为{1,5,19,41,109,209,505,929,2161,3905,8929,16001,36289,64769,146305}。在使用 Sedgewick 增量序列时,希尔排序的最坏时间复杂度可以达到 $O(N^{4/3})$,其平均时间复杂度推测为 $O(N^{7/6})$,并且从实际的程序运行效率来看,使用 Sedgewick 增量序列的希尔排序要比使用 Hibbard 增量序列的希尔排序更好一些。

注意: 使用 Hibbard 增量序列和 Sedgewick 增量序列实现的希尔排序算法源码已经在本书配套源码中提供。

对于希尔排序算法的空间复杂度,因为其在排序过程中依然只是使用了常数数量的临时变量,用于表示 gap、同组元素的起点、进行组内插入排序元素的下标及用于元素交换,所以依然是常数级别的 $O(1)$。

虽然希尔排序是基于稳定排序算法插入排序的一种改进,但是因为在一轮排序过程中,同一分组内的元素之间下标并不连续,所以就有可能出现等值元素之间相对位置发生变化的情况,所以希尔排序本身是一种不稳定的排序算法。

4.3.6 归并排序

归并排序的实现方式很好地体现了分治算法的设计思想：将一个难以直接处理的大问题按照一定规律进行拆分，拆分出来的各个子问题之间相互独立且与大问题之间存在相同的处理方式。当子问题的规模拆分到足够小的时候，就能够被简单地求解。最终，将每层子问题求解的结果逐层向上回溯，最终构成大问题的解。很明显，在分治算法的思想中体现出了对递归结构的契合，所以从归并排序算法开始，将在后续讲解的一些排序算法中引入递归结构的实现方案。

1. 有序序列合并

在开始对归并排序算法进行讲解之前，首先需要对其前置知识——有序序列合并的相关内容进行说明。

现给定两个升序有序的序列 list1 与 list2，其中序列 list1 的长度为 n，序列 list2 的长度为 m。现在需要设计一个算法，能够将两个有序序列中的全部元素合并到一个长度为 $n+m$ 的结果序列 result 当中，并且保证合并完成后的结果序列 result 同样是升序有序的。

上述问题即为有序序列合并问题。对于这一问题的求解方式有很多种，例如将两个序列中的元素分别复制到结果序列 result 当中，并对结果序列整体进行排序，但是这种处理方案实际上是比较笨拙的。首先，目前在实际开发中常用的排序算法时间复杂度最低也在 $O(N\log N)$ 的级别；其次，如果使用这种方式进行有序序列合并，就完全没有用到原始序列有序的这一重要前提条件，所以下面对一种线性时间复杂度的解法进行说明。

步骤 1：首先创建出用于保存合并结果的序列 result，其长度为 $n+m$；其次创建出 3 个整型变量 i、j 和 k，分别作为对 list1 和 list2 进行元素遍历时的下标变量，以及向结果序列 result 中存储元素的下标变量使用，三者的初值均为 0。

步骤 2：创建循环，在循环中不断比较 list1[i]和 list2[j]的取值，并将其中取值较小者落在结果序列的 result[k]位置上，并且如果是元素 list1[i]落在 result[k]位置上，则在赋值完毕后执行 $i++$ 操作，反之则执行 $j++$ 操作，但是不论是哪一个元素最终落在 result[k]位置上，上述操作完毕后都要执行 $k++$ 操作。该步骤中循环的边界条件为 $i<n$ 且 $j<m$。

步骤 3：步骤 2 循环退出后，说明序列 list1 或者 list2 中的元素已经全部合并到结果序列 result 当中，但是不论哪一个序列先完成合并操作，另一个序列中都一定还存在剩余未合并元素。根据原始序列的有序性可知，这些剩余元素一定均大于或等于结果序列 result 中已经完成合并的所有元素，所以只需将未完成合并序列中的剩余元素全部复制到结果序列 result 中的剩余位置上，算法执行完毕。

上述算法流程如图 4-11 所示。

有序序列合并的实现，代码如下：

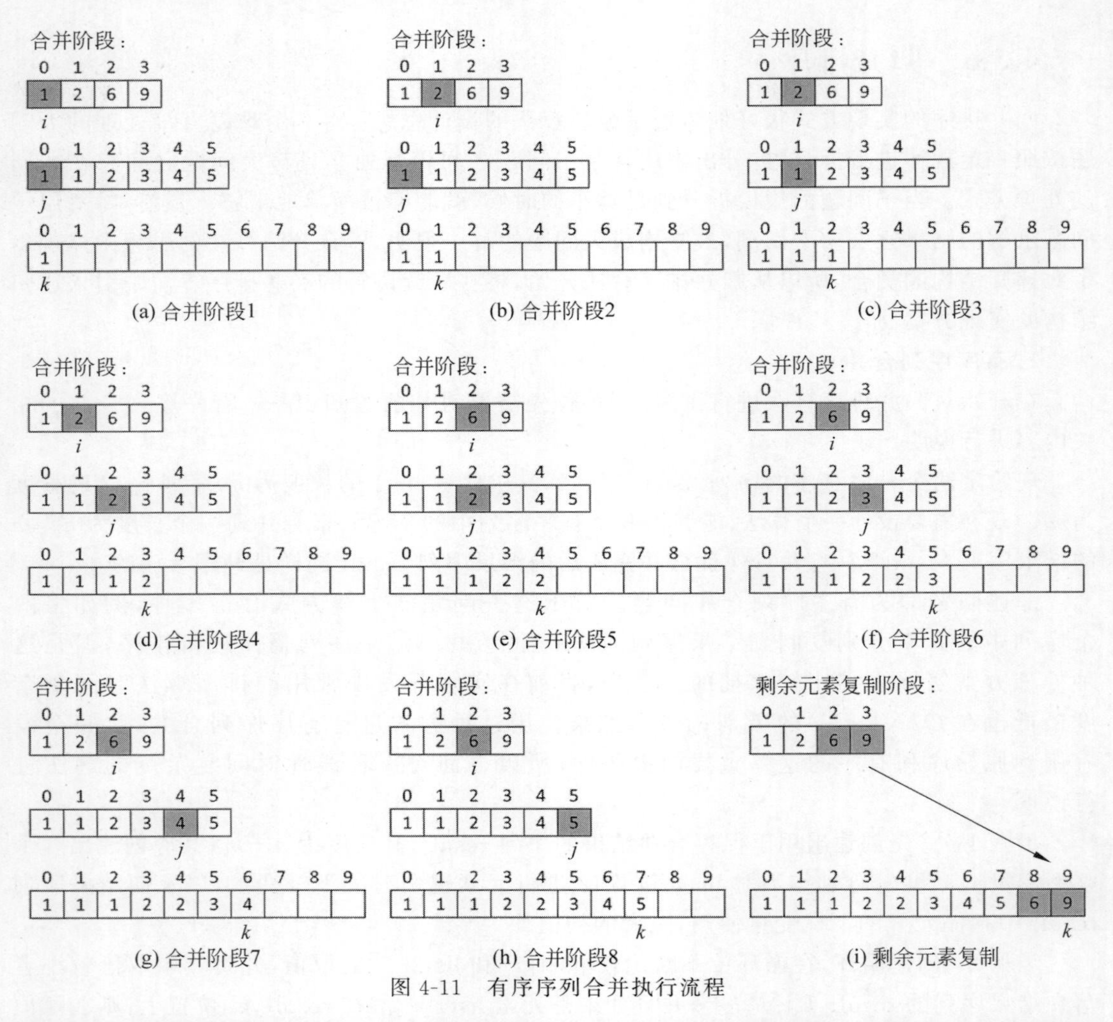

图 4-11　有序序列合并执行流程

```
/**
 Chapter4_Recursion_Search_Sort
 com.ds.sort
 MergeSort.java
 有序序列合并代码实现
 */
public class MergeSort {

    public int[] sortedListMerge(int[] list1, int[] list2) {

        if(list1 == null || list1.length == 0) {
            return list2;
        }
```

```
        if(list2 == null || list2.length == 0) {
            return list1;
        }

        //1.创建结果序列及用于遍历两个序列和控制元素在结果序列中位置的下标变量
        int[] result = new int[list1.length + list2.length];
        int i = 0;
        int j = 0;
        int k = 0;

        //2.有序序列合并
        while(i <= list1.length && j < list2.length) {
            //将较小的元素落在结果序列下标为 k 的位置上
            if(list1[i] < list2[j]) {
                result[k] = list1[i];
                i++;
            } else {
                result[k] = list2[j];
                j++;
            }
            //不论选择哪一个元素,k 都要自增
            k++;
        }

        //3.将未完成合并序列中的剩余元素复制到结果序列中,下列两个循环只有其中一个会
        //被执行

        //list1 存在剩余元素的情况
        while(i < list1.length) {
            result[k++] = list1[i++];
        }

        //list2 存在剩余元素的情况
        while(j < list2.length) {
            result[k++] = list2[j++];
        }

        return result;

    }

}
```

在上述算法流程中有效地利用了原始序列有序的这一特点，使两个序列中的元素均只被遍历一次就完成了合并操作，并且合并完成的结果序列也一定是有序的，所以上述算法的时间复杂度是线性级别的 $O(N+M)$，其中 N 和 M 分别代表进行合并的两个原始有序序列的规模。

之所以首先对有序序列合并问题进行介绍，是因为在归并排序算法中使用了有序序列

合并的相关操作。下面开始对归并排序算法进行讲解。

2. 理论基础

首先以待排序序列长度为偶数的情况初步地说明归并排序算法的基本思想。将一个长度为 n（$n \bmod 2=0$）的序列以中值下标为轴进行二分，然后对左右两半部分子序列的长度进行判断：①如果子序列长度大于 1，则继续对子序列进行二分；②如果二分之后的子序列长度等于 1，则通过 4.3.2 节的内容可知单个元素自身与自身有序，所以此时相当于得到了一个长度等于 1 的有序序列。又因为对于序列的拆分过程是二分的，所以相对地，与这个有序子序列来自同一父级序列的另一半部分，其长度也一定是等于 1 的。此时，即可将来自同一父级序列的两半部分子序列进行有序序列合并操作，得到一个长度为 2 且元素有序的父级序列，此时相当于这个长度为 2 的父级序列从二分拆分前的无序状态被调整成为有序状态。在这之后不断地进行回溯，即可将两个来自同一父级序列、长度为 2 的有序子序列合并成一个长度为 4 的有序序列；将两个来自同一父级序列、长度为 4 的有序子序列合并成一个长度为 8 的有序序列……在回溯的过程中，每一级父级序列都将在其左右两半部分的有序子序列进行合并之后，从无序状态被调整成为有序状态，以此类推，直到整个长度为 n 的序列被调整成为有序状态为止。

长度为偶数的序列执行归并排序算法流程，如图 4-12 所示。

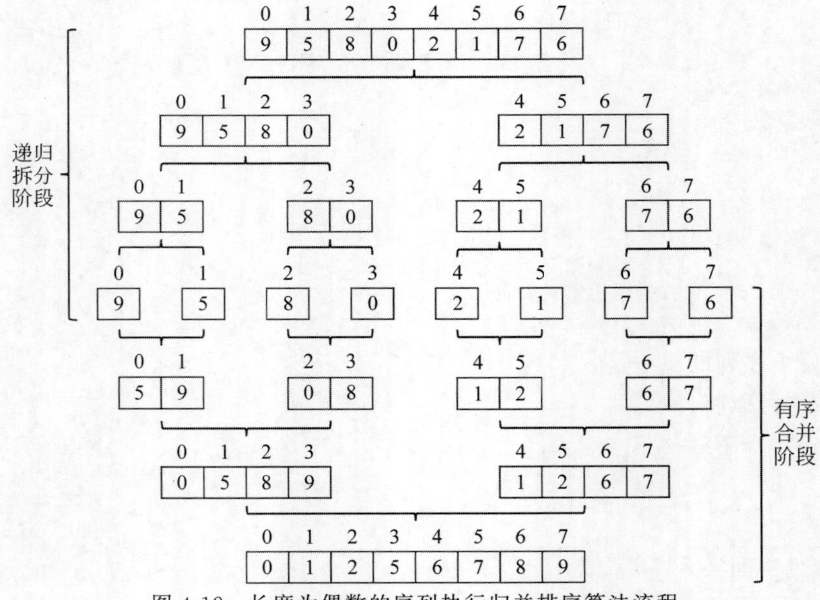

图 4-12　长度为偶数的序列执行归并排序算法流程

而当待排序序列长度为奇数且大于 1 的情况下，最终一定会将一个长度为 3 的子序列拆分成为长度为 2 和长度为 1 的两部分，其中长度为 2 的部分继续进行二分拆分，长度为 1 的部分因为自身有序，所以直接等待回溯并进行有序序列合并即可。

长度为奇数的序列执行归并排序算法流程，如图 4-13 所示。

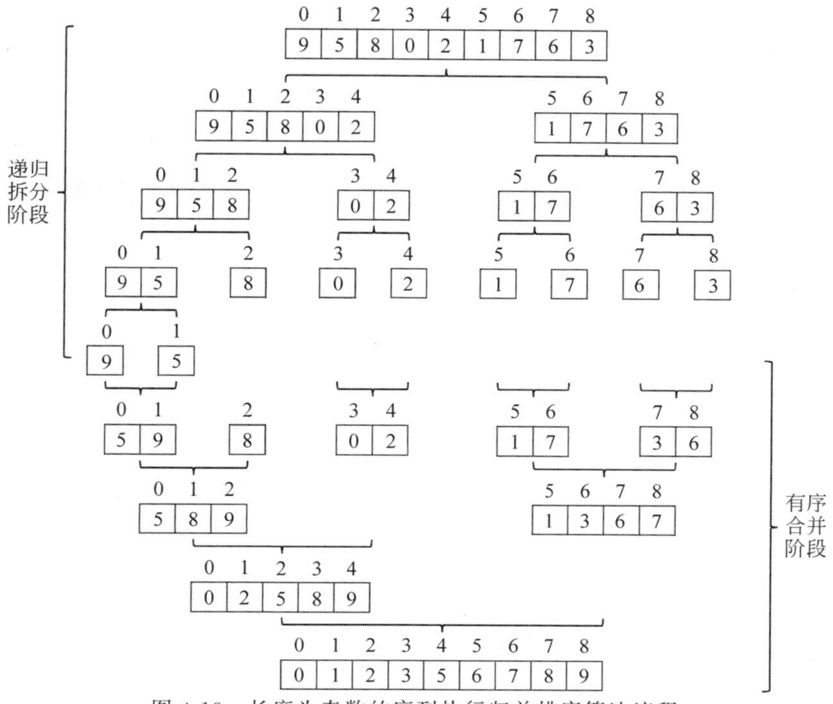

图 4-13 长度为奇数的序列执行归并排序算法流程

3. 代码实现

在通过代码对归并排序算法进行实现的过程中，从理论上来讲是可以在二分拆分的过程中真正地将一个父级序列拆分成为两个长度折半的子序列，并且在有序子序列合并时将这两个子序列再次真正合并成为一个长度相加的父级序列，但是这种在内存中重复创建序列、不断进行元素复制的操作势必会降低算法的执行效率，所以在实现归并排序算法的过程中，一般会创建一个长度与待排序序列长度相同的临时序列，在子序列被调整为有序状态后，将两部分子序列的取值复制到临时序列的对应位置上，借助临时序列完成有序序列合并操作。此操作可以将原始序列中的对应范围作为有序子序列合并的结果存储空间使用。这样一来，在归并排序的过程中只要实现区间下标的二分拆分即可，省略了重复创建子序列和父级序列的时间空间开销，但是这样做的代价就是归并排序需要一个长度与待排序序列长度相等的临时空间，在一定程度上增加了额外的空间消耗。

借助临时空间实现有序子序列合并的过程如图 4-14 所示。

从之前讲解的归并排序算法的相关理论不难看出，不论是在二分拆分阶段还是在回溯的有序子序列合并阶段，对于两个子序列的处理方式和对父级序列的处理方式是完全一致的，只不过进行排序操作的下标区间呈现二分下降的关系，所以从这一点来讲归并排序完全可以使用递归结构实现。

在通过递归结构实现归并排序的代码之前，需要对递归结构需要明确的一系列问题在

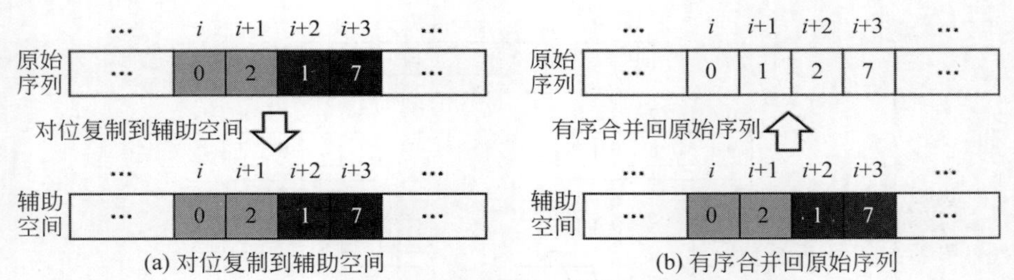

图 4-14 借助临时空间实现有序子序列合并的过程

归并排序算法中体现出的答案进行说明。首先是什么时候进行递归的问题。根据归并排序的算法思想，只要待排序的区间长度大于 1，就需要继续对这一区间进行二分拆分，即当待排序区间长度大于 1 时进行递归，其次是什么时候结束递归的问题。很明显，当待排序区间的长度等于 1 时结束递归并且不需要执行任何操作。最后是如何使用递归结果的问题。对当前区间的左右两部分子区间进行递归调用的过程包含了完整的归并排序算法的总过程，所以递归调用之后，当前区间的左右两部分就都被调整到了有序状态，这也与对当前区间左右两部分进行递归调用的最终目的相符，所以在递归调用之后，只要对当前区间的左右两部分进行有序序列合并便可以将当前区间中的所有元素调整为有序状态。

通过上面总结的规律及算法步骤，可以对归并排序算法进行如下代码实现：

```
/**
 Chapter4_Recursion_Search_Sort
 com.ds.sort
 MergeSort.java
 归并排序
 */
public class MergeSort {

    //归并排序代码实现
    public void mergeSort(int[] list) {

        if(list == null || list.length == 0) {
            return;
        }

        int[] tmp = new int[list.length];
        mergeSortInner(list, 0, list.length-1, tmp);
    }

    /**
     通过递归结构实现的归并排序算法
     list 为待排序序列
     low 为待排序序列中当前进行归并排序区间的起点下标
     high 为待排序序列中当前进行归并排序区间的终点下标
     tmp 为归并排序使用的与待排序序列等长的临时空间
```

```
 */
private void mergeSortInner(int[] list, int low, int high, int[] tmp) {

    //递归出口:当前区间长度为 1
    if(high == low) {
        return;
    }

    int middle = (low + high) / 2;     //计算中值下标

    //递归调用:以中值下标为轴,对左右两部分子区间分别进行归并排序
    mergeSortInner(list, low, middle, tmp);
    mergeSortInner(list, middle+1, high, tmp);

    //递归调用结束后,左右两部分子区间分别有序

    /*
     借助临时空间,实现对左右两半部分的有序序列进行合并操作
     将合并结果存储于原始序列的对应区间中
     */

    //将左半部分复制到临时空间中
    for(int i = low; i <= middle; i++) {
        tmp[i] = list[i];
    }

    //将右半部分复制到临时空间中
    for(int i = middle+1; i <= high; i++) {
        tmp[i] = list[i];
    }

    //开始有序序列(区间)合并操作
    int left = low;              //遍历左半部分区间的下标变量
    int right = middle+1;        //遍历右半部分区间的下标变量
    int index = low;             //控制较小元素落在 list 结果区间位置的下标变量

    while(left <= middle && right <= high) {
        if(tmp[left] < tmp[right]) {
            list[index] = tmp[left];
            left++;
        } else {
            list[index] = tmp[right];
            right++;
        }
        index++;
    }

    //如果左半部分区间存在剩余元素
    while(left <= middle) {
```

```
            list[index++] = tmp[left++];
        }

        //如果右半部分区间存在剩余元素
        while(right <= high) {
            list[index++] = tmp[right++];
        }

    }

}
```

4. 时间复杂度、空间复杂度、稳定性分析

对于规模为 N 的待排序序列进行归并排序时间复杂度的计算由两部分构成：①对于二分拆分的两个子序列进行递归归并排序的时间复杂度求和；②两个子序列有序后进行有序序列合并的时间复杂度。在上述两部分构成中，当 $N=1$ 时因为不会执行任何递归操作及进行有序序列合并，所以操作的时间开销总和为常数级别，而当 $N>1$ 时，需要执行两次规模为 $N/2$ 的递归归并排序，以及1次总规模为 N 的有序序列合并操作，所以假设使用 $T(N)$ 表示对规模为 N 的待排序序列进行归并排序的时间开销，则可得到如式(4-11)所示的递推公式：

$$T(N)=\begin{cases}1 & N=1\\ 2T\left(\dfrac{N}{2}\right)+N & N>1\end{cases}\tag{4-11}$$

注意：为了方便后续的推导计算，在式(4-11)中使用1表示常数级的时间开销。

现对式(4-11)进行迭代可得式(4-12)：

$$\begin{aligned}T(N)&=2T\left(\frac{N}{2}\right)+N\\&=2\left(2T\left(\frac{N}{4}\right)+\frac{N}{2}\right)+N\\&=4T\left(\frac{N}{4}\right)+2N\\&=4\left(2T\left(\frac{N}{8}\right)+\frac{N}{4}\right)+2N\\&=8T\left(\frac{N}{8}\right)+3N\\&\ \ \vdots\\&=2^kT\left(\frac{N}{2^k}\right)+kN\end{aligned}\tag{4-12}$$

在归并排序过程中，因为对于区间的拆分方式是二分的，所以式(4-12)中的 $k=\log_2 N$，将这一结论代入公式(4-12)可得式(4-13)：

$$T(N)=NT(1)+N\log N=N\log N+N\tag{4-13}$$

将上述推导结果以时间复杂度的方式进行表示，即可得到归并排序算法的时间复杂度为 $O(N\log N)$。

对于归并排序算法的空间复杂度取决于算法的实现方式。如果采用在序列拆分与合并过程中重新创建物理意义上的子序列和结果序列的方式，则在递归过程中将会产生巨大的空间开销，但是如果采用的是上述源码实现方式中的方案，即创建一个与原始序列等长的临时序列的方案，则在递归过程中这个临时序列是被所有递归方法共享的，临时序列中的每部分空间都可以重复使用，所以此时归并排序的空间复杂度为 $O(N)$。

归并排序算法的稳定性主要取决于有序序列合并部分的实现方式。在上述代码所采用的合并方式中，如果左右两部分区间当中存在取值相同的元素，则优先选取左区间当中的等值元素落在结果序列中，在合并过程中等值元素的相对顺序就不会发生改变，此时归并排序算法就是稳定的排序算法。当然，如果采用优先选取右区间中等值元素的方案，则会破坏归并排序算法的稳定性。

4.3.7　快速排序

通过 4.3.6 节中对归并排序算法的相关说明可知排序算法的时间复杂度可以降低至 $O(N\log N)$级别，但是在归并排序算法的实现过程中其空间复杂度相对较高，然而快速排序算法不仅保证了最好情况下 $O(N\log N)$的时间复杂度，而且在实现过程中进一步降低了对于额外辅助空间的消耗。下面开始对快速排序算法的相关内容进行讲解。

1. 理论基础

首先对快速排序算法的基本思想进行说明。然后给定一个需要进行升序排序的序列，在序列中选取一个元素作为 pivot（轴、枢轴），对序列进行一系列调整，使 pivot 元素所在的位置具有以下规律：①将调整后 pivot 元素所在位置下标记为 k，则在调整后，序列中下标小于 k 的所有元素，其取值均小于或等于 pivot 的取值；②序列中下标大于 k 的所有元素，其取值均大于或等于 pivot 的取值。由此可见，在经过上述调整后，被选为 pivot 的元素处于归位状态。此时 pivot 元素虽然归位了，但是以其为中心划分出的左右区间中的元素依然处于无序状态。之后只要递归地对左右区间进行快速排序操作，即可在左右区间中分别使一个 pivot 元素归位。以此类推，在不断进行左右区间的划分及递归调用快速排序的操作下，即可逐步使序列中所有元素均处于归位状态，最终序列整体有序。上述规律在降序排序过程中也是反向成立的。

在上述理论中不难看出，如何在一轮排序过程中使一个 pivot 元素归位，或者说在一轮排序过程中如何找到一个合适的 pivot 元素，是快速排序算法的关键。下面仍旧以升序排序为例，对在一轮快速排序过程中 pivot 元素的选取与归位操作步骤进行说明。

步骤 1：给定长度为 n 的待排序序列 list。在算法初始化状态下，首先创建两个用于表示序列元素下标的整型变量 i 和 j，其初始值分别为 0 和 $n-1$，即 i 变量初始指向序列的起点下标，j 变量初始指向序列的终点下标。此外，还需要额外创建用于元素交换的中间变量 tmp。

步骤 2：创建一个循环，不断比较 list[i]与 list[j]的元素取值：①如果 list[i]$\leqslant$list[j]，则

i++,循环继续;②如果 list[i]>list[j],则循环结束。循环过程中需要保证边界条件 $i<j$ 成立。

步骤 3:步骤 2 的循环结束后判断边界条件 $i<j$ 是否仍然成立:①如果条件成立,则对 list[i]与 list[j]的元素进行交换;②如果条件不成立,则表示上述循环是因为 i 和 j 相遇而导致退出的,不进行元素交换。

步骤 4:创建另一个循环,同样不断比较 list[i]与 list[j]的元素取值:①如果 list[j]≥list[i],则 j−−,循环继续;②如果 list[j]<list[i],则循环结束,循环过程中同样需要保证边界条件 $i<j$ 成立。

步骤 5:步骤 4 的循环结束后,判断边界条件 $i<j$ 是否仍然成立:①如果条件成立,则对 list[i]与 list[j]的元素进行交换;②如果条件不成立,则表示上述循环是因为 i 和 j 相遇而导致退出的,不进行元素交换。

步骤 6:创建条件为 $i<j$ 的外层循环,重复执行步骤 2 到步骤 5,直到 i 和 j 相遇而导致循环结束为止,一轮 pivot 元素的选取与归位操作完成。

上述流程可以理解为通过交错堆对待排序序列进行双向遍历和交换,将序列中取值较小的元素不断地向序列的起始端进行集中、将序列中取值较大的元素不断地向序列的末端进行集中的过程。当外层循环结束(i 和 j 相遇)时,下标变量 i 和 j 共同指向位置的元素即为本轮需要选取的 pivot 元素。此时 pivot 元素完全符合前面所述的诸多特性,处于归位状态。

一轮 pivot 元素的选取与归位操作的流程如图 4-15 所示。

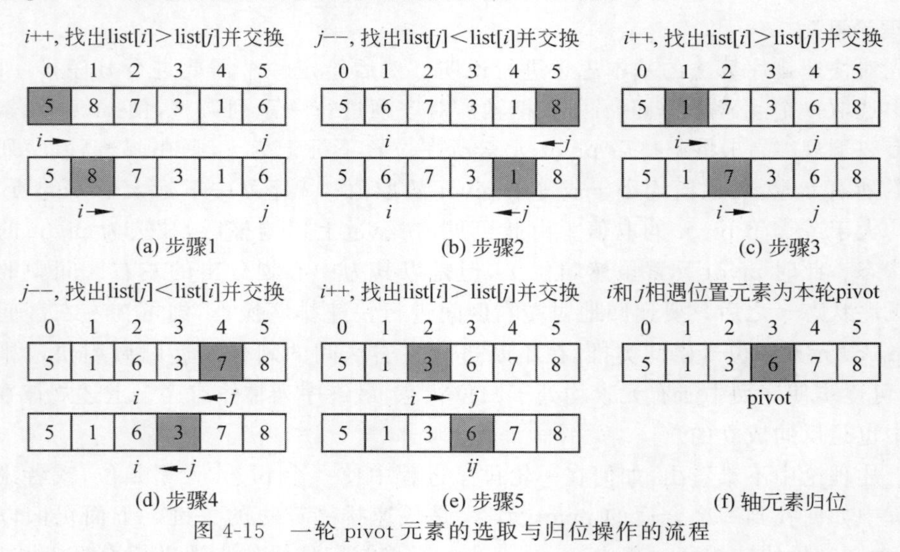

图 4-15 一轮 pivot 元素的选取与归位操作的流程

正如前文所述,当对于整个排序区间的 pivot 元素选定后以 pivot 元素为中心,左右两侧区间中的元素依旧处于无序状态。此时只要递归地对左右区间中的元素进行快速排序,直到序列中的所有元素全部归位,快速排序算法就完成了。

2. 代码实现

很明显，快速排序算法仍然可以通过递归结构实现。

在快速排序算法的代码实现当中，递归调用的过程即为在选取到本轮的 pivot 元素后，以 pivot 元素所在下标为中心，分别划分出不包含 pivot 元素的左右区间，并对左右区间进行快速排序的过程。递归出口则是待排序区间长度小于或等于 1 的情况。与归并排序相同的是，根据长度小于或等于 1 序列的自然有序性，当遇到递归出口时仍然不需要进行任何处理，直接返回即可。因为进行一轮快速排序的目的是使目标区间中的 pivot 元素归位，所以在递归结束后，无须对递归结果进行任何处理。

通过上面总结的规律及算法步骤，可以对快速排序算法进行如下代码实现：

```
/**
 Chapter4_Recursion_Search_Sort
 com.ds.sort
 QuickSort.java
 快速排序
 */
public class QuickSort {

    //快速排序代码实现
    public void quickSort(int[] list) {

        if(list == null || list.length == 0) {
            return;
        }

        quickSortInner(list, 0, list.length-1);
    }

    /**
     通过递归结构实现的快速排序算法
     list 为待排序序列
     low 为待排序序列中当前进行快速排序区间的起点下标
     high 为待排序序列中当前进行快速排序区间的终点下标
     */
    private void quickSortInner(int[] list, int low, int high) {

        //递归出口：如果待排序区间长度小于或等于 1，则直接返回，结束递归
        if(high <= low) {
            return;
        }

        int i = low;
        int j = high;

        //pivot 元素的选取和归位过程
        while(i < j) {
```

```
            //找到一个比 list[j]小的元素
            while(i < j && list[i] <= list[j]) i++;
            //通过元素交换使较小元素向序列起始端集中
            if(i < j) {
                swap(list, i, j);
            }
            //找到一个比 list[i]大的元素
            while(i < j && list[j] >= list[i]) j--;
            //通过元素交换使较大元素向序列结束端集中
            if(i < j) {
                swap(list, i, j);
            }
        }

        //循环结束时,i 和 j 相遇

        /*
         i 和 j 相遇时的下标,即为 pivot 元素的下标
         此时 pivot 元素已经归位
         */
        int pivotIndex = i;
        //int pivotIndex = j;

        //递归调用:对左右两侧区间分别进行快速排序
        quickSortInner(list, low, pivotIndex-1);
        quickSortInner(list, pivotIndex+1, high);

    }

    /**
     用于将序列中下标为 i 和 j 的两个元素进行交换的方法
     */
    private void swap(int[] list, int i, int j) {
        int tmp = list[i];
        list[i] = list[j];
        list[j] = tmp;
    }
}
```

3. 时间复杂度、空间复杂度、稳定性分析

对于快速排序的时间复杂度分析，可以使用与归并排序时间复杂度分析相似的方法进行。

同样使用 $T(N)$表示对规模为 N 的待排序序列进行一轮快速排序的时间开销。一轮快速排序的时间开销同样由两部分构成：①选取 pivot 元素的时间开销和对子区间进行递归快速排序的时间开销，其中选取 pivot 元素的过程，因为是对区间的完整双向遍历过程，所以其时间开销为 N；②对于子区间递归快速排序的时间开销，则取决于对子区间的划分方式，但是不论如何划分子区间，当子区间的规模小于或等于 1 时，其操作的时间开销都是

常数级别的，可以表示为1。由此可得如式(4-14)所示的快速排序算法时间开销的通用递推公式：

$$T(N)=\begin{cases}1 & N\leqslant 1\\ T(i)+T(N-i-1)+N & N>1\end{cases}\tag{4-14}$$

在最坏的情况下，进行快速排序的区间元素是完全正序或者完全逆序的，此时选出的pivot元素总是区间起始位置或者结束位置的元素，也就是说在这种情况下以pivot元素为中心划分出来的左右区间一侧长度为0，另一侧长度为$N-1$。此时上述递推公式变形为式(4-15)：

$$T(N)=\begin{cases}1 & N\leqslant 1\\ T(N-1)+N & N>1\end{cases}\tag{4-15}$$

对式(4-15)进行迭代和转换后可得到快速排序的最坏时间复杂度为$O(N^2)$。

在最好的情况下，区间中的pivot元素的位置总是处于区间中心，此时总是能够划分出来规模相等的左右区间。为了方便计算，假设划分出来等长子区间的规模均为$N/2$，这样做虽然会导致最终估算的结果值略大，但在转换成大O表示后其结果是一致的。此时快速排序时间开销的递推公式变形为式(4-16)：

$$T(N)=\begin{cases}1 & N\leqslant 1\\ 2T\left(\dfrac{N}{2}\right)+N & N>1\end{cases}\tag{4-16}$$

上述递推公式的迭代过程与归并排序时间开销的迭代过程是一致的，最终结果为$O(N\log N)$，即为快速排序的最好时间复杂度。

在平均情况下，pivot元素可能是序列中任意下标的元素，也就是说左右两半侧均有可能被等概率地划分为长度取值在$[0, N-1]$区间的情况。在这种情况下，需要计算所有子区间长度划分方式的平均递归时间开销，则快速排序时间开销的递推公式变形为式(4-17)：

$$T(N)=\begin{cases}1 & N\leqslant 1\\ \dfrac{1}{N}\sum\limits_{i=0}^{N-1}[T(i)+T(N-i-1)]+N & N>1\end{cases}\tag{4-17}$$

对式(4-17)进行迭代和转换后可得到快速排序的平均时间复杂度同样为$O(N\log N)$。

对于快速排序的空间复杂度来讲，由于算法的每轮空间开销都是常数级别的，所以其空间复杂度取决于递归的深度。在最坏的情况下，快速排序的递归深度为N层，此时空间复杂度为$O(N)$；最好及平均情况下递归层数接近$\log N$层，此时空间复杂度为$O(\log N)$。

快速排序中元素交换的方式是跳跃的、不连续的，所以在排序过程中可能会出现等值元素相对顺序发生改变的情况。例如在初始序列{1,5a,4,5b,3}中，5a和5b均为取值为5的元素，其中元素5a的下标小于5b。在第1轮快速排序完成后，元素的顺序变化为{1,3,4,5b,5a}，其中pivot元素为3。因为此时序列已经呈现出有序状态，所以在后续轮次的快速排序序列中元素的位置不会再发生变化。由此可知，快速排序是一种不稳定的排序算法。

4. 算法优化

通过本节第3部分的内容可知快速排序算法是一种平均时间复杂度为 $O(N\log N)$ 级别的排序算法。虽然对于一般情况来讲快速排序算法的性能已经相当优秀，但这并不意味着快速排序算法在所有情况下的表现都是十分出色的。下面就对基本快速排序算法在一些特殊情况下的问题及优化方案进行说明。

问题1：短序列的快速排序问题。首先，当待排序序列本身长度就比较短时，对序列使用快速排序与对序列使用结构简单但理论时间复杂度相对较高的排序算法（例如冒泡排序、选择排序、插入排序等）在实际运行时间上并没有太大差异，并且因为在快速排序算法的实现过程中使用了递归结构，所以与这些简单结构的排序算法相比，此时的快速排序还会产生更高的额外空间消耗。同理，对于本身长度较长的序列来讲，当进行了多次子区间的递归分割后，其子区间的长度也会变得相对较短，所以此时同样会出现上述问题，因此总体来讲，当待排序序列或者区间相对较短时是没有必要对其使用快速排序算法的。对于这一问题的优化方式是设定一个长度阈值，当待排序序列或者区间的长度小于这个阈值时，就使用一些非递归的简单排序算法替代快速排序算法对其进行排序。例如假设这个阈值为100并使用插入排序作为替代的排序算法，那么当待排序序列或者区间的长度小于100时就对其使用插入排序算法。

问题2：pivot的等值元素处理问题。首先给出一个示例序列{5,6,3,6,1,8,6,7,6,4,9,6,6}。在对这个序列进行一轮快速排序后，得到的结果序列为{5,6,3,6,1,4,6,6,6,7,9,6,8}。在结果序列中，pivot元素为下标为7的元素6。此时以pivot为中心，则可将结果序列划分为{5,6,3,6,1,4,6}和{6,7,9,6,8}两个子序列，但是在这两个子序列中，存在很多与pivot等值的元素6，这些等值元素在后续的递归过程中依然会向整体序列中下标为7的位置靠拢，所以如果在进行子区间划分之前就将这些与pivot等值的元素全部靠拢到pivot的周围，并且在划分子区间的时候不再考虑这些pivot的等值元素，就可以有效地降低左右子区间的范围，从而降低左右子区间的递归深度及时间、空间开销。想要实现上述想法并不困难，只需在一轮快速排序完成并选取pivot元素后，对以pivot元素位置为中心划分出来的两个子区间分别进行元素遍历和交换，这样就可以将子区间当中所有与pivot等值的元素靠拢到pivot元素所在位置的周围。还是以上述序列为例，对其一轮排序结果序列进行pivot等值元素靠拢后，即可得到如下新的结果序列{5,3,1,4,6,6,6,6,6,6,7,9,8}。在新的结果序列中只需将{5,3,1,4}和{7,9,8}分别作为子区间进行递归快速排序，相比之前的子区间划分方式，此时子区间的长度范围大幅降低。这种优化方案非常适用于对存在大量等值元素的序列进行快速排序时的操作。

问题3：pivot元素的选取问题。在前面介绍的快速排序算法实现方案中，pivot元素总是在对序列完成双向遍历和交换之后才选取到，这种方案在最坏的情况下极易产生pivot元素位于序列两端的情况，并且根据之前对于快速排序时间复杂度证明过程中得到的结果可知，在这种情况下快速排序算法的时间复杂度上升为 $O(N^2)$，所以对于pivot元素的选取来讲应该尽可能地避免上述情况的发生。为了达到该目的，就需要在对序列进行双向遍历和交换之前选取出一个取值固定的 pivot 元素,并且这个 pivot 元素的取值最好接近于序列元素中值,这样就可以在 pivot 元素归位后更加均匀地对左右子区间进行划分。对于固定取值 pivot 元素的选取有 3 种比较常用的方式:①端点取值法。也就是以序列两端元素中的一者作为 pivot 元素,但是这种做法虽然在对序列开始双向遍历交换前就选取出了固定取值的 pivot 元素,但是在最坏的情况下 pivot 元素仍然处于序列的端点位置;②随机选取法。顾名思义,就是生成一个随机下标,将下标对应的序列元素作为本轮排序的 pivot 元素使用。这种做法是一种相对安全的做法,在绝大多数情况下能够有效地降低出现最坏情况的概率;③三元取中法,即选取序列起点、终点、中值下标 3 个位置上的元素作为备选元素,并从三者之中选出取值居中者作为本轮排序的 pivot 元素使用。三元取中法相对于随机选取法在序列完全有序或者完全逆序的情况下能够更好地保证左右子区间划分的平均性。

注意: 综合上述 3 个问题优化方案的快速排序源码已经在本书配套源码中提供。

从整体上来讲,经过优化的快速排序算法和未经优化的快速排序算法相比在一般情况下的执行效率是相似的,其优势重点体现在对最坏情况的处理上。对于未经过优化的快速排序来讲,在最坏的情况下递归的深度等价于问题的规模,所以在待排序序列长度较大的情况下其不仅执行速度较慢,甚至还存在因为递归层数过深而导致栈内存溢出的风险,但是在对快速排序算法进行优化后,即使在最坏的情况下其代码的执行速度也都是非常优秀的,并且大幅地降低了栈内存溢出的风险。

5. 双轴快排

如果将本节第 2 部分中实现的每轮排序使用单个 pivot 元素的快速排序称为单轴快速排序,则快速排序还有一种双轴快速排序的实现方案。双轴快速排序的基本思想与单轴快速排序相同,其区别在于在一轮排序过程中,双轴快速排序同时预先选择待排序序列两端的元素同时作为 pivot 元素使用。假设待排序序列长度为 n,序列起点上的元素标记为 pivot1,序列终点上的元素标记为 pivot2,此时需要创建一个循环,在$[1,n-2]$的下标范围内对元素进行遍历,并且不断地将取值小于 pivot1 的元素向 pivot1 的低下标位区间进行集中,将取值大于 pivot2 的元素向 pivot2 的高下标位区间进行集中。当遍历完成后即可将整体待排序区间划分为 3 部分:元素取值小于 pivot1 的区间、元素取值大于或等于 pivot1 并小于或等于 pivot2 的区间及元素取值大于 pivot2 的区间。此时只要递归地对这 3 部分区间进行双轴快速排序,最终就能够将序列整体调整成有序状态。

升序排序的双轴快速排序实现,代码如下:

```
/**
 Chapter4_Recursion_Search_Sort
 com.ds.sort
 QuickSort.java
 快速排序
 */
public class QuickSort {

    //双轴快速排序代码实现
```

```
public void dualPivotQuickSort(int[] list) {

    if(list == null || list.length == 0) {
        return;
    }

    dualPivotQuickSortInner(list, 0, list.length-1);
}

/**
 通过递归结构实现的双轴快速排序算法
 list 为待排序序列
 low 为待排序序列中当前进行快速排序区间的起点下标
 high 为待排序序列中当前进行快速排序区间的终点下标
 */
private void dualPivotQuickSortInner(int[] list, int low, int high) {

    if (high <= low) {
        return;
    }

    //保证在排序开始之前,起点元素取值小于终点元素取值
    if (list[low] > list[high]) {
        swap(list, low, high);
    }

    //选取序列两端的元素同时作为 pivot 元素
    int pivot1 = list[low];
    int pivot2 = list[high];

    //用于记录元素取值小于或等于 pivot1 区间终点下标的变量
    int lt = low + 1;
    //用于记录元素取值大于或等于 pivot2 区间起点下标的变量
    int gt = high - 1;
    //用于遍历序列元素进行比较、交换的下标变量
    int i = low + 1;

    //开始双轴划分
    while (i <= gt) {
        //取值小于 pivot1 的元素向 pivot1 的低下标位区间集中
        if (list[i] < pivot1) {
            swap(list, i, lt);
            i++;
            lt++;
        }
        //取值介于 pivot1 与 pivot2 之间的元素不进行交换
        else if (list[i] >= pivot1 && list[i] <= pivot2) {
            i++;
        }
```

```
                //取值大于 pivot2 的元素向 pivot2 的高下标位区间集中
                else {
                    swap(list, i, gt);
                    gt--;
                }
            }

            //将两个 pivot 元素交换到对应的区间边界上
            swap(list, low, lt - 1);
            swap(list, high, gt + 1);

            //对三部分区间分别执行递归双轴快速排序
            dualPivotQuickSortInner(list, low, lt - 2);
            dualPivotQuickSortInner(list, lt, gt);
            dualPivotQuickSortInner(list, gt + 2, high);

        }

        //用于将序列中下标为 i 和 j 的两个元素进行交换的方法
        private void swap(int[] list, int i, int j) {
            int tmp = list[i];
            list[i] = list[j];
            list[j] = tmp;
        }

    }
```

从双轴快速排序的实现方案上来看，其不仅能在一轮排序过程中选择出两个 pivot 元素进行归位操作，并且相比于单轴快速排序来讲两个 pivot 元素同时处于序列的起点或者终点位置的概率更低，即出现子序列规模为 0 和 $N-2$ 的概率更低，所以双轴快速排序算法的实际表现要优于单轴快速排序算法。

4.3.8 堆排序

堆排序算法是借助堆结构对序列中元素进行排序的算法。虽然在本部分内容之前尚未对堆结构的详细内容进行说明，但是在简单了解本算法所需的堆结构的相关知识后，仍然可以对堆排序算法进行理解与实现。接下来首先对算法中所需的堆结构基础知识进行说明，然后对堆排序算法进行讲解。

1. 堆结构的若干概念

堆排序算法中用到的堆结构是一种被称为二叉堆或者二分堆的结构。一个简单的二叉堆由一个父节点和两个子节点自上而下构成，位于上层的是父节点，位于下层与父节点相关联的是其子节点。根据子节点在逻辑上与父节点之间关系的不同，又可以将这两个子节点分为左子节点和右子节点。

一个简单的二叉堆结构如图 4-16 所示。

二叉堆结构的概念是递归的，也就是说某父节点的左右子节点也可以作为其他节点的父节点，或者说一个二叉堆中的任意子堆也是二叉堆。在一个多层的堆结构中，位于最上层的父节点被称为整个堆结构的根节点；位于中间层且既有父节点也有子节点的节点被称为中间节点，而位于最下层且只有父节点而没有左右子节点的节点则被称为叶节点，并且对于二叉堆的某一非叶节点来讲，最多情况下可以同时具有左右子节点，否则其应该至少具有左子节点。

一个多层的二叉堆结构如图 4-17 所示。

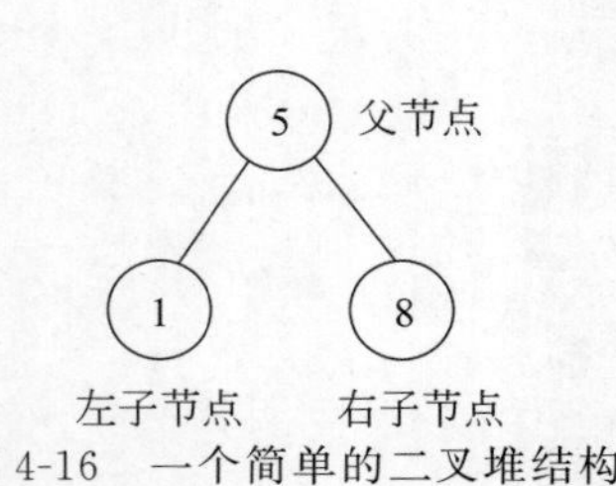

图 4-16　一个简单的二叉堆结构

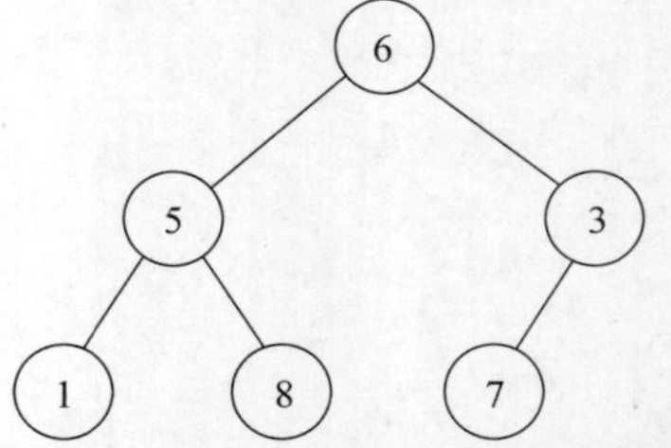

图 4-17　一个多层的二叉堆结构

二叉堆结构根据堆中保存数据元素之间的逻辑规律又可以进一步分为大根堆和小根堆。在大根堆当中，任意非叶节点的左右子节点中保存数据的取值均小于或等于该节点本身保存的数据取值。由此可知，在大根堆当中堆顶元素的取值一定是整个堆结构当中最大的，并且这一特点在大根堆的任意子堆当中也递归成立，即大根堆的任意子堆也都是大根堆，而在小根堆当中将上述规律反向理解即可。

大根堆与小根堆结构如图 4-18 所示。

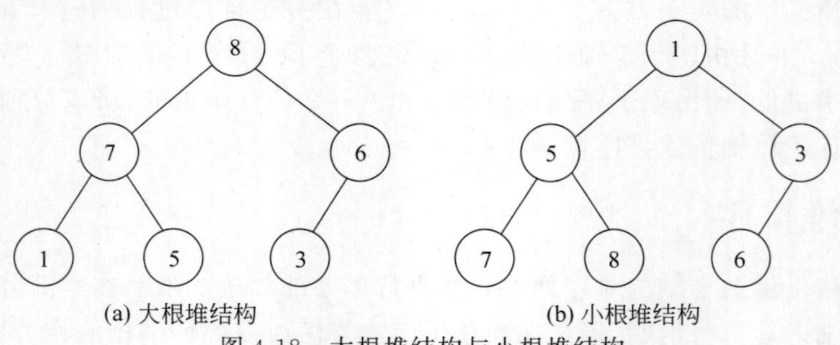

图 4-18　大根堆结构与小根堆结构

很明显，通过当前已经掌握的知识想要在程序当中实现一个堆结构是比较困难的，但是在对通过大根堆或者小根堆完成的堆排序算法进行代码实现时实际上还存在着一些其他的规律。下面开始对堆排序算法的相关内容进行讲解。

2. 理论基础

在堆排序算法当中，升序排序通过大根堆实现，降序排序通过小根堆实现，但是不论使用哪种方式实现堆排序，其过程都可以总结为如下步骤。下面以将对长度为 n 的序列 list 进行升序排序为例，对堆排序算法的执行步骤进行说明。

步骤 1：将待排序序列转换成二叉堆结构。在将待排序序列转换为二叉堆结构时，采用元素自上而下、每层从左向右的方式构建二叉堆。

一个待排序序列转换成的二叉堆结构如图 4-19 所示。

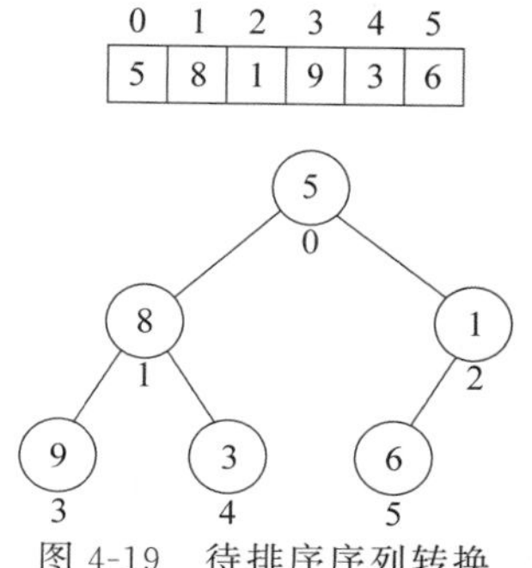

图 4-19 待排序序列转换成的二叉堆结构

由于此时的二叉堆结构并不具备大根堆或者小根堆的特性，所以还需要进一步根据排序方式将当前二叉堆调整为大根堆或者小根堆。实际上在通过代码实现堆排序的过程中，步骤 1 并不需要任何代码即可完成。这是因为在序列结构中，任意位置上的元素都可以根据其下标的取值按照一定规律，直接计算出与之对应的左右子元素或者其父节点元素的对应下标，这些规律如下：假设在待排序序列中某元素的下标取值为 $i(0\leqslant i\leqslant n-1)$，①其在堆结构中左子元素在序列中的下标为 $2\times i+1$，右子元素在序列中的下标为 $2\times i+2$；②该元素在堆结构中父节点元素在序列中的下标为$\lfloor(i-1)/2\rfloor$；③在序列对应的堆结构中，非叶节点的数量为$\lfloor n/2\rfloor$；④堆中最后一个非叶节点在序列中的下标为$\lfloor n/2-1\rfloor$。根据上述规律即可在不构建实际堆结构的前提下完成堆排序的后续步骤。

步骤 2：将二叉堆初始调整成大根堆。在这一步骤当中需要创建一个循环，从序列对应的堆结构当中最后一个非叶节点出发到根节点为止，下标递减地对每个非叶节点执行如下比较、交换操作：将当前非叶节点在序列中的下标记为 root，进一步计算出其左右子元素在序列中的对应下标，分别记为 left＝2×root＋1 和 right＝2×root＋2；如果其左右子元素均存在，即在 right＜n 的情况下，比较两元素 list[left]与 list[right]之间的大小，取其中较大者与父节点元素 list[root]进行大小比较，若较大子元素的取值大于父节点元素 list[root]的取值，则对父节点取值与这个较大的子元素执行交换操作，若不大于，则说明当前子堆已经具备大根堆特性；如果当前父节点仅存在左子元素，即在 right≥n 的情况下，直接将当前节点与其左子节点进行大小比较，并根据比较结果决定是否执行交换操作。需要注意的是，在上述流程中当将上层堆结构调整为大根堆后，其后代子堆的大根堆结构可能会被破坏，此时还需将其子孙代的子堆重新调整成大根堆结构。步骤 2 完全执行完毕后，序列对应的二叉堆结构即成为大根堆结构。

将二叉堆调整成大根堆的执行步骤如图 4-20 所示。

步骤 3：将堆顶元素与堆中最后一个叶节点进行交换并出堆。这一步骤不难理解，当堆结构成为大根堆之后堆顶元素即为堆结构中的最大值元素，而堆结构中最后一个叶节点在对应序列中的位置恰好是待排序区间末端的位置。此时进行元素交换操作相当于将当前待排序区间中的最大值交换到区间的最末尾，而元素出堆的操作则相当于将序列待排序区间的终点下标向前移动 1 位。

堆顶元素交换并出堆操作在序列中的对比如图 4-21 所示。

步骤 4：重新将堆结构调整为大根堆。当将堆顶元素与最后一位叶节点进行交换后，堆结构整体的大根堆特性被破坏，此时需要再次将堆结构自上而下调整为大根堆。

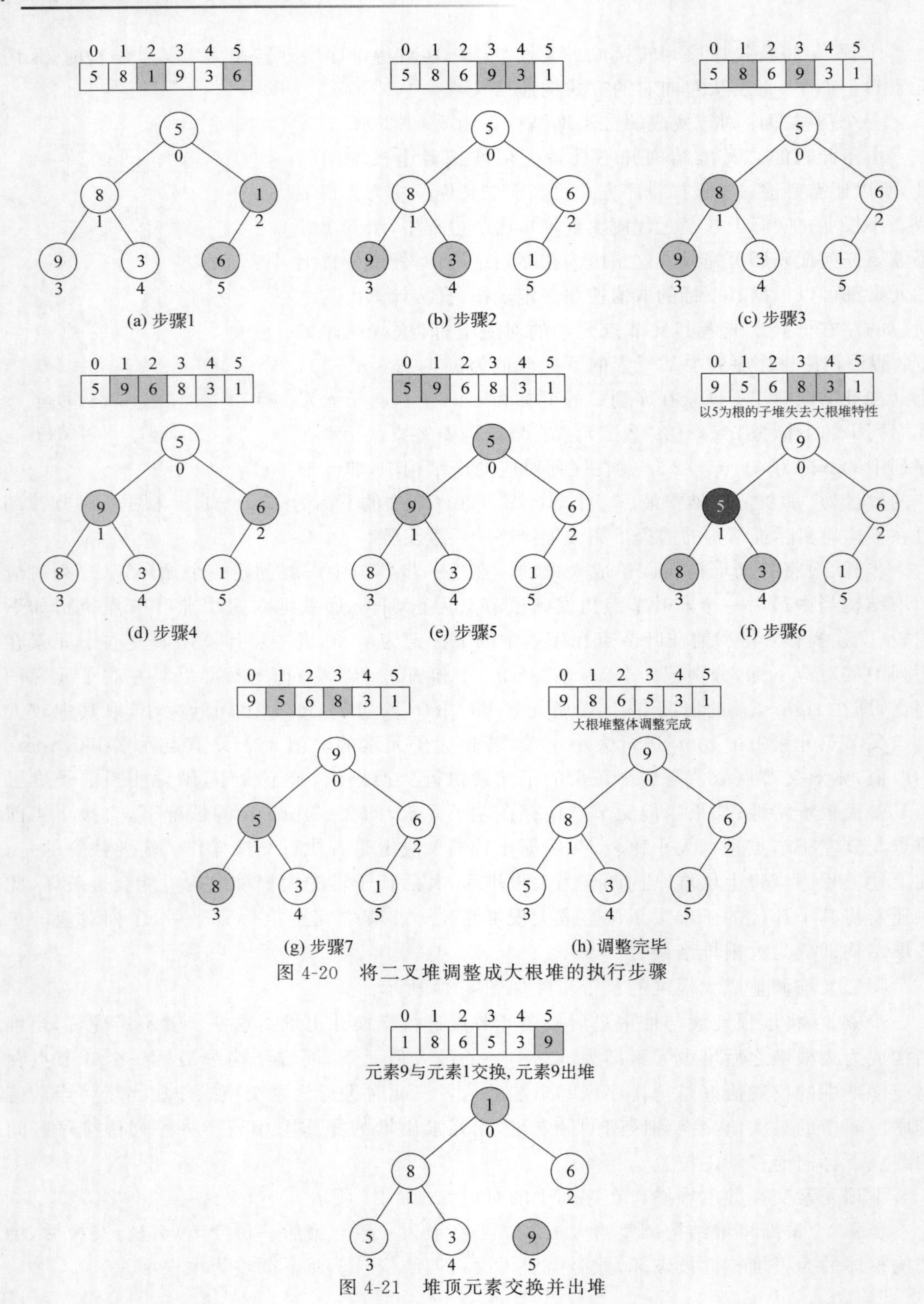

图 4-20　将二叉堆调整成大根堆的执行步骤

图 4-21　堆顶元素交换并出堆

步骤5：通过循环控制堆结构对应序列中待排序区间的终点下标，重复执行步骤3和步骤4，直到堆中仅剩1个元素为止，堆排序结束。

堆排序算法的执行步骤看上去相当复杂，规律和注意事项颇多，但是其代码实现起来却非常简单、优雅。下面将根据上述步骤说明，对堆排序算法的代码实现进行讲解。

3. 代码实现

对于堆排序的代码实现很明显同样可以使用递归结构。在调整大根堆的过程中，将某节点的左右子堆调整成大根堆的过程即为递归调用的过程，而当当前节点不具备左右子堆或以当前节点为根的堆结构本身就是大根堆结构时即相当于遇到了递归出口，但是在堆排序算法中，对于堆中节点的操作实际上仅相当于对序列中元素及下标的操作，所以堆排序又可以轻松地通过非递归结构进行实现。下面将给出通过递归及非递归两种方式实现的堆排序算法。

通过非递归结构实现的堆排序算法如下：

```
/**
 Chapter4_Recursion_Search_Sort
 com.ds.sort
 HeapSort.java
 堆排序
 */
public class HeapSort {

    //堆排序的非递归代码实现
    public void heapSort(int[] list) {

        if(list == null || list.length == 0) {
            return;
        }

        //1.创建初始二叉堆结构

        /*
         2.将二叉堆调整成初始大根堆
         从堆结构中最后一个非叶节点开始
         从后向前对以每个节点为根的子堆进行调整
         */
        for(int i = list.length / 2 - 1; i >= 0; i--) {
            maxHeap(list, i, list.length-1);
        }

        /*
         5.通过循环重复执行步骤3~4,直到堆结构中仅剩余1个元素为止
         循环控制变量表示当前序列的待排序区间终点下标也是堆结构中最后一个叶节点所在的
         下标
         */
        for(int i = list.length-1; i > 0; i--) {
```

```
            //3.堆顶元素的交换和出堆操作
            swap(list, 0, i);

            /*
             4.在堆顶元素出堆后,重新将堆结构调整为大根堆
             此时堆的规模减小 1,即序列的待排序区间终点向前提升 1
             */
            maxHeap(list, 0, i-1);
        }

    }

    /**
     调整大根堆过程的非递归代码实现
     list 为待排序序列
     root 为当前需要调整的子堆根节点在序列中的下标
     end 为序列待排序区间的终点下标,也是堆结构最后一个叶节点的下标
     */
    private void maxHeap(int[] list, int root, int end) {

        int lChild;                             //左子节点在序列中的下标
        int rChild;                             //右子节点在序列中的下标
        int change;                             //用于和父节点进行比较和交换的子节点下标

        /*
         调整大根堆的循环结构
         循环条件为选择的节点必须至少具有左子节点,即该节点不能为叶节点
         不论该节点与左子节点还是右子节点进行交换操作
         其以被交换子节点为根的子堆结构的大根堆特性都有可能被破坏
         所以需要重新对该子堆结构进行大根堆调整,也就是循环迭代方式 i = change 的原因
         */
        for(int i = root; 2*i+1 <= end; i = change) {
            //计算左右子节点序列下标
            lChild = 2*i+1;
            rChild = 2*i+2;
            /*
             判断使用左子节点还是右子节点与子堆根节点进行比较和交换
             判定条件为右子节点存在且取值大于左子节点时,选用右子节点
             否则选用左子节点
             */
            change=rChild<=end && list[rChild]>list[lChild]?rChild:lChild;
            //如果选中的子节点取值大于子堆根节点取值,则进行交换
            if(list[change] > list[i]) {
                swap(list, i, change);
            } else {
                /*
                 如果选中的子节点不大于子堆根节点,则说明当前子堆已经成为大根堆
                 调整大根堆的循环结束
```

```
                */
                break;
            }
        }

    }

    //用于将序列中下标为 i 和 j 的两个元素进行交换的方法
    private void swap(int[] list, int i, int j) {
        int tmp = list[i];
        list[i] = list[j];
        list[j] = tmp;
    }

}
```

通过递归结构实现的堆排序算法如下：

```
/**
 Chapter4_Recursion_Search_Sort
 com.ds.sort
 HeapSort.java
 堆排序
 */
public class HeapSort {

    //堆排序的递归代码实现
    public void heapSortRecursive(int[] list) {

        if(list == null || list.length == 0) {
            return;
        }

        //堆排序算法的总流程不变,区别在于使用递归的方式构建大根堆

        for(int i = list.length / 2 - 1; i >= 0; i--) {
            maxHeapRecursive(list, i, list.length-1);
        }

        for(int i = list.length-1; i > 0; i--) {
            swap(list, 0, i);
            maxHeapRecursive(list, 0, i-1);
        }
    }

    /**
     调整大根堆过程的递归代码实现
     list 为待排序序列
```

```
 root 为当前需要调整的子堆根节点在序列中的下标
 end 为序列待排序区间的终点下标,也是堆结构最后一个叶节点的下标
 */
private void maxHeapRecursive(int[] list, int root, int end) {

    //递归出口 1:当前子堆的根节点不具备左右子节点,为叶节点
    if(2 * root+1 > end) {
        return;
    }

    int lChild;                              //左子节点在序列中的下标
    int rChild;                              //右子节点在序列中的下标
    int change;                              //用于和父节点进行比较和交换的子节点下标

    //计算左右子节点序列下标
    lChild = 2 * root+1;
    rChild = 2 * root+2;
    /*
     判断使用左子节点还是右子节点与子堆根节点进行比较和交换
     判定条件为右子节点存在且取值大于左子节点时,选用右子节点
     否则选用左子节点
     */
    change = rChild <= end && list[rChild] > list[lChild] ? rChild : lChild;
    //如果选中的子节点取值大于子堆根节点取值,则进行交换
    if(list[change] > list[root]) {
        swap(list, root, change);
        /*
         递归调用:
         不论子堆根节点与左子节点还是右子节点进行交换操作
         其以被交换子节点为根的子堆结构的大根堆特性都有可能被破坏
         所以需要递归地重新将该子堆调整成大根堆结构
         */
        maxHeapRecursive(list, change, end);
    } else {
        /*
         递归出口 2:
         如果选中的子节点不大于子堆根节点
         说明当前子堆已经成为大根堆
         递归调用结束
         */
        return;
    }

}

//用于将序列中下标为 i 和 j 的两个元素进行交换的方法
private void swap(int[] list, int i, int j) {
    int tmp = list[i];
    list[i] = list[j];
```

```
            list[j] = tmp;
        }

    }
```

4. 时间复杂度、空间复杂度、稳定性分析

在对堆排序算法时间复杂度进行估算之前，需要明确一些概念并推导出一些结论以方便后续的推导过程。下面对这些概念和结论进行说明。

首先给出满二叉堆的概念。当一个二叉堆结构中只有最下层存在叶节点且每个非叶节点都同时具有左右子节点时，该二叉堆被称为满二叉堆。

满二叉堆结构如图 4-22 所示。

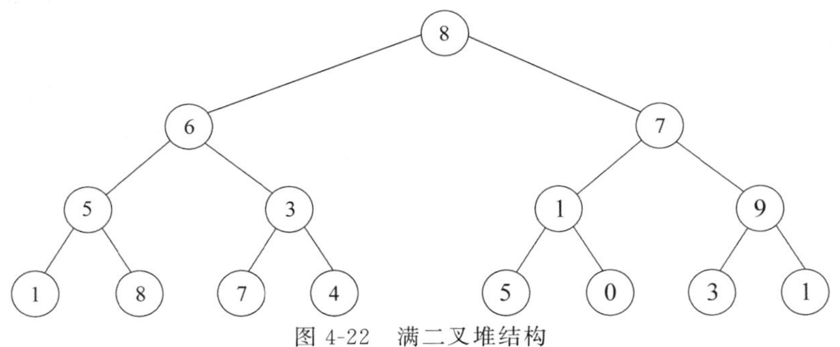

图 4-22　满二叉堆结构

其次是二叉堆深度与节点数量之间的关系。假设某二叉堆的高度为 k，在满二叉堆情况下，该二叉堆总共具有 2^k-1 个节点；在最少情况下，即二叉堆的最下层仅存在 1 个节点的情况下，该二叉堆总共具有 2^{k-1} 个节点。反之，如果将一个规模为 N 的序列调整为二叉堆结构，则其深度接近 $\log_2 N$ 层。

再次是二叉堆每层元素的数量与层数之间的关系。如果将二叉堆结构自上而下从 1 开始逐层编号，则可得到如下规律：在第 1 层当中只存在 1 个根节点；从第 2 层开始，每层节点的数量与上一层之间存在 2 倍的关系，但是因为堆结构的最下层可能并不是被填满的，所以二叉堆第 $i(1\leqslant i\leqslant \log_2 N)$ 层的节点数量取值区间为 $[1, 2^{i-1}]$。根据上述结论可知，在满二叉堆结构当中，最下层叶节点的数量为 $\lfloor N/2 \rfloor$ 个，其父节点，也就是倒数第 2 层节点的数量为 $\lfloor N/4 \rfloor$ 个，倒数第 3 层节点的数量为 $\lfloor N/8 \rfloor$ 个……以此类推。

最后是当大根堆的堆顶元素因为出堆导致大根堆结构被破坏时，将其再次调整为大根堆的过程中元素之间的交换次数与堆深度之间的关系。首先来看一个简单的例子。在一个由 3 个元素构成的 2 层二叉堆结构中，不论其初始状态如何，如果要将其调整成大根堆，则最多都只需执行 2 次元素比较和 1 次元素交换便可以完成。因为作为左右子节点的两个元素之间，虽然会对元素取值的大小进行比较，但是并不会进行交换，真正的交换只存在于取值较大的子节点与父节点之间。为了方便后续的各项说明，将 3 个元素构成的堆结构调整成大根堆的过程定义为一次单位操作。因为在一次单位操作中元素之间比较和交换的次数是常数级别的，所以将单位操作的时间消耗记为常数 1，然后将这个二叉堆结构扩展到 3 层 7 个元素，并且保证在初始状态下根节点的左右子堆均为大根堆。因为调整大根堆的过程是自上而下进行的，所以首先是在根节点的左右子节点中选取取值较大者，与根节点进行 1 次单位操作；其次，因为以被交换子节点为根的子堆其大根堆结构可能被破坏，所以还要再次对这个以被交换子节点为根的子堆进行 1 次单位操作，重新将其调整成大根堆。综上所述，在将这个具有 3 层 7 个节点、左右子堆初始均为大根堆的二叉堆整体调整为大根堆时，最多发生 2 次单位操作。如果将这一规律扩展到元素数量为 N、层数为 $\log_2 N$ 层的大根堆结构当中，当堆顶元素因为出堆导致大根堆结构被破坏并将其再次调整成大根堆时进行单位操作的最大次数恰好等于堆顶元素出堆后二叉堆整体的深度减 1。为了方便后面的计算，同样将这个结论记为 $\log_2(N-1)$次。

根据上述说明得到的概念和结论，下面开始对堆排序算法的时间复杂度进行估算。首先给出一个规模为 N 的序列，并且为了方便计算，假设该序列中的元素恰好能构成一个满二叉堆。如果将对该序列进行堆排序的时间开销记为 $T(N)$，则 $T(N)$具体由两部分构成：①将序列初始调整为大根堆的时间开销，记为 $T_1(N)$；②后续每次在堆顶元素出堆后再次将其调整成为大根堆的时间开销，记为 $T_2(N)$。综上可得式(4-18)：

$$T(N)=T_1(N)+T_2(N) \tag{4-18}$$

将序列构成的二叉堆初始化调整成大根堆的过程是自下而上进行的，并且二叉堆中每层的每个非叶节点都要参与。在调整过程中，当上层堆结构因为父子节点的交换而发生结构变化时，下层已经调整成大根堆的子堆，其大根堆结构又有可能被破坏（这一点在前面已经反复论证过），所以除了整个大根堆的根节点只需 1 次交换便可以得到外，堆中的其他非叶节点都有可能被作为子堆的根节点，反复参与调整大根堆的过程，其规律如下：在将倒数第 2 层的$\lfloor N/4 \rfloor$个元素作为根节点的子堆调整为大根堆的过程中，最多需要进行$\lfloor N/4 \rfloor$次单位操作；在将倒数第 3 层的$\lfloor N/8 \rfloor$个元素作为根节点的子堆调整成大根堆的过程中，除了其自己本层的最多$\lfloor N/8 \rfloor$次单位操作外，还需要考虑其下层，即倒数第 2 层中有一半的子堆，因大根堆结构被破坏，所以需要重新调整，其单位操作次数为$\lfloor N/4 \rfloor/2=\lfloor N/8 \rfloor$，所以在对倒数第 3 层的元素进行大根堆调整时，最多需要进行 $2\times\lfloor N/8 \rfloor$次单位操作；在将倒数第 4 层的$\lfloor N/16 \rfloor$个元素作为根节点的子堆调整成大根堆的过程中，本层元素的交换次数为$\lfloor N/16 \rfloor$，因此导致倒数第 3 层子堆重新调整的单位操作次数为$\lfloor N/8 \rfloor/2=\lfloor N/16 \rfloor$，继续向下导致倒数第 2 层子堆重新调整的单位操作次数为$\lfloor N/4 \rfloor/2^2=\lfloor N/16 \rfloor$，所以在对倒数第 4 层的元素进行大根堆调整时，最多需要进行 $3\times\lfloor N/16 \rfloor$次单位操作……以此类推并综合前面总结的规律，这一过程的累加时间开销可以表示为式(4-19)：

$$T_1(N)=\sum_{i=1}^{\log_2 N-1}\frac{N}{2^{i+1}}\times i \tag{4-19}$$

经过简单的化简可知式(4-19)最终收敛于 N，即将二叉堆初始调整为大根堆的时间复杂度为 $O(N)$。

在得到初始的大根堆后，随着每次堆顶元素的出堆，堆结构的规模都会下降 1（注意不是堆结构的层数）。根据前面得到的结论可知，此时将堆结构重新调整成大根堆所需要进行单位操作的次数恰好为堆的深度，即 $\log_2(N-1)$次。又因为初始堆结构中存在 N 个元素，所以该过程需要重复 $N-1$ 次，因此这一过程的累加时间开销可以表示为式(4-20)：

$$T_2(N)=\sum_{j=1}^{N-1}\log_2(N-j) \tag{4-20}$$

上述公式收敛于 $N\log_2 N$，即执行 $N-1$ 次堆顶元素出堆并重新调整大根堆的时间复杂度为 $O(N\log N)$。

将上述两部分公式进行合并可得式(4-21)：

$$T(N)=O(N)+O(N\log N) \tag{4-21}$$

最终整合可得堆排序算法的整体时间复杂度为 $O(N\log N)$。值得说明的是，堆排序算法的最坏时间复杂度与平均时间复杂度都是 $O(N\log N)$，这也是堆排序算法相较于基础版本的快速排序算法更优的一点。

堆排序算法的空间复杂度与其实现方式相关。在使用递归结构实现堆排序时，由于每层递归的空间开销都是常数级别的，所以此时堆排序的最坏空间复杂度等于递归的深度，即 $O(\log N)$；当使用非递归结构实现堆排序时，算法的整体空间开销都是常数级别的，即 $O(1)$。

在堆排序过程中，不同位置上的等值元素有可能被分配到不同子堆当中，并在后续构建大根堆的过程中打乱等值元素之间的相对顺序，所以堆排序是一种不稳定的排序算法。

4.3.9　计数排序

本节之前讲解的各种排序算法都是基于元素比较和交换实现的，而这些排序算法的平均时间复杂度最低在 $O(N\log N)$级别。那么是否存在时间复杂度能够突破 $O(N\log N)$这一下界的排序算法呢？答案是肯定的。一些基于统计的排序算法是可以突破这一排序算法的一般时间复杂度下界，甚至接近于 $O(N)$的线性时间复杂度水平。从计数排序算法开始对一些基于统计的排序算法进行讲解。

1. 理论基础

在开始讲解计数排序算法的理论基础之前首先思考一个问题：排序算法的最终目的是将序列中的元素调整成有序状态。那么在已经接触到的各种数据结构当中，有什么样的结构本身具备天然的有序性呢？答案是数组的下标。在各种编程语言实现的数组结构当中，数组的下标都是从 0 开始计数且天然有序，而计数排序算法正是利用了数组下标天然有序的这一特点进行实现。下面以将对长度为 n 的非负整数序列 list 进行升序排序为例对计数排序算法的执行步骤进行说明。

步骤 1：给定长度为 n 的待排序非负整数序列 list。首先通过一轮循环查找到序列中的最大值，并保存在名为 max 的整型变量中。

步骤 2：创建一个长度为 max+1 的整型元素数组并命名为 counts。

步骤 3：再次循环遍历序列 list，借助 counts 数组统计序列 list 中各个取值的元素各出现了多少次，具体做法为假设当前元素取值为k，则执行 counts[k]++操作。

步骤 4：统计完成后，通过循环对 counts 数组进行遍历。当 counts[i]=n 时，连续地向原始序列 list 中输出 n 个 i。counts 数组遍历完成后，list 序列即被填满，算法结束。

计数排序算法的实现过程非常简单，甚至不需要借助图示即可理解。实际上计数排序算法正是借助了 counts 数组下标的天然有序性，完成了对原始序列 list 中各个元素的排序操作。第 1 次对待排序序列 list 进行遍历的目的是得到序列中元素的最大值 max，max 的取值决定了需要统计出现次数元素的取值范围，同时也决定了辅助空间 counts 数组的长度。counts 数组是用来保存待排序序列 list 中各个取值元素的出现次数的，所以在第 2 次对 list 序列进行遍历时如果遇见取值为 k 的元素，即在 counts 数组中下标为 k 的位置上进行自增操作。这个过程非常类似于投票统计的过程。counts 数组的每位都相当于一名候选人，在计票过程中只要遇到该候选人的选票，就会在这一候选人的名字后面+1；当统计结束时，每名候选人名字后面 1 的数量就是这位候选人被投票的数量。在统计完成后，需要对 counts 数组进行遍历，完成统计结果向 list 序列的输出过程。此时 counts 数组中每位上的取值，即表示这一位下标对应取值的元素在 list 序列中出现的次数。例如 counts[0]=3，就表示取值为 0 的元素在 list 序列中出现了 3 次，需要向 list 序列中输出 3 个 0；counts[1]=5，就表示取值为 1 的元素在 list 序列中出现了 5 次，需要向 list 序列中输出 5 个 1……这一步骤正是利用数组下标的天然有序性对序列 list 中元素进行排序的体现，而之所以在 counts 数组遍历完成时 list 序列恰好被填满，这就相当于所有候选人被投的总票数即为投票人的总人数一样。

在了解了计数排序算法的基本思想和执行流程后不难发现，计数排序算法本身的限制比较大。首先，因为数组下标是非负整数，所以计数排序算法一般多应用于这一类型数据的排序操作。如果需要对负数、浮点值或者其他复杂数据类型的元素进行排序，则需要将这些数据按照业务逻辑转换成非负整数才能进行操作，其次，计数排序本身比较适合于对元素取值范围跨度不大、元素重复度较高的序列进行排序，对于元素取值范围跨度较大的序列，例如{57, 55, 1, 2, 2001, 2000}这样的序列来讲，在创建 counts 数组时会产生大量的浪费空间，并且在不同的编程语言当中，数组的最大长度都是有限制的，所以当待排序序列中存在超过当前语言数组长度限制的取值时就不能对其使用计数排序算法了。

2. 代码实现

升序排序的计数排序实现，代码如下：

```
/**
 Chapter4_Recursion_Search_Sort
 com.ds.sort
 CountingSort.java
 计数排序
 */
```

```java
public class CountingSort {

    //计数排序代码实现
    public void countingSort(int[] list) {

        if(list == null || list.length == 0) {
            return;
        }

        //1.遍历待排序序列 list,找到序列中元素的最大值
        int max = list[0];
        for(int i = 1; i < list.length; i++) {
            max = Math.max(list[i], max);
        }

        //2.创建长度为 max+1 的 counts 统计数组
        int[] counts = new int[max+1];

        //3.再次遍历待排序序列 list,对其中各个取值元素的出现次数进行统计
        for(int i = 0; i < list.length; i++) {
            counts[list[i]]++;
        }

        //4.遍历 counts 数组,向 list 序列进行元素输出
        int k = 0;                                  //用于控制 list 序列下标的变量
        for(int i = 0; i < counts.length; i++) {
            //counts[i]的取值,即为元素 i 在序列 list 中出现的次数
            for(int j = 0; j < counts[i]; j++) {
                list[k++] = i;
            }
        }

    }

}
```

3. 时间复杂度、空间复杂度、稳定性分析

计数排序算法的时间开销主要来自3个方面：①查找序列中的元素最大值；②统计序列中元素的出现次数；③向序列中进行元素输出，但是上述3个步骤之间是线性相加的关系，并且每步都只是对原始序列进行线性时间复杂度遍历，所以计数排序最终的时间复杂度为$O(N)$。

在空间复杂度方面，计数排序算法的额外空间消耗主要来自统计数组，而统计数组的长度为序列中元素最大值+1，所以其空间复杂度为$O(K)$，其中K表示待排序序列中元素的最大取值。

在排序算法的稳定性方面，因为在对元素向原始序列进行输出的过程中，输出取值的来源是统计数组的下标，并不是从原始序列中取得的数据，所以此时算法的稳定性也就无从谈

起了。姑且认为此时的计数排序是一种不稳定的排序算法,但是这一情况在对计数排序算法进行优化后可以得到改善。

4. 算法优化

对于计数排序算法的优化思路主要体现在额外的临时空间消耗与算法的稳定性两个方面。

首先是对算法额外空间消耗问题上的优化。计数排序算法最主要的额外空间消耗来自统计数组 counts,如果能够将统计数组的长度适当地进行压缩,则其额外的空间消耗就会下降。首先给出一个待排序序列作为分析案例。待排序序列 list 中的元素取值为{5025,5001,5050,5012,5033}。在上述序列中,最大元素取值为 5050,如果按照前文中计数排序算法的实现思路,此时创建的 counts 数组的长度应该为 5051,其最大下标为 5050,但是通过对上述数组中元素的分布进行观察不难看出,该序列中最小元素的取值为 5001,也就是说此时在长度为 5051 的 counts 数组中下标在[0, 5000]范围内的所有空间均会被浪费,不会用于任何元素统计的计数。为了避免这种空间浪费的情况,可以对算法进行优化:在查找序列元素最大值 max 的过程中同时查找序列元素最小值,序列元素最小值使用 min 表示。在得到序列中元素的两个极值后,使用 max−min+1 即可计算得到当前序列中元素取值的区间长度,记为 range。例如在上述案例中,max=5050,min=5001,range=5050−5001+1=50。此时使用 range 的取值作为长度创建统计数组,以 min 值作为序列中元素的偏移量,将 list[i]−min 的取值映射到统计数组当中进行元素计数,即可最大限度地压缩统计数组长度,避免不必要的空间浪费。还是在上述案例中,统计完毕后可得 counts 数组数据如下:counts[0]=1,counts[11]=1,counts[24]=1,counts[34]=1,counts[49]=1。此时使用长度为 50 的统计数组完成了优化之前需要长度为 5051 的统计数组完成的操作。需要注意的是,在进行元素反向输出时,同样需要在统计数组对应位置的下标取值上加上 min 变量的取值,并且通过如上优化的计数排序算法还具备了对负整数进行排序操作的功能。

其次是对算法稳定性方面的优化。在本节第 3 节的讲解当中已经给出如下结论:通过最基本思路实现的计数排序算法,因为结果序列中数据的来源是统计数组的下标,并不是原始序列中的元素,所以其稳定性很难进行论证,此时被认定是不稳定的排序算法,所以从这一角度出发,如果要将计数排序算法实现为稳定的排序算法,首先需要从原始序列中对元素进行取值,其次还要保证等值元素之间的相对顺序。根据上述需求,在待排序序列元素的出现次数统计完成后另建一个循环,对 counts 数组的统计结果按照式(4-22)的描述进行修改。

$$\text{counts}[i]=\begin{cases}\text{counts}[0] & i=0\\ \text{counts}[i]+\text{counts}[i-1] & i>0\end{cases}\tag{4-22}$$

取值修改完成后,counts 数组本身的含义也发生了变化,下面使用一组数据进行说明。假设修改完成后的 counts 数组元素取值为{2,4,5,7,10}。此时 counts[0]=2 表示在原始序列中取值为 0 的元素出现 2 次,并且应该将这两个 0 值按照原始序列中从后向前的相对顺序分别放在结果序列中下标为 1 和下标为 0 的位置;counts[1]=4 表示在原始序列中取值为 1 的元素出现 2(counts[1]－counts[0]所得)次,并且应该将这两个 1 值按照原始序列中从后向前的相对顺序分别放在结果序列中下标为 3 和下标为 2 的位置;counts[2]＝5 表示在原始序列中取值为 2 的元素出现 1(counts[2]－counts[1]所得)次,并且应该将这个唯一的 2 值放在结果序列中下标为 4 的位置……从上述推断过程不难看出,优化之后的 counts 数组的元素取值具备了两层含义:①通过 counts[i]－counts[i－1]的结果可以记录原始序列中取值为 i 元素的出现次数;②通过 counts[i]－1 的取值可以表示原始序列中从后向前所有取值为 i 的元素在结果序列中的输出起始下标。由此可见,经过优化后的 counts 数组已经可以解决保证原始序列中元素相对位置的问题。那么如何从原始序列中按照 counts 数组表达的含义取得原有的元素进行输出呢?此时需要创建一个与原始序列等长的结果序列,记作 result,然后对原始序列进行一次从后向前的元素遍历输出(为什么必须从后向前呢?这个问题留作思考练习)。在输出过程中,将 list[i]位置上的元素取出,放在 result 序列当中下标为 counts[list[i]]－1 的位置上,同时执行 counts[list[i]]－－操作。在 list 序列中所有元素输出完成后,所得 result 序列即为元素取值来源于原始序列 list 的有序结果序列,并且此时执行的计数排序算法为稳定的排序算法。

上述元素输出流程如图 4-23 所示。

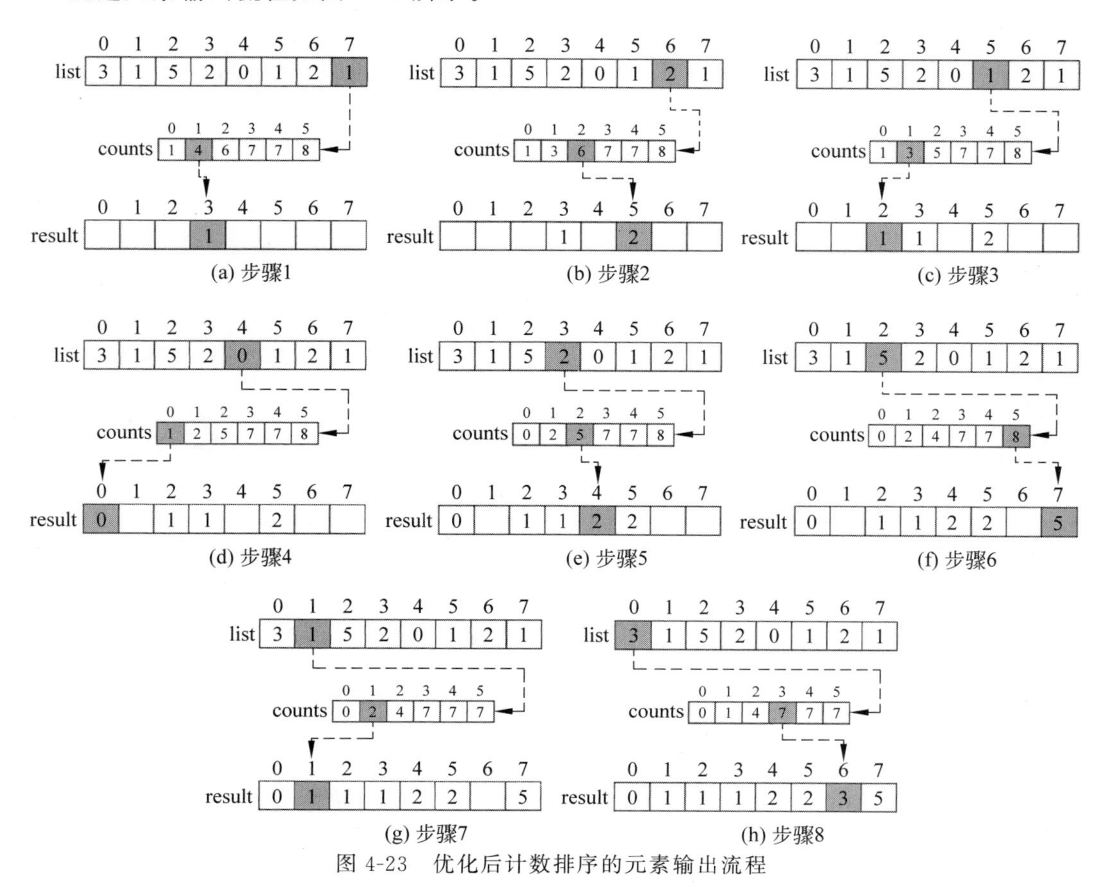

图 4-23　优化后计数排序的元素输出流程

需要注意的是，从节省时间开销的角度来讲，在得到有序的 result 序列后直接返回 result 序列即可完成排序算法，但是如果业务场景需要保证原始序列的有序性，则还要额外创建一个循环，将 result 序列中的元素重新对位复制回原始序列 list 当中，但是不论如何处理最终的数据返回方式，因为在程序优化过程中都必不可少地创建与原始序列等长的 result 序列，此时计数排序算法的空间复杂度上升为 $O(N)$ 级别，所以上述对于排序算法稳定性方面的优化相当于是基于算法在额外空间消耗方面的让步得到的。

综合上述两个问题优化方案的计数排序，源码如下：

```
/**
 Chapter4_Recursion_Search_Sort
 com.ds.sort
 CountingSort.java
 计数排序
 */
public class CountingSort {

    //计数排序优化代码实现
    public void countingSortOptimized(int[] list) {

        if(list == null || list.length == 0) {
            return;
        }

        //1.遍历待排序序列,找到元素最大值与最小值
        int max = list[0];
        int min = list[0];
        for(int i = 0; i < list.length; i++) {
            max = Math.max(list[i], max);
            min = Math.min(list[i], min);
        }

        //2.计算元素取值范围,并依据该值创建统计数组
        int range = (max-min)+1;
        int[] counts = new int[range];

        //3.统计待排序序列中元素的出现次数
        for(int i = 0; i < list.length; i++) {
            counts[list[i]-min]++;
        }

        //4.对 counts 数组中元素的取值进行修改
        for(int i = 1; i < counts.length; i++) {
            counts[i] += counts[i-1];
        }

        //5.创建结果序列,反向遍历原始序列进行元素输出
```

```
        int[] result = new int[list.length];
        for(int i = list.length-1; i >=0; i--) {
            /*
             将原始序列中下标为 i 为的元素取出
             存放在 result 序列中下标为 counts[list[i]]-1 的位置上
             因为优化之后的 counts[list[i]]表示从后向前遍历原始序列的过程中
             当前遇到的 list[i]的等值元素,应该存放的结果序列位置
             min 值是统计数组空间压缩时,元素取值的偏移量
             */
            result[counts[list[i]-min]-1] = list[i];
            counts[list[i]-min]--;
        }

        //6.将 result 中的元素复制到原始序列 list 当中,或者直接返回 result
        for(int i = 0; i < result.length; i++) {
            list[i] = result[i];
        }

        //return result;

    }

}
```

4.3.10 桶排序

桶排序算法可以看作计数排序算法的一种变形。在 4.3.9 节讲解计数排序算法的时候曾经说到,基础的计数排序算法无法对负数和其他非整数类型的数据进行排序,但是这种情况将在桶排序算法当中被改变。下面对桶排序算法的相关内容进行讲解。

1. 理论基础

桶排序算法的基本思想与计数排序具有一定的相似性,都是首先对待排序序列中的数据进行统计和划分,然后对其进行排序操作。桶排序算法中的"桶"可以理解为根据序列中元素取值范围划分出来的数据区间,每个桶对应元素取值范围的一部分,并且所有桶对应的取值范围之间是连续且有序的。在对序列中元素进行统计和划分的过程中,将元素加入对应取值范围的桶当中。在统计与划分阶段结束后,分别对每个桶当中的所有元素进行内部排序。全部桶的内部排序完毕后,将所有桶中的元素按照桶的顺序全部返回原始序列当中,原始序列即被调整成有序状态。下面以将对长度为 n 的序列 list 进行升序排序为例对桶排序算法的执行步骤进行说明。

初始参数:给定长度为 n 的待排序序列 list 及取值为 range 的桶中元素取值区间周期。参数 range 用来约束每个桶所对应元素取值范围的区间大小,例如序列 list 中的元素均落在[0, 50)的取值范围内且 range 取值为 10,此时算法中将产生 5 个桶,其中取值在[0, 10)之间的元素放在下标为 0 的桶当中;取值在[10, 20)之间的元素放在下标为 1 的桶当中;取

值在[20，30)之间的元素放在下标为 2 的桶当中……这些桶所对应的元素的取值范围的大小即为 range 的取值。

步骤 1：创建循环，查找出序列 list 中元素的最大值与最小值，分别记为 max 与 min，并根据参数 range 的取值计算出桶的数量并记为 size，计算方式为 $size=\lceil (max-min+1) / range \rceil$。

步骤 2：根据步骤 1 中所得 size 的取值首先创建行数为 size 的二维数组 buckets，即桶数组。桶数组中的每行相当于一个桶，对应一部分元素的取值区间。假设当前桶的下标为 $i(0\leqslant i\leqslant size-1)$，则其对应的元素取值区间为 $[i\times range, (i+1)\times range)$。桶数组中元素的数据类型与待排序序列 list 中的元素类型保持一致即可，其次创建长度为 size 的整型数组 indexes，用于维护新加入桶数组中元素在对应编号桶中的下标。在统计阶段结束后，indexes 数组中的取值即可认为是对应编号的桶中元素的数量。

步骤 3：创建循环遍历序列 list，将其中元素加入对应取值区间的桶中。假设当前被遍历元素为 list[i]，则该元素所加入桶在 buckets 数组中的行下标 b 的计算方式为 $b=\lfloor (list[i]-min) / range \rfloor$。

步骤 4：创建循环，对桶数组 buckets 中的每行，也就是每个桶当中的元素进行桶内排序操作。桶内排序可以采用任何已知的排序算法，但是桶内排序所用算法的时间复杂度及稳定性都将会对桶排序本身对应的性质产生影响。

步骤 5：创建循环，将桶数组 buckets 中的所有元素，以行(桶)为单位，逐行(桶)输出到原始序列 list 当中。输出完毕后原始序列 list 中的元素即为有序状态，桶排序算法结束。

为了方便理解，下面以图 4-24 演示步骤 4 执行结束后桶数组 buckets 中每行的元素状态。

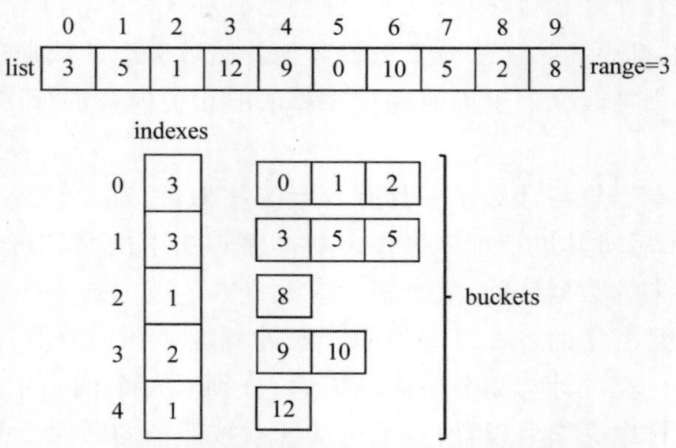

图 4-24　步骤 4 结束后桶数组中每行的元素状态

2. 代码实现

升序排序的桶排序实现，代码如下：

```
/**
 Chapter4_Recursion_Search_Sort
```

```
  com.ds.sort
  BucketSort.java
  桶排序
  */
public class BucketSort {

    //桶排序代码实现
    public void bucketSort(int[] list, int range) {

        if(list == null || list.length == 0) {
            return;
        }

        //1.查找到序列 list 中的最大值与最小值
        int max = list[0];
        int min = list[0];
        for(int i = 1; i < list.length; i++) {
            max = Math.max(list[i], max);
            min = Math.min(list[i], min);
        }

        //2.根据元素取值周期及参数 range 的取值计算桶的数量
        int size = (int)Math.ceil((double)(max - min + 1) / range);

        //3.创建桶数组及用于维护元素加入桶数组时下标的数组
        int[] indexes = new int[size];              //下标数组
        int[][] buckets = new int[size][0];         //桶数组

        //4.遍历序列 list 中的元素,将其加入对应取值范围的桶当中
        for(int i = 0; i < list.length; i++) {
            //计算元素加入桶数组时的行(桶)下标
            int b = (list[i] - min) / range;
            //确保当前桶的容量足以保存新的元素
            buckets[b] = ensureCapacity(buckets[b], indexes[b]+1);
            //元素入桶
            buckets[b][indexes[b]] = list[i];
            indexes[b]++;
        }

        /*
        额外步骤:将每个桶的大小调整成与其中元素数量一致
        每个桶在多次扩容后,最终并不一定会被装满,所以需要执行这一步骤
        其一为了节省空间,避免不必要的空间浪费,其二为了方便后续调用其他排序算法对桶中
        元素进行排序,避免空位上的 0 对排序结果产生影响
         */
        for(int i = 0; i < buckets.length; i++) {
            buckets[i] = trimToSize(buckets[i], indexes[i]);
        }
```

```
        //5.对所有桶分别进行桶内排序(此处以使用优化后的快速排序为例)
        QuickSort qs = new QuickSort();
        for(int i = 0; i < buckets.length; i++) {
            qs.quickSortOptimized(buckets[i]);
        }

        //6.将桶数组中的所有元素以行(桶)为单位输出回原始序列当中
        int k = 0;                                   //用于维护原始序列中元素输出下标的变量
        for(int i = 0; i < buckets.length; i++) {
            for(int j = 0; j < buckets[i].length; j++) {
                list[k++] = buckets[i][j];
            }
        }

    }

    //用于确保桶的容量足以容纳一个新元素的方法
    private int[] ensureCapacity(int[] bucket, int capacity) {

        //初次扩容,将桶的大小扩容为 10
        if(bucket.length == 0) {
            return new int[10];
        }

        /*
         此处使用的扩容方式与 ArrayList 中使用的内部数组扩容方式相似
         都是将原始数组扩容为原来的 1.5 倍
         */
        if(bucket.length < capacity) {
            int oldCapacity = bucket.length;
            int newCapacity = oldCapacity + oldCapacity / 2;
            if(newCapacity < capacity) {
                newCapacity = capacity;
            }
            //将桶的大小扩容为新的长度,并复制原来桶中的元素
            return Arrays.copyOf(bucket, newCapacity);
        }

        return bucket;
    }

    //将桶的长度缩减为与桶中元素数量等长的方法
    private int[] trimToSize(int[] bucket, int size) {
        if(bucket.length == size) {
            return bucket;
        }
        return Arrays.copyOf(bucket, size);
    }

}
```

通过上述方式实现的桶排序算法同样适用于待排序序列 list 中元素及参数 range 取值为浮点数或者取值小于 0 的情况。在实际开发过程中，桶数组 buckets 还可以通过集合数组或者双层集合的方式实现，并且使用集合数组或者双层集合的方式实现桶数组 buckets 还能够利用集合类及其工具类中提供的 API 实现每个桶集合的自动扩容及桶内元素的排序操作。上述代码之所以采用二维数组的形式实现 buckets 桶数组是为了更加直观地展示桶数组 buckets 在桶排序算法执行过程中的底层操作方式，并且通过二维数组实现的 buckets 桶数组还允许用户根据需求自行切换对桶中元素所采用的排序方式。

3. 时间复杂度、空间复杂度、稳定性分析

在桶排序算法中，假设计算得到桶的数量为 K，并且规模为 N 的待排序序列中所有元素均匀分布在所有桶当中，那么每个桶中元素的数量平均为 N/K 个。在对所有的桶进行桶内元素排序时，其各个桶的排序时间复杂度取决于使用的桶内排序算法。例如在本例中使用时间复杂度为 $O(N\log N)$ 的快速排序算法，则各个桶的桶内排序时间复杂度为 $O((N/K)\log(N/K))$。又因为桶内排序的次数等于桶的数量 K，所以最终算法整体的时间复杂度为 $O(N\log(N/K))$。从理论上来讲，当桶的数量 K 接近待排序序列的规模 N 时，桶排序算法的时间复杂度无限趋近于 $O(N)$，即线性时间复杂度，但是从实际的代码实现上来看，排序过程中所进行的桶扩容、缩容等操作会从一定程度上降低算法整体的时间效率。

桶排序算法的额外空间消耗来自桶数组 buckets 和桶中元素的下标数组 indexes，其中下标数组的长度等同于桶的数量，而桶数组中每行(每个桶)的容量总和与待排序序列的规模相同，所以桶排序算法的空间复杂度为 $O(N+K)$，其中 K 依然表示桶的数量。

在桶排序算法中，等值的元素会被按照其相对顺序加入相同的桶当中，所以其稳定性取决于桶内排序算法的实现方式。例如在上述代码实现当中采用不稳定的快速排序算法作为桶内元素的排序方式，此时桶排序算法本身也就是不稳定的排序算法，反之则为稳定的排序算法。

第 5 章 字符串

在各种编程语言当中，除了各种数值类型的数据外，字符串类型的数据是最为常见的。在不同的编程语言当中，对于字符串的界定方式也是不一样的，但是不论在哪一种编程语言当中，对字符串进行操作的各种 API 都是相当丰富的，在这些 API 中，又以字符串的匹配最为常用，并且其实现算法也有很多种，所以在这一章中将以字符串的一些常用基本概念及字符串在 Java 中的相关实现方式为基础，引出字符串匹配的各种算法并进行重点讲解。

本章内容的思维导图如图 5-1 所示。

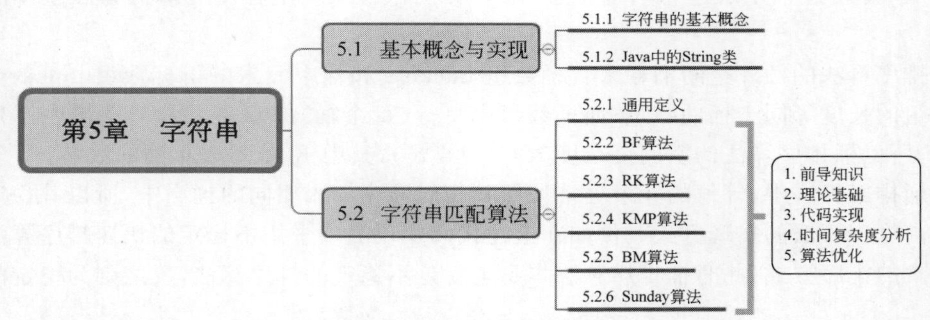

图 5-1　字符串章节思维导图

5.1　基本概念与实现

5.1.1　字符串的基本概念

字符串指的是通过 0 到多个字符构成的有限序列。

在不同的编程语言当中对字符串的界定方式有所不同，例如在 Java 语言中使用一组单引号表示单个字符，使用一组双引号表示一个字符串，而在 Python 语言或者 JavaScript 语言中并不存在单个字符的概念，使用一组双引号或者单引号都可以表示一个字符串。因为本书主要使用 Java 语言作为案例实现语言，所以在此唯一使用双引号作为字符串的界定符号。下面给出一个字符串的表示案例：

S="HelloWorld"

在上述案例中，S表示字符串的名称，"HelloWorld"表示字符串的内容，双引号中字符的数量为字符串的长度。当字符串的长度为0时称为空串，使用符号∅表示，当字符串的长度大于0且仅由空格构成时称为空格串。

因为字符串是由0到多个字符构成的有限序列，所以大部分编程语言支持按照下标获取字符串中的某个字符。为了方便说明，本书使用“字符串名称[下标]”的方式描述单个字符在字符串中的位置，并以0作为字符串中字符的起始下标。例如在上述案例中，S[0]表示的是字符串S中起点位置的字符'H'；S[1]表示的就是字符串S中第2个字符'e'等。

一个字符串中从任意位置开始向后连续多个字符构成的子序列称为这个字符串的子串。为了方便表示，本书使用“字符串名称[子串起始字符下标，子串终点字符下标]”的方式描述一个字符串的子串。例如在上述案例中，S[0,2]表示字符串S中由字符S[0]、S[1]、S[2]构成的子串，取值为S[0,2]="Hel"；S[2,5]表示字符串S中由字符S[2]、S[3]、S[4]、S[5]构成的子串，取值为S[2,5]="lloW"等。很明显，任意子串的长度都不可能大于其所在字符串的长度。特例，空串∅被认为是任意字符串的子串。

当两个字符串S与S′的长度相等且S与S′在各个对应下标位置上的字符取值也相等时，称两个字符串S与S′是相等的，表示方式为S == S′。

5.1.2 Java中的String类

在Java语言中，与字符串相关的常见接口有java.lang.CharSequence，该接口的常见实现类有java.lang.String、java.lang.StringBuffer、java.lang.StringBuilder等，其中最常用到的类为String类型，而StringBuilder与StringBuffer则多见于大规模字符串拼接与多线程的场景中，所以下面以Java语言(Java 8版本)中的String类型为例对字符串类型对象在内存中的存储方式及一些常用API进行说明。

1. 字符串的存储

在本章开篇已经说明过字符串的本质是由字符构成的序列，所以参考第2章的内容不难想到，通过对数组结构或者链表结构进行封装都可以实现字符串类型。在Java语言中String类型采用字符数组的形式对字符串进行保存，其部分源码如下：

```
/**
 Java 中的字符串类型
  */
public final class String
    implements java.io.Serializable, Comparable<String>, CharSequence {

    /** The value is used for character storage. */
    private final char value[];

}
```

此外，在Java语言中还支持通过多种方式实例化String类型的对象。下面列举几种常用的 String 类对象实例化方式，代码如下：

```
/**
 Chapter5_String
 com.ds.matching
 TestString.java
 Java 语言中 String 类型测试类
 */
public class TestString {

    //通过不同方式实例化 String 类的对象
    public void instanceString() {

        //1.对字符串变量 str1 直接进行赋值
        String str1 = "HelloWorld";
        System.out.println(str1);                    //HelloWorld

        /*
         2.通过复制一个已经存在的字符串 str1 的内容
         为另一个新实例化的字符串 str2 进行赋值
         */
        String str2 = new String(str1);
        System.out.println(str2);                    //HelloWorld

        //3.使用无参构造器实例化一个字符串对象,得到的结果为一个空串
        String str3 = new String();
        System.out.println(str3);                    //输出一个空串

        //4.以字符数组作为内容实例化一个字符串对象 str4
        char[] chars = new char[] {'a', 'b', 'c', '1', '2', '3'};
        String str4 = new String(chars);
        System.out.println(str4);                    //abc123

    }

}
```

在实际开发过程中，在同一程序内部有极大的可能出现许多等值的字符串。为了节省内存开销，Java 语言的 String 类还设计了字符串常量池这一结构，通过实现享元模式使使用相同内容的字符串引用变量之间可以指向同一个对象的内存地址。对于字符串的常量池结构，因为涉及不同版本 Java 语言之间的诸多特性及很多与数据结构相关度不大的知识点，所以在此不做过多介绍，有兴趣的读者可以自行查阅资料进行学习。

2. 字符串的比较

在 Java 语言的 String 类型中提供了相当丰富的方法，这些方法可供使用者调用，它们的具体使用方式均可在 Java 语言官方的帮助文档中查找到。

Java 语言中 String 类型下的常用方法大多数是见名知意、容易理解的，但是唯独用于

字符串之间大小比较的 compareTo()方法的含义不甚明确。换一种说法就是字符串之间是如何比较大小的，又是如何将比较结果以整数类型进行表示的呢？对于上述问题首先给出 String 类中 compareTo()方法的源码：

```
/**
 Java 中的字符串类型
  */
public final class String
    implements java.io.Serializable, Comparable<String>, CharSequence {

    //用于比较方法调用串与参数字符串之间大小的方法
    public int compareTo(String anotherString) {
        int len1 = value.length;
        int len2 = anotherString.value.length;
        int lim = Math.min(len1, len2);
        char v1[] = value;
        char v2[] = anotherString.value;

        int k = 0;
        while (k < lim) {
            char c1 = v1[k];
            char c2 = v2[k];
            if (c1 != c2) {
                return c1 - c2;
            }
            k++;
        }
        return len1 - len2;
    }

}
```

通过分析上述源码可知，在 compareTo()方法内部首先获取了方法调用串和参数字符串的长度并分别记为 len1 和 len2，以及两个字符串中用于保存内容的字符数组并分别记为 v1 和 v2。将 len1 与 len2 中较短者记为 lim，以此作为循环控制变量 k 的边界，通过循环对两字符串中的字符 v1[k]与 v2[k]逐位进行比较。当 v1[k] != v2[k]时，返回 v1[k]−v2[k]的取值；若在 $k \in [0, \mathrm{lim}-1]$范围内两字符串的内容全部相同，即一个字符串构成另一个字符串前缀的情况下，则返回两字符串长度的差值。

上述代码之所以可以将两个字符串中任意位置上的字符 v1[k]与 v2[k]进行大小比较及差值运算，是因为在编程语言中通常将字符类型变量的取值以整数值的方式进行存储，所以在对字符 v1[k]与 v2[k]进行大小比较及差值运算时，实际上计算机操作的是这两个字符所对应的整数值。

上述这种将字符符号表示为整数值的方式相当于为一个字符类型变量所能够表示的所有字符符号按照某种方式进行了编号，一个字符符号的编号称为这个字符的编码，而对字符符号进行编码的不同方式也就对应了不同的编码字符集。在编程语言中常见的编码字符集有 ASCII、UTF-8、UTF-16、GBK、GB 2312、ISO-8859-1 等。有些编码字符集之间对于相同字符符号的编码是一致的，例如在 ASCII 编码字符集及 UTF-8 编码字符集当中字符'A'的编码都是 65 等，但是在某些编码字符集之间，因为编码的字符符号之间存在一些不重叠的内容，所以即使是取值相同的编码在这些字符集之间也可能表示不同的字符符号。例如在 UTF-8 编码字符集中，字符“中”的编码为 20013，但是这一编码取值在不能表示中文的 ISO-8859-1 编码字符集中表示的是其他非中文字符。当字符串在不同设备之间通过网络或者其他介质进行传输时，本质上传输的都是字符串中各个字符的编码取值。但如果在接收一个字符串时并未按照其发送时原本使用的编码字符集进行解码，就会出现在实际开发中十分常见的“乱码”问题。

5.2 字符串匹配算法

在对字符串进行各种操作的相关 API 中字符串匹配操作的使用率相对较高。在 Java 的 String 类型中，对于字符串的匹配操作提供了 indexOf()和 lastIndexOf()两大类方法，分别用于在调用方法的当前字符串当中查找作为参数的子串在其中首次出现和最后一次出现的起始下标。不难想到的是，这两种方法在诸如用于判断当前字符串是否包含参数字符串的 contains()方法、进行字符串拆分的 split()方法等诸多其他 API 的内部也会发挥作用，因此，一个高效率的字符串匹配算法对于所有与之相关的字符串操作来讲意义重大。下面开始对一些常见的字符串匹配算法的思想及实现进行讲解。

5.2.1 通用定义

在开始对各种字符串匹配算法进行讲解之前，首先对这些算法中的通用定义进行说明。

在字符串匹配算法中通常存在两个进行操作的字符串，即主串（或源串）S 与模式串（或目标串）T。字符串匹配算法的目的是在主串 S 中找出与模式串 T 完全相同的子串部分，或者确定在主串 S 中不存在与模式串 T 等值的子串部分。根据上述定义可知，如果主串 S 中至少存在一处与模式串 T 相同的子串则算法匹配成功，此时返回这一子串首字母在主串 S 中出现位置的下标；反之则匹配失败，此时通常返回 -1 作为算法的运行结果。显然，当模式串 T 的长度大于主串 S 的长度时匹配算法一定是失败的。

下面根据上述理论和定义对几种不同的字符串匹配算法分别进行讲解。

5.2.2 BF 算法

BF 算法的全称为 Brute Force 算法，即暴力匹配算法。BF 算法是所有字符串匹配算法中最基础、最易懂但同时也是效率最低的一种。下面开始对 BF 算法的相关内容进行讲解。

1. 理论基础

BF 算法的基本思想是将主串 S 中的每位字符都作为起始位，与模式串 T 的首位对齐后逐位向后进行比较。当在某一位上的字符比较失败时折返回模式串 T 的首位，并在将模式串 T 的首位字符与主串 S 中的下一位字符重新对齐后重复进行比较操作。下面以在长度为 n 的主串 S 中查找长度为 m 的模式串 T 的过程为例对 BF 算法的执行流程进行说明。

步骤 1：给出长度为 n 的主串 S 与长度为 m 的模式串 $T(m \leqslant n)$。分别创建整型变量 i 和 j 表示当前正在进行比较的字符在主串 S 与模式串 T 中的下标位置。初始状态下变量 i 与 j 的取值均为 0，即表示将模式串 T 与主串 S 在起始位置对齐。

步骤 2：对 $S[i]$ 与 $T[j]$ 的取值进行比较。在比较过程中：①如果 $S[i] == T[j]$，则表示这一位字符匹配成功，执行 $i++$ 与 $j++$ 操作，继续对下一位字符进行比较；②如果 $S[i] != T[j]$，则表示这一位字符匹配失败，将变量 i 赋值为 $i-j+1$，将变量 j 赋值为 0，即表示从主串 S 中本轮比较起点的下一位开始与模式串 T 的起点对齐，重新开始新一轮的比较。

步骤 3：创建循环，在保证变量 i 与 j 的取值不越界的前提下重复执行步骤 2。

步骤 4：步骤 3 的循环结束即表示对主串 S 或者模式串 T 的遍历已经完成，需要对算法的返回值进行计算：①此时若 $j == m$，则表示循环中对模式串 T 中所有字符在主串 S 中的对比均已完成，即模式串 T 在主串 S 中完全匹配的子串已经找到，此时 $i-j$（或者 $i-m$）的取值即为模式串 T 的全等子串在主串 S 中首次出现时起点字符在主串 S 中的下标；②反之若该条件不成立，则表示对主串 S 中字符的遍历先一步结束，即主串 S 中不包含模式串 T 的全等子串，此时返回 -1 作为算法的结果。

BF 算法执行流程如图 5-2 所示。

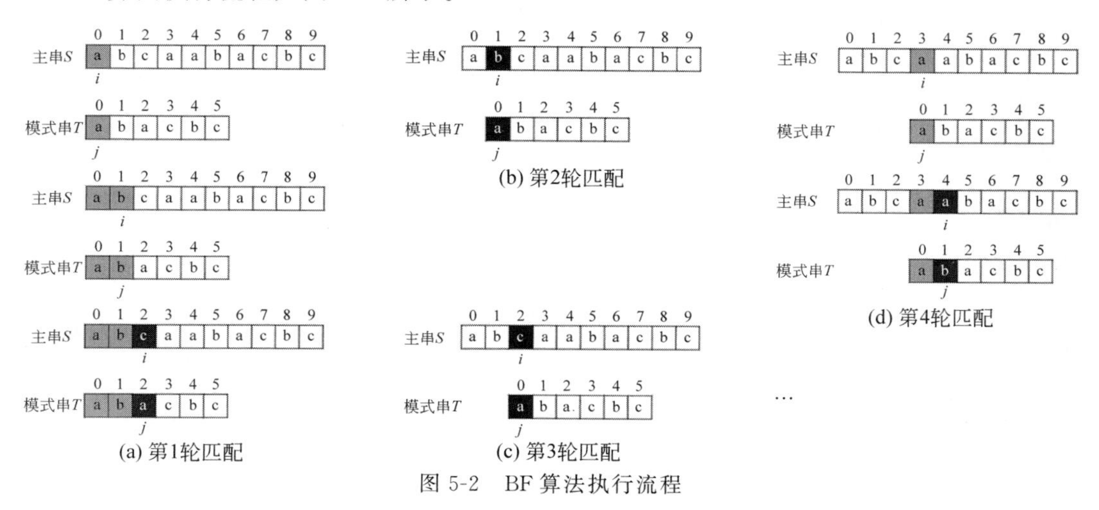

图 5-2 BF 算法执行流程

2. 代码实现

BF 算法实现的代码如下：

```
/**
 Chapter5_String
 com.ds.matching
```

```
 BruteForce.java
 BF算法
  */
public class BruteForce {

    /**
     BF算法代码实现
     S表示主串
     T表示模式串
      */
    public int bruteForce(String S, String T) {

        if(S == null || T == null || S.length() < T.length()) {
            return -1;
        }

        if(T.length() == 0) {
            return 0;
        }

        //1.创建算法所需各种控制变量并初始化
        int i = 0;                                              //正在比较字符在主串S中的下标
        int j = 0;                                              //正在比较字符在模式串T中的下标

        //3.通过循环重复步骤2的比较过程
        while(i < S.length() && j < T.length()) {

            //2.对S[i]与T[j]进行比较
            if(S.charAt(i) == T.charAt(j)) {
                //2.1 当S[i] == T[j]时
                i++;
                j++;
            } else {
                //2.2 当S[i] != T[j]时
                i = i-j+1;
                j = 0;
            }

        }

        //4.计算算法返回值
        if(j == T.length()) {
            return i-j;
        } else {
            return -1;
        }

    }

}
```

3. 时间复杂度分析

BF 算法的时间复杂度可以分为匹配成功与匹配失败两种情况进行说明。

对于给定的规模分别为 N 和 $M(N \geqslant M)$ 的主串与模式串来讲，在匹配成功的情况下算法的最好时间复杂度为 $O(M)$，即主串的前 M 个字符构成的子串恰好是模式串的等值子串，而在最坏的情况下，当在主串的前 $N-M$ 长度的部分中匹配模式串时恰好每轮匹配都在模式串的最后一位失败，此时，则需要经过 $N-M+1$ 轮，每轮比较 M 次操作才能找到位于主串最末端的模式串等值子串。此时算法的时间复杂度为 $O(NM)$。在匹配失败的情况下算法的最好时间复杂度为 $O(N)$，即主串中所有字符与模式串的起始字符均不相等，此时相当于对主串进行一轮遍历即可得到算法结果。同样地，在最坏的情况下，如果在主串中对模式串的每轮匹配都在模式串的最后一位失败，则此时算法的时间复杂度同样为 $O(NM)$。

对于匹配成功的平均时间复杂度可以做出如下计算。同样对于给定的规模分别为 N 和 $M(N \geqslant M)$ 的主串与模式串，其发生在主串中以下标为 $i(0 \leqslant i \leqslant N-M)$ 的字符为起点，与模式串匹配成功的各种情况概率相等，并且在之前的匹配过程中每轮匹配失败都发生在模式串起点的位置，则此时每种匹配成功情况的平均时间开销 $T(N, M)$ 可以表示为式(5-1)：

$$T(N,M)=M+\frac{1}{N-M}\sum_{i=0}^{N-M-1} i \tag{5-1}$$

在式(5-1)中，加号右侧表示前序匹配失败的平均字符比较次数，加号左侧表示最终匹配成功时所进行与模式串长度相等次数的字符比较。式(5-1)最终经过化简可得 BF 算法在匹配成功时的最好平均复杂度为 $O(N+M)$。

在最坏的情况下，即在之前的匹配过程中每轮匹配失败都发生在模式串的终点位置，则式(5-1)可以变形为式(5-2)：

$$T(N,M)=M+\frac{1}{N-M}\sum_{i=0}^{N-M-1} i \times M \tag{5-2}$$

最终式(5-2)经过化简可得 BF 算法在匹配成功时的最坏平均复杂度为 $O(NM)$。

上述方式同样适用于计算匹配失败时的平均时间复杂度，最终可得 BF 算法在匹配失败时的最好与最坏平均复杂度分别为 $O(N)$ 和 $O(NM)$。

4. 算法优化

在主串 S 中可能存在连续多个字符与模式串 T 的首字符不相等的情况。当出现这种情况时，原始的 BF 算法依然会重复地将这些连续字符逐个与模式串 T 的首字符进行比较，这会浪费很多时间，所以如果在一轮匹配开始前将这些与模式串 T 首字符不相等的连续字符在主串 S 当中跨过去，就能够降低算法整体的时间开销。

优化后的 BF 算法实现，代码如下：

```
/**
 Chapter5_String
 com.ds.matching
 BruteForce.java
```

```
 BF 算法
  */
public class BruteForce {

    //BF 算法优化代码实现
    public int bruteForceOptimized(String S, String T) {

        if(S == null || T == null || S.length() < T.length()) {
            return -1;
        }

        if(T.length() == 0) {
            return 0;
        }

        int i = 0;
        int j = 0;
        /*
         为了避免变量 i 在 S[i]与 T[j]的比较过程中因为 i++导致 S[i] != T[0]的情况持续
         发生单独为优化步骤创建一个变量 k
          */
        int k = 0;

        while(i < S.length() && j < T.length()) {

            /*
             优化部分:
             使变量 i 的取值跨过主串 S
             连续与模式串 T[0]不相等的部分
              */
            while(k < S.length() && S.charAt(k) != T.charAt(0)) {
                k++;
                i = k;
            }

            if(i < S.length()) {
                if(S.charAt(i) == T.charAt(j)) {
                    i++;
                    j++;
                } else {
                    i = i-j+1;
                    //匹配失败时,将 k 的取值重置为 i
                    k = i;
                    j = 0;
                }
            }

        }
```

```
        if(j == T.length()) {
            return i-j;
        } else {
            return -1;
        }

    }

}
```

实际上在 Java 的 String 类当中用于子串查找的 indexOf(String str)方法就是通过上述思路实现的,只是在代码实现方式上略有不同而已。

5.2.3 RK 算法

根据 5.1.2 节讲解的内容可知,在编程语言的底层依然通过整数实现对字符的存储,所以从这一角度来看,一个字符串就相当于一组整数的集合,而字符串匹配算法实际上就是两组整数集合之间的匹配操作,并且当主串和模式串中均存在多个字符时,每轮匹配算法的执行都相当于对多对整数之间的等值关系进行判断的过程。那么如果能够在字符串匹配算法当中将主串中所有与模式串等长的子串都根据其每位字符的取值转换成为一个整数特征值,并将这些子串的特征值与模式串的特征值进行比较,则每轮匹配算法就从多对整数之间的等值比较操作简化成为一对整数之间的等值比较操作。显然比较一对整数之间的等值关系要比比较多对整数之间的等值关系在运行速度上快得多,而这种将字符串之间的比较简化为字符串之间特征值比较的思路即为 RK 算法的核心思想。下面开始对 RK 算法的相关内容进行讲解。

1. 字符串的 hashCode

hashCode 可以被称为哈希值、散列值、哈希编码等,是在编程语言的内存机制当中用于对对象进行唯一区分的一种整数数值,可以简单地认为每个对象的 hashCode 取值就是与之绑定的一个“特征编码”。

在 Java 的内存机制当中,每个存在于内存中的对象都会被赋予一个与之对应的 hashCode,并且这个 hashCode 取值可以通过继承自 Object 父类中的 hashCode()方法进行计算与获取。在默认情况下,对象的 hashCode 取值与对象的内存地址相关,此时任意两个对象之间的 hashCode 取值均不相等,但是在 Java 语言中允许在任何继承自 Object 最高父类的子类当中(实际上 Java 中的所有类型都直接或间接地继承自 Object 类)对 hashCode()方法进行重写,从而达到根据对象中各个属性的取值生成并获取 hashCode 的目的。

通过重写之后的 hashCode()方法所得对象的 hashCode 取值需要确保如下两个性质的成立:①当两个相同类型对象的各个对应属性的取值完全相同时,这两个对象的 hashCode 取值也应该完全相同;②当两个相同类型的对象在某些对应属性上的取值有所不同时应尽可能地保证这两个对象之间的 hashCode 取值不相同。例如在自定义的 Person 类型中定义了 String name、int age、String id 共 3 个属性并根据上述性质规范重写了 hashCode()方法，那么当 Person 类型的对象 p1 和 p2 在 3 个属性全部等值的情况下，二者的 hashCode 取值应该是完全相等的两个整数，而在两个对象在某个或者多个属性取值不相等的情况下则应该尽可能地保证二者的 hashCode 取值不相等，但是即使在重写 hashCode()方法时使用了相当复杂的数学运算方式还是不能保证性质 2 的绝对成立，此时将这种情况称为哈希冲突，而一个好的 hashCode 生成方式则应该尽量地避免哈希冲突的发生。

对于字符串类型来讲，每个字符串对象的 hashCode 取值都是通过串中每位字符的编码取值计算得来的。一种最为简单粗暴的生成字符串 hashCode 取值的方式就是将串中所有字符的编码取值累加，从而得到一个作为字符串对象 hashCode 的整数值，但是这种方式生成的字符串 hashCode 取值之间出现哈希冲突的概率十分高，例如字符串"ABC"、"ACB"与"CBA"通过上述方式所生成的 hashCode 取值就是完全相同的，因为在这种计算方式当中并没有考虑字符的出现顺序对于 hashCode 取值的影响。为了降低字符串对象之间发生哈希冲突的概率，在 Java 的 String 类型当中给出了一种相对严谨的 hashCode 生成方式。Java 的 String 类型中 hashCode()方法的重写方式如下：

```
/**
 Java 的 String 类型中重写的 hashCode()方法
 */
public int hashCode() {
    int h = hash;
    if (h == 0 && value.length > 0) {
        char val[] = value;

        for (int i = 0; i < value.length; i++) {
            h = 31 * h + val[i];
        }
        hash = h;
    }
    return h;
}
```

通过分析上述代码可知，在对于长度为 $n(n>0)$ 的字符串 S 生成 hashCode 时其公式如式(5-3)所示。

$$\text{hashCode}(S)=S[0]\times 31^{n-1}+S[1]\times 31^{n-2}+\cdots+S[n-2]\times 31+S[n-1] \tag{5-3}$$

在式(5-3)中，字符串 S 的 hashCode 取值不仅与每位字符的取值相关，同时还与每位字符的出现顺序相关，并且在算法中采用了质数 31 的 i 次方($0\leqslant i\leqslant n-1$)作为每位字符取值的乘数，这样可以在最大限度上降低各种不等值字符串之间产生哈希冲突的概率，而在实际开发中也可以采用其他大于 2 的质数的次方数作为每位字符取值的乘数，同样可以起到降低哈希冲突概率的作用。下面以上述公式中 hashCode 的生成方式为基础对 RK 算法的相关内容进行讲解。

2. 理论基础

RK 算法的全称 Rabin-Karp 算法，是以两位作者的名字命名的一种字符串匹配算法。

正如本节开篇所提到的，RK 算法的核心思想是计算出主串当中所有与模式串等长子串对应的整数特征值，即这些子串的 hashCode 取值，并将每个子串的 hashCode 分别与模式串的 hashCode 进行比较。假设给出主串 S 的长度为 n，给出模式串 T 的长度为 m，并且保证 $n \geqslant m$，则在主串 S 中存在 $n-m+1$ 个与模式串 T 等长的子串，即主串中分别以下标取值范围在$[0, n-m]$之间的字符为起点字符所构成的长度为 m 的所有子串。

一个主串 S 中与模式串 T 等长的所有子串图例如图 5-3 所示。

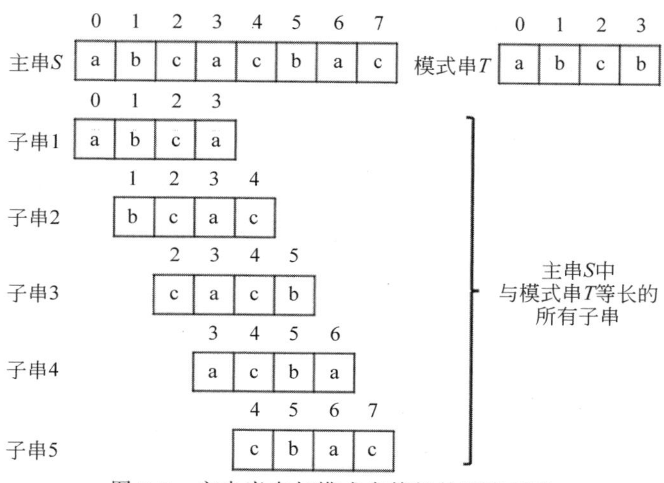

图 5-3 主串当中与模式串等长的所有子串

在得到所有与模式串 T 等长的子串划分后，需要根据事先制定好的 hashCode 生成方式分别计算出模式串 T 的 hashCode 及主串中每个与模式串 T 等长子串的 hashCode。在计算所有子串 hashCode 取值的过程中，如果每次都从子串的起点字符开始算起，则算法整体与 BF 算法无异，并没有体现出 RK 算法本身的优势，此时则需借助相邻子串之间的重叠部分及字符串 hashCode 生成方式之间的规律去除重复计算。

在图 5-3 中，取值为"abca"的子串 1 与相邻的取值为"bcac"的子串 2 之间，减少了主串中下标为 0 的字符'a'，增加了主串中下标为 4 的字符'c'。如果按照前面讲解的字符串 hashCode 生成方式，并将子串 1 与子串 2 的 hashCode 取值分别记作 hashCode_1 与 hashCode_2，则二者之间的关系符合式(5-4)：

$$\text{hashCode}_2 = 31 \times (\text{hashCode}_1 - 31^3 \times 'a') + 'c' \tag{5-4}$$

在式(5-4)中 $31^3 \times$'a'的部分中，质数 31 的幂数 3 即为模式串 T 的长度减 1，这也是主串 S 当中所有与模式串 T 等长的子串首字符在其 hashCode 取值当中所乘质数的幂数，所以式(5-4)所表述的规律可以扩展到任意两个相邻的子串之间。如果将以主串 S 中下标为 i 的字符为起点与长度为 m 的模式串等长子串的 hashCode 取值标记为 hashCode$[i]$，则可得到如下相邻子串之间 hashCode 取值的递推式(5-5)：

$$\text{hashCode}[i]=\begin{cases}\sum_{i=0}^{m-1}S[i]\times p^{m-i-1} & i=0\\ p\times(\text{hashCode}[i-1]-p^{m-1}\times S[i-1])+S[i+m-1] & i>0\end{cases} \tag{5-5}$$

在式(5-5)中 p 表示一个大于 2 的质数。通过上述递推公式可知，在计算主串当中相邻子串的 hashCode 取值时并不需要每次都从子串的起点字符开始算起，这就很好地利用了相邻子串之间取值重叠部分的 hashCode 取值，避免了大量的重复计算。

在得到一个子串的 hashCode 取值后需要与模式串 T 的 hashCode 取值进行比较。根据前面讲解过的 hashCode 生成方式的特点可知，当两个字符串的 hashCode 取值不相同时其内部的字符构成或者顺序一定存在不同，但是当两个字符串的 hashCode 取值相同时，因为哈希冲突的存在，其内部的字符构成及顺序也不一定是完全相同的，所以当子串与模式串 T 的 hashCode 取值完全相同时，还需要对当前子串与模式串 T 之间的所有字符按照顺序逐一进行比较，如果所有字符比较成功，即在主串 S 中对模式串 P 匹配成功，则此时返回模式串 T 的等值子串首字符在主串 S 中的下标即可，算法结束；相反则是因为哈希冲突造成的误差，所以算法继续。

从整体上来讲 RK 算法的执行流程与 BF 算法相近，所以下面直接给出 RK 算法的代码实现。

3. 代码实现

BF 算法实现，代码如下：

```
/**
 Chapter5_String
 com.ds.matching
 RabinKarp.java
 RK 算法
 */
public class RabinKarp {

    /**
     BF 算法代码实现
     S 表示主串
     T 表示模式串
     */
    public int rabinKarp(String S, String T) {

        if(S == null || T == null || S.length() < T.length()) {
            return -1;
        }

        if(T.length() == 0) {
            return 0;
        }
```

```
        //1.分别记录主串与模式串的长度并计算模式串 T 的 hashCode 取值
        int n = S.length();
        int m = T.length();
        long tHashCode = hashCode(T, 0, m, 0);

        /*
         2.创建循环,计算每个子串的 hashCode
         并且对子串的 hashCode 与模式串的 hashCode 进行对比
         */

        //用于记录当前子串 hashCode 的变量,初值为 0
        long hashCode = 0;

        for(int i = 0; i <= n-m; i++) {

            //计算子串的 hashCode
            hashCode = hashCode(S, i, m, hashCode);

            //3.当子串与模式串 tHashCode 相等时,通过逐位比较排除哈希冲突的干扰
            if(hashCode == tHashCode) {

                int j = i;
                int k = 0;

                //逐位比较的过程
                while(j < n && k < m) {
                    if(S.charAt(j) == T.charAt(k)) {
                        j++;
                        k++;
                    } else {
                        break;
                    }
                }

                //如果逐位比较没有被中途打断,则说明此时并非哈希冲突
                if(k == m) {
                    return i;
                }
            }

        }

        return -1;

    }

    //在 hashCode 生成过程中作为乘数的质数
    private static final int P = 31;
```

```
    /**
     用于计算字符串 hashCode 取值的方法
     str 为主串 S 或者模式串 T
     index 表示当前子串在主串 S 中的起点下标
     m 表示模式串 T 的长度
     preHashCode 表示与当前子串相邻的前序子串的 hashCode 取值
     */
    private long hashCode(String str, int index, int m, long preHashCode) {

        //递推公式(5-5)的上半部分
        if(index == 0) {
            long hashCode = str.charAt(0);
            for(int i = 1; i < m; i++) {
                hashCode = hashCode * P + str.charAt(i);
            }
            return hashCode;
        }

        //递推公式(5-5)的下半部分
        return P * (preHashCode - pow(P, m-1)
                * str.charAt(index-1))
               + str.charAt(index+m-1);

    }

    /**
     计算 a 的 b 次方的方法
     因为上述方式在生成字符串 hashCode 的过程中可能会产生取值范围大于 int 最大值的情况
     所以以 long 作为返回值，重新定义一个计算 a 的 b 次方的方法
     */
    private long pow(long a, long b) {
        long result = 1L;
        for(long i = 0L; i < b; i++) {
            result *= a;
        }
        return result;
    }

}
```

注意：如果使用 int 类型存储 hashCode 取值，则有可能因为字符串过长而导致值溢出，从而出现负数或其他错误取值的情况，这样会导致式(5-5)在 $i>0$ 情况下的计算出现问题，所以推荐使用 long 类型表示 hashCode 的取值，尽可能提高 hashCode 的取值范围。

4. 时间复杂度分析

下面同样以在规模为 N 的主串中匹配规模为 $M(N\geqslant M)$ 的模式串为例分析 RK 算法

的时间复杂度。

在匹配成功的情况下 RK 算法的最好时间复杂度为 $O(M)$，即主串的前 M 长度部分的子串直接与模式串等值，此时只要计算主串中前 M 长度部分子串的 hashCode 取值并与模式串进行逐位比较即可。在最坏的情况下主串的最末端 M 长度部分的子串与模式串等值，此时需要计算主串中所有与模式串等长子串的 hashCode 取值，这一步骤的时间复杂度为 $O(N)$，并且在主串当中，假设前 $N-M$ 个子串的匹配失败都是因为哈希冲突引起的，并且每轮子串与模式串的逐位比较失败都发生在模式串的最末端，此时 RK 算法退化为 BF 算法，其匹配成功的整体最坏时间复杂度为 $O(N)+O(NM)=O(NM)$。

在匹配失败的情况下，RK 算法的最好情况为主串中任意与模式串等长子串的 hashCode 取值均与模式串的 hashCode 取值不相等，此时其最好的时间复杂度为 $O(N)$，由两部分构成：①计算主串中第 1 个子串的 hashCode 取值的时间复杂度 $O(M)$；②计算后续 $N-M$ 个子串 hashCode 取值的时间复杂度 $O(N-M)=(N-M)\times O(1)$。将二者相加即可得到上述结论。RK 算法匹配失败的最坏情况与匹配成功的最坏情况相似，只不过主串中最后一个子串与模式串的比较同样因为哈希冲突而导致失败，并且同样失败于模式串的最后一位，所以其时间复杂度同样为 $O(NM)$。

对于匹配成功的平均时间复杂度可以做出如下分析。在最好的情况下，假设在主串中以任意下标位 $i(0\leqslant i\leqslant N-M)$ 上字符为开头的子串与模式串匹配成功的概率是均等的，并且前 i 次的匹配失败都不是因为哈希冲突引起的，那么此时算法的总时间开销 $T(N,M)$ 由三部分构成：①计算主串中首个子串 hashCode 取值的时间开销并记为 $T_1(N,M)=M$；②计算主串中除首个子串外，前 i 个子串(包含模式串的等值子串)hashCode 取值的平均时间开销并记为 $T_2(N,M)$；③计算等值子串与模式串逐位比较的时间开销并记为 $T_3(N,M)=M$。三部分时间开销与算法总时间开销的关系如式(5-6)所示。

$$
\begin{aligned}
T(N,M) &= T_1(N,M) + T_2(N,M) + T_3(N,M) \\
&= 2M + \frac{1}{N-M}\sum_{i=1}^{N-M} i
\end{aligned}
\tag{5-6}
$$

经过计算与化简可知 RK 算法在匹配成功的情况下的最好平均时间复杂度为 $O(N)$。

在最坏的情况下，即前 i 次匹配失败均由哈希冲突引起，并且每次检测哈希冲突的逐位比较均在模式串的最末尾失败的情况下，式(5-6)可以变形为式(5-7)：

$$
\begin{aligned}
T(N,M) &= T_1(N,M) + T_2(N,M) + T_3(N,M) \\
&= 2M + \frac{1}{N-M}\sum_{i=1}^{N-M} i \times M
\end{aligned}
\tag{5-7}
$$

此时 RK 算法在匹配成功的情况下的理论最坏平均时间复杂度为 $O(NM)$。

对于 RK 算法在匹配失败的情况下的最好与最坏平均时间复杂度的分析流程与上述大致相同，其最终结果同样为 $O(N)$ 和 $O(NM)$，在此不再赘述。

需要特殊说明的是，只要 hashCode()方法设计得相对严谨，RK 算法出现最坏时间复杂度为 $O(NM)$ 情况的概率就非常小。

5.2.4 KMP 算法

在经过对 BF 算法及 RK 算法的学习后不难发现,在这两种算法当中只要对主串的遍历没有完成,那么在匹配失败时就会出现主串中字符被后续轮次的匹配重复遍历的情况,此时通常称对于主串的遍历“回头”了。那么是否存在对于主串中字符的遍历“不走回头路”的匹配算法呢?这个问题的答案是肯定的,并且 KMP 算法就是其中的一种。

1. 理论基础

KMP 算法因为由 D.E.Knuth、J.H.Morris 和 V.R.Pratt 三位作者提出,所以以这三位作者名字的首字母作为算法的名称。

KMP 算法的核心思想是在一轮匹配失败的时候,利用匹配过程中已经产生的信息使后续轮次的匹配过程不会对主串中的字符进行重复遍历和比较,从而尽可能地减少主串与模式串的匹配次数,进一步提升算法效率。下面首先通过一个简单的案例对 KMP 算法的思想初步进行了解。

给出如图 5-4 所示的主串 S 与模式串 T。

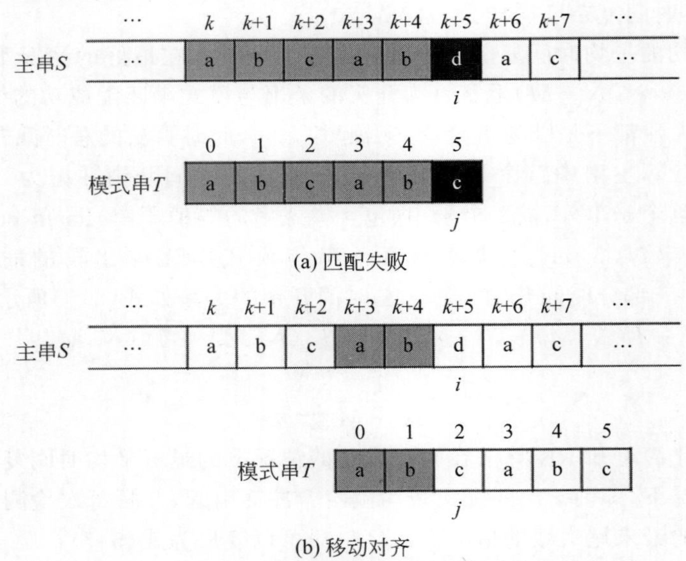

图 5-4 KMP 算法的简单案例

当模式串 T 在图 5-4(a)所示位置匹配失败时通过观察可以发现,模式串 $T[0,4]$的部分与主串 $S[k,k+4]$的部分是完全匹配的,并且在这一匹配的部分当中模式串 T 与主串 S 均存在重复的子串"ab",所以此时比较高效的做法是直接将模式串 $T[0,1]$部分的子串"ab"与主串 $S[k+3,k+4]$部分的子串"ab"对齐,并直接从上一轮匹配失败时主串 S 中下标为 $k+5$ 的位置开始继续向后进行比较,即图 5-4(b)中所示的情况。通过对图 5-4(a)与图 5-4(b)的对比不难看出,在模式串 T 进行重新对齐后,主串 S 中用于控制字符比较的下

标变量 i 的取值并没有回退,而只有在模式串 T 当中用于控制字符比较的下标变量 j 的取值产生了部分回退。这种对主串字符不进行回退的比较方式正是 KMP 算法相较于 BF 算法和 RK 算法效率更高的原因。

在图 5-4 所示的案例中之所以可以进行如此操作,正是因为在匹配失败时模式串 T 与主串 S 的已匹配部分当中存在取值重复的子串,而为了更清晰地对 KMP 算法的匹配方式进行说明,则可以将匹配失败时模式串 T 与主串 S 已匹配部分的状态分为两种情况进行说明。为了方便说明,接下来统一使用 S' 表示主串 S 中与模式串 T 已匹配的部分,使用 T' 表示模式串 T 中与主串 S 已匹配的部分,并使用变量 i 与变量 j 分别表示主串 S 与模式串 T 中用于控制字符比较的下标变量。

上述各定义可参考图 5-5。

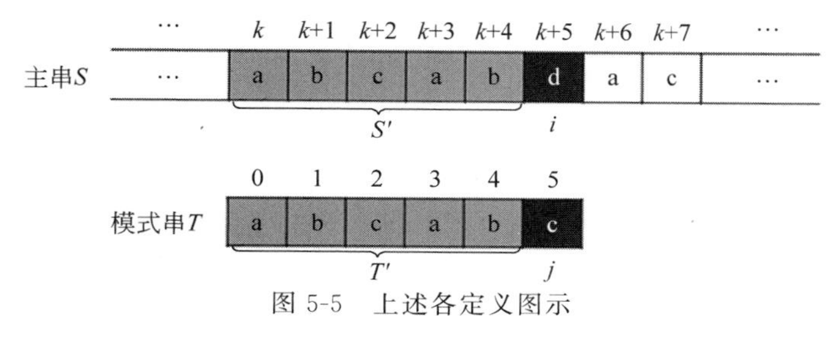

图 5-5 上述各定义图示

情况 1:T' 中存在重复子串的情况。假设在模式串 T 中从下标 $j-1$ 的位置开始,向前由连续 $m(m \geqslant 0)$ 个字符构成的子串在 T' 中重复出现,此时根据 S' 与 T' 内容的全等性可知,由这连续 m 个字符构成的子串在 S' 中同样重复出现过,并且在前序的匹配过程中已经完成比较,所以此时应该利用这一信息尽可能地跳过中间环节,将 T' 中前序的重复子串部分与 S' 中重复子串最后出现的位置进行对齐并省略比较过程,直接向后继续进行比较。例如在图 5-6(a)当中 $T[3,4]==T[0,1]$,并且根据 $T'=T[0,4]$ 与 $S'=S[k,k+4]$ 的全等性可知,$S[k+3,k+4] == S[k,k+1] == T[3,4] == T[0,1]$,所以如图 5-6(b)所示,只要将 $T[0,1]$ 与 $S[k+3,k+4]$ 对齐并从 i 当前的位置开始继续向后进行匹配即可最大限度地省略中间的比较环节。

情况 1 如图 5-6 所示。

需要注意的是在这种情况下,并不是 T' 中任意连续字符构成的子串在 T' 中重复出现都可以进行上述操作。只有重复子串在 T' 中最后一次出现的位置恰好与变量 j 的位置紧邻时才可以。

情况 1 的错误示范 1 如图 5-7 所示。

此外,不论重复子串在 T' 中出现多少次都必须选择起始位置为 $T[0]$ 的前序重复子串进行对齐。这一点容易理解,因为如果选择的前序重复子串的起点是 $T[n]$ 且 $n>0$,则在模式串 T 中 $T[0,n-1]$ 的位置可能匹配失败。

情况 1 的错误示范 2 如图 5-8 所示。

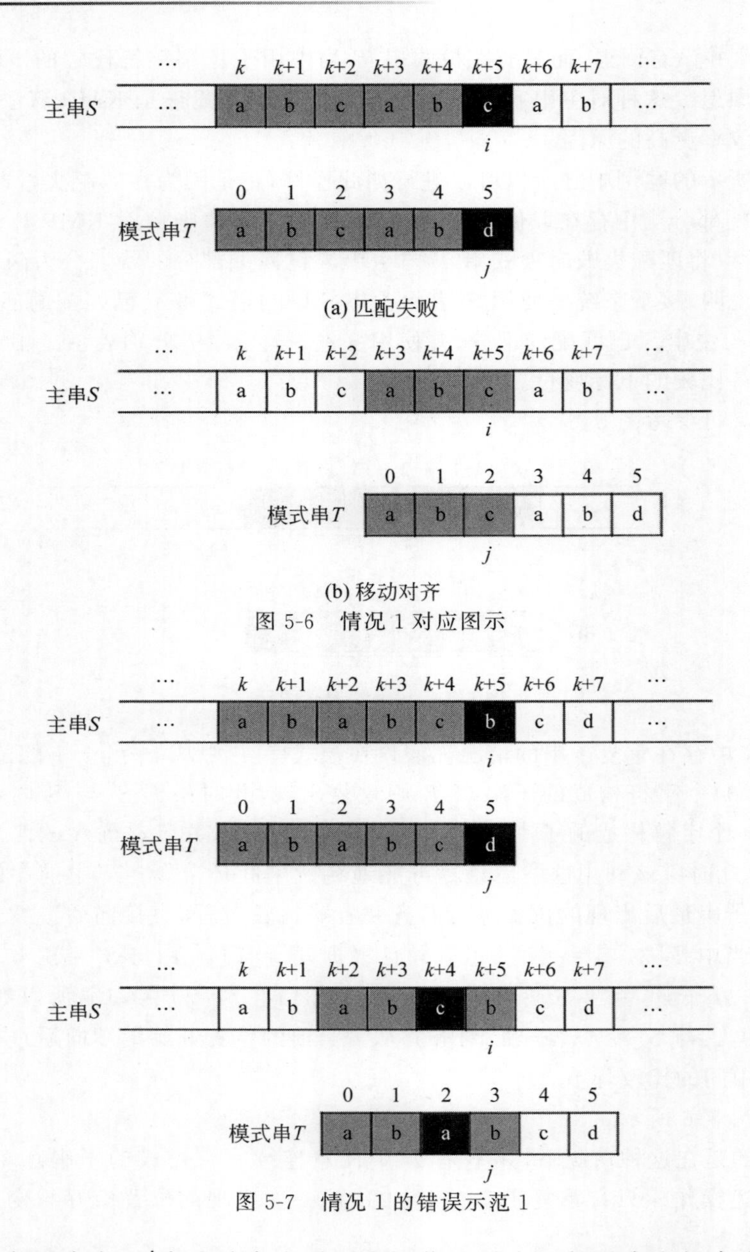

图 5-6 情况 1 对应图示

图 5-7 情况 1 的错误示范 1

当多个重复子串在 T' 中连续存在时可以视作是两个重复子串之间存在重叠的情况。此时上述匹配方式依然适用。

情况 1 中重复子串存在重叠的情况如图 5-9 所示。

情况 2：T' 中不存在重复子串的情况。如果在这种情况下匹配失败，则说明以 S' 中任意字符为开头构成的模式串 T 的等长子串都会在与模式串 T 的匹配过程中 $j=0$ 的位置上匹配失败。此时应该跨过完整的 S' 将主串 S 中下标为 i 的字符与模式串 T 的头部重新对

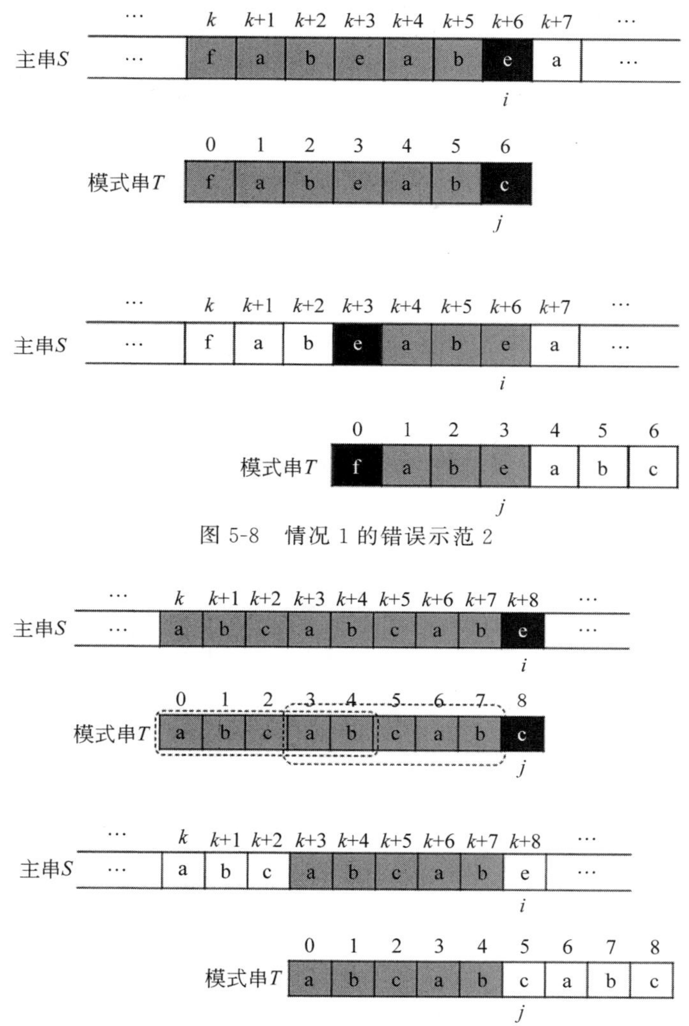

图 5-8　情况 1 的错误示范 2

图 5-9　情况 1 中重复子串存在重叠情况的图示

齐，开始下一轮的匹配操作。

情况 2 如图 5-10 所示。

特殊的情况，不论在 T' 中是否存在重复子串，如果当模式串以 $T[0]$ 的位置与主串 $S[i]$ 的位置对齐后在 $T[0]$ 位置直接匹配失败，则将模式串 $T[0]$ 的位置与主串 $S[i+1]$ 的位置重新对齐，重新从模式串 $T[0]$ 的位置开始向后进行后续的匹配操作。

$T[0]$ 位置匹配失败，如图 5-11 所示。

通过上述讲解可知，在 KMP 算法的执行过程中，主串 S 中下标 i 的取值不论在何种情况下都是不变或者递增的，而在模式串 T 当中，下标 j 的取值则会根据一套复杂的规律在匹配失败时发生改变，并在下一轮匹配开始时将改变后的下标 j 的位置与主串中下标 i 的

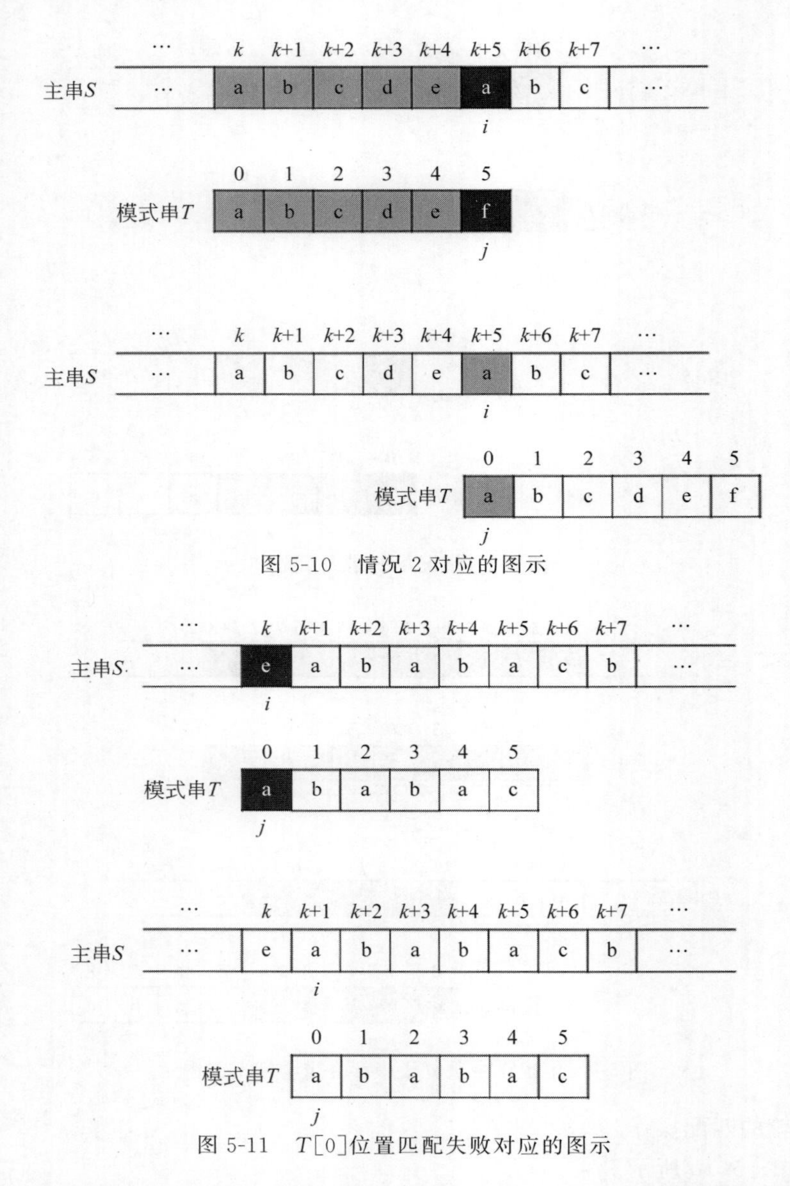

图 5-10　情况 2 对应的图示

图 5-11　T[0]位置匹配失败对应的图示

位置进行对齐。为了方便程序运算需要使用一个与模式串等长的整数数组来计算并记录在模式串 T 的各个下标位置匹配失败时，下标 j 在下一轮比较开始时在模式串 T 当中所跳转到的目标位置。通常情况下将这个整数数组命名为 next 数组。

计算 next 数组的第 1 步是找出模式串 T 从 $T[0]$开始向后逐位扩展所得各个子串的最长公共前后缀长度。

对于任意字符串来讲，其前缀与后缀均可构成一个子串集合，并且在集合中不包含该字符串本身。当字符串长度小于或等于 1 时其前缀与后缀集合均为$\varnothing$。当字符串长度大于 1

时，其前缀集合为从起点字符开始，逐位向后扩展字符所得子串构成的集合；其后缀集合为从终点字符开始，逐位向前扩展字符所得子串构成的集合。例如某字符串 $S=$"abacab"，其前缀与后缀集合如表 5-1 所示。

表 5-1 字符串"abacab"的前缀与后缀集合

字 符 串	前 缀 集 合	后 缀 集 合
abacab	a，ab，aba，abac，abaca	b，ab，cab，acab，bacab

公共前后缀则是在其前缀集合与后缀集合中共同出现的子串。例如在表 5-1 中字符串"abacab"的公共前后缀为子串"ab"。一个字符串的公共前后缀可能存在多个。

表 5-2 给出了模式串 $T=$"abacabc"的每个从 $T[0]$开始子串的所有前缀、后缀及对应的最长公共前后缀长度。

表 5-2 模式串 $T=$"abacabc"各个子串的前缀、后缀与最长公共前后缀长度

子 串	子串前缀	子串后缀	最长公共前后缀长度
a	∅	∅	0
ab	a	b	0
aba	a，ab	a，ba	1
abac	a，ab，aba	c，ac，bac	0
abaca	a，ab，aba，abac	a，ca，aca，baca	1
abacab	a，ab，aba，abac，abaca	b，ab，cab，acab，bacab	2
abacabc	a，ab，aba，abac，abaca，abacab	c，bc，abc，cabc，acabc，bacabc	0

将表 5-2 中最后一列填入 next 数组后可得 next＝{0，0，1，0，1，2，0}。

此时 next 数组中 next[j]的取值所表示的含义是在模式串 T 中 $T[j]$位置匹配失败时，向前间隔 next[j]个字符的位置上存在重复子串。当 next[j] ＝＝ 0 时表示截止于 $T[j]$位置，所有的前序连续子串都没有在模式串 T 中重复出现过，但是此处所讲的重复子串包含匹配失败位置 $T[j]$上的字符且长度大于 1，这与前面说明的结果相悖，所以此时的 next 数组尚且不足以表示匹配失败后模式串 T 中下标变量 j 的跳转取值。

计算 next 数组的第 2 步是对上述得到 next 数组的结果进行改造，去掉匹配失败时字符 $T[j]$对其取值的影响，其具体做法是将 next 数组中的所有取值向后平移 1 位，并将 next[0]的取值赋为－1。上述做法可以表示为如下递推式(5-8)：

$$\text{next}[j]=\begin{cases}-1 & j=0\\ \text{next}[j-1] & j>0\end{cases} \tag{5-8}$$

根据递推式(5-8)，模式串 $T=$"abacabc"所得对应 next 数组的取值为{－1，0，0，1，0，1，2}。此时 next 数组中每位 next[j]的取值即可完全表示模式串 T 在 $T[j]$位置匹配失败

后下标变量 j 所跳转的目标取值。特殊的情况，next[0]=−1 表示模式串 T 在起始位置即与主串 S 匹配失败的情况。

在得到 next 数组后即可按照其取值的指示完成主串 S 与模式串 T 的匹配操作。根据前面讲解的知识可知，next 数组的作用是在匹配失败时确定模式串 T 中下标变量 j 的跳转位置。根据 next 数组中各位元素的取值可以将变量 j 的跳转方式分为 3 种情况进行说明。

情况 1：next[j] == −1。这种情况只会在 j == 0 的情况下得到，表示模式串 T 的起始字符 T[0]直接与主串 S 在 S[i]位置上的字符匹配失败。此时下标变量 i 自增 1，变量 j 取值为 0 不变，表示从主串 S 中的下一位字符开始，与模式串 T 的首部对齐进行匹配。

next[j]==−1 的情况如图 5-12 所示。

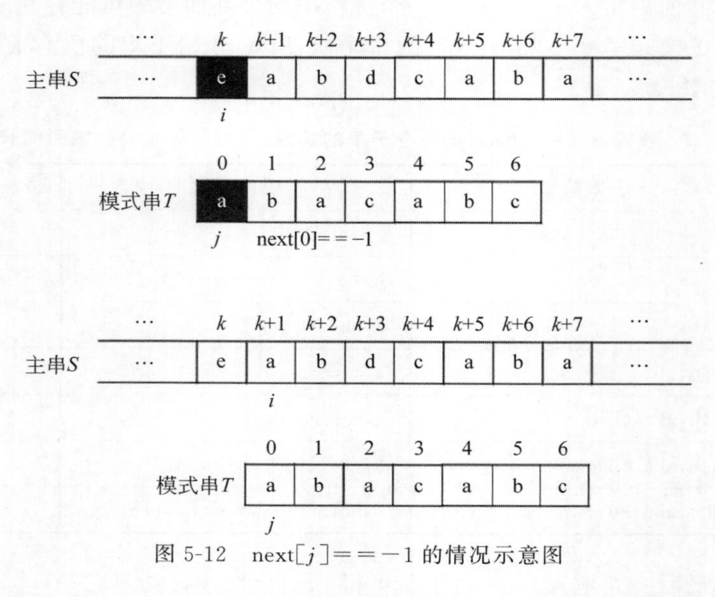

图 5-12 next[j]==−1 的情况示意图

情况 2：next[j] == 0。该情况表示在已匹配的部分中不存在重复子串，或者重复子串均不符合要求。此时将变量 j 置为 0，变量 i 的取值保持不变，表示将模式串 T 的首位字符与主串 S 中 S[i]位置上的字符进行对齐并进行后续匹配操作。

next[j]==0 的情况如图 5-13 所示。

情况 3：next[j]>0。该情况表示在模式串 T 已匹配的部分中存在符合要求的重复子串。此时将变量 j 的取值置为 j=next[j]，变量 i 取值不变，然后将模式串 T 当中 T[j]位置上的字符与主串 S 中 S[i]位置上的字符对齐，继续执行后续的匹配操作。

next[j]>0 的情况如图 5-14 所示。

而在 S[i] == T[j]的情况下，KMP 算法与其他字符串匹配算法相同，只要同时对变量 i 与变量 j 进行自增即可。

2. 代码实现

通过上述讲解不难看出，KMP 算法的核心是对 next 数组进行计算，并根据 next 数组

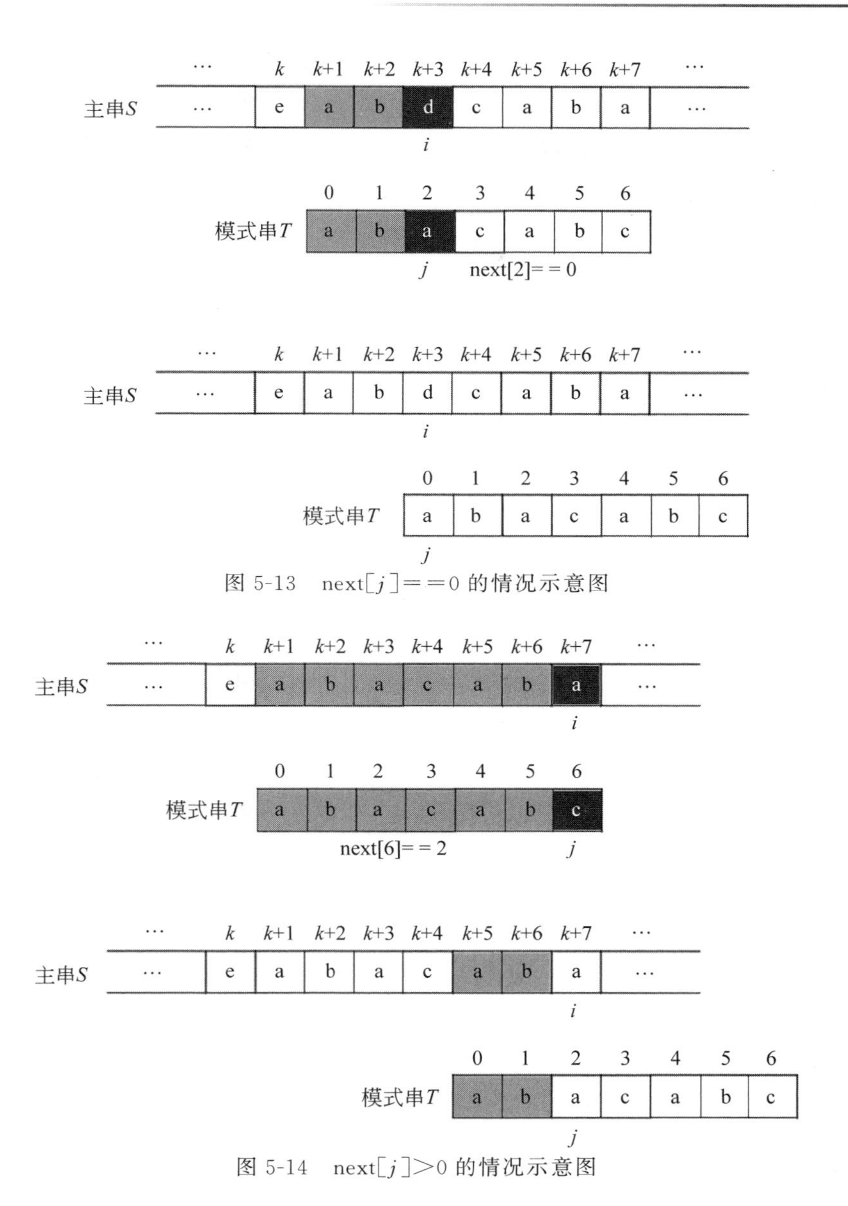

图 5-13　next[j]==0 的情况示意图

图 5-14　next[j]>0 的情况示意图

中元素的取值在匹配失败的情况下对模式串 T 进行移位操作，所以 KMP 算法的代码实现整体可以分为两部分进行说明：①根据模式串 T 的取值计算 next 数组；②根据 next 数组中元素的取值进行字符串匹配操作。下面分别对这两部分的代码实现方式进行讲解。

在实际开发过程中，如果严格按照理论过程计算 next 数组将会非常复杂，并且会消耗很多额外空间，所以这样做并不能很好地发挥 KMP 算法的优势。下面以模式串 T="aaaabcabd"为例，给出一种计算方式较为简单且不需要消耗过多额外空间的 next 数组计算方式。

步骤 1：根据模式串 T 的长度创建出等长的整型数组 next 并将下标为 0 的位置置为－1。

步骤 2：计算 next 数组中剩余位置的取值。在前面已经说明过，如果按照理论方式计算 next 数组，则其复杂度较高，但是如果反向思考，则不难想到，计算不同子串最长公共前后缀长度的过程实际上就是在模式串 T 的各个后缀子串中对其不同长度的前缀子串进行匹配的过程，所以这一步骤完全可以直接套用 KMP 算法本身，只不过此时的主串 S 与模式串 T 的取值完全相同。为了方便说明，将下列说明与图示中作为主串使用的模式串定义为 T_1，将进行匹配的模式串定义为 T_2。用于控制二者字符位置的下标变量依然使用 i 与 j 表示。易于理解的是，在一轮匹配过程中，$T_1[0,i]$即为模式串 T 的后缀子串，$T_2[0,j]$即为模式串 T 的前缀子串。

因为在计算子串的最长公共前后缀时，如果子串的长度为 1，则其前后缀集合均为$\varnothing$，所以在初始化状态下需要对 $T_2[0]$的位置与 $T_1[1]$的位置进行对齐，即置 $i=1,j=0$。

next 数组计算初始化状态，如图 5-15 所示。

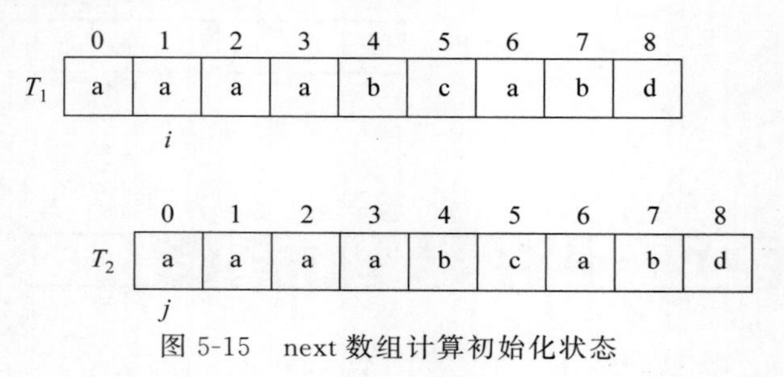

图 5-15 next 数组计算初始化状态

在一轮比较过程中，如果 $T_2[j] == T_1[i]$，则说明在模式串后缀 $T_1[0, i]$当中包含模式串前缀 $T_2[0, j]$，所以此时最长公共前后缀的长度为 $j+1$，但是计算所得最长公共前后缀的长度在存入 next 数组当中后最终还要进行一次整体的向右平移，所以此时 $j+1$ 的取值应该存入 next$[i+1]$的位置上，即 next$[i+1]=j+1$。上述赋值步骤完成后还需要继续执行变量 i 和 j 的自增，进行下一组前后缀的匹配操作。

$T_2[j]==T_1[i]$的情况如图 5-16 所示。

在一轮比较过程中，如果 $T_2[j]\ != T_1[i]$，则说明在模式串后缀 $T_1[0, i]$当中不包含模式串前缀 $T_2[0, j]$，此时需要根据前面已经计算得到的 next$[j]$的取值重新赋值 $j=$next$[j]$，然后将 $T_2[j]$与 $T_1[i]$对齐，在当前后缀中查找下一个稍短一些的前缀。

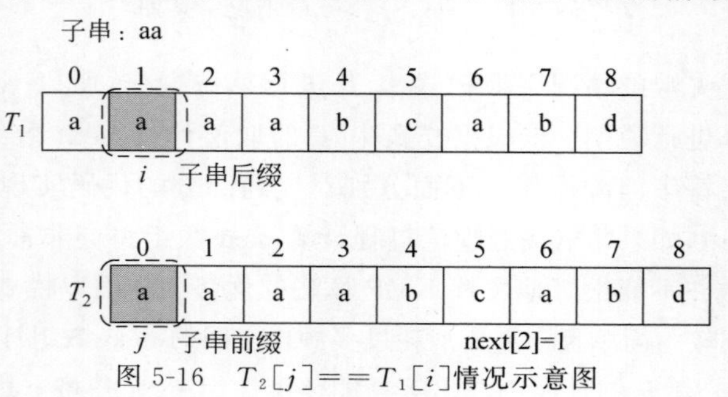

图 5-16 $T_2[j]==T_1[i]$情况示意图

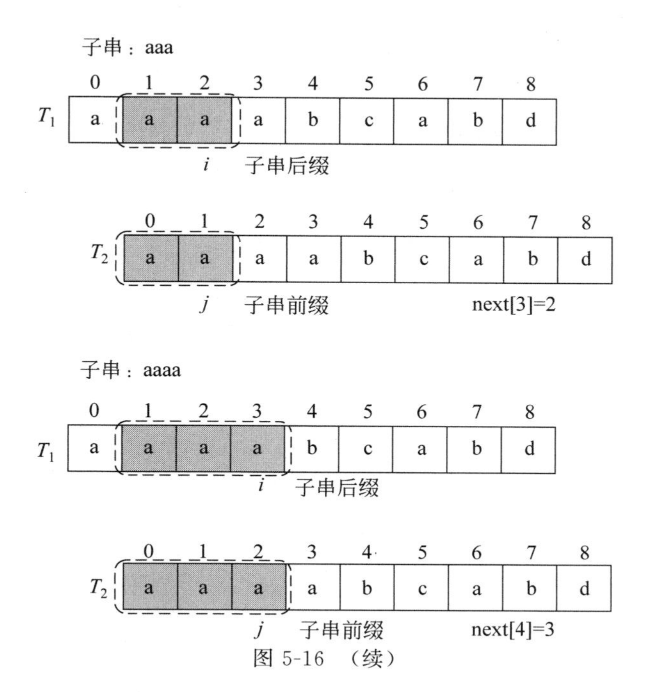

图 5-16 （续）

$T_2[j]!=T_1[i]$的情况如图 5-17 所示。

特殊的情况，如果 $j==-1$，则表示在当前前后缀不存在公共部分，在将 next[$i+1$]赋值为 $j+1$ 后执行变量 i 与 j 的自增操作。

步骤 3：在 $i<$next.length-1 的条件下循环执行步骤 2，直到 next 数组全部填满，算法结束。

根据模式串 T 计算并返回对应 next 数组的方法实现，代码如下：

```
/**
 Chapter5_String
 com.ds.matching
 KMP.java
 KMP 算法
 */
public class KMP {

    //计算并返回模式串 T 的 next 数组的方法
    private int[] getNextArray(String T) {

        //1.根据模式串 T 的长度创建等长的 next 数组并将 next[0]置为-1
        int[] next = new int[T.length()];
        next[0] = -1;

        /*
```

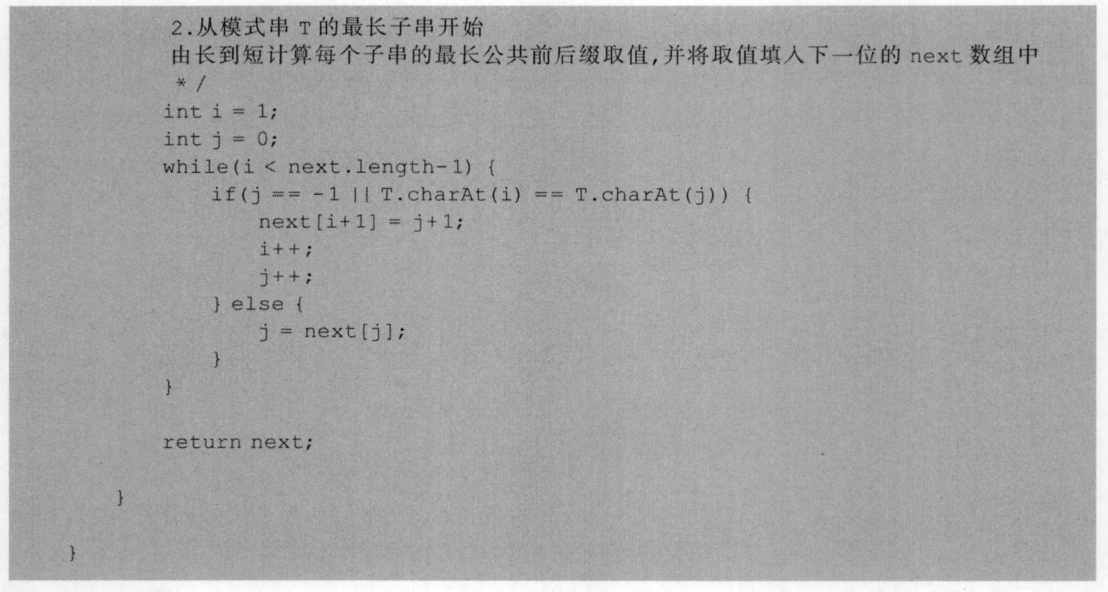

```
        2.从模式串 T 的最长子串开始
        由长到短计算每个子串的最长公共前后缀取值,并将取值填入下一位的 next 数组中
        */
        int i = 1;
        int j = 0;
        while(i < next.length-1) {
            if(j == -1 || T.charAt(i) == T.charAt(j)) {
                next[i+1] = j+1;
                i++;
                j++;
            } else {
                j = next[j];
            }
        }

        return next;

    }

}
```

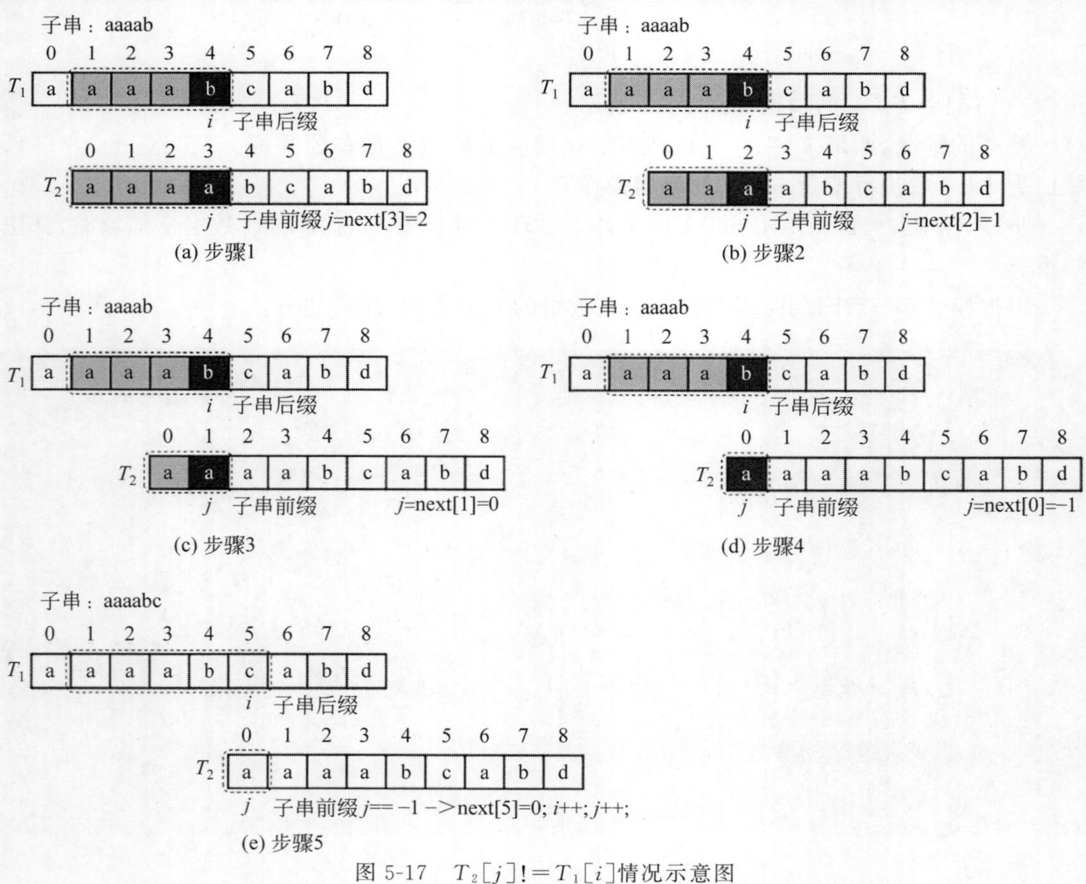

图 5-17　$T_2[j]!=T_1[i]$情况示意图

在得到 next 数组后，KMP 算法的剩余步骤相对简单。下面直接给出完整的 KMP 算法的代码实现，代码如下：

```
/**
 Chapter5_String
 com.ds.matching
 KMP.java
 KMP 算法
  */
public class KMP {

    //计算并返回模式串 T 的 next 数组的方法
    private int[] getNextArray(String T) {

        //1.根据模式串 T 的长度创建等长的 next 数组并将 next[0]置为-1
        int[] next = new int[T.length()];
        next[0] = -1;

        /*
         2.从模式串 T 的最长子串开始
         由长到短计算每个子串的最长公共前后缀取值,并将取值填入下一位的 next 数组当中
          */
        int i = 1;
        int j = 0;
        while(i < next.length-1) {

            if(j == -1 || T.charAt(i) == T.charAt(j)) {
                next[i+1] = j+1;
                i++;
                j++;
            } else {
                j = next[j];
            }
        }

        return next;

    }

    /**
     KMP 算法代码实现
     S 表示主串
     T 表示模式串
      */
    public int kmp(String S, String T) {

        if(S == null || T == null || S.length() < T.length()) {
            return -1;
```

```
        }

        if(T.length() == 0) {
            return 0;
        }

        //1.根据模式串 T 的内容计算 next 数组
        int[] next = getNextArray(T);

        //2.参考 next 数组取值进行字符串匹配
        int i = 0;
        int j = 0;
        while(i < S.length() && j < T.length()) {
            if(j == -1 || S.charAt(i) == T.charAt(j)) {
                i++;
                j++;
            } else {
                j = next[j];
            }
        }

        //3.判断并返回匹配结果
        if(j == T.length()) {
            return i-j;
        } else {
            return -1;
        }

    }

}
```

3. 时间复杂度分析

KMP 算法的整体时间开销 $T(N,M)$（N 表示主串 S 的规模，M 表示模式串 T 的规模，并且 $N \geqslant M$）由两部分构成：①根据模式串 T 计算 next 数组的时间开销并记为 $T_1(M)$；②根据 next 数组进行主串与模式串匹配的时间开销并记为 $T_2(N,M)$。三者之间的关系如式(5-9)所示。

$$T(N,M) = T_1(M) + T_2(N,M) \tag{5-9}$$

正如本节代码实现部分所讲解的，next 数组的计算过程与算法进行主串与模式串匹配的过程大致相同，所以首先对 $T_2(N,M)$ 进行分析。

$T_2(N,M)$ 的最坏情况，出现在模式串中重复子串从起点开始连续多次出现的情况下。例如模式串 $T=$"aaaaaa"，其对应的 next 数组取值为{$-1,0,1,2,3,4$}。此时当匹配失败出现于模式串中最后一位字符上时，根据 next 数组的取值可知，只有在将前序的 $M-1$ 个等值字符均与 $S[i]$ 再次进行比较后下标变量 i 的取值才会自增 1。再加上本轮中已经完成

的 M 个字符的比较操作，此时一轮匹配中总的字符比较次数为 $2\times M-1$ 次。又因为在主串当中下标变量 i 的取值是不回退的，所以这样的最坏比较轮次最多出现 N/M 轮。综上所述，此时的 $T_2(N,M)$ 可以表示为式(5-10)：

$$
\begin{aligned}
T_2(N,M) &= \frac{N}{M}(2M-1) \\
&= 2N - \frac{N}{M} \\
&< 2N
\end{aligned} \tag{5-10}
$$

$T_2(N,M)$ 的最好情况一般出现在模式串中所有字符均互异的情况下，例如模式串 $T=$"abcdef"，其对应的 next 数组取值为{−1,0,0,0,0,0}。此时匹配失败出现在模式串的任意位置上，一轮匹配过程中最多只需多执行 1 次字符比较便可以使主串中下标变量 i 的取值自增 1，并且此时这样的匹配轮次依然为 N/M 轮。综上所述，此时的 $T_2(N,M)$ 可以表示为式(5-11)：

$$
\begin{aligned}
T_2(N,M) &= \frac{N}{M}(M+1) \\
&= N + \frac{N}{M} \\
&> N
\end{aligned} \tag{5-11}
$$

通过对上述两种情况的说明可知 $T_2(N,M)$ 的取值范围在 $(N,2N)$，将其代入 $T_1(M)$ 中可得 $T_1(M)$ 的取值范围在 $(M,2M)$ 之间，所以 $T(N,M)$ 的取值范围在 $(N+M,2N+2M)$ 之间。将之转换为时间复杂度均可表示为 $O(N+M)$，所以 KMP 算法的最好、最坏与平均时间复杂度均为 $O(N+M)$。

4. 算法优化

在讲解 KMP 算法时间复杂度的时候提到，当模式串 T 当中从起点开始重复子串连续多次出现时，KMP 算法处于最差时间复杂度状态下。之所以会出现上述情况，其原因在于计算 next 数组的过程中算法会将从起点开始连续重复出现的多个重复子串认作是两个具有重叠部分的子串进行处理。例如在处理模式串 $T=$"abababab"时，算法会将子串 $T[2,6]=$"ababa"与子串 $T[0,4]$认作是两个具有重叠部分的重复子串，所以在算法于 $T[7]$位置匹配失败时只会将下标变量 j 向前移动 2 位。同理，当处理子串 $T[0,5]=$"ababab"时，又会将子串 $T[0,2]=$"aba"与子串 $T[2,4]=$"aba"认作是两个具有重叠部分的重复子串进行处理。以此类推，最终计算得到其对应的 next 数组为{−1,0,0,1,2,3,4,5}。很明显，例如在主串 $S=$"abababac…"中匹配模式串 $T=$"abababab"时，当算法因为 $S[7]$!= $T[7]$而匹配失败时，如果按照现有的 next 数组中 next[7]=5 的取值对下标变量 j 进行跳转，则后续还需要 3 次无效比较才能跳过这一段完整的重复子串区域，但是通过经验判断可知，当在 $T[7]$的位置匹配失败后，因为在模式串 T 的 $T[0,6]$部分中并未出现字符'c'，所以实际上应该完全跳过模式串中 $T[0,7]$这一部分，直接在下一轮匹配时对 $T[0]$与 $S[8]$进行对齐，所以此时需要对 next 数组的计算方式进行修改，具体修改方式如下：在计算得到初始的 next

数组后，创建与 next 数组等长的整型数组 nextval 并按照式(5-12)对其进行填充：

$$
\text{nextval}[j]=\begin{cases}-1 & j=0\\ \text{nextval}[\text{next}[j]] & j>1\ \text{且}\ T[j]=T[\text{next}[j]]\\ \text{next}[j] & j>1\ \text{且}\ T[j]\neq T[\text{next}[j]]\end{cases} \tag{5-12}
$$

在式(5-12)中，若条件 $T[j]==T[\text{next}[j]]$成立，则表示算法当前正在处理的是模式串中连续出现重复子串当中后面的重叠部分。为了能够尽可能多地跳过前面无用的重复子串，此时将 nextval[next[j]]的取值赋值给 nextval[j]即可，其表示的含义为对具有重叠区域的重复子串之间因为后续部分匹配失败所导致下标变量 j 的跳转，尽可能地向模式串的起始端跳转。反之若条件 $T[j]\ !=T[\text{next}[j]]$成立，则仍然采用 next[$j$]的原值为 nextval[$j$]进行赋值。同样还是使用模式串 $T=$"abababab"的案例，使用优化后的方式对其进行计算，最终可得 nextval 数组的取值为$\{-1,0,-1,0,-1,0,-1,0\}$。经过比较可知，当在上述模式串中的任意位置匹配失败时都应尽可能地向模式串中 $T[0,1]$的位置移动下标变量 j，所以此时在任何情况下最多只需经过 1 次无效比较便可以对 $T[0]$与 $S[i+1]$进行对齐并进行下一轮的匹配操作。

next 数组与 nextval 数组的对比如图 5-18 所示。

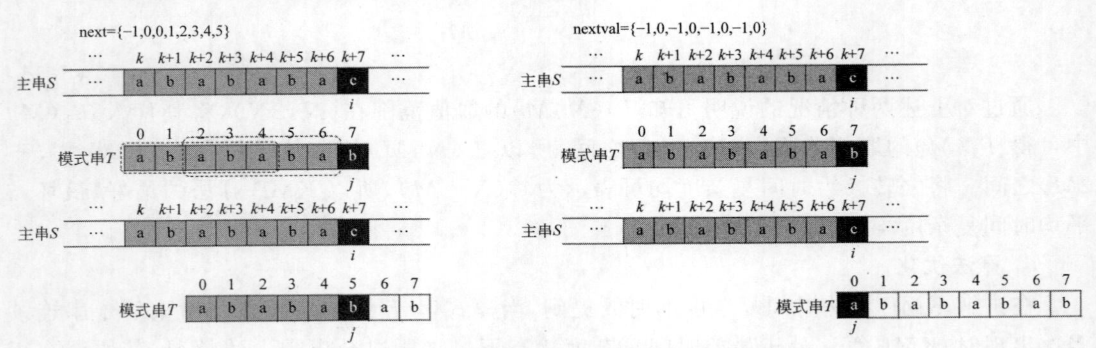

图 5-18　next 数组与 nextval 数组对比图示

经过优化后根据模式串 T 计算并返回对应 nextval 数组的方法实现，代码如下：

```
/**
 Chapter5_String
 com.ds.matching
 KMP.java
 KMP 算法
  * /
public class KMP {

    //计算并返回模式串 T 的 nextval 数组的方法
    private int[] getNextvalArray(String T) {
```

```
        int[] next = new int[T.length()];
        next[0] = -1;

        int i = 1;
        int j = 0;
        while(i < next.length-1) {
            if(j == -1 || T.charAt(i) == T.charAt(j)) {
                next[i+1] = j+1;
                i++;
                j++;
            } else {
                j = next[j];
            }
        }

        //计算并返回 nextval 数组的部分
        int[] nextval = new int[next.length];
        nextval[0] = -1;
        for(int k = 1; k < nextval.length; k++) {
            if(T.charAt(k) == T.charAt(next[k])) {
                nextval[k] = nextval[next[k]];
            } else {
                nextval[k] = next[k];
            }
        }

        return nextval;

    }

}
```

5.2.5 BM 算法

在学习过 KMP 算法之后不难发现，如果对参与字符串匹配的模式串进行一系列预处理，则这些经过预处理得到的信息可以在算法执行过程中大大提升执行效率。那么是否存在其他的字符串匹配算法，能够通过对主串与模式串的预处理进一步提升字符串匹配的效率呢？答案是肯定的，因为 BM 算法就是通过这种思想进行设计并实现的，而且根据统计，BM 算法的理论执行效率是 KMP 算法的 3～5 倍。下面开始对 BM 算法的相关内容进行讲解。

1. 理论基础

BM 算法的全称为 Boyer-Moore 算法，是由 Bob Boyer 和 J Strother Moore 两位作者共同设计的，所以采用这两位作者的名字作为算法的名称，简称 BM 算法。

与前面讲解过的 3 种字符串匹配算法相同的是，BM 算法同样是将模式串 T 与主串 S 的起始位置对齐后开始进行匹配运算，但是与前述 3 种算法每轮匹配从模式串 $T[0]$开始逐

位向后与主串 S 中的字符进行比较的方式不同，BM 算法的每轮匹配是从模式串 T 的最后一位开始的，逐位向前对模式串中的字符与主串中的字符进行比较，并且 BM 算法还将匹配失败后模式串的移动方式分为根据“坏字符”移动和根据“好后缀”移动两种。下面首先对“坏字符”与“好后缀”的概念进行说明。

首先是坏字符的概念。所谓坏字符即算法匹配失败时主串 S 中导致匹配失败的字符。需要重点强调的是，此处的坏字符并非模式串 T 中导致匹配失败的字符。

BM 算法中的坏字符如图 5-19 所示。

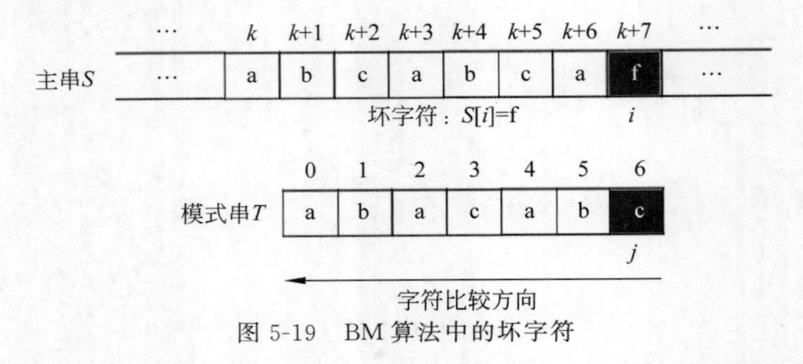

图 5-19　BM 算法中的坏字符

其次是好后缀的概念。当匹配失败时模式串 T 中与主串 S 已经完成匹配的部分即为好后缀，并且好后缀任意长度的后缀子串同样为好后缀。

BM 算法中的好后缀如图 5-20 所示。

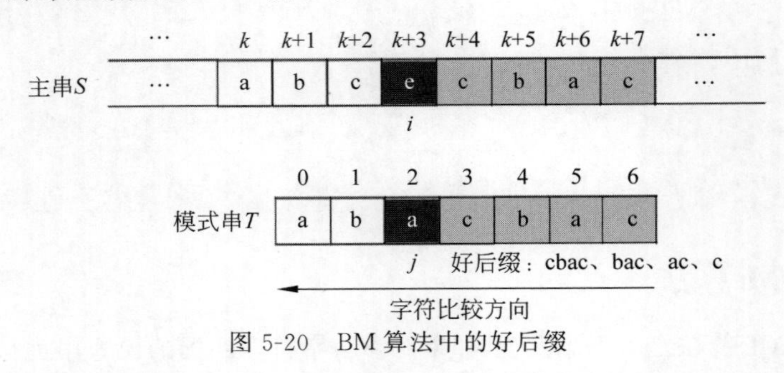

图 5-20　BM 算法中的好后缀

通过上述概念可知，当匹配失败时必然会出现坏字符，但是否存在好后缀，则需要根据模式串中与坏字符对应字符的位置决定。

在了解了坏字符与好后缀的相关概念后，下面对 BM 算法中匹配失败时进行模式串重新对齐的两种规则进行说明。为了方便说明，同样使用变量 i 与 j 分别表示主串 S 与模式串 T 中用于控制比较字符位置的下标，并且主串 S 与模式串 T 的长度分别为 n 和 m，并保证 $n \geqslant m$。

按照坏字符移动规则：根据坏字符 $S[i]$ 在模式串 T 中是否出现过可以将该规则分为两种情况进行说明。

如果坏字符 $S[i]$ 在模式串 T 中未出现，则对模式串 T 的 $T[0]$ 位置与主串 S 的 $S[i+1]$

位置进行对齐后从模式串的最末端开始新一轮的匹配操作。此时模式串 T 的移动距离为 $j+1$。

坏字符在模式串中未出现的情况如图 5-21 所示。

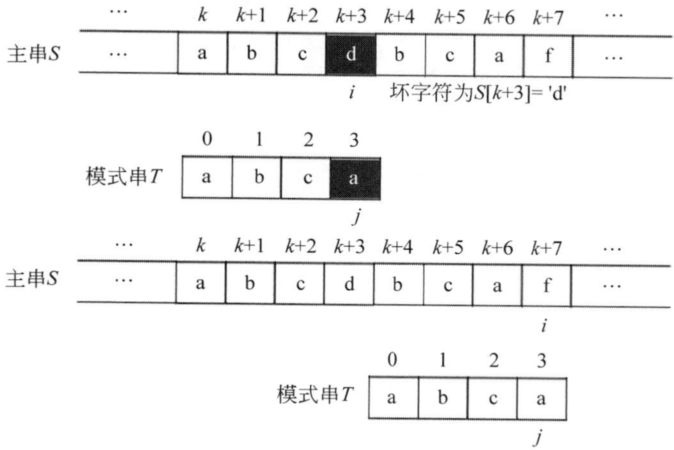

图 5-21　坏字符在模式串中未出现的情况

如果坏字符在模式串 T 中出现过，则不论与坏字符等值的字符在模式串 T 中是否唯一都对模式串 T 中最后出现的坏字符等值字符与主串 S 中的坏字符进行对齐后，从模式串的最末端开始新一轮的匹配操作。这样可以保证不会因为模式串 T 的过度移动导致错过本可能匹配成功的情况。如果将模式串 T 中最后出现的坏字符等值字符记为 $T[t]$，则此时模式串 T 的移动距离为 $j-t$。

坏字符在模式串中出现过的情况如图 5-22 所示。

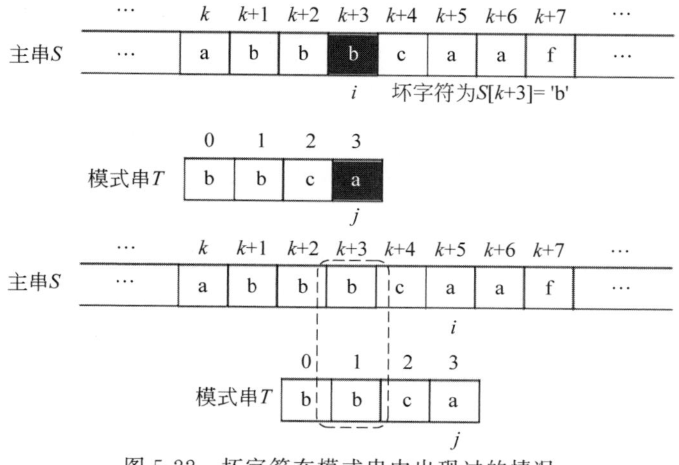

图 5-22　坏字符在模式串中出现过的情况

需要注意的是，如果在模式串 T 中坏字符的等值字符最后出现在已经匹配的子串部分中,则上述移动规则可能引起模式串 T 倒退移动,此时需要借助好后缀移动规则解决这一问题。

模式串倒退移动的情况如图 5-23 所示。

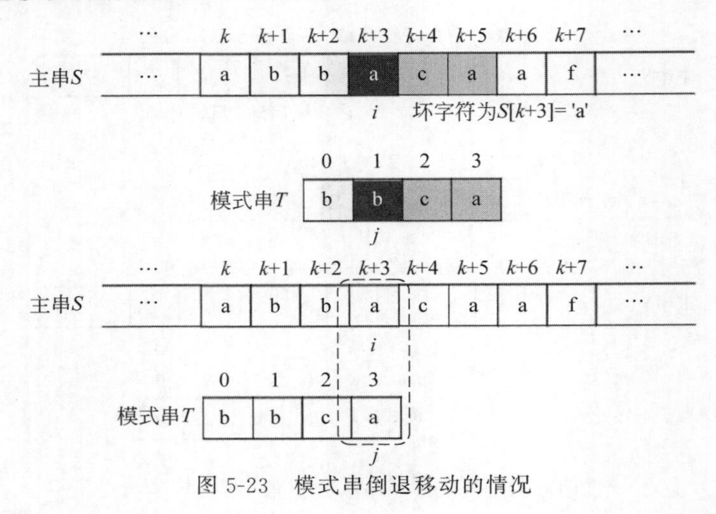

图 5-23 模式串倒退移动的情况

根据好后缀移动规则:在模式串 T 中,$T[j+1,m-1]$部分的子串及其所有后缀子串都可以称为好后缀。根据这些好后缀在模式串 T 中是否重复出现过,可以将该准则分为 3 种情况进行说明。

如果好后缀 $T[j+1, m-1]$的等值子串在模式串中的其他位置完整地出现过,则对模式串 T 进行移动,使好后缀等值子串与主串 S 中已经匹配部分对齐后从模式串的最末端开始新一轮的匹配操作。同样地,如果好后缀 $T[j+1, m-1]$的完整等值子串在模式串 T 中重复出现多次,则选择最后出现的好后缀等值子串执行该操作。如果将好后缀的完整等值子串的起点字符记为 $T[t]$,则此时模式串的移动距离为 $j+1-t$。

好后缀的完整等值子串在模式串中出现过的情况如图 5-24 所示。

如果好后缀 $T[j+1,m-1]$的完整等值子串在模式串 T 的其他位置中未出现过,则需要判断好后缀的所有后缀子串 $T[k,m-1]$($j+2\leqslant k\leqslant m-1$)是否构成模式串 T 的前缀。如果后缀子串 $T[k,m-1]$构成模式串的前缀,则移动模式串 T,使其前缀与 $T[k,m-1]$的位置重合,即移动模式串使 $T[0]$出现在 $T[k]$的位置,然后从模式串的最末端开始新一轮的匹配操作。此时模式串的移动距离为 k。

好后缀的后缀子串构成模式串前缀的情况如图 5-25 所示。

之所以只判断后缀子串 $T[k,m-1]$是否构成模式串 T 的前缀而不去判断 $T[k,m-1]$是否在模式串中更靠后的位置出现过,是因为此时已经可以确定完整的好后缀 $T[j+1, m-1]$并未出现在模式串 T 的其他任意位置上,所以此时即使后缀子串 $T[k,m-1]$在模式串 T 中非前缀的其他位置出现过,也可以确定这些位置的前序部分与 $T[j+1,k-1]$的部分是不可能匹配成功的。

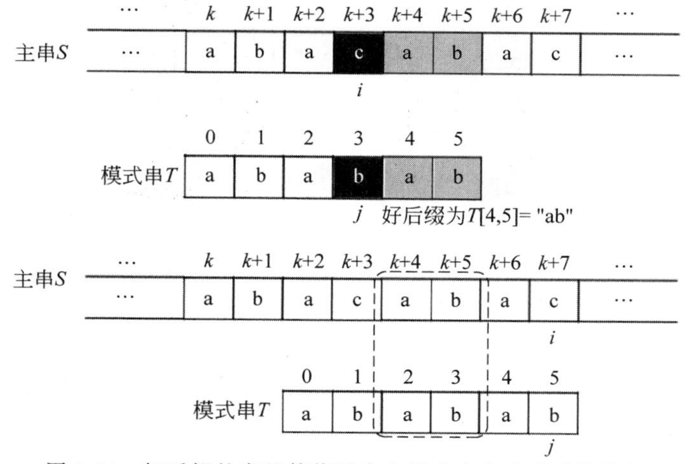

图 5-24　好后缀的完整等值子串在模式串中出现过的情况

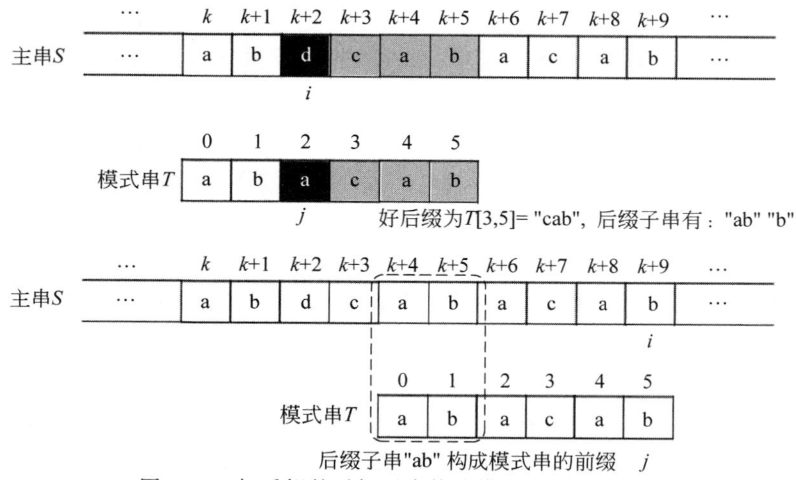

图 5-25　好后缀的后缀子串构成模式串前缀的情况

如果好后缀的完整等值子串并未在模式串 T 中出现过，并且好后缀的所有后缀子串也均不构成模式串的前缀，则将模式串 T 向后移动一个完整模式串的长度，此时模式串的移动距离为 m。

模式串中不包含好后缀且好后缀的后缀子串不构成模式串前缀的情况如图 5-26 所示。

在模式串中存在坏字符等值字符的前提下，如果模式串同时包含好后缀的等值子串，或者好后缀的后缀子串构成模式串的前缀，则此时需要同时按照两种移动规则分别计算模式串的移动距离并取其中较大者对模式串进行移动。

在每轮匹配操作开始之前最好能够记录模式串 T 的起始字符在主串 S 中对应位置的下标。假设用于保存该下标的变量记为 start，则 start 的初值为 0，之后每轮匹配操作完成后，若算法未结束，则 start 变量的取值在其原值的基础上累加模式串 T 的移动距离。在一

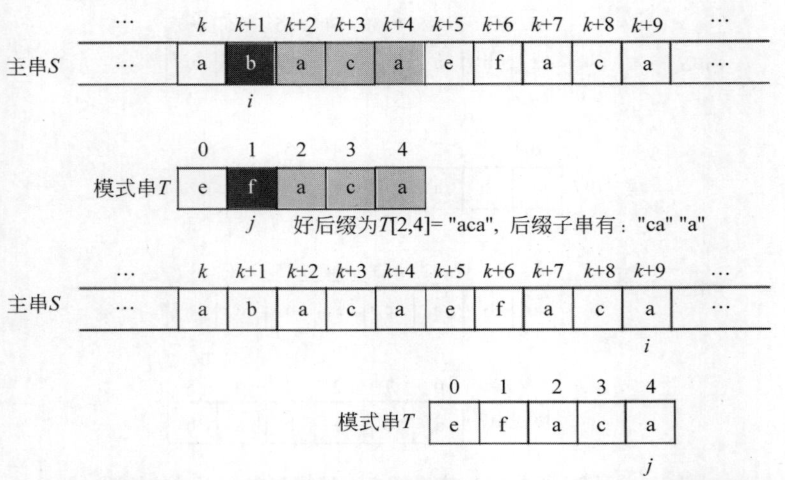

图 5-26　模式串中不包含好后缀且好后缀的后缀子串不构成模式串前缀的情况

轮匹配操作结束后，如果下标变量 j 的取值为 -1，则表示在主串 S 中匹配到模式串 T 的等值子串，此时返回变量 start 的取值，算法结束；若在一轮匹配操作开始之前即出现 start$+m>n$ 的情况，则可以确定在主串 S 中不存在模式串 T 的等值子串，此时返回 -1，算法结束。

2. 代码实现

BM 算法的代码实现非常具有技巧性，下面开始对 BM 算法代码实现的各部分进行讲解。

在 BM 算法当中，需要对主串 S 中的任意字符作为坏字符时，在模式串 T 中对最后出现位置的下标取值进行统计。因为在本节之前尚未接触到散列表相关的知识，所以此处可以采用一种“用空间换时间”的做法实现这一统计过程。

首先创建一个整型数组 badChar，数组的每位下标均对应一个字符的编码取值，下标对应的数组元素则表示下标对应编码字符在模式串 T 中最后出现的位置。例如 badChar[65]=7，即表示编码为 65 的大写字符'A'在模式串 T 中最后出现位置的下标为 7。为了应对任意字符出现的可能性，badChar 数组的长度需要与主串 S 及模式串 T 所使用的编码字符集的长度保持一致。例如在 Java 当中，因为其单个字符类型变量占用 2 字节，并且 Java 的字符类型被定义为无符号整数，所以在本案例中 badChar 数组的长度被定义为 $2^{16}=65\ 536$。

在坏字符的统计过程中，因为只有主串 S 与模式串 T 的交集字符才可能出现在模式串 T 当中，所以此处可以直接从前向后遍历模式串 T 当中的字符，并记录其在模式串 T 中最后出现位置的下标。

下面给出 badChar 数组计算过程的代码实现：

```
/**
 Chapter5_String
 com.ds.matching
```

```
BoyerMoore.java
BM 算法
 */
public class BoyerMoore {

    private int[] badChar;

    //badChar 数组的初始化过程,T 为模式串
    private void initBadChar(String T) {

        badChar = new int[65536];
        Arrays.fill(badChar, -1);

        for(int i = 0; i < T.length(); i++) {
            badChar[T.charAt(i)] = i;
        }

    }

}
```

注意：在学习过散列表结构的相关知识后可以采用 Java 中散列表结构的实现类 HashMap 来优化坏字符在模式串中最后出现下标的存储方式，从而进一步降低算法的额外空间消耗。

在上述代码实现当中，采用了-1作为 badChar 数组的默认值，其原因如下，在一轮匹配失败时，若主串 S 中的某字符 $S[i]$ 为坏字符，并且坏字符 $S[i]$ 在模式串 T 中 $T[t]$ 的位置出现过，则在这一轮匹配失败后，模式串的移动距离可以通过 $j-\text{badChar}[S[i]]=j-t$ 计算得到。在采用-1作为 badChar 数组默认值的情况下，如果一轮匹配失败，并且主串 S 中的坏字符 $S[i]$ 在模式串 T 中未出现过，则 $j-\text{badChar}[S[i]]=j+1$ 正好为该情况下模式串 T 的移动距离，所以采用-1作为 badChar 数组的默认值可以统一两种情况下模式串 T 移动距离的计算方式。

此外，在上述代码当中之所以采用从前向后遍历模式串 T 中字符的方式，是因为在模式串 T 当中取值相同的字符在 badChar 中的下标也是相同的，所以从前向后遍历可以使后出现的等值字符的下标覆盖先出现的等值字符下标在数组中的记录。最终在模式串 T 遍历完成后，badChar 数组中任意非-1的取值均为其下标对应编码字符在模式串 T 中最后出现的下标取值。

除了 badChar 外还需要创建额外的与模式串 T 等长的整型数组 goodSuffix，用于记录好后缀在模式串中除其本身外最后出现位置的起始下标。例如在 goodSuffix 数组中，goodSuffix[5]=2 可以理解为以模式串字符 $T[5]$ 为起点的好后缀在模式串 T 当中除其本身位置外，最后还在以字符 $T[2]$ 为起点的位置重复出现过。因为好后缀的计算相当于在模式串 T 中查找其任意长度后缀串在模式串 T 中最后出现位置起点的过程，所以这一部分

可以采用其他基本的字符串匹配算法进行实现。

下面给出 goodSuffix 数组计算过程的代码实现：

```
/**
 Chapter5_String
 com.ds.matching
 BoyerMoore.java
 BM 算法
 */
public class BoyerMoore {

    private int[] goodSuffix;

    //goodSuffix 数组的初始化过程,T 为模式串
    private void initGoodSuffix(String T) {

        goodSuffix = new int[T.length()];
        Arrays.fill(goodSuffix, -1);

        //将模式串中 T[m-1-i, m-1]部分的后缀与 T[0, i]部分的前缀对齐
        for(int i = 0; i < T.length()-1; i++) {

            /*
             每轮好后缀的查找
             从后缀 T[m-1-i, m-1]的终点及前缀 T[0, i]的终点开始,从后向前进行比较
             */
            int j = i;
            int k = T.length()-1;

            /*
             如果 T[k] == T[j],则表示好后缀 T[k, m-1]
             在模式串中当前已知的最后出现位置
             起点下标为 j
             */
            while(j >= 0 && T.charAt(k) == T.charAt(j)) {
                goodSuffix[k] = j;
                j--;
                k--;
            }

        }

    }

}
```

在上述代码实现当中，与 badChar 数组的计算方式相似的是，因为都是从模式串 T 的头部出发向后逐步扩展后缀串的长度，所以即使好后缀在模式串中出现多次，goodSuffix 数

组中最后记录的也都是好后缀在模式串 T 中除自己之外最后出现位置的起点下标。

在上述计算过程中还可以得到一些额外的有用信息。在上述代码中，当模式串后缀 $T[m-1-i, m-1]$ 与模式串前缀 $T[0, i]$ 完全匹配时，即可认为这一长度为 $i+1$ 的模式串后缀可以构成模式串的一个前缀。这一信息在好后缀并未完整出现在模式串 T 中的情况下非常有用，所以可以创建一个与模式串 T 等长的真值型数组 isPrefix，使用 isPrefix[i]=true 来表示长度为 i 的模式串后缀可以构成一种模式串前缀。例如在 isPrefix 数组中 isPrefix[3]=true 可以理解为在模式串 T 中，其长度为 3 的后缀子串与长度为 3 的前缀子串完全匹配。

下面给出 goodSuffix 数组与 isPrefix 数组合并计算过程的代码实现：

```
/**
 Chapter5_String
 com.ds.matching
 BoyerMoore.java
 BM 算法
  */
public class BoyerMoore {

    private int[] goodSuffix;
    private boolean[] isPrefix;

    /**
     goodSuffix 数组与 isPrefix 数组的初始化过程
     T 为模式串
      */
    private void initGoodSuffixAndIsPrefix(String T) {

        goodSuffix = new int[T.length()];
        isPrefix = new boolean[T.length()];

        Arrays.fill(goodSuffix, -1);
        Arrays.fill(isPrefix, false);

        //将模式串中 T[m-1-i, m-1]部分的后缀与 T[0, i]部分的前缀对齐
        for(int i = 0; i < T.length()-1; i++) {

            /*
             每轮好后缀的查找
             从后缀 T[m-1-i, m-1]的终点及前缀 T[0, i]的终点开始,从后向前进行比较
              */
            int j = i;
            int k = T.length()-1;

            /*
             如果 T[k] == T[j],则表示好后缀 T[k, m-1]
```

```
                在模式串中当前已知的最后出现位置
                起点下标为 j
                 * /
                while(j >= 0 && T.charAt(k) == T.charAt(j)) {
                    goodSuffix[k] = j;
                    j--;
                    k--;
                }

                / *
                如果 T[m-1-i, m-1]与 T[0, i]完全匹配，则说明长度为 i+1 的后缀子串，可以构
                成模式串的前缀串
                 * /
                if(j == -1) {
                    isPrefix[i+1] = true;
                }

            }

        }

    }
```

在得到上述两个辅助数组后，如果在某次匹配失败的情况下模式串中匹配失败位置的字符为 $T[j]$，并且好后缀 $T[j+1, m-1]$ 在模式串中的其他位置完整地出现过，则此时在 goodSuffix$[j+1]$ 中记录的即为此好后缀在模式串中除本身位置外最后出现位置的起点下标。此时模式串的移动距离为 $(j+1)-$goodSuffix$[j+1]$。如果好后缀在模式串的其他位置没有完整地出现过，则可以在 $k\in[1, m-j]$ 的下标范围内查找是否存在 isPrefix$[k]=$true。如果存在 isPrefix$[k]=$true 的情况，则表示好后缀长度为 k 的后缀子串与模式串长度为 k 的前缀子串完全相等，此时模式串 T 的移动距离为 $m-k$。

根据上述 3 个辅助数组所表示的含义，可以给出各种情况下用于根据坏字符规则及好后缀规则，计算模式串 T 移动距离的相关方法，其具体的代码实现方式如下：

```
/**
 Chapter5_String
 com.ds.matching
 BoyerMoore.java
 BM 算法
 * /
public class BoyerMoore {

    /**
     根据坏字符规则计算模式串移动距离的方法
     S 表示主串
     i 表示匹配失败时坏字符在主串 S 中的下标
```

```
    j 表示匹配失败时坏字符在模式串 T 中的对应位置下标
    */
    private int badCharLength(String S, int i, int j) {
        return j-badChar[S.charAt(i)];
    }

    /**
    根据好后缀规则计算模式串移动距离的方法
    T 表示模式串
    j 表示匹配失败时坏字符在模式串 T 中的对应位置下标
    */
    private int goodSuffixLength(String T, int j) {

        //当存在好后缀时
        if(j < T.length()-1) {
            //好后缀在模式串中完整地出现过的情况
            if(goodSuffix[j+1] != -1) {
                return (j+1)-goodSuffix[j+1];
            } else {
                /*
                好后缀在模式串中并未完整地出现,查看其任意长度后缀子串,是否构成模式串
                的前缀
                */
                for(int k = 1; k < T.length()-j; k++) {
                    /*
                    如果长度为 k 的模式串后缀子串
                    构成模式串的前缀
                    则模式串 T 的移动距离为 m-k
                    */
                    if(isPrefix[k]) {
                        return T.length()-k;
                    }
                }
            }
        } else {
            /*
            当不存在好后缀时,认为按照好后缀规则移动模式串的距离为 0
            */
            return 0;
        }

        /*
        如果好后缀在模式串中的其他位置并未完整地出现,且其任意长度后缀均不构成模式串
        前缀,则模式串的移动距离为 m
        */
        return T.length();
    }

}
```

最终对上述部分进行整合后，BM 算法的主体部分实现，代码如下：

```
/**
 Chapter5_String
 com.ds.matching
 BoyerMoore.java
 BM 算法
 */
public class BoyerMoore {

    /**
     BM 算法代码实现
     S 表示主串
     T 表示模式串
     */
    public int boyerMoore(String S, String T) {

        if(S == null || T == null || S.length() < T.length()) {
            return -1;
        }

        if(T.length() == 0) {
            return 0;
        }

        //初始化 3 个辅助数组
        initBadChar(T);
        initGoodSuffixAndIsPrefix(T);

        //记录主串与模式串比较起点的下标变量
        int start = 0;
        //主串与模式串中控制字符比较的下标变量
        int i = T.length()-1;
        int j = T.length()-1;

        while(start + T.length() <= S.length()) {

            //从后向前逐位比较主串与模式串中的字符
            if(S.charAt(i) == T.charAt(j)) {
                i--;
                j--;
                //匹配成功的情况
                if(j == -1) {
                    return start;
                }
            } else {
                /*
                一轮匹配失败
                分别计算根据坏字符规则及好后缀规则
```

```
                模式串的移动距离,即 start 下标变量的自增量,取二者较大者
                */
                int bcLength = badCharLength(S, i, j);
                int gsLength = goodSuffixLength(T, j);
                start += Math.max(bcLength, gsLength);

                //重置下一轮匹配开始时下标变量 i 和 j 的取值
                i = start+T.length()-1;
                j = T.length()-1;
            }
        }

        //如果匹配失败,则返回-1
        return -1;

    }

}
```

3. 时间复杂度分析

BM 算法的整体时间开销 $T(N,M)$(N 表示主串 S 的规模,M 表示模式串 T 的规模,并且 $N \geqslant M$)由 3 部分构成:①将辅助数组 badChar 的初始化过程的时间开销记为 $T_1(M)$;②将辅助数组 goodSuffix 与 isPrefix 的初始化过程的时间开销记为 $T_2(M)$;③根据上述辅助数组中的记录信息,将 BM 算法执行匹配过程的时间开销记为 $T_3(N, M)$。四者之间的关系如式(5-13)所示。

$$T(N,M) = T_1(M) + T_2(M) + T_3(N,M) \tag{5-13}$$

辅助数组 badChar 的初始化过程即为模式串的一次遍历过程,所以 $T_1(M)=O(M)$。

辅助数组 goodSuffix 和 isPrefix 初始化过程的时间开销 $T_2(M)$与采用的字符串匹配算法相关。例如在本案例中采用的是与 BF 算法类似的计算过程,所以当模式串 T 中所有字符均互异时达到最好情况,即 $T_2(M)=O(M)$;当模式串中所有字符均相同时达到最坏情况,即 $T_2(M)=O(M^2)$。综上所述,在本案例中,$O(M)<T_2(M)<O(M^2)$。

对于 BM 算法执行匹配过程的时间开销 $T_3(N, M)$来讲,其在最终匹配成功的情况下的最好时间复杂度为 $O(M)$,即模式串 T 构成主串 S 前缀的情况。除去这种极端情况外,$T_3(N, M)$在最终匹配成功与失败的情况下的最好时间复杂度都趋近于 $O(N/M)$。假设在算法执行过程中,每轮匹配操作都在模式串 T 的终点字符 $T[M-1]$位置结束,并且每轮的坏字符在模式串 T 中均未出现,则每轮匹配操作只进行 1 次字符比较,并且在比较结束后模式串 T 的移动距离均为 M,因此匹配操作最多执行 N/M 轮。在最终匹配成功的情况下,最后一轮匹配操作中进行字符比较的次数为 M 次,前序失败轮次的字符比较次数总共为 $N/M-1$ 次,故此时 $T_3(N,M)=N/M-1+M$;在最终匹配失败的情况下,所有轮次进行字符比较次数的总和为 N/M 次,故此时 $T_3(N,M)=N/M$。综上所述,在最好的情况下 $T_3(N,M)$的时间复杂度为 $O(N/M)$。

而在最坏的情况下，不论匹配是否成功，BM 算法执行匹配过程的时间复杂度均趋于 $O(N)$。这一论点的证明相对复杂，在此给出 3 个具有启发性的案例进行说明。

【例 5-1】 在主串 S="AAAAAA…BAAAA"中匹配模式串 T="BAAAA"，并保证主串 S 的长度是模式串 T 的长度的整数倍。在本案例中，每轮匹配失败均发生在模式串 $T[0]$的位置上，所以每轮失败的匹配操作将执行 5 次字符比较，并且根据好后缀原则，每轮匹配失败后模式串的移动距离均为 5，所以失败的匹配轮次将执行 $N/5-1$ 轮，执行字符比较操作的次数总共为 $N-5$ 次。在最后一轮匹配过程中在执行 5 次字符比较后匹配成功，所以本案例执行字符比较的总次数为 N 次。

【例 5-2】 在主串 S="AAAAAA…AABAA"中匹配模式串 T="AABAA"，并保证主串 S 的长度是 3 的整数倍。在本案例中，每轮匹配失败均发生在模式串 $T[2]$的位置上，所以每轮失败的匹配操作将执行 3 次字符比较，并且根据好后缀原则，每轮匹配失败后除最后一个匹配失败的轮次外，模式串的移动距离均为 3，所以失败的匹配轮次将执行 $N/3-1$ 轮，执行字符比较操作的次数总共为 $N-3$ 次。在最后一个匹配失败的轮次（整体的倒数第 2 轮匹配过程）中，根据好后缀或者坏字符原则均可得到模式串的移动距离为 1，并且在最后一轮匹配过程中，在执行 5 次字符比较后匹配成功，所以本案例执行字符比较的总次数为 $N+2$ 次。

【例 5-3】 在主串 S="AAAAAA…"中匹配模式串 T="AAAAB"。在本案例中，每轮匹配失败均发生在模式串 $T[4]$的位置上，所以每轮失败的匹配操作将执行 1 次字符比较，并且根据坏字符原则，每轮匹配失败后模式串的移动距离均为 1，所以失败的匹配轮次将执行 $N-4$ 轮，执行字符比较操作的次数总共为 $N-4$ 次，并且在最后一轮匹配过程结束后会因为主串 S 中与模式串 $T[0]$位置对齐下标的取值加上模式串 T 的长度超过主串 S 的长度而导致算法结束。

在上述 3 个案例中，BM 算法执行匹配过程的时间复杂度均为 $O(N)$。

注意： BM 算法最坏时间复杂度的证明方式相对复杂，其具体证明过程可以参考 *Communications of the ACM* 期刊上收录的由作者 Zvi Galil 所发表的文章 *On Improving the Worst Case Running Time of the Boyer-Moore String Matching Algorithm* 中的相关内容。相关文献的引用将在本书末具体给出。

综上所述，BM 算法执行初始化信息统计的时间复杂度在 $2\times O(M)$ 与 $O(M^2)$之间，一般情况下执行匹配过程的最好时间复杂度为 $O(N/M)$，最坏时间复杂度为 $O(N)$。

5.2.6 Sunday 算法

Sunday 算法同样是一种比较高效的字符串匹配算法，并且其在某些操作细节上与 BM 算法相似，但是从算法原理上来讲，Sunday 算法相较于 BM 算法更加容易理解，代码实现也更加容易一些。下面开始对 Sunday 算法的相关内容进行讲解。

1. 理论基础

Sunday 算法是由 Daniel M.Sunday 提出的一种字符串匹配算法。下面通过给定长度为 n 的主串 S 及长度为 m 的模式串 T 并保证 $n\geqslant m$ 为例对 Sunday 算法的执行过程进行说明。在说明过程中依然使用整型变量 i 和 j 分别表示主串 S 与模式串 T 中用于控制比较字符的下标变量。

在 Sunday 算法中，每轮的匹配操作都是从模式串的起点位置开始向后逐位与主串中的字符进行比较。

假设一轮匹配操作失败，则不论导致匹配失败的字符 $S[i]$ 和 $T[j]$ 出现在主串与模式串中的什么位置上都可以断定在主串 S 中此时与模式串 T 完整对应的部分不可能与模式串 T 完全匹配。

上述论断如图 5-27 所示。

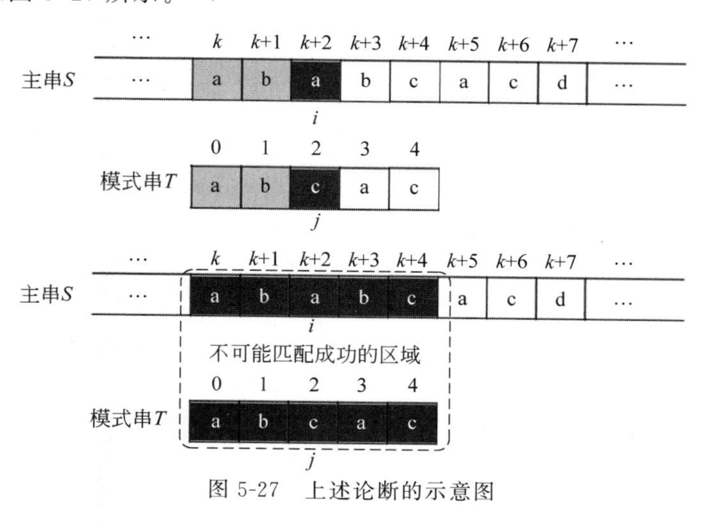

图 5-27　上述论断的示意图

因此在一轮匹配失败的情况下，Sunday 算法选择关注主串 S 中与模式串 T 完整对应部分的后一位字符在模式串 T 中的出现情况。为了方便说明将这一字符记为 $S[t]$。

主串 S 中与模式串 T 完整对应部分的后一位字符如图 5-28 所示。

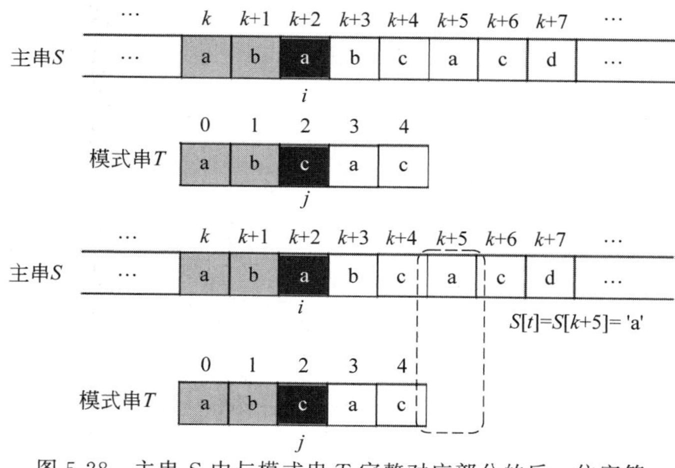

图 5-28　主串 S 中与模式串 T 完整对应部分的后一位字符

若 $S[t]$的等值字符在模式串 T 中未出现过，则对模式串 T 进行移动，使模式串的起点字符 $T[0]$与主串中 $S[t+1]$的位置对齐，然后从模式串的起点位置 $T[0]$开始执行下一轮匹配操作。此时模式串 T 的移动距离为 $m+1$。

$S[t]$的等值字符在模式串中未出现的情况如图 5-29 所示。

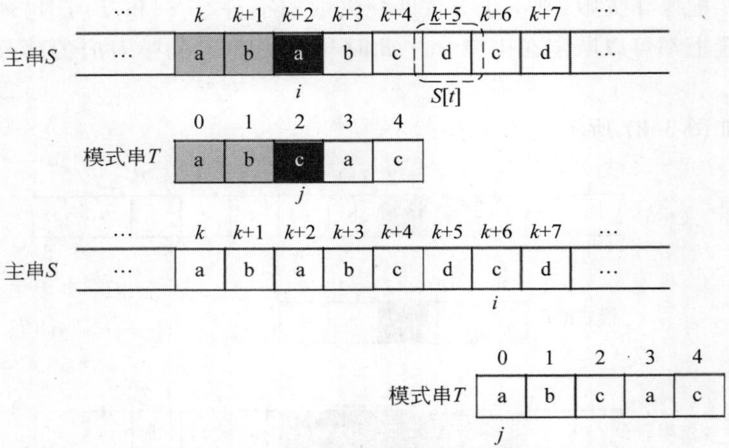

图 5-29 $S[t]$的等值字符在模式串中未出现的情况

若 $S[t]$的等值字符在模式串 T 中出现过，则对模式串 T 进行移动，使模式串 T 中最后出现的 $S[t]$等值字符（记为 $T[t']$）与主串中的 $S[t]$的位置对齐，然后从模式串的起点位置 $T[0]$开始执行下一轮匹配操作。此时模式串 T 的移动距离为 $m-t'$。

$S[t]$的等值字符在模式串中出现过的情况如图 5-30 所示。

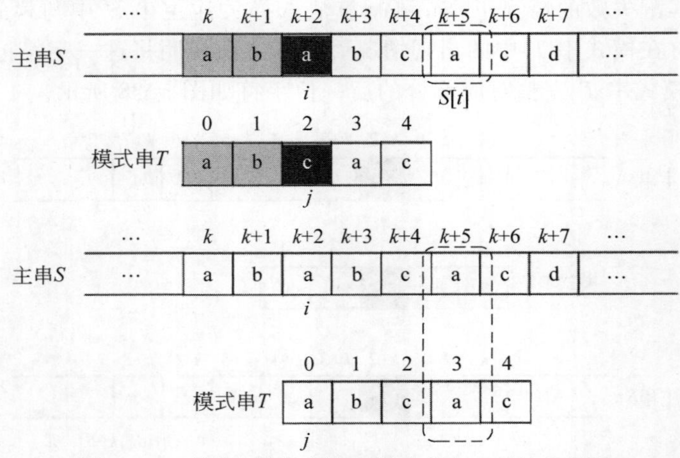

图 5-30 $S[t]$的等值字符在模式串中出现过的情况

上述操作方式与 BM 算法中根据坏字符规则对模式串进行移动的方式高度相似，只不过此时的坏字符从主串中导致匹配失败的字符 $S[i]$换成了与模式串 T 完整对应部分的后

一位字符 $S[t]$，因此在进行 Sunday 算法的代码实现时，BM 算法对坏字符进行统计的实现方式依然可用。

在每轮匹配操作开始之前，最好能够记录模式串 T 的起始字符在主串 S 中对应位置的下标。假设将用于保存该下标的变量记为 start，则 start 的初值为 0，之后每轮匹配操作完成后若算法未结束，则 start 变量的取值在其原值的基础上累加模式串 T 的移动距离。在一轮匹配操作结束后，如果下标变量 $j == m$，则表示在主串 S 中匹配到了与模式串 T 完全相等的子串部分，此时返回下标变量 start 的取值即可，算法结束；若在一轮匹配操作开始之前即出现 start$+m>n$ 的情况，则可以确定在主串 S 中不存在模式串 T 的等值子串，此时返回 -1，算法结束。

2. 代码实现

Sunday 算法实现，代码如下：

```java
/**
 Chapter5_String
 com.ds.matching
 Sunday.java
 Sunday 算法
 */
public class Sunday {

    /*
     用于保存模式串 T 中的任意字符
     在模式串 T 中最后出现下标的数组
     对比于 BM 算法中的 badChar 数组
     */
    private int[] lastIndex;

    /**
     用于统计模式串 T 中的任意字符
     在模式串 T 中最后出现下标的方法
     对比于 BM 算法中的 initBadChar()方法
     T 为模式串
     */
    private void initLastIndex(String T) {
        lastIndex = new int[65536];
        Arrays.fill(lastIndex, -1);
        for(int i = 0; i < T.length(); i++) {
            lastIndex[T.charAt(i)] = i;
        }
    }

    /**
     Sunday 算法代码实现
     S 表示主串
     T 表示模式串
```

```
 */
public int sunday(String S, String T) {

    if(S == null || T == null || S.length() < T.length()) {
        return -1;
    }

    if(T.length() == 0) {
        return 0;
    }

    //初始化 lastIndex 数组
    initLastIndex(T);

    //定义各个下标变量
    int start = 0;
    int i = 0;
    int j = 0;

    while(start <= S.length()-T.length()) {

        //从模式串的起点开始,逐位向后与主串中的字符进行比较
        while(j < T.length() && S.charAt(i) == T.charAt(j)) {
            i++;
            j++;
        }

        //匹配成功的情况
        if(j == T.length()) {
            return start;
        }

        if(start+T.length() < S.length()) {
            //计算主串中,比较起点的增量并自增
            start += T.length() - lastIndex[S.charAt(start+T.length())];
        } else {
            //匹配失败的情况
            return -1;
        }

        //重置下一轮开始时,下标变量 i 和 j 的取值
        i = start;
        j = 0;

    }

    //匹配失败的情况
    return -1;
```

```
    }
}
```

3. 时间复杂度分析

Sunday 算法的整体时间开销 $T(N,M)$（N 表示主串 S 的规模，M 表示模式串 T 的规模，并且 $N \geqslant M$）由两部分构成：①将模式串中任意字符在模式串中最后出现的下标进行统计的时间开销记为 $T_1(M)$；②根据上述统计结果，将 Sunday 算法执行匹配过程的时间开销记为 $T_2(N,M)$。三者之间的关系如式(5-14)所示。

$$T(N,M)=T_1(M)+T_2(N,M) \tag{5-14}$$

对模式串中任意字符在模式串中最后出现的下标进行统计的操作即为模式串的一次遍历过程，所以得式(5-15)：

$$T_1(M)=O(M) \tag{5-15}$$

在匹配成功的情况下，$T_2(N,M)$的最好时间复杂度为 $O(M)$，即模式串 T 构成主串 S 前缀的情况。除此极端情况外，在一般情况下 $T_2(N,M)$的最好时间复杂度趋于 $O(N/M)$。这一点比较容易估算。如果任意一轮匹配操作的失败均发生在模式串的起点位置上，并且此时主串中与模式串完全对齐位置的下一位字符并未出现在模式串当中，则该情况下每轮匹配操作只执行 1 次字符比较操作，并且模式串的移动距离均为 $M+1$。如果算法最终匹配成功，则失败轮次最多执行 $N/(M+1)-1$ 轮，失败轮次的字符比较次数为 $N/(M+1)-1$ 次。在最后匹配成功的轮次当中字符比较的次数为 M 次，所以此时可得式(5-16)：

$$T_2(N,M)=\frac{N}{M+1}-1+M \tag{5-16}$$

式(5-16)表示为时间复杂度，即为 $O(N/M)$。

如果算法最终匹配失败，则失败轮次最多执行 $N/(M+1)$轮，总的字符比较次数即为 $N/(M+1)$次，此时得式(5-17)：

$$T_2(N,M)=\frac{N}{M+1} \tag{5-17}$$

式(5-17)表示为时间复杂度，同样为 $O(N/M)$。

而在最坏情况下 $T_2(N,M)$的时间复杂度可能会退化为与 BF 算法相近的 $O(NM)$，证明如下：如果任意一轮匹配操作的失败均发生在模式串接近终点的位置上，并且此时主串中与模式串完全对齐位置的下一位字符总是恰好出现在模式串的最末尾，则该情况下每轮匹配操作需要执行接近 M 次字符比较操作，并且模式串的移动距离均为 1。无论算法最终匹配成功还是失败，失败的轮次都是最多执行 $N-M$ 轮，失败轮次的字符比较次数趋近于 $M\times(N-M)$ 次；在最后一轮匹配操作当中，字符比较的次数均为 M 次，所以此时可得式(5-18)：

$$T_2(N,M)=M\times(N-M)+M \tag{5-18}$$

式(5-18)表示为时间复杂度，即为 $O(NM)$。

Sunday 算法最坏时间复杂度的情况如图 5-31 所示。

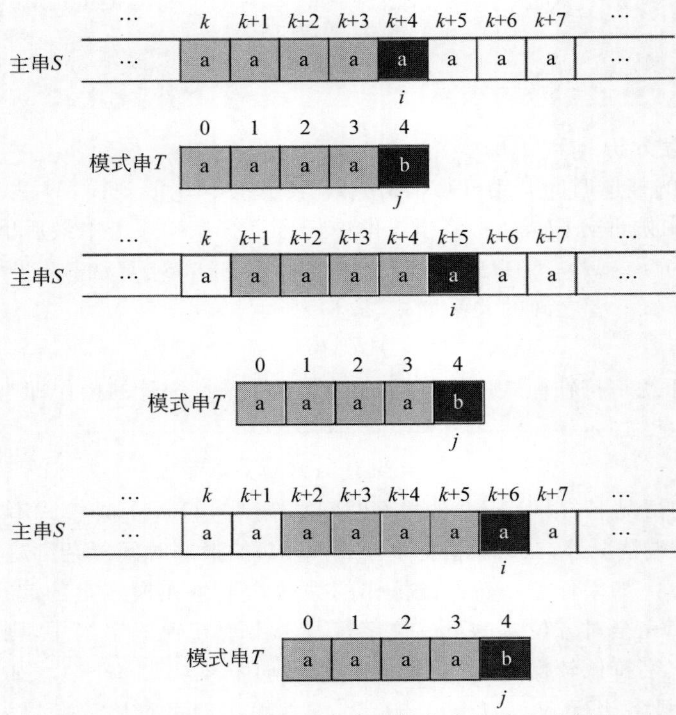

图 5-31　Sunday 算法最坏时间复杂度的情况示意图

由此可见 Sunday 算法执行匹配过程的时间复杂度在 $O(N/M)$ 到 $O(NM)$，但是通过实验证明，这一过程在模式串 T 不存在重复字符的情况下其平均时间复杂度趋近于线性的 $O(N)$。

综上所述，Sunday 算法执行初始化信息统计的时间复杂度为 $O(M)$，一般情况下执行匹配过程的最好时间复杂度为 $O(N/M)$，最坏时间复杂度为 $O(NM)$，平均时间复杂度为 $O(N)$。

第6章 树结构

树结构是在算法解题与实际开发当中应用都极为广泛的一种数据结构。树结构按照节点之间的数量与逻辑关系可以分为二叉树、AVL树、红黑树、B树、B+树等不同的类型。不同类型的树结构之间因为在节点增删、查找方面的效率不同，所以在应用场景上也具有很大的区别。本章节将以多种常见树结构的构成与特征为基础进一步讲解与之相关的操作方式，并在多种具有相似应用场景的树结构之间横向比较其在各种操作方面时间复杂度与空间复杂度层面上的区别。

本章内容的思维导图如图6-1所示。

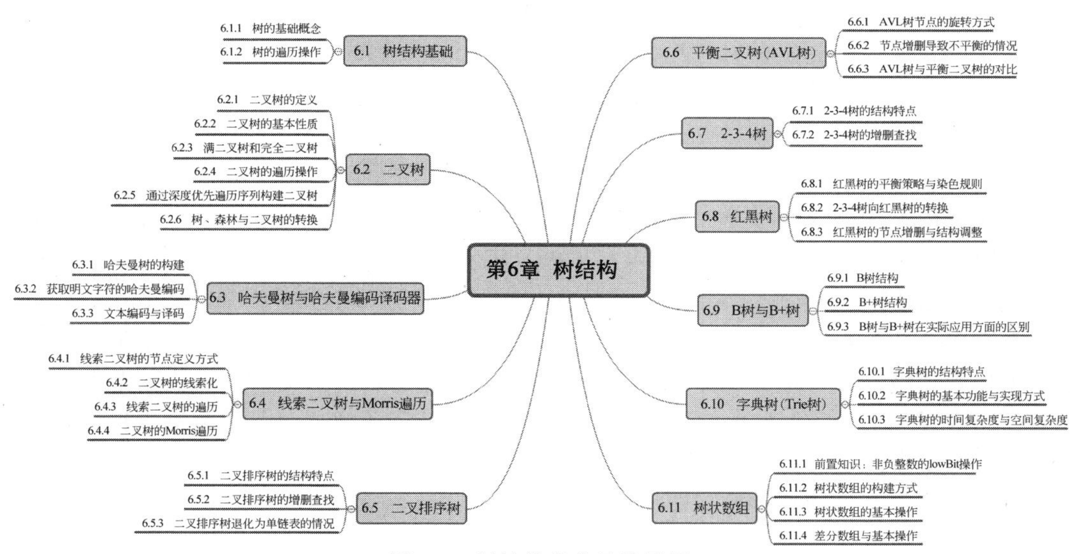

图6-1 树结构章节思维导图

6.1 树结构基础

6.1.1 树的基础概念

树结构在逻辑上表示的是一种“一对多”的数据对应关系。例如在操作系统中，对于磁盘上文件与文件夹之间的逻辑构成即可视为一种典型的树结构：一个文件夹下可以同时存储零到多个子文件及子文件夹，但是一个文件或者文件夹只能存在于唯一的父级文件夹之下。

操作系统中的文件树结构如图 6-2 所示。

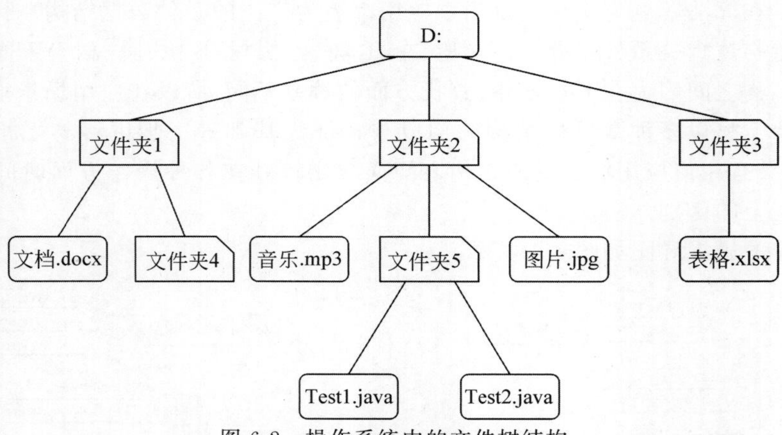

图 6-2　操作系统中的文件树结构

在树结构中，用于表示逻辑上“一”的一端的节点被称为父节点或者双亲节点。被父节点指向的用于表示逻辑上“多”的一端的节点被称为父节点的子节点。正如“一对多”关系所描述的，一个父节点同时可以具有零到多个子节点，而一个子节点只能具有唯一的父节点。

具有多个子节点的树结构其节点构成与链表节点相似，同样可以分为两部分：用于保存数据的数据域和用于保存子节点内存地址的子节点指针域。只不过与链表的节点结构相比，树结构的子节点指针域通常是不唯一的，所以在进行代码实现时其子节点指针域通常使用一个数组或者集合进行表示。

具有多个子节点的树结构如图 6-3 所示。

树结构节点的代码定义如下：

```
/**
 Chapter6_Tree
 com.ds.tree
 Node.java
 树结构的节点代码定义
```

```
 */
public class Node {

    Object data;                                        //数据域
    List<Node> children;                                //子节点指针域

}
```

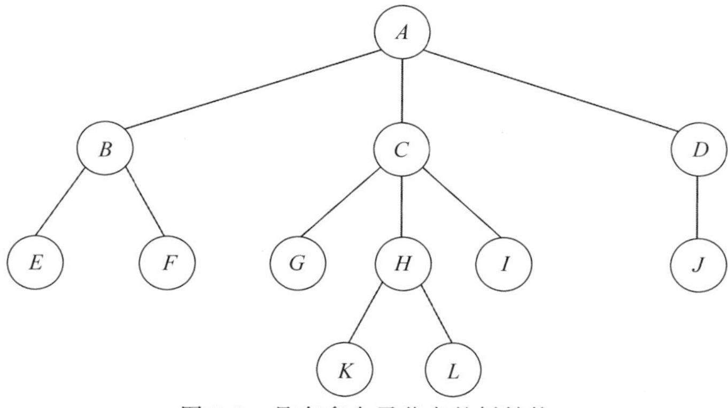

图 6-3　具有多个子节点的树结构

不存在任何节点的树结构称为空树，而在一个非空的树结构中，位于最上层且不具有双亲的节点称为整棵树结构的根节点。同时具有双亲和子节点的节点称为中间节点。不具有子节点的节点称为叶节点。具有相同双亲的节点之间互相称为兄弟节点。对于除了根节点外的任意节点，从根节点出发，以最短距离到达其父节点过程中遇到的所有节点均称为这个节点的祖先节点。很明显，根节点不具有祖先节点。与此相反，对于一个祖先节点来讲，其子节点及其子节点的所有下层节点均可以称为它的后代节点。

上述各节点的定义如图 6-4 所示。

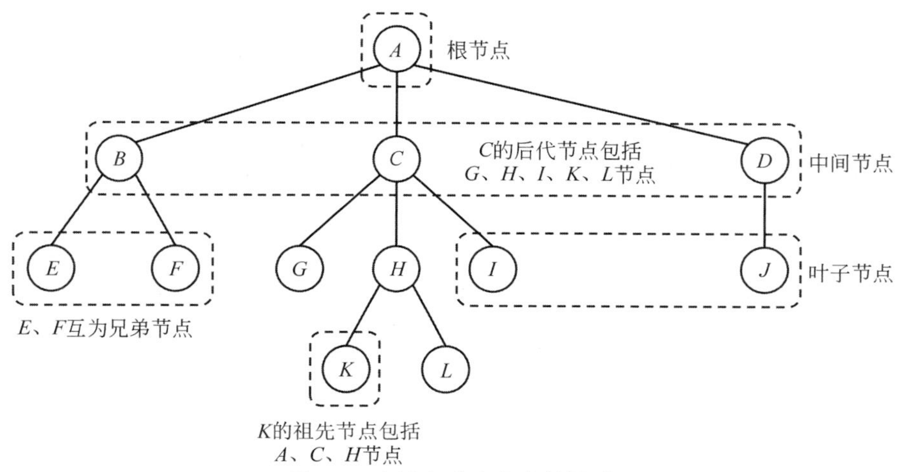

图 6-4　上述各节点定义的图示

树结构还可以通过一种递归的方式对其进行定义：树结构是一些节点的集合，这个集合可以是一个空集，而当节点集合不为空时，树结构可以表示为由根节点及根节点所指向的多个子树所组成的结构。在树结构的递归定义中可以得到子树的概念。相同的子树的概念也可以递归定义，即子树同样可以具有子树。

子树的定义如图 6-5 所示。

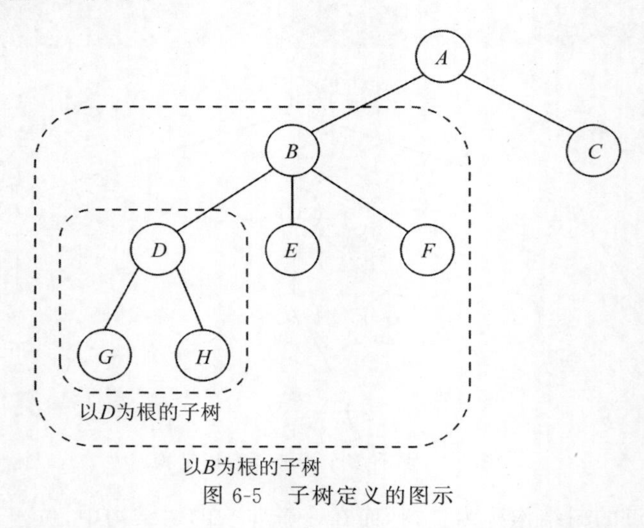

图 6-5　子树定义的图示

在树结构中父节点与子节点之间通过边进行连接。根据边与节点之间的相对关系还可以将边分为入边和出边。例如在图 6-6 中，边 r 对于节点 A 来讲就是出边，而对于节点 B 来讲就是入边。对于一个节点来讲，以它为起点的出边的数量即为这一节点的出度；以它为终点的入边的数量即为这一节点的入度。很明显，树中节点的入度可以是 0 或者 1，但是不能超过 1，而出度的取值则与该节点的子节点数量相同。特殊的情况，将某一节点的出度简称为该节点的度。从某一节点出发以最短距离（最少边数）到达它的一个后代节点的过程中所有经历过的边与节点即构成二者之间的路径。

边与路径的定义如图 6-6 所示。

在树结构中每个节点都具有层数的概念。节点的层次是从树根节点开始定义的，树根节点位于第 1 层，根节点的子节点位于第 2 层，以此类推。如果某一节点位于第 i 层，则其子节点即位于第 $i+1$ 层。树中的最大层次称为树的高度或者深度。

树的层次与高度如图 6-7 所示。

如果在一个集合当中存在多个节点且这些节点分别为某一树结构的根节点，则这一节点集合所表示的结构被称为森林。特殊的情况，一棵树也可以被称为森林。

森林的定义如图 6-8 所示。

6.1.2　树的遍历操作

在各种树结构的相关操作与诸多算法中很多时候需要在树结构中找到具有某一特征的

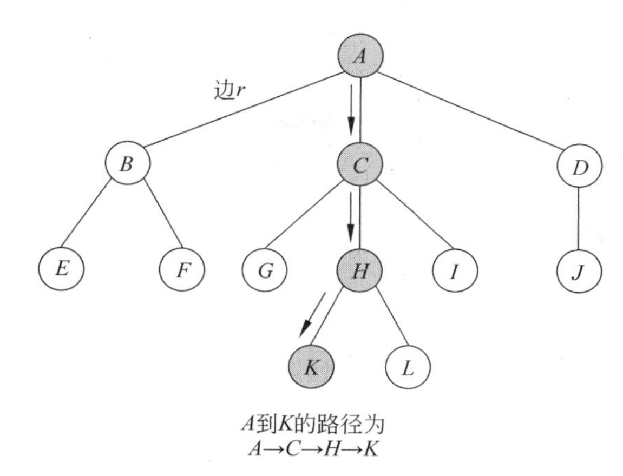

节点	入度	出度(度)
A	0	3
B	1	2
C	1	3
D	1	1
E	1	0
F	1	0
G	1	0
H	1	2
I	1	0
J	1	0
K	1	0
L	1	0

图 6-6　边与路径定义的图示

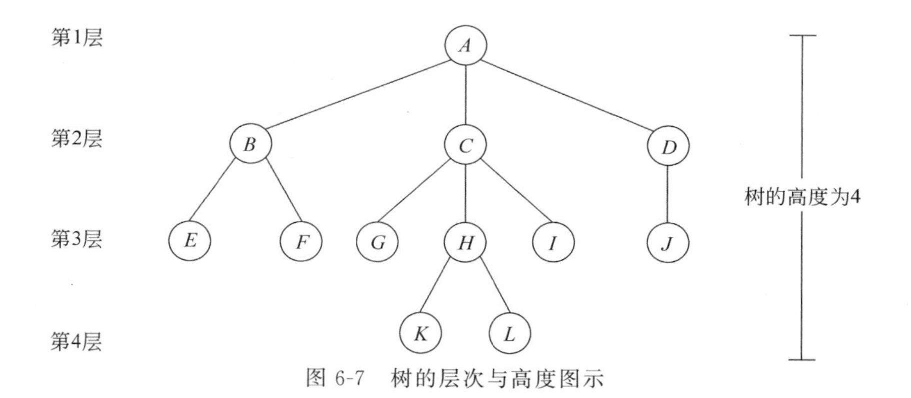

图 6-7　树的层次与高度图示

由以B、C、D为根的树构成的森林

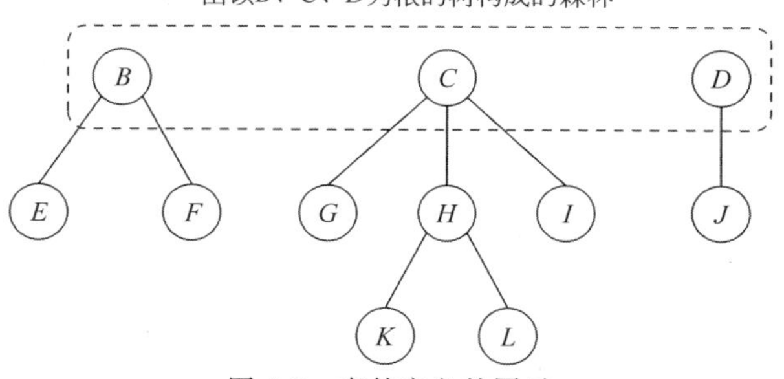

图 6-8　森林定义的图示

节点，或者对树结构中的所有节点统一执行某一操作，此时就需要对树结构中的节点进行遍历操作。

树结构的遍历操作大体上可以分为两种：深度优先遍历与广度优先遍历。

这其中，树结构的深度优先遍历是从树的根节点出发的，沿着一条路径尽可能深地访问树中的节点。当遇到叶节点时表示该路径上的所有节点均已遍历完毕，此时先回溯到上一节点，然后切换到与当前路径相邻的另一路经并反复执行此操作，直到树中所有节点均完成遍历为止。根据优先处理（子）树的根节点还是子节点还可以将深度优先遍历分为先序遍历和后序遍历两种，其中先序遍历优先处理（子）树的根节点，后序遍历优先处理（子）树的子节点。

下面以图示的方式给出一棵树结构的两种深度优先遍历方式的执行过程及结果序列。

树的先序深度优先遍历，如图 6-9 所示。

树的后序深度优先遍历，如图 6-10 所示。

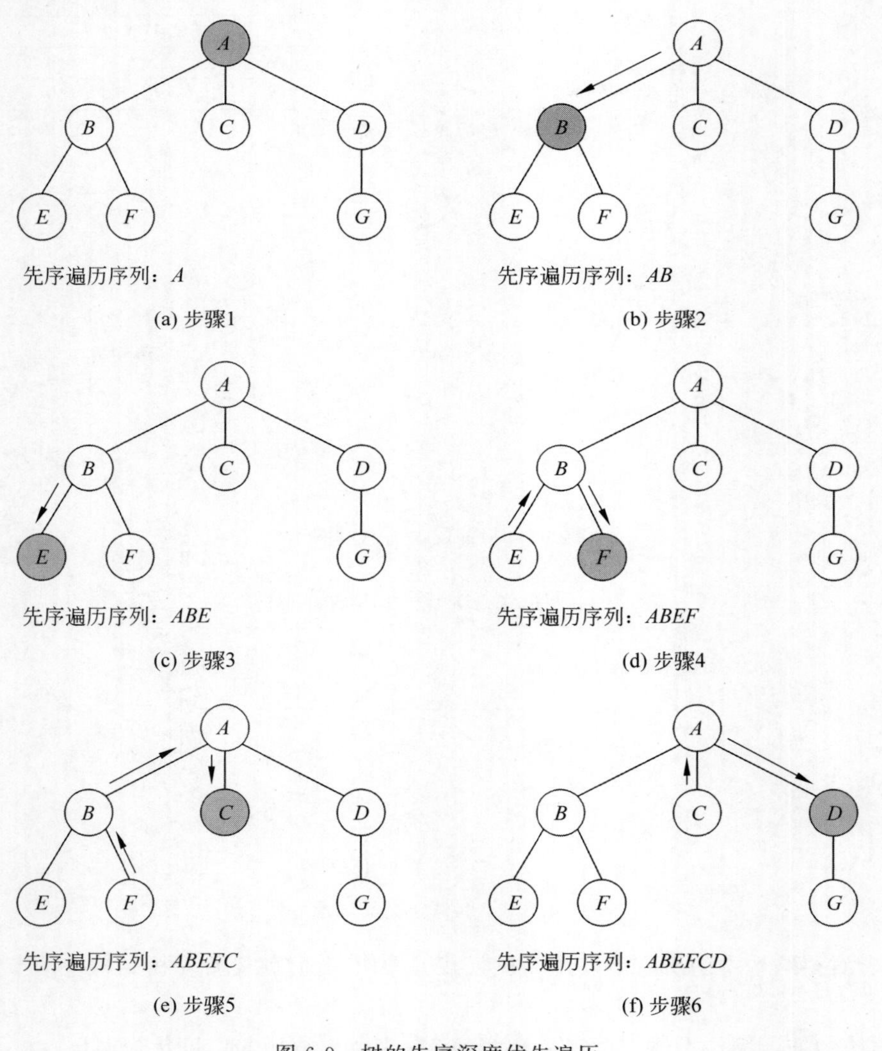

图 6-9　树的先序深度优先遍历

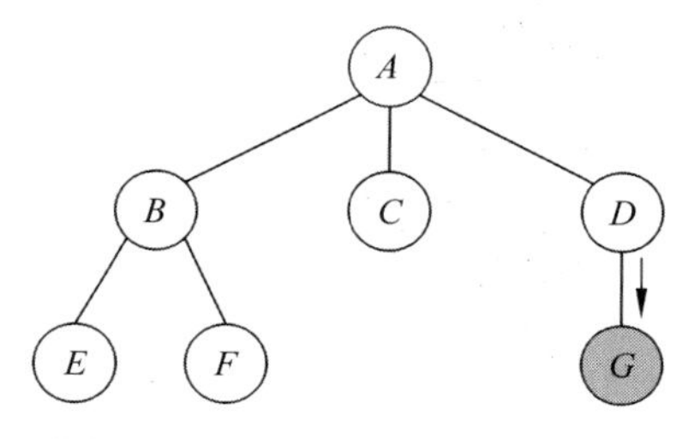

先序遍历序列：*ABEFCDG*

(g) 步骤7

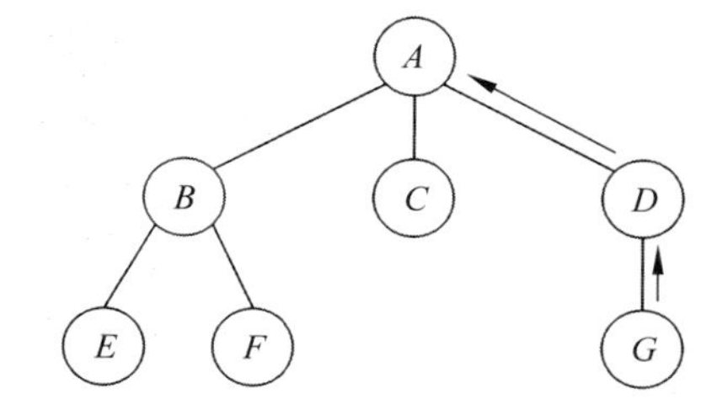

回溯至根节点，遍历结束

(h) 步骤8

图 6-9 （续）

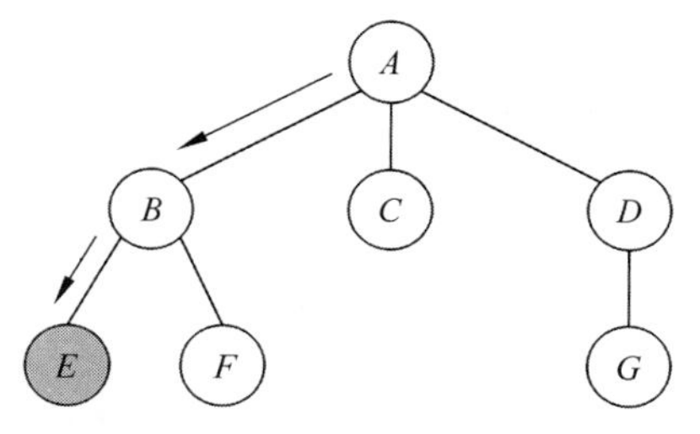

后序遍历序列：*E*

(a) 步骤1

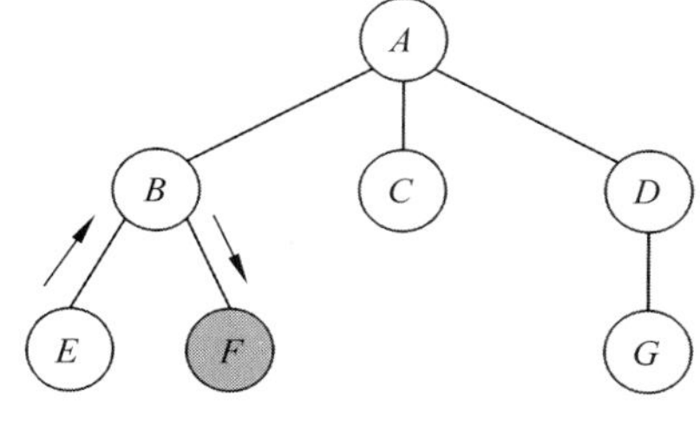

后序遍历序列：*EF*

(b) 步骤2

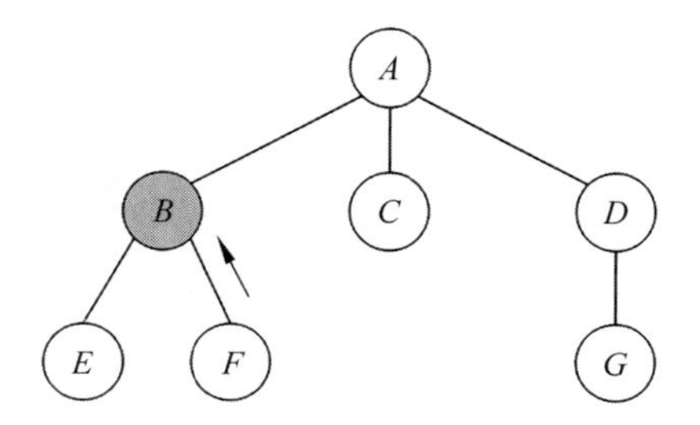

后序遍历序列：*EFB*

(c) 步骤3

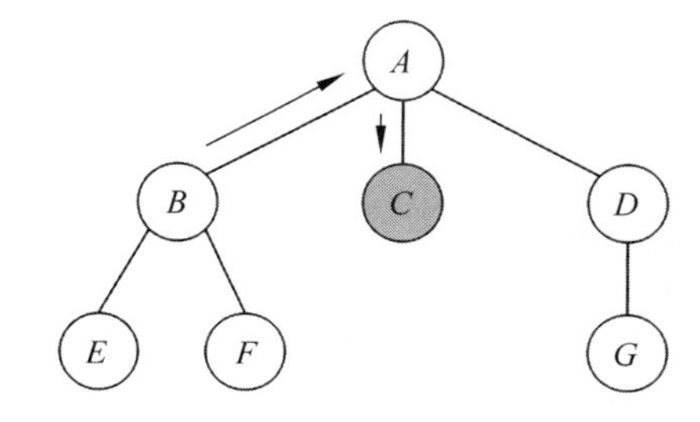

后序遍历序列：*EFBC*

(d) 步骤4

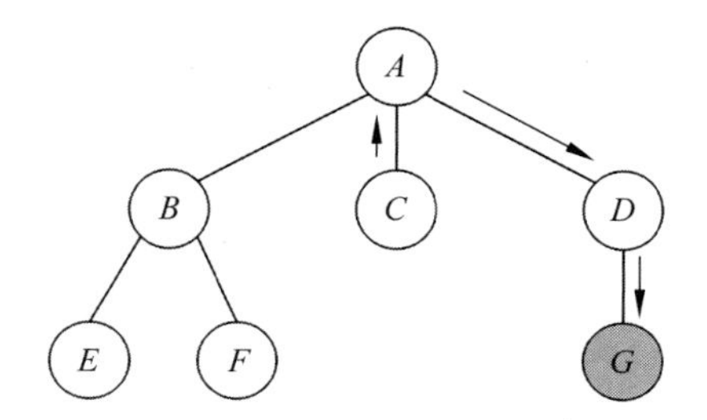

后序遍历序列：*EFBCG*

(e) 步骤5

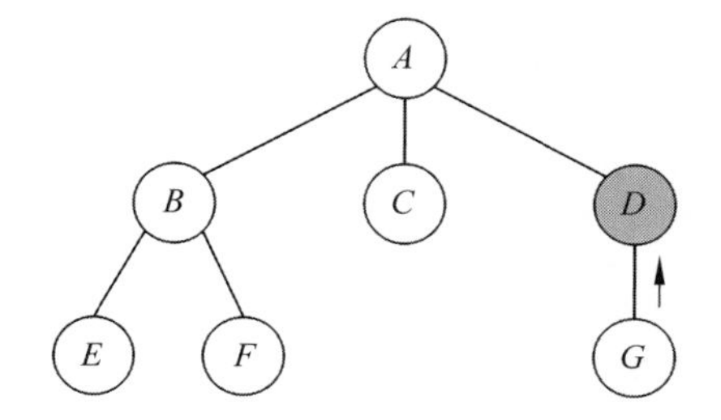

后序遍历序列：*EFBCGD*

(f) 步骤6

图 6-10 树的后序深度优先遍历

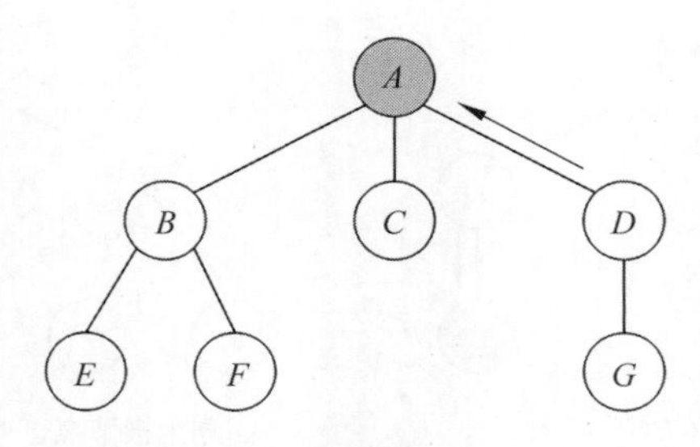

后序遍历序列：*EFBCGDA*

(g) 步骤7

图 6-10 （续）

树结构的深度优先遍历可以通过递归或者栈结构实现。在使用递归结构对树的深度优先遍历进行实现时，其思路也正体现了树结构定义的递归特性：采用什么样的方式对整棵树进行深度优先遍历就采用相同的方式对其各个子树进行深度优先遍历。也就是说如果对整棵树进行的是先序深度优先遍历操作，就对这棵树任意规模的子树都进行先序深度优先遍历操作；反之，如果对整棵树进行的是后序深度优先遍历操作，就对这棵树任意规模的子树都进行后序深度优先遍历操作。

而在采用栈结构对这两种深度优先遍历算法进行实现时其整体思路与上述递归实现方式大体相同，只不过使用了代码中的栈结构替代了递归当中的方法栈。

下面给出两种深度优先遍历算法分别通过递归和栈结构的方式实现的代码示例：

```
/**
 Chapter6_Tree
 com.ds.tree
 Tree.java
 一般的树结构
  * /
public class Tree {

    //通过静态内部类定义树的节点类型
    private static class Node {
        Object data;
        List<Node> children;
    }

    /**
     树结构的深度优先遍历
     先序遍历
     递归实现
     root 为树根节点
      * /
    public void preorderTraversalRecursive(Node root) {
```

```
        //递归出口
        if(root == null) {
            return;
        }

        //1.优先对(子)树的根节点进行操作
        System.out.println(root.data);

        //2.递归出口:若(子)树的根不具有子节点,则递归结束
        if(root.children != null && !root.children.isEmpty()) {
            /*
             3.递归调用:
             以当前节点的所有子节点为根,对子树递归以相同方式进行深度优先遍历
             */
            for(Node child : root.children) {
                preorderTraversalRecursive(child);
            }
        }

    }

    /**
     树结构的深度优先遍历
     先序遍历
     栈结构实现
     root 为树根节点
     */
    public void preorderTraversalStack(Node root) {

        //防止空树的情况
        if(root == null) {
            return;
        }

        //1.创建用于深度优先遍历的栈结构
        Stack<Node> stack = new Stack<>();

        //2.首先将整棵树的树根加入栈结构
        stack.push(root);

        //5.若栈结构为空,则深度优先遍历结束
        while(!stack.isEmpty()) {

            //3.优先处理(子)树的根节点
            Node node = stack.pop();
```

```
            System.out.println(node.data);

            //4.将(子)树根节点的所有子节点逆序入栈
            List<Node> children = node.children;
            if(children != null && !children.isEmpty()) {
                for(int i = children.size()-1; i >= 0; i--) {
                    stack.push(children.get(i));
                }
            }

        }

    }

    /**
     树结构的深度优先遍历
     后序遍历
     递归实现
     root 为树根节点
     */
    public void postorderTraversalRecursive(Node root) {

        //递归出口
        if(root == null) {
            return;
        }

        //1.递归出口:若(子)树的根不具有子节点,则递归结束
        if(root.children != null && !root.children.isEmpty()) {
            /*
             2.递归调用:
             优先对(子)树的子节点进行操作
             以当前节点的所有子节点为根,对子树递归以相同方式进行深度优先遍历
             */
            for(Node child : root.children) {
                postorderTraversalRecursive(child);
            }
        }

        //3.所有子节点遍历完成后,最后对(子)树的根节点进行操作
        System.out.println(root.data);

    }

    /**
     树结构的深度优先遍历
```

```
后序遍历
栈结构实现
root 为树根节点
 */
public void postorderTraversalStack(Node root) {

    //防止空树的情况
    if(root == null) {
        return;
    }

    //1.创建用于后序深度优先遍历的操作栈
    Stack<Node> operationStack = new Stack<>();

    //2.创建用于后序深度优先遍历的结果栈
    Stack<Node> resultStack = new Stack<>();

    //3.首先将整棵树的树根加入操作栈
    operationStack.push(root);

    //6.若操作栈为空,则深度优先遍历结束
    while(!operationStack.isEmpty()) {

        /*
         4.将(子)树的树根取出,并加入结果栈
         然后去处理当前(子)树的子节点
         相当于将任意规模子树的先序遍历序列
         在结果栈中进行逆序:
         后加入结果栈的子节点会比先加入结果栈的父节点
         在算法结束后先退出结果栈
         */
        Node node = operationStack.pop();
        resultStack.push(node);

        //5.将(子)树根节点的所有子节点正序加入操作栈
        List<Node> children = node.children;
        if(children != null && !children.isEmpty()) {
            for(Node child : children) {
                operationStack.push(child);
            }
        }

    }

    /*
     7.对结果栈中的所有节点执行出栈操作
```

```
        所得序列即为树的后序深度优先遍历序列
         * /
        while(!resultStack.isEmpty()) {
            System.out.println(resultStack.pop().data);
        }

    }

}
```

树结构的广度优先遍历则是以树的层级关系为优先级，整体自上而下、每层自左向右（也可以自右向左）地对所有节点进行遍历。

树结构的广度优先遍历一般通过队列结构进行实现：在算法开始时，首先将树根节点加入队列当中；算法在执行过程中，任意节点出队列时都将其子节点按照顺序加入队列结构当中；当队列为空时，表示树中所有节点均完成遍历，算法结束。

下面以图示的方式给出一棵树结构的广度优先遍历方式的执行过程及结果序列。

树的广度优先遍历如图 6-11 所示。

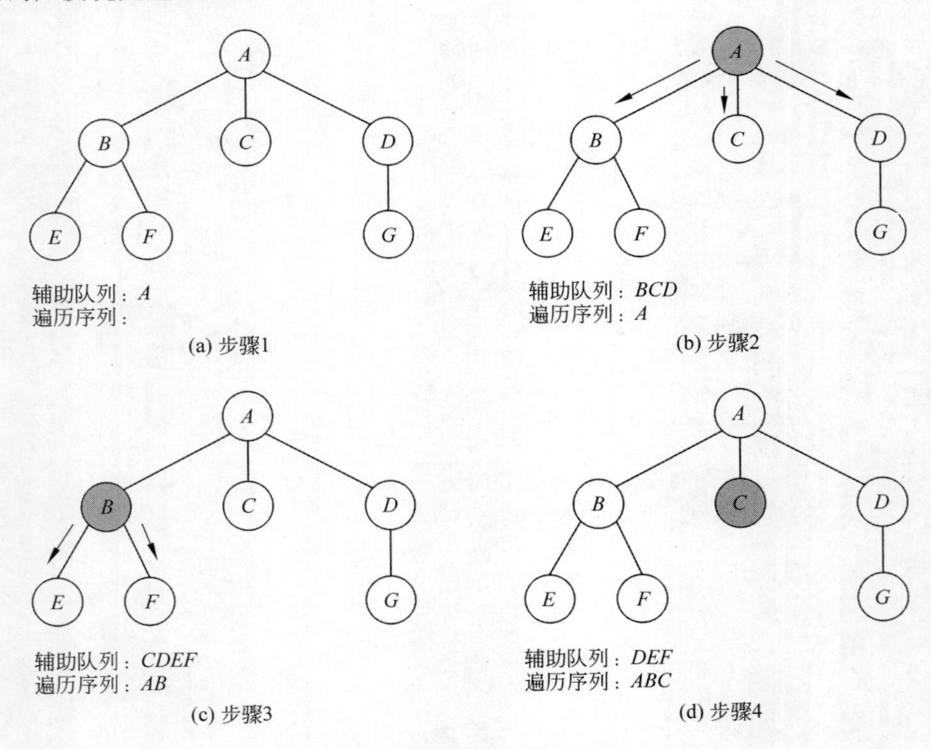

图 6-11　树的广度优先遍历

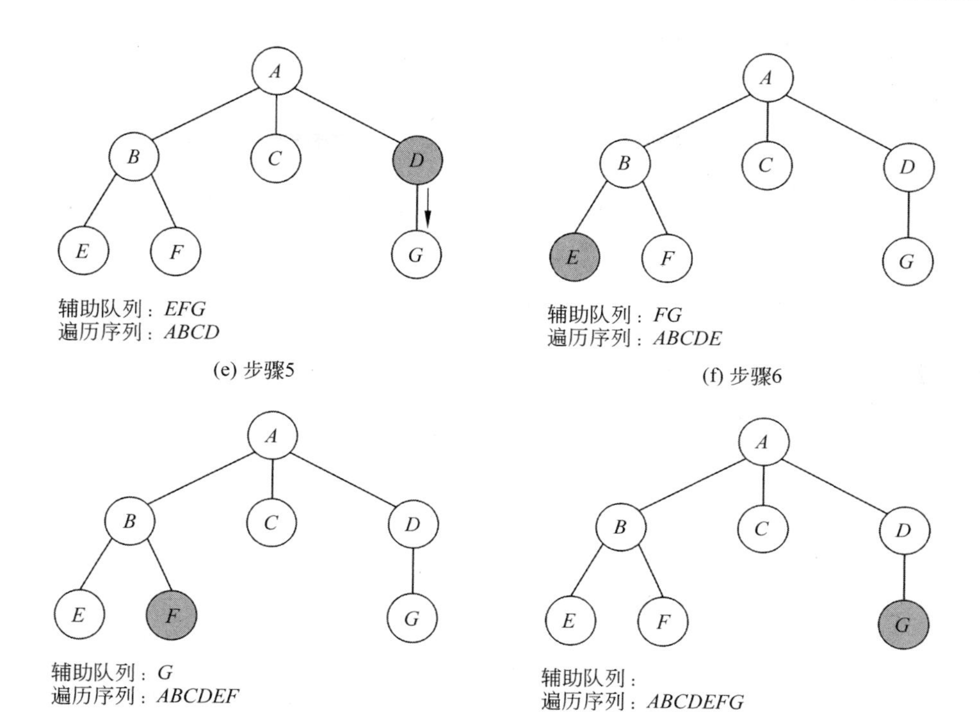

图 6-11 （续）

下面给出树的广度优先遍历的代码示例：

```
/**
 Chapter6_Tree
 com.ds.tree
 Tree.java
 一般的树结构
 */
public class Tree {

    //通过静态内部类定义树的节点类型
    private static class Node {
        Object data;
        List<Node> children;
    }

    /**
     树结构的广度优先遍历
     队列结构实现
     root 为树根节点
     */
```

```
    public void breadthFirstTraversal(Node root) {

        //防止空树的情况
        if(root == null) {
            return;
        }

        //1.创建用于广度优先遍历的队列
        Queue<Node> queue = new LinkedList<>();

        //2.算法开始前,将树根加入队列
        queue.offer(root);

        //5.若队列为空,则广度优先遍历结束
        while(!queue.isEmpty()) {

            //3.将队列头节点出队列,对该节点进行操作
            Node node = queue.poll();
            System.out.println(node.data);

            //4.若该节点具有子节点,则将该节点的所有子节点加入队列
            if(node.children != null && !node.children.isEmpty()) {
                for(Node child : node.children) {
                    queue.offer(child);
                }
            }

        }

    }

}
```

6.2 二叉树

6.2.1 二叉树的定义

二叉树是树结构当中非常重要的一种分支结构,很多算法和应用是基于二叉树结构提出和实现的。与一般的多叉树结构相比,二叉树的任意节点最多只能具有两个子节点,为了方便表示,通常将这两个子节点定义为左子节点和右子节点。

二叉树结构如图 6-12 所示。

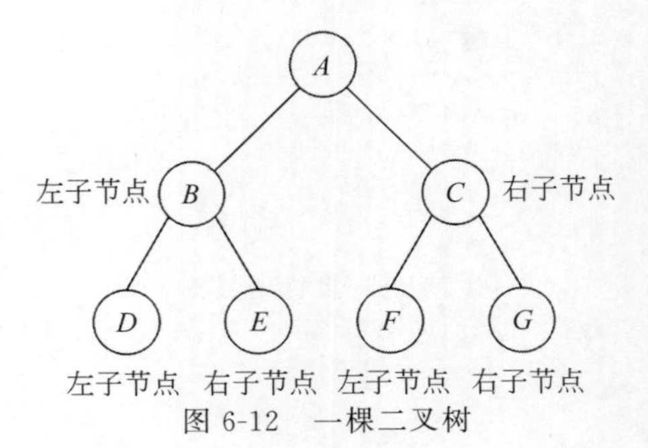

图 6-12 一棵二叉树

结合二叉树的相关定义，可以给出如下的二叉树节点定义代码：

```
/**
 Chapter6_Tree
 com.ds.binarytree
 Node.java
 二叉树的节点代码定义
 */
public class Node {

    Object data;                                        //数据域
    Node lChild;                                        //左子节点指针域
    Node rChild;                                        //右子节点指针域

}
```

6.2.2 二叉树的基本性质

在二叉树中节点的总数与度为0、度为1、度为2的节点数量之间总是呈现出一些固定的数量关系。通过这些数量关系可以非常方便地对二叉树中具有特定度数的节点数量进行推断。假设记一个非空且节点数量大于1的二叉树中总的节点数量为N、度为0的节点数量为n_0、度为1的节点数量为n_1、度为2的节点数量为n_2，则可得到如式(6-1)所示的非常重要的基础性质：

$$n_2 = n_0 - 1 \tag{6-1}$$

式(6-1)表示在任意非空且节点数量大于1的二叉树结构中，度为2的节点数量总是比度为0的节点数量少1个，通过上述性质可以得到如式(6-2)与式(6-3)所示的推论：

$$\begin{aligned} N &= n_0 + n_1 + n_2 \\ &= 2n_0 + n_1 - 1 \\ &= n_1 + 2n_2 + 1 \end{aligned} \tag{6-2}$$

且：

$$\begin{aligned} n_1 &= N - n_0 - n_2 \\ &= N - 2n_0 + 1 \\ &= N - 2n_2 - 1 \end{aligned} \tag{6-3}$$

根据上述性质及推论可知，只要知道一个非空且节点数量大于1的二叉树中总的节点数量及度为0或者度为2的节点数量就能够推导出其他度的节点的数量。

6.2.3 满二叉树和完全二叉树

如果在一个二叉树结构中除了最后一层的叶节点之外其余每个节点都具有两个子节点，这种二叉树称为满二叉树。

满二叉树的结构如图 6-13 所示。

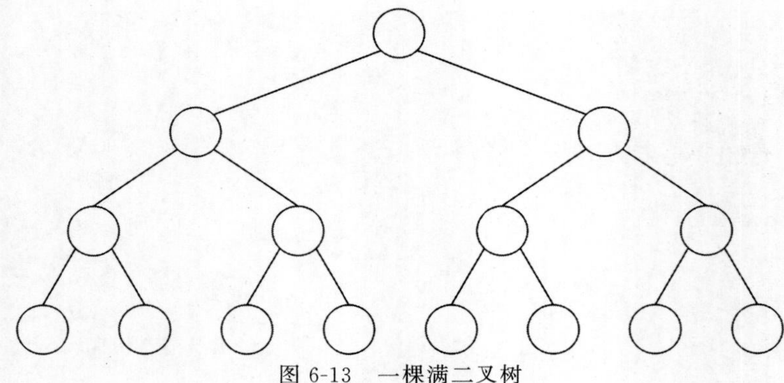

图 6-13　一棵满二叉树

满二叉树具有如下性质。

性质 1：满二叉树的节点数量一定是奇数个。因为从第 2 层开始每层的节点数量都是 2 的幂次，所以加上根节点后满二叉树总的节点数量一定是奇数。

性质 2：一个 $k(k \geqslant 1)$层的满二叉树其节点总数为 2^k-1 个。这一点易于理解，因为满二叉树的节点数量实际上是一个公比为 2 的等比数列的前 k 项和。

性质 3：满二叉树第 $i(i \geqslant 1)$层上具有 2^{i-1}个节点。这一点同样易于理解，因为满二叉树第 i 层的节点数量实际上是公比为 2 等比数列的第 i 项值。

性质 4：一个 $k(k \geqslant 1)$层的满二叉树，其叶节点数量（最后一层的节点数量）为 2^{k-1}个。实际上性质 4 为性质 3 的推论。

性质 5：如果按照从上到下、从左到右的方式为满二叉树的每个节点从 1 开始进行编号，那么满二叉树第 i 层中的最大编号取值为 2^i-1。

性质 6：采用与性质 5 相同的编号方式，则编号为 m 的非叶节点与其左右子节点之间的编号关系为左子节点编号$=2m$；右子节点编号$=2m+1$。通过该性质可知满二叉树结构还可以通过数组的方式进行表示和存储。

性质 7：一个具有 $n(n \geqslant 1)$个节点的满二叉树，其深度为 $\log_2(n+1)$层。

如果在一棵二叉树结构中，只有最后一层的节点没有被铺满而其余层的节点全部被铺满，并且最后一层缺失的节点都是在最右侧连续缺失的，则这棵二叉树就是一棵完全二叉树。

完全二叉树的结构如图 6-14 所示。

由满二叉树和完全二叉树的定义可知，满二叉树实际上是完全二叉树的一种特例形式。

完全二叉树具有如下性质。

性质 1：一个 $k(k \geqslant 1)$层的完全二叉树节点数量在$[2^{k-1}, 2^k-1]$之间。

性质 2：一个 $k(k \geqslant 1)$层的完全二叉树最后一层节点的数量（注意不是叶节点的数量）在$[1, 2^{k-1}]$之间。

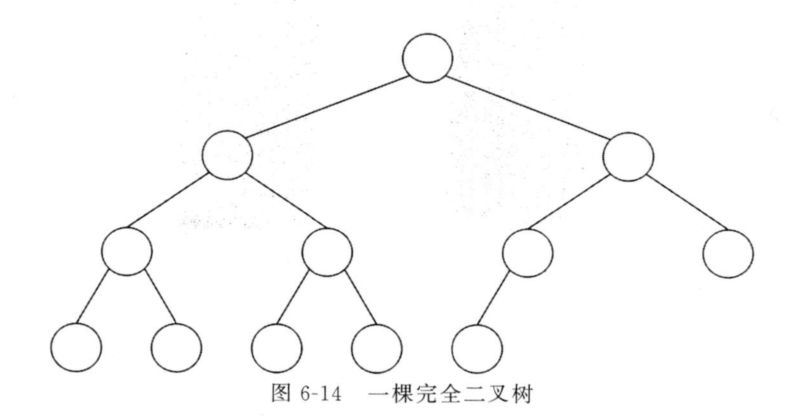

图 6-14 一棵完全二叉树

性质 3：一个具有 $n(n \geqslant 1)$ 个节点的完全二叉树的深度为 $\lfloor \log_2 n \rfloor + 1$ 层。

6.2.4 二叉树的遍历操作

二叉树的遍历操作与一般树结构相似，大体上可以分为深度优先遍历和广度优先遍历两种。

二叉树的深度优先遍历可以分为 6 种方式。

(1) 根左右：先遍历根节点，然后递归遍历左子树，最后递归遍历右子树。

(2) 根右左：先遍历根节点，然后递归遍历右子树，最后递归遍历左子树。

(3) 左根右：先递归遍历左子树，然后遍历根节点，最后递归遍历右子树。

(4) 右根左：先递归遍历右子树，然后遍历根节点，最后递归遍历左子树。

(5) 左右根：先递归遍历左子树，然后递归遍历右子树，最后遍历根节点。

(6) 右左根：先递归遍历右子树，然后递归遍历左子树，最后遍历根节点。

如果将左右子树之间的递归遍历顺序限制为先左后右，则上述 6 种方式可以简化为根左右、左根右、左右根 3 种，分别称为二叉树的先序遍历、中序遍历和后序遍历。

下面以图示的方式给出一个二叉树结构的 3 种深度优先遍历方式的执行过程及结果序列。

二叉树的先序遍历如图 6-15 所示。

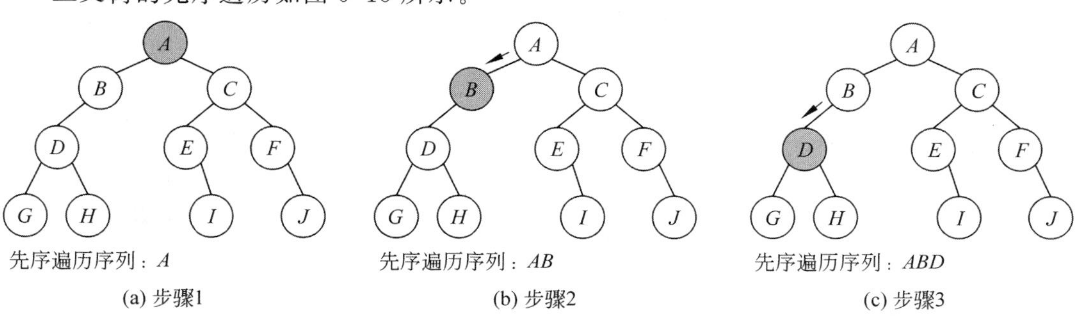

图 6-15 二叉树的先序遍历

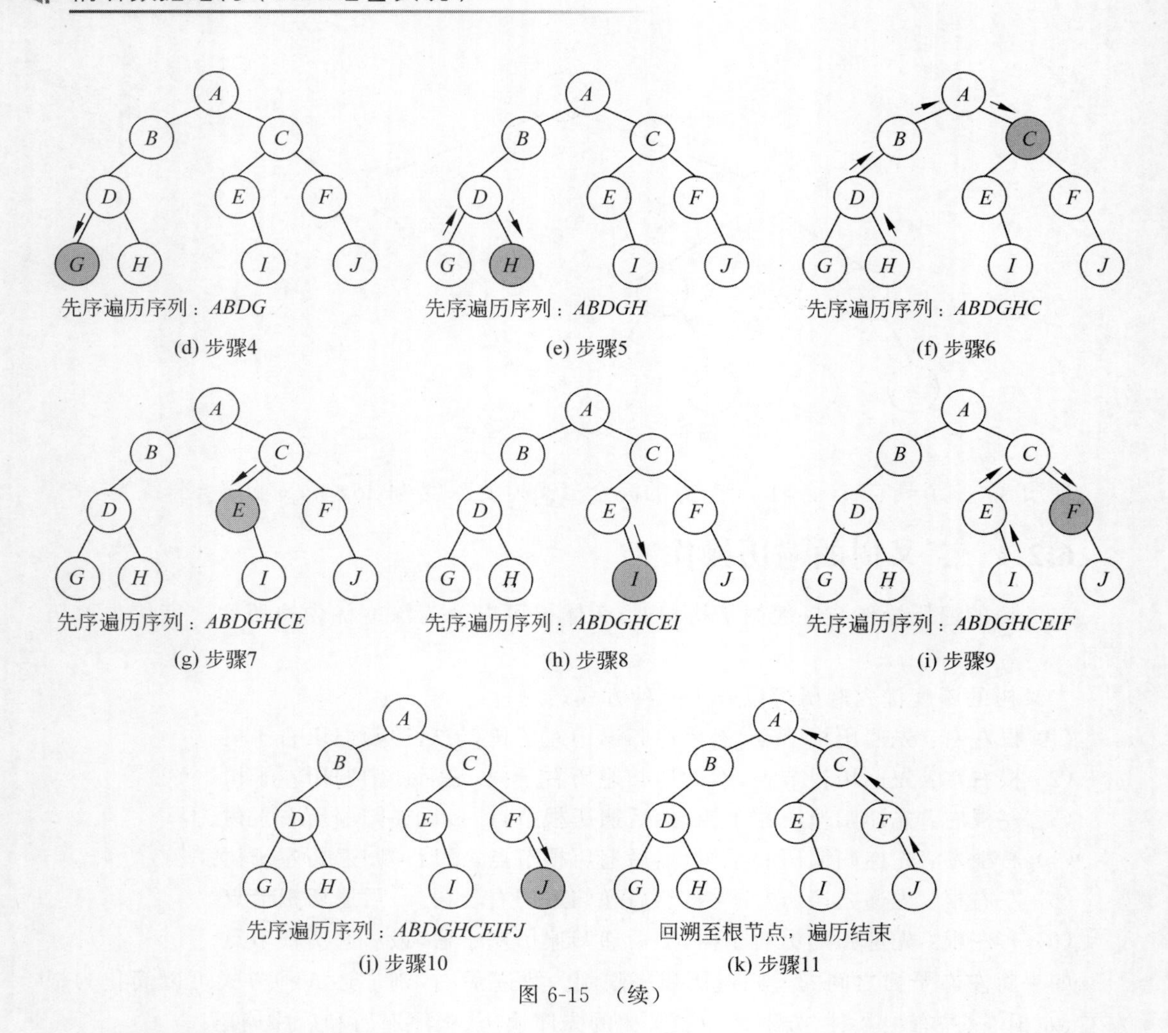

图 6-15 （续）

二叉树的中序遍历如图 6-16 所示。

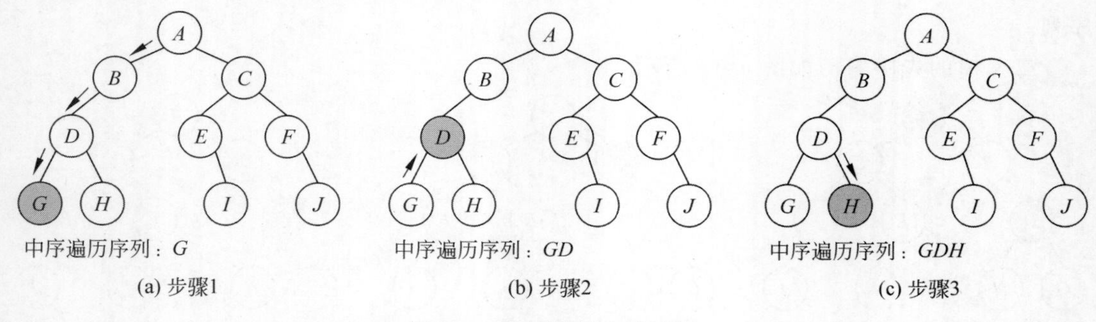

图 6-16 二叉树的中序遍历

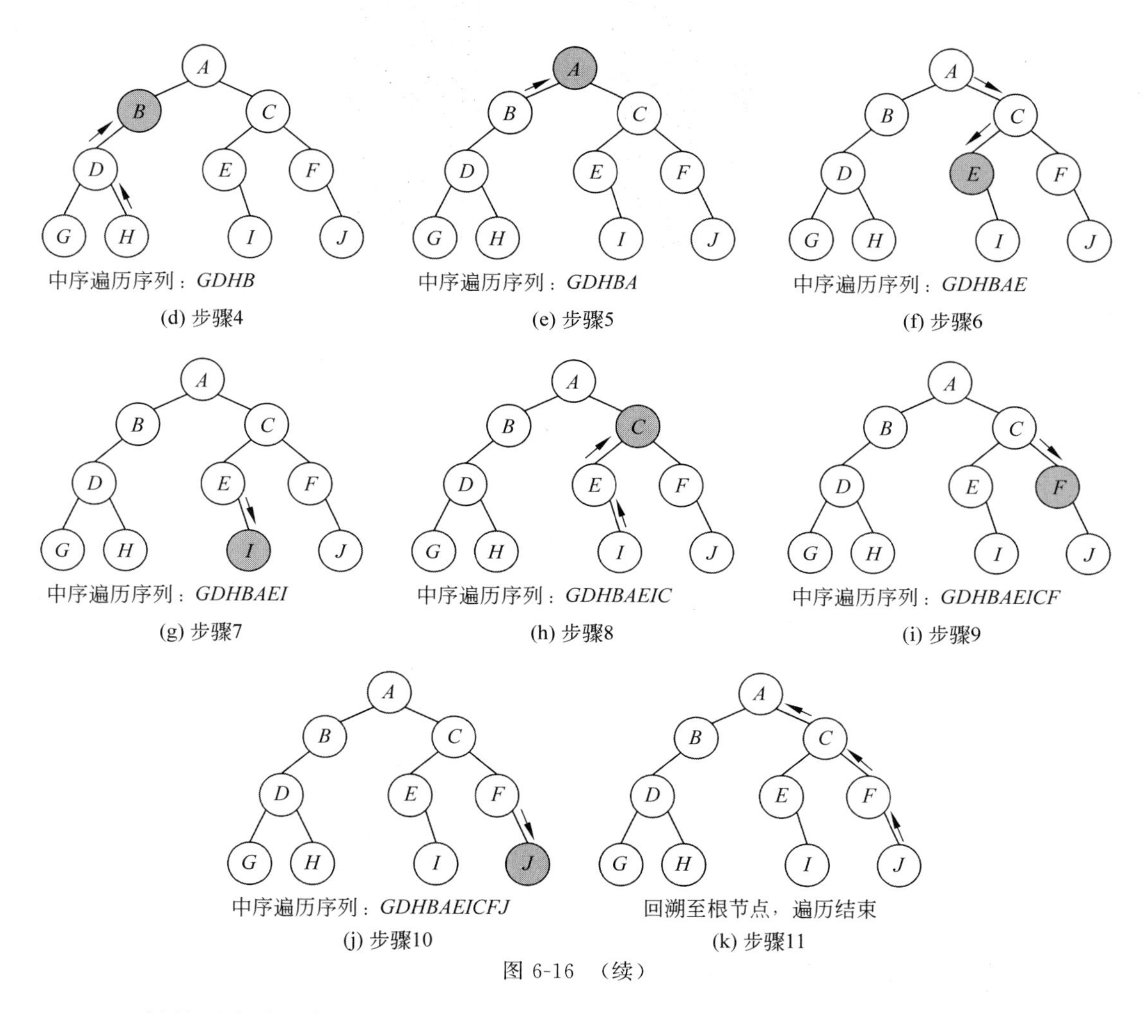

(d) 步骤4 (e) 步骤5 (f) 步骤6

(g) 步骤7 (h) 步骤8 (i) 步骤9

(j) 步骤10 (k) 步骤11

图 6-16 （续）

二叉树的后序遍历如图 6-17 所示。

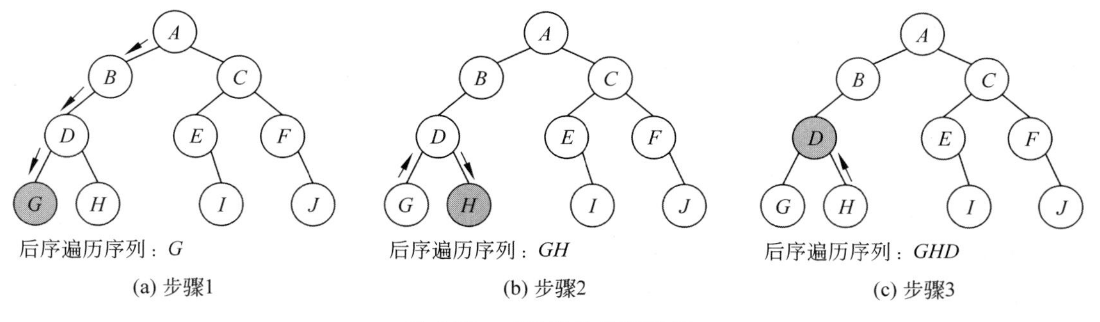

(a) 步骤1 (b) 步骤2 (c) 步骤3

图 6-17 二叉树的后序遍历

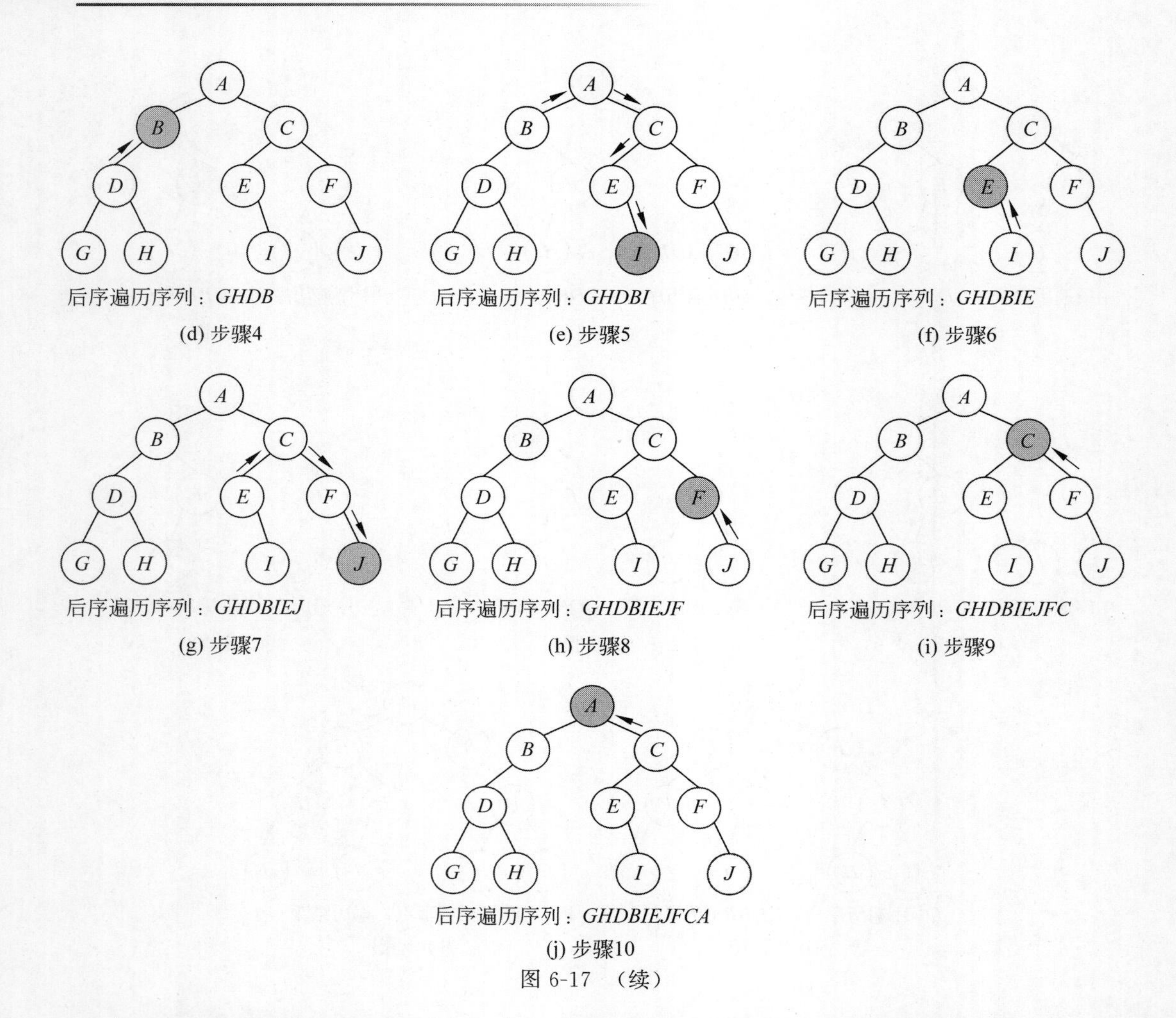

图 6-17 （续）

与一般树结构深度优先遍历相似，二叉树结构的 3 种深度优先遍历方式都可以通过递归或者栈结构辅助实现，其所保持思路"如何遍历整棵二叉树，就如何遍历左右子树"依然可以体现出二叉树作为树结构其定义具有递归性质的特点。下面给出二叉树这 3 种深度优先遍历方式各自的两种不同实现方法的示例代码：

```
/**
 Chapter6_Tree
 com.ds.binarytree
 BinaryTree.java
 二叉树结构
 */
public class BinaryTree {
```

```
//通过静态内部类定义二叉树的节点类型
private static class Node {
    Object data;                                          //数据域
    Node lChild;                                          //左子指针域
    Node rChild;                                          //右子指针域
}

/**
 二叉树的深度优先遍历
 先序遍历
 递归实现
 root 为树根节点
 */
public void preorderTraversalRecursive(Node root) {

    //递归出口
    if(root == null) {
        return;
    }

    //1.优先遍历根节点
    System.out.println(root.data);

    //2.然后递归遍历左子树
    preorderTraversalRecursive(root.lChild);

    //3.最后递归遍历右子树
    preorderTraversalRecursive(root.rChild);

}

/**
 二叉树的深度优先遍历
 先序遍历
 栈结构实现
 root 为树根节点
 */
public void preorderTraversalStack(Node root) {

    //防止空树的情况
    if(root == null) {
        return;
    }

    //创建先序遍历使用的栈结构
    Stack<Node> stack = new Stack<>();
```

```
        //首先将整棵二叉树的根节点入栈
        stack.push(root);

        //循环条件为栈结构非空
        while(!stack.isEmpty()) {

            //(子)树根节点出栈并遍历
            Node node = stack.pop();
            System.out.println(node.data);

            //左右子节点逆向入栈,保证出栈及遍历顺序为先左后右

            //右子(右子树根)节点入栈
            if(node.rChild != null) {
                stack.push(node.rChild);
            }

            //左子(左子树根)节点入栈
            if(node.lChild != null) {
                stack.push(node.lChild);
            }

        }

    }

    /**
     二叉树的深度优先遍历
     中序遍历
     递归实现
     root 为树根节点
     */
    public void inorderTraversalRecursive(Node root) {

        //递归出口
        if(root == null) {
            return;
        }

        //1.优先递归遍历左子树
        inorderTraversalRecursive(root.lChild);

        //2.然后遍历根节点
        System.out.println(root.data);
```

```
        //3.最后递归遍历右子树
        inorderTraversalRecursive(root.rChild);

    }

    /**
     二叉树的深度优先遍历
     中序遍历
     栈结构实现
     root 为树根节点
     * /
    public void inorderTraversalStack(Node root) {

        //防止空树的情况
        if (root == null) {
            return;
        }

        //创建中序遍历使用的栈结构
        Stack<Node> stack = new Stack<>();

        //通过节点类型变量 node,维护某一节点与其左子之间加入栈结构的相对顺序
        Node node = root;
        while (node != null || !stack.isEmpty()) {

            //保证对于任意节点来讲,它与它的左子相邻入栈并且以左子->根节点的顺序出栈
            while (node != null) {
                stack.push(node);
                node = node.lChild;
            }

            / *
             以当前节点->左子的顺序相邻入栈
             以左子->当前节点的顺序相邻出栈
             * /
            node = stack.pop();
            System.out.print(node.data);

            / *
             node 变量指向右子
             执行入栈出栈
             * /
            node = node.rChild;
        }

    }
```

```
/**
 二叉树的深度优先遍历
 后序遍历
 递归实现
 root 为树根节点
 * /
public void postorderTraversalRecursive(Node root) {

    //递归出口
    if(root == null) {
        return;
    }

    //1.优先递归遍历左子树
    postorderTraversalRecursive(root.lChild);

    //3.然后递归遍历右子树
    postorderTraversalRecursive(root.rChild);

    //2.最后遍历根节点
    System.out.println(root.data);

}

/**
 二叉树的深度优先遍历
 后序遍历
 栈结构实现
 root 为树根节点
 * /
public void postorderTraversalStack(Node root) {

    //防止空树的情况
    if (root == null) {
        return;
    }

    //创建后序遍历使用的栈结构
    Stack<Node> stack = new Stack<>();

    //通过节点类型变量 node 维护某一节点与其左子之间加入栈结构的相对顺序
    Node node = root;

    //上次访问的节点
    Node lastVisitNode = null;
    while (node != null || !stack.isEmpty()) {

        //保证对于任意节点来讲,它与它的左子相邻入栈并且以左子->根节点的顺序出栈
```

```
            while (node != null) {
                stack.push(node);
                node = node.lChild;
            }

            //查看栈顶元素,但是并不弹出
            node = stack.peek();
            if (node.rChild == null || node.rChild == lastVisitNode) {

                //若此时栈顶节点右子树为空或右子树已经被访问,则出栈并处理栈顶节点
                node = stack.pop();
                System.out.print(node.data);

                //在下一次循环中,当前被处理节点将成为上一次处理过的节点
                lastVisitNode = node;

                //将 node 变量置为 null,避免死循环
                node = null;
            } else {
                //否则处理右子树
                node = node.rChild;
            }
        }

    }

}
```

二叉树的广度优先遍历同样需要使用队列结构辅助实现，其具体做法是：首先将整棵二叉树的树根节点加入队列结构当中；将队列头节点出队列进行遍历，并且在任意节点出队列后将其左右子节点（如果存在）加入队列结构中；循环执行上述操作，直到队列结构为空，算法结束。

下面以图示的方式给出一个二叉树的广度优先遍历方式的执行过程及结果序列。

二叉树的广度优先遍历如图 6-18 所示。

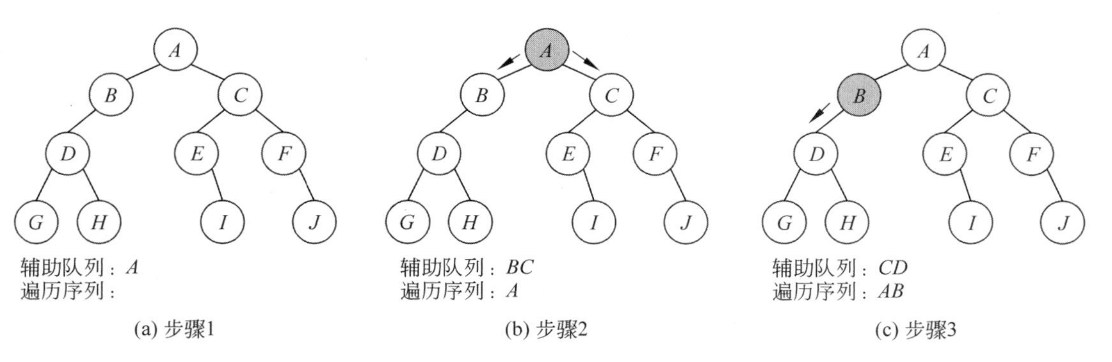

图 6-18 二叉树的广度优先遍历

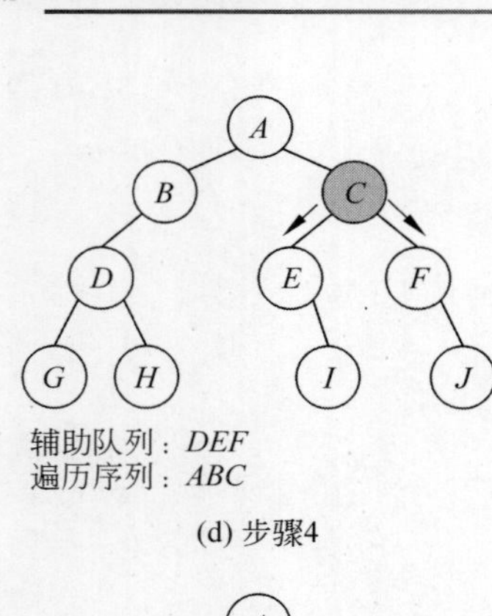

(d) 步骤4

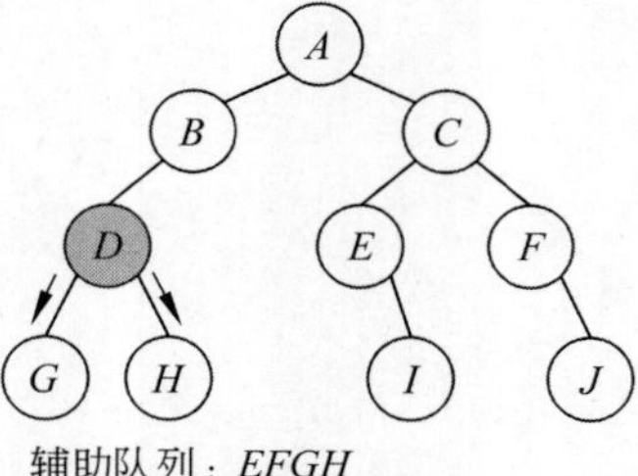

(e) 步骤5

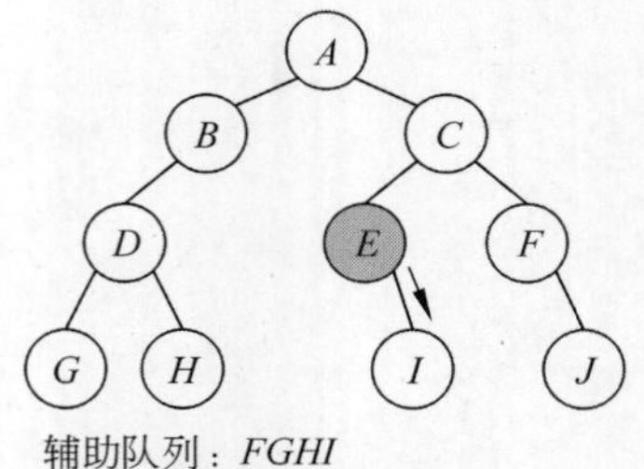

(f) 步骤6

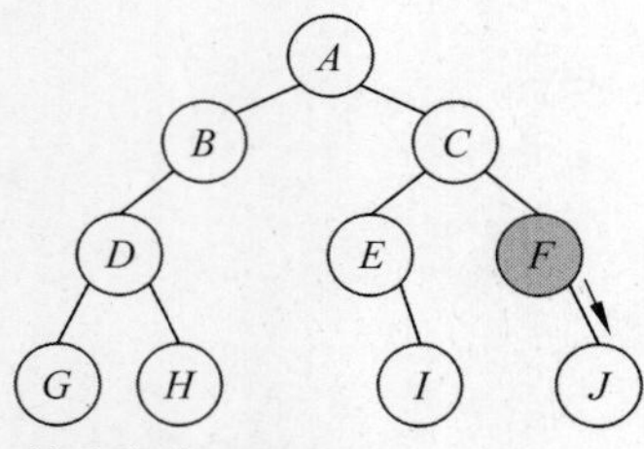

(g) 步骤7

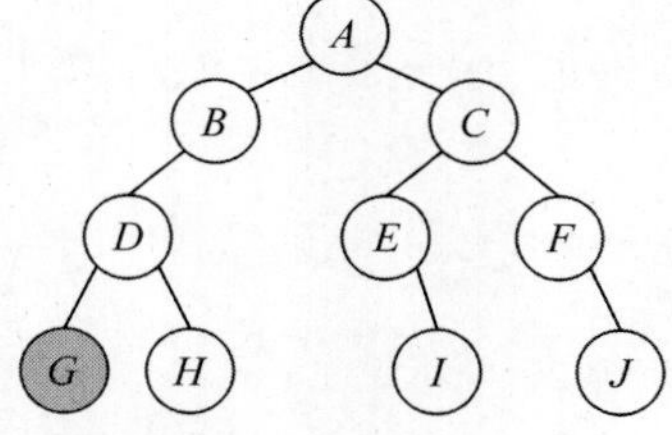

(h) 步骤8

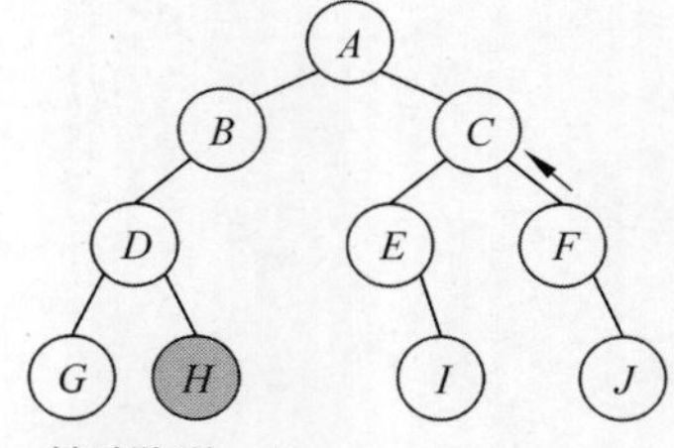

(i) 步骤9

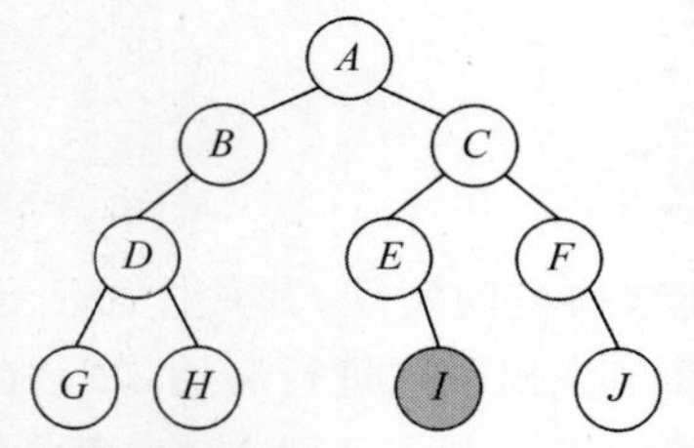

(j) 步骤10

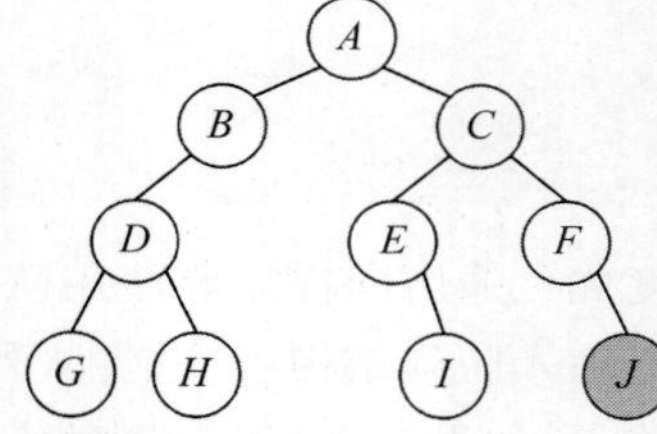

(k) 步骤11

图 6-18 （续）

下面给出二叉树的广度优先遍历的代码示例：

```
/**
 Chapter6_Tree
 com.ds.binarytree
 BinaryTree.java
 二叉树结构
 * /
public class BinaryTree {

    //通过静态内部类定义二叉树的节点类型
    private static class Node {
```

```
        Object data;                                        //数据域
        Node lChild;                                        //左子指针域
        Node rChild;                                        //右子指针域
    }

    /**
    二叉树的广度优先遍历
    队列结构实现
    root 为树根节点
     */
    public void breadthFirstTraversal(Node root) {

        //防止空树的情况
        if(root == null) {
            return;
        }

        //1.创建用于广度优先遍历的队列
        Queue<Node> queue = new LinkedList<>();

        //2.算法开始前,将树根加入队列
        queue.offer(root);

        //6.若队列为空,则广度优先遍历结束
        while(!queue.isEmpty()) {

            //3.将队列头节点出队列,对该节点进行操作
            Node node = queue.poll();
            System.out.println(node.data);

            //4.若该节点具有左子,将左子加入队列
            if(node.lChild != null) {
                queue.offer(node.lChild);
            }

            //5.若该节点具有右子,将右子加入队列
            if(node.rChild != null) {
                queue.offer(node.rChild);
            }

        }

    }

}
```

6.2.5 通过深度优先遍历序列构建二叉树

当提供了二叉树3种深度优先遍历序列中的先序遍历序列＋中序遍历序列或者中序遍历序列＋后序遍历序列的组合时，可以通过上述两种组合方式唯一地确定一棵二叉树的完整结构，这一操作可以通过如下口诀进行记忆：中序定左右，树根看先后。口诀的具体含义是：通过二叉树的中序遍历序列可以确定某一节点的左右子树由哪些后代节点构成；至于其左右子树的树根是哪一个节点，则需要通过先序遍历序列或者后序遍历序列进行确定。

但是如果只提供了先序遍历序列＋后序遍历序列的组合，则因为某些只具有一个子节点的节点会产生镜像对称的原因将会导致无法唯一地确定这棵二叉树的结构。

下面对通过先序遍历序列＋中序遍历序列及中序遍历序列＋后序遍历序列的组合构建结构唯一的二叉树的方式及只具有一个子节点的节点会产生镜像对称的原因进行说明。

1. 先序遍历序列＋中序遍历序列的组合

通过先序遍历序列＋中序遍历序列的组合方式唯一确定一棵二叉树结构的流程如下。

步骤1：根据先序遍历的流程可知，在先序遍历序列中最先出现的节点为整棵二叉树的根节点。

步骤2：在中序遍历序列中找到根节点，其左侧的所有节点即为其左子树的构成，其右侧的所有节点即为其右子树的构成。

步骤3：根据先序遍历的流程及二叉树定义的递归性可知，在通过步骤2确定的根节点左右子树的构成节点中，在先序遍历序列当中最先出现的为左右子树的树根，即根节点的直接左右子节点，所以对左右子树分别递归地执行步骤1和步骤2，即可构建出整棵二叉树的结构。

通过先序遍历序列＋中序遍历序列构建二叉树的过程如图6-19所示。

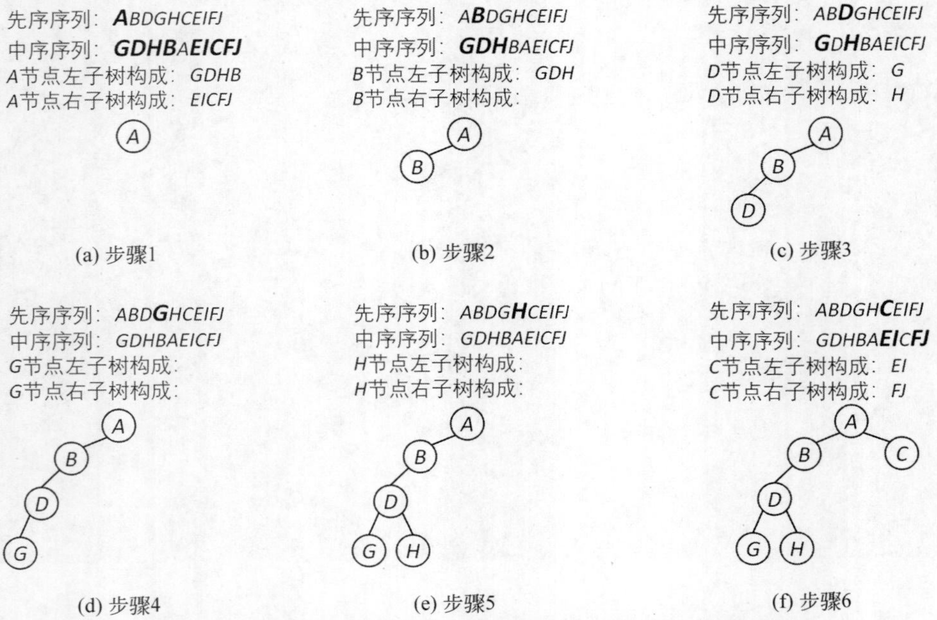

先序序列：ABDGHCEIFJ
中序序列：GDHBAEICFJ
A节点左子树构成：GDHB
A节点右子树构成：EICFJ

(a) 步骤1

先序序列：ABDGHCEIFJ
中序序列：GDHBAEICFJ
B节点左子树构成：GDH
B节点右子树构成：

(b) 步骤2

先序序列：ABDGHCEIFJ
中序序列：GDHBAEICFJ
D节点左子树构成：G
D节点右子树构成：H

(c) 步骤3

先序序列：ABDGHCEIFJ
中序序列：GDHBAEICFJ
G节点左子树构成：
G节点右子树构成：

(d) 步骤4

先序序列：ABDGHCEIFJ
中序序列：GDHBAEICFJ
H节点左子树构成：
H节点右子树构成：

(e) 步骤5

先序序列：ABDGHCEIFJ
中序序列：GDHBAEICFJ
C节点左子树构成：EI
C节点右子树构成：FJ

(f) 步骤6

图6-19 通过先序遍历序列＋中序遍历序列构建二叉树的过程

先序序列：ABDGHC**E**IFJ
中序序列：GDHBAE**I**CFJ
*E*节点左子树构成：
*E*节点右子树构成：*I*

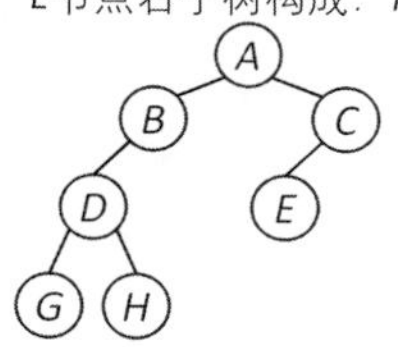

(g) 步骤7

先序序列：ABDGHCE**I**FJ
中序序列：GDHBAEICFJ
*I*节点左子树构成：
*I*节点右子树构成：

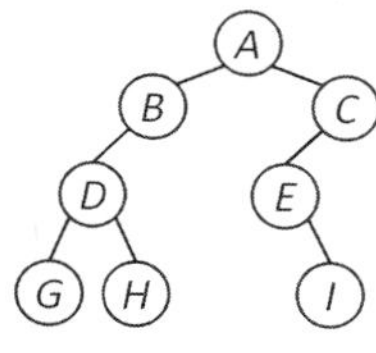

(h) 步骤8

先序序列：ABDGHCEI**F**J
中序序列：GDHBAEICF**J**
*F*节点左子树构成：
*F*节点右子树构成：*J*

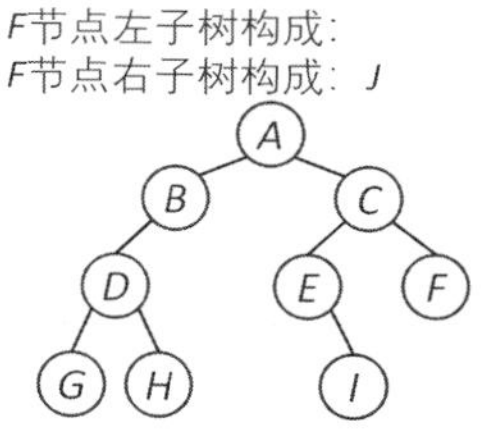

(i) 步骤9

先序序列：ABDGHCEIF**J**
中序序列：GDHBAEICFJ
*J*节点左子树构成：
*J*节点右子树构成：

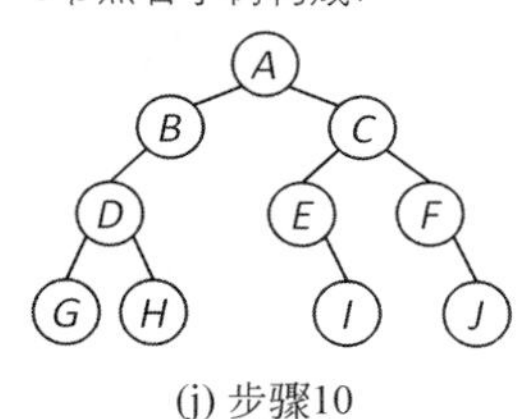

(j) 步骤10

图 6-19 （续）

上述流程的实现代码如下：

```
/**
 Chapter6_Tree
 com.ds.binarytree
 BinaryTree.java
 二叉树结构
 * /
public class BinaryTree {

    //通过静态内部类定义二叉树的节点类型
    private static class Node {
        Object data;                                    //数据域
        Node lChild;                                    //左子指针域
        Node rChild;                                    //右子指针域
    }

    /**
     通过先序序列+中序序列构建二叉树的方法
     preorder 为先序序列
     inorder 为中序序列
     * /
    public Node buildByPreAndInOrder(Node[] preorder, Node[] inorder) {
```

```
    //对先序、中序序列的长度进行判断
    if (preorder == null
            || inorder == null
            || preorder.length == 0
            || inorder.length == 0) {
        return null;
    }

    if (preorder.length != inorder.length) {
        return null;
    }

    //调用通过先序和中序序列构建二叉树的递归过程
    return buildByPreAndInOrderInner(
            //传入先序序列及起点下标和终点下标
            preorder, 0, preorder.length - 1,
            //传入中序序列及起点下标和终点下标
            inorder, 0, inorder.length - 1
    );
}

/**
 通过先序序列和中序序列
 构建二叉树的递归过程
 preorder 为先序序列
 preStart 为当前(子)树的所有节点
         在先序序列中的起点下标
 preEnd 为当前(子)树的所有节点
         在先序序列中的终点下标
 inorder 为中序序列
 inStart 为当前(子)树的所有节点
         在中序序列中的起点下标
 inEnd 为当前(子)树的所有节点
         在中序序列中的终点下标
 返回值为当前(子)树的树根节点
 */
private Node buildByPreAndInOrderInner(
        Node[] preorder, int preStart, int preEnd,
        Node[] inorder, int inStart, int inEnd
) {

    if (preStart > preEnd || inStart > inEnd) {
        return null;
    }
```

```
        /*
         在先序序列中
         确定(子)树的根节点
         */
        Node rootVal = preorder[preStart];
        Node root = new Node();
        root.data = rootVal.data;

        /*
         在中序序列的指定范围中
         找到(子)树根节点的下标
         通过这一下标取值
         结合 inStart 与 inEnd 两个端点下标取值
         可以计算出以该节点为根的(子)树
         左右子树的节点在先序序列中的范围
         左子树范围:[preStart+1, preStart+rootIndex-inStart]
         右子树范围:[inStart, rootIndex-1]
         */
        int rootIndex = findRootIndexInorder(rootVal, inorder, inStart, inEnd);

        //递归构建左子树
        root.lChild = buildByPreAndInOrderInner(
                preorder, preStart+1, preStart+rootIndex-inStart,
                inorder, inStart, rootIndex-1);

        //递归构建右子树
        root.rChild = buildByPreAndInOrderInner(
                preorder, preStart+rootIndex-inStart+1, preEnd,
                inorder, rootIndex+1, inEnd);

        //返回根节点
        return root;
    }

    //在中序序列的指定范围中查找(子)树根节点下标的方法
    private int findRootIndexInorder(
            Node rootVal, Node[] inorder, int inStart, int inEnd) {
        for (int i = inStart; i <= inEnd; i++) {
            if (rootVal.data.equals(inorder[i].data)) {
                return i;
            }
        }
        return -1;
    }

}
```

2. 中序遍历序列＋后序遍历序列的组合

通过中序遍历序列＋后序遍历序列的组合方式唯一地确定一棵二叉树结构的流程如下。

步骤 1：根据后序遍历的流程可知，在后序遍历序列中最后出现的节点即为整棵二叉树的根节点。

步骤 2：在中序遍历序列中找到根节点，其左侧的所有节点即为其左子树的构成，其右侧的所有节点即为其右子树的构成。

步骤 3：根据后序遍历的流程及二叉树定义的递归性可知，在通过步骤 2 确定的根节点左右子树的构成节点当中，在后序遍历序列当中最后出现的为左右子树的树根，即根节点的直接左右子节点，所以对左右子树分别递归地执行步骤 1 和步骤 2 即可构建出整棵二叉树的结构。

通过中序遍历序列＋后序遍历序列构建二叉树的过程如图 6-20 所示。

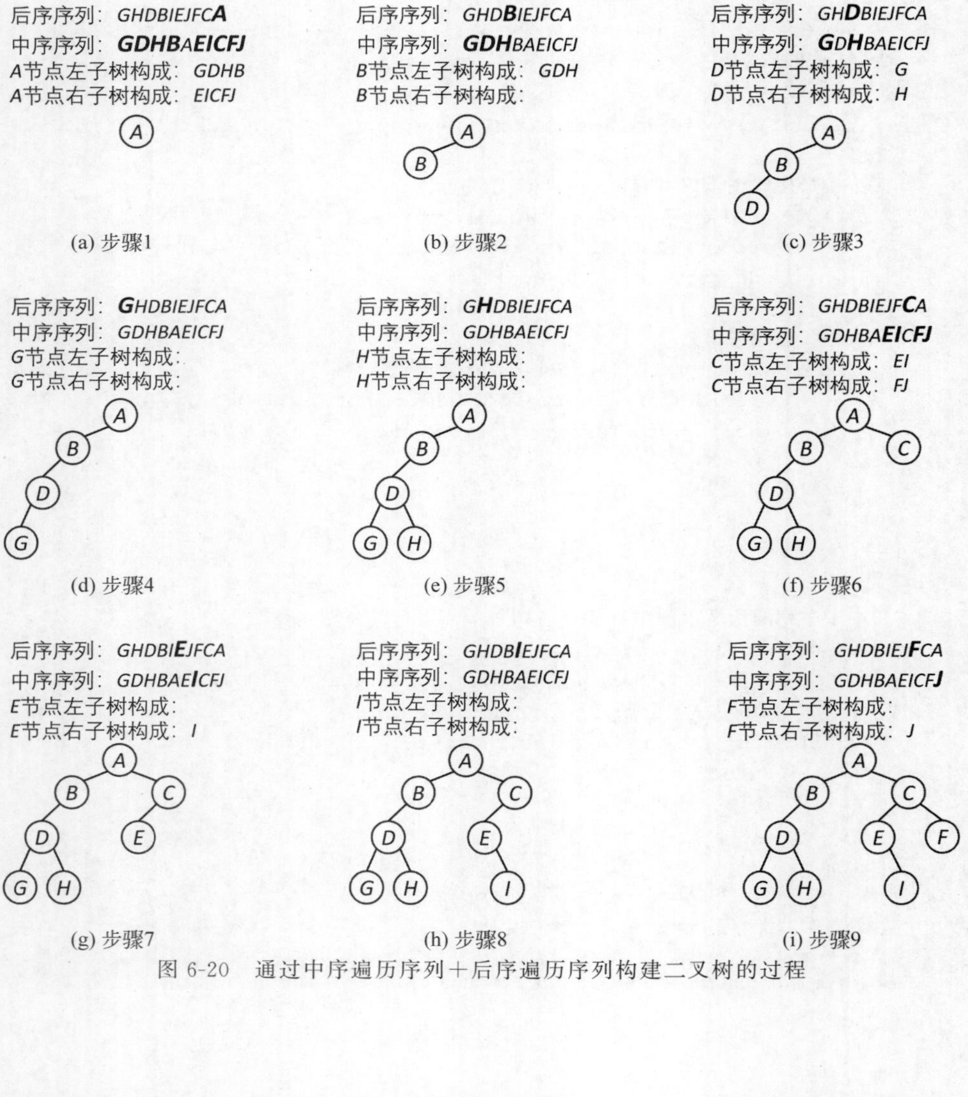
后序序列：GHDBIEJFCA
中序序列：GDHBAEICFJ
A节点左子树构成：GDHB
A节点右子树构成：EICFJ
A
(a) 步骤1
后序序列：GHDBIEJFCA
中序序列：GDHBAEICFJ
B节点左子树构成：GDH
B节点右子树构成：
A
B
(b) 步骤2
后序序列：GHDBIEJFCA
中序序列：GDHBAEICFJ
D节点左子树构成：G
D节点右子树构成：H
A
B
D
(c) 步骤3
后序序列：GHDBIEJFCA
中序序列：GDHBAEICFJ
G节点左子树构成：
G节点右子树构成：
A
B
D
G
(d) 步骤4
后序序列：GHDBIEJFCA
中序序列：GDHBAEICFJ
H节点左子树构成：
H节点右子树构成：
A
B
D
G H
(e) 步骤5
后序序列：GHDBIEJFCA
中序序列：GDHBAEICFJ
C节点左子树构成：EI
C节点右子树构成：FJ
A
B C
D
G H
(f) 步骤6
后序序列：GHDBIEJFCA
中序序列：GDHBAEICFJ
E节点左子树构成：
E节点右子树构成：I
A
B C
D E
G H
(g) 步骤7
后序序列：GHDBIEJFCA
中序序列：GDHBAEICFJ
I节点左子树构成：
I节点右子树构成：
A
B C
D E
G H I
(h) 步骤8
后序序列：GHDBIEJFCA
中序序列：GDHBAEICFJ
F节点左子树构成：
F节点右子树构成：J
A
B C
D E F
G H I
(i) 步骤9

图 6-20 通过中序遍历序列＋后序遍历序列构建二叉树的过程

后序序列：*GHDBIEJFCA*
中序序列：*GDHBAEICFJ*
*J*节点左子树构成：
*J*节点右子树构成：

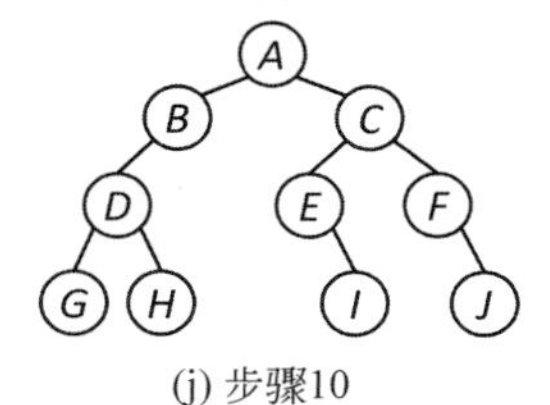

(j) 步骤10

图 6-20 （续）

上述流程的实现代码如下：

```
/**
 Chapter6_Tree
 com.ds.binarytree
 BinaryTree.java
 二叉树结构
 */
public class BinaryTree {

    //通过静态内部类定义二叉树的节点类型
    private static class Node {
        Object data;                                    //数据域
        Node lChild;                                    //左子指针域
        Node rChild;                                    //右子指针域
    }

    /**
     通过后序序列+中序序列构建二叉树的方法
     postorder 为后序序列
     inorder 为中序序列
     */
    public Node buildByPostAndInOrder(Node[] postorder, Node[] inorder) {

        //对后序、中序序列的长度进行判断
        if (postorder == null
                || inorder == null
                || postorder.length == 0
                || inorder.length == 0) {
            return null;
        }

        if (postorder.length != inorder.length) {
            return null;
```

```
    }

    //调用通过后序和中序序列构建二叉树的递归过程
    return buildByPostAndInOrderInner(
            //传入后序序列及起点下标和终点下标
            postorder, 0, postorder.length - 1,
            //传入中序序列及起点下标和终点下标
            inorder, 0, inorder.length - 1
    );
}

/**
 通过后序序列和中序序列
 构建二叉树的递归过程
 postorder 为后序序列
 postStart 为当前(子)树的所有节点
         在后序序列中的起点下标
 postEnd 为当前(子)树的所有节点
         在后序序列中的终点下标
 inorder 为中序序列
 inStart 为当前(子)树的所有节点
         在中序序列中的起点下标
 inEnd 为当前(子)树的所有节点
         在中序序列中的终点下标
 返回值为当前(子)树的树根节点
 */
private Node buildByPostAndInOrderInner(
        Node[] postorder, int postStart, int postEnd,
        Node[] inorder, int inStart, int inEnd
) {

    if (postStart > postEnd || inStart > inEnd) {
        return null;
    }

    //在后序序列中确定(子)树的根节点
    Node rootVal = postorder[postEnd];
    Node root = new Node();
    root.data = rootVal.data;

    /*
     在中序序列的指定范围中
     找到(子)树根节点的下标
     通过这一下标取值
     结合 inStart 与 inEnd 两个端点下标取值
     可以计算出以该节点为根的(子)树
```

```
        左右子树的节点在后序序列中的范围
        左子树范围:[postStart+1, postStart+rootIndex-inStart-1]
        右子树范围:[postStart+rootIndex-inStart, postEnd-1]
        */
        int rootIndex = findRootIndexInorder(rootVal, inorder, inStart, inEnd);

        //递归构建左子树
        root.lChild = buildByPostAndInOrderInner(
                postorder, postStart, postStart+rootIndex-inStart-1,
                inorder, inStart, rootIndex-1);

        //递归构建右子树
        root.rChild = buildByPostAndInOrderInner(
                postorder, postStart+rootIndex-inStart, postEnd-1,
                inorder, rootIndex+1, inEnd);

        //返回根节点
        return root;
    }

    //在中序序列的指定范围中查找(子)树根节点下标的方法
    private int findRootIndexInorder(
            Node rootVal, Node[] inorder, int inStart, int inEnd) {
        for (int i = inStart; i <= inEnd; i++) {
            if (rootVal.data.equals(inorder[i].data)) {
                return i;
            }
        }
        return -1;
    }

}
```

注意:上述不论通过先序遍历序列+中序遍历序列的组合方式还是中序遍历序列+后序遍历序列的组合方式唯一地确定二叉树结构的流程都只适用于二叉树中不存在重复节点的情况。如果二叉树中存在重复节点,则无法唯一地确定一棵二叉树的结构。

3. 二叉树的镜像对称

首先给出形如图 6-21 所示的两棵相似的二叉树。

在图 6-21 中,两棵二叉树结构的先序遍历序列都是 $ABDC$,后序遍历序列都是 $DBCA$,只有二者的中序遍历序列是不相同的,其中图 6-21(a)的中序遍历序列为 $DBAC$,图 6-21(b)的中序遍历序列为 $BDAC$,所以很明显在这种情况下仅通过先序遍历序列+后序遍历序列的组合是无法唯一确定一个二叉树的结构的。图 6-21 中的两棵二叉树称为以节点 B 为轴的镜像对称。

二叉树的镜像对称概念如图 6-22 所示。

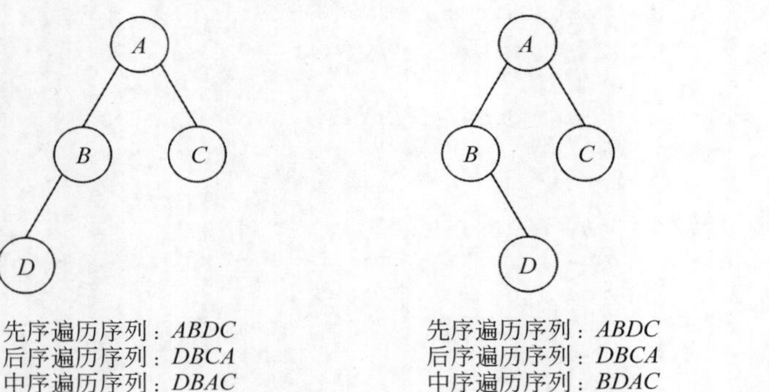

图 6-21　结构相似的两棵二叉树

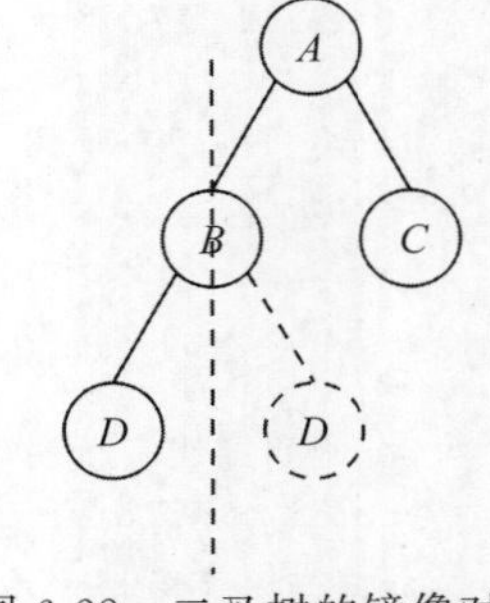

图 6-22　二叉树的镜像对称

对于所有只具有单个子节点的二叉树节点，如果将其唯一的子节点连同后代节点一并移动到另一边是不会改变以该节点为根的（子）树的先序遍历序列和后序遍历序列的，只有其中序遍历序列会发生相应改变，所以仅通过先序遍历序列＋后续遍历序列的组合方式在存在只具有单个子节点的二叉树节点的情况下无法唯一地确定一棵二叉树的结构。

6.2.6　树、森林与二叉树的转换

在 6.1.1 节讲解过，可以保存多于两个子节点的多叉树结构及由多叉树构成的森林都可以通过一些特定的方式转换为一个与之对应、结构唯一的二叉树结构。将多叉树及由多叉树构成的森林转换为二叉树具有以下优点。

优点 1：二叉树结构的遍历算法和许多操作（如查找、插入、删除等）都有很好的性能保证，而这些操作在多叉树之上就没有那么直接和高效。

优点 2：许多数据结构和算法是基于二叉树设计的。在将多叉树转换为二叉树后，许多相关的算法可以直接应用于二叉树上，避免了从头开始设计的烦琐和复杂。

优点 3：某些算法和数据结构的实现需要使用二叉树结构。例如平衡二叉树、红黑树等。

综上所述，将一般的多叉树结构及多叉树森林转换为二叉树结构，既能提高算法的效率，又能便于开发和实现许多相关的算法和数据结构，但是在一些特殊情况下还需要将二叉树结构转换回一般的多叉树结构或者由多叉树构成的森林。

下面开始对多叉树、多叉树森林与二叉树之间的转换问题进行讲解。

1. 多叉树转换为二叉树

将一个非空的多叉树转换为二叉树的步骤如下。

步骤 1：以多叉树的树根作为转换后二叉树的树根。

步骤 2：对于多叉树中的任意节点，保留其第 1 个子节点与父节点之间的相连关系，作为转换后对应二叉树结构的左子节点；该节点的第 2 个子节点构成以第 1 个子节点为根的

二叉树的右子节点，第 3 个子节点构成以第 2 个子节点为根的二叉树的右子节点……以此类推，逐层向下构建出以当前节点所在多叉树的根节点为根的二叉树。

步骤 3：对多叉树中所有的节点执行步骤 2，直到将以任意节点为根的多叉(子)树均转换为二叉树为止，算法结束。

多叉树转换为二叉树的过程如图 6-23 所示。

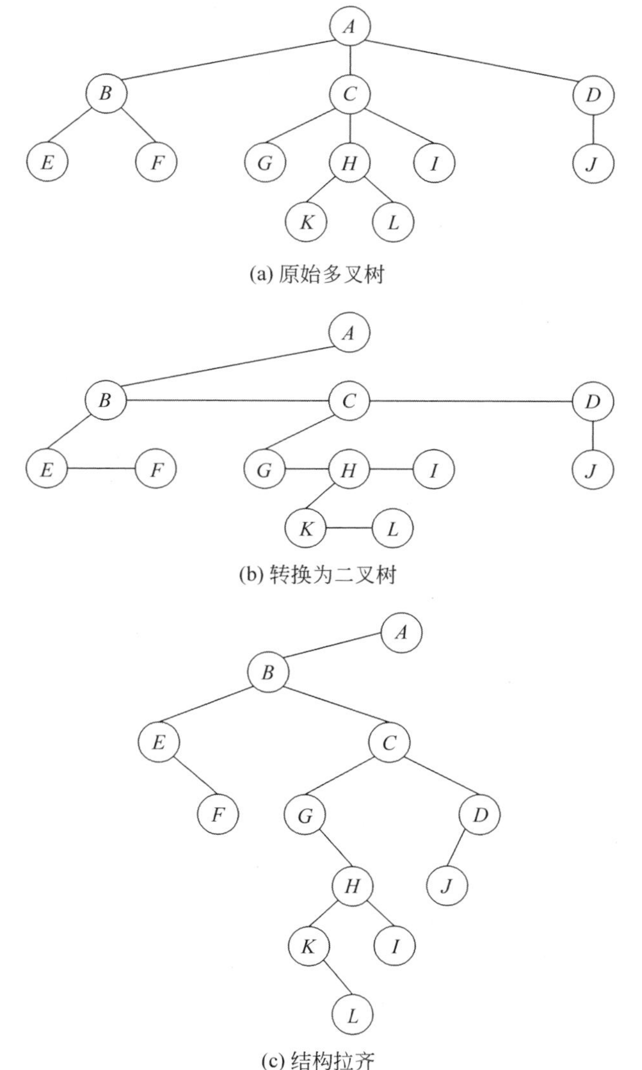

图 6-23 多叉树转换为二叉树的过程

很明显，将一个多叉树结构转换为与之对应的二叉树结构的过程是递归的，并且在转换完成后结果二叉树根节点的右子节点必定为空。

下面给出多叉树转换为二叉树的相关代码实现：

```
/**
 Chapter6_Tree
 com.ds.binarytree
 TreeToBinaryTree.java
 树、森林与二叉树的转换
  */
public class TreeToBinaryTree {

    //通过静态内部类定义树的节点类型
    private static class TreeNode {
        Object data;
        List<TreeNode> children;
    }

    //通过静态内部类定义二叉树的节点类型
    private static class BinaryTreeNode {
        Object data;                                    //数据域
        BinaryTreeNode lChild;                          //左子指针域
        BinaryTreeNode rChild;                          //右子指针域
    }

    //多叉树转换为二叉树的方法
    public BinaryTreeNode treeToBinaryTree(TreeNode root) {

        if (root == null) {
            return null;
        }

        //将多叉树的节点转换为二叉树的节点
        BinaryTreeNode newNode = new BinaryTreeNode();
        newNode.data = root.data;

        //递归地将多叉树的子节点转换为二叉树节点
        if (!root.children.isEmpty()) {

            //原多叉树节点的第 1 个子节点为转换后二叉树的左子节点
            newNode.lChild = treeToBinaryTree(root.children.get(0));

            //循环将多叉树的兄弟节点转换为右子树中的节点
            BinaryTreeNode curNode = newNode.lChild;
            for (int i = 1; i < root.children.size(); i++) {
                curNode.rChild = treeToBinaryTree(root.children.get(i));
                curNode = curNode.rChild;
            }

        }

        return newNode;
```

```
        }

    }
```

2. 二叉树转换为多叉树

将一个非空且根节点不具有右子节点的二叉树转换为多叉树的步骤如下。

步骤1：以二叉树的树根作为转换后多叉树的树根。

步骤2：对于二叉树中的任意节点，将其左子节点作为转换后多叉树的第1个子节点；将其左子节点的右子节点、左子节点的右子节点的右子节点……直到左子节点的最后一个右子节点分别作为转换后多叉树的第2个子节点、第3个子节点……也就是将当前节点的左子节点逐层向下的全部右子节点均作为转换后的多叉树中第1个子节点的兄弟节点。以此类推，构建出以当前节点所在二叉树的根节点为根的多叉树。

步骤3：对二叉树中所有的节点执行步骤2，直到将以任意节点为根的二叉(子)树均转换为多叉树为止，算法结束。

将二叉树转换为多叉树的过程如图6-24所示。

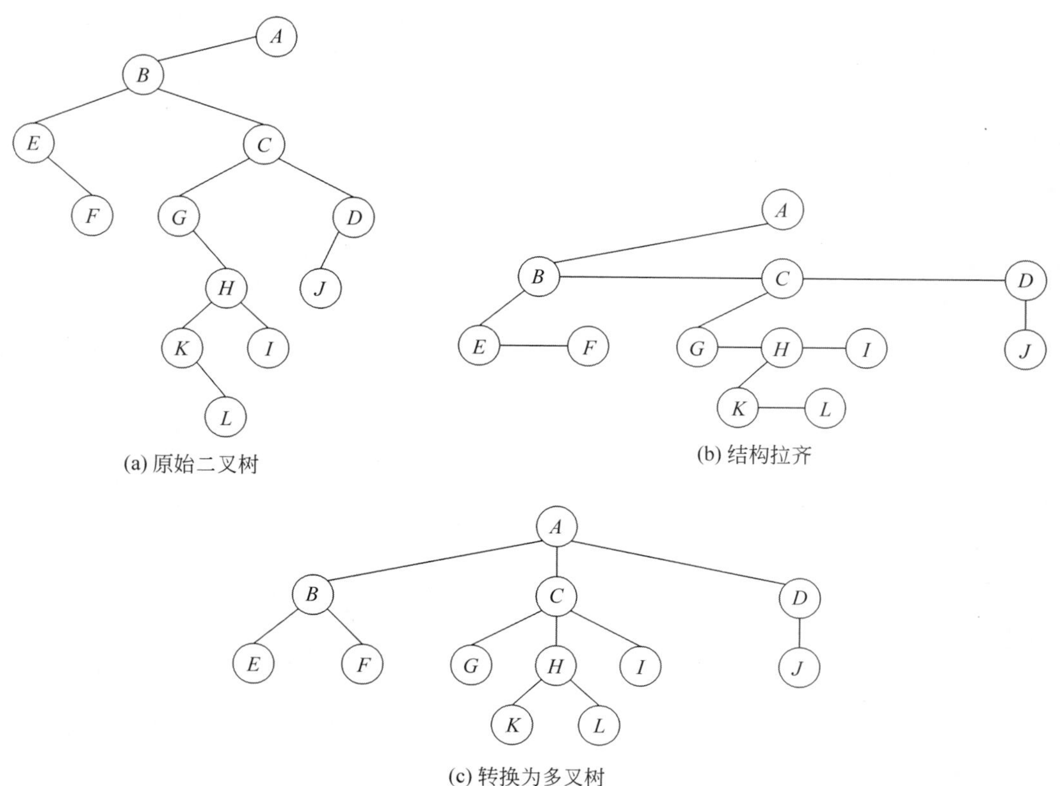

图6-24　二叉树转换为多叉树的过程

很明显，将一个二叉树结构转换为与之对应的多叉树结构的过程依然是递归的，但是上述过程具有一个附加的前提条件：被转换的二叉树其根节点的右子节点必须是空，即被转换二叉树的根节点不能具有右子树。如果被转换二叉树的根节点具有右子树则可以将这棵二叉树转换为一个由多叉树构成的森林，这一过程将在后续进行说明。

下面给出根节点不具有右子节点的二叉树转换为多叉树的相关代码实现：

```
/**
 Chapter6_Tree
 com.ds.binarytree
 TreeToBinaryTree.java
 树、森林与二叉树的转换
 */
public class TreeToBinaryTree {

    //通过静态内部类定义树的节点类型
    private static class TreeNode {
        Object data;
        List<TreeNode> children;
    }

    //通过静态内部类定义二叉树的节点类型
    private static class BinaryTreeNode {
        Object data;                                    //数据域
        BinaryTreeNode lChild;                          //左子指针域
        BinaryTreeNode rChild;                          //右子指针域
    }

    //二叉树转多叉树的方法
    public TreeNode binaryTreeToTree(BinaryTreeNode root) {

        if (root == null) {
            return null;
        }

        //将二叉树的树根节点转换为多叉树节点
        TreeNode treeRoot = new TreeNode();
        treeRoot.data = root.data;

        //递归地对二叉树树根的左子树进行转换
        binaryTreeToTreeInner(root.lChild, treeRoot);
        return treeRoot;

    }

    /**
```

```
    二叉树转多叉树的递归过程
    btNode 为待转换的二叉树节点
    parent 为二叉树节点转换成多叉树节点后归属的父级节点
    */
    private void binaryTreeToTreeInner(
        BinaryTreeNode btNode, TreeNode parent
    ) {

        if (btNode == null) {
            return;
        }

        //创建当前节点对应的多叉树节点,并添加到多叉树的 children 中
        TreeNode treeNode = new TreeNode();
        treeNode.data = btNode.data;
        parent.children.add(treeNode);

        //递归处理左子树和右子树
        binaryTreeToTreeInner(btNode.lChild, treeNode);
        binaryTreeToTreeInner(btNode.rChild, parent);

    }

}
```

3. 多叉树森林转换为二叉树

在将多叉树转换为二叉树的部分已经讲解过：通过多叉树转换得到的二叉树的根节点的右子节点必定为空，所以在将多叉树森林转换为二叉树的过程中，只要将森林中的所有多叉树分别转换为对应结构的二叉树后，将森林中的任意二叉树作为其前一二叉树根节点的右子树即可。最终，森林中第一棵多叉树转换得到二叉树的树根，即为整个森林转换为二叉树后的树根。

多叉树森林转换为二叉树的过程如图 6-25 所示。

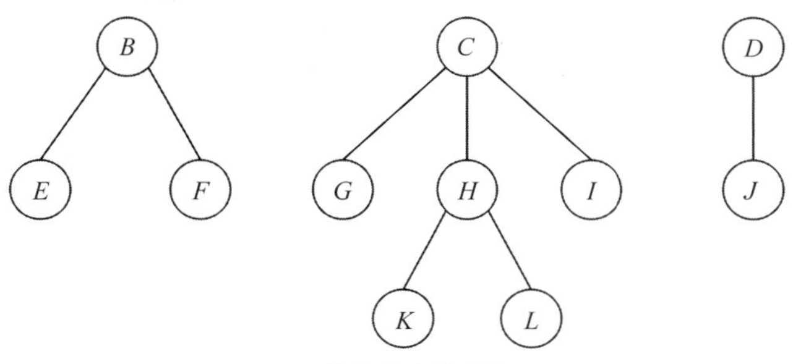

(a) 原始状态的森林

图 6-25 多叉树森林转换为二叉树的过程

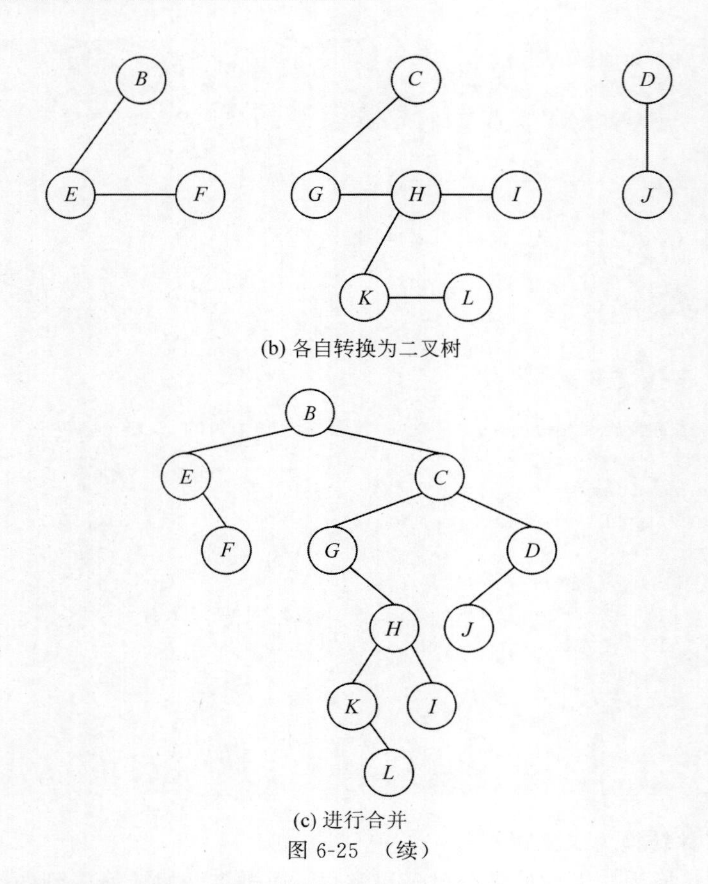

(b) 各自转换为二叉树

(c) 进行合并

图 6-25 （续）

下面给出多叉树森林转换为二叉树的相关代码实现：

```
/**
 Chapter6_Tree
 com.ds.binarytree
 TreeToBinaryTree.java
 树、森林与二叉树的转换
  * /
public class TreeToBinaryTree {

    //通过静态内部类定义树的节点类型
    private static class TreeNode {
        Object data;
        List<TreeNode> children;
    }

    //通过静态内部类定义二叉树的节点类型
    private static class BinaryTreeNode {
```

```
        Object data;                                   //数据域
        BinaryTreeNode lChild;                         //左子指针域
        BinaryTreeNode rChild;                         //右子指针域
    }

    //多叉树森林转换为二叉树的方法
    public BinaryTreeNode forestToBinaryTree(TreeNode[] forest) {

        if (forest == null || forest.length == 0) {
            return null;
        }

        //将森林中的第一棵树转换为二叉树
        BinaryTreeNode root = treeToBinaryTree(forest[0]);

        /*
         将森林中后续的所有多叉树分别转换为二叉树,并将后一棵二叉树作为前一棵二叉树树
         根的右子树
         */
        BinaryTreeNode curNode = root;
        for(int i = 1; i < forest.length; i++) {
            curNode.rChild = treeToBinaryTree(forest[i]);
            curNode = curNode.rChild;
        }

        //返回森林中第一棵树转换得到二叉树的树根
        return root;

    }

    //treeToBinaryTree()方法同前文

}
```

4. 二叉树转换为多叉树森林

在将二叉树转换为多叉树的内容中提到这一转换过程存在一个前提条件：被转换的二叉树的根节点不能具有右子树。当一棵二叉树的根节点具有右子树时可以将这棵二叉树转换为多叉树森林。森林中的第一棵多叉树由原来的二叉树摘除根节点的右子树后转换得到，而根节点摘除的右子树又可以单独作为一棵二叉树转换为森林中的第二棵多叉树，并且上述过程是递归的，在完整的二叉树转换过程中，任意步骤下摘除出来的二叉(子)树根节点的右子树都可以单独转换成森林中的一棵多叉树，直到在转换过程中遇见某个二叉(子)树的根节点不具有右子树的情况为止。

二叉树转换为多叉树森林的过程如图 6-26 所示。

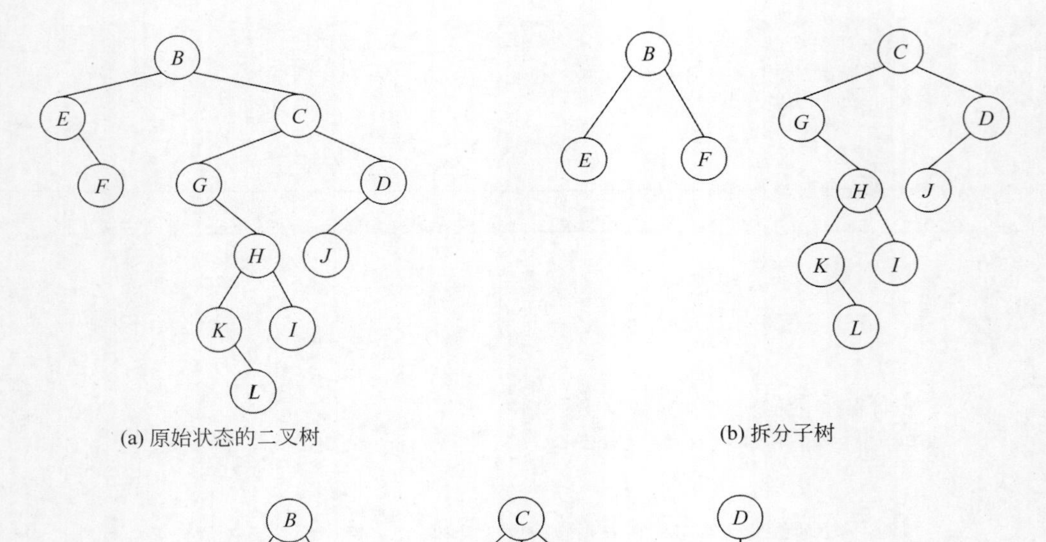

(a) 原始状态的二叉树　　(b) 拆分子树

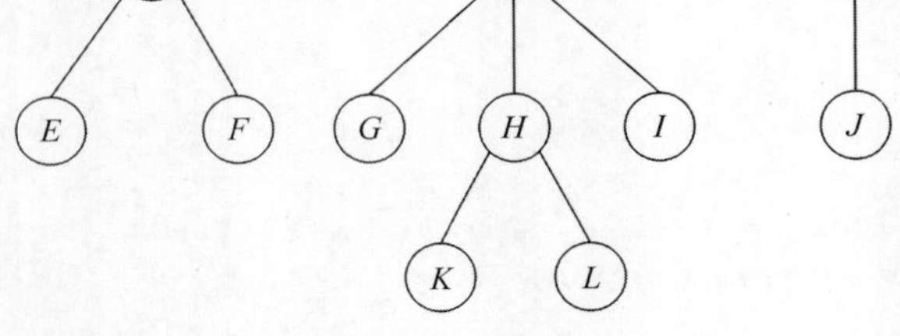

(c) 拆分子树、转换为多叉树

图 6-26　二叉树转换为多叉树森林的过程

下面给出二叉树转换为多叉树森林的相关代码实现：

```
/**
 Chapter6_Tree
 com.ds.binarytree
 TreeToBinaryTree.java
 树、森林与二叉树的转换
  */
public class TreeToBinaryTree {

    //通过静态内部类定义树的节点类型
    private static class TreeNode {
        Object data;
        List<TreeNode> children;
    }

    //通过静态内部类定义二叉树的节点类型
    private static class BinaryTreeNode {
        Object data;                                    //数据域
```

```
        BinaryTreeNode lChild;                          //左子指针域
        BinaryTreeNode rChild;                          //右子指针域
    }

    //二叉树转多叉树森林的方法
    public TreeNode[] binaryTreeToForest(BinaryTreeNode root) {

        if(root == null) {
            return null;
        }

        //用于临时保存森林中树根节点的集合
        List<TreeNode> forestList = new ArrayList<>();

        //保存二叉树根节点的右子树并断开平方根节点与右子树的关联
        BinaryTreeNode btNode = root;
        BinaryTreeNode rChild = btNode.rChild;
        btNode.rChild = null;

        do {

            //将摘除根节点右子树的二叉树转换为多叉树并保存在 forestList 当中
            TreeNode tNode = binaryTreeToTree(btNode);
            forestList.add(tNode);

            //递归地处理从根节点上摘除的右子树
            btNode = rChild;
            rChild = btNode.rChild;
            btNode.rChild = null;

        } while(rChild != null);

        //将 forestList 转换为 TreeNode 数组
        TreeNode[] forest = new TreeNode[forestList.size()];
        for(int i = 0; i < forest.length; i++) {
            forest[i] = forestList.get(i);
        }

        return forest;

    }

    //binaryTreeToTree()方法同前文

}
```

6.3 哈夫曼树与哈夫曼编码译码器

哈夫曼编码译码器是数据压缩领域非常经典的一种实现方案。哈夫曼编码器可以将字符文本转换为 01 编码以方便对文本内容进行压缩，从而降低文本的传输体量，而哈夫曼译码器则可以将转换为 01 编码的文本内容还原出来，得到原有的文本内容。哈夫曼编码译码器的核心构成哈夫曼树结构，而哈夫曼树又是二叉树的一种典型应用。在哈夫曼树中，明文文本中出现的所有字符均以叶节点的方式进行存储，因此在对哈夫曼树进行从根节点开始的深度优先遍历后可以收集到明文文本中所有字符的前缀编码。

前缀编码是指在同一套编码方案中各个明文字符的编码之间互相不构成其他字符编码的前缀。例如在一套仅针对字符'A'与字符'B'的编码方案中，字符'A'的编码为 0001，字符'B'的编码为 1111，则字符'A'与字符'B'的编码之间互相不构成对方的前缀，此时这一方案为前缀编码。与此相反，如果字符'A'的编码为 0001，字符'B'的编码为 000，则此时字符'B'的编码构成字符'A'编码的前缀，所以这一方案为非前缀编码。在文本编码与译码的过程中，前缀编码可以保证译码过程不存在二义性，而非前缀编码则无法保证这一点。

下面开始对哈夫曼树的构建、获取明文字符的哈夫曼编码及通过哈夫曼编码对文本进行编码译码的过程进行说明。

6.3.1 哈夫曼树的构建

在构建哈夫曼树结构之前首先要获取明文文本中所有字符的权值。在一般情况下可以通过扫描明文文本全部内容的方式统计出文本中每个字符的出现次数或者出现频率，并直接将字符的出现次数或者出现频率作为其权值使用。

在得到明文文本中字符的权值之后即可将每个字符及它的权值封装为一个哈夫曼树的节点，并将这些节点按照权值进行排序。排序完成后即可根据这个权值有序的节点序列构建哈夫曼树，建树步骤如下。

步骤 1：从节点序列中取出权值最小及权值次小的两个节点。

步骤 2：对步骤 1 当中得到的两个节点的权值进行相加，并将权值和保存在一个新建节点当中。

步骤 3：以权值和节点为父节点、以权值最小与次小的两个节点为子节点构建哈夫曼树的一个三元结构。

步骤 4：将带有左右子节点的权值和节点插入节点序列中，并保证插入后节点序列依然有序。

步骤 5：重复步骤 1 到步骤 4，直到节点序列中仅剩余 1 个节点时该节点即为哈夫曼树的根节点，建树过程结束。

哈夫曼树的构建过程（节点序列以降序有序为例），如图 6-27 所示。

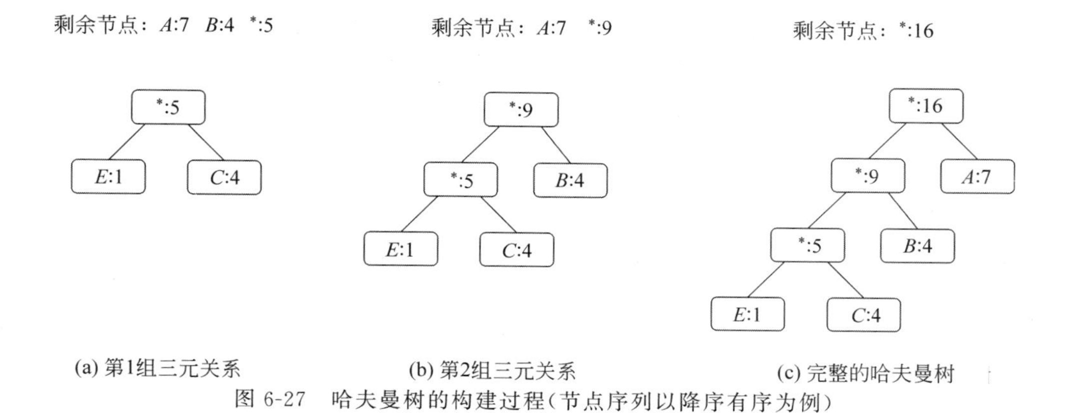

图 6-27　哈夫曼树的构建过程(节点序列以降序有序为例)

6.3.2　获取明文字符的哈夫曼编码

获取明文字符哈夫曼编码的过程就是对哈夫曼树从根节点开始进行深度优先遍历的过程。在深度优先遍历过程中，除根节点外，若某节点为其父节点的左子节点，则在当前的遍历路径序列中追加 0 进行表示；若为右子节点，则在当前的遍历路径序列中追加 1 进行表示。若是因为回溯再次遍历到该节点，则需要删除已经追加到当前遍历路径序列中最后位置上的 0 或 1，以便继续遍历当前节点的其他子节点。当遍历遇到叶节点时，从根节点到达这一叶节点遍历路径上的全部 01 编码即为这一叶节点中明文字符所对应的哈夫曼编码。

左 0 右 1 的哈夫曼树及叶节点保存字符的哈夫曼编码如图 6-28 所示。

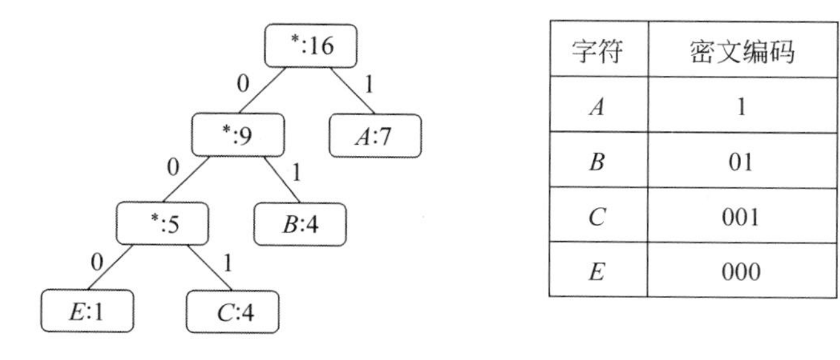

字符	密文编码
A	1
B	01
C	001
E	000

图 6-28　左 0 右 1 的哈夫曼树及叶节点保存字符的哈夫曼编码

在哈夫曼树结构中，所有保存了文本字符的节点均为哈夫曼树的叶节点，而保存权值和的节点均为哈夫曼树的中间节点或者根节点。因为在哈夫曼树结构中，从根节点开始通往任意叶节点的完整路径不可能构成通往其他叶节点路径的前序部分，所以通过上述方式所得的各个字符的哈夫曼编码均不可能构成其他字符编码的前缀，这也就保证了哈夫曼编码的非前缀特性。

6.3.3 文本编码与译码

在得到文本中所有字符的哈夫曼编码后即可对文本内容进行编码和译码。

明文文本的编码过程非常简单，只要将文本中的每位字符都替换为其对应的哈夫曼编码即可。

01 编码文本的译码过程可以从文件的起点开始逐位向后扩展 01 编码，并将当前已经得到的 01 编码串与所有字符的哈夫曼编码进行对比：如果当前已经得到的 01 编码串未能对应某一明文字符的哈夫曼编码，则在保留当前编码串内容的前提下向后扩展一位 01 编码。如果当前已经得到的 01 编码串能够对应某一明文字符的哈夫曼编码，则将这一编码串在编码文件中替换成对应的明文字符，然后清空编码串，从被替换位置的下一位开始重复上述流程，直到整个译码流程结束为止。

需要注意的是，在通过不同明文文本所得到的字符-编码映射关系中，相同字符的哈夫曼编码也可能是不相同的。例如通过文本 1 所得字符'A'的哈夫曼编码是 0001，而通过文本 2 所得的字符'A'的哈夫曼编码可能是 1010 等不同的取值。此时如果混用不同的字符-编码映射关系就会导致译码错误，因此相同文本的编码译码过程需要使用相同的字符-编码映射关系才能正确进行。

注意：哈夫曼编码译码器部分的代码实现内容较多，考虑到章节篇幅在此不进行代码示例的粘贴。完整的示例代码可以在本书配套源码中进行查找。

6.4 线索二叉树与 Morris 遍历

在 6.1.2 节二叉树深度优先遍历的内容中曾经讲解过，二叉树的深度优先遍历操作可以根据根节点与左右子树的操作顺序划分为先序遍历、中序遍历、后序遍历，并且每种遍历方式都可以通过递归或者栈结构进行实现。上述 3 种二叉树的深度优先遍历方式其时间复杂度都是相同的，都是 $O(N)$，即线性时间复杂度，其中 N 表示二叉树节点的数量，但是在空间复杂度方面，不论使用上述两种实现方式中的哪一种，其最坏空间复杂度也都是 $O(N)$。在通过递归方式实现时，主要的额外空间消耗来自递归过程中对于内存中方法栈的消耗。如果使用栈结构辅助实现，则额外的空间消耗直接来自辅助栈本身。

那么是否存在某种方式，可以通过常量级的空间复杂度实现对二叉树深度优先遍历的 3 种方式呢？这一问题的答案还需要从二叉树本身的结构特性开始进行讲解。

在一个节点数量为 $n(n\geqslant 1)$ 的非空二叉树结构中必然存在 $2n$ 个子指针域，即每个二叉树节点都具有左右子指针域，但是在这 $2n$ 个子指针域当中只有 $n-1$ 个指针域是非空的，即只有 $n-1$ 个指针域真正指向左右子节点，并且这一特性与二叉树的形状无关。那么如果将二叉树中剩余的 $n+1$ 个空闲的子指针域利用起来，让其分别指向当前节点的前驱或者后继节点，就可以再构建出一种结构特殊的二叉树。当对这种结构特殊的二叉树进行深度优先遍历时，对于其中真正具有左右子节点的节点操作方式与一般的二叉树深度优先遍历方式相同，而对于缺少左右子节点的节点则可以通过其子指针域直接找到其前驱节点或者后继节点，所以对这种结构特殊的二叉树来讲，只需消耗常数级别的额外辅助空间便可以完成深度优先遍历的3种操作方式，而这种结构特殊的二叉树被称为线索二叉树。

6.4.1 线索二叉树的节点定义方式

在一个线索二叉树中，其任意节点的左右子指针域都有可能表示两种含义：①当该节点具有左右子节点时，其左右子指针域指向的是该节点的左右子节点；②当该节点缺少左子节点或者右子节点时，其左右子指针域则分别指向该节点在某一种深度优先遍历方式下的前驱节点和后继节点，此时将这种指向方式称为线索，因此在设计线索二叉树的节点结构时需要额外引入一些变量来表示一个节点的左右子指针域所表示的含义。下面给出一种线索二叉树节点的代码定义方式：

```
/**
 Chapter6_Tree
 com.ds.threadedbinarytree
 Node.java
 线索二叉树的节点代码定义
  */
public class Node {

    Object data;                                //数据域

    boolean lThread;                            //指示左子指针域是否为线索的标记位
    Node lChild;                                //左子指针域

    boolean rThread;                            //指示右子指针域是否为线索的标记位
    Node rChild;                                //右子指针域

}
```

上述线索二叉树节点定义的特点可以通过一句口诀简要概括：左右子不全，线索来补完；前驱左不全，后继右不全。其中“左右子不全，线索来补完”指的是只有在二叉树的某一节点缺少左右子节点的时候才可以使用其左右子指针域表示线索。如果该节点完全具有左右子节点则不能改变二叉树中原有的节点间的关系。“前驱左不全”指的是当二叉树的某一节点在缺少左子节点的情况下，可以使用其左子指针域作为前驱线索指向其在某一种深度优先遍历序列下的前驱节点。“后继右不全”则表示在节点缺少右子节点的情况下可以使用其右子指针域作为后继线索，指向其在某一种深度优先遍历序列下的后继节点。

6.4.2 二叉树的线索化

二叉树线索化的本质是利用二叉树中节点空置的子指针域保存该节点在先序、中序、后序 3 种深度优先遍历序列中前驱、后继节点的操作，所以根据所采用深度优先遍历序列的不同，又可以将线索二叉树细分为先序线索二叉树、中序线索二叉树及后序线索二叉树。

因为对于一棵二叉树来讲，树中任意节点在先序、中序、后序遍历序列中的前驱节点和后继节点都只能在其对应方式的深度优先遍历过程中才能得知，所以可以认为对二叉树进行任意方式线索化的过程都是基于与之对应的深度优先遍历过程的，因此，每种二叉树线索化的实现方式也都可以分为递归实现和栈结构辅助实现两种。在通过递归结构实现时，可以采用设置节点类型全局变量的方式记录当前操作节点的前驱节点，而在通过栈结构辅助实现时，可以直接在方法中记录当前操作节点的前驱节点。

下面分别给出二叉树 3 种线索化方式通过递归结构和栈结构进行实现的代码示例。

1. 二叉树的先序线索化

二叉树先序线索化的递归实现方式如下：

```
/**
 Chapter6_Tree
 com.ds.threadedbinarytree
 ThreadedBinaryTree.java
 线索二叉树结构
  */
public class ThreadedBinaryTree {

    //通过静态内部类定义线索二叉树的节点类型
    private static class Node {

        Object data;                            //数据域

        //指示左子指针域是否为线索的标记位
        boolean lThread;
        //左子指针域
        Node lChild;

        //指示右子指针域是否为线索的标记位
        boolean rThread;
        //右子指针域
        Node rChild;

    }

    //用于通过递归实现二叉树线索化过程中保存前驱节点的全局变量
    private Node pre = null;

    /**
     二叉树先序线索化的方法
     通过递归实现
```

```
    root 为二叉(子)树的树根
        即当前正在线索化的二叉树节点
     */
    public void preorderThreadingRecursive(Node root) {

        if(root == null) {
            return;
        }

        //如果当前节点的左子节点为空,则左子指针域线索化指向前驱节点
        if(root.lChild == null) {
            root.lThread = true;
            root.lChild = pre;
        }

        /*
         如果当前节点的前驱节点存在且前驱节点的右子节点为空
         则前驱节点的右子指针域线索化指向当前节点
         */
        if(pre != null && pre.rChild == null) {
            pre.rThread = true;
            pre.rChild = root;
        }

        //将当前节点更新为下一节点的前驱节点
        pre = root;

        if(!root.lThread) {
            preorderThreadingRecursive(root.lChild);
        }

        if(!root.rThread) {
            preorderThreadingRecursive(root.rChild);
        }

    }

}
```

二叉树先序线索化的栈结构实现方式如下：

```
/**
 Chapter6_Tree
 com.ds.threadedbinarytree
 ThreadedBinaryTree.java
```

```
 线索二叉树结构
  */
public class ThreadedBinaryTree {

    //通过静态内部类定义线索二叉树的节点类型
    private static class Node {

        Object data;                                    //数据域

        //指示左子指针域是否为线索的标记位
        boolean lThread;
        //左子指针域
        Node lChild;

        //指示右子指针域是否为线索的标记位
        boolean rThread;
        //右子指针域
        Node rChild;

    }

    //二叉树先序线索化的方法,通过栈结构实现
    public void preorderThreadingStack(Node root) {

        if(root == null) {
            return;
        }

        //用于保存前驱节点的变量
        Node pre = null;

        Stack<Node> stack = new Stack<>();
        stack.push(root);

        while(!stack.isEmpty()) {

            Node node = stack.pop();

            if(node.lChild == null) {
                node.lThread = true;
                node.lChild = pre;
            }

            if(pre != null && pre.rChild == null) {
                pre.rThread = true;
                pre.rChild = node;
```

```
            }

            pre = node;

            if(node.rChild != null) {
                stack.push(node.rChild);
            }

            if(node.lChild != null) {
                stack.push(node.lChild);
            }

        }

    }

}
```

2. 二叉树的中序线索化

二叉树中序线索化的递归实现方式如下：

```
/**
 Chapter6_Tree
 com.ds.threadedbinarytree
 ThreadedBinaryTree.java
 线索二叉树结构
 */
public class ThreadedBinaryTree {

    //通过静态内部类定义线索二叉树的节点类型
    private static class Node {

        Object data;                           //数据域

        //指示左子指针域是否为线索的标记位
        boolean lThread;
        //左子指针域
        Node lChild;

        //指示右子指针域是否为线索的标记位
        boolean rThread;
        //右子指针域
        Node rChild;

    }
```

```
    //用于通过递归实现二叉树线索化过程中保存前驱节点的全局变量
    private Node pre = null;

    //二叉树中序线索化的方法通过递归实现,root 为二叉(子)树的树根,即当前正在线索化的
    //二叉树节点
    public void inorderThreadingRecursive(Node root) {

        if(root == null) {
            return;
        }

        /*
         递归中序线索化左子树之所以去掉 if(!root.lThread)的判断,是因为如果此时
         root.lChild 中保存的是前驱节点的线索
         可以通过前驱线索找到前驱节点,继续遍历前驱节点的右子树
         */
        inorderThreadingRecursive(root.lChild);

        //如果当前节点的左子节点为空,则左子指针域线索化指向前驱节点
        if(root.lChild == null) {
            root.lThread = true;
            root.lChild = pre;
        }

        /*
         如果当前节点的前驱节点存在且前驱节点的右子节点为空,则前驱节点的右子指针域线
         索化指向当前节点
         */
        if(pre != null && pre.rChild == null) {
            pre.rThread = true;
            pre.rChild = root;
        }

        //将当前节点更新为下一节点的前驱节点
        pre = root;

        /*
         递归中序线索化左子树
         去掉 if(!root.rThread)判断的原因与上述类似
         */
        inorderThreadingRecursive(root.rChild);

    }

}
```

二叉树中序线索化的栈结构实现方式如下：

```
/**
 Chapter6_Tree
 com.ds.threadedbinarytree
 ThreadedBinaryTree.java
 线索二叉树结构
 */
public class ThreadedBinaryTree {

    //通过静态内部类定义线索二叉树的节点类型
    private static class Node {

        Object data;                        //数据域

        //指示左子指针域是否为线索的标记位
        boolean lThread;
        //左子指针域
        Node lChild;

        //指示右子指针域是否为线索的标记位
        boolean rThread;
        //右子指针域
        Node rChild;

    }

    //二叉树中序线索化的方法通过栈结构实现
    public void inorderThreadingStack(Node root) {

        if (root == null) {
            return;
        }

        //用于保存前驱节点的变量
        Node pre = null;

        Stack<Node> stack = new Stack<>();

        Node node = root;
        while (node != null || !stack.isEmpty()) {

            while (node != null) {
                stack.push(node);
                node = node.lChild;
            }
```

```
            node = stack.pop();

            if(node.lChild == null) {
                node.lThread = true;
                node.lChild = pre;
            }

            if(pre != null && pre.rChild == null) {
                pre.rThread = true;
                pre.rChild = node;
            }

            pre = node;

            node = node.rChild;
        }

    }

}
```

3. 二叉树的后序线索化

二叉树后序线索化的递归实现方式如下：

```
/**
 Chapter6_Tree
 com.ds.threadedbinarytree
 ThreadedBinaryTree.java
 线索二叉树结构
 */
public class ThreadedBinaryTree {

    //通过静态内部类定义线索二叉树的节点类型
    private static class Node {

        Object data;                              //数据域

        //指示左子指针域是否为线索的标记位
        boolean lThread;
        //左子指针域
        Node lChild;

        //指示右子指针域是否为线索的标记位
        boolean rThread;
```

```
        //右子指针域
        Node rChild;

    }

    //用于通过递归实现二叉树线索化,过程中保存前驱节点的全局变量
    private Node pre = null;

    /**
     二叉树后序线索化的方法通过递归实现
     root 为二叉(子)树的树根,即当前正在线索化的二叉树节点
     */
    public void postorderThreadingRecursive(Node root) {

        if(root == null) {
            return;
        }

        //递归后序线索化左子树
        postorderThreadingRecursive(root.lChild);

        //递归后序线索化右子树
        postorderThreadingRecursive(root.rChild);

        /*
         如果当前节点的左子节点为空,则左子指针域线索化指向前驱节点
         */
        if(root.lChild == null) {
            root.lThread = true;
            root.lChild = pre;
        }

        /*
         如果当前节点的前驱节点存在且前驱节点的右子节点为空,则前驱节点的右子指针域线
         索化指向当前节点
         */
        if(pre != null && pre.rChild == null) {
            pre.rThread = true;
            pre.rChild = root;
        }

        //将当前节点更新为下一节点的前驱节点
        pre = root;

    }

}
```

二叉树后序线索化的栈结构实现方式如下：

```
/*
 Chapter6_Tree
 com.ds.threadedbinarytree
 ThreadedBinaryTree.java
 线索二叉树结构
 */
public class ThreadedBinaryTree {

    //通过静态内部类定义线索二叉树的节点类型
    private static class Node {

        Object data;                            //数据域

        //指示左子指针域是否为线索的标记位
        boolean lThread;
        //左子指针域
        Node lChild;

        //指示右子指针域是否为线索的标记位
        boolean rThread;
        //右子指针域
        Node rChild;

    }

    //二叉树后序线索化的方法通过栈结构实现
    public void postorderThreadingStack(Node root) {

        if (root == null) {
            return;
        }

        Stack<Node> stack = new Stack<>();

        Node node = root;

        //用于保存前驱节点的变量
        Node pre = null;
        while (node != null || !stack.isEmpty()) {

            while (node != null) {
                stack.push(node);
                node = node.lChild;
            }

            node = stack.peek();
```

```
                if (node.rChild == null || node.rChild == pre) {

                    node = stack.pop();

                    if(node.lChild == null) {
                        node.lThread = true;
                        node.lChild = pre;
                    }

                    if(pre != null && pre.rChild == null) {
                        pre.rThread = true;
                        pre.rChild = node;
                    }

                    pre = node;

                    node = null;
                } else {
                    node = node.rChild;
                }
            }

        }

    }
```

6.4.3 线索二叉树的遍历

对于3种不同类型的线索二叉树来讲，其设计的本意是为了方便对二叉树结构进行与之对应顺序的深度优先遍历，而在一个线索二叉树中，其任意节点的前驱线索和后继线索都会指向其对应顺序的深度优先遍历序列中的前一节点和后一节点，但也正是因为线索二叉树的构建方式有3种，所以在每种不同的线索二叉树中其前驱线索和后继线索的指向方式的细节也有所不同。

下面将分别对先序、中序、后序线索二叉树中前驱、后继线索的指向方式的细节进行讲解，并最终根据这些指向方式的细节给出对应的线索二叉树遍历方式。显而易见，在任意类型的线索二叉树中如果只存在根节点，则根节点的前驱、后继线索都指向空，所以这一特殊情况在下面的内容中将不再重复说明。

1. 先序线索二叉树的遍历

对于先序线索二叉树，其设计的目的是方便进行先序遍历。

在一个非空的先序线索二叉树中，对于任意不具有左子节点的节点LN，其前驱线索的指向方式存在如下几种情况。

情况1：如果节点LN是整棵树的树根，则其前驱线索指向空（对照图6-29(a)）。

情况2：如果节点LN不是整棵树的树根并且是其父节点的左子节点，则此时不论节点LN的父节点是否存在右子树，该节点的前驱线索均指向其父节点。这一说法同样可以进行如下理解：在对以节点LN的父节点为根的子树进行先序遍历时，因为节点LN不具有左子树，所以节点LN是其父节点在先序遍历序列中的直接后继节点，与此相反，节点LN的父节点则为节点LN在先序遍历序列中的直接前驱节点(对照图6-29(b))。

情况3：如果节点LN不是整棵树的树根并且是其父节点的右子节点，若此时其父节点存在左子节点，即节点LN存在左兄弟节点，则节点LN的前驱线索指向以其左兄弟节点为根的子树的先序遍历序列中作为终点的节点；若此时其父节点不存在左子节点，即节点LN不存在左兄弟节点，则节点LN的前驱线索指向其父节点(对照图6-29(c))。

先序线索二叉树的前驱线索如图6-29所示。

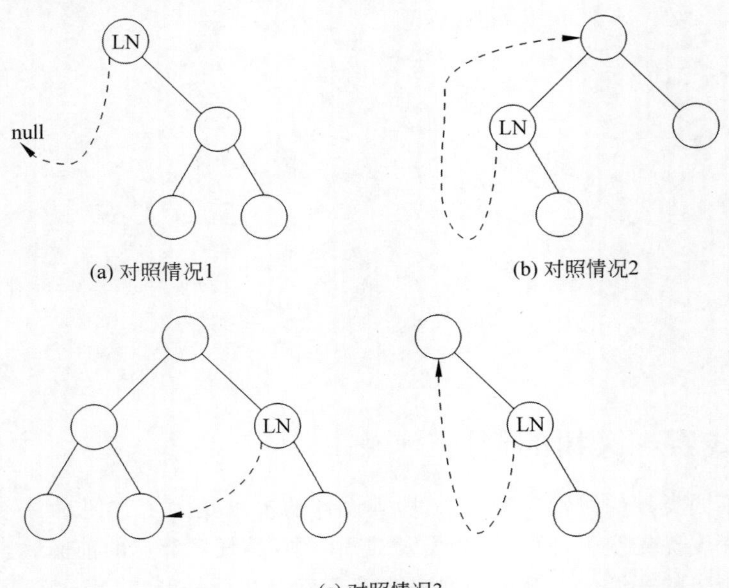

图6-29 先序线索二叉树的前驱线索

在一个非空的先序线索二叉树中，对于任意不具有右子节点的节点RN，其后继线索的指向方式存在如下几种情况。

情况1：如果节点RN是整棵树先序遍历序列中的最后一个节点，则其后继线索指向空(对照图6-30(a))。

情况2：如果节点RN不是整棵树先序遍历序列中的最后一个节点且节点RN具有左子节点，则节点RN的后继线索直接指向其左子节点。这一说法同样可以进行如下理解：在以节点RN为根的子树的先序遍历序列中，节点RN为起始节点，它的左子节点为其左子树的树根，必然为这一先序遍历序列中节点RN右侧紧邻的节点(对照图6-30(b))。

情况3：如果节点RN不是整棵树先序遍历序列中的最后一个节点且节点RN不具有

左子节点，则需要判断节点 RN 是其父节点的左子节点还是右子节点。①如果节点 RN 是其父节点的左子节点，则节点 RN 的后继线索指向其祖先节点中距离其最近的某一具有右子节点的祖先节点（包括其父节点）的右子节点。若不存在这样的祖先节点，则节点 RN 的后继线索指向空（对照图 6-30(c)）；②如果节点 RN 是其父节点的右子节点，则节点 RN 的后继线索指向其祖先节点中距离其最近的某一具有右子节点的祖先节点（不包括其父节点）的右子节点。若不存在这样的祖先节点，则节点 RN 的后继线索指向空（对照图 6-30(d)）。

先序线索二叉树的后继线索如图 6-30 所示。

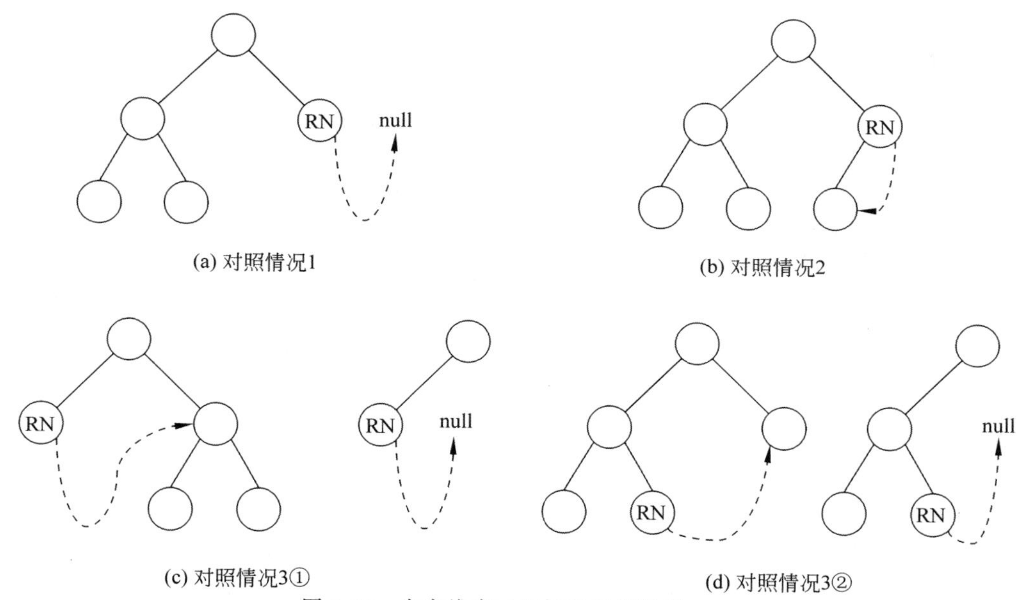

(a) 对照情况1　(b) 对照情况2

(c) 对照情况3①　(d) 对照情况3②

图 6-30　先序线索二叉树的后继线索

对先序线索二叉树进行遍历的操作步骤如下。

步骤 1：因为对二叉树进行先序遍历操作的节点顺序总是“根左右”的，所以在对先序线索二叉树进行遍历时总是先处理当前正在被遍历的节点，即优先处理以当前节点为根的（子）树的根节点。

步骤 2：在当前节点处理完毕后需要判断当前节点是否具有左子节点：如果当前节点具有左子节点，则跳转到其左子节点上并重复步骤 1～2。

步骤 3：如果当前节点不具有左子节点，则相当于当前节点的左子树遍历完成，需要继续对当前节点的右子树进行遍历操作。根据上述对先序线索二叉树后继线索指向方式的说明可知：此时当前节点的右子指针域要么指向其真实存在的右子节点，要么表示当前节点在先序遍历序列中直接后继节点的线索，所以此时不论当前节点是否存在右子节点都可以跳转到右子指针域（或者后继线索）所指向的节点上并重复步骤 1～3。

步骤 4：如果当前处理的节点为空，则表示对先序线索二叉树的遍历完成，算法结束。

下面给出对先序线索二叉树进行先序遍历的代码实现：

```
/**
 Chapter6_Tree
 com.ds.threadedbinarytree
 ThreadedBinaryTree.java
 线索二叉树结构
 */
public class ThreadedBinaryTree {

    //通过静态内部类定义线索二叉树的节点类型
    private static class Node {

        Object data;                            //数据域

        //指示左子指针域是否为线索的标记位
        boolean lThread;
        //左子指针域
        Node lChild;

        //指示右子指针域是否为线索的标记位
        boolean rThread;
        //右子指针域
        Node rChild;
    }

    //对于先序线索二叉树执行先序遍历的方法
    public void preorderThreadedTraversal(Node root) {

        if(root == null) {
            return;
        }

        //表示正在处理的当前节点的变量
        Node cur = root;

        while(cur != null) {

            //首先对当前节点进行处理
            System.out.print(cur.data + ", ");

            if (!cur.lThread && cur.lChild != null) {
                //若当前节点存在非线索的左子节点,则跳转到当前节点的左子节点
                cur = cur.lChild;
            } else {
                /*
                 否则不论右子指针域指向的是实际存在的右子节点,还是指向后继线索节点都
                 跳转到右子指针域
```

```
             */
            cur = cur.rChild;
        }

    }

  }

}
```

2. 中序线索二叉树的遍历

对于中序线索二叉树,其设计的目的是方便进行中序遍历。

在一个非空的中序线索二叉树中,对于任意不具有左子节点的节点 LN,其前驱线索的指向方式存在如下几种情况。

情况 1:如果节点 LN 是整棵树的树根,则其前驱线索指向空(对照图 6-31(a))。

情况 2:如果节点 LN 不是整棵树的树根并且是其父节点的右子节点,则节点 LN 的前驱线索必然指向其父节点。这一说法同样可以进行如下理解:在以节点 LN 的父节点为根的子树的中序遍历序列当中,因为节点 LN 是父节点的右子节点,即节点 LN 为其父节点右子树的树根,所以在这一中序遍历序列中节点 LN 的直接前驱节点必然为其父节点(对照图 6-31(b))。

情况 3:如果节点 LN 不是整棵树的树根并且是其父节点的左子节点,则节点 LN 的前驱线索指向一个最近的祖先节点以使节点 LN 存在于该祖先节点的右子树中。如果这样的祖先节点不存在,则节点 LN 的前驱线索指向空(对照图 6-31(c))。

中序线索二叉树的前驱线索如图 6-31 所示。

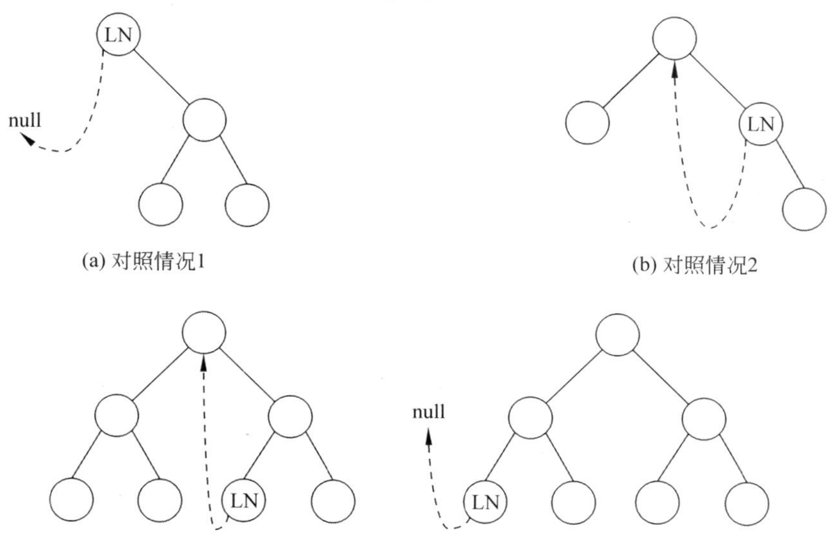

图 6-31 中序线索二叉树的前驱线索

在一个非空的中序线索二叉树中,对于任意不具有右子节点的节点 RN,其后继线索的指向方式存在如下几种情况。

情况 1：如果节点 RN 是整棵树中序遍历序列中的最后一个节点,则其后继线索指向 null(对照图 6-32(a))。

情况 2：如果节点 RN 不是整棵树中序遍历序列中的最后一个节点并且是其父节点的左子节点,则节点 RN 的后继线索必然指向其父节点。这一说法同样可以进行如下理解：假设对以 RN 父节点为根的(子)树进行中序遍历,那么遍历到节点 RN 时节点 RN 的左子树必然已经完成遍历。又因为节点 RN 不具有右子树,所以中序遍历的下一节点必然为节点 RN 的父节点(对照图 6-32(b))。

情况 3：如果节点 RN 不是整棵树中序遍历序列中的最后一个节点并且是其父节点的右子节点,则节点 RN 的后继线索指向一个最近的祖先节点,使节点 RN 存在于该祖先节点的左子树中。如果这样的祖先节点不存在,则同情况 1,节点 RN 的后继线索指向空(对照图 6-32(c))。

中序线索二叉树的后继线索如图 6-32 所示。

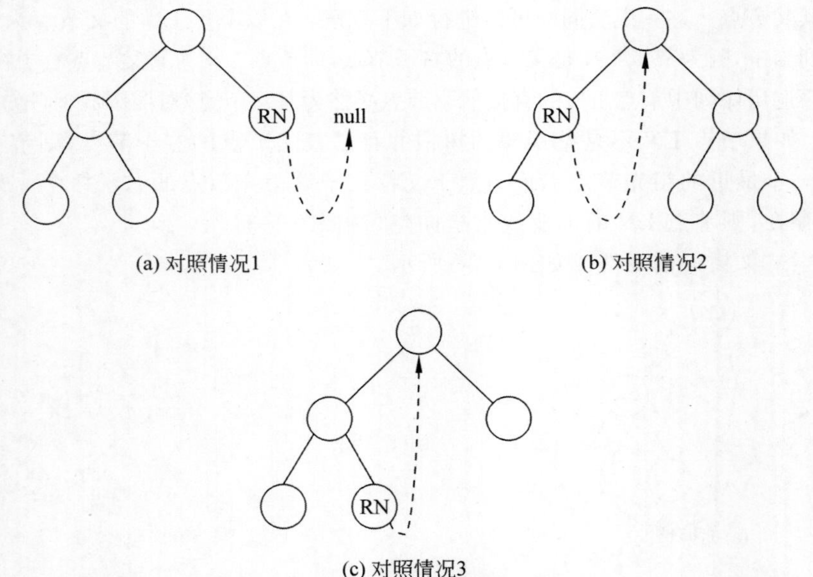

图 6-32　中序线索二叉树的后继线索

对中序线索二叉树进行遍历的操作步骤如下。

步骤 1：因为对二叉树进行中序遍历操作的节点顺序总是“左根右”,所以在对中序线索二叉树进行遍历时总需要找到当前(子)树在中序遍历顺序中的开始节点,也就是(子)树最左下的节点,其具体执行方式为只要当前节点存在左子节点(左子指针域非线索)就跳转到其左子节点并重复步骤 1,直到找到当前(子)树在中序遍历顺序的开始节点后对这一节点进行处理。

步骤 2：在得到当前(子)树在中序遍历序列中的起点节点后根据上述对中序线索二叉树后继线索指向方式的讲解可知：如果当前节点不存在右子节点，则其后继线索(右子指针域)必然指向一个包括其父节点在内的最近祖先节点，使当前节点存在于这个最近祖先节点的左子树当中，所以此时可以沿当前节点的后继线索跳转回这个祖先节点后并对其祖先节点进行处理。同理，如果当前节点后继线索指向的祖先节点、祖先节点的父节点……同样不存在右子节点，则可以通过相同的方式沿后继线索向更上层的祖先节点进行回溯和处理，即重复执行步骤 2。

步骤 3：当步骤 2 的执行结束后，当前节点指针要么指向整棵二叉树中序遍历序列中的最后一个节点，要么指向一个存在右子节点的节点，所以在步骤 2 结束后只要跳转到当前节点的右子指针域(后继线索)指向的节点上并重复步骤 1～3 即可。也就是说在步骤 2 结束后如果当前节点指针指向整棵二叉树中序遍历序列中的最后一个节点，则此时当前节点指针在沿后继线索跳转后会指向空，算法结束；如果当前节点指针指向一个存在右子节点的节点，则继续对以这一节点的右子节点为根的子树重复步骤 1～3。

步骤 4：如果当前处理的节点为空，则表示对中序线索二叉树的遍历完成，算法结束。

下面给出对中序线索二叉树进行中序遍历的代码实现：

```java
/**
 Chapter6_Tree
 com.ds.threadedbinarytree
 ThreadedBinaryTree.java
 线索二叉树结构
  */
public class ThreadedBinaryTree {

    //通过静态内部类定义线索二叉树的节点类型
    private static class Node {

        Object data;                        //数据域

        //指示左子指针域是否为线索的标记位
        boolean lThread;
        //左子指针域
        Node lChild;

        //指示右子指针域是否为线索的标记位
        boolean rThread;
        //右子指针域
        Node rChild;
    }

    //对于中序线索二叉树执行中序遍历的方法
    public void inorderThreadedTraversal(Node root) {
```

```
        if(root == null) {
            return;
        }

        //表示正在处理的当前节点的变量
        Node cur = root;

        while(cur != null) {

            /*
             如果当前节点存在左子树,则找到左子树中最左下的节点
             该节点为对以当前节点为根的(子)树进行中序遍历的起始节点
             */
            while(!cur.lThread && cur.lChild != null) {
                cur = cur.lChild;
            }

            //找到当前(子)树中序遍历的起点后对起点节点进行处理
            System.out.print(cur.data + ", ");

            /*
             若中序遍历的起点节点不存在右子树,则沿起点节点的后继线索回退到起点节点的
             父节点,并对其父节点进行处理
             如果其父节点同样不存在右子树,则循环执行这一步骤沿后继线索回退,直到某一父
             节点存在右子树为止
             */
            while(cur.rThread && cur.rChild != null) {
                cur = cur.rChild;
                System.out.print(cur.data + ", ");
            }

            //回退到存在右子树的节点,对其右子树重复上述完整流程
            cur = cur.rChild;

        }

    }

}
```

3. 后序线索二叉树的遍历

对于后序线索二叉树,其设计的目的是方便进行后序遍历。

在一个非空的后序线索二叉树中,对于任意不具有左子节点的节点 LN,其前驱线索的指向方式存在如下几种情况。

情况 1：如果节点 LN 是整棵树在后序遍历序列中的起始节点，则节点 LN 的前驱线索指向空（对照图 6-33(a)）。

情况 2：如果节点 LN 不是整棵树在后序遍历序列中的起始节点并且节点 LN 是其父节点的左子节点，则需要找到节点 LN 的一个最近祖先节点，使节点 LN 出现在这一祖先节点的右子树中，此时节点 LN 的前驱线索指向这一祖先节点的左子节点（如果存在）。若没有找到这样的最近祖先节点或者这一最近祖先节点不具有左子节点，则同情况 1，节点 LN 的前驱线索指向 null（对照图 6-33(b)）。

情况 3：如果节点 LN 不是整棵树在后序遍历序列中的起始节点并且节点 LN 是其父节点的右子节点，那么如果节点 LN 的父节点存在左子节点，即节点 LN 存在左兄弟节点，则节点 LN 的前驱线索指向其左兄弟节点（对照图 6-33(c)）；如果节点 LN 不存在左兄弟节点，则与情况 2 相似，需要找到节点 LN 的一个最近祖先节点，使节点 LN 出现在这一祖先节点的右子树中。此时节点 LN 的前驱线索指向这一祖先节点的左子节点（如果存在）；若没有找到这样的最近祖先节点或者这一最近祖先节点不具有左子节点，则同情况 1，节点 LN 的前驱线索指向空。

后序线索二叉树的前驱线索如图 6-33 所示。

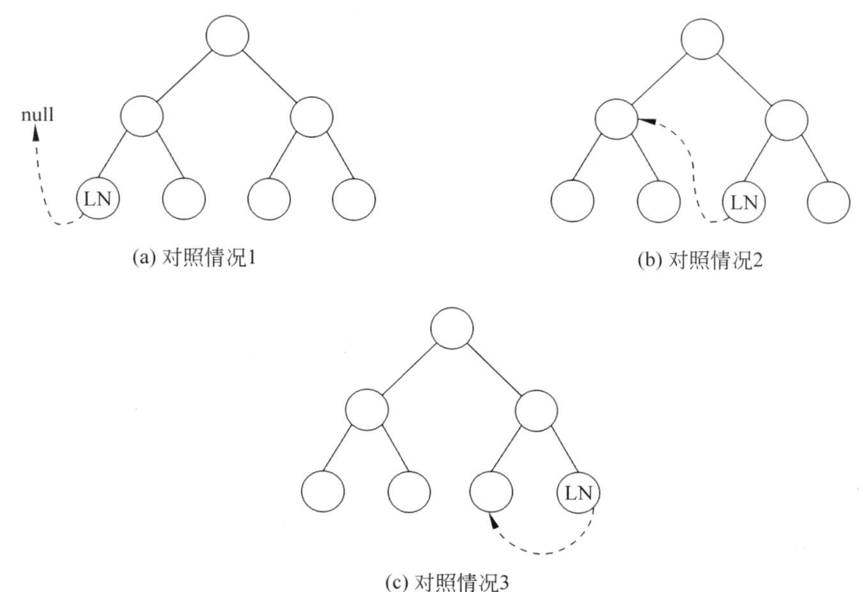

图 6-33　后序线索二叉树的前驱线索

在一个非空的后序线索二叉树中，对于任意不具有右子节点的节点 RN，其后继线索的指向方式存在如下几种情况。

情况 1：如果节点 RN 是整棵树的根节点，则其后继线索指向空（对照图 6-34(a)）。

情况 2：如果节点 RN 不是整棵树的根节点且节点 RN 为其父节点的左子节点，那么如果节点 RN 的父节点存在右子节点，即节点 RN 存在右兄弟节点，则节点 RN 的后继线索指向其右兄弟节点；如果节点 RN 的父节点不存在右子节点，即节点 RN 不存在右兄弟节点，则节点 RN 的后继线索指向其父节点(对照图 6-34(b))。

情况 3：如果节点 RN 不是整棵树的根节点且节点 RN 为其父节点的右子节点，则节点 RN 的后继线索必然指向其父节点(对照图 6-34(c))。

后序线索二叉树的后继线索如图 6-34 所示。

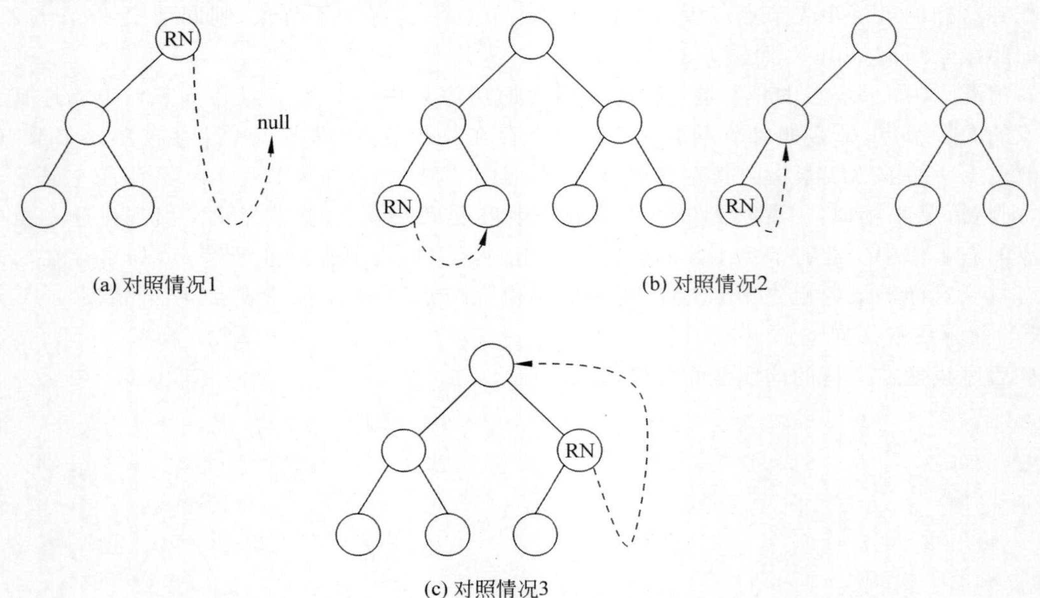

图 6-34　后序线索二叉树的后继线索

后序线索二叉树遍历操作的代码实现步骤相对复杂，并且在其中出现了从当前节点向其父节点进行回溯的操作。为了方便这一操作过程，可以对线索二叉树的节点定义方式进行如下修改，在其中添加指向父节点的指针域：

```
/**
 后序线索二叉树的节点代码定义
  */
public class Node {

    Object data;                              //数据域

    Node parent;                              //父节点指针域

    boolean lThread;                          //指示左子指针域是否为线索的标记位
    Node lChild;                              //左子指针域

    boolean rThread;                          //指示右子指针域是否为线索的标记位
```

```
    Node rChild;                                    //右子指针域

}
```

对后序线索二叉树进行遍历的操作步骤如下。

步骤 1：创建用于保存当前正在处理节点的指针 cur 和上一次处理节点的指针 pre，并初始化 cur＝root，pre＝null。

步骤 2：因为对二叉树进行后序遍历操作的节点顺序总是“左右根”，所以在对后序线索二叉树进行遍历时总需要找到当前（子）树在后序遍历顺序中的起点节点，其具体执行方式为只要当前节点存在左子节点（左子指针域非线索）就跳转到其左子节点并重复步骤 1，直到找到当前（子）树最左下的节点为止。如果当前（子）树最左下的节点不存在右子节点，则该节点即为当前（子）树在后序遍历序列中的起点节点，可以对其进行处理。如果当前（子）树最左下的节点存在右子节点，则跳转到该节点的右子节点并重复执行步骤 2，此时相当于执行步骤 6 在 pre ＝＝ null 下的特殊情况。

步骤 3：在得到当前（子）树在后序遍历序列中的起点节点后，根据上述对后序线索二叉树后继线索指向方式的讲解可知：如果当前节点不存在右子节点，则其后继线索（右子指针域）可能指向其右兄弟节点或者其父节点，所以此时只要沿着当前节点的右子指针域（后继线索）即可到达当前节点在后序遍历序列中的后继节点；如果当前节点存在右子节点，则回退到步骤 2 开始执行。步骤 3 在执行过程中需要先记录 pre＝cur，再执行 cur＝cur.rChild。

步骤 4：特殊的情况，当步骤 3 执行完毕后当前节点指针 cur 可能会回退到整棵树的根节点。如果出现这一情况，则算法结束。

步骤 5：如果步骤 3 执行完毕后当前节点指针 cur 并未回退到整棵树的根节点，则需要判断当前节点 cur 与上一次处理节点 pre 之间的关系：如果上一次处理节点 pre 是当前节点 cur 的右子节点，即 cur.rChild＝pre，则说明当前节点是因为其左右子树全部完成遍历后才被回溯到的，所以此时可以对当前节点直接进行处理。如果当前节点的父节点、父节点的父节点……均符合上述条件，则可以沿着当前节点的 parent 指针域不断地向其父节点、父节点的父节点……进行回溯，即重复执行步骤 5。步骤 5 在执行过程中需要先记录 pre＝cur，再执行 cur＝cur.parent。

步骤 6：与步骤 5 相反，如果上一次处理节点 pre 是当前节点的左子节点，则表示当前节点存在右子树且其右子树尚未完成遍历。此时可以将当前节点指针 cur 指向其右子节点并重复上述步骤 2～5，即对以当前节点右子节点为根的子树进行后序线索遍历。

步骤 7：如果当前处理的节点为空，则表示对后序线索二叉树的遍历完成，算法结束。

下面给出对后序线索二叉树进行后序遍历的代码实现：

```
/**
 Chapter6_Tree
 com.ds.threadedbinarytree
 ThreadedBinaryTree.java
```

```
 线索二叉树结构
 */
public class ThreadedBinaryTree {

    //通过静态内部类定义线索二叉树的节点类型
    private static class Node {

        Object data;                                    //数据域

        //父节点指针域
        Node parent;

        //指示左子指针域是否为线索的标记位
        boolean lThread;
        //左子指针域
        Node lChild;

        //指示右子指针域是否为线索的标记位
        boolean rThread;
        //右子指针域
        Node rChild;
    }

    //对于后序线索二叉树执行后序遍历的方法
    public void postorderThreadedTraversal(Node root) {

        if (root == null) {
            return;
        }

        /*
         步骤 1:创建当前节点指针 cur
         和上一步处理节点指针 pre 一样,cur 初始值指向 root,pre 初始值指向 null
         */

        //表示正在处理的当前节点的变量
        Node cur = root;

        //表示上一次处理的节点的变量
        Node pre = null;

        while (cur != null) {

            /*
             步骤 2:
             如果当前节点存在左子树,则找到左子树中最左下的节点
```

```
该节点为对以当前节点为根的(子)树,进行后序遍历的起始节点
 */
while(!cur.lThread && cur.lChild != pre) {
    cur = cur.lChild;
}

/*
 步骤 3:
 若当前节点的右子指针域为后继线索,则通过后继线索可以到达当前节点
 在后序遍历中的后继节点完成该步骤后,cur 可能指向其父节点,而其父节点可能是
 整棵线索二叉树的根
 */
while(cur != null && cur.rThread) {
    System.out.print(cur.data + ", ");
    pre = cur;
    cur = cur.rChild;
}

/*
 步骤 4:
 当上一步骤回退到根节点且根节点的右子树遍历完成时,后序线索二叉树遍历完成
 添加 cur.rChild == pre 判断是为了避免右偏单叉树的情况不能正确遍历
 */
if(cur == root && cur.rChild == pre) {
    System.out.print(cur.data + ", ");
    return;
}

/*
 步骤 5:
 如果步骤 2 回退到的根节点只是子树的根,则说明子树只有父节点尚未处理
 处理完子树的根节点,继续沿着 parent 指针返回上层父节点
 如果沿着右子树回退到当前父节点,则说明在以当前父节点为根的子树中只有根节
 点尚未处理
 */
while(cur != null && cur.rChild == pre) {
    System.out.print(cur.data + ", ");
    pre = cur;
    cur = cur.parent;
}

/*
 步骤 6:
 与步骤 5 相反
 如果沿着左子树回退到当前父节点且当前父节点存在右子树,则切换到当前父节点
 的右子树
```

```
                重复步骤 2~6
                 */
                if(cur != null && !cur.rThread) {
                    cur = cur.rChild;
                }

            }

        }

    }
```

6.4.4 二叉树的 Morris 遍历

Morris 遍历是由 Robert Morris 于 1979 年提出的一种针对二叉树结构以 $O(1)$的空间复杂度进行深度优先遍历的算法。在对二叉树结构进行 Morris 遍历时会利用二叉树节点当中空置的子指针域临时构建起类似于线索二叉树的结构，并在这种线索结构所指引的节点间关系下完成常量级空间复杂度的二叉树深度优先遍历。

同样地，根据根节点与左右子树在遍历过程中相对处理顺序的不同，Morris 遍历仍然可以划分为先序遍历、中序遍历和后序遍历。与之对应，通过这 3 种不同的 Morris 遍历方式可以在常量级的空间复杂度下获取一个二叉树结构的先序、中序、后序遍历序列。

下面分别给出 3 种 Morris 遍历方式的实现思路与代码案例。

1. 先序 Morris 遍历

先序 Morris 遍历的执行流程如下。

步骤 1：如果当前节点 cur 存在左子树，则找到节点 cur 左子树中的最右下节点并记为 pre。

步骤 2：如果节点 pre 的右子指针域为空，则表示正在对节点 cur 及其左子树进行第 1 轮先序 Morris 遍历。此时可以在处理当前节点 cur 后构建节点 pre 到节点 cur 的线索，即执行 pre.rChild=cur，方便在当前节点 cur 及其左子树中的所有节点均完成处理后再次返回节点 cur 并删除其左子树中对应的线索或者对其右子树执行先序 Morris 遍历。线索搭建完成后对当前节点 cur 的左子树重复执行步骤 1～2。

步骤 3：与步骤 2 相反，如果步骤 1 结束后节点 pre 的右子指针域非空，则此时节点 pre 的右子指针域必为线索，即对节点 cur 及其左子树进行第 2 轮先序 Morris 遍历的情况。此时当前节点 cur 及其左子树的先序 Morris 遍历已经完成，需要将节点 pre 的右子指针域置为空以删除线索，还原原有的二叉树节点间的关系，即执行 pre.rChild=null。在完成上述步骤后执行 cur=cur.rChild，对当前节点的右子树执行先序 Morris 遍历。

步骤 4：与步骤 1 相反，如果当前节点 cur 不存在左子树，则直接执行 cur=cur.rChild。若此时 cur.rChild 为线索，即表示对 cur.rChild 节点及其左子树开始第 2 轮先序 Morris 遍历，删除其中的线索关系。若此时 cur.rChild 为节点，即表示对当前节点的右子树执行先序 Morris 遍历。

步骤 5：如果当前节点为空，则整棵树的先序 Morris 遍历完成，算法结束。

先序 Morris 遍历执行流程如图 6-35 所示。

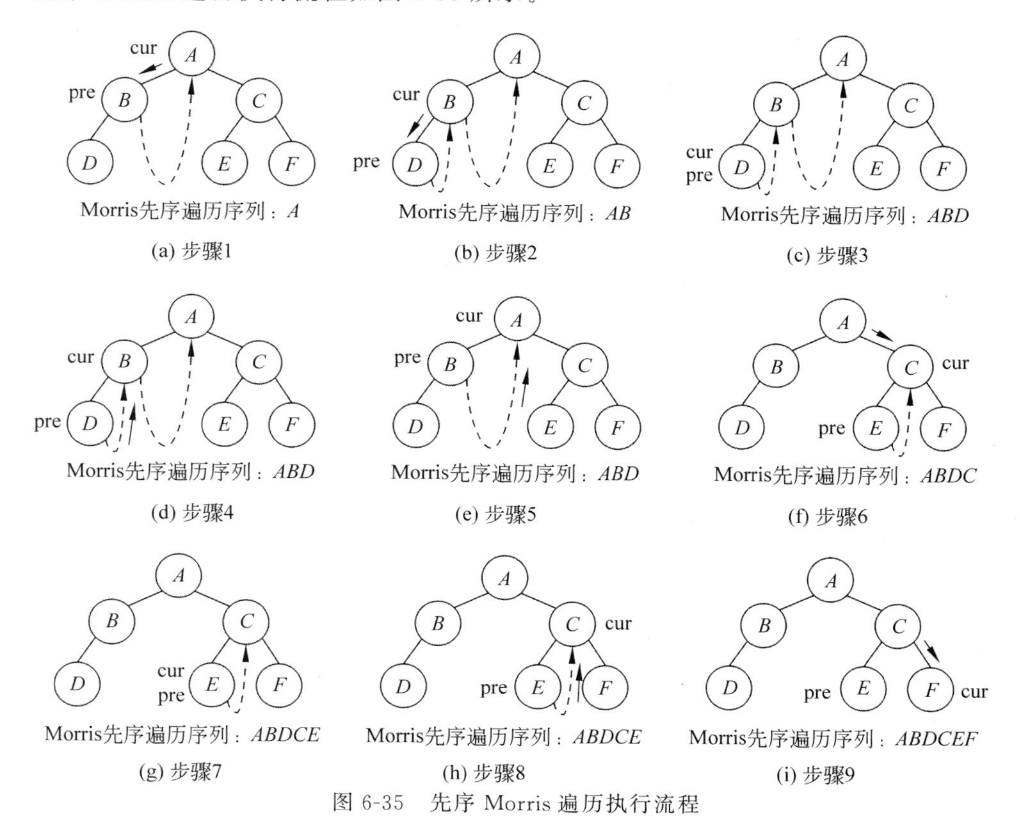

图 6-35 先序 Morris 遍历执行流程

先序 Morris 遍历的实现代码如下：

```
/**
 Chapter6_Tree
 com.ds.threadedbinarytree
 MorrisTraversal.java
 Morris 遍历
 */
public class MorrisTraversal {

    //通过静态内部类定义二叉树的节点类型
    private static class Node {
        Object data;                              //数据域
        Node lChild;                              //左子指针域
```

```
    Node rChild;                                    //右子指针域
}

//二叉树的先序 Morris 遍历
public void preorderMorrisTraversal(Node root) {

    if(root == null) {
        return;
    }

    Node cur = root;
    Node pre = null;

    while(cur != null) {

        /*
        步骤 4:
        如果当前节点不存在左子树,则沿着 cur.rChild 进行跳转,对 cur.rChild 及其左
        子树进行第 2 轮先序 Morris 遍历
        删除其中的线索结构或者对当前节点的右子树,执行先序 Morris 遍历
        */
        if(cur.lChild == null) {
            System.out.print(cur.data + ", ");
            cur = cur.rChild;
        } else {

            /*
            步骤 1:
            找到当前节点左子树中最右下的节点并记录为 pre
            为了防止构建 pre 指向 cur 的线索后导致算法死循环,添加条件 pre.rChild
            != cur
            */
            pre = cur.lChild;
            while(pre.rChild != null && pre.rChild != cur) {
                pre = pre.rChild;
            }

            /*
            步骤 2:
            如果节点 pre 的右子指针域为空,则表示是第 1 次遍历到节点 pre
            对当前节点进行处理后,构建节点 pre 到当前节点 cur 的线索
            */
            if(pre.rChild == null) {
                System.out.print(cur.data + ", ");
                pre.rChild = cur;
                //对当前节点的左子树重复执行上述线索的构建过程
```

```
                    cur = cur.lChild;
                }
                /*
                步骤 3:
                如果节点 pre 的右子指针域非空,则表示节点 pre 被再次遍历
                此时删除节点 pre 的线索,还原原有的节点间的关系
                */
                else {
                    pre.rChild = null;
                    /*
                    对当前节点的右子树
                    执行先序 Morris 遍历
                    */
                    cur = cur.rChild;
                }
            }

        }

    }
}
```

2. 中序 Morris 遍历

中序 Morris 遍历的执行流程如下。

步骤 1：如果当前节点 cur 存在左子树，则找到节点 cur 左子树中的最右下节点并记为 pre。

步骤 2：如果节点 pre 的右子指针域为空，则表示正在对节点 cur 及其左子树进行第 1 轮中序 Morris 遍历。此时需要构建节点 pre 到节点 cur 的线索，即执行 pre.rChild=cur，方便在当前节点 cur 及其左子树中所有节点均完成处理后再次返回节点 cur 并删除其左子树中对应的线索，或者对其右子树执行中序 Morris 遍历。线索搭建完成后对当前节点 cur 的左子树重复执行步骤 1～2。

步骤 3：与步骤 2 相反，如果步骤 1 结束后节点 pre 的右子指针域非空，则此时节点 pre 的右子指针域必为线索，即对节点 cur 及其左子树进行第 2 轮中序 Morris 遍历的情况。此时当前节点 cur 左子树的中序 Morris 遍历已经完成，需要在对当前节点 cur 进行处理后将节点 pre 的右子指针域置为空以删除线索，还原原有的二叉树节点间的关系，即执行 pre.rChild=null。在完成上述步骤后执行 cur=cur.rChild，对当前节点的右子树执行中序 Morris 遍历。

步骤 4：与步骤 1 相反，如果当前节点 cur 不存在左子树，则直接执行 cur=cur.rChild。若此时 cur.rChild 为线索，即表示对 cur.rChild 节点及其左子树开始第 2 轮中序 Morris 遍历，则删除其中的线索关系；若此时 cur.rChild 为节点，则表示对当前节点的右子树执行中序 Morris 遍历。

步骤 5：如果当前节点为空，则整棵树的中序 Morris 遍历完成，算法结束。

中序 Morris 遍历执行流程如图 6-36 所示。

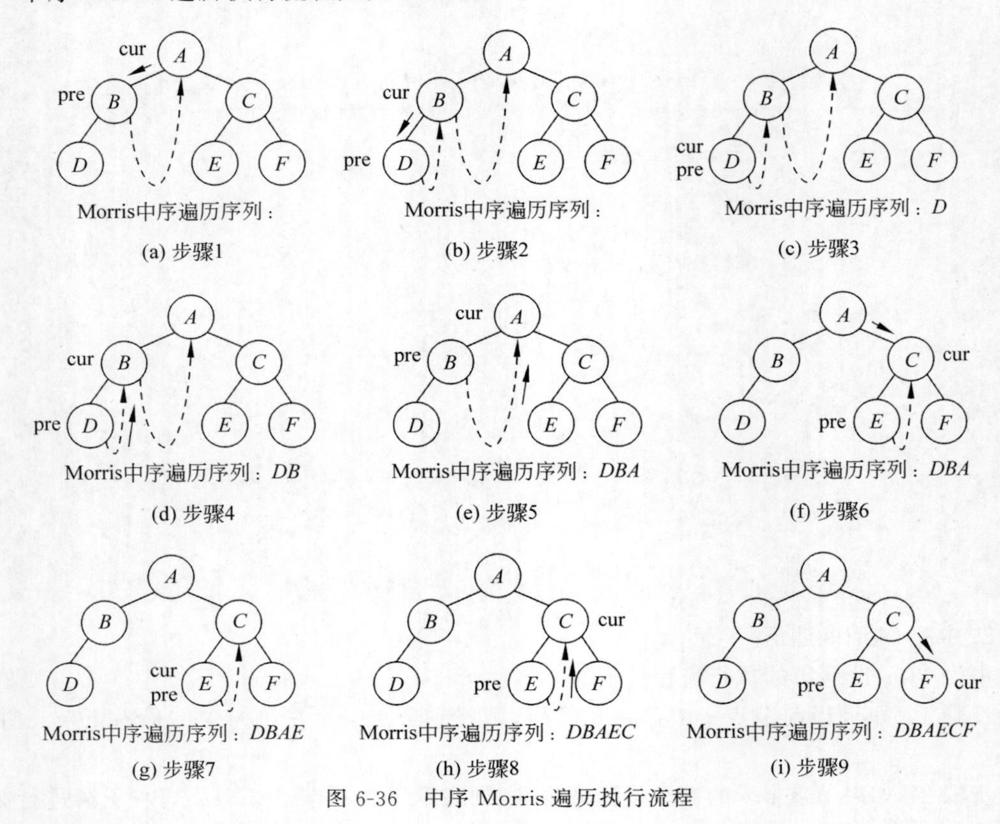

图 6-36 中序 Morris 遍历执行流程

通过上述步骤描述不难看出，中序 Morris 遍历的步骤与先序 Morris 遍历的步骤大致相同，只是对当前节点进行处理的时机不同：在先序 Morris 遍历中是在第 1 次遍历到当前节点时即对当前节点进行处理，然后对当前节点的左子树、右子树进行先序 Morris 遍历，符合二叉树先序遍历“根左右”的规则；在中序 Morris 遍历中则是在第 2 次遍历到当前节点时才对当前节点进行处理，这表示优先对当前节点的左子树进行中序 Morris 遍历，然后处理当前节点，最后对当前节点的右子树进行中序 Morris 遍历，符合二叉树中序遍历“左根右”的规则。

中序 Morris 遍历的实现代码如下：

```
/**
 Chapter6_Tree
 com.ds.threadedbinarytree
 MorrisTraversal.java
 Morris 遍历
 */
```

```
public class MorrisTraversal {

    //通过静态内部类定义二叉树的节点类型
    private static class Node {
        Object data;                                    //数据域
        Node lChild;                                    //左子指针域
        Node rChild;                                    //右子指针域
    }

    //二叉树的中序 Morris 遍历
    public void inorderMorrisTraversal(Node root) {

        if(root == null) {
            return;
        }

        Node cur = root;
        Node pre = null;

        while(cur != null) {

            /*
             步骤 4:
             如果当前节点不存在左子树,则沿着 cur.rChild 进行跳转,对 cur.rChild 及其左
             子树进行第 2 轮中序 Morris 遍历
             删除其中的线索结构或者对当前节点的右子树执行中序 Morris 遍历
             */
            if(cur.lChild == null) {
                System.out.print(cur.data + ", ");
                cur = cur.rChild;
            } else {

                /*
                 步骤 1:
                 找到当前节点左子树中最右下的节点并记录为 pre
                 为了防止构建 pre 指向 cur 的线索后导致算法死循环,添加条件 pre.rChild !=
                 cur
                 */
                pre = cur.lChild;
                while(pre.rChild != null && pre.rChild != cur) {
                    pre = pre.rChild;
                }

                /*
                 步骤 2:
                 如果节点 pre 的右子指针域为空,则表示是第 1 次遍历到节点 pre
```

```
                    构建节点 pre 到当前节点 cur 的线索
                    */
                    if(pre.rChild == null) {
                        pre.rChild = cur;
                        //对当前节点的左子树重复执行上述线索的构建过程
                        cur = cur.lChild;
                    }
                    /*
                    步骤 3:
                    如果节点 pre 的右子指针域非空,则表示节点 pre 被再次遍历
                    对当前节点进行处理后,删除节点 pre 的线索,还原原有的节点间的关系
                    */
                    else {
                        System.out.print(cur.data + ", ");
                        pre.rChild = null;
                        //对当前节点的右子树执行中序 Morris 遍历
                        cur = cur.rChild;
                    }
                }

            }

        }
    }
```

3. 后序 Morris 遍历

相比先序与中序的 Morris 遍历，后序 Morris 遍历操作相对复杂一些。在对二叉树进行后序 Morris 遍历之前首先要为整棵二叉树添加一个虚拟根节点 DR，并将虚拟根节点的左子指针域指向原有二叉树结构的根节点，即将原有二叉树结构作为虚拟根节点 DR 的左子树，然后以虚拟根节点 DR 为根对重新构建的二叉树结构进行后序 Morris 遍历。

为原有的二叉树结构设置虚拟根节点 DR 的原因需要从对二叉树结构深度优先遍历时（子）树根节点与左右子树之间的遍历顺序进行分析。在"根左右"的先序遍历与"左根右"的中序遍历过程中，右子树总是出现在遍历顺序的最后，针对这一点可以如下理解：在对二叉树进行先序 Morris 遍历和中序 Morris 遍历过程中，二叉树的最右路径（从根节点出发到达整棵二叉树最右下节点的路径）遍历完成后整棵树的先序与中序 Morris 遍历也就完成了，此时位于该路径最末端节点的右子指针域不需要设置为任何线索，只要指向空就可以正常地退出算法，但是在"左右根"的后序遍历过程中，右子树并非出现在遍历顺序的最后，这就表示在对二叉树进行后序 Morris 遍历的过程中，即使二叉树的最右路径完成遍历，还需要通过路径最末端节点右子指针域的线索跳转回根节点进行处理才行，但是通过前面讲解过的先序 Morris 遍历和中序 Morris 遍历的执行流程不难发现，只有当一个节点存在于其某

一最近祖先节点的左子树中时，其右子指针域所表示的线索才可能指向这一最近祖先节点。综上可知，如果二叉树的最右路径存在，则其终点节点必然存在于这棵二叉树根节点的右子树当中，也就是说这一最右路径终点节点的右子指针域必然指向空，此时在后序 Morris 遍历算法结束时就会出现节点遍历缺失的情况，所以此时只有将二叉树设置为虚拟根节点 DR 的左子树才能确保原始二叉树结构最右路径终点节点的右子指针域以线索的方式指向虚拟根节点，从而能够在算法的最后正确地回退到原始二叉树的根节点，在不缺失节点的情况下完成对原始二叉树结构的后序 Morris 遍历并正常地退出算法。

下面给出后序 Morris 遍历的执行流程。

步骤 1：为原始二叉树节点设置虚拟根节点，并使原始二叉树结构作为虚拟根节点的左子树存在。虚拟根节点与原始二叉树结构的关系设置完毕后将当前节点指针 cur 指向虚拟根节点，开始对新建二叉树结构进行后序 Morris 遍历。

步骤 2：如果当前节点 cur 存在左子树，则找到节点 cur 左子树中的最右下节点，并记为 pre。

步骤 3：如果节点 pre 的右子指针域为空，则表示正在对节点 cur 及其左子树进行第 1 轮后序 Morris 遍历。此时需要构建节点 pre 到节点 cur 的线索，即执行 pre.rChild＝cur，方便在当前节点 cur 及其左子树中的所有节点均完成处理后再次返回节点 cur 并删除其左子树中对应的线索或者对其右子树执行后序 Morris 遍历。线索搭建完成后对当前节点 cur 的左子树重复执行步骤 2～3。

步骤 4：与步骤 3 相反，如果步骤 2 结束后节点 pre 的右子指针域非空，则此时节点 pre 的右子指针域必为线索，即对节点 cur 及其左子树进行第 2 轮后序 Morris 遍历的情况。此时当前节点 cur 左子树中的线索均已构建完成，但是左子树中的节点均未进行处理，此时需要对以节点 cur.lChild 为起点、以节点 pre 为终点的最右路径（此时以节点 cur.lChild 为起点、以节点 pre 为终点的路径必然构成以 cur.lChild 节点为根子树的最右路径，读者可以自行推导这一说法的原因）进行逆序遍历，并在逆序遍历完成后将节点 pre 的右子指针域置为空以删除线索，还原原有的二叉树节点间的关系，即执行 pre.rChild＝null。在完成上述步骤后执行 cur＝cur.rChild，对当前节点的右子树执行后序 Morris 遍历。实际上步骤 4 相当于对当前二叉树中以任意节点为根的子树的最右路径进行逆序遍历。

步骤 5：与步骤 2 相反，如果当前节点 cur 不存在左子树则直接执行 cur＝cur.rChild。若此时 cur.rChild 为线索，即表示对 cur.rChild 节点及其左子树开始第 2 轮后序 Morris 遍历，则删除其中的线索关系；若此时 cur.rChild 为节点，则表示对当前节点的右子树执行后序 Morris 遍历。

步骤 6：如果当前节点为空，则整棵树的后序 Morris 遍历完成，此时断开虚拟根节点与原始二叉树根节点之间的关系，删除虚拟根节点，算法结束。

后序 Morris 遍历的执行流程如图 6-37 所示。

后序 Morris 遍历的实现代码如下：

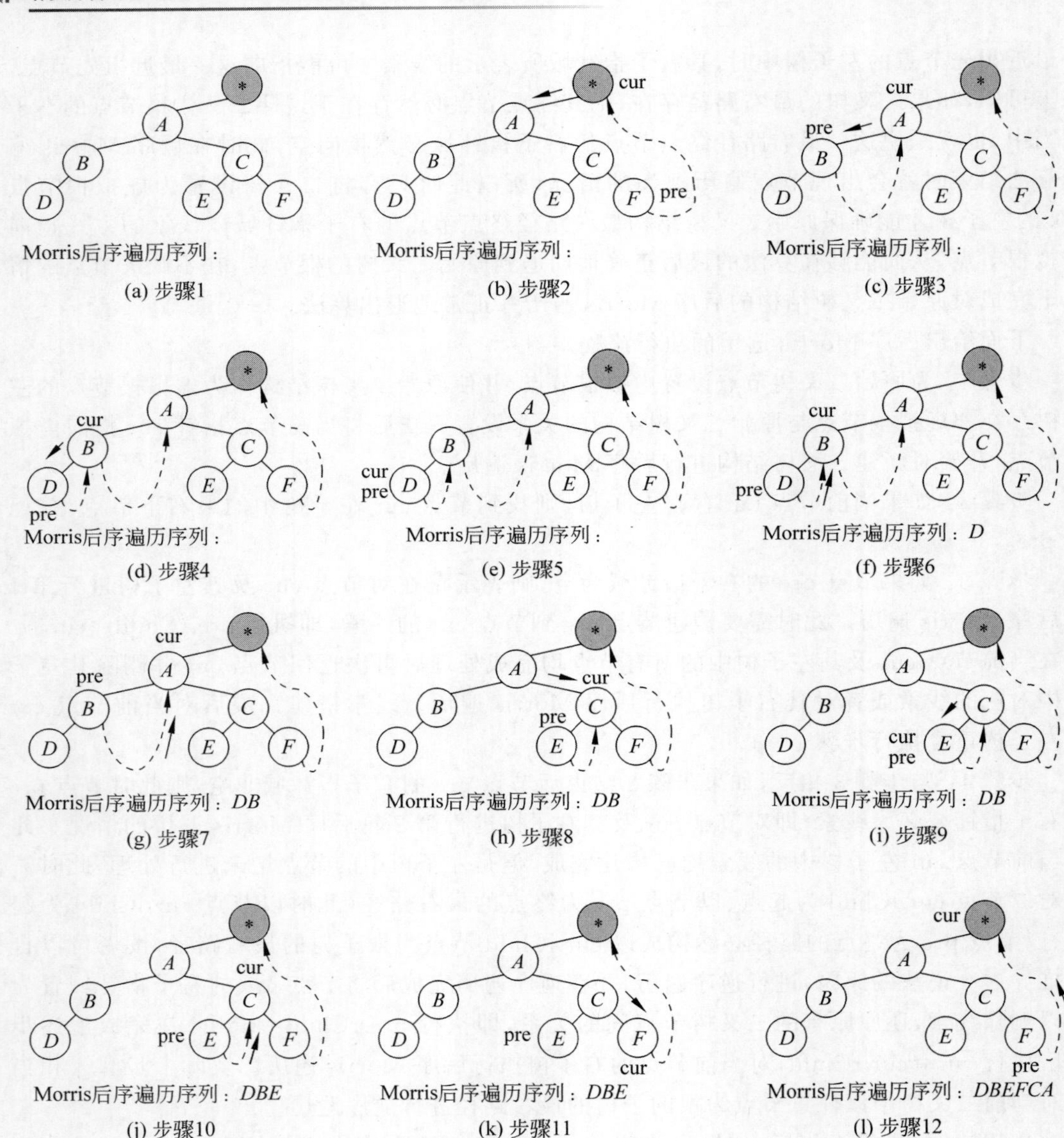

图 6-37　后序 Morris 遍历的执行流程

```
/**
 Chapter6_Tree
 com.ds.threadedbinarytree
 MorrisTraversal.java
 后序 Morris 遍历
 */
public class MorrisTraversal {

    /**
     通过静态内部类定义二叉树的节点类型
     */
    private static class Node {
        Object data;                                //数据域
        Node lChild;                                //左子指针域
        Node rChild;                                //右子指针域
    }

    /**
     二叉树的后序 Morris 遍历
     */
    public void postorderMorrisTraversal(Node root) {

        if(root == null) {
            return;
        }

        //步骤 1:设置虚拟根节点,并将原始二叉树结构作为虚拟根节点的左子树存在
        Node dummy = new Node();
        dummy.lChild = root;
        Node cur = dummy;
        Node pre = null;

        while(cur != null) {

            /*
             步骤 5:
             如果当前节点不存在左子树,则沿着 cur.rChild 进行跳转
             对 cur.rChild 及其左子树进行第 2 轮后序 Morris 遍历
             删除其中的线索结构或者对当前节点的右子树执行后序 Morris 遍历
             */
            if(cur.lChild == null) {
                cur = cur.rChild;
            } else {

                /*
                 步骤 2:
```

```
                找到当前节点左子树中最右下的节点并记录为 pre
                为了防止构建 pre 指向 cur 的线索后导致算法死循环,添加条件 pre.rChild
                != cur
                 */
                pre = cur.lChild;
                while(pre.rChild != null && pre.rChild != cur) {
                    pre = pre.rChild;
                }

                /*
                步骤 3:
                如果节点 pre 的右子指针域为空,则表示是第 1 次遍历到节点 pre
                构建节点 pre 到当前节点 cur 的线索
                 */
                if(pre.rChild == null) {
                    pre.rChild = cur;
                    //对当前节点的左子树重复执行上述线索的构建过程
                    cur = cur.lChild;
                }
                /*
                步骤 4:
                如果节点 pre 的右子指针域非空,则表示节点 pre 被再次遍历
                对当前节点左子树的最右路径进行逆序遍历
                完成后删除节点 pre 的线索,还原原有的节点间的关系
                 */
                else {
                    //对当前节点左子树的最右路径执行逆序遍历
                    reverseVisit(cur.lChild, pre);
                    pre.rChild = null;
                    //对当前节点的右子树执行后序 Morris 遍历
                    cur = cur.rChild;
                }
            }
        }

        //算法结束,断开虚拟根节点与原始二叉树节点间的关联
        dummy.lChild = null;

    }

    /**
     对当前节点左子树的最右路径进行逆序遍历的方法
     */
    private void reverseVisit(Node from, Node to) {
        //将从当前节点左子节点到当前节点左子节点最右下子孙的路径逆序
```

```
        reverse(from, to);
        //遍历逆序后的路径
        Node node = to;
        while(true) {
            System.out.print(node.data + ", ");
            if(node == from) {
                break;
            }
            node = node.rChild;
        }
        //还原从当前节点左子节点到当前节点左子节点最右下子孙的路径
        reverse(to, from);
    }

    //逆转从节点 from 到节点 to 最右路径的方法
    private void reverse(Node from, Node to) {
        if(from == to) {
            return;
        }
        Node parent = from;
        Node child = from.rChild;
        Node tmp = null;
        while(parent != to) {
            tmp = child.rChild;
            child.rChild = parent;
            parent = child;
            child = tmp;
        }
    }
}
```

4. 线索二叉树与 Morris 遍历的结合

在最基础的 Morris 遍历算法中并不要求对二叉树结构进行线索化，因为这一算法在执行过程中会自发地对二叉树结构进行类似于线索化的操作，但是相应地，在完成 Morris 遍历后还需要通过相似的手段将二叉树中临时搭建的前驱、后继线索关系删除，使二叉树中各个节点的子指针域恢复成初始状态，因此，如果将二叉树的线索化与 Morris 遍历算法相结合不仅能通过对二叉树的一次性线索化为后续多次执行相同方式的 Morris 遍历提供结构基础，避免每次执行 Morris 遍历算法都要重新线索化二叉树，而且还能够免除遍历完成后恢复二叉树前驱、后继线索关系的麻烦。

相应地，应该对先序、中序、后序线索化的二叉树，分别执行先序、中序、后序的 Morris 遍历，而在上述思路的实现过程中相当于去除了基础版本 Morris 遍历中对于二叉树节点空置子指针域线索化和恢复初始状态的过程,仅保留了根据前驱、后继线索进行节点遍历的过程,从而提升算法的整体性能。

至于对线索二叉树执行 Morris 遍历的代码实现方式则可以由读者根据上述已经给出的 Morris 遍历代码示例结合线索二叉树的定义方式及诸多特性自己来尝试完成。

6.5 二叉排序树

二叉排序树及其衍生结构是二叉树结构在实际开发当中最为重要的应用。在向一个二叉排序树当中按照一定方式添加数据后,可以通过对其进行中序遍历的方式得到一个通过树中节点所保存的数据按照一定方式进行排序后的有序序列。在 Java 语言的集合类体系中,TreeSet 类型及 TreeMap 类型就是通过二叉排序树的衍生结构——红黑树进行实现的。下面开始对二叉排序树的相关内容进行讲解。

6.5.1 二叉排序树的结构特点

在构建一棵二叉排序树的时候,需要保证树中任意节点及其左右子节点之间数据域的取值保持左子节点数据<父节点数据<右子节点数据或者左子节点数据>父节点数据>右子节点数据的关系。下面给出一个如图 6-38 所示按照左子节点数据<父节点数据<右子节点数据关系构建的二叉排序树的图示。

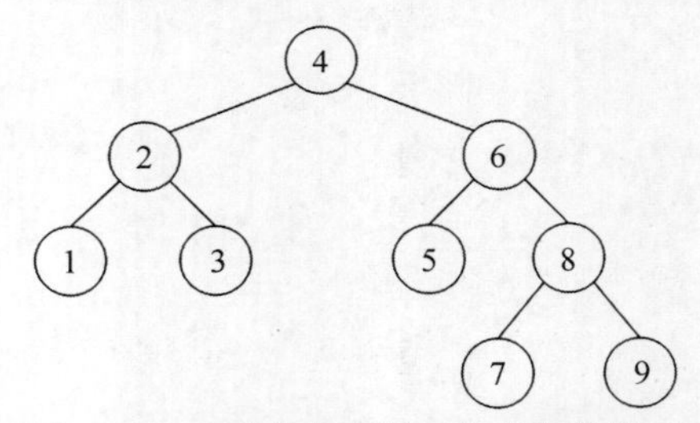

图 6-38 左子节点数据<父节点数据<右子节点数据的二叉排序树

对上述二叉排序树进行中序遍历即可得到其中节点数据的升序有序序列。与此相反,如果需要二叉排序树中数据的降序有序序列,则可以使用左子节点数据>父节点数据>右子节点数据的关系构建二叉排序树。

在实际应用中为了避免二叉排序树的结构产生不确定性及便于对二叉排序树结构进行一些更加复杂的操作,需要保证二叉排序树中保存的数据是非空且不重复的。例如 Java 语言中的 TreeSet 类型,在向其中添加 null 数据时会抛出异常,而在向其中添加重复数据时会添加失败。

为了使添加进入二叉排序树中的非数值类型数据及一些复杂数据类型数据之间能够进行比较,通常需要为二叉排序树指定这些类型数据之间进行大小比较的操作标准,将这些类型数据之间的大小比较结果以整数正负的形式反馈给二叉排序树。例如在 Java 语言中可以通过对加入 TreeSet 集合中的数据类型实现 Comparable 接口的方式实现数据之间的自然排序,或者在创建 TreeSet 集合对象时为其构造方法传递 Comparator 接口的实现类对象以实现数据之间的定制排序。

6.5.2　二叉排序树的增删查找

为了方便说明，首先给出一种能够保存整型数据的二叉排序树节点类型的代码定义，并以此节点定义方式为基础，按照左子节点数据＜父节点数据＜右子节点数据的关系，对不存在重复数据的二叉排序树的数据增删查找操作进行讲解。

能够保存整型数据的二叉排序树节点类型的代码定义如下：

```
//能够保存整型数据的二叉排序树节点类型
public class Node {
    int data;                                   //数据域
    Node parent;                                //父节点指针域
    Node lChild;                                //左子指针域
    Node rChild;                                //右子指针域
}
```

1. 向二叉排序树中添加数据

向二叉排序树中添加数据的操作过程如下。

步骤1：如果当前二叉排序树的根节点为空，则创建一个节点作为二叉排序树的根节点将数据保存在根节点中，返回true表示数据添加成功，算法结束。如果当前二叉排序树根节点非空，则创建当前节点指针cur，并初始化指向二叉排序树的根节点。

步骤2：将添加数据与当前节点cur中保存的数据进行大小比较：①若添加数据小于当前节点数据且当前节点具有左子节点，则将当前节点指针cur指向其左子节点，即执行cur=cur.lChild，然后重复执行步骤2；②若添加数据小于当前节点数据且当前节点不具有左子节点，则创建新节点，保存添加数据并将新节点作为当前节点cur的左子节点进行保存，返回true表示数据添加成功，算法结束；③若添加数据大于当前节点数据且当前节点具有右子节点，则将当前节点指针cur指向其右子节点，即执行cur=cur.rChild，然后重复执行步骤2；④若添加数据大于当前节点数据且当前节点不具有右子节点，则创建新节点，保存添加数据并将新节点作为当前节点cur的右子节点进行保存，返回true表示数据添加成功，算法结束；⑤若添加数据等于当前节点数据，则返回false表示数据添加失败，算法结束。

向二叉排序树中添加数据的流程如图6-39所示。

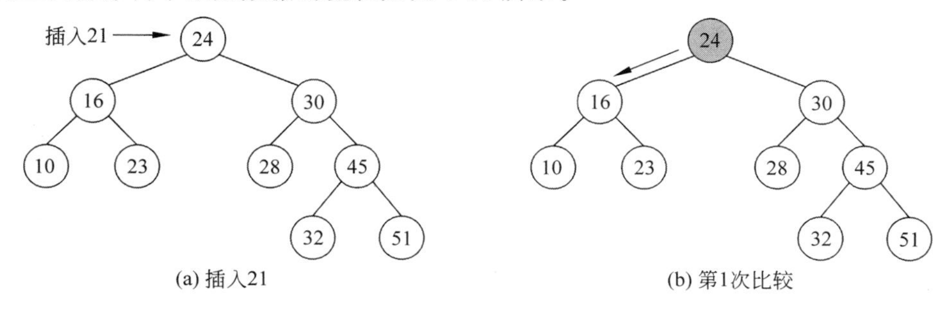

图6-39　向二叉排序树中添加数据的流程

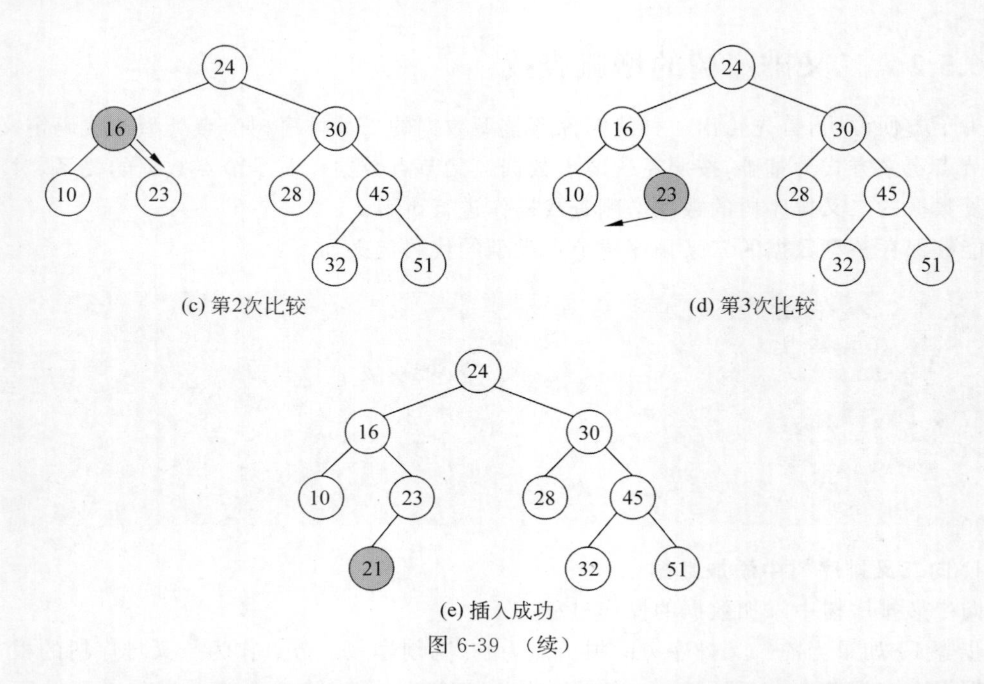

图 6-39 （续）

通过上述步骤描述不难看出，在二叉排序树中添加新数据，保存新数据的节点总是以叶节点的方式加入二叉排序树当中。

下面给出向二叉排序树中添加数据过程的代码实现：

```
/**
 Chapter6_Tree
 com.ds.binarysortedtree
 BinarySortedTree.java
 二叉排序树结构
 */
public class BinarySortedTree {

    /**
     通过静态内部类定义二叉排序树的节点类型
     */
    private static class Node {
        int data;                              //数据域
        Node parent;                           //父节点指针域
        Node lChild;                           //左子指针域
        Node rChild;                           //右子指针域

        public Node(int data) {
            this.data = data;
        }
```

```
    }

    //二叉排序树的根节点
    private Node root;

    //向二叉排序树中添加数据的方法
    public boolean add(int data) {

        //根节点为空
        if(root == null) {
            root = new Node(data);
            return true;
        }

        Node cur = root;

        while(true) {
            //添加数据小于当前节点数据
            if(data < cur.data) {
                //当前节点不存在左子节点
                if(cur.lChild == null) {
                    Node node = new Node(data);
                    cur.lChild = node;
                    node.parent = cur;
                    return true;
                }
                //当前节点存在左子节点
                else {
                    cur = cur.lChild;
                }
            }
            //添加数据大于当前节点数据
            else if(data > cur.data) {
                //当前节点不存在右子节点
                if(cur.rChild == null) {
                    Node node = new Node(data);
                    cur.rChild = node;
                    node.parent = cur;
                    return true;
                }
                //当前节点存在右子节点
                else {
                    cur = cur.rChild;
                }
            }
            //添加数据等于当前节点数据
```

```
            else {
                //添加失败
                return false;
            }
        }

    }
}
```

2. 从二叉排序树中删除数据

从二叉排序树中删除数据的操作过程如下。

步骤1：如果当前二叉排序树的根节点为空，则返回 false 表示数据删除失败，算法结束。如果当前二叉排序树根节点非空，则创建当前节点指针 cur 并初始化指向二叉排序树的根节点。

步骤2：定位保存被删除数据的节点在二叉排序树中的位置的具体做法为将被删除数据与当前节点 cur 中保存的数据进行大小比较：①若被删除数据小于当前节点数据且当前节点具有左子节点，则将当前节点指针 cur 指向其左子节点，即执行 cur＝cur.lChild，然后重复执行步骤2；②若被删除数据小于当前节点数据且当前节点不具有左子节点，则返回 false 表示数据删除失败，算法结束；③若被删除数据大于当前节点数据且当前节点具有右子节点，则将当前节点指针 cur 指向其右子节点，即执行 cur＝cur.rChild，然后重复执行步骤2；④若被删除数据大于当前节点数据且当前节点不具有右子节点，则返回 false 表示数据删除失败，算法结束；⑤若被删除数据等于当前节点数据，则二叉排序树的被删除节点定位成功，继续执行后续步骤。

步骤3：如果被删除节点是叶节点，则直接断开被删除节点与父节点之间的关联，返回 true 表示数据删除成功，算法结束。特殊的情况，如果该叶节点同时为二叉排序树的根节点，则直接将二叉排序树的根节点置为空（对应图 6-40(a)）。如果被删除节点只存在左子节点或者右子节点，即被删除节点只具有左子树或者右子树，则使用其唯一的子节点替代被删除节点在二叉排序树中的位置，断开被删除节点与父节点之间的关联，返回 true 表示数据删除成功，算法结束（对应图 6-40(b)）。如果被删除节点同时存在左右子节点，即被删除节点同时具有左右子树，则定位被删除节点左子树中保存最大数据取值的节点，即被删除节点左子树中的最右下节点为替代节点，使用该节点替代被删除节点在二叉排序树中的位置，断开被删除节点与父节点之间的关联。因为上述操作相当于从被删除节点的左子树中删除了最右下的替代节点，所以如果替代节点不是叶节点，即替代节点还存在左子树，则需要使用替代节点的左子节点替代其在二叉排序树中的位置。上述操作均完成后如果返回 true，则表示数据删除成功，算法结束（对应图 6-40(c)）。

从二叉排序树中删除数据的流程如图 6-40 所示。

注意：*在上述的步骤3当中，如果删除节点同时具有左右子树，同样可以选择被删除节点右子树中保存最小数据取值的节点，即被删除节点右子树中的最左下的节点作为替代节点。*

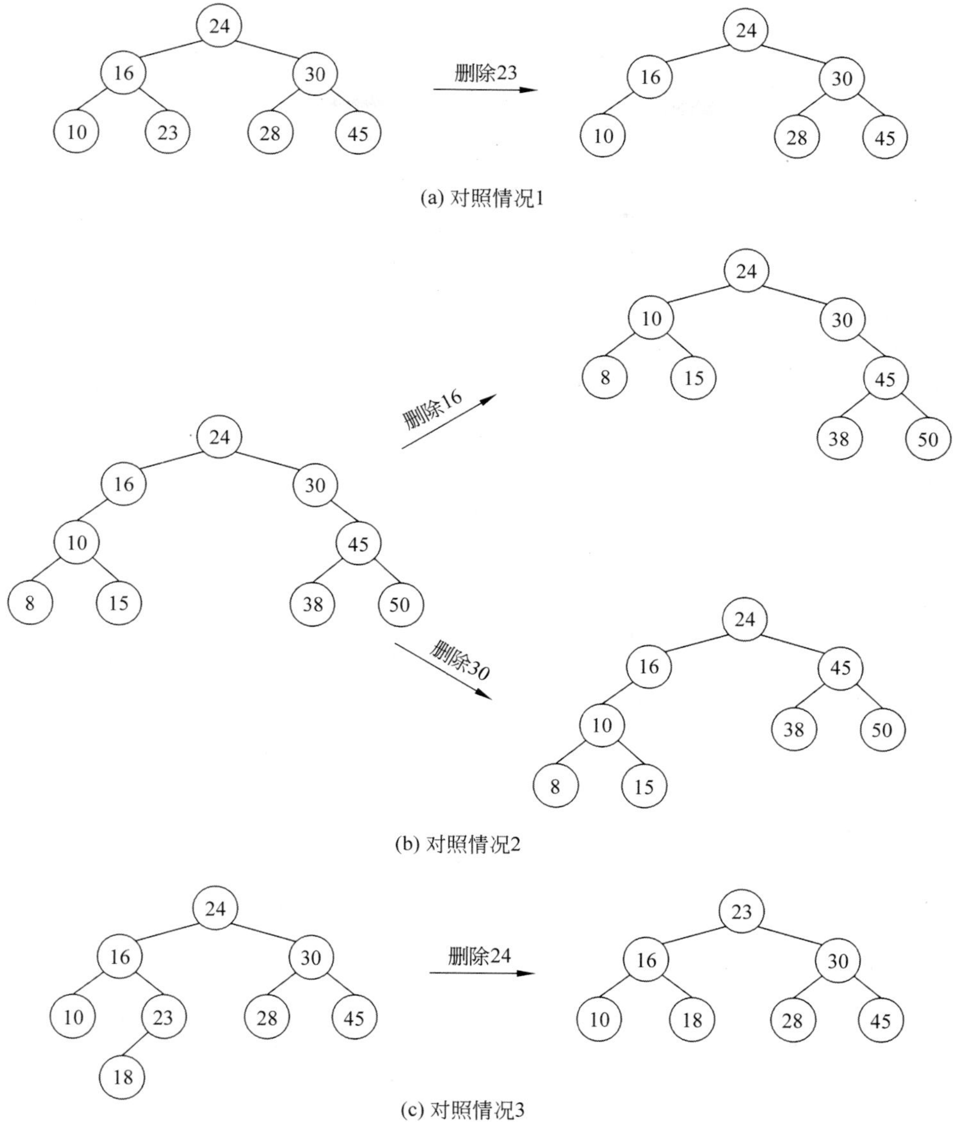

(a) 对照情况1

(b) 对照情况2

(c) 对照情况3

图 6-40 从二叉排序树中删除数据的流程

下面给出从二叉排序树中删除数据过程的代码实现：

```
/**
 Chapter6_Tree
 com.ds.binarysortedtree
 BinarySortedTree.java
 二叉排序树结构
 */
```

```
public class BinarySortedTree {

    //通过静态内部类定义二叉排序树的节点类型
    private static class Node {
        int data;                                   //数据域
        Node parent;                                //父节点指针域
        Node lChild;                                //左子指针域
        Node rChild;                                //右子指针域

        public Node(int data) {
            this.data = data;
        }
    }

    //二叉排序树的根节点
    private Node root;

    //从二叉排序树中删除数据的方法
    public boolean remove(int data) {

        //当根节点为空的情况
        if(root == null) {
            return false;
        }

        Node cur = root;

        //定位被删除节点
        while(cur != null) {
            if(data < cur.data) {
                cur = cur.lChild;
            } else if(data > cur.data) {
                cur = cur.rChild;
            } else {
                break;
            }
        }

        if(cur == null) {
            return false;
        }

        /*
         如果上述循环执行完毕且算法未结束
         则表示被删除节点定位成功
         此时 cur 指向被删除节点
```

```
     */

    //被删除节点为叶节点
    if(cur.lChild == null && cur.rChild == null) {
        replaceNode(cur, null);
    }
    //被删除节点只存在左子树
    else if(cur.lChild != null && cur.rChild == null) {
        replaceNode(cur, cur.lChild);
    }
    //被删除节点只存在右子树
    else if(cur.lChild == null && cur.rChild != null) {
        replaceNode(cur, cur.rChild);
    }
    //被删除节点同时具有左右子树
    else {
        Node replace = cur.lChild;
        while(replace.rChild != null) {
            replace = replace.rChild;
        }
        //用替换节点的左子节点替代替换节点在树中的位置,替代节点的左子节点可以
        //为空
        replaceNode(replace, replace.lChild);
        //用替代节点保存被删除节点左右子树
        replace.lChild = cur.lChild;
        if(cur.lChild != null) {
            cur.lChild.parent = replace;
        }
        replace.rChild = cur.rChild;
        if(cur.rChild != null) {
            cur.rChild.parent = replace;
        }
        //用替代节点替代被删除节点在树中的位置
        replaceNode(cur, replace);
    }

    return true;

}

//根据当前节点与其父节点之间的关系,对当前节点在其父节点的左右子节点位置进行节点
//替换的方法
private void replaceNode(Node cur, Node replace) {
    if(cur != root) {
        if(cur == cur.parent.lChild) {
            cur.parent.lChild = replace;
```

```
            } else {
                cur.parent.rChild = replace;
            }
            if(replace != null) {
                replace.parent = cur.parent;
            }
        } else {
            root = replace;
            if(replace != null) {
                replace.parent = null;
            }
        }
        cur.parent = null;
        cur.lChild = null;
        cur.rChild = null;
    }
}
```

3. 在二叉排序树中查找数据

在二叉排序树中对指定数据进行查找的过程与在删除数据的过程中进行被删除节点定位的过程是一致的，在此不再赘述，直接给出相关代码：

```
/**
 Chapter6_Tree
 com.ds.binarysortedtree
 BinarySortedTree.java
 二叉排序树结构
 */
public class BinarySortedTree {

    //通过静态内部类定义二叉排序树的节点类型
    private static class Node {
        int data;                                //数据域
        Node parent;                             //父节点指针域
        Node lChild;                             //左子指针域
        Node rChild;                             //右子指针域

        public Node(int data) {
            this.data = data;
        }
    }

    //二叉排序树的根节点
    private Node root;
```

```
    //在二叉排序树中查找数据的方法,将返回值数据类型定义为包装类,方便在查找失败时返回
    //null 值
    public Integer get(int data) {

        if(root == null) {
            return null;
        }

        Node cur = root;

        while(cur != null) {
            if(data < cur.data) {
                cur = cur.lChild;
            } else if(data > cur.data) {
                cur = cur.rChild;
            } else {
                break;
            }
        }

        if(cur == null) {
            return null;
        }
        return cur.data;

    }

}
```

6.5.3　二叉排序树退化为单链表的情况

通过对二叉排序树数据查找过程进行分析不难发现,在理想状态(二叉排序树任意节点的左右子树深度相近)下,在二叉排序树中进行数据查找的过程总是二分的,即每次将目标数据与某一节点保存的数据进行大小比较后要么找到目标数据算法结束,要么继续在这一节点左右子树的一个分支中继续进行查找,并且二叉排序树任意节点左右子树的节点规模都相当于以这一节点为根子树的节点规模的一半,所以此时在二叉排序树中进行目标数据查找的时间复杂度与二分搜索的时间复杂度相似,都是 $O(\log N)$,其中 N 表示整棵二叉排序树的节点规模。

但是在最坏的情况下,例如按照完全顺序、完全逆序或者大小交替的数据顺序构建二叉排序树,此时的二叉排序树会退化为与单链表相似的结构,即任意节点都只具有左子节点或者右子节点的结构。

二叉排序树退化为单链表的情况如图 6-41 所示。

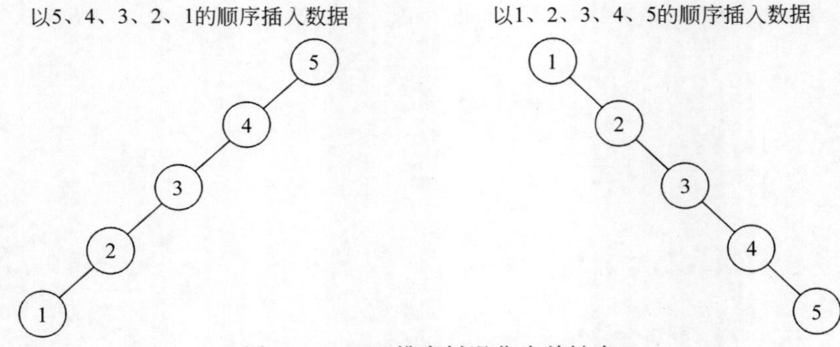

图 6-41　二叉排序树退化为单链表

在这种情况下在二叉排序树中进行数据查找的时间复杂度退化为线性的 $O(N)$，使其数据查找效率大打折扣，所以如果要避免在二叉排序树中出现这种情况就需要对二叉排序树的结构进行调整，使树中任意节点的左右子树的深度差不会过大，而经过这一调整的二叉排序树即为平衡二叉树。

6.6　平衡二叉树（AVL 树）

在 6.5.3 节曾经说明过，如果对二叉排序树添加完全顺序或者完全逆序的数据，则二叉排序树会退化为与单链表相似的结构，此时二叉排序树进行数据查找的时间复杂度会降低到 $O(N)$的线性时间复杂度级别。为了避免这一现象的发生，需要在对二叉排序树进行数据插入或者删除后对其结构进行调整，使其任意节点左右子树的深度差不会过大。在基于上述策略实现的二叉排序树结构中，AVL 树是比较基本的一种实现方案。

AVL 树是由 Georgy Adelson-Velsky 和 Evgenii Landis 在 1962 年提出的一种自平衡二叉排序树。在 AVL 树当中，任意节点左右子树深度差的绝对值不超过 1，从而保证查找、插入、删除等操作的时间复杂度均为 $O(\log N)$。

AVL 树确保任意节点左右子树深度差绝对值不超过 1 的方式是在对树中进行节点插入、删除操作后，检查以操作节点的父节点、父节点的父节点……祖先节点为根的子树是否仍旧满足 AVL 树的平衡约束。如果平衡约束被打破，则对最低（距离根节点最远）不平衡节点进行旋转操作，从而调整以最低不平衡节点为根的子树重新回归平衡状态。

6.6.1　AVL 树节点的旋转方式

根据最低不平衡节点左右子树结构的不同，AVL 树对其最低不平衡节点进行旋转调整平衡的方式也有所不同。总体来讲，在 AVL 树结构当中节点的旋转方式可以分为左旋、右旋、左右旋、右左旋 4 种方式。下面对上述 4 种节点旋转方式分别进行讲解。

为了方便说明，下面统一约定将最低不平衡节点记为 UN、将 UN 的左子节点记为 UL、将 UN 的右子节点记为 UR。

1. 左左不平衡右旋

左左不平衡是指在以 UN 为根的子树中，在左子树深度大于右子树深度的前提下，以 UL 为根的子树，其左子树的深度大于或等于右子树深度的情况。

左左不平衡的 AVL 树如图 6-42 所示。

对以 UN 为根的子树进行右旋的操作步骤如下。

步骤 1：使用 UL 替代 UN 在 AVL 树中的位置。

步骤 2：将 UN 重新记录为 UL 的右子节点。

步骤 3：特殊的情况，若 UL 在旋转前就已经存在右子树，则在旋转后将 UL 的右子节点（连同完整的右子树）重新记录为 UN 的左子节点。

左左不平衡右旋的执行过程如图 6-43 所示。

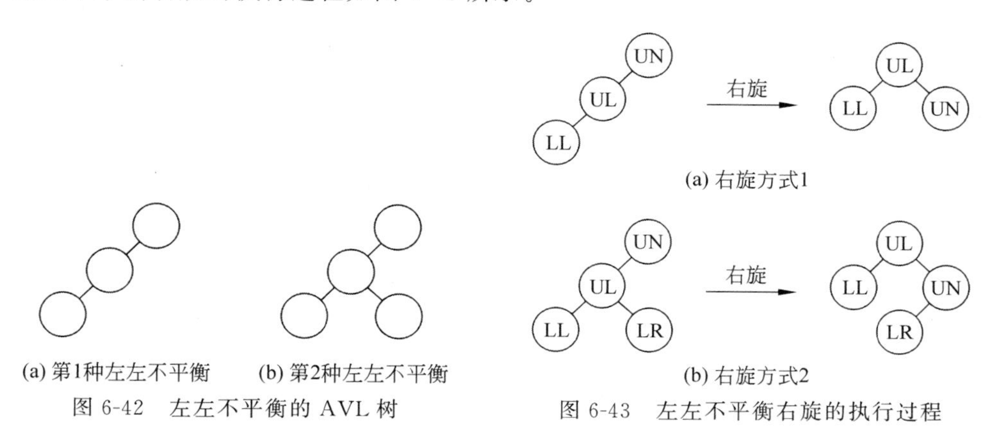

(a) 第1种左左不平衡 (b) 第2种左左不平衡

图 6-42 左左不平衡的 AVL 树

(a) 右旋方式1 (b) 右旋方式2

图 6-43 左左不平衡右旋的执行过程

从图 6-43 不难看出，所谓右旋是指在图上将节点 UN 向右下方旋转 90°的操作。

对节点进行右旋操作的实现代码如下：

```
/**
 Chapter6_Tree
 com.ds.binarysortedtree
 AVLTree.java
 AVL 树结构
  */
public class AVLTree {

    /**
     通过静态内部类定义 AVL 树的节点类型
      */
    private static class Node {
        int data;                                   //数据域
        Node parent;                                //父节点指针域
        Node lChild;                                //左子指针域
```

```
    Node rChild;                                    //右子指针域
    int height;                                     //以当前节点为根子树的最大深度

    public Node(int data) {
        this.data = data;
        this.height = 0;
    }

}

//AVL 树的根节点
private Node root;

//节点右旋的方法,node 为被旋转节点,即最低不平衡节点
private void rightRotate(Node node) {

    //保存被旋转节点的左子节点作为子树新的根节点
    Node newRoot = node.lChild;
    //保存被旋转节点左子节点的右子节点
    Node newRootRChild = newRoot.rChild;
    //保存被旋转节点的父节点
    Node parent = node.parent;

    //若被旋转节点不是整棵树的根
    if(parent != null) {
        /*
         则根据其与父节点的左右关系
         用其左子节点替代它
         */
        if(node == node.parent.lChild) {
            parent.lChild = newRoot;
        } else {
            parent.rChild = newRoot;
        }
    }
    //若被旋转节点是整棵树的根,则根节点指针指向其左子节点
    else {
        root = newRoot;
    }
    //更新被旋转节点左子节点的父节点关系
    newRoot.parent = parent;

    //被旋转节点下降为其左子节点的右子节点
    newRoot.rChild = node;
    node.parent = newRoot;
    //如果左子节点存在右子节点,右子节点成为被旋转节点的左子节点
    node.lChild = newRootRChild;
    if(newRootRChild != null) {
        newRootRChild.parent = node;
```

```
        }

        //更新被旋转节点的深度
        node.height = Math.max(
                height(node.lChild),
                height(node.rChild)) + 1;
        //更新被旋转节点左子节点的深度
        newRoot.height = Math.max(
                height(newRoot.lChild),
                height(newRoot.rChild)) + 1;

    }

    //计算并返回 node 节点深度的方法
    private int height(Node node) {
        return node == null ? 0 : node.height;
    }

}
```

2. 右右不平衡左旋

右右不平衡是指在以 UN 为根的子树中，在右子树的深度大于左子树深度的前提下，以 UR 为根的子树，右子树的深度大于或等于左子树深度的情况。

右右不平衡的 AVL 树如图 6-44 所示。

对以 UN 为根的子树进行左旋的操作步骤如下。

步骤 1：使用 UR 替代 UN 在 AVL 树中的位置。

步骤 2：将 UN 重新标记为 UR 的左子节点。

步骤 3：特殊的情况，若 UR 在旋转前就已经存在左子树，则在旋转后将 UR 的左子节点（连同完整的左子树）重新记录为 UN 的右子节点。

右右不平衡左旋的执行过程如图 6-45 所示。

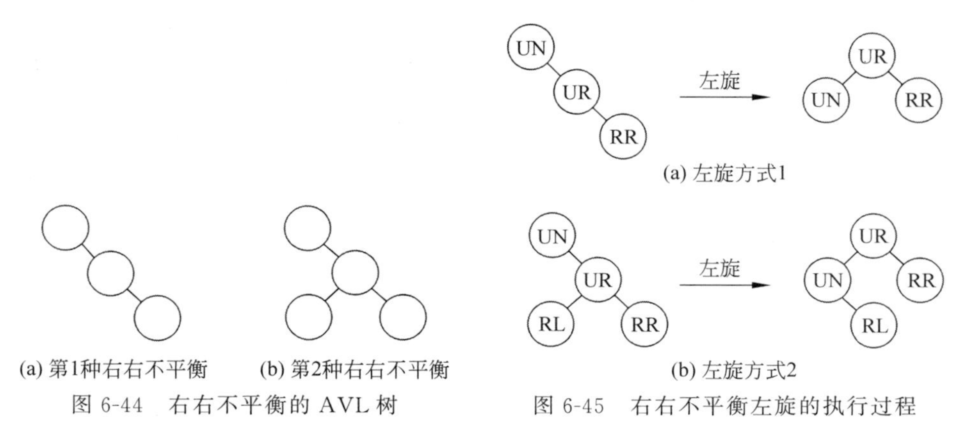

图 6-44 右右不平衡的 AVL 树

图 6-45 右右不平衡左旋的执行过程

从图 6-45 不难看出，所谓左旋是指在图上将节点 UN 向左下方旋转 90°的操作。对节点进行左旋操作的实现代码如下：

```
/**
 Chapter6_Tree
 com.ds.binarysortedtree
 AVLTree.java
 AVL 树结构
 */
public class AVLTree {

    //通过静态内部类定义 AVL 树的节点类型
    private static class Node {
        int data;                                //数据域
        Node parent;                             //父节点指针域
        Node lChild;                             //左子指针域
        Node rChild;                             //右子指针域
        int height;                              //以当前节点为根子树的最大深度

        public Node(int data) {
            this.data = data;
            this.height = 0;
        }

    }

    //AVL 树的根节点
    private Node root;

    //节点左旋的方法，node 为被旋转节点，即最低不平衡节点
    private void leftRotate(Node node) {

        //保存被旋转节点的右子节点为子树新的根节点
        Node newRoot = node.rChild;
        //保存被旋转节点右子节点的左子节点
        Node newRootLChild = newRoot.lChild;
        //保存被旋转节点的父节点
        Node parent = node.parent;

        //若被旋转节点不是整棵树的根
        if(parent != null) {
            //则根据其与父节点的左右关系，用其右子节点替代它
            if(node == node.parent.lChild) {
                parent.lChild = newRoot;
            } else {
```

```
                parent.rChild = newRoot;
            }
        }
        //若被旋转节点是整棵树的根,则根节点指针指向其右子节点
        else {
            root = newRoot;
        }
        //更新被旋转节点右子节点的父节点关系
        newRoot.parent = parent;

        //被旋转节点下降为其右子节点的左子节点
        newRoot.lChild = node;
        node.parent = newRoot;
        //如果右子节点存在左子节点,左子节点成为被旋转节点的右子节点
        node.rChild = newRootLChild;
        if(newRootLChild != null) {
            newRootLChild.parent = node;
        }

        //更新被旋转节点的深度
        node.height = Math.max(
                height(node.lChild),
                height(node.rChild)) + 1;
        //更新被旋转节点右子节点的深度
        newRoot.height = Math.max(
                height(newRoot.lChild),
                height(newRoot.rChild)) + 1;

    }

    //计算并返回 node 节点深度的方法
    private int height(Node node) {
        return node == null ? 0 : node.height;
    }

}
```

3. 左右不平衡左右旋

左右不平衡是指在以 UN 为根的子树中,在左子树深度大于右子树深度的前提下,以 UL 为根的子树,右子树的深度大于左子树深度的情况。

左右不平衡的 AVL 树如图 6-46 所示。

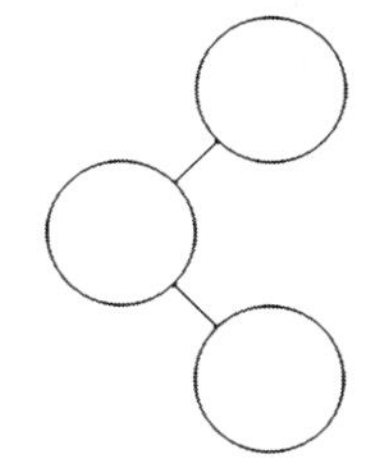

图 6-46 左右不平衡的 AVL 树

对以 UN 为根的子树进行左右旋的操作步骤如下。

步骤 1:对以 UN 左子节点即 UL 为根的子树执行左旋操作。

步骤 2：对以 UN 为根的子树执行右旋操作。

左右不平衡左右旋的执行过程如图 6-47 所示。

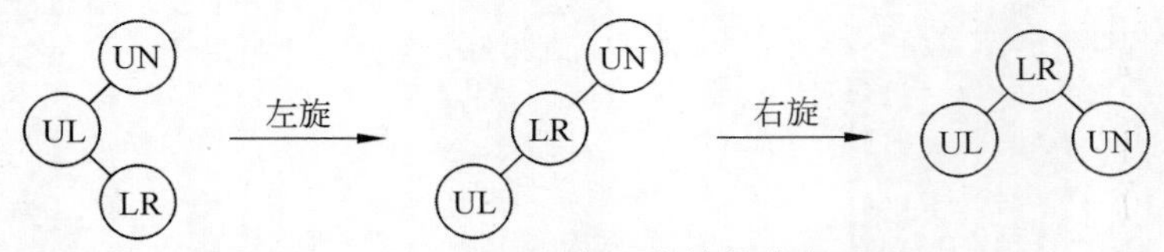

图 6-47　左右不平衡左右旋的执行过程

对节点进行左右旋操作的实现代码如下：

```
/**
 Chapter6_Tree
 com.ds.binarysortedtree
 AVLTree.java
 AVL 树结构
 */
public class AVLTree {

    /**
     通过静态内部类定义 AVL 树的节点类型
     */
    private static class Node {
        int data;                           //数据域
        Node parent;                        //父节点指针域
        Node lChild;                        //左子指针域
        Node rChild;                        //右子指针域
        int height;                         //以当前节点为根子树的最大深度

        public Node(int data) {
            this.data = data;
            this.height = 0;
        }

    }

    //AVL 树的根节点
    private Node root;

    //节点左右旋的方法,node 为被旋转节点,即最低不平衡节点
    private void leftRightRotate(Node node) {
        //先对左子节点左旋
        leftRotate(node.lChild);
        //再整体右旋
        rightRotate(node);
    }

}
```

4. 右左不平衡右左旋

右左不平衡是指在以 UN 为根的子树中,在右子树深度大于左子树深度的前提下,以 UR 为根的子树,左子树的深度大于右子树深度的情况。

右左不平衡的 AVL 树如图 6-48 所示。

对以 UN 为根的子树进行右左旋的操作步骤如下。

步骤 1:对以 UN 右子节点,即 UR 为根的子树执行右旋操作。

步骤 2:对以 UN 为根的子树执行左旋操作。

右左不平衡右左旋的执行过程如图 6-49 所示。

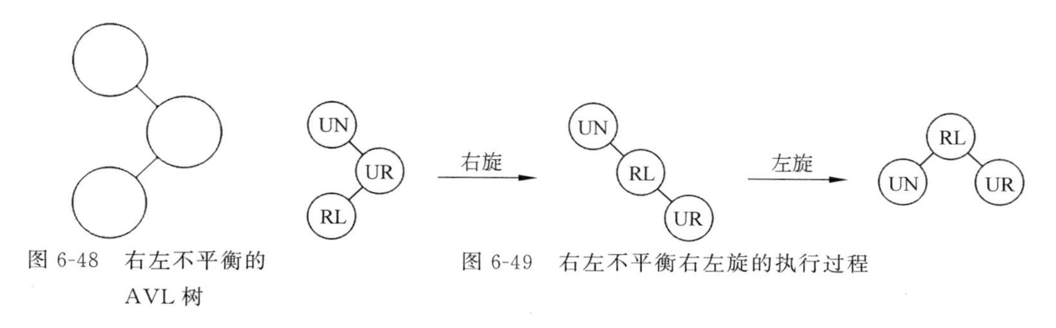

图 6-48 右左不平衡的 AVL 树

图 6-49 右左不平衡右左旋的执行过程

对节点进行右左旋操作的实现,代码如下:

```
/**
 Chapter6_Tree
 com.ds.binarysortedtree
 AVLTree.java
 AVL 树结构
 */
public class AVLTree {

    //通过静态内部类定义 AVL 树的节点类型
    private static class Node {
        int data;                                  //数据域
        Node parent;                               //父节点指针域
        Node lChild;                               //左子指针域
        Node rChild;                               //右子指针域
        int height;                                //以当前节点为根子树的最大深度

        public Node(int data) {
            this.data = data;
            this.height = 0;
        }

    }

    //AVL 树的根节点
```

```
    private Node root;

    //节点右左旋的方法,node 为被旋转节点,即最低不平衡节点
    private void rightLeftRotate(Node node) {
        //先对右子节点右旋
        rightRotate(node.rChild);
        //再整体左旋
        leftRotate(node);
    }

}
```

6.6.2 节点增删导致不平衡的情况

很明显，对 AVL 树进行节点的增删操作都有可能导致 AVL 树结构的不平衡。在不平衡的情况发生时，最低不平衡节点与其后代中最远叶节点之间的距离，即从最低不平衡节点出发到达其后代中最远叶节点的路径上所包含的节点的数量不可能超过 4。如果超过这一取值，则表示在发生本次不平衡之前 AVL 树本身就已经不平衡了。下面分别列举出几种易于理解的对 AVL 树进行节点增删而导致的不平衡情况及在这些情况下进行的旋转操作。

1. 因为添加节点导致的不平衡

添加节点导致的左旋如图 6-50 所示。

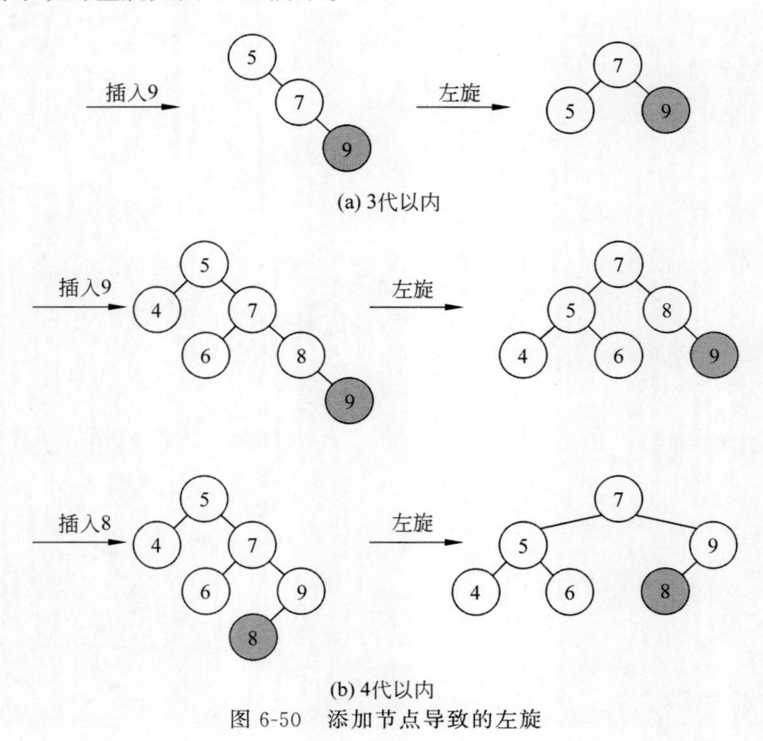

图 6-50 添加节点导致的左旋

添加节点导致的右旋如图 6-51 所示。

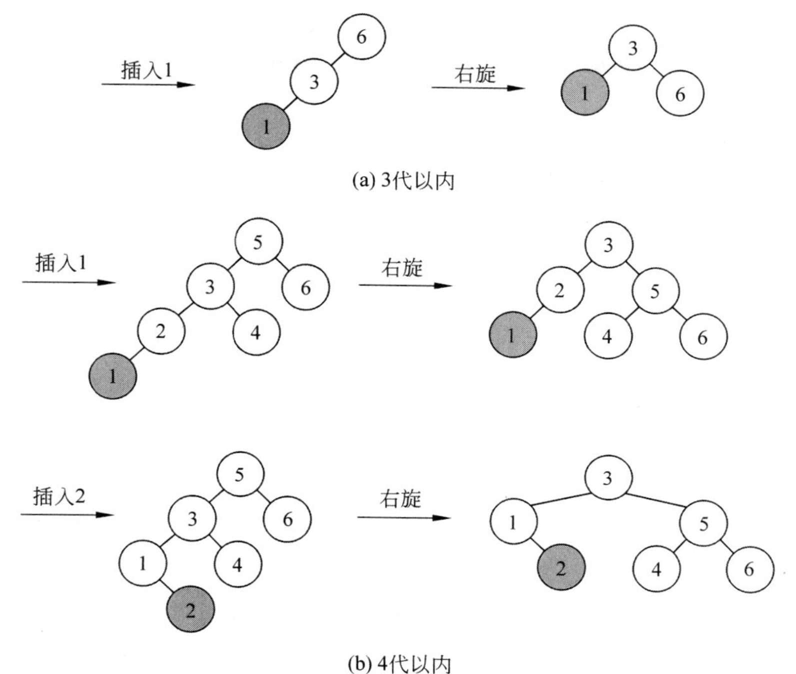

图 6-51　添加节点导致的右旋

添加节点导致的左右旋如图 6-52 所示。

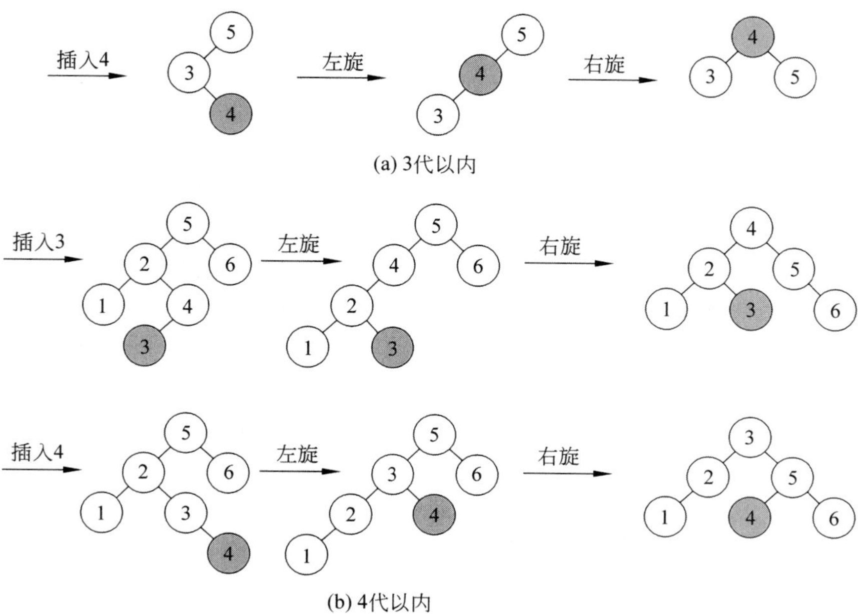

图 6-52　添加节点导致的左右旋

添加节点导致的右左旋如图 6-53 所示。

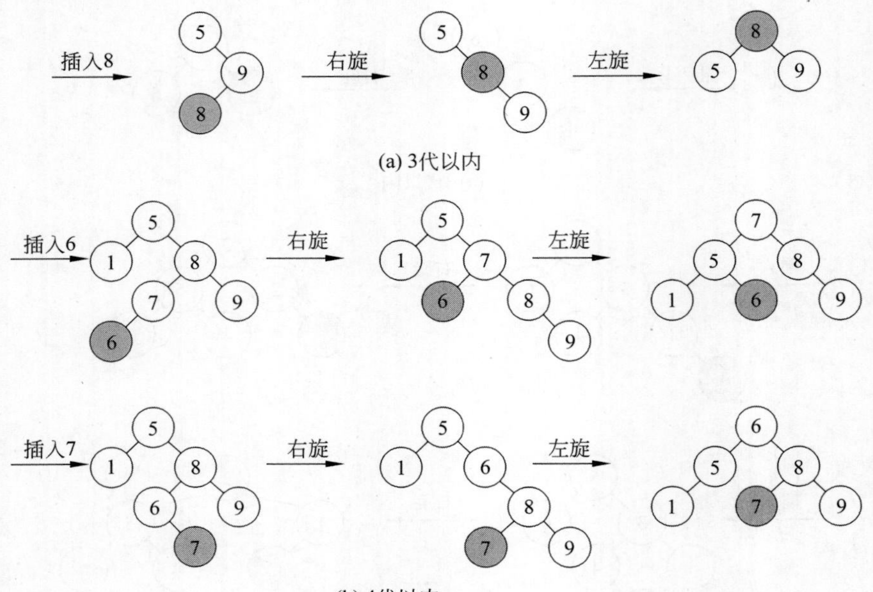

图 6-53　添加节点导致的右左旋

2. 因为删除节点导致的不平衡

删除节点导致的左旋如图 6-54 所示。

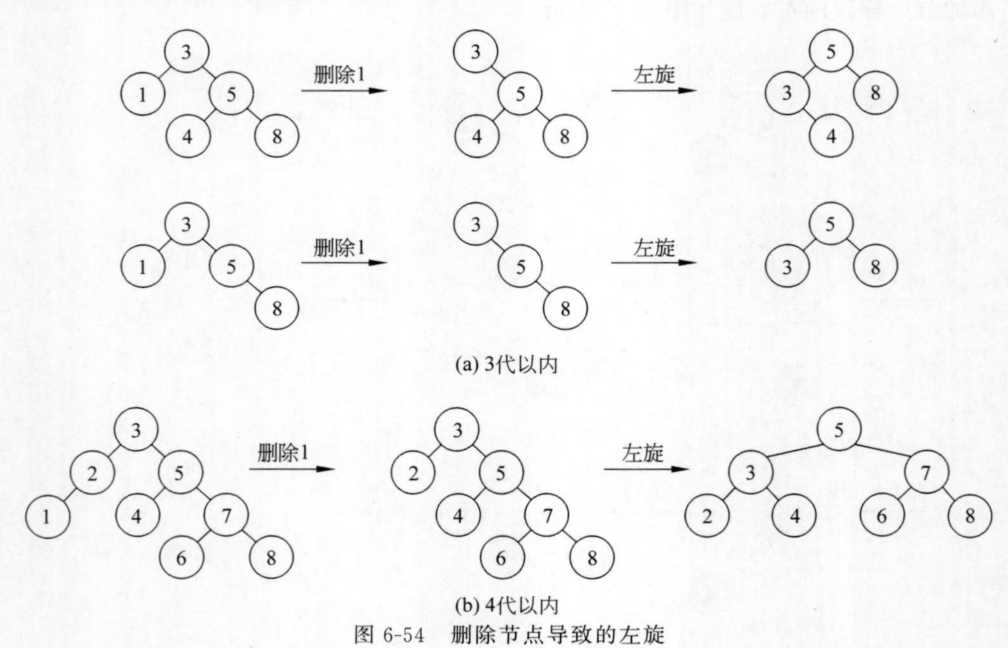

图 6-54　删除节点导致的左旋

删除节点导致的右旋如图 6-55 所示。

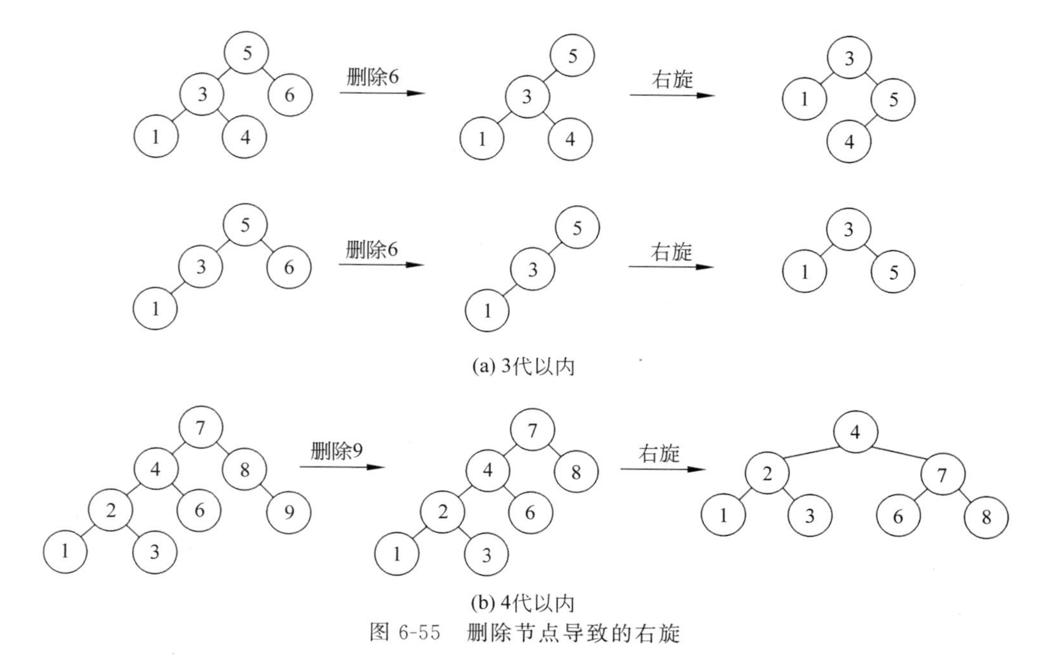

图 6-55 删除节点导致的右旋

删除节点导致的左右旋如图 6-56 所示。

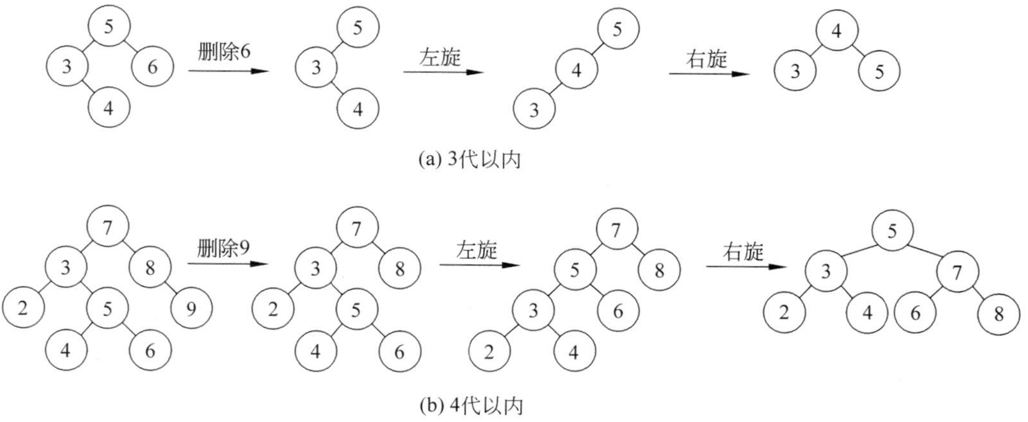

图 6-56 删除节点导致的左右旋

删除节点导致的右左旋如图 6-57 所示。

6.6.3 AVL 树与平衡二叉树的对比

在数据查找方面，AVL 树在任何情况下进行节点定位的时间复杂度都是 $O(\log N)$，这相比二叉排序树在最坏的情况下 $O(N)$的时间复杂度显然更加高效且稳定，但是在节点增

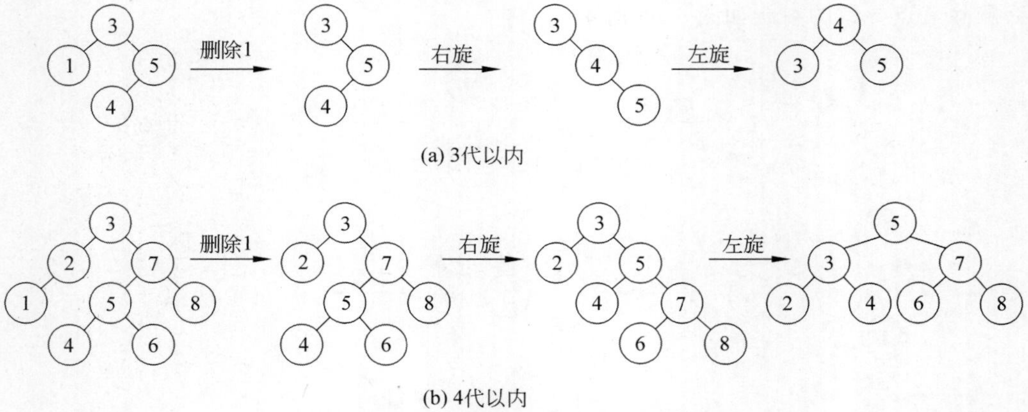

(a) 3代以内

(b) 4代以内

图 6-57　删除节点导致的右左旋

删方面，因为 AVL 树引入了旋转平衡调整的操作，所以就操作的复杂性来讲，对二叉排序树进行节点增删要比对 AVL 树进行节点增删更加容易实现，而在节点增删的效率方面，因为节点增删操作都是基于节点定位操作的，所以在 AVL 树当中进行节点增删的效率优于二叉排序树，但是因为在节点增删后可能会引起（子）树结构的旋转，所以在 AVL 树当中增删节点可能会存在额外的时间与空间消耗。为了将额外的时间、空间消耗进一步降低，可以对二叉排序树的平衡策略做出调整。例如在红黑树当中，节点的平衡策略从左右子树深度差的绝对值不超过 1 改变为从根节点出发的最长路径长度不超过最短路径长度 2 倍的关系，这样一来就能在保证二叉排序树整体相对平衡的基础上，尽可能地降低因为结构旋转而导致的额外时间、空间的消耗，从而达到元素查找与元素增删效率相互平衡的结果。

注意：AVL 树部分的代码实现内容较多，考虑到章节篇幅在此不进行代码示例的粘贴。完整的示例代码可以在本书配套源码中进行查找。

6.7　2-3-4 树

按照正常的学习顺序，在讲解完 AVL 树结构之后应该继续对另一种带有自平衡功能的二叉排序树结构——红黑树进行讲解，但是不论是在结构构成特性还是数据添加删除等方面红黑树结构都是相对比较复杂的，所以为了简化对于红黑树结构的理解过程，首先对红黑树结构的一种等价结构——2-3-4 树结构进行说明。

2-3-4 树是由 R.L.E.Four 于 1962 年所提出的一种平衡排序树结构，它是 B 树的一种特例（B 树与 B+树的相关内容将在后续进行讲解）。因为 2-3-4 树结构本身同样具有自平衡性，所以其数据查找、插入和删除的时间复杂度均为 $O(\log N)$。下面开始对 2-3-4 树的结构特点、数据增删查找的过程进行讲解。

6.7.1　2-3-4 树的结构特点

2-3-4 树中的任意节点都可以保存 1～3 条数据。如果将存储在同一 2-3-4 树节点中的数据自左向右分别命名为 data1、data2 与 data3，则在节点内部数据之间需要保证 data1<data2<data3 或者 data1>data2>data3 的关系。

对于 2-3-4 树中的非叶节点来讲，其保存数据的数量与其子节点的数量之间存在如下关系：当一棵 2-3-4 树的非叶节点中保存了 $k(1\leqslant k\leqslant 3)$ 条数据时，这个非叶节点必然存在 $k+1$ 个子节点。也就是说在 2-3-4 树中不存在少于两个子节点的非叶节点，而一个非叶节点根据其中保存数据的数量又可以分为具有 2 个、3 个或者 4 个子节点的不同类型。为了方便记忆，通常将 2-3-4 树中的节点（包括叶节点）根据其所允许具有的子节点的数量分别称为 2-节点、3-节点和 4 节点，而这也正是 2-3-4 树名称的由来。

对于 2-3-4 树整体结构而言，除了需要保证各个节点内部数据之间的大小关系外，父节点与子节点之间也需要保证一定的数据大小关系。假设 2-3-4 树中一个父节点 parent 为4-节点，若将其所挂载的 4 个子节点自左向右分别命名为 child1、child2、child3 及 child4，则这个父节点及其所有子节点中所保存的数据必须满足 child1 中所有数据<parent.data1 <child2 中所有数据<parent.data2<child3 中所有数据<parent.data3<child4 中所有数据或者 child1 中所有数据>parent.data1>child2 中所有数据>parent.data2>child3 中所有数据>parent.data3>child4 中所有数据的关系。通过上述关系可以确保 2-3-4 树结构仍然为一种排序树结构。

2-3-4 树结构如图 6-58 所示。

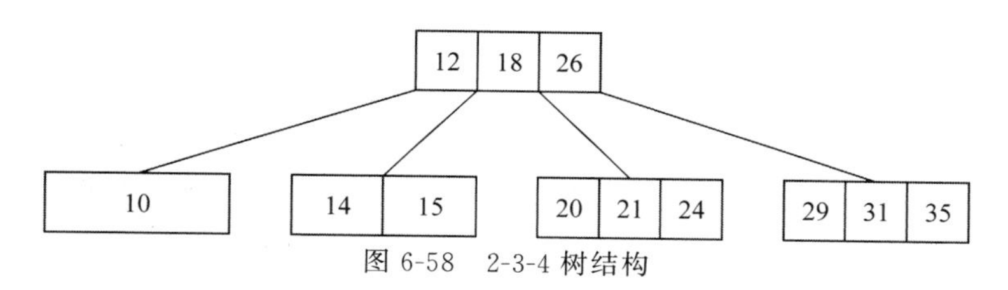

图 6-58　2-3-4 树结构

作为一种平衡多路排序树，2-3-4 树最显著的特点是从根节点出发抵达任意叶节点的路径长度总是相同的，而 2-3-4 树也正是通过这一特点保证了自身结构"近乎完美"的平衡性，使在树中进行数据查找操作的时间复杂度在任意情况下都不超过 $O(\log N)$ 的级别。

假设一棵 2-3-4 树中保存数据的数量为 N，并且 $N+1$ 为 2 的整数次幂，那么这一 2-3-4 树的最大高度为 $\log(N+1)$，此时树中所有节点均为 2-节点；其最小高度为 $(\log(N+1))/2$，此时树中所有节点均为 4-节点。若 $N+1$ 不是 2 的整数次幂，则 2-3-4 树的最大高度为 $\lfloor \log(N+1) \rfloor$，最小高度为 $\lceil (\log(N+1))/2 \rceil$。此时在构建具有最大、最小高度的 2-3-4 树时需要注意其结构的平衡性。

保存数据量相同且具有最大、最小高度的 2-3-4 树如图 6-59 所示。

2-3-4 树之所以能够保持上述近乎完美的结构平衡都与其特殊的构建方式有关。与之前讲解过的二叉排序树、AVL 树等结构先创建出父节点再对父节点逐级下挂子节点，最终自上而下形成整体树结构的构建过程不同，在构建 2-3-4 树结构时总是先创建出子节点，当子节点的所有数据域均被填满后，再通过对子节点的分裂与提升，向上"挤"出更上层的父节点，所以 2-3-4 树的构建过程是自下而上进行的。

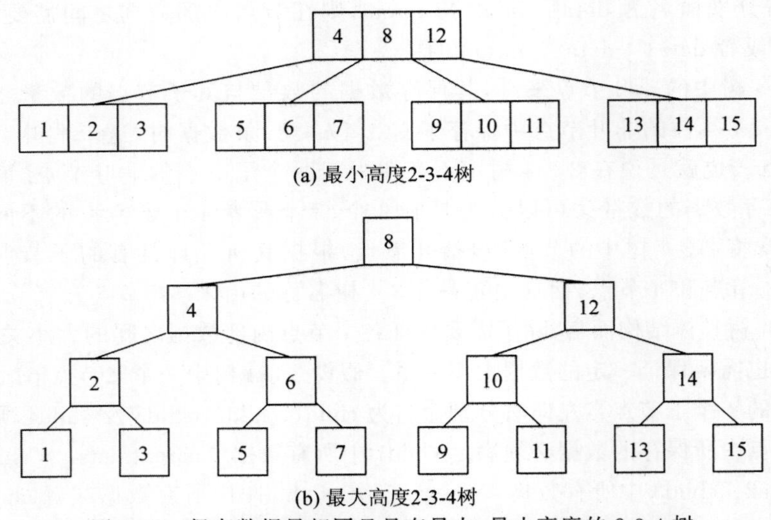

图 6-59　保存数据量相同且具有最大、最小高度的 2-3-4 树

对于 2-3-4 树的详细构建过程及对其进行增删查找操作的实现方式将在下面的内容中进行详细讲解。

6.7.2　2-3-4 树的增删查找

为了方便说明，约定在下列内容中所有用于举例说明的 2-3-4 树结构其节点内部的数据都满足 data1＜data2＜data3 的大小关系；所有节点与其子节点所保存的数据之间都满足 child1 中所有数据＜parent.data1＜child2 中所有数据＜parent.data2＜child3 中所有数据＜parent.data3＜child4 中所有数据的大小关系，并且这些 2-3-4 树均不支持对等值数据进行存储。通过上述约定，对这些 2-3-4 树进行中序遍历可以得到一个升序有序的数据不重复的结果序列。

1. 向 2-3-4 树中添加数据

向 2-3-4 树中添加数据的操作总是发生在叶节点上，因此根据 2-3-4 树的整体结构及插入新数据的叶节点中原有数据数量的不同，又可以将向 2-3-4 树中添加数据的操作分为以下几种情况分别进行讲解。

情况 1：当 2-3-4 树中整体只存在 1 个节点且这个唯一节点的数据域并未被全部占满时，只要将新数据保存到这个唯一节点中适当的数据域位置下，保证节点内部数据之间的有序性即可。

向只存在 1 个节点的 2-3-4 树中添加数据的操作如图 6-60 所示。

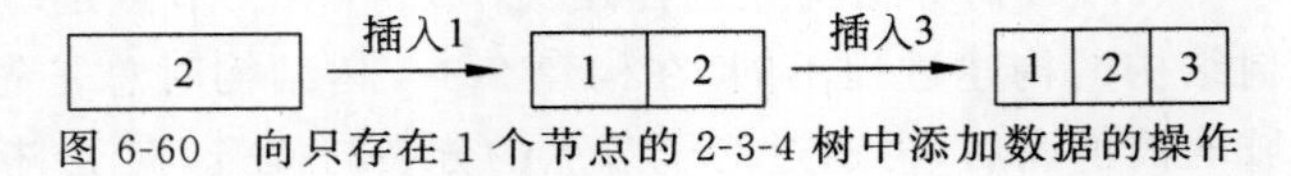

图 6-60　向只存在 1 个节点的 2-3-4 树中添加数据的操作

情况 2：同样是在 2-3-4 树中只存在唯一节点的情况下，若这个唯一节点的数据域已经被全部占满，则此时在向这个唯一节点中添加数据之前首先要对这个满数据节点（后简称满节点）进行分裂与提升操作，具体方式如下。

步骤 1：取得满节点中中值数据域 data2 中的数据，将这个数据从满节点中取出，单独存储在一个节点当中。

步骤 2：将满节点中 data1 与 data3 数据域中的数据取出，分别保存在两个单独的节点当中。

步骤 3：将步骤 2 所得的两个节点作为步骤 1 所得节点的子节点进行挂载，并确保这两个子节点与其父节点之间数据的有序性。

步骤 4：将步骤 1 所得的节点作为 2-3-4 树整体的根节点进行保存。

2-3-4 树满数据节点的分裂与提升如图 6-61 所示。

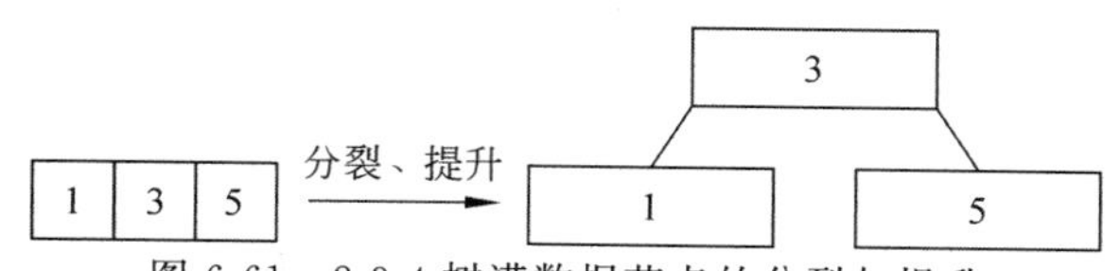

图 6-61 2-3-4 树满数据节点的分裂与提升

上述步骤执行完毕后，2-3-4 树中原有的唯一满节点被分裂为 3 个不同的节点，其中保存原节点中值数据的节点被提升为另外两个节点的父节点，同时这个父节点也被作为当前 2-3-4 树整体的根节点而存在。

在完成对原有唯一节点的分裂与提升后 2-3-4 树的整体层数增加 1 层，此时只要将添加的新数据从根节点开始进行比较，向下加入合适的叶节点中即可。

插入新数据后的 2-3-4 树如图 6-62 所示。

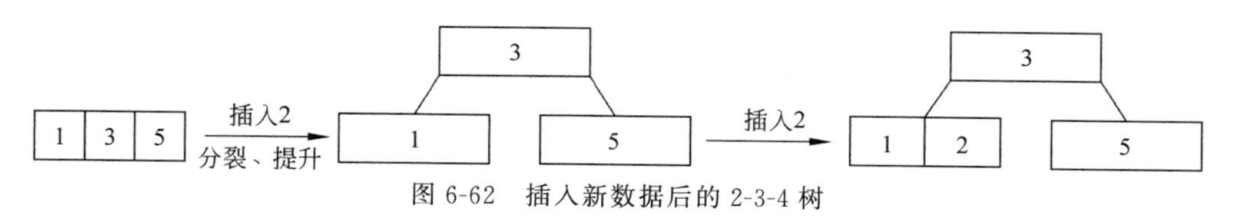

图 6-62 插入新数据后的 2-3-4 树

情况 3：在一个层数大于 1 层的 2-3-4 树当中，如果一个满叶节点因为插入新数据而进行了分裂与提升，则向上提升的中值数据相当于插入了其原父节点当中。此时如果父节点中的数据域未被填满，则分裂-提升操作到父节点即可停止。与此相反，若父节点同样为满节点，则需要进一步对这个父节点进行分裂与提升操作，并将这个父节点的中值数据向更高层次的祖先节点中进行插入，以此类推，直到遇见一个数据域未被填满的祖先节点或者导致 2-3-4 树的整体层数再次上升 1 层为止。

在完成上述逐层的分裂-提升操作后，同样只要将新数据从根节点开始逐层向下比较，并插入合适的叶节点当中即可。

2-3-4 树逐层分裂-提升的两种情况如图 6-63 所示。

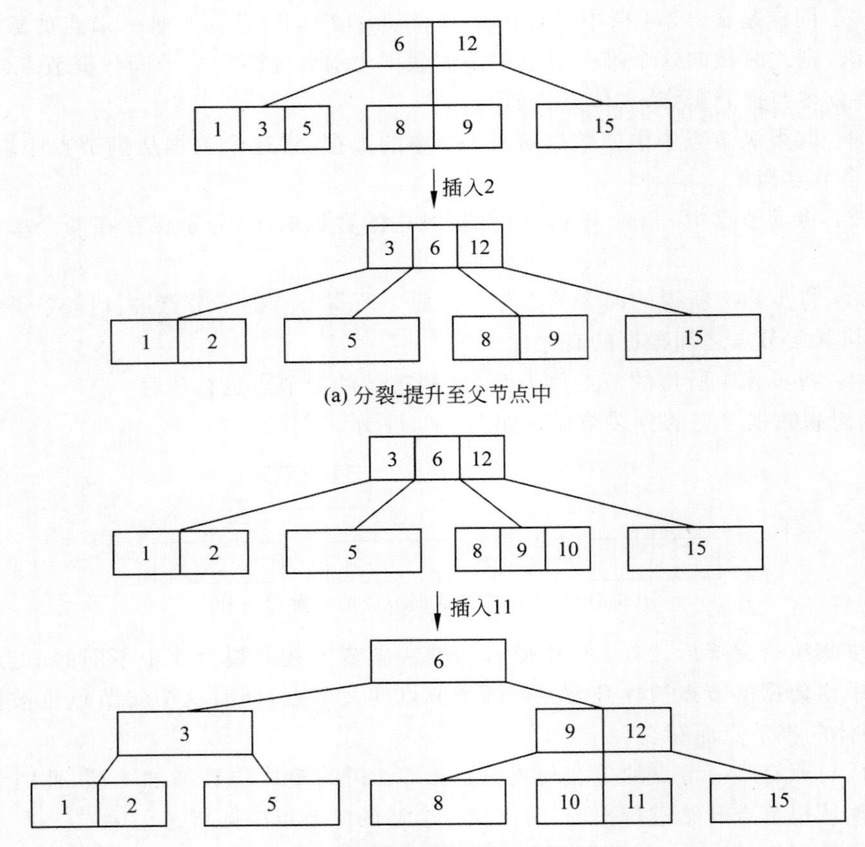

图 6-63　2-3-4 树逐层分裂-提升的两种情况

通过对上述几种情况的说明可以看出，对 2-3-4 树中的满节点进行分裂与提升不仅保证了在叶节点中可以有足够的数据域空间对新数据进行存储，而且分裂-提升之后的父节点必然存在两个及以上的子节点。这种自下而上的构建方式就是保证 2-3-4 树中根到任意叶节点路径长度均相等的根本原因。

2. 从 2-3-4 树中删除数据

与向 2-3-4 树中添加新数据的操作有所不同，从 2-3-4 树中删除数据的操作可以发生在 2-3-4 树中的任意节点上，但是因为 2-3-4 树结构平衡性的限制，树中任意非叶节点均不允许存在保存数据数量与子节点数量不匹配的情况，因此在从 2-3-4 树中删除数据的过程中通常还会伴随着发生父级节点中数据下降与融合的情况。下面对从 2-3-4 树中删除数据的几种情况分别进行说明。

情况 1：如果被删除数据存在于叶节点中且在删除该数据后叶节点不是空数据节点（后简称空节点），则直接将该数据从叶节点中删除即可，不需要对 2-3-4 树的整体结构进行任何调整。

删除数据后叶节点不是空数据节点的情况如图 6-64 所示。

情况2：如果被删除数据存在于叶节点中且删除数据的叶节点为2-节点，则在删除数据后这个叶节点将成为空节点。在摘除这个空叶节点后，其父节点就会出现保存数据数量与子节点数量不匹配的情况，因此在执行删除操作之前首先需要对其父节点中的数据进行下降与融合操作，确保叶节点在删除数据后仍然存在。

父节点中的数据下降-融合到叶节点中如图6-65所示。

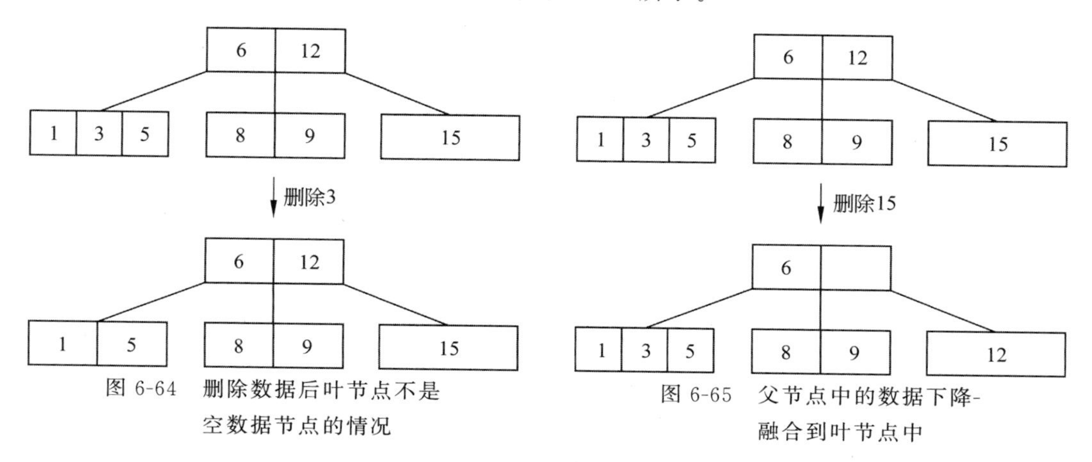

图6-64 删除数据后叶节点不是空数据节点的情况

图6-65 父节点中的数据下降-融合到叶节点中

但是在对父节点中数据执行下降-融合操作后，父节点中将产生数据空缺。为了填补父节点中的数据空缺，需要对删除数据的叶节点的兄弟节点进行观察：如果兄弟节点是3-节点或者4-节点，则从其兄弟节点中借取最大值数据或者最小值数据（左兄弟借出最大值数据，右兄弟借出最小值数据），对父节点中的数据空缺进行填补。

兄弟节点为3-节点或者4-节点的情况如图6-66所示。

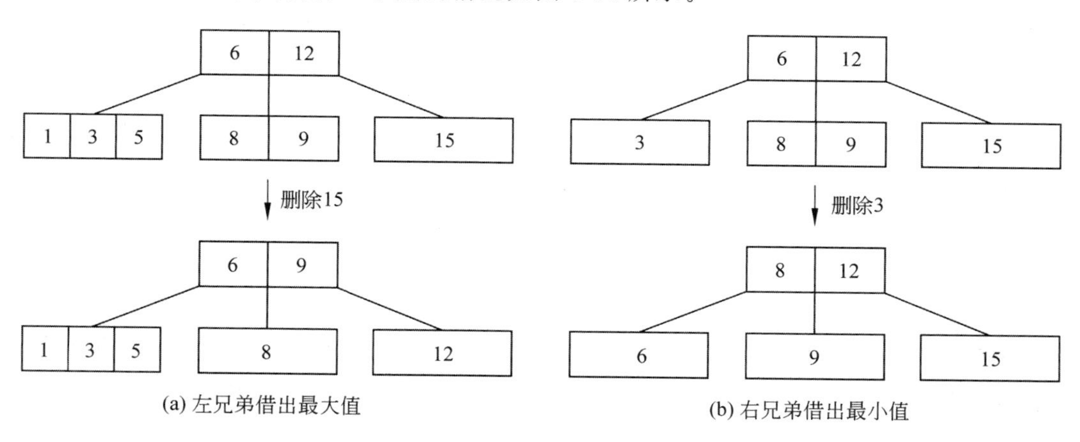

(a) 左兄弟借出最大值

(b) 右兄弟借出最小值

图6-66 兄弟节点为3-节点或者4-节点

注意：*若删除数据节点的左右兄弟均为3-节点或者4-节点，则具体从哪一个兄弟节点中借取数据，需要结合红黑树的相关性质进行分析。*

如果兄弟节点都是 2-节点，则在借出数据后兄弟节点将会成为空叶节点。为了避免这一情况的发生，需将被删除数据、父节点中下降的数据及兄弟节点中的唯一数据进行融合，以便得到一个全新的 4-节点，然后对被删除数据进行删除操作。

三部分数据融合得到的 4-节点后进行删除的情况如图 6-67 所示。

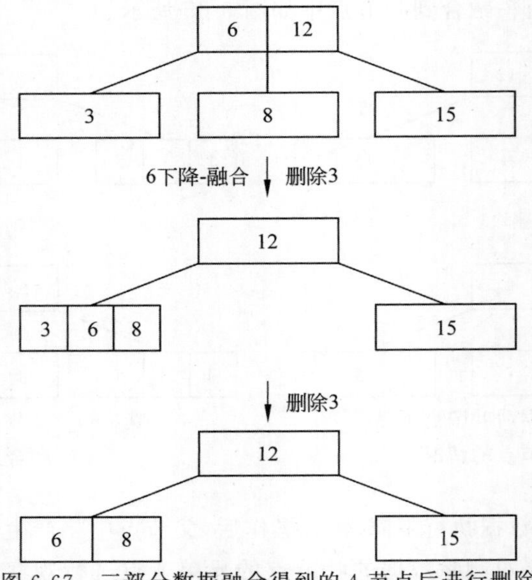

图 6-67 三部分数据融合得到的 4-节点后进行删除

特殊的情况，若删除数据节点、父节点及删除数据节点的兄弟节点均为 2 节点，则可视为图 6-67 所述场景的特殊情况。此时同样是对三部分数据进行融合以得到一个新的 4-节点即可，但是这一操作方式会导致以父节点为根的子树高度下降 1 层，所以如果父节点仍然存在更高的祖先节点，则需要递归向上执行数据下降-借取-融合操作。

递归向上的数据下降-借取-融合操作如图 6-68 所示。

最终在完成所有的数据下降-借取-融合操作后，只要将叶节点中待删除的数据删除即可，删除数据的 2-3-4 树结构依然能够满足平衡性要求。

情况 3：数据删除发生在非叶节点中的情况。当非叶节点中的数据被删除后，需要从该节点的子节点中借取数据进行填补。

从子节点中借取数据的方式相对比较统一，一般来讲会找到 2-3-4 树的整体中序遍历序列中被删除数据的前驱或者后继数据进行填补。假设以前驱数据进行填补为例，如果被删除数据是其所在节点的 data1，就可以从以该节点 child1 为根的子树中找到其最右下节点中的最大值对被删除数据进行填补；如果被删除数据是其所在节点的 data2，就可以从以该节点 child2 为根的子树中找到其最右下节点中的最大值对被删除数据进行填补，以此类推。从排序树的数据特点来看，被删除数据的前驱、后继数据必然存在于其左右子树最右下、最左下叶节点当中，所以在从叶节点中借取数据后相当于对借出数据的叶节点进行了一次数

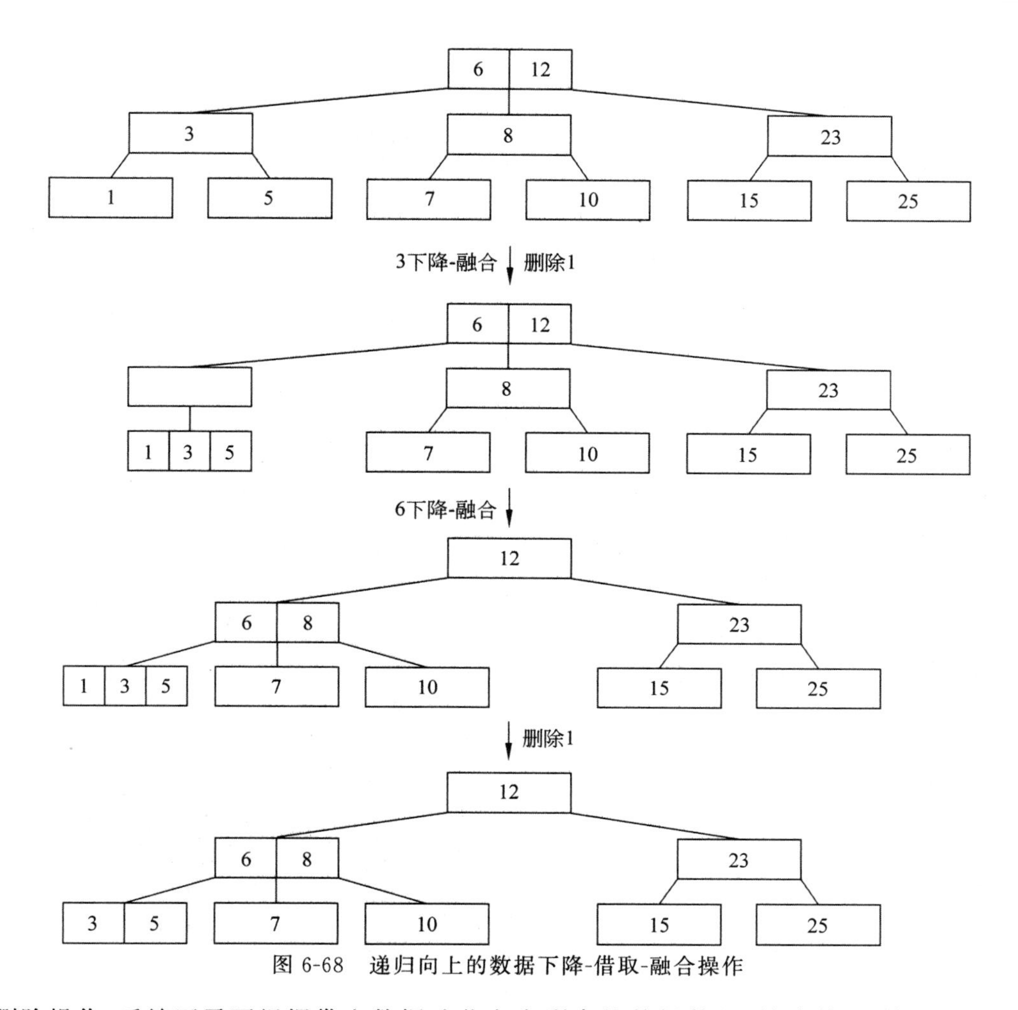

图 6-68 递归向上的数据下降-借取-融合操作

据删除操作，后续还需要根据借出数据叶节点中剩余的数据数量，结合第 1、第 2 种情况中说明的几种方式对借出数据的叶节点进行处理。

以前驱数据对被删除数据进行填补的情况如图 6-69 所示。

上述填补操作的本质相当于将被删除数据与填补数据进行位置上的交换，将被删除数据交换到叶节点当中，并以第 1、第 2 种情况中所讲解的方式对目标数据进行删除，以此尽可能地保持 2-3-4 树整体结构的平衡性，降低对 2-3-4 树结构进行调整的可能性。

3. 在 2-3-4 树中查找数据

通过前面对 2-3-4 树执行数据插入和删除操作的说明可以看出，遍历操作仍然是 2-3-4 树数据增删操作的基础。虽然相较于二叉树来讲 2-3-4 树的节点构成相对复杂一些，但是因为节点中保存的数据数量和子节点的数量依然是有规律的，所以仍然可以通过相似的思路对 2-3-4 树整体进行遍历操作。下面提供一种基于类似中序序列遍历方式实现的对 2-3-4 树中全部数据进行获取操作的代码示例：

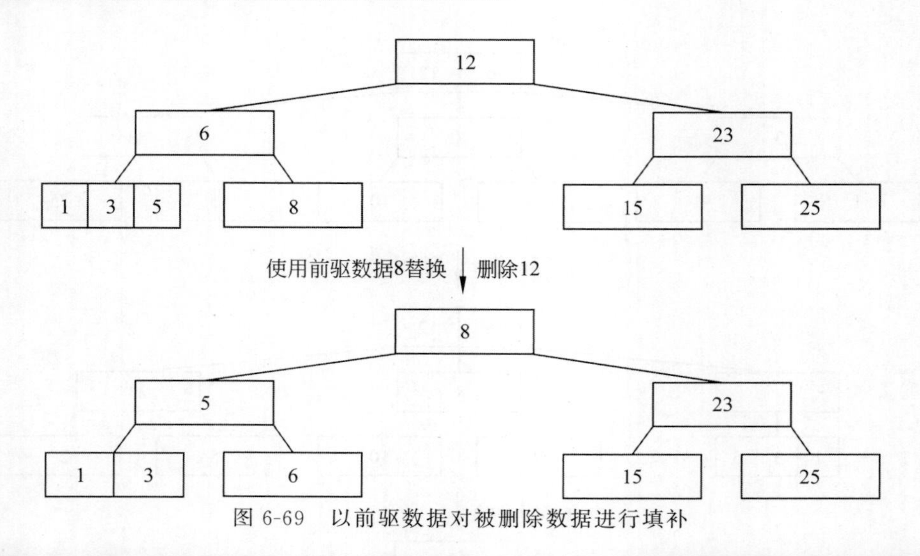

图 6-69 以前驱数据对被删除数据进行填补

```
/**
 Chapter6_Tree
 com.ds.twothreefourtree
 TwoThreeFourTree.java
 2-3-4 树结构
 */
public class TwoThreeFourTree {

    //通过静态内部类定义 2-3-4 树的节点类型
    private static class Node {

        //节点的数据域使用包装类型定义数据域,便于判断该数据域中是否保存了数据取值
        Integer data1;
        Integer data2;
        Integer data3;

        //子指针域
        Node child1;
        Node child2;
        Node child3;
        Node child4;

    }

    //2-3-4 树的根节点
    private Node root;

    //获取 2-3-4 树中保存全部数据的方法
    public List<Integer> getAllData() {
        List<Integer> result = new ArrayList<>();
```

```
        inOrderTraversal(this.root, result);
        return result;
    }

    //对 2-3-4 树进行递归中序遍历的方法
    private void inOrderTraversal(Node root, List<Integer> result) {

        if(root == null) {
            return;
        }

        //递归遍历以 child1 为根的子树
        inOrderTraversal(root.child1, result);

        //中序访问节点数据 data1
        if(root.data1 != null) {
            result.add(root.data1);
        }

        //递归遍历以 child2 为根的子树
        inOrderTraversal(root.child2, result);

        //中序访问节点数据 data2
        if(root.data2 != null) {
            result.add(root.data2);
        }

        //递归遍历以 child3 为根的子树
        inOrderTraversal(root.child3, result);

        //中序访问节点数据 data3
        if(root.data3 != null) {
            result.add(root.data3);
        }

        //递归遍历以 child4 为根的子树
        inOrderTraversal(root.child4, result);

    }

}
```

2-3-4 树所涉及的一些概念和思想对其他数据结构的设计提供了借鉴和思路，但是需要注意的是 2-3-4 树本身在实际开发场景中并不常见。首先，2-3-4 树的操作实现方式和平衡调整过程虽然易于理解，但是代码实现都较为复杂，而这些操作的实现在作为其等价结构的红黑树中就简单了许多，所以在很多需要自平衡树结构的场景中会使用红黑树替代 2-3-4 树进行实现，其次，2-3-4 树可以看作 B 树的一种特例，而 B 树及其他 B 树的衍生结构，如

B+树等，在单节点数据存储容量、区间查找性能等方面又远优于 2-3-4 树，因此在一些需要单节点存储大量数据或者对区间查找操作存在性能要求的场景下又通常会使用 B 树或者 B+树等结构替代 2-3-4 树进行实现。

注意：鉴于上述原因，本书的配套代码中将不再单独提供 2-3-4 树的实现。

6.8 红黑树

红黑树是一种非常经典的自平衡二叉排序树实现方案。红黑树最早由计算机科学家 Rudolf Bayer 于 1972 年提出，当时这种树结构被 Rudolf Bayer 命名为平衡二叉 B 树(Symmetric Binary B-trees)，这一叫法后来在 1978 年被 Leo J.Guibas 和 Robert Sedgewick 修改为红黑树。

在实际开发场景中红黑树结构有着非常多的应用，例如 Java 语言原生类库当中的 TreeMap、TreeSet 等集合类的底层实现就是红黑树结构，而在 Java 8 及之后的版本当中，在 HashMap、HashSet 等散列结构实现类的底层也使用了红黑树对其元素查询操作进行性能优化。

下面开始对红黑树结构的相关内容进行讲解。

6.8.1 红黑树的平衡策略与染色规则

作为一种自平衡的二叉排序树，红黑树与 AVL 树在元素增删查找方面都具有相同的 $O(\log N)$级别的时间复杂度，但是在平衡策略方面红黑树则采用了与 AVL 树不同的定义方式。AVL 树对于平衡策略的定义是在树中任意节点左右子树深度之差的绝对值不超过 1 时即认为树的结构是平衡的，而红黑树的平衡策略定义相对宽松。在红黑树中，当从根节点出发的最长路径长度不超过最短路径长度的两倍时即被认为树的结构是平衡的。例如在一棵红黑树中从根节点出发的最短路径长度为 4，那么在这棵红黑树中从根节点出发的最长路径长度可以在[4, 8]之间。这种相对宽松的平衡策略大大减少了在节点增删过程中对树结构进行平衡调整的节点旋转操作的次数，进一步提升了节点增删操作的效率，然而从另一方面来讲，左右子树相对深度的增加必然会导致元素查找操作的效率有所下降，但是实践证明红黑树在元素查找方面的性能依然非常高。

如其名称所示，红黑树采用节点染色的方式来对树结构的平衡性进行辅助标记，因此红黑树不再直接依赖节点在树中深度的记录来判断和调整整体结构的平衡，而是通过相关节点之间的颜色关系完成这一操作。红黑树的节点染色规则如下。

规则 1：红黑树的每个节点要么是红色，要么是黑色。

规则 2：红黑树的根节点必须是黑色的。

规则 3：红黑树的叶节点都是黑色的。需要注意的是，这一规则中的叶节点指的是空(null)叶节点。

规则 4：如果一个节点是红色的，则其两个子节点必须是黑色的。换句话说就是在红黑树中不能存在均为红色的父子节点。

规则 5：从任意节点到其每个叶节点的所有路径上包含相同数量的黑色节点。

红黑树结构如图 6-70 所示。

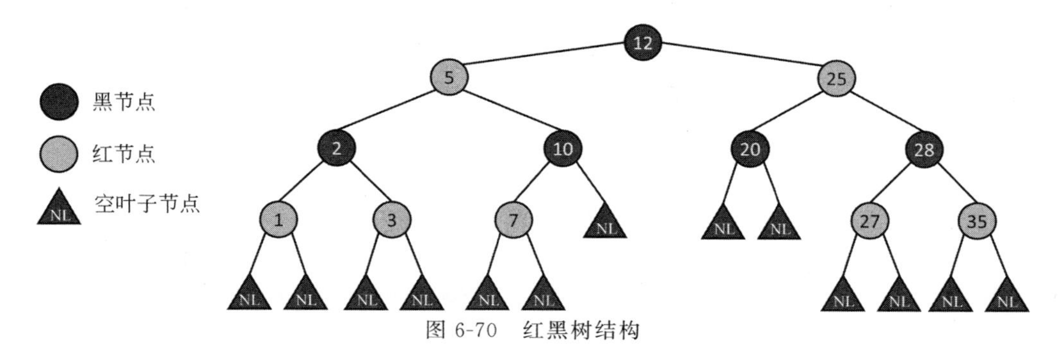

图 6-70 红黑树结构

上述规则保证了红黑树在任何情况下都不会退化成单链表，从而保持了树结构整体相对平衡的状态。如果在节点增删操作的过程中打破了上述规则，红黑树则可以通过对节点进行颜色变换和旋转操作两种方式来自动调整树的结构，从而保持树的平衡性。

注意：为了书面绘图的简洁性，后续所有的红黑树结构示意图将不再单独列出所有黑颜色的空叶节点。

6.8.2 2-3-4 树向红黑树的转换

在 6.7 节的内容中讲解过，2-3-4 树可以看作红黑树的一种等价结构，红黑树可以看作 2-3-4 树的一种具体实现方式，所以从等价实现结构的角度来讲，2-3-4 树和红黑树之间是可以进行结构上的转换的。不仅如此，在 2-3-4 树结构中所适用的很多理论原理与操作方式在红黑树结构当中依然适用。同时，通过等价的 2-3-4 树结构还能够简化对红黑树结构的理解过程。

在将 2-3-4 树转换为红黑树时，首先需要保证 2-3-4 树中的 2-节点和 3-节点数据优先存储在 data2 的位置上。这样定义数据保存规则是因为在将 2-3-4 树转换为红黑树后 2-3-4 树节点中 data2 位置上的数据具有比较重要的意义。接下来将 2-3-4 树节点中 data2 的位置染成黑色，将 data1 和 data3 的位置染成红色（空数据域的位置不考虑），并对 2-3-4 树中的所有节点进行拉伸和弯折即可得到一个 2-3-4 树结构对应等价的红黑树结构。在拉伸-弯折转换时节点间的关系规则如下。

规则 1：在 2-3-4 树单个节点拉伸时，data1 与 data3 作为 data2 的左右子节点。

规则 2：在 2-3-4 树父子节点转换时，若父节点的 data1、data3 数据域保存了数据项，则将 child1、child2 和 child3、child4 分别作为父节点中 data1 与 data3 的左右子节点。若父节点的 data1、data3 数据域未保存数据项，则将 child2、child3 作为父节点 data2 的左右子节点。

2-3-4 树对应等价的红黑树结构如图 6-71 所示。

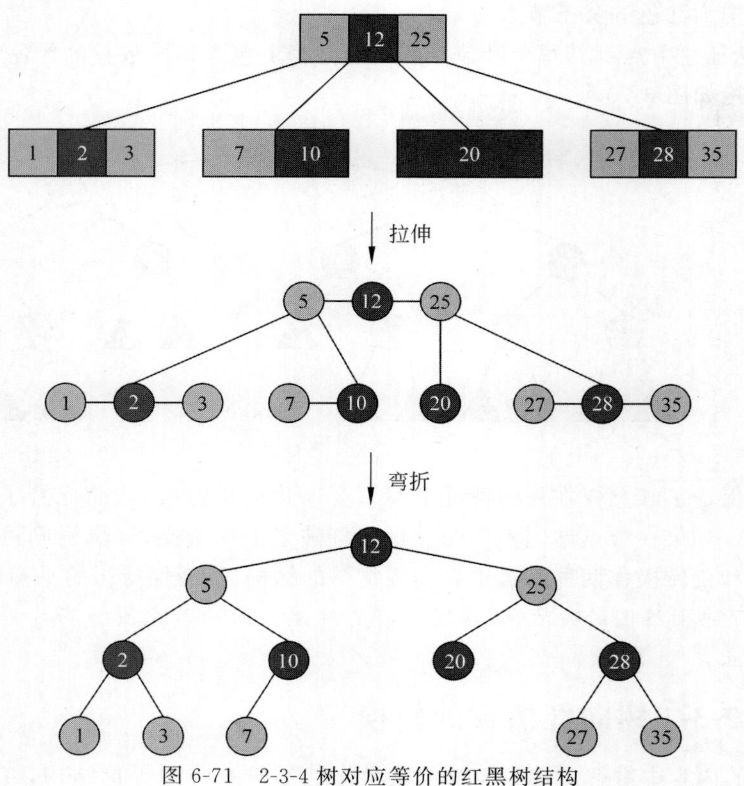

图 6-71　2-3-4 树对应等价的红黑树结构

通过上述方式得到的 2-3-4 树的等价红黑树结构是完全符合红黑树节点染色的所有规则的。

在 2-3-4 树中，任意位于同一层的两个节点之间其数据域中保存数据的数量最多相差两个，并且根据前面提到的 2-3-4 树节点数据域染色规则可知，位于同一层的 3-节点或者 4-节点相比同层 2-节点多出来的必然是被染成红色的 data1 数据域或者 data3 数据域。根据图 6-71 所示的 2-3-4 树向红黑树转化方式来看，这些多出来的红色数据域在转换为红黑树后都将位于红黑树的同一层当中。换句话说就是 2-3-4 树中的 3-节点或者 4-节点在转换为红黑树后，其层数会比同层 2-节点多出 1 层红节点。

上述性质在红黑树当中则表现为包含根节点的最长路径长度不超过最短路径长度的两倍。换句话说就是红黑树之所以采用包含根节点的最长路径长度不超过最短路径长度两倍的关系作为其平衡策略，是为了保证与之等价的 2-3-4 树可以维持其任意根到叶节点路径等长的结构特点。例如在一棵 2-3-4 树中，某一长度为 3 的路径除根节点外全部由 2-节点构成，在与这些 2-节点同层的节点中均存在 3-节点或者 4-节点，那么在将这棵 2-3-4 树转换为红黑树后树中允许存在的最长路径长度为 6。

2-3-4 树节点数据数量在红黑树中的体现如图 6-72 所示。

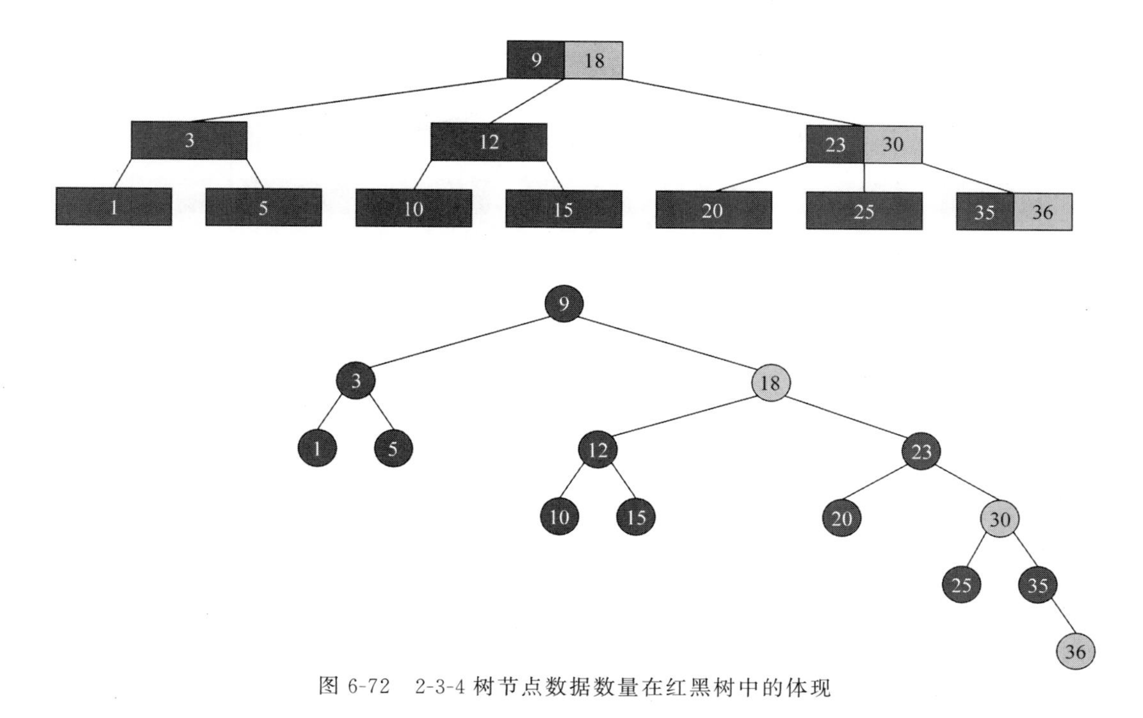

图 6-72 2-3-4 树节点数据数量在红黑树中的体现

通过上述性质还可以证明红黑树另一个非常重要的性质：存在 N 个节点的红黑树其高度不超过 $2\times\log(N+1)$。

为了证明上述性质，首先需要构造一个保存 N 条数据、$N+1$ 为 2 的整数次幂、全部节点均为 2-节点的 2-3-4 树。

保存 N 条数据、$N+1$ 为 2 的整数次幂、全部节点为 2-节点的 2-3-4 树如图 6-73 所示。

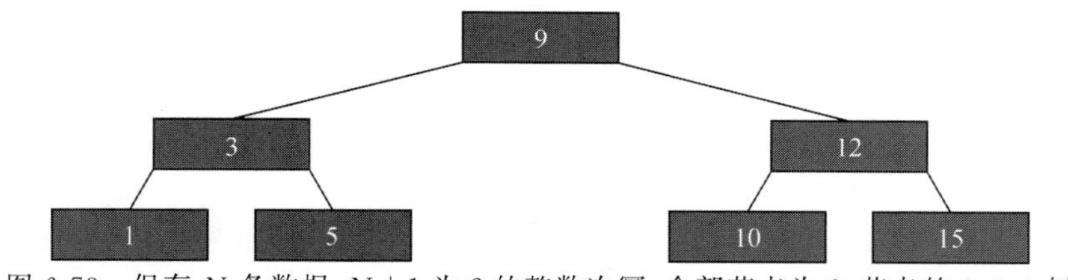

图 6-73 保存 N 条数据、$N+1$ 为 2 的整数次幂、全部节点为 2-节点的 2-3-4 树

根据前面说明过的 2-3-4 树相关性质可知该 2-3-4 树的高度为 $\log(N+1)$。接下来将这棵 2-3-4 树从根节点出发的最右路径上的全部节点通过向 data3 数据域添加数据的方式改变为 3-节点，并在这棵 2-3-4 树中添加适量的 2-节点，使在整体节点数量最少的情况下保持 2-3-4 树的结构平衡。

添加数据和节点后的 2-3-4 树如图 6-74 所示。

如果在添加数据和节点后将当前 2-3-4 树中保存的数据数量记为 N'，则 N' 与 N 之间

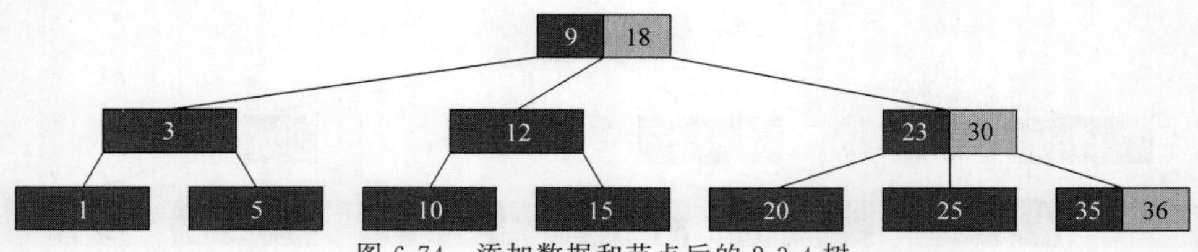

图 6-74　添加数据和节点后的 2-3-4 树

存在如式(6-4)所示得关系：

$$
\begin{aligned}
N' &= N + \left(\frac{N+1}{2} - 1\right) + \left(\frac{N+1}{4} - 1\right) + \cdots + 1 + \log_2(N+1) \\
&= ((N+1) - 1) + \left(\frac{N+1}{2} - 1\right) + \left(\frac{N+1}{4} - 1\right) + \cdots + 1 + \log_2(N+1) \\
&= (N+1) + \frac{N+1}{2} + \frac{N+1}{4} + \cdots + 1 - \log_2(N+1) + \log_2(N+1) \\
&= (N+1) \times \left(1 \times \frac{\left(\frac{1}{2}\right)^{\log_2(N+1)} - 1}{\frac{1}{2} - 1}\right) \\
&= 2N
\end{aligned}
\tag{6-4}
$$

此时 2-3-4 树的高度没有发生变化，因为$\lfloor \log(N'+1) \rfloor = \lfloor \log(2N+1) \rfloor = \log(N+1)$。

在将上述 2-3-4 树进行转换后，可得如图 6-75 所示的在节点数量为 N'状态下具有最大高度的红黑树。

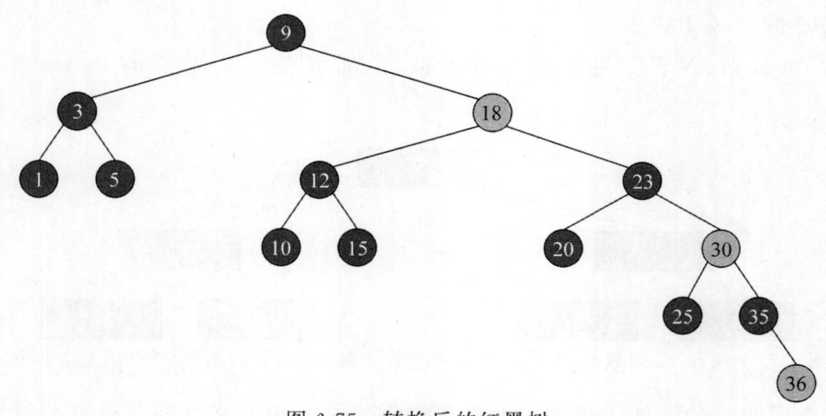

图 6-75　转换后的红黑树

在图 6-75 所示的红黑树中，从根节点出发的最左路径为最短路径，长度为$\lfloor \log(N'+1) \rfloor$，与转换之前 2-3-4 树的高度相等。从根节点出发的最右路径为最长路径，根据前面已证的结论可知，这条最长路径的长度不超过 $2\times\lfloor \log(N'+1) \rfloor$。由此可证，存在 N 个节点的红黑树的最大高度不超过 $2\times\lfloor \log(N+1) \rfloor$。

6.8.3 红黑树的节点增删与结构调整

在进行数据增删操作后，2-3-4 树为了保持自身结构的平衡性所做出的调整操作直接反映为红黑树中节点的重新染色和旋转。

因为红黑树的每个节点中只保存 1 条数据，所以对红黑树进行数据的增删等同于对树中节点进行增删。在对红黑树进行节点增删操作后用于维持红黑树平衡性的规则可能被打破，此时需要对树中节点进行调整才能使红黑树重新满足各项规则。

在增删操作后打破红黑树节点染色规则的情况可以分为两种：①两个红节点以父子的方式相遇(打破规则 4)；②路径上黑节点的缺失，导致从祖先节点到达叶节点路径上所包含的黑节点数量的不一致(打破规则 5)。

对红黑树进行调整的方式整体上分为节点重新染色和节点旋转两种。红黑树节点的重新染色可能在从目标节点开始向上至根节点的祖先节点上多次发生，而节点的旋转操作最多只需执行 3 次便可以将红黑树重新调整为平衡状态。在红黑树中进行节点旋转操作的基础方式同样可以分为左旋和右旋两种，这些都已经在 6.6 节的相关内容当中进行了说明，在此不再赘述。

为了方便后续描述，在此给出红黑树节点间关系的 *C-S-P-U-G* 模型。在形如图 6-76 所示的红黑树结构中：*C* 表示当前正在操作的节点，即 Current。*S* 表示当前正在操作节点的兄弟节点，即 Sibling。*P* 表示当前正在操作节点的父节点，即 Parent。*U* 表示当前正在操作节点的叔父节点，即当前节点父节点的兄弟节点，即 Uncle。*G* 表示当前正在操作节点的祖父节点，即 GrandParent。

红黑树节点的 *C-S-P-U-G* 模型如图 6-76 所示。

下面开始对红黑树增删节点后重新调整结构平衡的方式进行讲解。

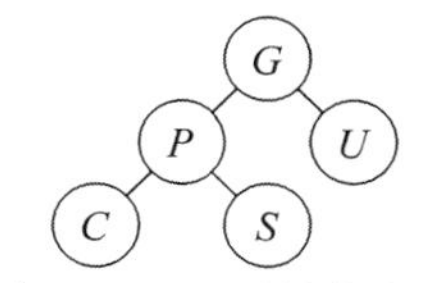

图 6-76 红黑树节点的 *C-S-P-U-G* 模型

1. 在红黑树中添加节点

红黑树的节点插入操作总是发生在叶节点的位置，并且作为叶节点插入的新节点总是被标记为红节点。在红黑树中插入新节点可以分为以下几种情况进行说明。

情况 1：当红黑树为空时，插入的当前节点 *C* 立即转变为黑色，并作为红黑树的根节点。

情况 2：当红黑树中只存在一个黑色根节点时，插入的当前节点 *C* 保存为根节点的红色子节点。此时相当于向 2-3-4 树中只具有 data2 的根节点的 data1 位置或者 data3 位置插入新数据。插入完毕后 2-3-4 树整体结构依然平衡，无须做出任何调整。同理，这种情况还可以延伸到任何当前节点 *C* 的父节点 *P* 为黑色节点的情况下。

情况 3：若插入的当前节点 *C* 的父节点 *P* 为红色节点，并且当前节点 *C* 的叔父节点 *U* 同样为红色节点，则将当前节点 *C* 的祖父节点 *G* 染成红色，将父节点 *P* 及叔父节点 *U* 染成黑色。如果当前节点 *C* 的祖父节点 *P* 仍然存在更高层次的祖先节点，则将祖父节点 *G* 设为当前节点 *C*，递归向上地进行判断和颜色调整。若某一代当前节点 *C* 的父节点 *P* 或祖父

节点 G 为红黑树的根节点，则在进行颜色调整后将根节点染成黑色。这一情况会使红黑树的深度增加 1 层。

情况 3 相当于向 2-3-4 树的一个满叶节点中添加新数据。这一操作会使原有的满叶节点进行分裂及提升。当前节点 C 的父节点 P 与叔父节点 U 相当于满叶节点中 data1 与 data3 位置上的数据，当前节点 C 的祖父节点 G 相当于满叶节点中 data2 位置上的数据。在分裂提升的过程中，原先满叶节点中 data2 位置上的数据将继续向上以红色节点的身份插入更高层的祖先节点中，data1 与 data3 位置上的数据则作为新节点中黑颜色的 data2 位置数据进行保存。如果在插入过程中更高层祖先节点同样为满节点，则祖先节点同样会进行分裂与提升，直到 2-3-4 树的根节点在分裂-提升完毕后 2-3-4 树的整体层数增加 1 层为止。

由此可见，2-3-4 树分裂-提升的过程会导致对应红黑树中节点的染色发生变化，这种染色的变化可能并不会伴随着红黑树的旋转而发生，而且这种染色变化可能发生在插入节点至根节点的向上多代层次中。

仅发生节点重新染色的情况如图 6-77 所示。

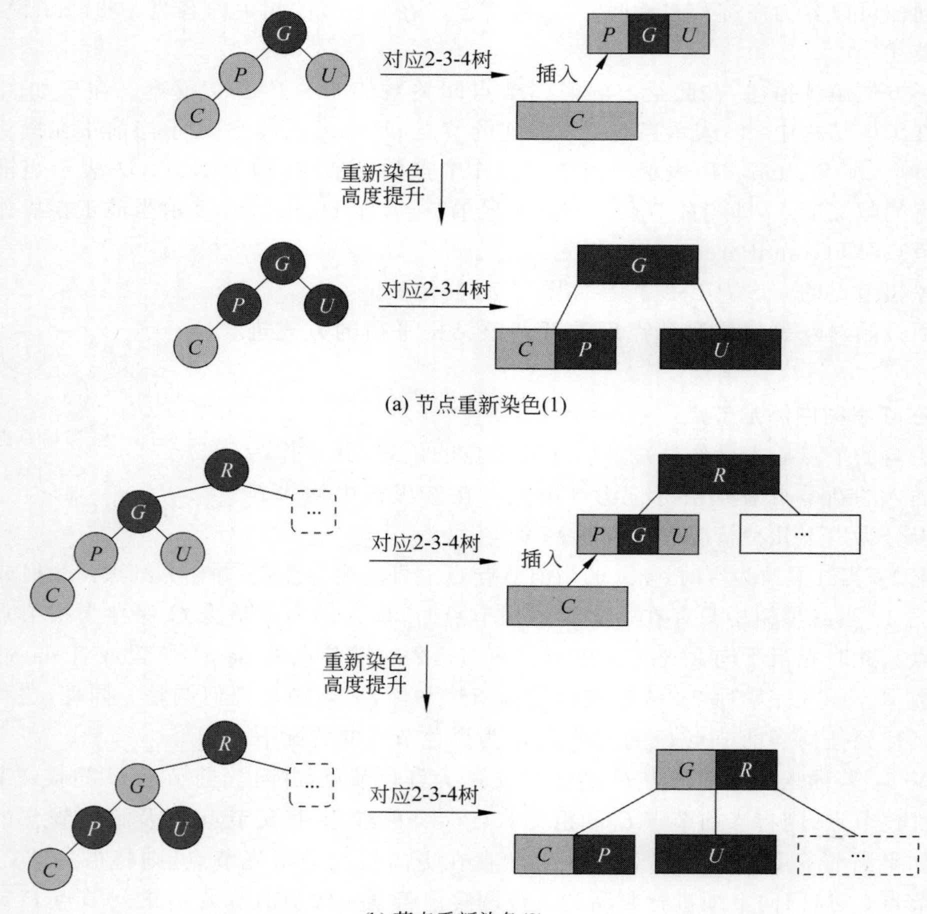

图 6-77　仅发生节点重新染色的情况

情况 4：若插入的当前节点 C 的父节点 P 为红色节点，并且当前节点 C 的叔父节点 U 为黑色节点或者缺失，则需要根据当前节点 C 与父节点 P、父节点 P 与祖父节点 G 之间的左右关系进一步划分为 4 种子方式进行旋转和重新染色。

方式 1：当前节点 C 是父节点 P 的左子节点，并且父节点 P 是祖父节点 G 的左子节点，则将祖父节点 G 染成红色，将父节点 P 染成黑色，并对 C-P-G 构成的子树进行右旋操作。

在叔父节点 U 缺失的情况下，相当于向 2-3-4 树中一个 data1 数据域非空的 3-节点插入一个取值小于 data1 的数据，此时这个 3-节点内部的数据将发生位移和重新染色。首先将 data2 位置上的数据移动至 data3 的位置并染成红色，这相当于将红黑树中的祖父节点 G 染成红色，然后将 data1 位置上的数据移动至 data2 的位置并染成黑色，这相当于将红黑树中的父节点 P 染成黑色；最后将新数据存放在 data1 的位置上，这相当于当前节点 C 不变色，而 3-节点内部整体数据位置变更导致子节点在红黑树中对应挂载关系的改变则相当于红黑树的右旋操作。

叔父节点缺失情况下的右旋如图 6-78 所示。

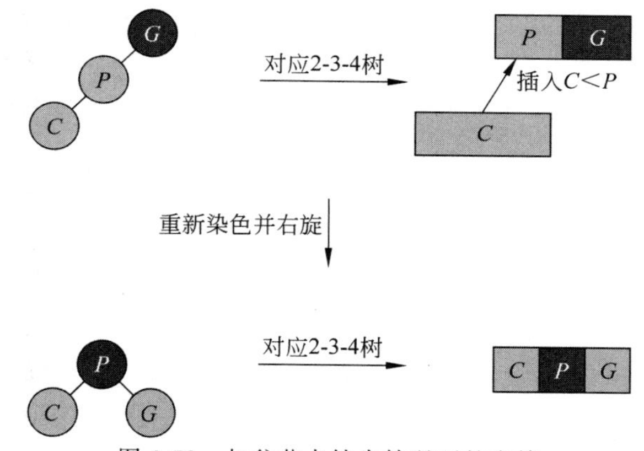

图 6-78　叔父节点缺失情况下的右旋

叔父节点非空的右旋情况只可能发生在对应 2-3-4 树中节点分裂并提升的过程中，此时只需将提升节点作为当前节点 C 进行处理，其余操作方式与原理同上。

叔父节点未缺失情况下的右旋如图 6-79 所示。

方式 2：当前节点 C 是父节点 P 的右子节点，并且父节点 P 是祖父节点 G 的左子节点，则将祖父节点 G 染成红色，将当前节点 C 染成黑色，并对 C-P-G 构成的子树进行左右旋操作，即先对 C-P 构成的子树进行左旋，再对 C-P-G 构成的子树整体进行右旋。

在叔父节点 U 缺失的情况下，相当于向 2-3-4 树中一个 data1 数据域非空的 3-节点插入一个取值大于 data1 且小于 data2 的数据，此时这个 3-节点内部的数据将发生位移和重新染色。首先将 data2 位置上的数据移动至 data3 的位置并染成红色，这相当于将红黑树中的祖父节点 G 染成红色；然后 data1 位置上的数据不发生移动，这相当于红黑树中的父节点 P 不变色；最后将新数据存放在 data2 的位置上并染成黑色，这相当于将当前节点 C 染成黑

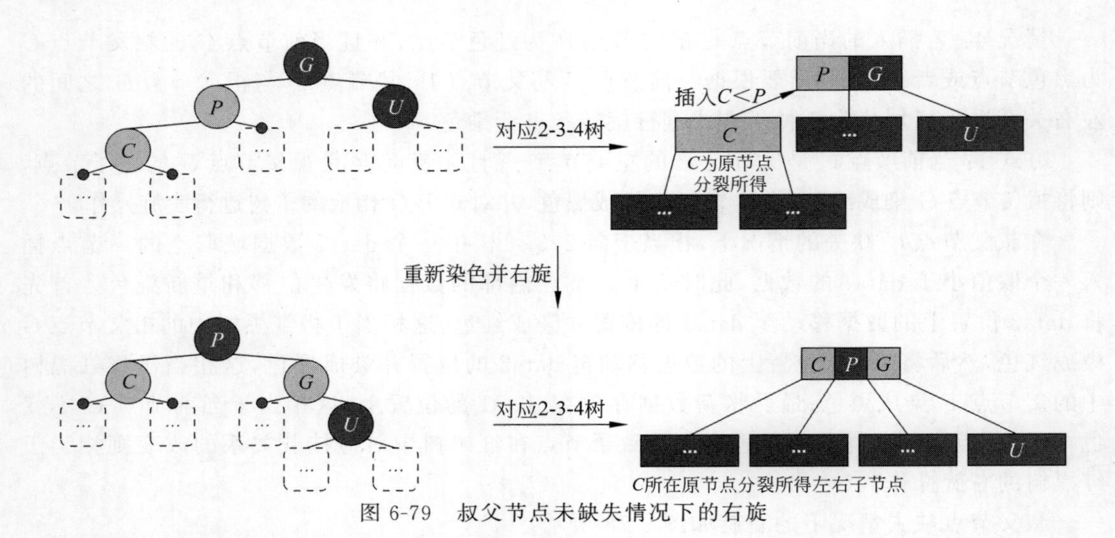

图 6-79　叔父节点未缺失情况下的右旋

色，而 3-节点内部整体数据位置变更导致子节点在红黑树中对应挂载关系的改变则相当于红黑树的左右旋操作。

叔父节点缺失情况下的左右旋如图 6-80 所示。

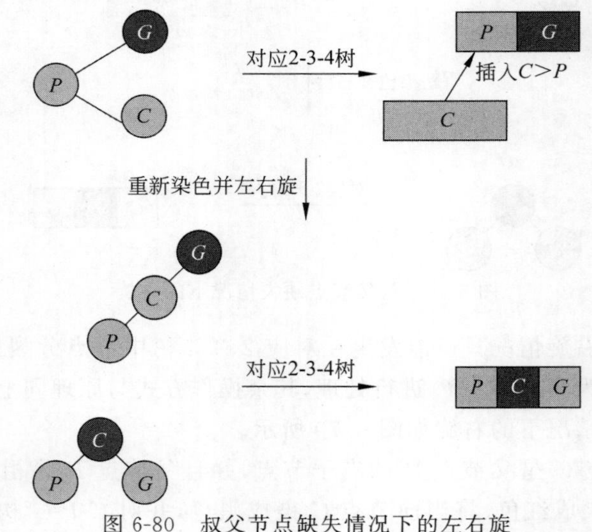

图 6-80　叔父节点缺失情况下的左右旋

叔父节点非空的左右旋情况只可能发生在对应 2-3-4 树中节点分裂并提升的过程中，此时只需将提升节点作为当前节点 C 进行处理，其余操作方式与原理同上。

叔父节点未缺失情况下的左右旋如图 6-81 所示。

方式 3：当前节点 C 是父节点 P 的右子节点，并且父节点 P 是祖父节点 G 的右子节点，则将祖父节点 G 染成红色，将父节点 P 染成黑色，并对 C-P-G 构成的子树进行左旋操作。

在叔父节点 U 缺失的情况下，相当于向 2-3-4 树中一个 data3 数据域非空的 3-节点插入一

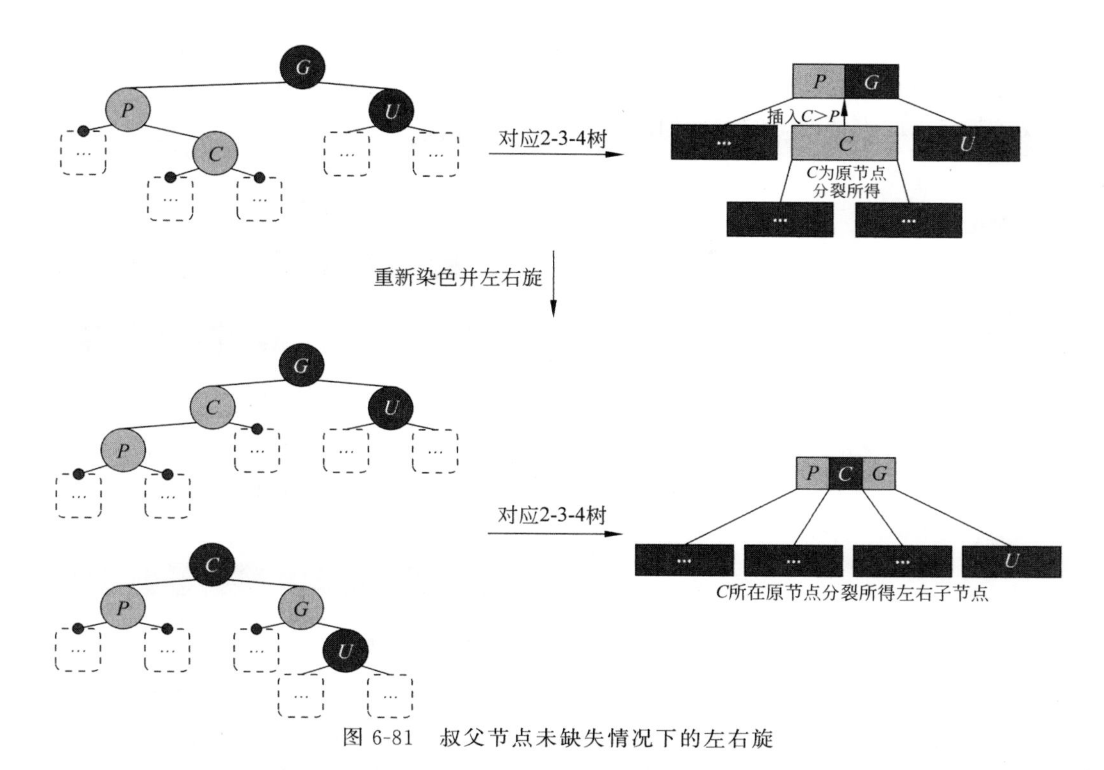

图 6-81　叔父节点未缺失情况下的左右旋

个取值大于 data3 的数据，此时这个 3-节点内部的数据将发生位移和重新染色。首先将 data2 位置上的数据移动至 data1 的位置并染成红色，这相当于将红黑树中的祖父节点 G 染成红色，然后将 data3 位置上的数据移动至 data2 的位置并染成黑色，这相当于将红黑树中的父节点 P 染成黑色；最后将新数据存放在 data3 的位置上，这相当于当前节点 C 不变色，而 3-节点内部整体数据位置变更导致子节点在红黑树中对应挂载关系的改变则相当于红黑树的左旋操作。

叔父节点缺失情况下的左旋如图 6-82 所示。

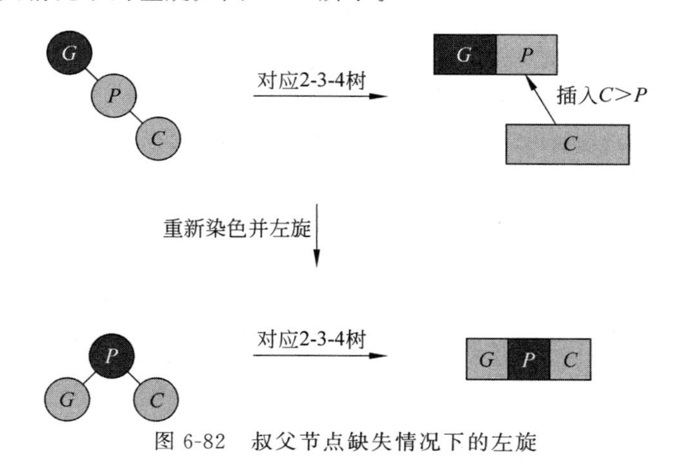

图 6-82　叔父节点缺失情况下的左旋

叔父节点非空的左旋情况只可能发生在对应 2-3-4 树中节点分裂并提升的过程中，此时只需将提升节点作为当前节点 C 进行处理，其余操作方式与原理同上。

叔父节点未缺失情况下的左旋如图 6-83 所示。

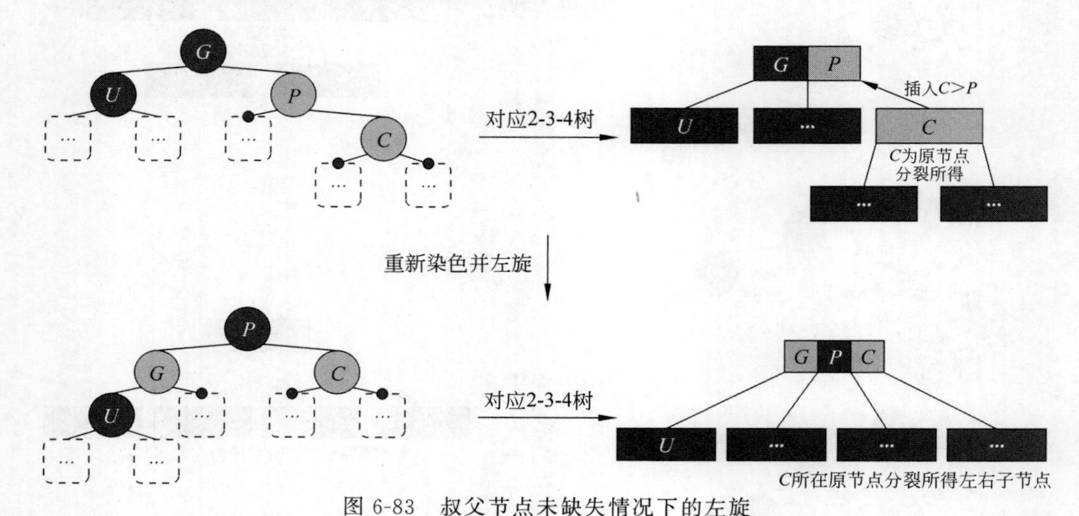

图 6-83　叔父节点未缺失情况下的左旋

方式 4：当前节点 C 是父节点 P 的左子节点，并且父节点 P 是祖父节点 G 的右子节点，则将祖父节点 G 染成红色，将当前节点 C 染成黑色，并对 C-P-G 构成的子树进行右左旋操作，即先对 C-P 构成的子树进行右旋，再对 C-P-G 构成的子树整体进行左旋。

在叔父节点 U 缺失的情况下，相当于向 2-3-4 树中一个 data3 数据域非空的 3-节点插入一个取值小于 data3 且大于 data2 的数据，此时这个 3-节点内部的数据将发生位移和重新染色。首先将 data2 位置上的数据移动至 data1 的位置并染成红色，这相当于将红黑树中的祖父节点 G 染成红色，然后 data3 位置上的数据不发生移动，这相当于红黑树中的父节点 P 不变色；最后将新数据存放在 data2 的位置上并染成黑色，这相当于将当前节点 C 染成黑色，而 3-节点内部整体数据位置变更导致子节点在红黑树中对应挂载关系的改变则相当于红黑树的右左旋操作。

叔父节点缺失情况下的右左旋如图 6-84 所示。

叔父节点非空的右左旋情况只可能发生在对应 2-3-4 树中节点分裂并提升的过程中，此时只需将提升节点作为当前节点 C 进行处理，其余操作方式与原理同上。

叔父节点未缺失情况下的右左旋如图 6-85 所示。

通过上述说明不难看出，在向红黑树中插入节点时，在插入节点导致对应 2-3-4 树结构中的某些节点内部发生数据位置移动的情况下就会对红黑树结构进行旋转操作，而且这些旋转操作都是有规律的，并且因为插入操作导致的旋转最多发生两次即可将红黑树结构重新调整为平衡状态。

2. 从红黑树中删除节点

从红黑树中删除节点的操作流程相对较为复杂且并不总是发生在叶节点当中，但是即

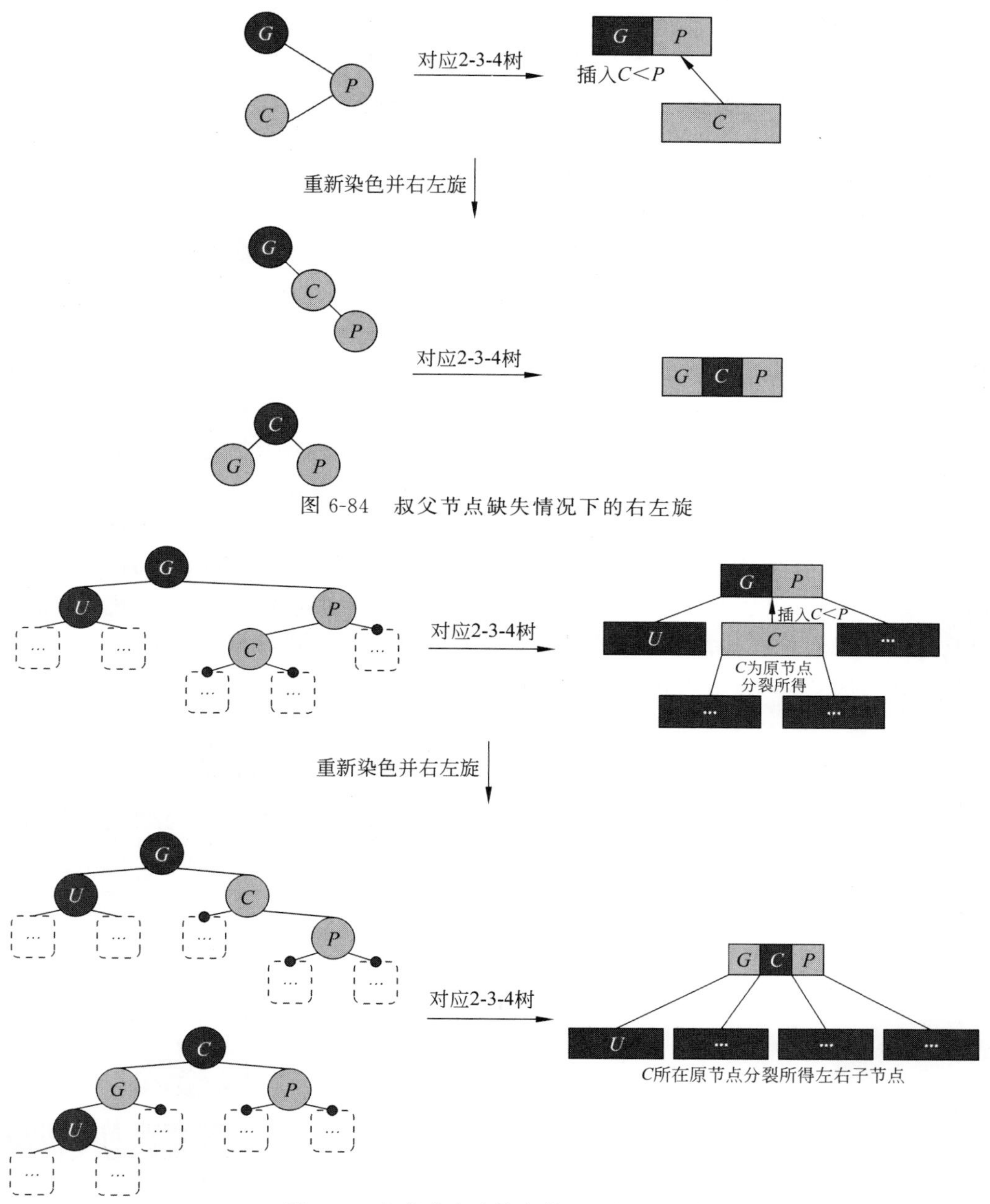

图 6-85　叔父节点未缺失情况下的右左旋

便如此，红黑树也只需最多 3 次旋转操作便可以将自身再次调整为平衡状态。下面同样将从红黑树中删除节点的操作分为几种情况分别进行讲解。

情况 1：当删除节点的红黑树中只有根节点且根节点为被删除节点时，直接删除红黑树的根节点即可。

情况 2：当删除节点 C 为红色叶节点时，相当于删除对应结构 2-3-4 树中 3-叶节点或者 4-叶节点的 data1 或者 data3 数据域下的数据。此时删除该节点后红黑树结构的平衡性并未被破坏，无须对其进行任何调整。

情况 3：当删除节点 C 为黑色叶节点时，需要根据其兄弟节点 S、父节点 P 的颜色及位置关系分为多种子情况分别进行分析，但是即便如此，这些子情况在对应 2-3-4 树结构中的本质又都是相对简单的。

子情况 3.1：若删除节点 C 为父节点 P 的左子节点，并且其右兄弟节点 S 为红节点，此时二者的父节点必然为黑节点，并且红色的右兄弟节点必然存在两个黑色的子节点。在这种情况下相当于删除对应 2-3-4 树结构中一个 3-父节点的 2-child2 子节点。在对应 2-3-4 树结构执行删除操作后，需要将 3-父节点中的数据项和子节点集体左移，使 data2 变更为 data1、使 data3 变更为 data2；使 child3 变更为 child2、使 child4 变更为 child3。上述操作在红黑树中的体现即为对 P-S 构成的子树执行左旋和重新染色操作。这一操作的目的是确保在后续将 2-3-4 树 3-父节点中的数据项进行下降操作后父节点的 data2 数据域不为空。在之前已经讲解过，在红黑树对应的 2-3-4 树结构中，任意节点的 data2 数据域都具有特定的意义。实际上在红黑树对应的 2-3-4 树结构中，任意节点的 data2 数据域都相当于红黑树中的一个黑节点，所以如果对应 2-3-4 树节点中 data2 的数据域被空置就会导致对应的红黑树结构中某些根到叶节点的路径上的黑节点数量减少，从而打破红黑树建树规则的第 5 点。

红黑树对应 2-3-4 树中数据项、子节点的移动如图 6-86 所示。

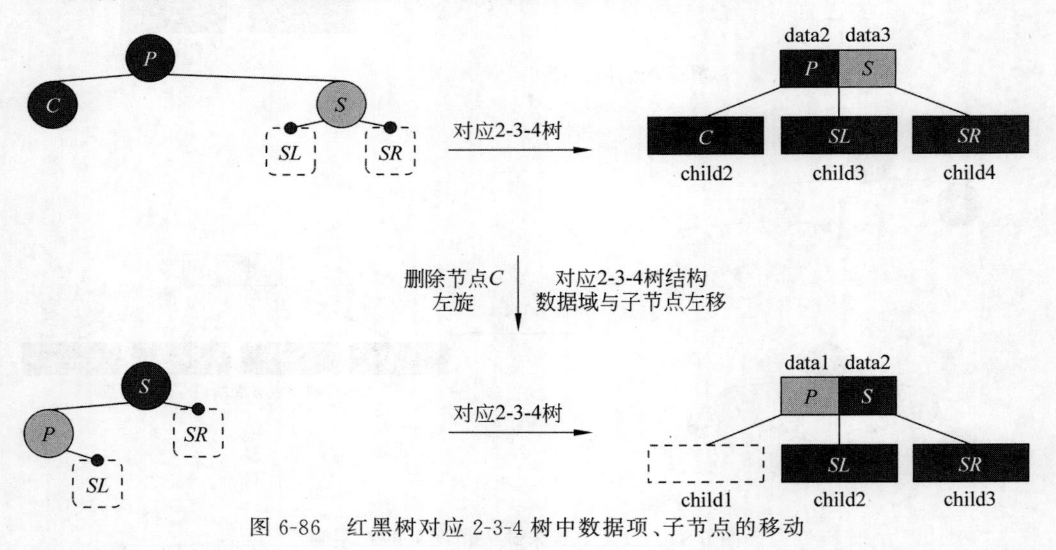

图 6-86　红黑树对应 2-3-4 树中数据项、子节点的移动

在对对应 2-3-4 树执行完上述移动操作后，将父节点中 data1 数据域的数据项下降为新的 child1 子节点并与此时的 child2 节点进行融合，这相当于向 child2 节点中插入父节点中 data1 数据域的数据项。

如果此时的 child2 为具有 data1、data2 数据项的 3-节点，即在原红黑树中删除节点 C

的红色右兄弟节点 S 的黑色左子节点有且仅有红色的左子节点，此时将会导致一次以右兄弟节点 S 的黑色左子节点为轴的额外右旋操作。这是因为在对应 2-3-4 树的节点合并过程中 child1 的数据项会使 child2 中的原有数据项整体右移。

额外的右旋操作如图 6-87 所示。

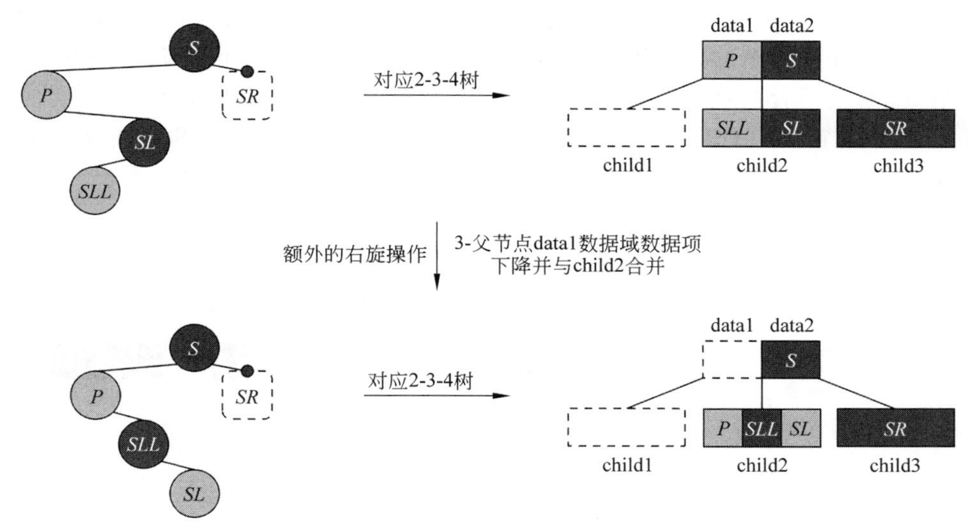

图 6-87　额外的右旋操作

如果此时的 child2 为具有 data2、data3 数据项的 3-节点，即在原红黑树中删除节点 C 的红色右兄弟节点 S 的黑色左子节点有且仅有红色的右子节点，此时将不会导致任何额外的旋转操作，在对应 2-3-4 树结构中将 child1 向 child2 进行合并即可。

没有额外的旋转操作如图 6-88 所示。

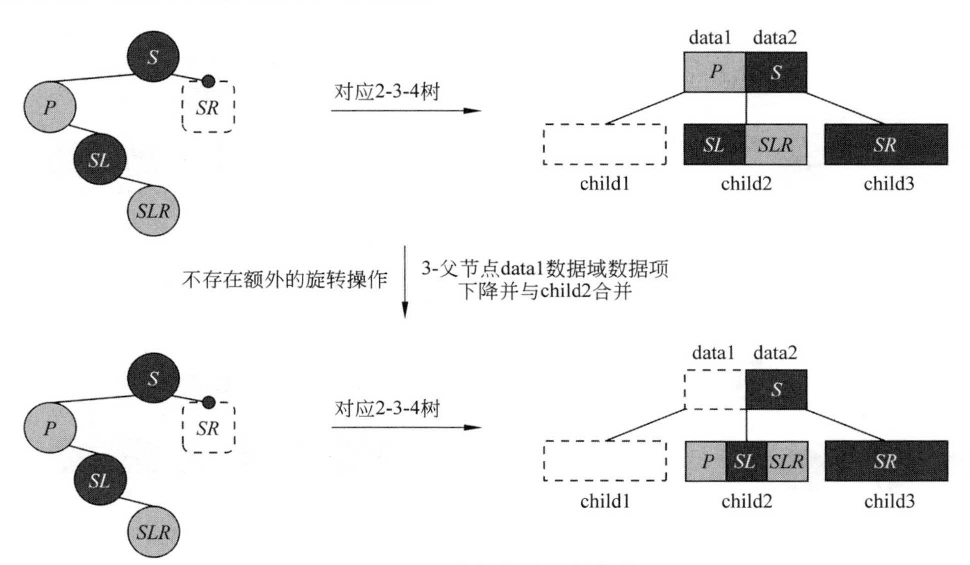

图 6-88　没有额外的旋转操作

在上述两种情况下，在将对应 2-3-4 树中来自父节点的数据项与 child2 节点进行融合后还需将合并完成后的 4-child2 节点中 data2 位置上的数据项向上借出到父节点中，以补全父节点 data1 数据域的空缺，并将 child2 节点重新拆分为两个只具有 data2 数据域的子节点 child1 与 child2，这会导致再一次地以右兄弟节点 S 的黑色左子节点为轴的左旋操作。上述步骤不仅看上去较为复杂，而且在融合完毕后将 4-child2 节点中数据向上借出到父节点中的方式也与之前在 2-3-4 树章节中讲解的方式相悖，但是通过仔细观察操作结果不难发现，如果省去中间 child1 与 child2 进行合并的过程，将 child2 中的最小数据项直接向上借出到父节点当中，其借出结果与上述复杂步骤的操作结果是完全相同的。只不过红黑树只有借助上述复杂的操作步骤才能保证在执行删除操作后树的结构仍然满足红黑树的各项性质。

4-child2 节点中数据向上借出的结果如图 6-89 所示。

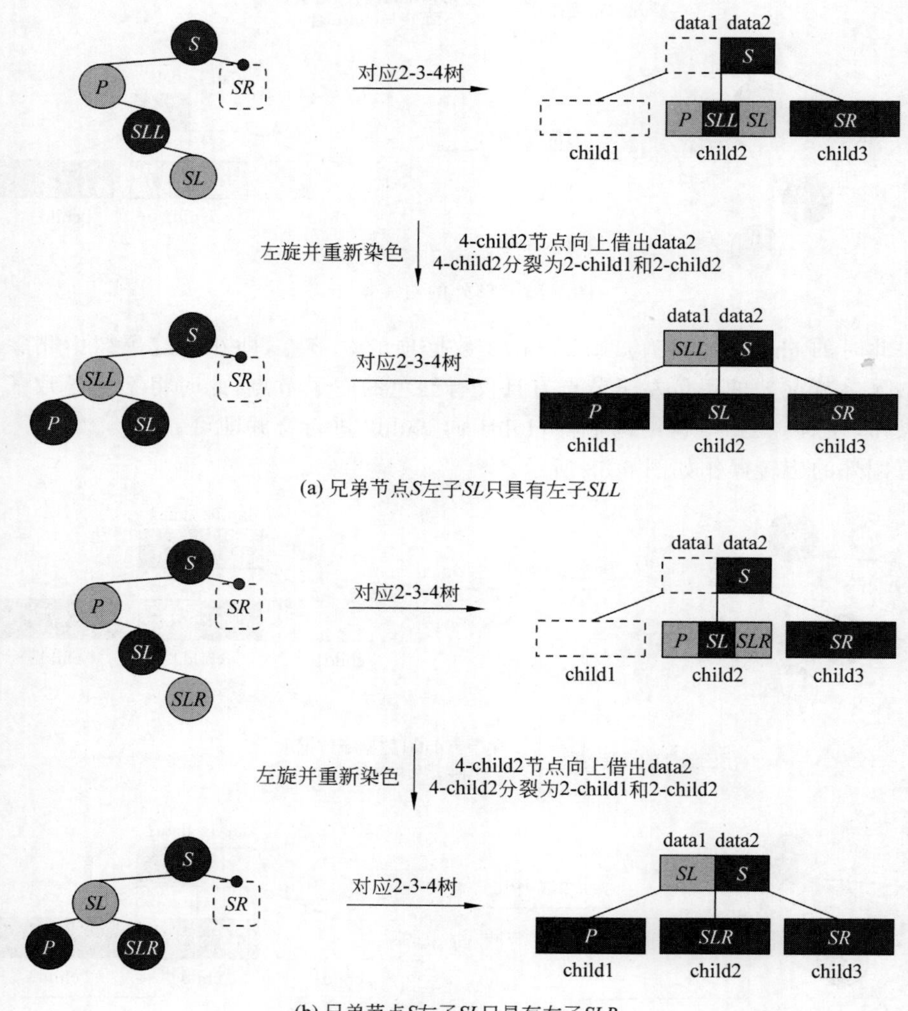

图 6-89　4-child2 节点中数据向上借出的结果

当然，如果在执行合并操作前 child2 节点仅为 2-节点，即在原红黑树中删除节点 C 的红色右兄弟节点 S 的黑色左子节点为叶节点，则在对应 2-3-4 树 child1 节点与 child2 节点合并完成后也就没有必要再对 child2 节点中的数据进行向上借出操作了，此时只要对 child2 节点向 child1 节点进行合并，然后进行必要的颜色更改操作即可。

合并完成后的 child2 节点不再进行数据向上借出操作，如图 6-90 所示。

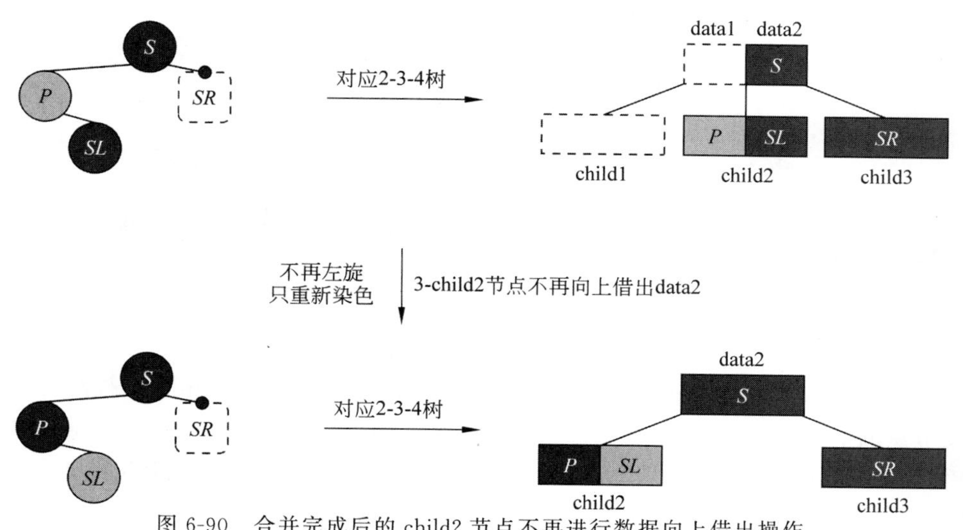

图 6-90 合并完成后的 child2 节点不再进行数据向上借出操作

特殊的情况，如果在执行合并操作前 child2 节点已经是 4-节点，即在原红黑树中删除节点 C 的红色右兄弟节点 S 的黑色左子节点同时具有红色的左右子节点，那么在对对应的 2-3-4 树结构的 child1 与 child2 节点进行合并时会直接导致 child2 节点的分裂与提升，相当于直接将从 child2 节点中分裂出来的 data2 数据项借出到了父节点的 data1 数据域上。在这种情况下，红黑树只要通过再一次左旋（对应 2-3-4 树 child2 节点数据向上借出的左旋）即可调整为平衡状态。

合并之前 child2 为 4-节点的情况如图 6-91 所示。

子情况 3.2：若删除节点 C 为父节点 P 的右子节点，并且其左兄弟节点 S 为红节点，此时二者的父节点 P 必然为黑节点，并且红色的左兄弟节点必然存在两个黑色的子节点。这种情况相当于删除对应 2-3-4 树结构中一个 3-父节点的 2-child3 子节点。这一子情况下红黑树与对应 2-3-4 树中的所有操作均与子情况 3.1 下的操作相对称，故在此不再赘述，具体情况留给读者自行演示推断。

子情况 3.3：若删除节点 C 与其兄弟节点 S 均为黑色节点，则它们的父节点 P 的颜色可以是任意的。

首先讲解被删除节点 C 的父节点 P 为红颜色节点的情况。

当删除节点 C 为左子节点，其右兄弟节点 S 只具有红颜色的右子节点时，相当于在对应的 2-3-4 树结构中删除 3-父节点或者 4-父节点的 child1 或者 child3。若删除的是父节

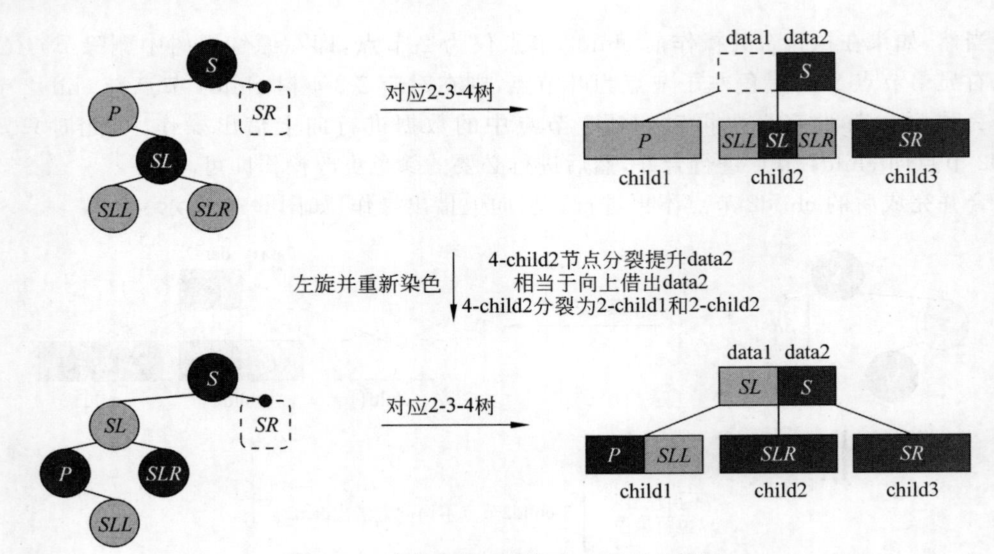

图 6-91　合并之前 child2 为 4-节点的情况

点的 child1，则对父节点中 data1 数据域中的数据项进行下降并与 child2 进行融合；若删除的是父节点的 child3，则对父节点中 data3 数据域中的数据项进行下降并与 child4 进行融合。该融合方式不会导致子节点中的数据右移，所以在融合发生后只需将 4-子节点中 data2 位置上的数据项向上借出到父节点的空置数据域当中，并将原来的 4-子节点拆分为两个 2-子节点。向上借出数据的过程会导致红黑树一次以兄弟节点 S 为轴进行左旋。

删除节点 C 为左子节点，其右兄弟节点 S 只具有红颜色的右子节点的情况如图 6-92 所示。

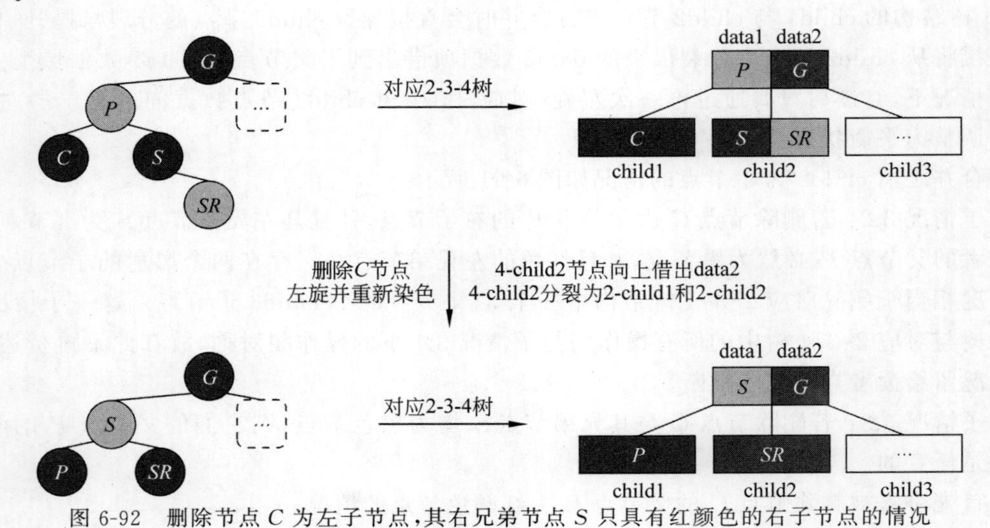

图 6-92　删除节点 C 为左子节点，其右兄弟节点 S 只具有红颜色的右子节点的情况

当删除节点 C 为左子节点，其右兄弟节点 S 只具有红颜色的左子节点时，同样相当于

在对应的 2-3-4 树结构中删除 3-父节点或者 4-父节点的 child1 或者 child3，其父节点数据项下降与融合方式与前者相同。该融合方式会导致子节点中的数据右移，所以融合过程会导致红黑树以兄弟节点 S 为轴进行一次右旋。在融合发生后仍需要将 4-子节点中 data2 位置上的数据项向上借出到父节点的空置数据域当中，并将原来的 4-子节点拆分为两个 2-子节点。向上借出数据的过程同样会导致红黑树一次以原兄弟节点 S 的左子节点为轴进行左旋。

删除节点 C 为左子节点，其右兄弟节点 S 只具有红颜色的左子节点的情况如图 6-93 所示。

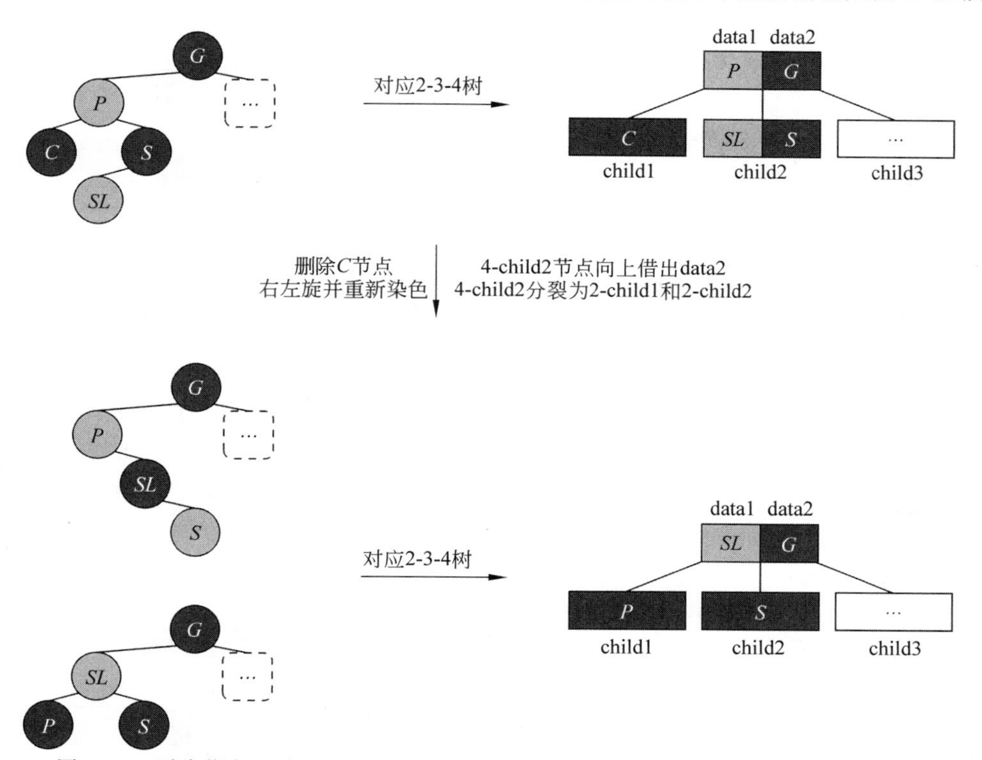

图 6-93　删除节点 C 为左子节点，其右兄弟节点 S 只具有红颜色的左子节点的情况

当删除节点 C 为左子节点，其右兄弟节点 S 同时具有红颜色的左右子节点时，依然相当于在对应的 2-3-4 树结构中删除 3-父节点或者 4-父节点的 child1 或者 child3，其父节点数据项下降与融合方式与前者相同，只不过父节点数据项进行下降-融合的操作会导致 2-3-4 树中被删除节点的 4-右兄弟产生分裂与提升。此时 4-右兄弟节点中 data2 数据域上的数据项向上提升到父节点中填充空位，而 4-右兄弟节点 data1 与 data3 数据域拆分出来的子节点则与来自父节点中的数据项进行融合。该过程同样会导致红黑树一次以兄弟节点 S 为轴进行左旋。

删除节点 C 为左子节点，其右兄弟节点 S 同时具有红颜色的左右子节点的情况如图 6-94 所示。

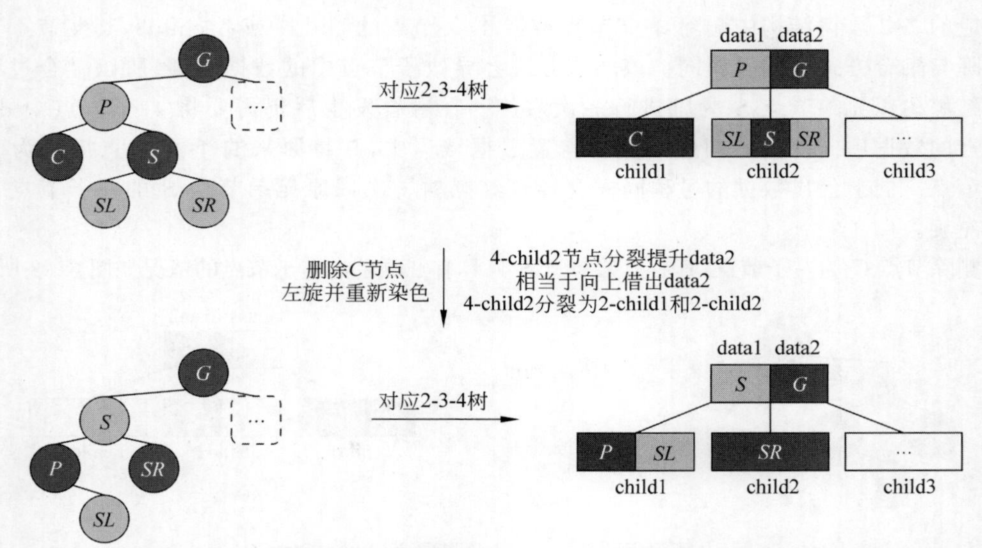

图 6-94 删除节点 C 为左子节点，其右兄弟节点 S 同时具有红颜色的左右子节点的情况

当删除节点 C 为左子节点，其右兄弟节点 S 不具有子节点时，仍旧相当于在对应的 2-3-4 树结构中删除 3-父节点或者 4-父节点的 child1 或者 child3，其父节点数据项下降与融合方式与前者相同，但是在父节点中数据项进行下降-融合操作后，在对应 2-3-4 树结构中被删除节点的 2-右兄弟节点将不再进行分裂与数据上借的操作，这在红黑树中的体现即为被删除节点 C 的兄弟节点 S 与父节点 P 只会进行重新染色，并不需要通过旋转来重新调整平衡。

删除节点 C 为左子节点，其右兄弟节点 S 不具有子节点的情况如图 6-95 所示。

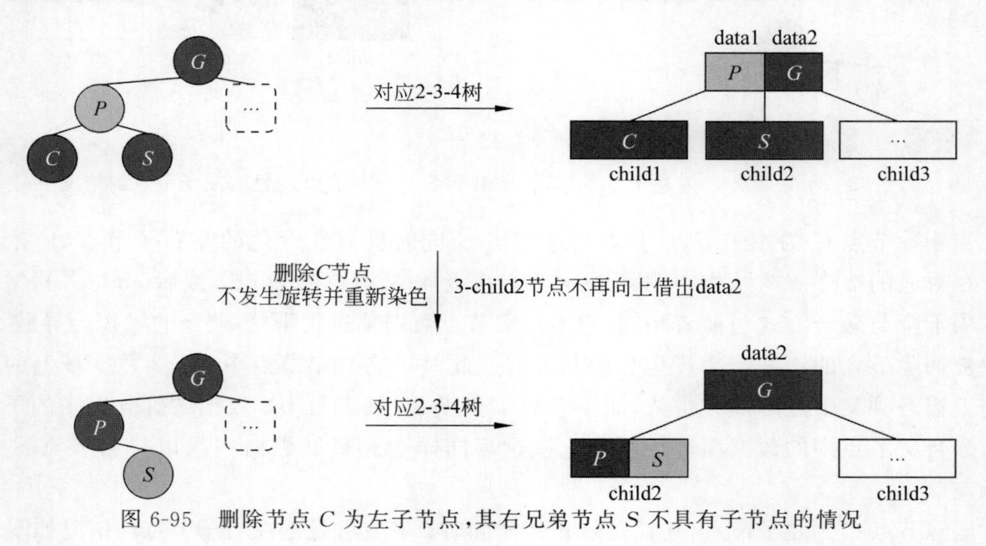

图 6-95 删除节点 C 为左子节点，其右兄弟节点 S 不具有子节点的情况

当删除节点 C 为右子节点，其左兄弟节点 S 只具有红颜色的左子节点时，其与图 6-92 所示的情况相对称，红黑树只需 1 次以兄弟节点 S 为轴进行右旋便可以调整至平衡状态。

当删除节点 C 为右子节点，其左兄弟节点 S 只具有红颜色的右子节点时，其与图 6-93 所示的情况相对称，红黑树需要 1 次以兄弟节点 S 为轴进行左旋及一次以原兄弟节点 S 的右子节点为轴进行右旋即可调整为平衡状态。

当删除节点 C 为右子节点，其左兄弟节点 S 同时具有红颜色的左右子节点时，其与图 6-94 所示的情况相对称，红黑树只需 1 次以兄弟节点 S 为轴进行右旋便可以调整至平衡状态。

当删除节点 C 为右子节点，其左兄弟节点 S 不具有子节点时，其与图 6-95 所示的情况相对称，红黑树只需重新染色，不需要通过旋转来重新调整平衡。

注意：上述各种对称情况的图示同样留给读者自行进行演示推断。

其次讲解被删除节点 C 的父节点 P 为黑颜色节点的情况。

若被删除节点 C 的父节点 P 为黑颜色，则说明在对应的 2-3-4 树结构中被删除节点 C 的父节点为 2-节点，被删除节点 C 与其兄弟节点 P 为其父节点的 child2 与 child3。这一情况下在对目标节点 C 进行删除操作时，除其兄弟节点 S 不具有子节点的情况外，其余均与父节点为红颜色节点的相应情况的处理方式相同。

当被删除节点的兄弟节点 S 不具有子节点时，在对应 2-3-4 树结构中删除目标节点后，其 2-父节点中唯一的数据项将进行下降-融合操作，此时的父节点将被借空。这一行为相当于在对应 2-3-4 树结构中删除了目标节点祖父的一个子节点，因此在这种情况下，不仅要向上修改其父节点的染色方式，而且还要递归地向上考虑是否会引发祖父节点的旋转及更高层祖先节点的重新染色。

在讲解完相对较为复杂的第 3 种情况的各种子情况后，下面对较为简单的第 4 种情况进行分析。

情况 4：当删除节点 C 在红黑树中不是叶节点时，需要找到删除节点 C 在树中的前驱节点对其进行替换。删除节点 C 的前驱节点存在于其左子树最右路径的末端。如果前驱节点为叶节点，则直接交换删除节点 C 与其前驱节点在红黑树中的位置，并对交换后的删除节点 C 按照前面所讲解的删除红黑树中叶节点的方式进行删除并重新调整红黑树的平衡结构。如果前驱节点不是叶节点，则该节点只可能存在一个红颜色的左子节点，并且这个左子节点必为叶节点。那么在将删除节点 C 与前驱节点进行交换并删除后可以通过原有前驱节点的左子节点对其位置进行填补并重新染色，此时红黑树的平衡性并未被破坏，不需要重新调整结构。

上面所讲解的关于红黑树节点删除的各种情况虽然从规则和操作步骤方面来看较为复杂，但是如果将其导入对应的 2-3-4 树结构中则能够体现出非常明显的规律性：红黑树在删除节点后的所有操作都是为了保证其对应 2-3-4 树结构的整体完美平衡，并且从上述的各种情况中不难看出，即使是最为复杂的删除情况，红黑树也只需通过最多 3 次旋转操作就能够重新将自身调整为平衡状态。这一特性保证了红黑树在删除操作方面仍然具有较高的整体性能。

6.9 B树与B+树

B树是一种自平衡的通用多路排序树，最早由 Rudolf Bayer 和 Edward McCreight 于 1970 年提出。B代表了 Bayer 的姓氏首字母，这是为了向这位贡献巨大的计算机科学家致敬。Bayer 和 McCreight 在发表的论文中详细地描述了B树的结构、特性和应用。随后B树被广泛地应用于数据库和文件系统等领域，在数据组织和检索方面发挥了重要作用。B树的设计考虑到了磁盘IO等实际应用场景，因此被认为是一种非常有效的数据结构。随着时间的推移，出现了B树的变种和优化版本，如B+树等，进一步拓展了其应用范围。

1972 年，Rudolf Bayer 和 M.Schkolnick 在B树的基础上进行改进和优化，从而得出了B+树结构。B+树在B树的基本结构上进行了一些修改，使它在数据库索引中更加高效地使用磁盘存储空间和减少IO操作。

下面开始对B树与B+树的相关内容进行讲解。

6.9.1 B树结构

在 6.7 节曾经讲解过，2-3-4 树结构可看作一种特殊实现的B树结构，因此在 2-3-4 树部分所讲解过的进行数据增删操作的诸多流程与规则依然适用于B树结构，所以在这一部分的内容当中将不再对B树的增删查找操作流程与规则进行赘述，而是更多地论述B树所具有的特殊性质。

作为一种多路排序树B树结构中引入了阶的概念。在一个 n 阶B树中任意节点最多允许存在 n 个子节点。反之可得在 n 阶B树的节点中最多可以存储 $n-1$ 个数据项，而且B树节点的数据项数量与子节点数量之间依然存在子节点数量等于节点数据项数量加1这一限制条件。从阶数的角度来看，2-3-4 树相当于一种特殊实现的4阶B树。

存储于同一个B树节点中的所有数据之间依然需要保持有序性，这使B树可以进行高效搜索、插入和删除操作，而B树子节点与父节点之间的数据同样保持着穿插有序的状态，这意味着父节点中的数据项拆分了子节点中数据项的范围，以便进行有序查找。这种穿插有序的结构使B树具有了高效支持范围查询的能力。

一个6阶B树如图 6-96 所示。

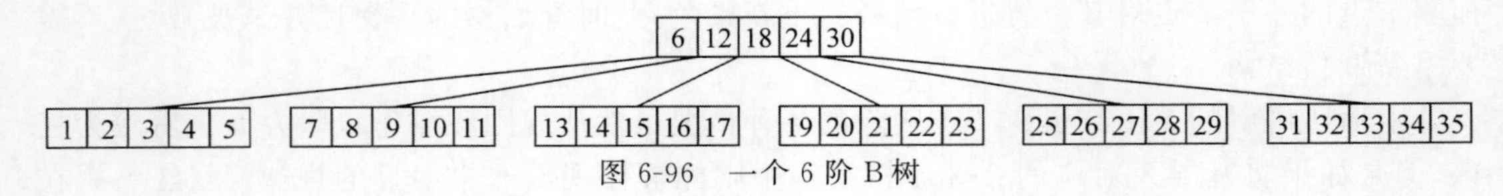

图 6-96 一个6阶B树

B树节点存储数据项的数量与B树的阶数之间存在如下两条重要性质。

性质1：n 阶B树的根节点中保存数据项的数量在 $[1, n-1]$ 的范围内。

性质2：n 阶B树的非根节点中保存数据项的数量在 $[\lceil n/2 \rceil - 1, n-1]$ 的范围内。

上述性质 1 易于理解：当 n 阶 B 树中只存在根节点时，根节点中保存数据项的数量满足在[1,$n-1$]范围内的要求。当 n 阶 B 树的层次大于或等于 2 层时，B 树的根节点是通过满子节点添加数据项后由下至上分裂-提升得到的。B 树节点进行分裂-提升的方式，同样是取节点中保存的中值数据进行上移，而子节点在进行分裂提升时每次只向上提升 1 条数据项，因此 B 树根节点中最少可能存储 1 条数据项。当根节点的子节点通过插入新数据的方式不断地分裂提升后根节点的数据域逐渐被填满，最多能够存储 $n-1$ 个数据项。

上述性质 2 同样可以通过节点分裂提升的过程进行解释：当 n 阶 B 树的满叶节点因插入数据或满中间节点因其子节点的分裂提升再次插入新数据后，同样需要进行进一步分裂与提升。满节点分裂后其左右子节点中保存数据项的数量为 $\lceil n/2 \rceil-1$。同样地，通过直接向叶节点插入新数据或向非叶节点插入由其子节点分裂-提升的数据后，B 树节点的数据域逐渐被填满，最多能够存储 $n-1$ 个数据项。上述性质 2 之所以特别强调不适用于 B 树的根节点，是因为位于 B 树最上层的根节点由其子节点分裂-提升而来，而由此得到的 B 树根节点中最少可以存储 1 条数据。当 B 树的非根节点因数据项的删除而导致其保存数据项的数量少于 $\lceil n/2 \rceil-1$ 项时，则需要在执行数据项删除之前首先对其父节点中的数据项进行下降-融合操作，保证这一融合了父节点中数据项的节点在删除目标数据项后仍能够保证性质 2 的成立。对父节点中数据项进行下降-融合的方式，可以参考 6.7 节中从 2-3-4 树节点中删除数据项的相关操作。

下面通过一张向 2 层 6 阶全满 B 树中插入新数据的图示对上述特性进行演示。

向 2 层 6 阶全满 B 树中插入新数据后的结构如图 6-97 所示。

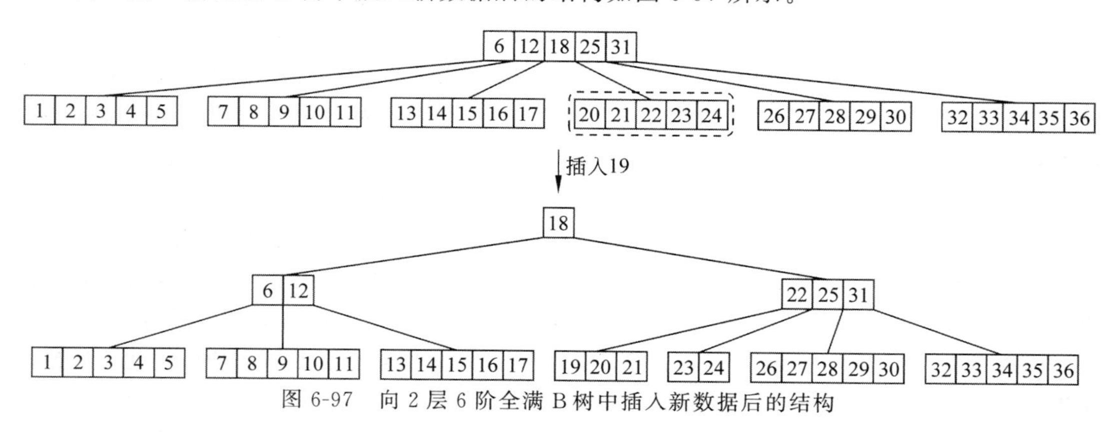

图 6-97 向 2 层 6 阶全满 B 树中插入新数据后的结构

在实际应用场景中为了更方便地保存数据，B 树的阶数取值可能会定义得比较大，例如取值为 100 等。这样做是为了尽可能地降低因为元素增删导致 B 树进行结构调整的频率，从而提升 B 树结构整体的元素存取效率。

6.9.2 B+树结构

B+树是 B 树的一种优化结构。相比 B 树，B+树的数据查询效率更加稳定、平均，并且在数据批量查询方面 B+树的执行效率也更优于 B 树。

从结构的构建过程与数据的增删查找方面来讲，B＋树保留了B树大部分的操作方式，只是在一些细节方面有所不同。下面给出一个6阶B＋树的结构图示，并根据图6-97与图6-98总结B＋树与B树在结构方面的不同。

一个6阶B＋树如图6-98所示。

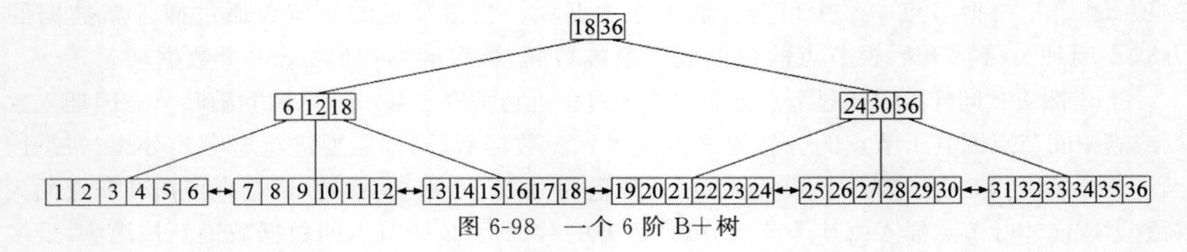

图6-98　一个6阶B＋树

从图6-98中不难看出B＋树与B树在结构上的区别主要存在如下3个方面。

区别1：n阶B树的节点最多可以存储$n-1$个数据项、具有n个子节点；n阶B＋树的节点最多可以存储n个数据项、具有n个子节点。

区别2：在B树的节点中不保存重复的数据项，而在B＋树的节点中则存在重复的数据项。尤其是在B＋树非叶节点中存储的数据项都是叶节点中存储数据项的重复值。

区别3：B树的各个叶节点之间是相互独立的，但是B＋树的叶节点之间通过链表的方式进行串联。

区别1是B树与B＋树较为本质性的差别。在B＋树的满节点进行分裂提升时会将分裂所得左右子节点中的最右数据项同时向上提升至父节点中，这就使n阶B＋树的非叶节点在具有n个子节点时，其中同时保存了分别来自这n个子节点中的最右数据项。这些来自子节点中的最右数据项在父节点中形成了一个一个的范围区间，这些范围区间使在B＋树中的数据查找操作更加便捷。例如，在图6-98所示的6阶B＋树结构中查找取值范围在(6,12]之间的数据时，在经过6-12-18这一节点时即可快速确定这些数据存储于该节点的第2子节点中。如果B＋树中的叶节点因数据项的增删导致最右数据项发生变化，则还要递归向上的修改保存在祖先节点中的对应数据项，并且在这一性质的影响下，B＋树非根节点存储数据项的数量也与B树的有所不同，n阶B＋树非根节点存储数据项的数量在$[\lceil n/2 \rceil, n]$范围内。

B树与B＋树的第2点区别是因为B＋树特殊的构建过程造成的。B＋树的构建过程整体来讲与B树相似，其非叶节点都是通过子节点的分裂与提升得到的，但是与B树节点分裂的过程不同，B＋树节点在分裂之后不仅会将子节点中的最右数据项向上提升并保存在父节点当中，同时这个数据项还会保存在分裂之后的子节点当中。这样一来，B＋树中所有的数据项就都存储在了叶节点中，而B＋树的所有非叶节点就构成了这些叶节点的分支索引结构：B＋树的非叶节点只起到用来指向目标数据所在叶节点方向的作用，而真正的目标数据则需从B＋树的叶节点中进行提取。根据6.7节对于2-3-4树结构的说明可知：从B树、B＋树根节点出发抵达任意叶节点的路径长度是相同的，因此在B＋树中查找任何数据所经历的节点数量都是相同的，这也是在B＋树中进行数据查找的效率更加稳定、平均的原因。

对于区别3来讲，因为在B树结构的叶节点之间不存在链表结构，并且B树中的叶节点也没有保存树中所有的数据项，所以在对B树进行区间数据查找时需要进行大量的节点回溯操作。相比之下，B+树的叶节点之间通常会使用双链表结构进行关联，因此在B+树的任意叶节点中查找到任意目标数据项后均可以从这个数据项出发通过链表遍历的方式向前或者向后的进行区间数据查找，所以B+树比B树具有更优的数据区间查找性能。

6.9.3 B树与B+树在实际应用方面的区别

B+树与B树的区别不仅体现在构建方式层面，二者在实际应用领域也有着很大的不同，但是如果仅是通过诸如整数类型等最简单的基本数据类型进行说明，则很难深入对这些区别进行理解。下面将B树与B+树代入MySQL数据库的索引结构实现这一具体场景中对二者在实际应用领域的区别进行进一步讲解。

数据库索引是一种建立在数据库表结构基础上，根据表中某个或者某一组字段取值对数据进行快速排序和分类的一种结构。可以将数据库的索引想象为字典的拼音查询目录，通过索引结构能够加快数据的查询速度，使在对结构复杂的数据表进行数据查询时提高效率。

在MySQL数据库的多种不同引擎中都采用了B+树作为其索引结构的底层实现方案。这是因为相比起通过B树实现的索引结构，通过B+树实现的索引结构在查询数据的平均磁盘IO次数、数据查询稳定性及区间数据查询的性能等方面都具有更加优异的表现。下面通过一组具体数据对两种不同的索引结构实现方式进行对比。

表6-1为一张员工信息表，表中存储了不同员工的诸多数据，其中包括员工的月薪。

表6-1 员工信息表

员工ID	员工姓名	月薪	部门编号
1	Tom	3500	1
2	Jerry	3400	1
3	Jack	3600	1
4	Rose	4700	2
5	Bruce	8500	2
6	Ben	5600	2
7	Frank	7500	1
8	Abby	5700	2
9	Aaron	6600	1
10	Adam	3800	1
11	Clark	3700	1
12	Edward	7700	1
13	Gary	8200	1
14	Harry	6200	1
15	Jeff	5800	2

现按照表 6-1 中月薪的字段为数据添加索引。

在数据库中一个索引节点可以理解为如图 6-99 所示的结构。

如果将索引节点和数据表中的数据进行关联，则可得到如图 6-100 所示的结构。

图 6-99 MySQL 数据库的索引节点

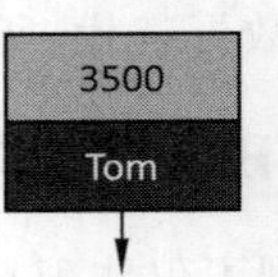

员工记录 {员工ID = 1, 员工姓名 = Tom, 月薪 = 3500, 部门编号 = 1}

图 6-100 索引节点与表数据之间的关系

实际上，为了维护更多信息且为了支持多种不同的索引方式，数据库中索引节点的结构比图 6-99 与图 6-100 所示的要复杂得多，但是这并不妨碍对数据库的索引结构进行理解。

如图 6-100 所示，在一个数据库索引节点中只保存了索引值和数据指针两部分信息。索引节点中的数据指针指向实际数据的位置或者引用，因此一个索引节点并不需要保存实际完整的一条数据表记录。又因为每个索引节点都具有相同的结构，因此在对数据库表索引进行存储时所消耗的磁盘空间大小主要取决于索引的数量、索引的列数及索引数据的大小。

将图 6-100 所示的索引节点结构对等的视为用于实现数据库索引结构的 B 树或者 B+树的节点内数据项结构。为了方便进一步比较通过 B 树与 B+树实现的索引结构在磁盘读写效率方面的不同，还需要做出如下约定。

约定 1：一个索引节点中索引值数据域的大小为 4B，数据指针域的大小为 16B，一个索引节点整体大小为 20B。

约定 2：一个磁盘块的大小为 32B，一次磁盘 IO 读写读取 1 个磁盘块。

约定 3：用于实现索引结构的 B 树与 B+树都是 4 阶的。

在做出上述约定后，首先分别给出通过 B 树与 B+树实现的索引结构示意图。

通过 B 树实现的索引结构如图 6-101 所示。

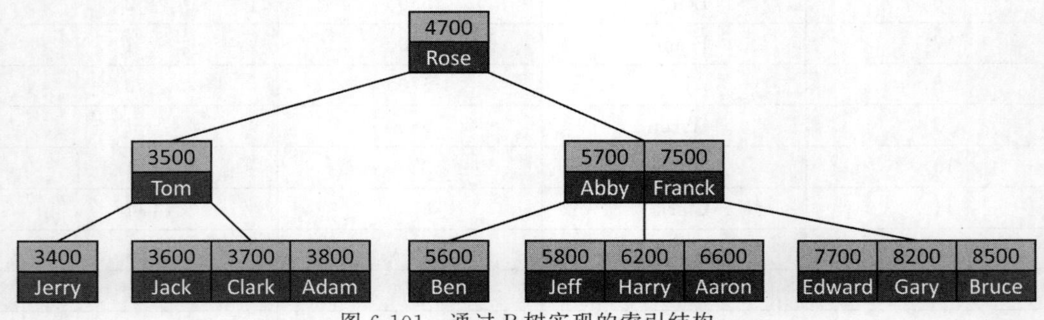

图 6-101 通过 B 树实现的索引结构

通过 B+树实现的索引结构如图 6-102 所示。

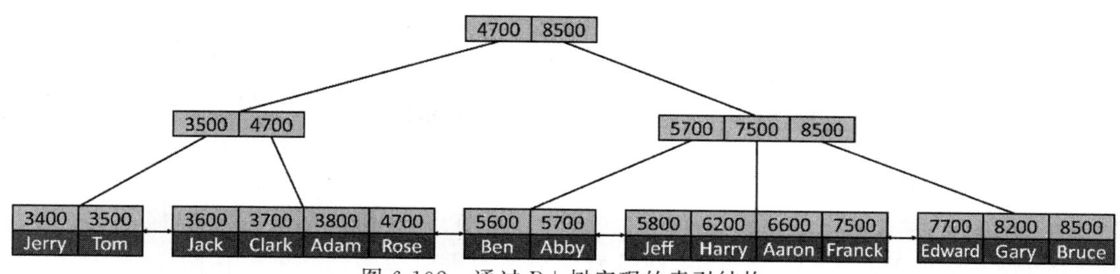

图 6-102 通过 B+树实现的索引结构

通过上述图 6-101 与图 6-102 不难看出：在通过 B 树实现的索引结构中，所有节点数据项都同时保存了索引值和数据指针，而在通过 B+树实现的索引结构中只有叶节点的数据项会同时保存索引值和数据指针，其非叶节点的数据项只保存重复的索引值。基于上述差别，结合 B 树与 B+树本身结构的不同，可以得到两种不同索引实现方式的区别如下。

区别 1：在存储索引结构所占用的磁盘空间方面，通过 B 树实现的索引结构相较于通过 B+实现的索引结构占用的磁盘空间更少。这是因为在通过 B 树实现的索引结构中，节点中保存的数据项总量即为数据库表中需要构建索引的记录总量，并不需要消耗额外的存储空间，但是在通过 B+树实现的索引结构中，所有叶节点保存的数据项总量已经和数据库表中需要构建索引的记录总量相同，然而除此之外 B+树还需要消耗额外的磁盘空间对其非叶节点进行存储。

区别 2：在对一组相同的数据进行相同次数查询的情况下，通过 B+树实现的索引结构具有更少的平均磁盘 IO 次数。例如，在上述图 6-101 与图 6-102 中，对 5600 进行索引值查询时，通过 B 树实现的索引结构加载了 3 个节点、4 个数据项，总计 80B 数据，此时需要进行 3 次磁盘 IO 才能完成查询，而在通过 B+树实现的索引结构中则加载了两个非叶节点、1 个叶节点，其中非叶节点共计 5 个索引值数据项，共 20B。叶节点共计 2 个完整数据项，共 40B，总共加载了的 60B 的数据，只需 2 次磁盘 IO 即可完成查询操作。这一规律在 B+树实现的索引结构中是普遍存在的，因为通过 B+树实现的索引结构的非叶节点层相比起通过 B 树实现的索引结构的非叶节点层更加“矮胖”，因此在查询路径上加载的数据量更少，整体需要进行磁盘 IO 的次数也就更少。

区别 3：通过 B+树实现的索引结构具有更加稳定的索引值查询效率。在通过 B 树实现的索引结构中，在最好情况下只需读取根节点即可得到目标索引值对应的数据指针，但是在最坏情况下，则需要一直读取到叶节点才能得到目标索引值对应的数据指针，因此在通过 B 树实现的索引结构中查询路径不等长，查询性能并不稳定，但是在通过 B+树实现的索引结构中，因为只有叶节点才真正保存数据指针，所以每次查询必然都会查询到叶节点，查询路径等长，查询效率更加稳定。

区别 4：通过 B+树实现的索引结构具有更高的范围查询效率。在通过 B+树实现的索引结构中，所有叶节点之间均通过双链表进行串联，因此在进行范围数据查询时并不需要进行节点回溯，只需在 B+树中查找到起点索引值所在的位置后即可通过链表遍历的方式找到指定范围内所有索引值对应的数据指针。

区别 5：在节点总体大小限制相同、索引结构层数相同的情况下，通过 B+树实现的索引结构能够存储更多信息。例如，假设限定数据库中索引结构单个节点的大小为 80B，索引结构为 3 层，并且采用约定 1 中限定的节点结构和节点大小来构建索引结构。当采用 B 树实现索引结构时，B 树的第 1 层可以保存 80÷20＝4 条记录并指向 5 个子节点；B 树的第 2 层可以保存 4×5＝20 条记录并指向 5×5＝25 个子节点；B 树的第 3 层可以保存 4×25＝100 条记录，因此在上述限定条件下，通过 B 树实现的索引结构总共可以存储 4＋20＋100＝124 条记录。当采用 B+树实现索引结构时，B+树的第 1 层可以保存 80÷4＝20 条索引值并指向 20 个子节点；B+树的第 2 层可以保存 20×20＝400 条索引值并指向 400 个子节点；B+树的第 3 层节点因为要同时保存每条数据的索引值和数据指针，所以单个节点大小为 20B，因此 B+树的第 3 层可以保存（80÷20）×400＝1600 条记录，这也是在上述限定条件下通过 B+树实现的索引结构总共可以存储的记录数量。

注意：在实际的数据库软件中，单个索引节点的大小通常和数据库软件本身的设定相关。例如，在 MySQL 数据库中单个索引节点的大小通常设定为 16KB，而且因为采用聚簇索引或者非聚簇索引所导致的区别，一个索引节点中存储数据项的数量也会有所差异。除此之外，还需要考虑子节点指针占用空间大小对节点中存储数据量的影响等。

从上述总结的几条区别来看，在更加强调查询效率、查询稳定性和数据存储量的数据库索引结构中采用 B+树作为索引结构的底层实现显然是更加稳定、高效且存储量更大的方案。

6.10 字典树（Trie 树）

在实际生活当中存在着很多具有共同前缀的数据。例如在英语当中，"word"和"world"就是两个具有共同前缀"wor"的单词。除了英语单词之外，诸如同一号段的手机号码、相同出生地居民的身份证号码，甚至是一些整数的二进制表示都属于具有共同前缀的数据。在设计计算机程序对这类数据进行存储时，如果能够最大限度地重复利用数据之间的共同前缀就能够节省很多存储空间。字典树（Trie 树）正是为此目的所设计的一种数据结构。

计算机科学家 Edward Fredkin 在 1960 年发表的论文 *Trie Memory* 中首次提出了字典树的概念并将其应用于自动字典查找。随后，Rudolf Bayer 和 Edward M. McCreight 在论文 *Organization and Maintenance of Large Ordered Indexes* 中对字典树的结构进行了改进，并将其形式化为一种高效的数据结构。字典树后来被广泛地应用于诸如字符串搜索、自动补全、拼写检查等方面。下面开始对字典树的相关内容进行讲解。

6.10.1 字典树的结构特点

字典树是一种特殊的多叉树。字典树中的每个节点最基础地可以用于保存一组数据中的一位，例如一个英文单词中的一个字符。将从一个起点节点出发，到其某个后代叶节点路径上全部节点中保存的内容串联起来即可得到一条完整的数据，例如一个完整的英文单词。

在保存具有共同前缀的数据时，字典树将在共同前缀结束的位置划分出不同的分支，每个分支都代表一条数据不同的后缀部分。例如在保存"word"和"world"两个英文单词时，字典树会在保存字符'r'的节点位置划分出两个不同的分支，一个分支用来保存单词"word"的后缀"d"，另一个分支用来保存单词"world"的后缀"ld"。

需要注意的是，即使单词"word"与单词"world"同样具有共同后缀"d"，二者也不能共用这一共同后缀。因为如果二者共用后缀将在字典树中产生环结构，这会破坏字典树树结构的特征。由此可见，不同单词之间虽然可以共用共同前缀路径，但是最终在字典树当中还是会对应到不同的路径分支上，因此字典树中不同关键字对应的分支也都是相互独立的。

考虑到在保存大量数据时很多数据之间可能并不存在共同前缀，所以在字典树中一般会设置一个空根节点。这个空根节点并不保存任何信息，单纯地只为了引起整个字典树结构，而字典树空根节点的子节点才是不同前缀的真正起点节点。同样以英文单词为例，在保存多个英文单词时，字典树的空根节点最多可以具有 26 个子节点（只考虑仅包含小写英文字符的单词），分别引起以字符'a'到字符'z'为起始的英文单词的字典子树。

下面给出一组英文单词并构建出用于保存这些英文单词的字典树结构。

一组英文单词所对应的字典树如图 6-103 所示。

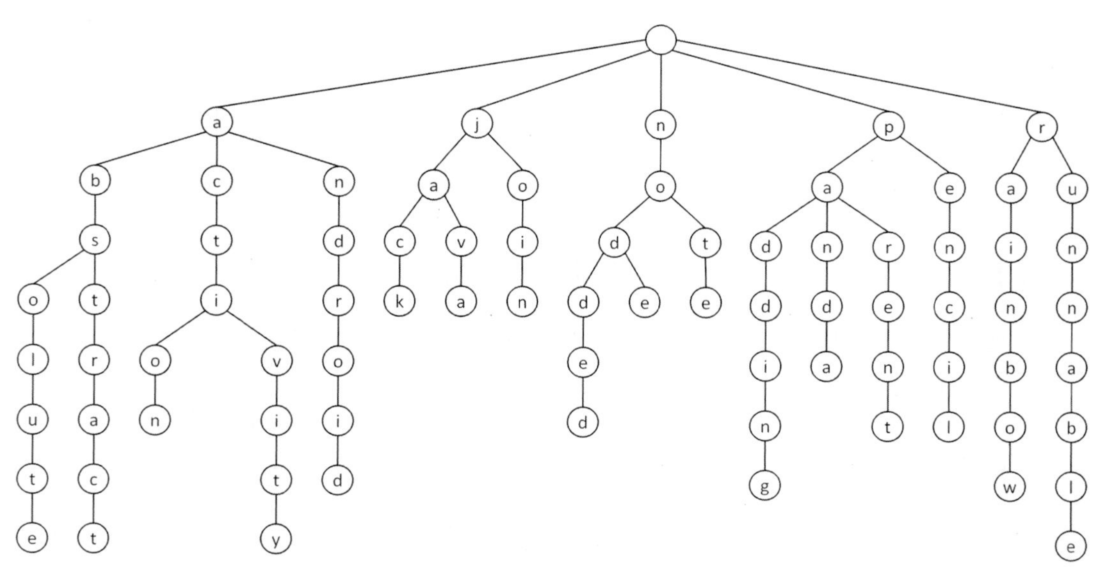

pen	note	padding	pencil	absolute
action	java	abstract	and	run
activity	node	android	nodded	runnable
jack	parent	panda	rainbow	join

图 6-103　一组英文单词所对应的字典树

对于字典树中的节点还可以扩展地存储一些其他信息，例如某一单词在字典树中的插入次数等。假设在一个用于保存英文的字典树中每个节点都设置了 int count 的额外数据域，用于保存从空根节点的某一子节点出发到达当前节点的路径上全部字符串联构成的单词在这个字典树中的插入次数，那么当单词"pen"在字典树中被重复插入 3 次后，路径'p'→'e'→'n'中用于保存字符'n'的节点的 count 数据域的取值即为 3。通过这样的扩展即可实现诸如搜索引擎的热词推荐等功能。当向搜索引擎输入某一关键字并发起搜索时就相当于向一个字典树中插入这个关键字。同一个关键字在搜索引擎中搜索的次数越多，这个关键字在字典树中的插入次数统计值就越大。当再次向搜索引擎输入这个关键字的前缀时，具有更大插入次数统计值的关键字即可相比其他具有共同前缀的关键字在搜索引擎的推荐栏中占据更加靠前的位置。

搜索引擎的热词推荐功能如图 6-104 所示。

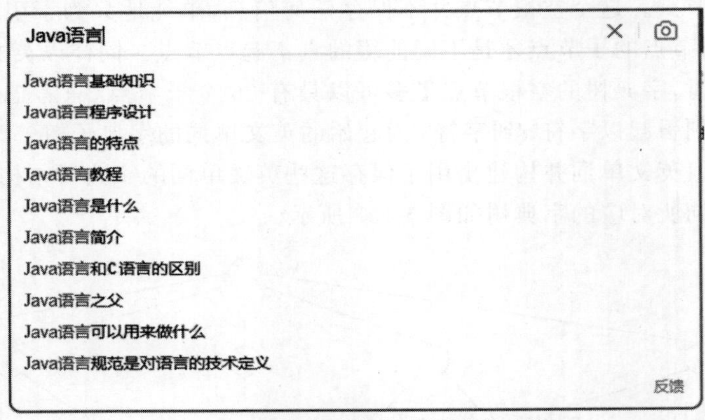

图 6-104　搜索引擎的热词推荐功能

6.10.2　字典树的基本功能与实现方式

常见的字典树实现其基本功能一般有两个：①向字典树中添加关键字；②获取字典树中某一关键字的重复添加次数。

对于具有上述两种基本功能的字典树，具体有两种较为常见的实现方案。

字典树的第 1 种实现方案是采用较为常见的树结构进行实现。树结构中的每个节点用于存储关键字的一位数据及统计信息，节点之间通过多叉链式存储方式进行关联。这种实现方式的优点是具有较为直观的树结构，并且因为采用较为灵活的链式存储方式，在向字典树添加关键字之前并不需要知道所有关键字总计的单位数据量，即字典树最大的节点数量上限。在向字典树中添加关键字时可以动态地向字典树中插入节点，适合处理动态插入关键字操作较多的情况，但是在通过这种方式实现字典树时需要额外地对字典树的节点数据类型进行定义。

字典树的第 2 种实现方案是完全通过数组结构对其进行实现。在这种实现方式中需要对字典树的每个节点进行编号，并且至少需要创建两个数组：一个是用于表示节点间路径信息的 int[][] path 数组，另一个是用于保存以某一编号节点为结束节点的关键字的重复插入次数的 int[] count 数组。例如在上述实现方式中，path[1]['a']＝path[1][97]记录的就是从 1 号节点出发，途径字符'a'可以指向的后续节点的编号；count[5]记录的就是以 5 号节点为结束节点的关键字在字典树中重复插入的次数。在这种实现方式中，以节点间的边表示关键字的一位数据。这种实现方式的优点在于不需要额外定义字典树节点的数据类型，其实现完全基于最基本的数组结构，实现方式简单，但是通过这种方式实现的字典树结构在进行关键字插入之前最好知道所有插入关键字的单位数据量总和，即字典树中节点的数量上限，以此避免创建数组时浪费过多的空间，因此通过这种方式实现的字典树较为适合处理插入关键字较为静态（插入带有新数据关键字的次数较少）且对关键字重复插入次数统计操作执行较多的情况。

下面以保存英文单词为例，对上述两种不同的字典树实现方案进行说明。

1. 通过链式树结构实现的字典树

在通过链式树结构实现字典树时，首先需要定义其节点的数据类型，代码如下：

```
/**
 Chapter6_Tree
 com.ds.trie
 LinkedTrie.java
 通过链式树结构实现的字典树
 */
public class LinkedTrie {

    //通过静态内部类定义字典树的节点类型
    private static class Node {

        //数据域
        char data;

        //以当前节点为结束节点的单词重复插入的次数
        int count;

        //子节点指针域
        Node[] children;

        public Node(char data, int range) {
            this.data = data;
            this.children = new Node[range];
        }

    }

}
```

在实例化上述节点对象时需要明确其可能具有的子节点数量，从而较为精准地定义 Node[] children 数组的长度，避免造成不必要的数组空间浪费。例如向字典树插入的所有单词均只包含大写英文字符和小写英文字符的情况下，即可将 Node[] children 数组的长度定义为 123，因为在所有的英文字符当中，编码取值最大的字符为'z'，它的编码取值为 122，所以只要确保 Node[] children 数组的最大下标为 122 即可。children[122]即表示当前节点下以字符'z'为后续单词内容起点的字典子树的根节点。

注意：除了上述通过数组类型定义子节点指针域的方式外，还可以使用 Map 类型的键-值对对子节点进行保存，通过精准描述字符与字典子树之间的对应关系的方式进一步降低了字典树的内存开销。Java 中键-值对类型的相关知识将在第 8 章散列表中进行详细说明。

因为在相同字典树中所有节点子指针域数组的大小都是相同的，所以可以在实例化字典树整体的时候直接指定可能的字符编码取值范围，代码如下：

```
/**
 Chapter6_Tree
 com.ds.trie
 LinkedTrie.java
 通过链式树结构实现的字典树
  * /
public class LinkedTrie {

    //字典树的空根节点
    private Node root;

    //字典树中所有字符可能的编码取值范围
    private int range;

    //字典树的构造器
    public LinkedTrie(int range) {
        this.range = range;
        //实例化字典树的空根节点
        this.root = new Node((char)0, range);
    }

}
```

向字典树插入单词的过程和对树结构中某一路径进行深度优先遍历（或者对单链表进行遍历）的操作过程相似，具体流程如下。

步骤 1：创建 Node 类型的临时变量 cur，初始地指向字典树的空根节点。

步骤 2：按照插入单词中一位字符 data 的取值在 cur 所指向当前节点的 children 子指针域数组中查看是否存在以字符 data 为根的子树分支。若 children[data] != null，则表示当前正在查看的字符 data 是插入单词与其他单词共同前缀的组成部分，并且这个共同前缀到这一位字符为止均已经存在于字典树当中，无须再次进行存储。若 children[data] == null，则表示从当前字符 data 开始插入单词的后续内容已经脱离共同前缀部分，此时需要创建一个新节点 node 用于保存这个字符 data 并将新节点 node 保存在其父节点（cur 当前正在指向的节点）children[data]的位置上，表示从这一位置开始以字符 data 为根向下继续构建分支。

步骤 3：步骤 2 结束后，不论字符 data 是否为共同前缀的构成部分都将 cur 向下一层的子节点移动，即执行 cur=cur.children[data]操作，表示从字符 data 开始向后继续按照插入单词的后续内容遍历前缀或构建字典树分支。

步骤4：循环执行步骤2与步骤3，直到插入单词的所有字符全部遍历完成为止。

步骤5：步骤4结束后，临时变量cur指向的节点即为插入单词终点字符在字典树中的节点。从字典树空根节点下保存插入单词起点字符的位置开始到变量cur所指向的节点为结束，这一路径上所有节点中保存的字符串联构成的单词在字典树中被插入1次，所以最后执行cur.count++操作，记录这一单词在字典树中的插入次数加1，算法结束。

链式树结构字典树的单词插入过程如图6-105所示。

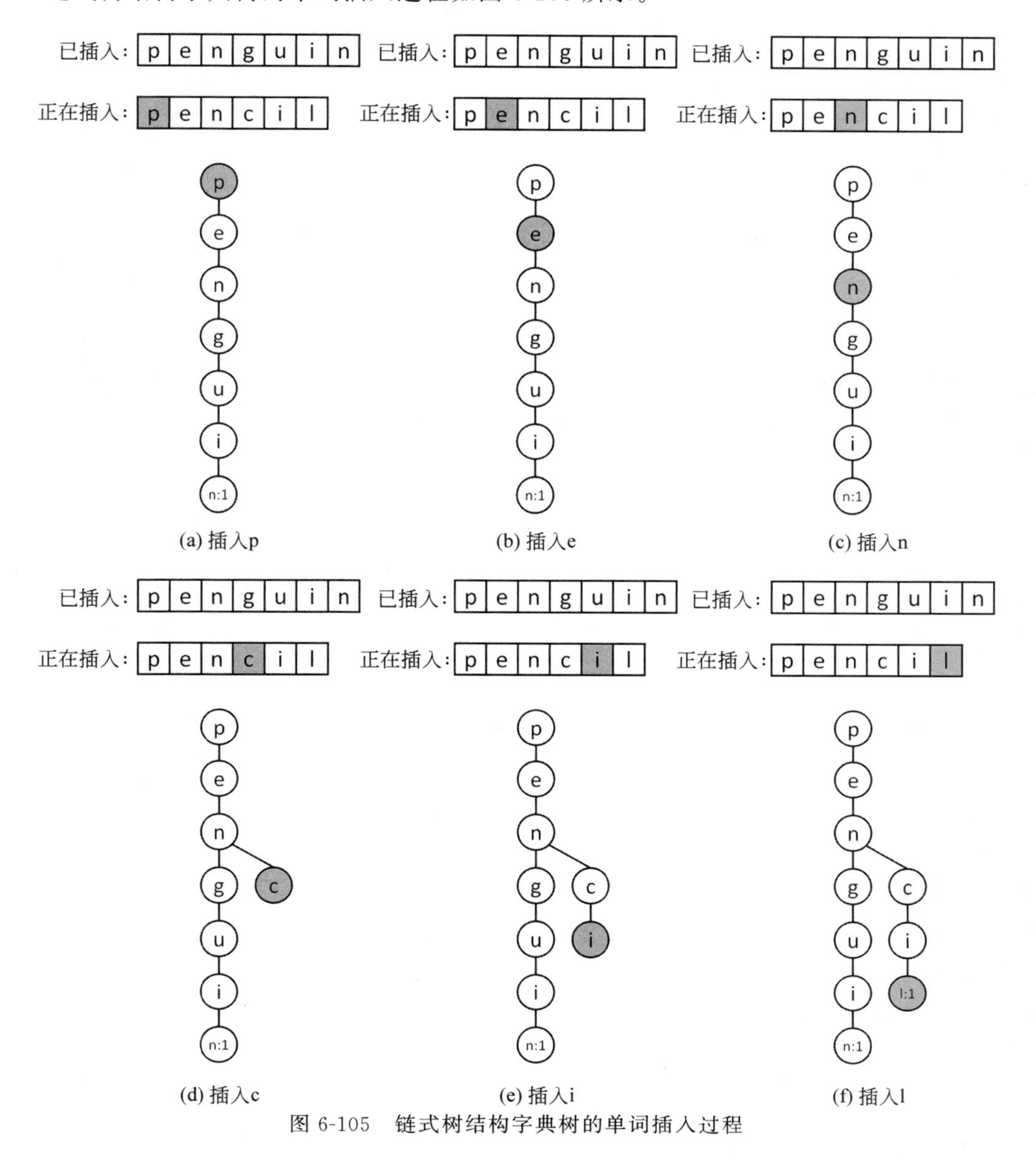

图6-105　链式树结构字典树的单词插入过程

下面给出向字典树中插入单词方法实现的代码示例：

```
/**
 Chapter6_Tree
 com.ds.trie
 LinkedTrie.java
 通过链式树结构实现的字典树
  * /
public class LinkedTrie {

    //向字典树中插入一个单词的方法
    public void add(String str) {

        //将单词字符串转换为字符数组
        char[] chars = str.toCharArray();

        //从空根节点开始逐步向下遍历字典树
        Node cur = this.root;
        for (char data : chars) {
            //在遍历过程中遇到某前缀不存在的后续分支
            if (cur.children[data] == null) {
                //创建新节点保存当前字符
                Node node = new Node(data, this.range);
                //将当前字符作为前缀的一个子节点进行挂载
                cur.children[data] = node;
            }
            //继续向后遍历或添加节点
            cur = cur.children[data];
        }

        //以当前节点为结束的单词插入次数自增 1
        cur.count++;

    }

}
```

在字典树中检索某一单词插入次数的操作流程与向字典树中插入单词的流程相似，都是从字典树空根节点下保存单词首字母的节点开始，按照单词中每位字符的取值逐步向下遍历字典树的一个分支。在分支遍历过程中，如果检索单词中的某一位字符脱离了共同前缀，则表示从这一位起检索单词的后续部分都不存在于字典树中，在这种情况下直接返回 0 表示检索单词在字典树中不存在即可。与此相反，如果按照检索单词中的全部位字符可以遍历字典树中的一个完整分支或某个分支的一部分（例如在插入单词"pencil"后检索单词"pen"），则表示检索单词完整地保存在当前字典树当

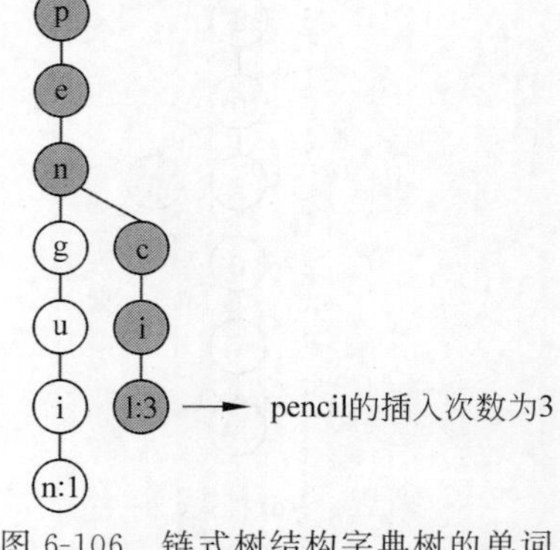

图 6-106　链式树结构字典树的单词插入次数检索过程

中。此时只要返回检索单词结束字符在字典树中对应节点的count取值即表示检索单词在字典树中的插入次数。

链式树结构字典树的单词插入次数检索过程如图6-106所示。

下面给出从字典树中检索单词插入次数方法实现的代码示例：

```
/**
 Chapter6_Tree
 com.ds.trie
 LinkedTrie.java
 通过链式树结构实现的字典树
 */
public class LinkedTrie {

    //从字典树中检索单词插入次数的方法
    public int getCount(String str) {

        char[] chars = str.toCharArray();

        //从空根节点向下按照单词中的字符遍历字典树的一个分支
        Node cur = this.root;
        for (char data : chars) {
            //未完成遍历的情况
            if (cur.children[data] == null) {
                return 0;
            }
            cur = cur.children[data];
        }

        //完成遍历的情况
        return cur.count;

    }

}
```

2. 通过数组实现的字典树

在通过数组实现字典树时，首先要给出字典树中保存所有单词总长度length及单词中单个字符编码取值范围range的估算值。在最坏的情况下，所有单词之间均无共同前缀，此时所有单词总长度length的估计值即为树中保存所有单词长度的总和。

在给出上述两个估计值后，根据二者的取值初始化int[][] path数组及int[] count数组。初始化方式如下：

```
/**
 Chapter6_Tree
 com.ds.trie
 ArrayTrie.java
```

```
  通过数组实现的字典树
  */
public class ArrayTrie {

    //路径数组
    int[][] path;

    //单词插入次数统计数组
    int[] count;

    public ArrayTrie(int length, int range) {
        this.path = new int[length+1][range];
        this.count = new int[length+1];
    }

}
```

在通过数组实现的字典树中，每个不同的节点均具有属于自己的唯一编号，其中空根节点的编号为 0，其他节点则根据插入顺序依次向后编号。字典树节点之间的边用于表示插入单词中的字符。例如在字典树中插入单词"penguin"后再向树中插入单词"pencil"，即可得到节点编号、路径表示如图 6-107 所示的字典树。

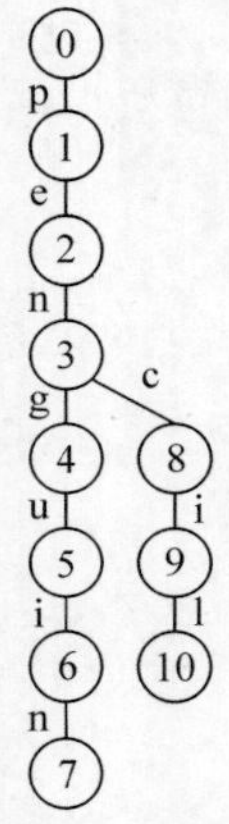

图 6-107　插入"penguin"后再插入"pencil"的数组字典树

在数组实现的字典树中，从哪一编号的节点出发、途径哪一字符对应的边到达哪一后继节点的信息全部保存在 int[][] path 数组中。例如在图 6-107 所示的字典树中对应的 path 数组中，path[0]['p']＝path[0][112]＝1 表示从空根节点出发，途径字符'p'表示的边可以抵达编号为 1 的节点；path[1]['e']＝path[1][101]＝2 表示从 1 号节点出发，途径字符'e'表示的边可以抵达 2 号节点，以此类推，通过 path 数组所记录的节点跳转方式可得从节点 0（空根节点）到节点 7 路径上全部字符构成的单词为"penguin"，而在 path 数组的 path[3]行中，除 path[3]['g']＝path[3][103]＝4 外，还记录了 path[3]['c']＝path[3][99]＝8，这说明在节点 0 到 3 的路径所构成的共同前缀"pen"的后面，除了存在以字符'g'为起始的后缀"guin"外还存在以字符'c'为起始的其他单词后缀，也就是在插入单词"pencil"后所得后缀"cil"。

图 6-107 所示的字典树对应的 path 数组如图 6-108 所示。

为了给字典树中的不同节点分配不重复的编号，还需要在字典树中创建一个全局变量 id，用以维护节点编号的取值，代码如下：

```
/**
 Chapter6_Tree
 com.ds.trie
 ArrayTrie.java
 通过数组实现的字典树
 */
public class ArrayTrie {

    //路径数组
    int[][] path;

    //单词插入次数统计数组
    int[] count;

    //节点编号全局变量
    int id;

    public ArrayTrie(int length, int range) {
        this.path = new int[length+1][range];
        this.count = new int[length+1];
    }

}
```

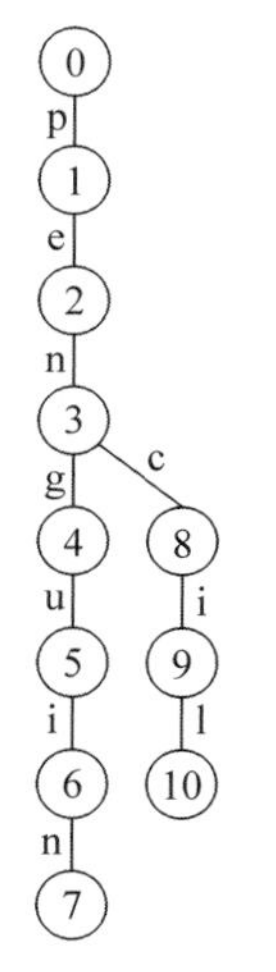

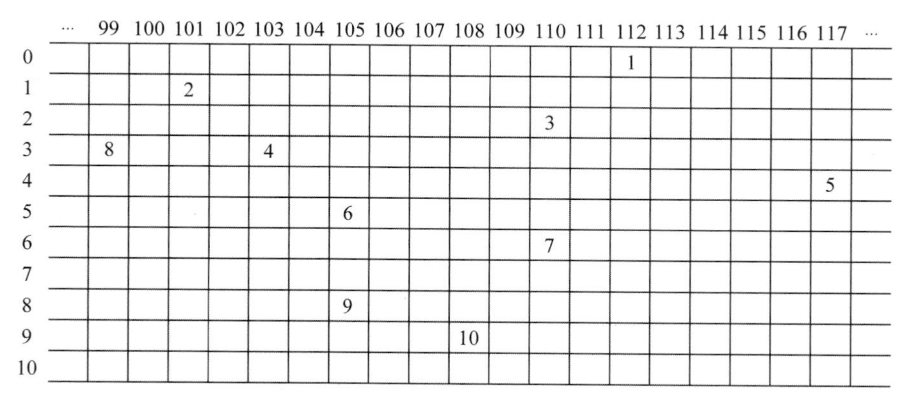

path[][]数组:

	…	99	100	101	102	103	104	105	106	107	108	109	110	111	112	113	114	115	116	117	…
0															1						
1				2																	
2													3								
3		8				4															
4																				5	
5								6													
6													7								
7																					
8								9													
9											10										
10																					

图 6-108　图 6-107 所示的字典树对应的 path 数组

向字典树中插入单词的过程即为遍历单词中所有字符的同时对 path 数组进行修改的过程，具体流程如下。

步骤 1：创建临时变量 int p，用于保存遍历路径上父节点的编号。临时变量 p 的初值为 0，表示从字典树的空根节点开始逐步向下对字典树的一个分支进行遍历。

步骤 2：从插入单词中取出一位字符并记为 data，对数组中 path[p][data]的取值进行判断：①若 path[p][data]的取值非 0，则表示在字典树中从上一节点 p 出发，沿着字符 data 表示的边可以抵达下一个节点，这说明从编号为 0 的空根节点出发，抵达 path[p][data]所记录编号对应节点的路径上所有字符串联起来的单词为一个共同前缀，并且这个共同前缀从起始字符到 data 所示字符的部分均已存储在当前字典树中，无须再次进行存储；②若 path[p][data]的取值为 0，则表示插入单词从 data 开始向后的后缀部分已经脱离公共前缀，此时需要在 path 数组中记录这一分支从父节点 p 途径字符 data 所表示的边抵达后续新节点的路径，即执行 path[p][data]=++id 操作。

步骤 3：步骤 2 执行完毕后不论节点 p 是否位于共同前缀的路径上都将 p 指向当前单词所在路径的下一节点，即执行 p=path[p][data]操作，表示沿插入单词所对应的路径向后继续按照插入单词的后续内容遍历前缀或构建字典树分支。

步骤 4：循环执行步骤 2 与步骤 3，直到插入单词的所有字符全部遍历完成为止。

步骤 5：步骤 4 结束后，临时变量 p 保存的节点编号即为插入单词在字典树中对应路径终点节点的编号。从字典树空根节点下沿插入单词中所有字符所构成的路径到变量 p 所记录编号的节点结束，这一路径上所有边所表示的字符串联构成的单词在字典树中被插入 1 次，所以最后执行 count[p]++操作，记录这一单词在字典树中的插入次数加 1，算法结束。

数组字典树的单词插入过程如图 6-109 所示。

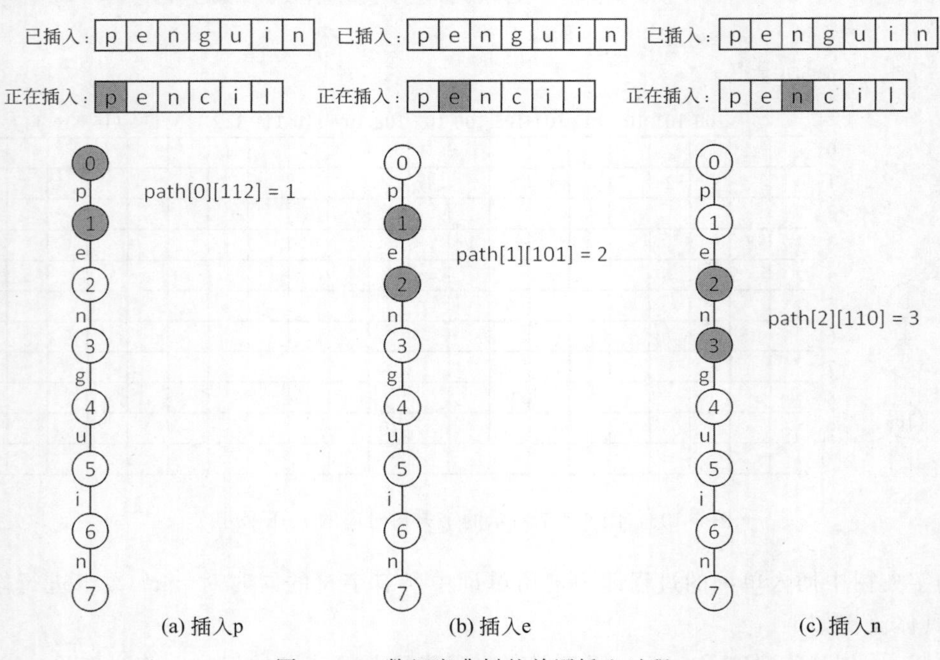

图 6-109 数组字典树的单词插入过程

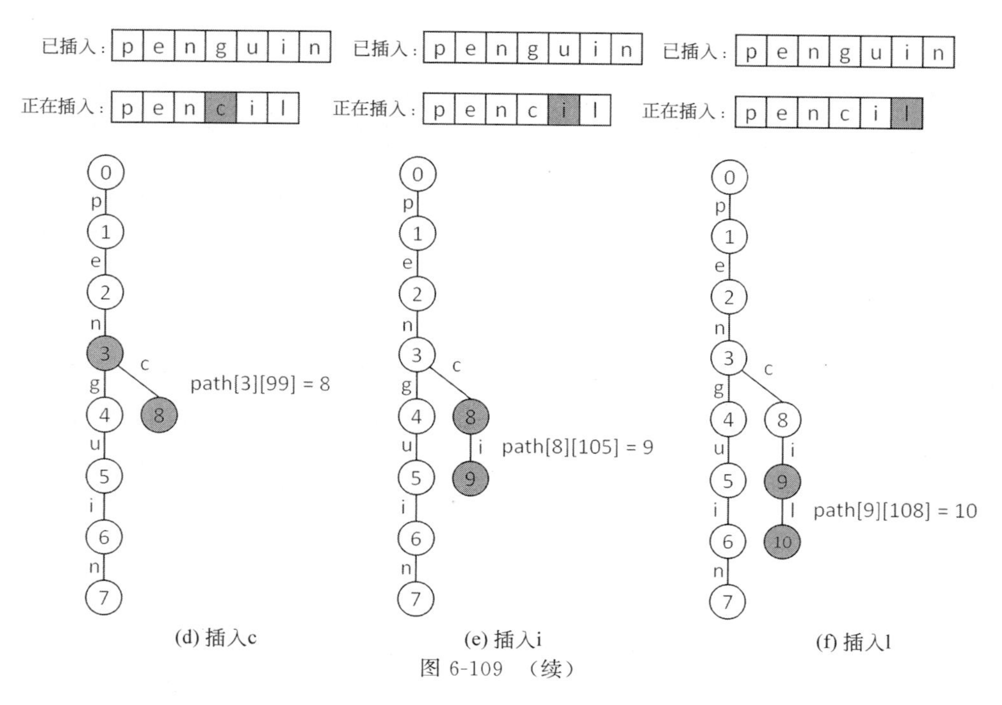

(d) 插入c (e) 插入i (f) 插入l

图 6-109 (续)

下面给出向字典树中插入单词方法实现的代码示例：

```
/**
 Chapter6_Tree
 com.ds.trie
 ArrayTrie.java
 通过数组实现的字典树
 */
public class ArrayTrie {

    //向字典树中插入一个单词的方法
    public void add(String str) {

        char[] chars = str.toCharArray();

        //记录遍历路径中父节点编号的临时变量
        int p = 0;
        for(char data : chars) {
            //从父节点 p 沿字符 data 表示的边向下不能抵达其他节点,说明字符 data 已经脱
            //离共同前缀
            if(path[p][data] == 0) {
                //为当前路径创建下一新节点
                path[p][data] = ++id;
            }
            //将 p 指向路径上的下一节点
```

```
                p = path[p][data];
            }

            //路径 0→p 所表示的单词被插入 1 次
            count[p]++;

        }

    }
```

同样地，在数组字典树中对单词插入次数进行检索的操作方式与插入单词的操作方式相似，只不过在按照检索单词中字符从空根节点向下进行遍历的过程中如果遇见 path[p][data] == 0 的情况，则表示检索单词从字符 data 开始向后的后缀部分均未保存在字典树当中，也就是并未将当前检索单词在字典树中进行过插入操作，此时直接返回 0 即可。与此相反，若能够在字典树的 path 数组中从空根节点 0 开始，沿检索单词中字符指示的路径遍历字典树的一个分支或某个分支的一部分，则表示检索单词完整地保存在当前字典树当中。此时只要返回以检索单词对应路径终点节点编号为下标的 count 数组中元素的取值即表示检索单词在字典树中的插入次数。

数组字典树的单词插入次数检索过程如图 6-110 所示。

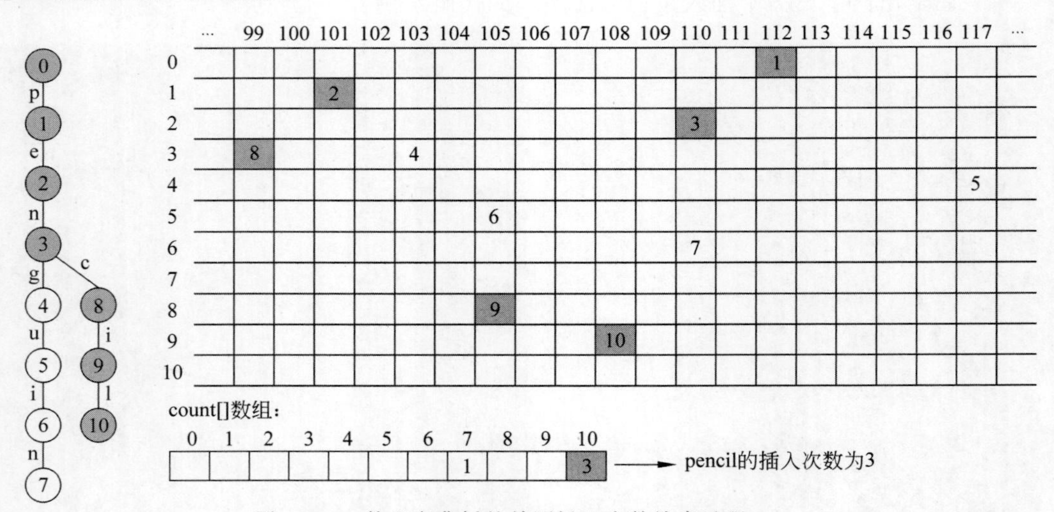

图 6-110　数组字典树的单词插入次数检索过程

下面给出从字典树中检索单词插入次数方法实现的代码示例：

```
/**
 Chapter6_Tree
 com.ds.trie
```

```
 ArrayTrie.java
 通过数组实现的字典树
 */
public class ArrayTrie {

    //从字典树中检索单词插入次数的方法
    public int getCount(String str) {

        char[] chars = str.toCharArray();

        //从空根节点开始按照检索单词中字符对应的路径向下遍历字典树分支
        int p = 0;
        for(char data : chars) {
            //未完成遍历的情况
            if(path[p][data] == 0) {
                return 0;
            }
            p = path[p][data];
        }

        //完成遍历的情况
        return count[p];

    }

}
```

6.10.3　字典树的时间复杂度与空间复杂度

因为在字典树中，任意一条从空根节点开始到叶节点的路径分支都仅代表树中所保存的一个不同关键字，所以不论通过何种方式实现字典树对字典树中保存关键字进行插入次数检索操作的时间复杂度均为 $O(M)$，其中 M 表示检索关键字包含单位数据的数量，即检索关键字的长度。

在字典树中插入关键字的操作过程与从字典树中进行关键字插入次数检索的过程相似，这一点在前面的内容中已经说明并证实了，所以在字典树中插入关键字操作的时间复杂度同样为 $O(M)$。

在空间复杂度方面，根据字典树实现方式的不同其空间的需求量也有所不同。

在通过链式树结构实现的字典树中，在最坏的情况下所有关键字之间均不具有共同前缀，此时字典树的最坏空间复杂度为 $O(N)$，其中 N 表示树中所有关键字的总长度，但是在一般情况下，因为共同前缀的存在，通过这一方式实现的字典树的空间复杂度总小于 $O(N)$。

在通过数组实现的字典树中，其空间需求的构成由两部分数组的大小共同组成，其中路径数组 path 的大小取决于树中关键字总长度 N 与关键字单位数据取值范围 R 的乘积，因此存储路径数组 path 的空间复杂度为 $O(NR)$。关键字插入次数数组 count 的大小取决于字典树中节点的数量,即树中关键字的总长度 N,因此存储关键字插入次数数组 count 的空间复杂度为 $O(N)$。综上所述,通过数组方式实现的字典树其总的空间复杂度为 $O(NR)+O(N)=O(NR)$。在 6.10.2 节的内容中已经讲解过,在通过数组实现字典树的初始化阶段需要给出预估的所有插入关键字的总长度 N 及关键字中单位数据的取值范围 R,所以通过这一方式实现的字典树的空间复杂度基本是不变的,但是如果在初始化字典树之前能够通过其他方式尽可能小地估算关键字总长度与关键字单位数据的取值范围,就可以使通过数组实现的字典树的空间复杂度进一步地下降。

6.11 树状数组

在实际开发场景中经常会遇到对一个数组中指定连续下标范围内的元素进行累加、累乘等操作的需求,这些操作被称为数组的区间查询操作。

在第 2 章的内容中曾经讲解过,因为在内存中数组可以通过快速随机访问的方式对指定下标的元素进行获取,所以取得数组中单个元素的时间复杂度为常量级的 $O(1)$,那么对数组进行区间查询操作,只需对指定范围内的所有数组元素进行遍历并按照需求进行整体操作,其最坏时间复杂度为 $O(N)$。上述结论可以说是显而易见的,但是对区间内的元素进行线性遍历实际上并不是数组区间查询操作的最佳实现方式,通过一些特殊的技巧还能够使这一操作的时间复杂度进一步降低,而树状数组就是一种通过这些特殊技巧实现的能够对数组进行快速区间查询操作的数据结构。

树状数组是由 Peter Fenwick 在 1994 年提出的,因此也被称为 Fenwick Tree。树状数组通过二进制索引的方式来表示整个数组,可以在 $O(\log N)$ 的时间复杂度下完成对数组中元素的区间查询操作,因此树状数组在很多算法和数据结构当中有着广泛应用。

6.11.1 前置知识:非负整数的 lowBit 操作

在开始对树状数组的相关内容进行说明之前首先对树状数组所使用的一个非常重要的概念非负整数的 lowBit 操作进行说明。

给定一个非负整数 n,在将 n 转换为二进制表示后,从其中最低位置的 1 开始向后截取到二进制表示结束,求取该范围内所有二进制位构成的取值即为对非负整数 n 进行 lowBit 操作。

下面使用几个具体案例来对非负整数的 lowBit 操作进行说明。

【例 6-1】 当 $n=0$ 时,因为 0 的二进制表示中不存在取值为 1 的位置,所以 lowBit(0)=0。

【例 6-2】 当 $n=38$ 时,38 的二进制表示为 0010 0110,则 lowBit(38)=0010 01(10)=2。

【例 6-3】 当 $n=17$ 时,17 的二进制表示为 0001 0001,则 lowBit(17)=0001 000(1)=1。

【例 6-4】 当 $n=24$ 时,24 的二进制表示为 0001 1000,则 lowBit(24)=0001 (1000)=8。

在通过编程语言对非负整数的 lowBit 操作进行实现时可以遵循如下流程。

步骤 1:对非负整数 n 的所有二进制位进行取反操作。

步骤 2：将非负整数 n 取反后的二进制结果在最低位加 1。

步骤 3：将非负整数 n 原值与其按位取反、末位加 1 的结果进行按位与运算即可得到 lowBit(n)的运算结果。

通过上述流程可以得到 lowBit(n)方法的如下代码实现：

```
//非负整数的 lowBit 操作
public int lowBit(int n) {
    return n & (~n + 1);
}
```

下面以 $n=24$ 为例对上述执行流程进行分析。非负整数 24 的二进制表示为 0001 1000，在将其所有二进制位取反后可得二进制串 1110 0111。对上述取反结果的最低位进行加 1 操作并逐位向前进位可得二进制串 1110 1000。通过对上述结果进行观察可以发现：在结果二进制串中，从最高位开始到最末位 1 前一位的这一部分，即 1110 这一部分，与 24 的二进制串的对应部分完全相反；从最末位 1 到结果二进制串结束的这一部分，即 1000 这一部分，与 24 的二进制串的对应部分完全相同，所以在将 24 的二进制串与结果二进制串进行按位与运算后即可得到 0000 1000=8 这一结果。上述规律同样适用于其他所有非负整数。

在诸如 Java、C++ 等主流的编程语言当中使用补码对整数的二进制进行表示，而对非负整数 n 的二进制位进行按位取反并在末位加 1 的操作流程也正是求取 $-n$ 的二进制表示的流程，因此对非负整数进行 lowBit 操作的代码实现可以进行如下优化：

```
//非负整数的 lowBit 操作
public int lowBit(int n) {
    return n & -n;
}
```

在对非负整数的 lowBit 操作进行了解后，下面开始对树状数组的相关内容进行讲解。

6.11.2　树状数组的构建方式

在本节开篇的内容中只提到构建树状数组的目的是提升数组范围查询操作的效率，而对数组范围查询后的各位结果进行何种操作并没有进行限制。为了方便说明，在这一部分及后续的内容中将以对数组元素进行范围查询后的结果进行累加运算为例对树状数组的构建方式及其他操作进行说明。

首先，构建一个树状数组的基础是给出其中的数组部分。对于给出的数组，要求其中的有效元素从下标为 1 的位置开始向后进行存储。之所以舍弃数组中下标为 0 的位置是因为与树状数组的特殊构建方式有关，在后面将对这一要求的原因进行说明。

其次，在给出数组部分后需要从下标为 1 的位置开始逐位向后对数组添加索引。假设将数组记为 array，其长度为 $n+1$，则为其添加索引的流程如下。

步骤 1：将当前正在遍历的数组下标记为 i，对下标 i 进行 lowBit(i)运算，记 $k=\text{lowBit}(i)$。

步骤 2：创建一个索引节点 index[i]，根据步骤 1 计算所得 k 的取值在索引节点 index[i]中保存数组 array 中下标在[$i-k+1$, i]范围内所有元素的累加值。例如当 $i=1$ 时，lowBit(1)=1，则 index[1]节点记录 array[1]本身的取值。当 $i=2$ 时，lowBit(2)=2，则 index[2]节点记录 array[1]+array[2]的累加值。当 $i=3$ 时，lowBit(3)=1，则 index[3]节点记录 array[3]本身的取值。当 $i=4$ 时，lowBit(4)=4，则 index[4]节点记录 array[1]+array[2]+array[3]+array[4]的累加值……以此类推。

步骤 3：创建一个循环，在 $i \in [1, n]$ 的范围内重复执行步骤 1 与步骤 2，直到所有索引节点创建完毕为止。

树状数组中的索引节点如图 6-111 所示。

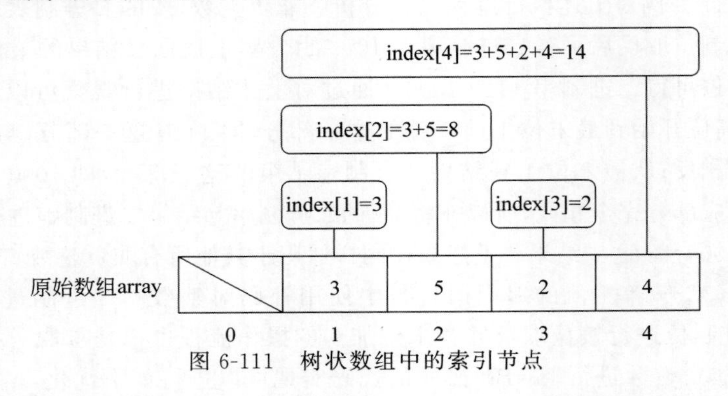

图 6-111　树状数组中的索引节点

通过上述的步骤描述不难看出，构建树状数组的核心过程是根据数组下标 i 的 lowBit(i) 取值对数组添加索引节点的过程。这一过程及通过这一过程构建的索引结构具有以下特点。

特点 1：因为 lowBit(0)=0，所以在索引节点 index[0]当中无法保存任何范围内的数组元素和，这也是前面提到的要求数组 array 中有效元素从下标为 1 的位置开始向后逐位存储的原因。

特点 2：如果数组 array 中的有效元素从下标为 1 的位置开始向后进行存储，则树状数组中索引节点的数量与数组中有效元素的数量相等，因此可以为这些索引节点创建一个与 array 等长的数组对其进行存储，从而方便后续操作。

特点 3：数组下标 i 的取值 lowBit(i)决定了对应位置上索引节点存储数组元素和的区间，lowBit(i)的值越大，这一位置上索引节点存储数组元素和的区间也就越大，向前延伸的范围也就越广。通过索引节点之间覆盖范围的重叠，即可确定各个索引节点之间的父子关系：覆盖范围更广的索引节点是其前序覆盖范围更小索引节点的父节点。例如，如果 index[1]=array[1]，index[2]=array[1]+array[2]，则 index[2]是 index[1]的父节点。如果 index[3]=array[3]，index[4]=array[1]+array[2]+array[3]+array[4]，则 index[4]是 index[3]和 index[2]的父节点（由于 index[2]已经是 index[1]的父节点，所以 index[4]不再是 index[1]的父节点）……

树状数组索引节点的父子关系如图 6-112 所示。

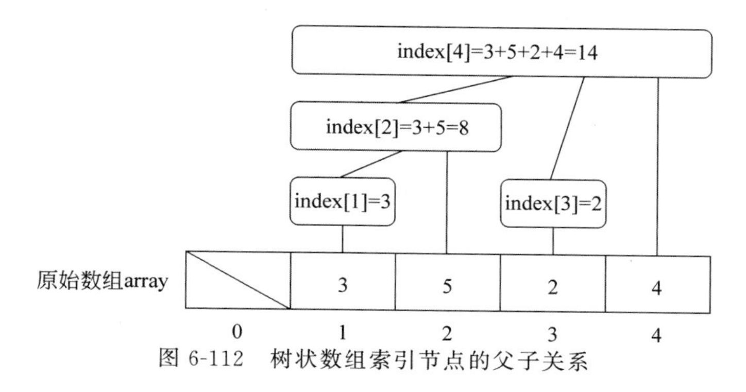

图 6-112　树状数组索引节点的父子关系

特点 4：通过特点 3 逆向推断可知，在索引树中若已知某索引节点的下标为 i，则可以推断出其直接父节点的下标。将索引节点 index[i]直接父节点的下标记为 p，则 i 与 p 之间满足如式(6-5)所示的关系：

$$p = i + \text{lowBit}(i) \tag{6-5}$$

以此方式进行迭代即可从索引节点 index[i]出发，逐步向上通过下标查询找到其所有祖先节点，因此在索引树当中并不需要通过链式结构表示索引节点之间的父子关系。

注意：特点 4 的结论非常重要，它直接影响了树状数组构建过程的实际运行方式。

特点 5：索引树中的最长路径是索引树的最左路径，即 index[1]→index[2]→index[4]→…→index[n]的路径。在这一路径中，索引节点的下标之间构成以 2 为公比的等比数列，因此这一路径的长度为 $\log N$，索引树的最大高度也就是 $\log N$。

特点 6：树状数组中的所有索引节点可能构成不止一棵索引树，也有可能构成包含多棵索引树的森林。例如在对长度为 10、有效元素下标范围在[1,9]之间的数组构建索引树时，下标范围在[1,8]之间的索引节点共同存在于一个以 index[8]为根的索引树中，而索引节点 index[9]单独成为一个单节点索引树。以 index[8]为根的索引树与以 index[9]为根的索引树共同构成一个索引树森林。在索引树森林中上述总结的各项特点依然成立。

树状数组的索引森林如图 6-113 所示。

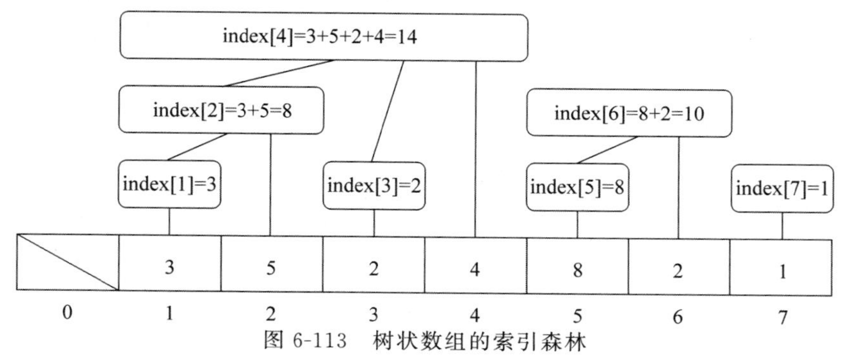

图 6-113　树状数组的索引森林

在总结完上述特点后，需要考虑如何具体实现树状数组中索引树的构建过程。在索引树的构建过程中，消耗时间最长的操作必然是计算索引节点保存数组区间元素和的过程。

如果采用数组元素遍历的方式计算索引节点所保存的数组区间元素和，则这一过程的整体时间复杂度将会是 $O(N^2)$，树状数组本身也就失去了存在的意义，但是通过上述总结的特点 4 则可以得到另一种较为快捷的索引树构建方式。

在得到数组中的一位元素 array[i]之后首先找到与之对应的索引节点 index[i]，并将 array[i]的取值累加到 index[i]中，然后根据下标 i 的取值及特点 4 中总结的索引节点父子下标关系逐步找到 index[i]的所有祖先节点。因为在这些祖先节点中也必然涵盖了数组元素 array[i]的取值，所以此时只要在查找祖先节点的循环中为 index[i]的所有祖先节点均累加 array[i]的取值即可。

索引树的构建过程如图 6-114 所示。

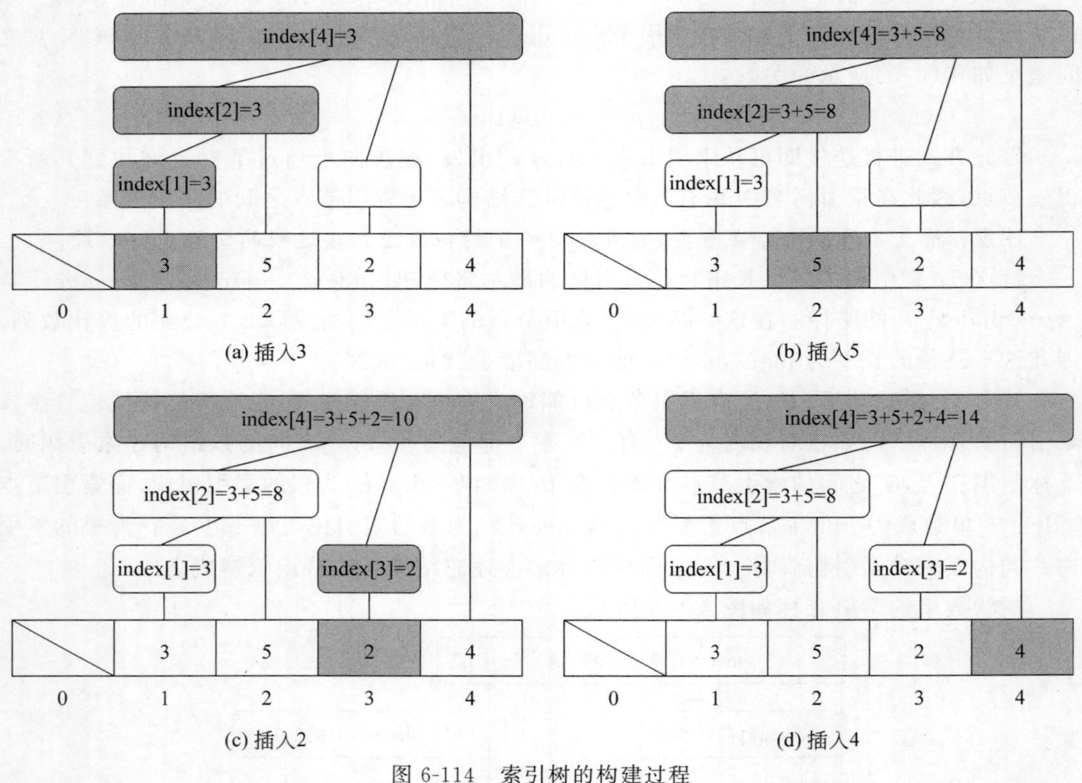

图 6-114 索引树的构建过程

下面给出基于上述流程实现的树状数组的构建代码流程示例：

```
/**
 Chapter6_Tree
 com.ds.fenwicktree
```

```
 FenwickTree.java
 树状数组结构
  * /
public class FenwickTree {

    //树状数组的数组部分
    private int[] array;

    //树状数组的索引树(森林)
    private int[] index;

    //通过构造方法给出树状数组的数组部分
    public FenwickTree(int[] array) {
        if(array.length <= 1) {
            throw new RuntimeException(
                "用于构建树状数组的数组长度不能小于 2"
            );
        }
        this.array = array;
        //为数组构建索引树
        buildIndex();
    }

    //为数组构建索引树的方法
    private void buildIndex() {

        //创建与数组等长的索引节点数组
        this.index = new int[this.array.length];

        //根据下标 i 计算每位索引节点,保存数组元素区间和的取值
        for(int i = 1; i < this.index.length; i++) {
            //向索引节点 index[i]及 index[i]的所有祖先节点累加 array[i]的取值
            updateIndex(i, this.array[i]);
        }

    }

    //向索引节点 index[i]及 index[i]的所有祖先节点累加 array[i]取值的方法
    private void updateIndex(int i, int value) {
        while(i < this.index.length) {
            this.index[i] += value;
            //迭代 index[i]的直接父节点下标
            i += lowBit(i);
        }
    }

    //非负整数的 lowBit 操作
    private int lowBit(int n) {
        return n & -n;
    }

}
```

通过特点 5 可知树状数组索引树的高度为 $\log N$,所以更新索引树中单个节点保存的数组元素区间和的时间复杂度为 $O(\log N)$。又因为构建索引树的过程需要遍历完整的数组,所以构建索引树的整体时间复杂度为 $O(N\log N)$。

6.11.3 树状数组的基本操作

树状数组的基本操作分为 3 种:单点修改操作、前序和查询操作与区间查询操作。下面分别对这 3 种操作的概念及实现方式进行讲解。

1. 树状数组的单点修改操作

树状数组的单点修改操作是指在对数组部分中的任意下标元素进行取值修改后同时更新索引树中相关节点保存的数组区间元素和取值。

在构建树状数组的内容中已经讲解过:在树状数组的索引树中,只有下标为 i 的索引节点 index[i]及这一索引节点的祖先节点才会保存包括数组元素 array[i]取值在内的数组区间元素和,因此在更新数组元素 array[i]的取值后,只需将更新值同步到索引节点 index[i]及其祖先节点当中。下面给出树状数组单点修改操作的代码实现示例:

```
/**
 Chapter6_Tree
 com.ds.fenwicktree
 FenwickTree.java
 树状数组结构
 */
public class FenwickTree {

    //树状数组的数组部分
    private int[] array;

    //树状数组的索引树(森林)
    private int[] index;

    /**
     更新数组中下标为 i 的元素取值的方法
     更新方式为 array[i] += value,之后将更新值同步到索引节点 index[i]及其所有祖先节点中
     */
    public void update(int i, int value) {
        if(i <= 0 || i >= array.length) {
            throw new RuntimeException(
                "单点更新下标错误"
            );
        }
        array[i] += value;
        for(; i < index.length; i += lowBit(i)) {
            index[i] += value;
        }
    }
```

```
    //非负整数的 lowBit 操作
    private int lowBit(int n) {
        return n & -n;
    }

}
```

因为在对数组元素进行单点修改后索引树中参与更新的节点路径只有一条，并且长度最大为 $\log N$（发生在修改数组中下标为 1 位置上元素的时候），所以对树状数组进行单点修改操作的时间复杂度为 $O(\log N)$。

2. 树状数组的前序和查询操作

树状数组的前序和查询操作是指在指定数组下标 i 后计算数组中下标取值在[1,i]范围内全部元素和的操作。

求取树状数组下标 i 位置的前序和只需将索引树下 index[i]节点中保存的数组区间元素和与该节点之前所有与之相异索引子树根节点保存的数组区间元素和进行相加。例如如图 6-115 所示，在一个数组长度为 9 且有效元素下标范围为[1,8]的树状数组中，与以 index[7]节点为根的索引子树相异的前序索引子树分别为以 index[6]和 index[4]节点为根的索引子树，因此在查询树状数组下标 7 位置的前序和时，只要将索引节点 index[7]、index[6]、index[4]中保存的数组区间元素和进行相加即可。

长度为 9 的树状数组如图 6-115 所示。

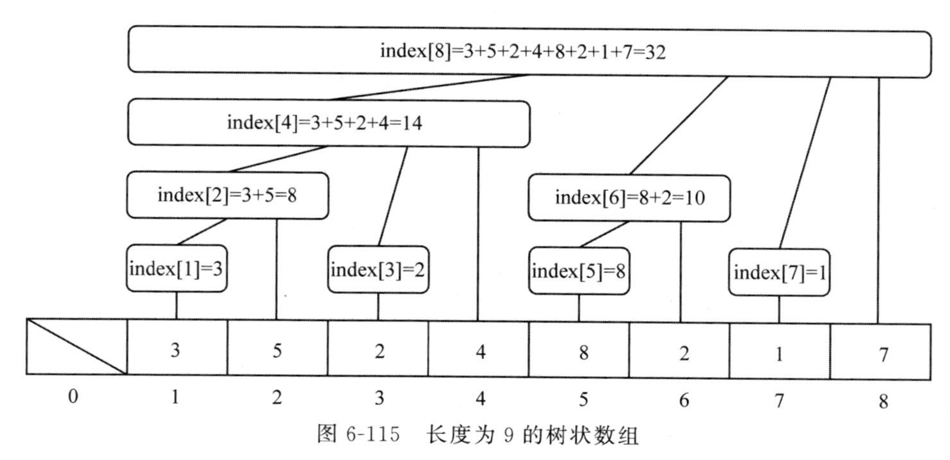

图 6-115　长度为 9 的树状数组

查找 index[i]前序相异索引子树根节点的操作也非常简单。同样以 $i=7$ 为例，index[7]的前序相异索引子树根节点是 index[6]，此时 $6=7-\text{lowBit}[7]$。index[6]的前序相异索引子树根节点是 index[4]，此时 $4=6-\text{lowBit}(6)$…以此类推。

根据上述规律可以给出如下树状数组前序和查询操作的代码实现示例：

```
/**
 Chapter6_Tree
 com.ds.fenwicktree
 FenwickTree.java
 树状数组结构
 */
public class FenwickTree {

    //树状数组的数组部分
    private int[] array;

    //树状数组的索引树(森林)
    private int[] index;

    /**
     树状数组前序和查询操作的实现
     计算数组 array 中下标范围[1, i]元素的和并返回
     */
    public int prefixSum(int i) {
        if(i <= 0 || i >= array.length) {
            throw new RuntimeException(
                "前缀和终点下标错误"
            );
        }
        int sum = 0;
        for(; i > 0; i -= lowBit(i)) {
            sum += index[i];
        }
        return sum;
    }

    //非负整数的 lowBit 操作
    private int lowBit(int n) {
        return n & -n;
    }

}
```

假设在索引节点 index[i]中保存数组区间元素的数量为 k 个，那么在执行 $i'=i-$ lowBit(i)的迭代操作后，索引节点 index[i']中保存的数组区间元素的数量至少为 $2k$ 个。以此类推，求取树状数组下标 i 位置前序和的操作相当于将数组区间[1,i]不断二分并分别从索引节点中取得区间和再相加的过程，因此树状数组前序和查询操作的时间复杂度同样为 $O(\log N)$。

3. 树状数组的区间和查询操作

树状数组的区间和查询操作即在指定数组下标 i、j（$i\leqslant j$）后计算数组下标在[i, j]范围内全部元素和的操作。

树状数组的区间和查询操作可以通过分别求取 $i-1$、j 位置的数组前序和并相减进行实现。下面直接给出这一操作的代码实现示例：

```
/**
 Chapter6_Tree
 com.ds.fenwicktree
 FenwickTree.java
 树状数组结构
 */
public class FenwickTree {

    //树状数组的数组部分
    private int[] array;

    //树状数组的索引树(森林)
    private int[] index;

    /**
     树状数组区间和查询操作的实现
     计算数组 array 中下标范围[i, j]元素的和并返回,通过两次前序和操作完成
     */
    public int rangeSum(int i, int j) {
        if(i <= 0 || j >= array.length || i > j) {
            throw new RuntimeException(
                "区间和下标范围错误"
            );
        }
        return prefixSum(j) - prefixSum(i-1);
    }

}
```

因为树状数组的区间和查询操作是基于两次前序和查询操作完成的，所以该操作的时间复杂度为 $2\times O(\log N)=O(\log N)$。

6.11.4　差分数组与基本操作

差分数组是指用于记录原始数组中相邻两位元素差值的一种数组形式。在给定原始数组 array 后与之对应的差分数组 diff 的构建方式如式(6-6)所示。

$$\text{diff}[i]=\begin{cases}\text{array}[i] & i=1\\ \text{array}[i]-\text{array}[i-1] & i>1\end{cases} \tag{6-6}$$

下面给出基于差分数组的树状数组的构建过程代码实现示例：

```
/**
 Chapter6_Tree
 com.ds.fenwicktree
```

```
 DifferenceFenwickTree.java
 基于差分数组的树状数组结构
  */
public class DifferenceFenwickTree {

    //差分数组
    private int[] diff;

    //差分数组的索引树
    private int[] index;

    //基于差分数组的树状数组的初始化流程
    public DifferenceFenwickTree(int[] array) {

        if(array.length <= 1) {
            throw new RuntimeException(
                "用于构建树状数组的数组长度不能小于 2"
            );
        }

        //初始化差分数组
        this.diff = new int[array.length];
        this.diff[1] = array[1];
        for(int i = 2; i < diff.length; i++) {
            diff[i] = array[i] - array[i-1];
        }

        //初始化差分数组的索引树
        buildIndex();

    }

    private void buildIndex() {
        this.index = new int[this.diff.length];
        for(int i = 1; i < this.index.length; i++) {
            updateIndex(i, this.diff[i]);
        }
    }

    private void updateIndex(int i, int value) {
        while(i < this.index.length) {
            this.index[i] += value;
            i += lowBit(i);
        }
    }

    private int lowBit(int n) {
        return n & -n;
    }

}
```

基于差分数组的树状数组如图 6-116 所示。

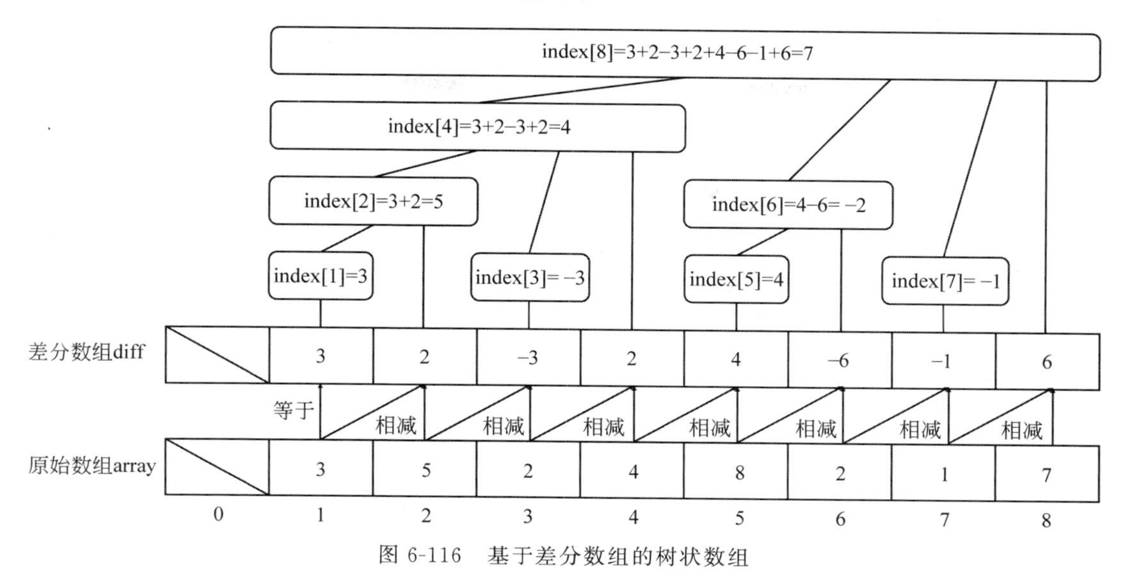

图 6-116　基于差分数组的树状数组

基于差分数组的基本操作有区间修改、单点查询、前序和查询。

1. 基于差分数组的区间修改操作

基于差分数组的区间修改操作是指在给定的原始数组 array 中将下标在指定范围[i,j]内的元素全部执行同一方式变更的操作。例如将原始数组 array 中下标在[i,j]范围的元素全部加上某一取值 k 等。

差分数组的优势在于可以在 $O(1)$的时间复杂度下完成上述操作。因为在差分数组中记录的是原始数组相邻两位元素的差值,因此在下标[i, j]范围内的全部元素均加上同一取值 k 后,只有 array[i]与 array[$i-1$]的差值会增加 k、array[$j+1$]与 array[j]的差值会减少 k,而 array[$i+1$]与 array[i]、array[$i+2$]与 array[$i+1$]、…、array[$j-1$]与 array[j]的差值均不会发生改变。将上述改变映射到差分数组中即表现为 diff[i] $+=$ k、diff[$j+1$] $-=$ k,而 diff[$i+1$]到 diff[j]的取值不变。

但是在对差分数组构建索引树后还需要对做出修改的 diff[i]与 diff[$j+1$]所在的索引树分支进行同步,因此基于差分数组的区间修改操作的整体时间复杂度为 $O(\log N)$,但是即便如此,相比通过循环遍历实现的原始数组区间修改及索引树同步操作的时间复杂度 $O(N\log N)$,基于差分数组的区间修改操作的整体时间复杂度依然更低。

下面给出基于差分数组的区间修改操作的代码实现示例:

```
/**
 Chapter6_Tree
 com.ds.fenwicktree
 DifferenceFenwickTree.java
 基于差分数组的树状数组结构
```

```
 */
public class DifferenceFenwickTree {

    //差分数组
    private int[] diff;

    //差分数组的索引树
    private int[] index;

    /**
     基于差分数组的区间修改操作
     将原始数组 array 中下标[i, j]范围内的元素均加上 value 的取值
     */
    public void rangeUpdate(int i, int j, int value) {
        if(i <= 0 || j >= diff.length || i > j) {
            throw new RuntimeException(
                "区间修改下标范围错误"
            );
        }
        diff[i] += value;
        update(i, value);
        if(j+1 < diff.length) {
            diff[j+1] -= value;
            update(j+1, -value);
        }
    }

    private void update(int i, int value) {
        for(; i < index.length; i += lowBit(i)) {
            index[i] += value;
        }
    }

    private int lowBit(int n) {
        return n & -n;
    }

}
```

2. 基于差分数组的单点查询操作

在上述基于差分数组的树状数组代码实现中并没有对原始数组进行保存。这是因为原始数组 array 中下标为 i 的元素取值等同于差分数组中下标为 i 位置的前序和，所以在对差分数组建立索引树后该操作即可在 $O(\log N)$ 的时间复杂度下进行实现。下面给出基于差分数组的单点查询操作的代码实现示例：

```
/**
 Chapter6_Tree
```

```
 com.ds.fenwicktree
 DifferenceFenwickTree.java
 基于差分数组的树状数组结构
 */
public class DifferenceFenwickTree {

    //差分数组
    private int[] diff;

    //差分数组的索引树
    private int[] index;

    //查询原始数组中下标 i 位置的元素取值，等同于差分数组 diff 在 i 位置的前序和
    public int get(int i) {
        if(i <= 0 || i >= diff.length) {
            throw new RuntimeException(
                "单点查询下标错误"
            );
        }
        int sum = 0;
        for(; i > 0; i -= lowBit(i)) {
            sum += index[i];
        }
        return sum;
    }

    private int lowBit(int n) {
        return n & -n;
    }

}
```

3. 基于差分数组的前序和查询操作

在前面的内容中说明过，查询差分数组对应原始数组下标为 i 位置的取值相当于对差分数组本身下标$[1,i]$范围内的前序和进行计算。在对差分数组构建索引树的前提下这一操作的时间复杂度为 $O(\log N)$。如果按照这个思路进行思考，则不难想到：如果对差分数组对应的原始数组下标范围$[1,i]$的前序和进行查询，则将要执行 i 次对差分数组的前缀和查询，其时间复杂度为 $O(N\log N)$，相对较高。那么是否存在对这一操作的优化可以使上述操作的时间复杂度进一步下降呢？答案是肯定的。首先对原始数组 array 在下标 i 位置前序和的计算公式以差分数组 diff 中的元素进行表示，可得式(6-7)：

$$
\begin{aligned}
\sum_{k=1}^{i} \text{array}[k] = \text{diff}[1]& \\
&+ \text{diff}[1] + \text{diff}[2] \\
&+ \text{diff}[1] + \text{diff}[2] + \text{diff}[3] \\
&\vdots \\
&+ \text{diff}[1] + \text{diff}[2] + \cdots + \text{diff}[i]
\end{aligned} \tag{6-7}
$$

在将式(6-7)通过填补法进行整理后可得式(6-8)：

$$\begin{aligned}\sum_{k=1}^{i}\text{array}[k] = &\left(\sum_{k=1}^{i}\text{diff}[k]-\sum_{k=2}^{i}\text{diff}[k]\right)\\&+\left(\sum_{k=1}^{i}\text{diff}[k]-\sum_{k=3}^{i}\text{diff}[k]\right)\\&+\left(\sum_{k=1}^{i}\text{diff}[k]-\sum_{k=4}^{i}\text{diff}[k]\right)\\&\vdots\\&+\left(\sum_{k=1}^{i}\text{diff}[k]\right)\\&=i\times\sum_{k=1}^{i}\text{diff}[k]-\sum_{k=1}^{i}(\text{diff}[k]\times(k-1))\end{aligned}\tag{6-8}$$

在式(6-8)中，差分数组 diff 每位的取值都是已知的，在差分数组任意位置求取前序和也都可以通过索引树来完成，所以为了实现式(6-8)，只需针对差分数组 diff 再次建立一个新的索引树，以此来维护公式最终形式减号的右半侧，也就是 $\text{diff}[k]\times(k-1)$的前序和。这个用于维护 $\text{diff}[k]\times(k-1)$前序和的索引树称为差分和索引树。在为差分数组构建差分和索引树的前提下，式(6-6)的计算时间复杂度将下降到 $O(\log N)$级别。为了加以区分，后续将维护 $\text{diff}[k]$前序和的索引树，也就是将直接针对差分数组构建的索引树称为差分索引树。

带有差分索引树与差分和索引树的树状数组如图 6-117 所示。

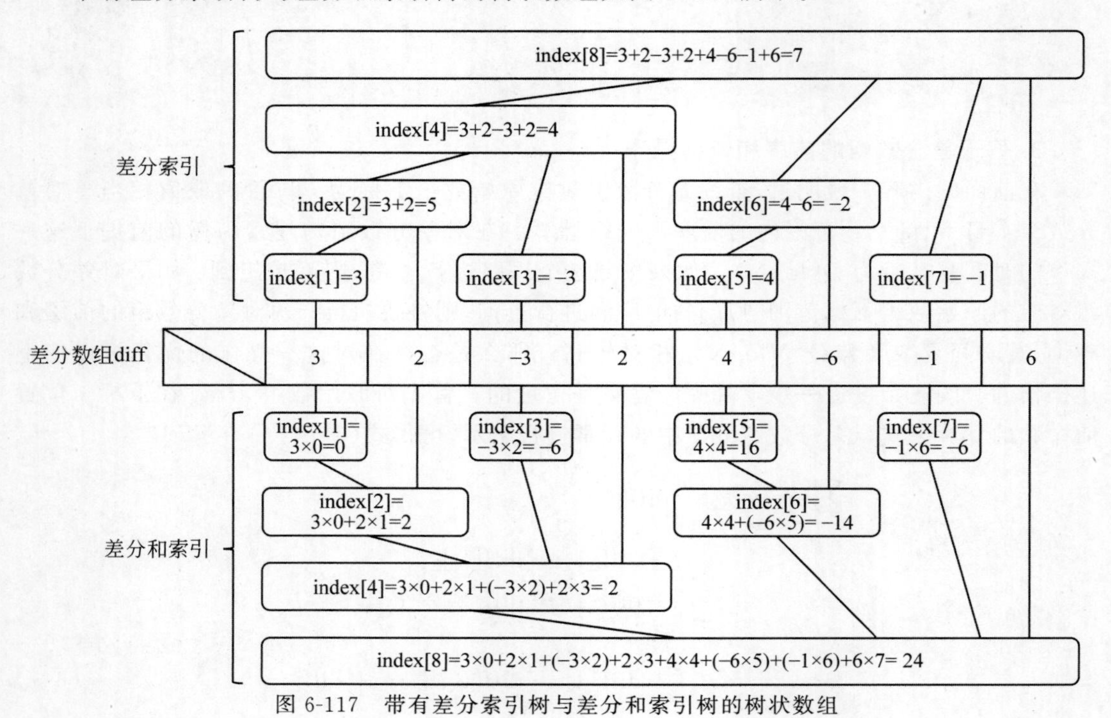

图 6-117　带有差分索引树与差分和索引树的树状数组

在加入差分和索引树后更新树状数组原有的构建过程，更新后的代码如下：

```
/**
 Chapter6_Tree
 com.ds.fenwicktree
 DifferenceFenwickTree2.java
 基于差分数组的树状数组结构
 包含差分索引树与差分和索引树
 */
public class DifferenceFenwickTree2 {

    //差分数组
    private int[] diff;

    //差分索引树
    private int[] index;

    //差分和索引树
    private int[] diffSumIndex;

    //基于差分数组的树状数组的初始化流程
    public DifferenceFenwickTree2(int[] array) {

        if(array.length <= 1) {
            throw new RuntimeException(
                "用于构建树状数组的数组长度不能小于 2"
            );
        }

        //初始化差分数组
        this.diff = new int[array.length];
        this.diff[1] = array[1];
        for(int i = 2; i < diff.length; i++) {
            diff[i] = array[i] - array[i-1];
        }

        //初始化差分数组的索引树
        buildIndex();

        //初始化差分和索引树
        buildDiffSumIndex();

    }

    private void buildIndex() {
        this.index = new int[this.diff.length];
        for(int i = 1; i < this.index.length; i++) {
            updateIndex(i, this.diff[i]);
        }
```

```
    }

    private void updateIndex(int i, int value) {
        while(i < this.index.length) {
            this.index[i] += value;
            i += lowBit(i);
        }
    }

    private void buildDiffSumIndex() {
        this.diffSumIndex = new int[this.diff.length];
        for(int i = 1; i < this.diffSumIndex.length; i++) {
            updateDiffSumIndex(i, this.diff[i]);
        }
    }

    private void updateDiffSumIndex(int i, int value) {
        value *= (i-1);
        while(i < this.diffSumIndex.length) {
            this.diffSumIndex[i] += value;
            i += lowBit(i);
        }
    }

    //非负整数的 lowBit 操作
    private int lowBit(int n) {
        return n & -n;
    }
}
```

更新后对原始数组 array 进行区间修改的操作过程如下：

```
/**
 Chapter6_Tree
 com.ds.fenwicktree
 DifferenceFenwickTree2.java
 基于差分数组的树状数组结构
 包含差分索引树与差分和索引树
 */
public class DifferenceFenwickTree2 {

    //差分数组
    private int[] diff;

    //差分索引树
    private int[] index;
```

```
    //差分和索引树
    private int[] diffSumIndex;

    /**
     基于差分数组的区间修改操作
     将原始数组 array 中下标[i, j]范围内的元素均加上 value 的取值
     * /
    public void rangeUpdate(int i, int j, int value) {
        if(i <= 0 || j >= diff.length || i > j) {
            throw new RuntimeException("区间修改下标范围错误");
        }
        diff[i] += value;
        //更新差分索引树
        update1(i, value);
        //更新差分和索引树
        update2(i, value);
        if(j+1 < diff.length) {
            diff[j+1] -= value;
            //更新差分索引树
            update1(j+1, -value);
            //更新差分和索引树
            update2(j+1, -value);
        }
    }

    private void update1(int i, int value) {
        for(; i < index.length; i += lowBit(i)) {
            index[i] += value;
        }
    }

    private void update2(int i, int value) {
        value *= (i-1);
        for(; i < diffSumIndex.length; i += lowBit(i)) {
            diffSumIndex[i] += value;
        }
    }

    //非负整数的 lowBit 操作
    private int lowBit(int n) {
        return n & -n;
    }

}
```

对原始数组 array 进行单点查询的操作流程不变，因为该过程未涉及差分和索引树的任何操作。

结合式(6-6)的描述，通过差分索引树及差分和索引树实现的对原始数组 array 在下标

i 位置前序和的查询操作可以通过以下方式实现：

```
/**
 Chapter6_Tree
 com.ds.fenwicktree
 DifferenceFenwickTree2.java
 基于差分数组的树状数组结构
 包含差分索引树与差分和索引树
 */
public class DifferenceFenwickTree2 {

    //差分数组
    private int[] diff;

    //差分索引树
    private int[] index;

    //差分和索引树
    private int[] diffSumIndex;

    //查询原始数组在 i 位置上前序和的方法
    public int prefixSum(int i) {
        if(i <= 0 || i >= diff.length) {
            throw new RuntimeException("前序和查询下标错误");
        }
        //计算 i * Σdiff[k]的部分
        int sum1 = 0;
        for(int i1 = i; i1 > 0; i1 -= lowBit(i1)) {
            sum1 += index[i1];
        }
        sum1 *= i;

        //计算 Σ(diff[k] * (k-1))的部分
        int sum2 = 0;
        for(int i2 = i; i2 > 0; i2 -= lowBit(i2)) {
            sum2 += diffSumIndex[i2];
        }

        //i * Σdiff[k] - Σ(diff[k] * (k-1))
        return sum1 - sum2;
    }

    //非负整数的 lowBit 操作
    private int lowBit(int n) {
        return n & -n;
    }

}
```

根据上述方法还可以直接得出计算原始数组 array 在[i，j]下标范围内元素区间和的方法如下：

```
/**
 Chapter6_Tree
 com.ds.fenwicktree
 DifferenceFenwickTree2.java
 基于差分数组的树状数组结构
 包含差分索引树与差分和索引树
 */
public class DifferenceFenwickTree2 {

    //差分数组
    private int[] diff;

    //差分索引树
    private int[] index;

    //差分和索引树
    private int[] diffSumIndex;

    //查询原始数组在[i, j]范围内区间和的方法
    public int rangeSum(int i, int j) {
        if(i <= 0 || j >= diff.length || i > j) {
            throw new RuntimeException("区间和下标范围错误");
        }
        return prefixSum(j) - prefixSum(i-1);
    }

    //非负整数的 lowBit 操作
    private int lowBit(int n) {
        return n & -n;
    }

}
```

综上所述，在为差分数组添加差分索引树与差分和索引树两种索引结构后，虽然需要添加一些额外的并不非常复杂的数学计算，但是可以将基于差分数组实现的树状数组的区间修改、单点查询、前序和查询及由其衍生出来的区间和查询操作的时间复杂度都降至$O(\log N)$级别，大大提升了各项操作的效率。

第 7 章　堆　结　构

在 4.3.8 节堆排序算法的讲解过程中初次接触到了堆的概念。实际上除了用于实现排序算法外，堆结构在很多其他实际开发场景下具有非常广泛的应用。堆结构被广泛地应用于可快速获取数据序列中元素极值的数据结构的实现，例如 Java 中的优先队列 PriorityQueue 等。常见的堆结构除了在堆排序算法中用到的二叉堆之外，还有左式堆、斜堆、二项堆、斐波那契堆等。本章节的内容将针对这些较为常见堆结构的实现方式、性能、优点及相关的应用场景等问题进行讲解。

本章内容的思维导图如图 7-1 所示。

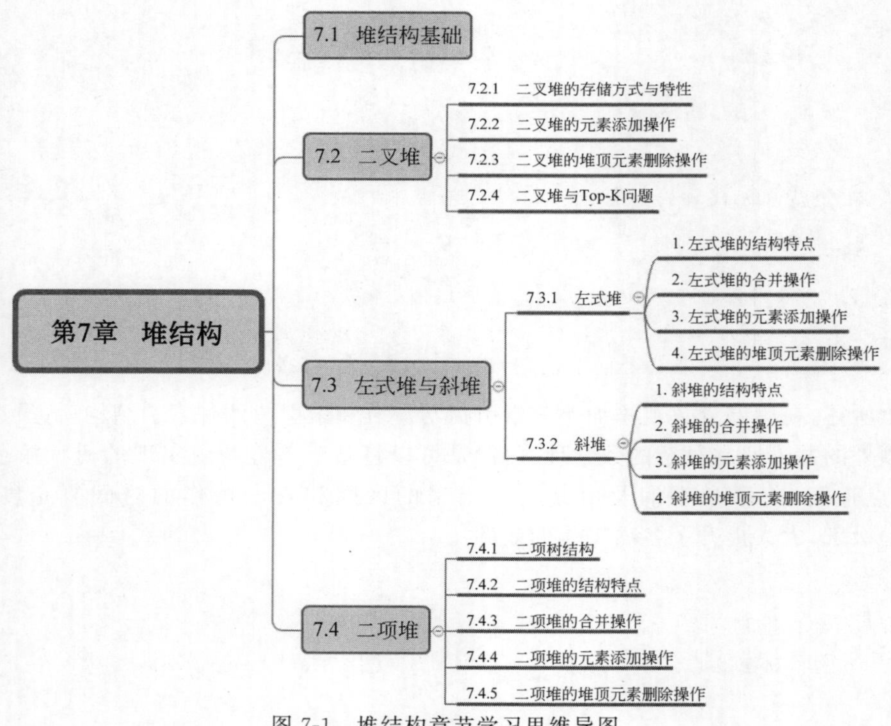

图 7-1　堆结构章节学习思维导图

7.1　堆结构基础

在正式开始对几种常见的堆结构进行讲解之前，首先还需要对堆结构的一些通用定义和性质进行了解。

堆结构可以看作一类特殊的树结构。堆结构在理论特性和结构实现等方面都和树结构存在诸多共同点，所以树结构当中诸如节点、边、路径、层次、高度等定义都可以在堆结构中直接套用。正因如此，在绝大多数图上作业场景中可以将堆结构以树的形式进行绘制。

根据堆的根节点所保存元素的取值（堆顶元素的取值）与堆中其他元素取值的大小关系，可以将堆结构分为大根堆（或称为大顶堆）与小根堆（或称为小顶堆）两种。在大根堆中，堆顶元素为堆中所有元素的最大值；在小根堆中，堆顶元素为堆中所有元素的最小值，并且与树和子树的定义方式相似，大、小根堆的定义也是递归的，即在大、小根堆当中，由任意节点为根构成的子堆也必须满足大、小根堆的定义。对于大、小根堆或者其子堆来讲，总是将堆中元素的极值存放在堆顶位置的这一特性被称为堆序性或者堆属性。

大根堆与小根堆的图示如图 7-2 所示。

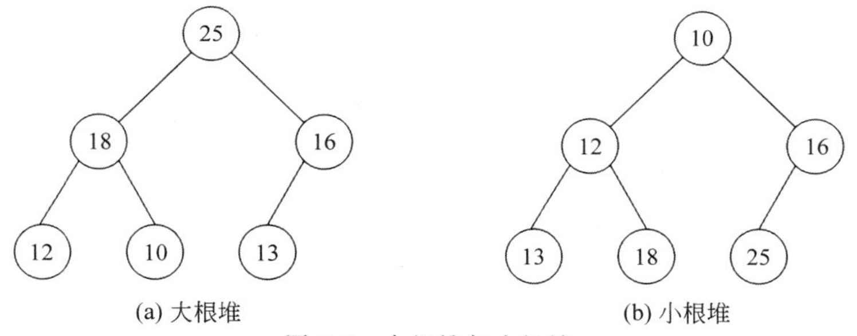

图 7-2　大根堆与小根堆

虽然从理论特性和实现结构方面来讲可以将堆结构看作一类特殊的树结构，但是在应用场景上堆结构与树结构却存在本质上的不同。树结构通常用于维护一组数据在整体上的有序性，例如通过 AVL 树、红黑树、B 树、B＋树等排序树结构都可以实现这一点。相比树结构，堆结构并不关注堆中元素的整体有序性，堆结构总是关注堆中元素的极值。在获取元素极值的操作上，排序树结构通常需要 $O(\log N)$ 级别平均时间复杂度的查找操作才能获极值元素；相对地，根据大根堆与小根堆的定义可知，堆结构总是将堆中元素的最大值或者最小值存放在堆顶位置，这也使从堆结构中获取元素极值操作的时间复杂度为常数级别的 $O(1)$，效率明显优于树结构，因此堆结构通常更适合用于实现优先队列等用于快速获取元素极值的数据结构的场景。

由相同元素构成的二叉排序树与大根堆的对比图示如图 7-3 所示。

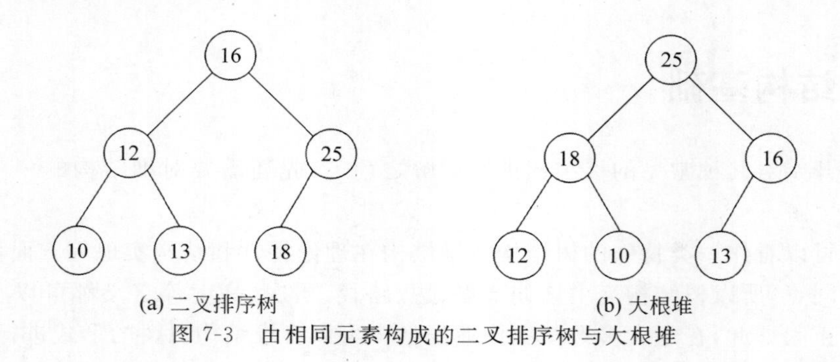

图 7-3　由相同元素构成的二叉排序树与大根堆

7.2　二叉堆

二叉堆是实现堆结构极为常用的一种方式。二叉堆的存储方式简单，在对二叉堆执行元素添加或者删除最大值、最小值（删除堆顶元素）的操作后，将二叉堆重新调整为大根堆或者小根堆的时间复杂度为 $O(\log N)$（这一结论在 4.3.8 节的式（4-20）中已证得），所以二叉堆及基于二叉堆的应用在实际开发场景下非常常见。下面以通过二叉堆实现大根堆的过程为例对二叉堆的相关内容进讲解。

7.2.1　二叉堆的存储方式与特性

二叉堆通常以数组的方式进行存储，也就是说当给出一组以数组形式进行保存的数据时即可将这组数据直接视为一个未经调整的二叉堆结构。在进行图上作业时通常对二叉堆以完全二叉树的方式进行表示，即将数组中的元素按照下标顺序自上而下、每层自左向右地添加到二叉堆当中。

数组元素对应的二叉堆结构如图 7-4 所示。

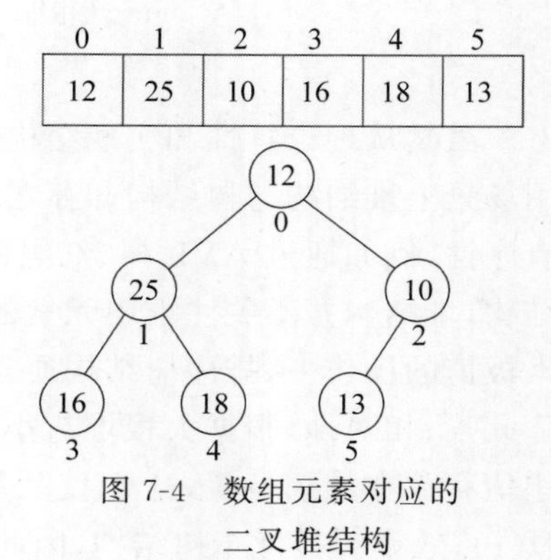

图 7-4　数组元素对应的二叉堆结构

将二叉堆初始化调整成为大根堆的过程、代码实现及时间复杂度证明均已在 4.3.8 节的堆排序算法中给出，在此不再赘述，下面仅针对二叉堆中节点（元素）在数组中的下标取值关系进行简单回顾。

在长度为 n 的数组所对应的二叉堆中，如果某节点在数组中的下标为 $i(0 \leqslant i \leqslant n-1)$，则其左右子节点在数组中的下标与该节点满足式（7-1）所示的关系：

$$\text{lChild} = 2 \times i + 1; \text{rChild} = 2 \times i + 2 \qquad (7\text{-}1)$$

与此相反，若二叉堆中某子节点在数组中的下标为 i，则其父节点在数组中的下标与 i 满足式（7-2）所示的关系：

$$\text{parent} = \left\lfloor \frac{i-1}{2} \right\rfloor \qquad (7\text{-}2)$$

在该数组所对应的二叉堆结构中，非叶节点的数量与数组元素数量 n 满足式（7-3）所示的关系：

$$parentCount = \left\lfloor \frac{n}{2} \right\rfloor \tag{7-3}$$

二叉堆中最后一个非叶节点的下标与数组元素数量 n 满足式(7-4)所示的关系：

$$lastParent = \left\lfloor \frac{n}{2} \right\rfloor - 1 \tag{7-4}$$

上述关系均可通过完全二叉树的相关知识进行推导与证明。

7.2.2　二叉堆的元素添加操作

向二叉堆中添加元素的操作等价于向二叉堆对应的数组结构的有效元素部分的最末尾追加新元素的操作。由于在向二叉堆中添加新元素后二叉堆的堆序性可能会被破坏，所以此时还要不断地对新元素与其父级元素进行大小比较，并根据比较结果决定新元素是否需要与其父级元素进行交换，即对新元素进行上浮操作，直到新元素在二叉堆中上浮到合适的位置为止。将新元素 k 加入具有 $n(n \geqslant 0)$ 个元素的二叉大根堆中的操作步骤如下。

步骤 1：判定当前二叉堆对应的数组结构 elements 是否具有足够的空间容纳新元素 k，若数组空间不足，则需要对数组进行扩容操作。在确保数组容量充足后，将新元素 k 追加到数组有效元素部分的最末端，将新元素 k 在数组中的下标记为 i。

步骤 2：根据新元素 k 在数组中的下标 i 计算其父级元素在堆结构中的下标，即 parent$=\lfloor (i-1)/2 \rfloor$。

步骤 3：对新元素 k 与其父级元素进行大小比较，即对数组中 elements[i]与 elements[parent]的元素取值大小进行比较。若 elements[i]>elements[parent]，则表示新元素 k 所在二叉子堆的堆序性被破坏，需要对 elements[i]与 elements[parent]进行取值交换，即对新元素 k 在二叉子堆中进行上浮操作。

步骤 4：在新元素 k 执行上浮操作后，需要根据新元素 k 上浮后在数组中的下标位置对其重复执行步骤 2 与步骤 3，直到 elements[i]≤elements[parent]或者新元素 k 到达堆顶为止。此时新元素 k 所在二叉(子)堆保持了堆序性，并且原二叉堆的其他部分并未参与调整操作，所以此时二叉堆整体再次被调整为大根堆，算法结束。

二叉堆元素添加操作的执行流程如图 7-5 所示。

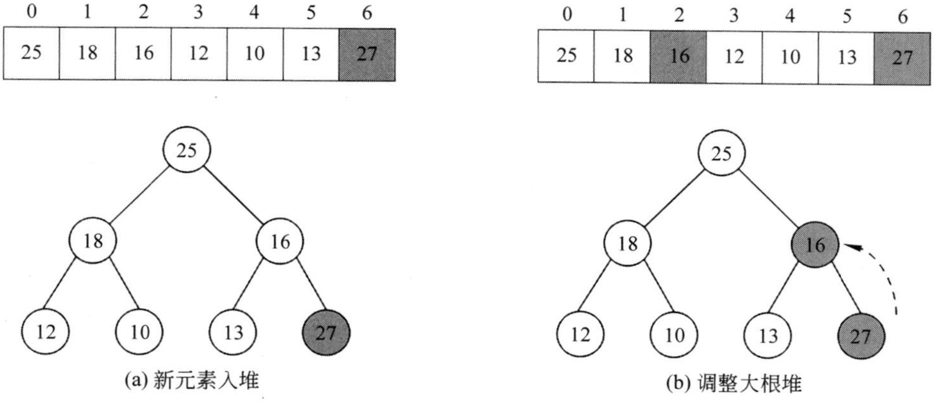

(a) 新元素入堆

(b) 调整大根堆

图 7-5　二叉堆元素添加操作的执行流程

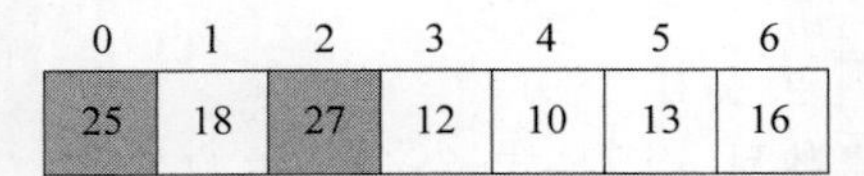

0	1	2	3	4	5	6
27	18	25	12	10	13	16

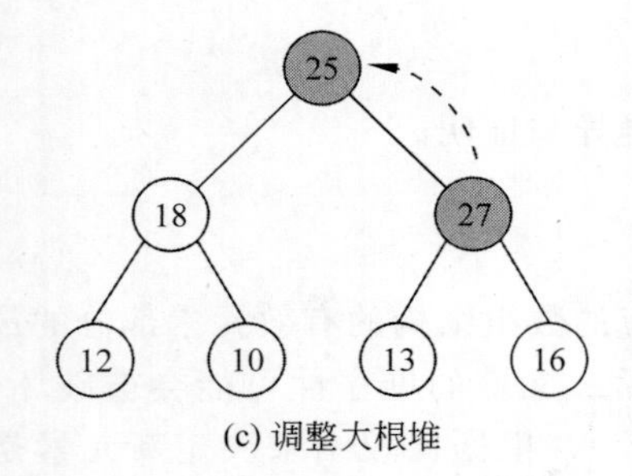

(c) 调整大根堆

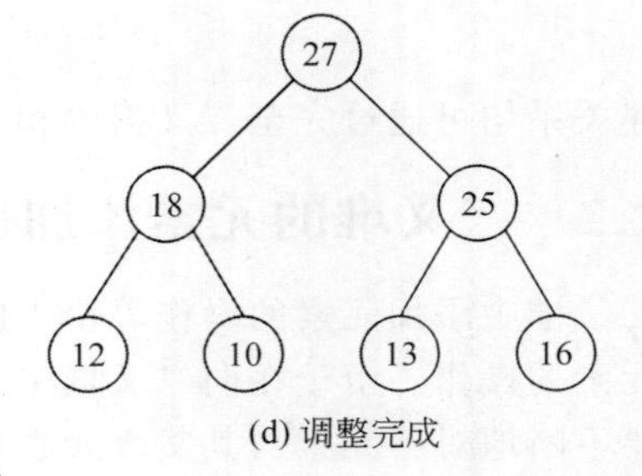

(d) 调整完成

图 7-5 （续）

向二叉堆中添加元素操作的实现代码如下：

```
/**
 Chapter7_Heap
 com.ds.binaryheap
 BinaryHeap.java
 二叉堆结构
  */
public class BinaryHeap {

    //二叉堆用于保存元素的数组,初始长度为 10
    private int[] elements = new int[10];

    //用于表示二叉堆中有效元素数量的变量
    private int size;

    //向大根堆中添加新元素的方法
    public void add(int k) {

        //1.确认数组容量是否足够,如果数组容量不足,则需要扩容
        ensureCapacity(size+1);

        //2.将新元素追加到数组有效元素范围的下一位
        elements[size] = k;

        //3.将二叉堆重新调整为大根堆
        int i = size;
        int parent = (i-1) / 2;
        while(parent >= 0) {
            if(elements[i] > elements[parent]) {
                swap(i, parent);
                i = parent;
                parent = (i-1) / 2;
```

```
            } else {
                break;
            }
        }

        size++;

    }

    /**
     用于确保数组容量足以容纳新元素的方法
     如果数组容量不足,则对数组进行扩容
     扩容后数组的长度是原来长度的 1.5 倍,与 ArrayList 所使用的扩容方式相似
     */
    private void ensureCapacity(int capacity) {
        if(elements.length < capacity) {
            int oldCapacity = elements.length;
            int newCapacity = oldCapacity + (oldCapacity >>> 1);
            if(newCapacity < capacity) {
                newCapacity = capacity;
            }
            elements = Arrays.copyOf(elements, newCapacity);
        }
    }

    //用于对 elements 数组中下标为 i 与下标为 j 的元素进行交换的方法
    private void swap(int i, int j) {
        int tmp = elements[i];
        elements[i] = elements[j];
        elements[j] = tmp;
    }

}
```

向二叉堆中添加新元素后,因为新元素在二叉堆中进行上浮的过程中只会与其父级元素进行比较和交换,所以新元素上浮路径的最大长度等于堆的深度,因此向二叉堆中添加新元素并将二叉堆重新调整为具有堆序性状态的时间复杂度为 $O(\log N)$,其中 N 表示二叉堆的元素规模。

7.2.3　二叉堆的堆顶元素删除操作

删除二叉堆堆顶元素的操作相当于从二叉堆对应的数组结构中将下标为 0 的元素从数组中删除的操作。被删除的堆顶元素是整个二叉堆当中的最大值(如果二叉堆为小根堆,则被删除元素为最小值)。在删除堆顶元素之后需要将二叉堆中的最后一位元素放置在堆顶

位置，并将二叉堆重新调整为满足堆序性的状态。上述流程相当于在删除二叉堆对应数组中下标为 0 的元素后将数组中的有效元素范围内的最后一位元素直接放置在下标为 0 的位置上，并重新将数组对应的二叉堆调整为满足堆序性状态的过程。移除堆顶元素并对二叉堆进行调整的过程细节及操作原因已经在 4.3.8 节的堆排序算法部分进行过详细描述，所以在此仅对这一过程进行简单描述。从具有 $n(n>0)$ 个元素的二叉堆中删除堆顶元素的操作步骤如下。

步骤 1：取得二叉堆对应数组 elements 中下标为 0 的元素进行保存，作为删除方法的返回值。

步骤 2：将 elements 数组中的有效元素范围中的最后一位元素放置在数组中下标为 0 的位置，将这个元素记为 k。

步骤 3：根据元素 k 在二叉堆中的当前所在位置，即元素 k 在 elements 数组中的下标，分别计算其左右子节点在 elements 数组中的下标并分别记为 lChild 与 rChild。若将元素 k 在 elements 数组中的下标记为 i，则 $\text{lChild}=2\times i+1$、$\text{rChild}=2\times i+2$。

步骤 4：找出元素 k 在二叉堆中左右子节点中的较大者并与元素 k 比较大小。若元素 k 的取值小于左右子节点中较大者的取值，则将元素 k 与这个较大的子节点在 elements 数组中进行交换，即执行对元素 k 在二叉堆中的下沉操作。

步骤 5：交换完成后若以元素 k 为根的子堆仍不满足堆序性，则对以元素 k 为根的子堆重复执行步骤 2～步骤 4，直到元素 k 下降到合适的位置，使二叉堆整体满足堆序性为止。方法返回被删除的堆顶元素，算法结束。

在上述步骤中需要注意的是，在以元素 k 为根的子堆中元素 k 不一定具有左右子节点，所以在进行元素 k 与左右子节点的大小比较之前应该首先判断元素 k 的左右子节点是否存在。

二叉堆堆顶元素删除操作的执行流程如图 7-6 所示。

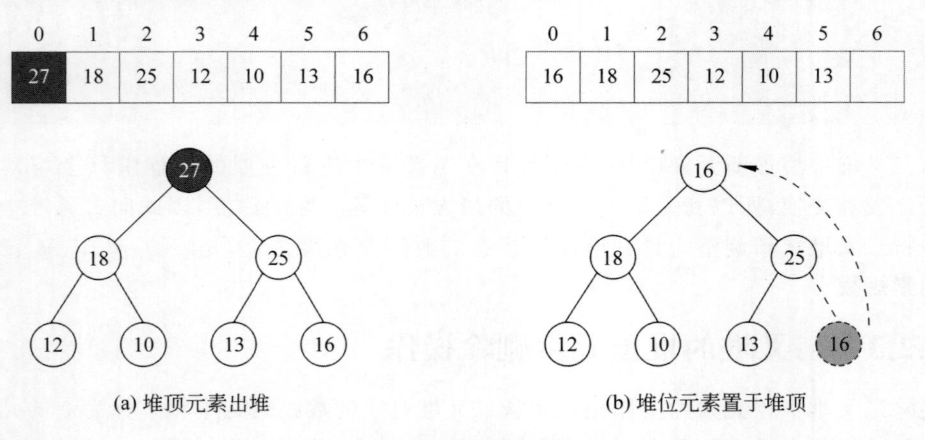

图 7-6 二叉堆堆顶元素删除操作的执行流程

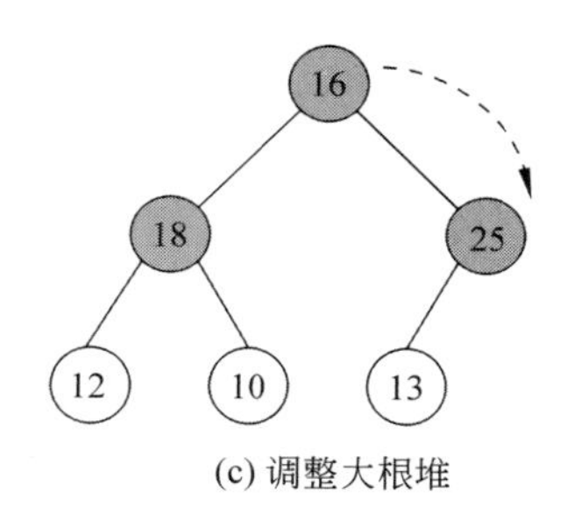

(c) 调整大根堆

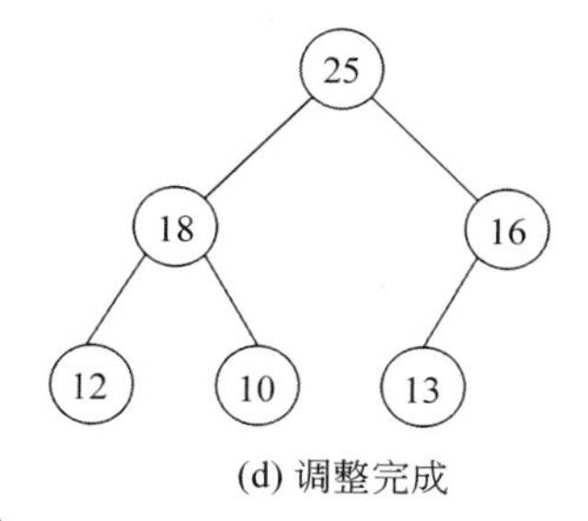

(d) 调整完成

图 7-6 （续）

从二叉堆中删除堆顶元素操作的实现代码如下：

```
/**
 Chapter7_Heap
 com.ds.binaryheap
 BinaryHeap.java
 二叉堆结构
 */
public class BinaryHeap {

    //二叉堆用于保存元素的数组,初始长度为 10
    private int[] elements = new int[10];

    //用于表示二叉堆中有效元素数量的变量
    private int size;

    //删除大根堆堆顶元素,即堆中最大元素的方法
     */
    public int deleteMax() {

        if(size == 0) {
            throw new RuntimeException("当前二叉堆为空");
        }

        //1.保存堆顶元素取值
        int max = elements[0];

        //2.将 elements 数组中有效元素范围下的最后一位元素移动到下标为 0 的位置
        elements[0] = elements[size-1];
        size--;

        int lChild;                           //左子节点在数组中的下标
        int rChild;                           //右子节点在数组中的下标
```

```
        int change;                              //用于和父节点进行比较和交换的子节点下标

        //3.通过对交换后的堆顶元素 k 进行下沉,将二叉堆重新调整为大根堆的操作通过循环
        //条件确保元素 k 至少具有左子节点
        for(int i = 0; 2 * i+1 <= size-1; i = change) {
            //计算左右子节点的下标
            lChild = 2 * i+1;
            rChild = 2 * i+2;
            //找出存在的子节点当中的取值较大者
            change = rChild <= size-1 &&
                     elements[rChild] > elements[lChild] ?
                     rChild : lChild;
            //对元素 k 执行下沉操作
            if(elements[i] < elements[change]) {
                swap(i, change);
            } else {
                break;
            }
        }

        return max;

    }

    //用于对 elements 数组中下标为 i 与下标为 j 的元素进行交换的方法
    private void swap(int i, int j) {
        int tmp = elements[i];
        elements[i] = elements[j];
        elements[j] = tmp;
    }

}
```

在二叉堆中删除堆顶元素并将二叉堆重新调整为满足堆序性状态的流程与堆排序算法中堆顶元素出堆后对堆结构进行调整的流程是一致的，所以这一操作的时间复杂度为$O(\log N)$，其中 N 表示二叉堆的元素规模。这一时间复杂度的证明过程可参考 4.3.8 节堆排序算法中的相关内容，在此不再重复证明。

7.2.4 二叉堆与 Top-*K* 问题

Top-*K* 问题是指给出一组数据并找出这组数据满足某种排序方式下的前 *K* 个最大值或者最小值数据的问题。Top-*K* 问题在影视作品排名、商业数据分析等领域有着非常广泛的应用，例如找出 3000 部影视作品中播放量最高的前 100 部作品、找出 100 万件商品中销售数量最多的前 10 件商品等都属于 Top-*K* 问题的具体应用。下面就二叉堆在 Top-*K* 问

题中的应用进行讲解。

假设给出 $N(N>0$ 且 N 的取值足够大)个随机整数，现需要找出其中取值最大的 $K(K<N)$ 个整数。针对上述问题，结合二叉堆的性质可以得到如下两种解决方案。

方案1：构建一个规模为 N 的二叉堆并将 N 个随机整数全部加入二叉堆中，然后将二叉堆整体初始调整为大根堆结构。待初始大根堆构建完成后执行 K 次堆顶元素出堆及堆结构调整操作。最终所得 K 个元素即为随机整数序列中取值最大的前 K 个元素。

方案1用到了堆排序算法的思想。将 N 个随机整数初始构建为大根堆这一操作的时间复杂度为 $O(N)$，其后执行 K 次堆顶元素出堆并对二叉堆进行调整的整体时间复杂度为 $O(K\log N)$，因此方案1的整体时间复杂度为 $O(N+K\log N)$。当 N 的取值较大时，方案1的整体时间复杂度取决于构建初始二叉大根堆的时间复杂度，即此时方案1的整体时间复杂度为 $O(N)$；当 K 的取值较大时，方案1的整体时间复杂度取决于后面 K 次二叉堆调整操作的时间复杂度，即此时方案1的整体时间复杂度为 $O(K\log N)$。特别地，当 $K\geqslant\lceil N/2\rceil$ 时方案1的整体时间复杂度上限为 $O(N\log N)$。

方案2：构建一个规模为 K 的二叉堆，将 N 个随机整数的前 K 个整数加入二叉堆中并将二叉堆初始调整为小根堆结构。逐个遍历后续的 $N-K$ 个随机数，如果一个随机数 m 大于堆顶元素取值，则使用这个随机数 m 替代堆顶元素存放在二叉堆中并重新将二叉堆调整为小根堆结构。当全部随机数遍历完成时，二叉小根堆中保留的 K 个元素即为随机整数序列中取值最大的前 K 个元素。

方案2中构建初始二叉小根堆的时间复杂度为 $O(K)$；遍历后续 $N-K$ 个元素并替换堆顶元素、重新调整二叉小根堆操作的时间复杂度在最坏的情况下为 $O((N-K)\log K)$，因此方案2的整体时间复杂度为 $O(K+(N-K)\log K)=O(N\log K)$。同理，当 $K\geqslant\lceil N/2\rceil$ 时，方案2的整体时间复杂度上限同样为 $O(N\log N)$。

7.3 左式堆与斜堆

通过数组作为元素存储底层结构的二叉堆在实现堆结构调整的算法时具有天然优势，其堆结构调整算法均相当于对数组中元素的定位与交换操作，而这也正是数组结构所擅长的，但是对于二叉堆来讲，进行堆合并操作的实现就会比较复杂。合并两个二叉堆的一种相对高效的方案是将二者分别所对应的数组中的元素全部合并到同一个数组当中，并以此合并数组为基础将其中的元素调整为满足堆序性的状态，而即便是使用这种相对高效的方案，二叉堆合并的时间复杂度也是 $O(N)$，其中 N 表示两个二叉堆的规模之和(另一种相对低效的方案是将一个二叉堆中的元素逐个摘取出来并加入另一个二叉堆当中，同时调整及维护另一个二叉堆的堆序性。这种方案的时间复杂度更高，为 $O(N\log N)$)，所以为了提升堆合并操作的效率，数据结构专家 Stephen W.Feldman 与 Robert Tarjan 分别于 1960 年和 1985 年提出了左式堆与斜堆两种结构。这两种堆结构不再采用数组结构进行实现，而是采用与二叉树相似的二分链式结构进行实现，并且这两种堆结构所对应的堆合并算法的时间

复杂度都在 $O(\log N)$ 级别。下面开始对左式堆与斜堆的实现方式、对应的堆合并算法及其他相关操作进行讲解。

7.3.1 左式堆

1. 左式堆的结构特点

在左式堆的构建过程中引入了零路径长（Null Path Length，NPL）的概念。在一个堆结构中，任意节点的零路径长等同于从该节点出发到达其最近不具有两个子节点的后代节点的最短路径长度，因此若某节点不具有或只具有一个子节点则其零路径长为 0；若某节点为空（null）节点，则其零路径长记为 −1。

一个堆结构中所有节点（不包括空节点）的零路径长如图 7-7 所示。

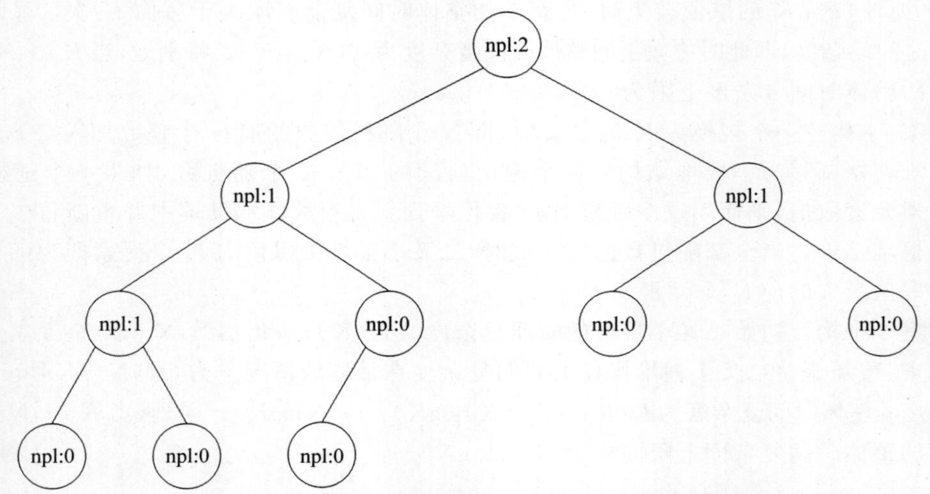

图 7-7　一个堆结构中所有节点（不包括空节点）的零路径长

基于零路径长的概念可以给出左式堆的结构特点：在左式堆当中任意节点左子堆根节点的零路径长应该大于或等于其右子堆根节点的零路径长。很明显，基于上述特点构建的堆结构，以其中任意节点为根的（子）堆都倾向于其左子堆的深度大于其右子堆的深度这一特点，因此这种堆结构得名左式堆。

左式堆结构如图 7-8 所示。

在左式堆中任意节点的零路径长都比其左右子节点零路径长的最小值大 1。这一特点同样适用于具有少于两个子节点的节点，因为空（null）节点的零路径长为 −1。

在定义左式堆节点的代码结构时，除了需要定义用于保存节点元素取值的数据域及记录其左右子节点的指针域之外，还需要额外定义用于保存当前节点零路径长取值的数据域，代码如下：

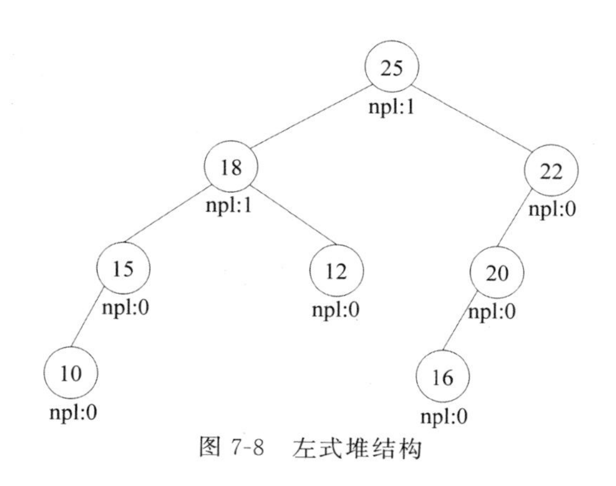

图 7-8　左式堆结构

```
/**
 Chapter7_Heap
 com.ds.leftistheap
 Node.java
 左式堆的节点代码定义
 */
public class Node {

    int data;                                    //数据域
    int npl;                                     //用于保存当前节点零路径长的数据域

    Node lChild;                                 //左子指针域
    Node rChild;                                 //右子指针域

}
```

2. 左式堆的合并操作

假设存在两个均为大根堆的左式堆，对二者进行合并操作的执行过程如下。

步骤 1：若进行合并的两个左式堆中的任意一个为空堆，即根节点为 null，则返回另一个左式堆作为结果。

步骤 2：比较两个左式堆根节点的元素取值，选定其中较大者作为合并后结果左式堆的根节点。

步骤 3：对较大根节点的右子堆与较小根节点的堆本身进行合并。合并过程即对较大根节点的右子堆与较小根节点的堆本身执行完整的合并流程(需重点留意这一步骤)。将合并完成的结果堆作为较大根节点的右子堆进行保存。

步骤 4：步骤 3 执行完毕后需要确保结果堆根节点左子节点的零路径长不小于其右子节点的零路径长。如果不满足该条件，则交换结果堆根节点的左右子节点，即相当于结果堆根节点的左右子堆进行交换。

步骤 5：更新结果堆根节点的零路径长，使其满足左式堆的特点。

左式堆合并操作的执行流程如图 7-9 所示。

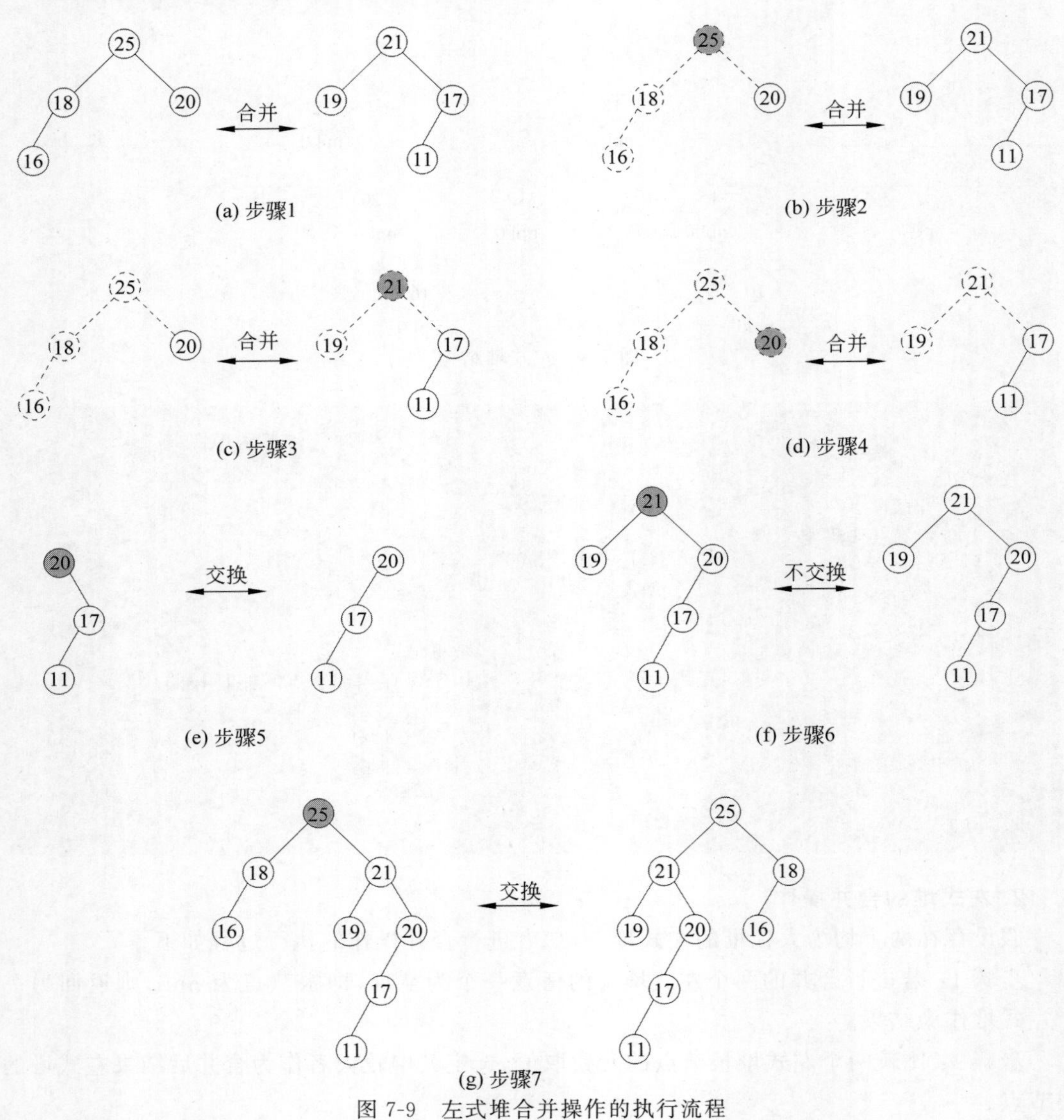

图 7-9　左式堆合并操作的执行流程

在上述执行流程的步骤 3 当中提到将较大根节点右子堆与较小根节点所表示的左式堆进行合并的流程即对二者执行完整的左式堆合并流程，这表示左式堆的合并流程可以通过递归结构进行实现。在合并过程中，递归调用发生在步骤 3 当中将较大根节点的右子堆与较小根节点所表示的左式堆进行合并时；递归出口则为步骤 1 所描述的限制条件。下面给出通过递归结构实现的左式堆合并流程的代码示例：

```
/**
 Chapter7_Heap
 com.ds.leftistheap
 LeftistHeap.java
 左式堆结构
 */
public class LeftistHeap {

    //通过静态内部类定义左式堆的节点类型
    private static class Node {

        int data;                               //数据域
        int npl;                                //保存当前节点零路径长的数据域

        Node lChild;                            //左子指针域
        Node rChild;                            //右子指针域

    }

    //当前左式堆的根节点
    private Node root;

    /**
     对当前左式堆与另一个左式堆进行合并的方法
     合并结果保存在调用方法的左式堆当中
     */
    public void merge(LeftistHeap other) {
        if(other == null || other.root == null) {
            return;
        }
        this.root = mergeInner(this.root, other.root);
    }

    /**
     实际用于执行左式堆合并操作的递归方法
     */
    private Node mergeInner(Node h1, Node h2) {

        /*
         1.递归出口
         若两个左式堆中其中一个为空堆
         则返回另一个左式堆作为结果
         */
        if(h1 == null) {
            return h2;
        }

        if(h2 == null) {
            return h1;
```

```
        }

        //通过判断与交换,始终保持 h1 为根节点较大的左式堆
        if(h1.data < h2.data) {
            Node tmp = h1;
            h1 = h2;
            h2 = tmp;
        }

        /*
         2.递归调用
         将根节点较大者的右子堆与根节点较小的左子堆本身进行合并
         合并结果保存为根节点较大者的右子堆
         */
        h1.rChild = mergeInner(h1.rChild, h2);

        /*
         3.确保合并结果堆中
         根节点左子堆的 npl 不小于右子堆的 npl
         */

        //3.1 当合并结果堆的左子堆为空时,直接将其右子堆变更为左子堆
        if(h1.lChild == null) {
            h1.lChild = h1.rChild;
            h1.rChild = null;
        }
        /*
         3.2 当合并结果堆同时具有左右子堆时,保证其左子堆根节点的 npl 不小于其右子堆根
         节点的 npl
         */
        else {
            if(h1.lChild.npl < h1.rChild.npl) {
                Node tmp = h1.lChild;
                h1.lChild = h1.rChild;
                h1.rChild = tmp;
            }
            //4.更新合并结果堆根节点的 npl
            h1.npl = h1.rChild.npl+1;
        }

        return h1;
    }

}
```

左式堆合并操作的时间复杂度为 $O(\log N)$，其中 N 表示合并后结果左式堆的规模。

为了证明左式堆合并操作的时间复杂度需要引入最右路径的概念。对于堆中的某节点来讲，其最右路径是从该节点出发始终沿着右子指针域不断向下，直至不再具有右子节点为

止的一条路径。根据左式堆的特性可以得到如下定理：若一个左式(子)堆根节点的最右路径长度为 r，则该左式(子)堆中必然包含至少 2^r-1 个节点。对于上述定理的另一种理解方式是：若一个左式(子)堆根节点的最右路径长度为 r，则这个左式(子)堆至少应该是一个包含 2^r-1 个节点的满二叉堆。由左式堆的构建方式不难发现，在左式堆中任意节点右子堆的最右路径长度总是小于或等于该节点左子堆最右路径长度，左式堆的这一结构特点称为“左偏性”。

基于上述概念及定理可以给出如下左式堆合并操作时间复杂度的简单证明思路。通过左式堆合并操作的步骤可知，在每次递归执行左式(子)堆的合并操作时都只有上一次合并结果(子)堆根节点的直接右子节点会参与本次递归中的比较-交换操作。那么从整体上来看，作为合并最终结果的左式堆的最右路径长度就决定了合并操作整体的执行次数。假设合并后左式堆的规模为 N，那么根据上面给出的关于左式堆最右路径长度与其整体节点数量之间的关系可以推导出此时结果左式堆的最右路径长度应该是小于或等于 $\log N$，并且在每轮递归下比较-交换操作都只会执行 1 次，因此每轮递归的时间复杂度为常量级的 $O(1)$，故而可证左式堆合并操作的整体时间复杂度小于或等于 $\log N \times O(1)=O(\log N)$。

注意： 在实际开发场景中如果使用两个左式堆当中原有的节点进行合并操作，则在合并完成后如果对其中一个左式堆的结构进行修改，例如删除其堆顶节点等，则合并结果堆的结构同样会受到影响。这是因为在 Java 语言中调用方法所传递的引用数据类型的参数会以内存地址的形式进行传递，而相同的内存地址在 Java 内存结构中始终指向相同的对象。这一问题的一种解决方案是对被合并的左式堆整体进行复制，确保复制堆当中每个节点所在的位置和保存的数据与原始堆相同，只有节点的内存地址不同，并对这个复制堆与另一个左式堆进行合并。这样一来在合并操作完成后即使作为复制堆来源的原始堆的结构发生了变化也不会影响到合并结果。在本书提供的左式堆的配套源码实现当中便采用了这种方案进行处理。需要指出的是，配套源码中采用递归的方式对左式堆进行复制操作其时间复杂度为 $O(M)$，其中 M 表示被合并堆的规模。这一时间复杂度不计入对左式堆进行合并操作的时间复杂度计算中。

3. 左式堆的元素添加操作

对于左式堆中进行元素添加的操作可以看作将当前左式堆与另一个只存在根节点的左式堆进行合并的操作。下面直接给出向左式堆中添加元素操作的代码实现示例：

```
/**
 Chapter7_Heap
 com.ds.leftistheap
 LeftistHeap.java
 左式堆结构
  */
public class LeftistHeap {

    //通过静态内部类定义左式堆的节点类型
    private static class Node {
```

```
        int data;                                   //数据域
        int npl;                                    //保存当前节点零路径长的数据域

        Node lChild;                                //左子指针域
        Node rChild;                                //右子指针域

    }

    //当前左式堆的根节点
    private Node root;

    /**
     向左式堆中添加元素的操作
     该过程可以看作将当前左式堆与一个只存在根节点的左式堆进行合并的操作
     */
    public void add(int data) {
        Node node = new Node();
        node.data = data;
        this.root = mergeInner(this.root, node);
    }

}
```

因为向左式堆中添加新元素的操作是基于左式堆合并操作的，所以其时间复杂度同样为 $O(\log N)$。

4. 左式堆的堆顶元素删除操作

从左式堆中删除堆顶元素后将堆中剩余元素再次调整为左式堆的过程相当于对原有根节点的左右子堆进行合并操作的过程。下面直接给出删除左式堆的堆顶元素后，将堆中剩余元素再次调整为左式堆的代码实现示例：

```
/**
 Chapter7_Heap
 com.ds.leftistheap
 LeftistHeap.java
 左式堆结构
 */
public class LeftistHeap {

    //通过静态内部类定义左式堆的节点类型
    private static class Node {

        int data;                           //数据域
        int npl;                            //保存当前节点零路径长的数据域

        Node lChild;                        //左子指针域
```

```
        Node rChild;                                    //右子指针域

    }

    //当前左式堆的根节点
    private Node root;

    /**
     删除左式堆堆顶元素的方法
     删除堆顶元素之后的左式堆通过对原有堆顶节点左右子堆的合并操作,再次调节为左式堆
     * /
    public int deleteMax() {

        if(this.root == null) {
            throw new RuntimeException("当前左式堆为空");
        }

        //1.保存左式堆的根节点并分别获取根节点的左后子堆
        Node max = this.root;
        Node lHeap = max.lChild;
        Node rHeap = max.rChild;

        //2.断开原有根节点与左右子堆的关系
        max.lChild = null;
        max.rChild = null;

        //3.左右子堆进行合并,将堆中剩余元素再次构建为左式堆
         * /
        this.root = mergeInner(lHeap, rHeap);

        return max.data;
    }

}
```

与向左式堆中添加元素的操作相同,删除左式堆堆顶元素后将剩余元素再次调整为左式堆结构的时间复杂度同样为 $O(\log N)$。

7.3.2 斜堆

1. 斜堆的结构特点

斜堆可以看作一种自平衡的左式堆,其实现方式相对更加简单。斜堆的构建不再依赖于零路径长的概念,因此在斜堆的节点中不再需要额外的数据域用于保存该节点的零路径长,代码如下:

```
/**
 Chapter7_Heap
```

```
 com.ds.skewheap
 Node.java
 斜堆的节点代码定义
  */
public class Node {

    int data;                                          //数据域

    Node lChild;                                       //左子指针域
    Node rChild;                                       //右子指针域

}
```

与左式堆相比，因为斜堆不再通过零路径长对堆结构进行约束，所以一个斜堆虽然依旧保持了左偏的性质，但是其结构不再像左式堆那样规整和平衡（这里的规整和平衡指的是堆结构整体更加向左倾斜的意思，并非是指与平衡二叉排序树相似的规整与平衡），堆根节点的最右路径的形状可能会相对复杂，所以对斜堆执行一次增删合并操作的最坏时间复杂度可能是 $O(N)$，但是在后续内容中会介绍，在对斜堆进行合并操作时会无条件地对结果堆根节点的左右子堆进行交换操作，这会使合并结果堆的最右路径尽可能地更短，所以斜堆执行增删合并操作的平均时间复杂度依然是 $O(\log N)$。

斜堆结构如图 7-10 所示。

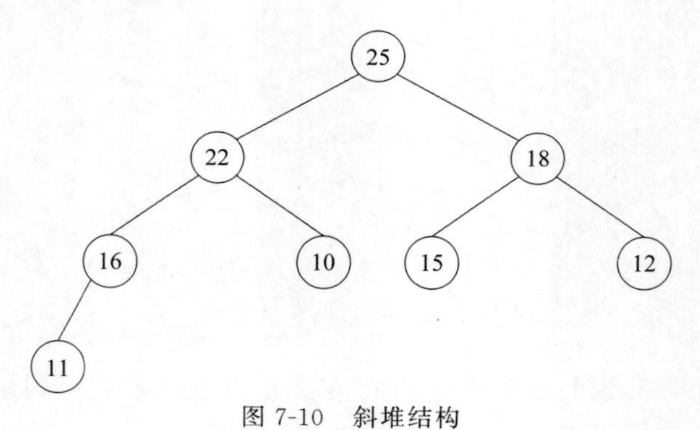

图 7-10　斜堆结构

2. 斜堆的合并操作

假设存在两个均为大根堆的斜堆，则对二者进行合并操作的执行过程如图 7-11 所示。

步骤 1：若进行合并的两个斜堆中的任意一个为空堆，即根节点为 null，则返回另一个斜堆作为结果。

步骤 2：比较两个斜堆根节点的元素取值，选定其中较大者作为合并后结果斜堆的根节点。

步骤 3：对较大根节点的右子堆与较小根节点的斜堆本身进行合并。合并过程即对较大根节点的右子堆与较小根节点的斜堆本身执行完整的合并流程。对合并完成的结果堆作为较大根节点的右子堆进行保存。

步骤 4：交换合并后结果堆的左右子堆，使结果堆的最右路径尽可能地更短。

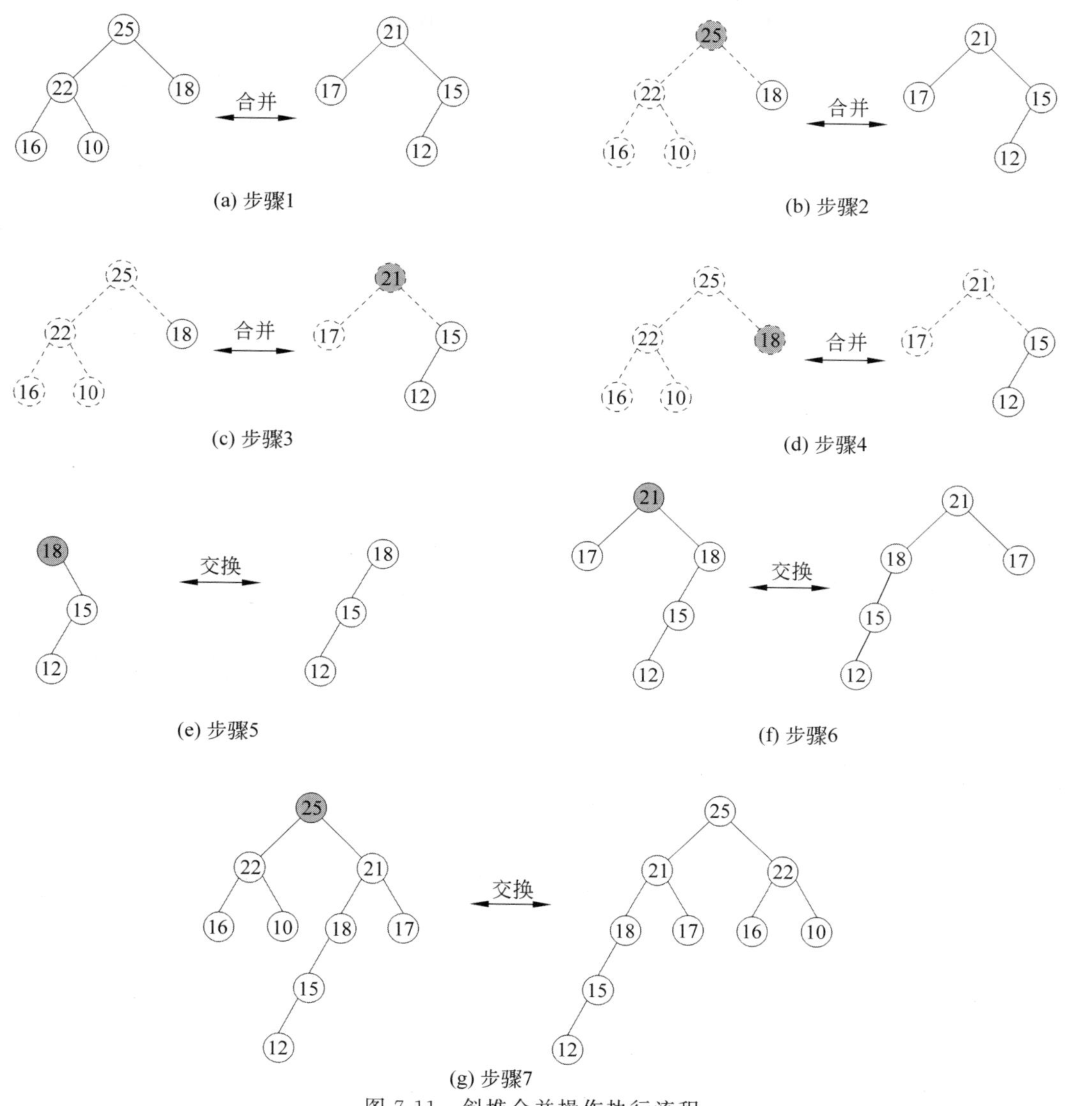

图 7-11　斜堆合并操作执行流程

明显与左式堆相似的是，斜堆的合并过程同样可以通过递归结构实现。在对较大根节点的右子堆与较小根节点的斜堆本身进行合并操作后结果堆的最右路径长度必然会增加。从左式堆合并操作时间复杂度的证明过程中提出的观点来看，只有尽可能地降低合并结果堆最右路径的长度才能最大限度地提升斜堆合并操作的整体效率，所以在每次合并操作后都会无条件地对结果堆的左右子堆进行交换操作，使结果堆的最右路径长度尽可能地更短。

通过交换操作，合并结果堆能够尽量保持自身的左偏性质并且使合并操作的平均时间复杂度保持在 $O(\log N)$ 级别。

下面给出通过递归结构实现的斜堆合并流程的代码示例：

```
/**
 Chapter7_Heap
 com.ds.skewheap
 SkewHeap.java
 斜堆结构
 */
public class SkewHeap {

    //通过静态内部类定义斜堆的节点类型
    private static class Node {
        int data;                                   //数据域
        Node lChild;                                //左子指针域
        Node rChild;                                //右子指针域
    }

    //当前斜堆的根节点
    private Node root;

    //将当前斜堆与另一个斜堆进行合并的方法，合并结果保存在调用方法的斜堆当中
    public void merge(SkewHeap other) {
        if(other == null || other.root == null) {
            return;
        }
        this.root = mergeInner(this.root, other.root);
    }

    //实际用于执行斜堆合并操作的递归方法
    private Node mergeInner(Node h1, Node h2) {

        /*
         1.递归出口
         若两个斜堆中其中一个为空堆则返回另一个斜堆作为结果
         */
        if(h1 == null) {
            return h2;
        }

        if(h2 == null) {
            return h1;
        }

        //通过判断与交换，始终保持 h1 为根节点较大的斜堆
        Node tmp;
        if(h1.data < h2.data) {
```

```
                tmp = h1;
                h1 = h2;
                h2 = tmp;
            }

            /*
             2.递归调用
             对根节点较大者的右子堆与根节点较小的斜堆本身进行合并
             合并结果保存为根节点较大者的右子堆并且直接完成结果堆左右子堆的交换操作
             */
            tmp = mergeInner(h1.rChild, h2);
            h1.rChild = h1.lChild;
            h1.lChild = tmp;

            return h1;

        }

    }
```

注意：在对斜堆进行实际开发场景下的实现时同样需要注意在合并操作过程中会出现与左式堆合并操作相同的注意事项。

3. 斜堆的元素添加操作

在斜堆中添加新元素的操作同样可以基于斜堆的合并操作进行实现，示例代码如下：

```
/**
 Chapter7_Heap
 com.ds.skewheap
 SkewHeap.java
 斜堆结构
 */
public class SkewHeap {

    //通过静态内部类定义斜堆的节点类型
    private static class Node {
        int data;                              //数据域
        Node lChild;                           //左子指针域
        Node rChild;                           //右子指针域
    }

    //当前斜堆的根节点
    private Node root;

    /**
     向斜堆中添加元素的操作
     该过程可以看作对当前斜堆与一个只存在根节点的斜堆进行合并的操作
     */
```

```
    public void add(int data) {
        Node node = new Node();
        node.data = data;
        this.root = mergeInner(this.root, node);
    }

}
```

4. 斜堆的堆顶元素删除操作

删除斜堆的堆顶元素并将堆中剩余元素再次调整为斜堆的操作仍然可以基于斜堆的合并操作进行实现，代码如下：

```
/**
 Chapter7_Heap
 com.ds.skewheap
 SkewHeap.java
 斜堆结构
 */
public class SkewHeap {

    //通过静态内部类定义斜堆的节点类型
    private static class Node {
        int data;                                   //数据域
        Node lChild;                                //左子指针域
        Node rChild;                                //右子指针域
    }

    //当前斜堆的根节点
    private Node root;

    /**
     删除斜堆堆顶元素的方法
     删除堆顶元素之后的斜堆通过对原有堆顶节点左右子堆的合并操作，再次调节为斜堆
     */
    public int deleteMax() {

        if(this.root == null) {
            throw new RuntimeException("当前斜堆为空");
        }

        Node max = this.root;
        Node lHeap = max.lChild;
        Node rHeap = max.rChild;

        max.lChild = null;
        max.rChild = null;

        this.root = mergeInner(lHeap, rHeap);
```

```
        return max.data;

    }

}
```

7.4　二项堆

对于堆结构的实现方式除了前面讲解过的二叉堆、左式堆与斜堆等实现方式之外，还有一种基于二项树结构的实现方式，即二项堆。对二项堆执行堆结构合并、元素添加、堆顶元素删除等操作的时间复杂度同样为 $O(\log N)$，因此二项堆也是一种较为常用的在各种操作方面性能均较为出色的堆结构实现方案。下面同样以实现大根堆结构为例开始对二项堆的相关内容进行讲解。

7.4.1　二项树结构

二项树结构是实现二项堆所依赖的一种特殊的类二叉树结构。与二叉树的节点构成相似，在二项树的节点当中除了数据域外同样存在两个指针域，只不过这两个指针域不再被称为当前节点的左右子节点，而是被称为当前节点的子(child)节点与兄弟(sibling)节点，代码如下：

```
/**
 Chapter7_Heap
 com.ds.binomialheap
 Node.java
 二项树的节点代码定义
 */
public class Node {

    //数据域
    int data;

    //二项树节点的子指针域，可以近似对应二叉树节点的左子指针域
    Node child;

    //二项树节点的兄弟指针域，可以近似对应二叉树节点的右子指针域
     */
    Node sibling;

}
```

在一个二项树中保存节点的数量总是 2 的整数次幂，当一个二项树节点数量为 $2^k(k \geqslant 0)$ 时这个二项树可以被记为 B_k，其中 k 也被称为该二项树的度。

度为 0、1、2、3 的二项树如图 7-12 所示。

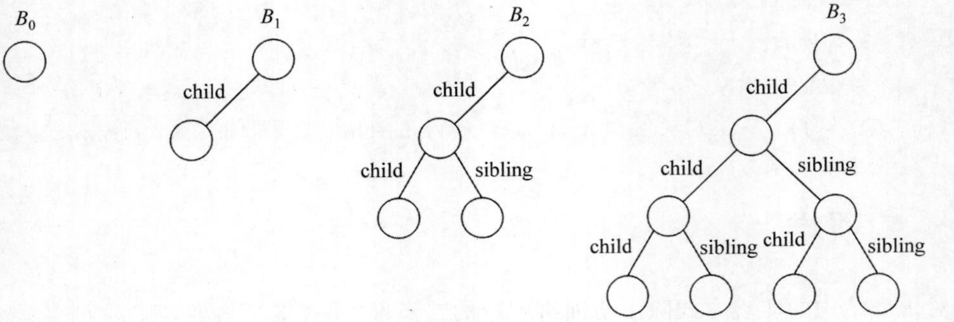

图 7-12　度为 0、1、2、3 的二项树

度为 $k(k>0)$的二项树 B_k 并不是通过向其中直接添加节点得到的，而是通过对两个具有相同更小度的 B_{k-1}二项树进行合并得到的。例如两个度为 0 且分别包含 1 个节点的二项树可以合并为一个度为 1 且包含两个节点的二项树；两个度为 1 且分别包含两个节点的二项树可以合并为一个度为 2 且包含 4 个节点的二项树……两个度为 k 且分别包含 2^k 个节点的二项树可以合并为一个度为 $k+1$ 且包含 2^{k+1}个节点的二项树等。能够进行合并的二项树之间总是具有相同的度，因此合并后结果二项树的节点数量总是合并前任意一个二项树节点数量的两倍，这也保证了二项树的节点数量是 2 的整数次幂取值的特点总是成立的。

二项树的合并结果如图 7-13 所示。

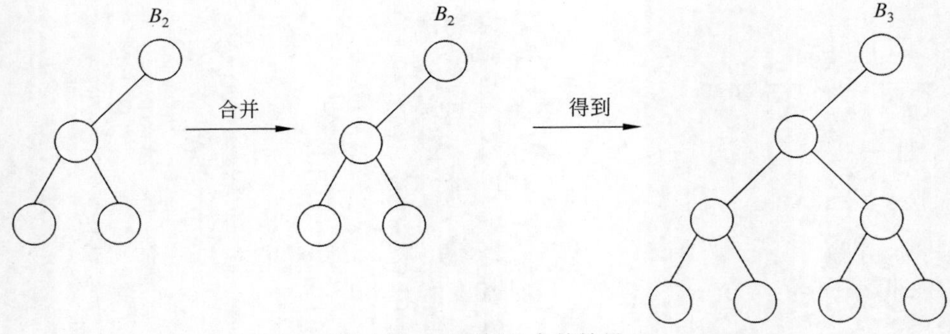

图 7-13　二项树的合并结果

用于实现二项堆的二项树结构并不完全符合堆序性，在一些情况下 sibling 子节点可能会保存比其父节点取值更大的数据（这一点在图 7-14 中有所体现），但是 child 子节点与其父节点之间依然保持着堆序性，即便如此，在通过二项树构建二项堆时仍然需要保证堆中任意二项树根节点所保存的数据是这个二项树中所有节点保存数据的极值。对两个根节点保存树中元素最大值的二项树进行合并操作的流程如下。

步骤 1：若进行合并的两个二项树中的任意一个为空树，即根节点为 null，则返回另一个二项树作为结果。

步骤2：对两棵二项树的根节点进行对比，使用两个根节点中保存数据取值较大者作为合并结果树的树根。

步骤3：将根较大的二项树的根节点记为t1，将根较小二项树的根节点记为t2，将t1中以t1.child为根的子树从t1中取下并保存为t2的sibling子树，即执行t2.sibling=t1.child操作。将以t2为根节点的二项树整体保存为t1的child子树，即执行t1.child=t2操作。两棵二项树合并操作完成。

根节点保存最大值的二项树的合并流程如图7-14所示。

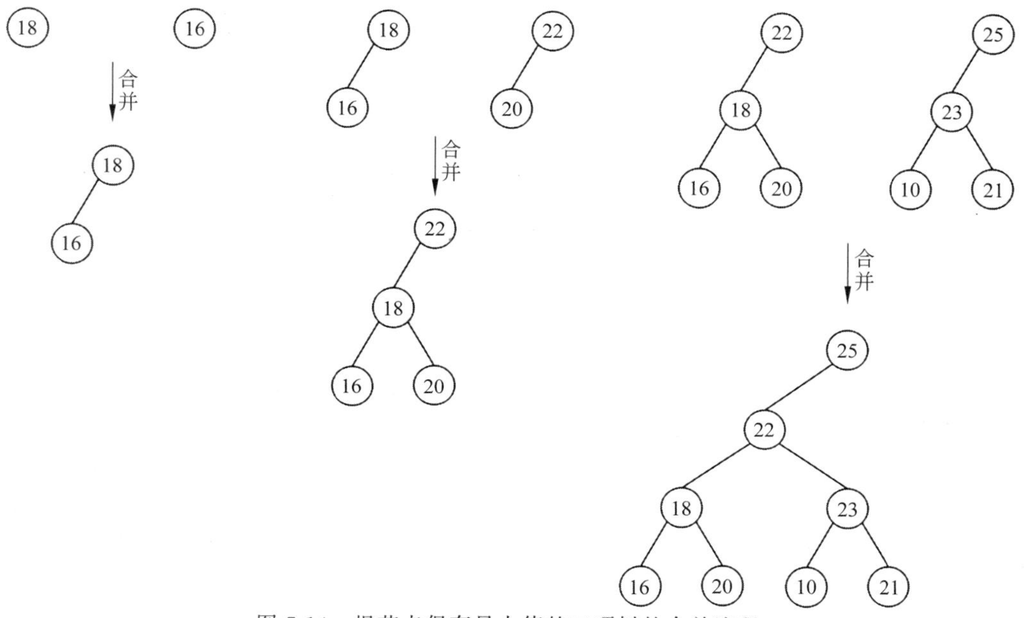

图7-14　根节点保存最大值的二项树的合并流程

在二项树合并流程的步骤3中对较小的根节点t2执行了t2.sibling=t1.child操作，即将较大根节点的child子树完全平移并保存为较小根节点的sibling子树的操作。那么在合并之前较小根节点的sibling子树是否有可能已经非空呢？这一问题可以在逐步将两棵B_0二项树合并为1棵B_1二项树、将两棵B_1二项树合并为1棵B_2二项树……将两棵B_k二项树合并为1棵B_{k+1}二项树的推演过程，即图7-13所示的流程当中找到答案：任意二项树根节点的sibling子树必然为空，因此在对两棵二项树进行合并时并不需要担心因为取值较小根节点的sibling子树非空而导致的节点丢失问题。

下面给出上述二项树合并流程的代码实现示例：

```
/**
 Chapter7_Heap
 com.ds.binomialheap
 BinomialHeap.java
 二项堆结构
```

```
 */
public class BinomialHeap {

    //通过静态内部类定义二项树的节点类型
    private static class Node {
        int data;                                           //数据域
        Node child;                                         //子指针域
        Node sibling;                                       //兄弟指针域
    }

    /**
     用于实现二项树合并操作的方法
     t1 和 t2 分别表示两棵二项树的树根节点
     */
    private Node mergeTree(Node t1, Node t2) {

        //1.若两棵二项树中一棵为空,则返回另一棵二项树作为合并结果
        if(t1 == null) {
            return t2;
        }

        if(t2 == null) {
            return t1;
        }

        //2.通过交换操作保证 t1 总是表示较大的根节点,即根节点较大的二项树
        if(t1.data < t2.data) {
            Node tmp = t1;
            t1 = t2;
            t2 = tmp;
        }

        //3.二项树的合并操作
        t2.sibling = t1.child;
        t1.child = t2;

        return t1;

    }

}
```

通过对于上述流程和代码示例进行分析不难看出，在对两棵二项树进行合并时并没有执行类似于对树中节点进行深度优先或者广度优先遍历的操作，只是简单地调整了两棵二项树根节点的一些引用变量的指向。这与简单的链表节点操作方式十分相似，因此对两棵二项树执行合并操作的时间复杂度为常量级的 $O(1)$。

7.4.2 二项堆的结构特点

一个二项堆可以看作由多棵二项树构成的森林。为了保存二项树森林，在二项堆中通常

会设置一个 Node[]类型的数组并将具有不同度的二项树的根节点分别保存在这个数组的对应位置当中。为了方便后续说明，将这个用于记录二项树根节点的数组记为 roots 数组。

在讲解二项树结构时曾经明确过：一棵二项树中节点的数量必然为 2 的整数次幂，因此二项堆中一个度为 k、节点数量为 2^k 的二项树的根节点即可保存在 roots 数组中下标为 k 的位置上。

二项堆结构如图 7-15 所示。

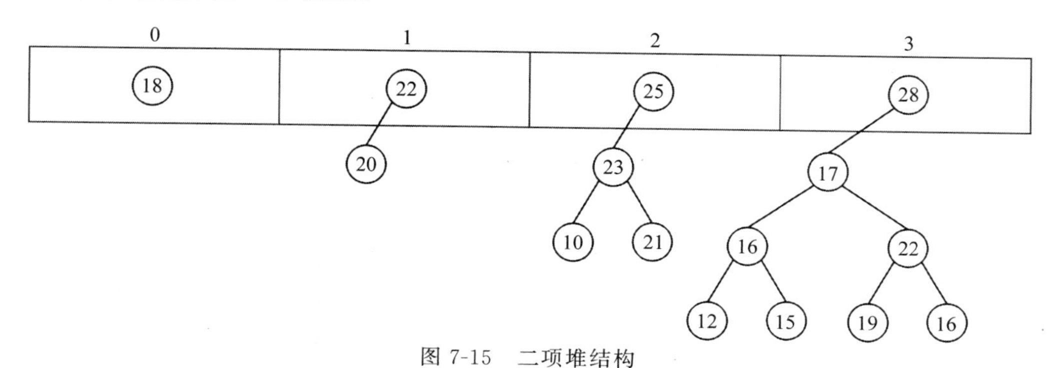

图 7-15 二项堆结构

二项堆中保存的元素数量与构成这个二项堆的二项树的数量与度数之间存在着特定的对应关系。假设一个二项堆中保存了 21 个元素，那么这个二项堆可以由 1 棵 B_0 二项树、1 棵 B_2 二项树和 1 棵 B_4 二项树构成，即 roots 数组中下标为 0($2^0=1$)的位置、下标为 2($2^2=4$)的位置和下标为 4($2^4=16$)的位置是非空的，分别保存一棵二项树的树根，这些二项树的节点数量的总和为 21。如果将堆中的元素数量 21 转换为二进制表示，则可得 21(b)＝0001 0101。如果将二进制中的最低位记为第 0 位，则 21(b)在第 0 位、第 2 位与第 4 位的位置取值为 1，这也恰好与 roots 数组中保存二项树根节点的下标位置一致，这也是二项堆名称的由来。同时对于任意一个非负整数来讲其二进制表示都是唯一的，即其任意二进制位上的 1 最多只能出现 1 次。综合上述二项堆元素数量二进制表示中 1 的位置与二项堆 roots 数组中保存二项树根节点的对应关系可知，在同一个二项堆中，度的取值 k 相同的 B_k 二项树同时最多只能存在一棵，即二项堆中不存在度相同或者节点数量相同的两棵二项树。

7.4.3 二项堆的合并操作

二项堆的合并操作即对两个二项堆中具有相同度数的二项树进行合并，并在结果二项堆中根据两棵二项树合并结果的度重新分配存储位置的操作。对两个大根二项堆进行合并的操作流程如下。

步骤 1：创建一个 Node[]类型的数组，记为 result，用于保存两个二项堆中相同度的二项树合并后的根节点。在创建 result 数组时需要确保数组的最大下标足以保存两个二项堆合并后具有最高度的二项树。

步骤 2：取得两个二项堆中用于保存二项树根节点的 Node[]类型数组，并分别记为

roots1 和 roots2。对 roots1 与 roots2 中具有相同度数的二项树进行合并,合并过程可以分为 3 种情况进行说明:①若 roots1[i]与 roots2[i]同时为空,则表示两个二项堆同时不具有二项树 B_i。此时将 result[i]置为空,直接执行下一次循环;②若 roots1[i]与 roots2[i]同时非空,则表示两个二项堆都具有二项树 B_i。此时对两棵二项树进行合并得到结果二项树 B_{i+1},将其根节点保存在 result[$i+1$]的位置上;③若 roots1[i]与 roots2[i]其中一个为空,则将非空的一棵二项树 B_i 的根节点保存在 result[i]的位置上。又由情况②可知 result[i]此时可能非空(两个二项堆同时具有 B_{i-1} 的二项树合并得到 B_i 二项树的情况)。当 result[i]非空时将 roots1[i]与 roots2[i]中非空的一个与 result[i]进行合并得到结果二项树 B_{i+1},将其根节点保存在 result[$i+1$]的位置上,将 result[i]置为空。

步骤 3:在 roots1 与 roots2 不等长的情况下,其中一个会在步骤 2 中先行完成遍历,而另一个中可能存在剩余的二项树。此时需要将尚未完成遍历的根节点数组中保存的二项树完全合并到结果数组 result 当中,合并过程参考步骤 2 中的情况③。

步骤 4:将结果数组封装为一个二项堆对象并返回,算法结束。

二项堆合并操作的执行流程如图 7-16 所示。

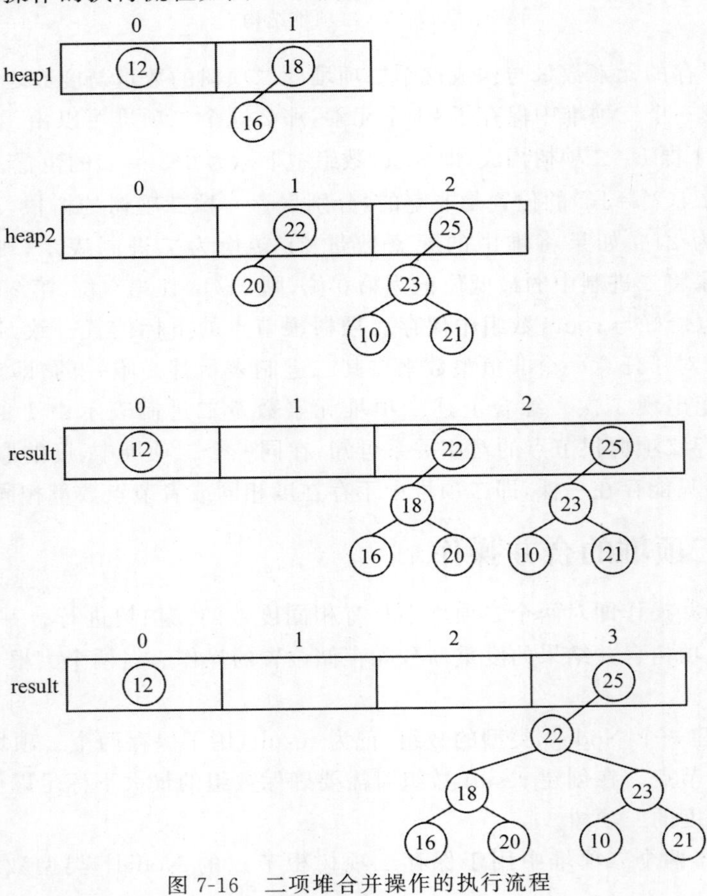

图 7-16 二项堆合并操作的执行流程

下面给出二项堆合并的代码示例：

```
/**
 Chapter7_Heap
 com.ds.binomialheap
 BinomialHeap.java
 二项堆结构
 */
public class BinomialHeap {

    //通过静态内部类定义二项树的节点类型
    private static class Node {
        int data;                                   //数据域
        Node child;                                 //子指针域
        Node sibling;                               //兄弟指针域
    }

    //当前二项堆中二项树的根数组,初始长度为 4
    private Node[] roots = new Node[4];

    //保存当前二项堆中元素数量的全局变量
    private int size;

    /**
     对当前二项堆与另一二项堆进行合并的方法
     合并结果保存在调用方法的二项堆当中
     */
    public void merge(BinomialHeap other) {

        if(other == null || other.roots == null || other.size == 0) {
            return;
        }

        /*
         1.创建结果数组
         计算并保证结果数组的最大下标足以容纳合并结果中度数最大的二项树
         */
        int maxLength = Math.max(this.roots.length, other.roots.length);
        Node[] result;
        /*
         如果合并后元素数量大于当前两个二项堆中容量的最大值,则需要在当前两个数组长度
         最大值的基础上+1
         */
        if(this.size + other.size > (1 << maxLength) - 1) {
            result = new Node[maxLength+1];
        } else {
            result = new Node[maxLength];
        }
```

```
/*
2.对两个二项堆的二项树根数组
执行对位合并操作,将合并结果保存在 Node[] result 中
*/
int i = 0;
int j = 0;
while(i < this.roots.length && j < other.roots.length) {
    Node t1 = this.roots[i];
    Node t2 = other.roots[j];
    Node merge = mergeTree(t1, t2);

    //步骤 2 情况 1
    if(t1 == null && t2 == null) {
        i++;
        j++;
        continue;
    } else
    //步骤 2 情况 3
    if(t1 == null || t2 == null) {
        if(result[i] != null) {
            result[i+1] = mergeTree(result[i], merge);
            result[i] = null;
        } else {
            result[i] = merge;
        }
    }
    //步骤 2 情况 2
    else {                                    //t1 != null && t2 != null
        result[i+1] = merge;
    }

    i++;
    j++;

}

/*
3.将未完成遍历的数组中剩余的二项树整合到结果根数组中
下列两个 while 循环可能均不执行(两根数组等长)可能择其一而执行(两根数组不等长)
*/
while(i < this.roots.length) {
    if(this.roots[i] != null && result[i] != null) {
        result[i+1] = mergeTree(this.roots[i], result[i]);
        result[i] = null;
    } else if(result[i] == null) {
        result[i] = this.roots[i];
    }
    i++;
}
```

```
        while(j < other.roots.length) {
            if(other.roots[j] != null && result[j] != null) {
                result[j+1] = mergeTree(other.roots[j], result[j]);
                result[j] = null;
            } else if(result[j] == null) {
                result[j] = other.roots[j];
            }
            j++;
        }

        this.roots = result;
        this.size += other.size;

    }

}
```

对两个二项堆进行合并操作的核心是对两个二项堆中所有具有相同度数的二项树进行合并。这一核心操作的次数在最坏的情况下等同于合并完成后结果二项堆中二项树根节点数组的长度。假设合并完成后结果二项堆的规模为 N,那么结果二项堆中二项树根数组的长度等价于 N 的二进制表示的有效长度(从 N 的二进制表示的最低位起到 N 的二进制表示中最高位 1 的长度),显然这一长度为 $\log N$(这一点可以通过对 N 进行整除法转换二进制过程中对 2 进行除留余数操作的次数进行证明)。又因为二项树合并操作的时间复杂度为 $O(1)$,所以二项堆合并操作的整体时间复杂度为 $\log N \times O(1)=O(\log N)$。

注意:在对二项堆进行合并的过程中同样存在二项树节点复用的问题,所以在本书的配套源码中仍旧在内部类 Node 类型中提供了 copy()方法,用以递归地复制以当前 Node 节点为根的整棵二项树。该方法在将另一个二项堆 other 合并到当前二项堆中时用于对二项堆 other 中的二项树进行复制,在保证二项树节点结构、取值不变的前提下确保合并结果二项堆与二项堆 other 并不共用相同的节点对象的内存地址。

7.4.4 二项堆的元素添加操作

向二项堆当中添加一个新元素本质上相当于向二项堆中二项树根节点数组下标为 0 的位置添加一个度为 0 的新二项树 B_0。此时需要保证在向二项堆中添加 B_0 后二项堆中具有相同度数的二项树之间能够正确地进行合并。很明显这一操作仍旧可以通过上面给出的二项堆合并操作进行完成,即对当前二项堆与一个新的只具有一个元素的二项堆进行合并。

除此之外,向二项堆中添加新元素的操作还有另外一种实现方式,步骤如下。

步骤 1:将新加入的元素封装为二项树的节点对象并记为 node。

步骤 2:从下标为 0 的位置开始扫描当前二项堆的二项树根数组 roots。若 roots[0]非空,则将 node 与 roots[0]进行合并,并将合并结果二项树的树根保存在变量 node 中,此时

node 所保存的二项树的度为 1；若 roots[1]非空，则对 node 与 roots[1]进行合并，并将合并结果二项树的树根保存在变量 node 中，此时 node 所保存的二项树的度为 2；若 roots[2]非空，则对 node 与 roots[2]进行合并，并将合并结果二项树的树根保存在变量 node 中，此时 node 所保存的二项树的度为 3……以此类推。

步骤 3：在遍历过程中若遇到 roots[i]为空的情况则将变量 node 中所保存的度为 i 的合并结果二项树的树根置于 roots[i]的位置，算法结束；或者如果步骤 2 能够完成对 roots 数组的完整遍历，则在遍历完成后变量 node 中保存的是一个度为 n(n 表示 roots 数组的原始长度)的结果二项树。此时需要对 roots 数组扩容 1 位并将变量 node 所保存的合并结果二项树的根节点置于扩容后 roots[n]的位置上，算法结束。

二项堆元素添加操作的执行流程如图 7-17 所示。

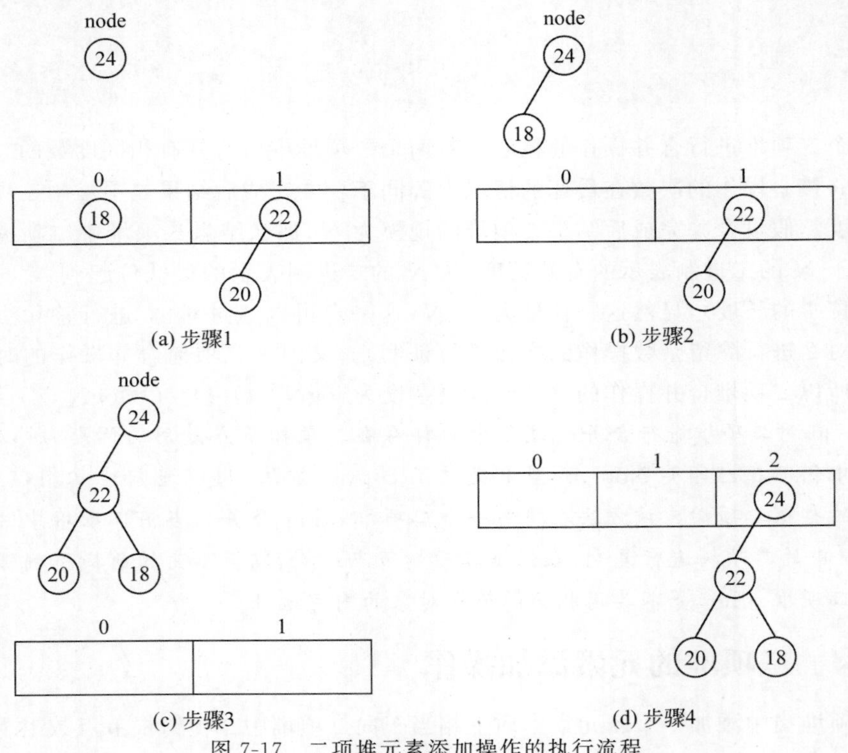

图 7-17　二项堆元素添加操作的执行流程

下面给出第 2 种实现方式的代码示例：

```
/**
 Chapter7_Heap
 com.ds.binomialheap
 BinomialHeap.java
 二项堆结构
  * /
```

```java
public class BinomialHeap {

    //通过静态内部类定义二项树的节点类型
    private static class Node {
        int data;                                   //数据域
        Node child;                                 //子指针域
        Node sibling;                               //兄弟指针域
    }

    //当前二项堆中二项树的根数组,初始长度为 4
    private Node[] roots = new Node[4];

    //保存当前二项堆中元素数量的全局变量
    private int size;

    //向二项堆中添加新元素的方法
    public void add(int data) {

        //1.将新元素封装为二项树节点,即以新元素为根构建一个度为 0 的二项树
        Node node = new Node();
        node.data = data;

        //2.判定添加元素后是否需要对 roots 数组进行扩容
        if(size + 1 > (1 << roots.length)-1) {
            roots = Arrays.copyOf(roots, roots.length+1);
        }

        //3.将 roots 数组中保存的所有二项树累计合并到 node 变量中
        for(int i = 0; i < roots.length; i++) {
            //若 roots[i]非空,则与 node 合并
            if(roots[i] != null) {
                node = mergeTree(roots[i], node);
                roots[i] = null;
            }
            //若 roots[i]为空,则保存合并结果,算法结束
            else {
                roots[i] = node;
                break;
            }
        }

        size++;
    }

}
```

不论通过哪种方式实现对二项堆新元素的添加操作其时间复杂度都是相同的,即 $O(\log N)$。因为这两种实现方案的本质是相同的,只是执行细节上略有不同。通过第 2 种实现方式不难看出,对 roots 数组进行遍历及将 roots[i]与变量 node 所保存二项树进行合并操作的次数在最坏的情况下等于添加操作完成后 roots 数组的长度。综合二项堆合并操

作时间复杂度的证明可推知上述过程在最坏的情况下的时间复杂度同样为 $O(\log N)$，其中 N 表示添加新元素后二项堆的规模。

7.4.5 二项堆的堆顶元素删除操作

从二项堆中删除最大值元素即删除二项堆的堆顶元素的操作流程需要分为 3 部分完成。

步骤 1：遍历二项树根数组 roots 找出其中具有最大元素取值的二项树根节点。因为构建二项堆所用二项树的根节点总是保存该树中所有元素的最大值，所以 roots 数组中具有最大元素取值的节点即为整体二项堆的根节点。将该节点及其所表示的二项树记为 deletedTree。

步骤 2：从 roots 数组中移除 deletedTree 所表示的二项树并对这一二项树进行拆分。假设 deletedTree 在 roots 中的原下标为 i，则表示 deletedTree 在删除根节点之前保存了 2^i 个节点。那么在删除根节点后 deletedTree 中剩余 $2^i-1=1+2+4+8+\cdots+2^{i-1}$ 个节点，因此删除根节点后的 deletedTree 经过拆分可以保存在一个根数组长度为 i（最大下标为 $i-1$）的二项堆 deletedHeap 当中，并且该二项堆的二项树根数组 roots′的每位均非空。删除根节点后 deletedTree 拆分的具体方式如下：将 deletedTree 的 child 子树作为一棵独立的二项树保存在 deletedHeap 中二项树根数组 roots′$[i-1]$的位置上，但是因为二项树根节点的 sibling 子树必须为空，所以必须将 roots′$[i-1]$.sibling 子树单独作为一个二项子树拆分出来并保存在 roots′$[i-2]$的位置上。因为同样的原因，需要循环地将 roots′中下标在$[1,i-2]$范围内的所有二项子树根节点的 sibling 子树都单独拆分出来并分别存储在 roots′数组中它的前一位置上，直到 roots′中的所有二项子树根节点的 sibling 子树均为空为止。循环结束后得到的 deletedHeap 中完整地保存了 deletedTree 删除根节点后所拆分出来的所有二项子树。

删除根节点后 deletedTree 的拆分流程如图 7-18 所示。

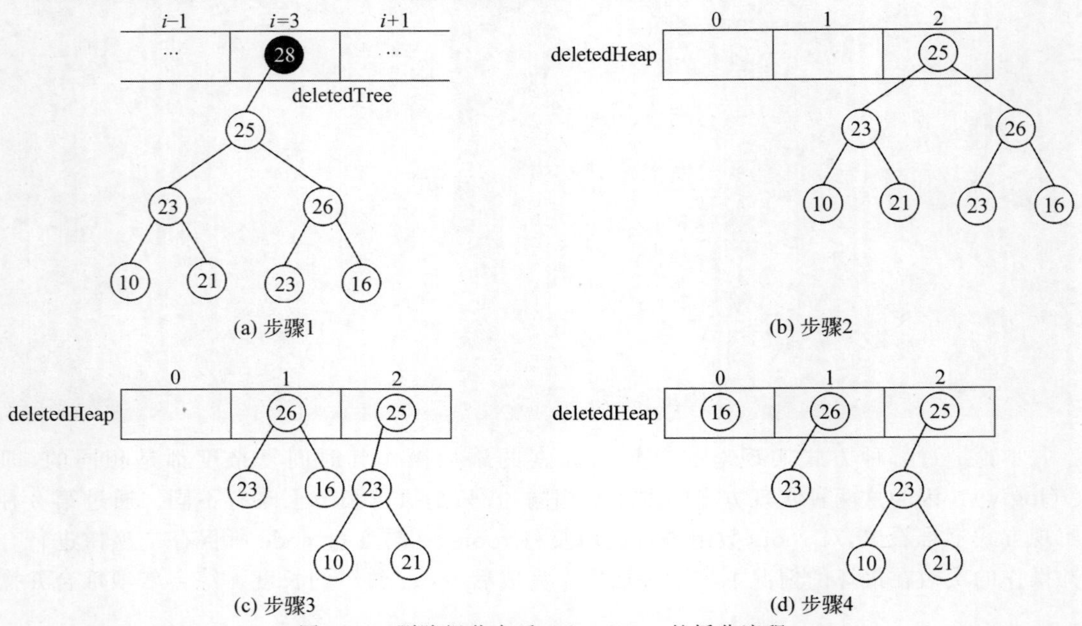

图 7-18 删除根节点后 deletedTree 的拆分流程

步骤 3：将移除 deletedTree 后的当前二项堆与保存拆分后 deletedTree 中二项树的 deletedHeap 执行合并操作。合并完成后所得结果二项堆即为原始二项堆删除堆根最大元素后的结果二项堆，算法结束。

上述步骤看上去颇为复杂，但是从代码实现的角度来看却十分简单且具有技巧性。下面给出从二项堆中删除堆顶元素的代码示例：

```
/**
 Chapter7_Heap
 com.ds.binomialheap
 BinomialHeap.java
 二项堆结构
 */
public class BinomialHeap {

    //通过静态内部类定义二项树的节点类型
    private static class Node {
        int data;                                  //数据域
        Node child;                                //子指针域
        Node sibling;                              //兄弟指针域
    }

    //当前二项堆中二项树的根数组，初始长度为 4
    private Node[] roots = new Node[4];

    //保存当前二项堆中元素数量的全局变量
    private int size;

    //删除二项堆中堆顶元素的方法
    public int deleteMax() {

        if(size == 0) {
            throw new RuntimeException("当前二项堆为空");
        }

        //1.找到二项堆中的堆顶节点并记为 deleteTree
        Node deletedTree = roots[0];
        int deletedIndex = 0;
        for(int i = 1; i < roots.length; i++) {
            if(roots[i] == null) {
                continue;
            }
            if(deletedTree == null) {
                deletedTree = roots[i];
                deletedIndex = i;
                continue;
            }
            if(roots[i].data > deletedTree.data) {
```

```
                deletedTree = roots[i];
                deletedIndex = i;
            }
        }
        int max = deletedTree.data;

        //2.对 deletedTree 进行拆分并将拆分结果保存在 deletedHeap 中
        deletedTree = deletedTree.child;
        BinomialHeap deletedHeap = new BinomialHeap();
        deletedHeap.roots = new Node[deletedIndex];
        deletedHeap.size = (1 << deletedIndex)-1;
        for(int i = deletedIndex-1; i >= 0; i--) {
            /*
             deletedHeap.roots[deletedIndex-1]
             即 roots'的最大下标位保存的是
             deletedTree.child 子树
             */
            deletedHeap.roots[i] = deletedTree;
            //roots'中前序所有位置保存的均为逐步拆分的 deletedTree.sibling 子树
            deletedTree = deletedTree.sibling;
            deletedHeap.roots[i].sibling = null;
        }

        roots[deletedIndex] = null;
        this.size -= deletedHeap.size+1;

        /*
         3.对去掉 deletedTree 的当前二项堆与 deletedHeap 进行合并操作
         合并结果即为原始二项堆删除堆顶元素的结果二项堆
         */
        this.merge(deletedHeap);

        return max;

    }

}
```

从上述删除二项堆堆顶元素的执行步骤来看，该操作的整体时间复杂度取决于 3 个步骤整体时间开销的总和。若将删除堆顶元素操作的整体时间开销记为 $T(N)$，将 3 个步骤各自的时间开销分别记为 $T_1(N)$、$T_2(N)$ 与 $T_3(N)$ 且其中 N 均表示删除堆顶元素之前二项堆规模，则四者之间满足如式(7-5)所示的关系：

$$T(N) = T_1(N) + T_2(N) + T_3(N) \tag{7-5}$$

步骤 1 的执行较为简单，即对原二项堆中二项树根数组进行遍历操作，所以其最坏的情况下时间复杂度为 $O(\log N)$，即得式(7-6)：

$$T_1(N) \leqslant O(\log N) \tag{7-6}$$

在步骤 2 的执行过程中，因为每次对 deletedTree.sibling 子树拆分的操作都类似于简单的链表节点操作，所以每步拆分操作的时间复杂度均为常量级的 $O(1)$。又因为删除根节点后的 deletedTree 可以拆分为 i 个二项子树，所以拆分流程整体的时间复杂度为 $i \times O(1) = O(i)$。在最坏的情况下，deletedTree 可能保存在原二项堆中二项树根数组的最后一位上，因此 $O(i)$ 的最坏情况取值为 $O(\log N - 1) = O(\log N)$，即得式(7-7)：

$$T_2(N) \leqslant O(\log N) \tag{7-7}$$

在步骤 3 执行合并操作后，因为结果二项堆的规模为 $N-1$，所以合并过程的最坏时间复杂度为 $O(\log(N-1)) = O(\log N)$，即得式(7-8)：

$$T_3(N) \leqslant O(\log N) \tag{7-8}$$

综上所述，在二项堆中删除堆顶元素操作的整体时间复杂度可以通过式(7-9)进行计算：

$$\begin{aligned} T(N) &= T_1(N) + T_2(N) + T_3(N) \\ &\leqslant 3 \times O(\log N) \end{aligned} \tag{7-9}$$

舍弃常数项系数后可得 $T(N) = O(\log N)$，即从二项堆中删除堆顶元素操作的时间复杂度为 $O(\log N)$。

第 8 章

散 列 表

在第 2 章的内容当中曾经讲解过，对于数组和链表这两种较为基础的物理结构都可以通过元素下标的方式访问其中保存的数据，但是在很多实际开发场景当中，除了通过下标对元素进行访问外还需要根据元素本身的取值在数组或链表当中对元素进行查找。此时如果通过元素遍历、逐个比对的方式对这种需求进行实现，则每次查找操作的平均时间复杂度为线性的 $O(N)$，所以在大量执行按元素取值进行查找操作时其实际效率并不是很高。为了解决这一问题需要实现这样一种数据结构：在这种数据结构中可以通过元素本身的取值将元素映射到存储空间当中的某一固定位置上，而在按元素取值执行查找操作时还可以按照相同的元素取值-存储位置映射关系在存储空间中快速定位到这一元素。这种数据结构被称为散列表。

与数组或者链表结构相比，散列表在元素按取值进行查找时的效率更高，其单次查找操作的平均时间复杂度趋近于常量级的 $O(1)$，所以在实际开发当中散列表具有相当广泛的应用。从原理上来讲，数组或链表都可以作为散列表的元素存储空间使用，但是考虑到在散列表中同样存在一些按照下标进行查找的操作，所以通常情况下优先选择数组结构作为散列表的元素存储空间。

在本章的内容当中首先给出散列表及相关的一些基本概念的定义，然后对散列表中用于实现元素取值-存储位置映射的核心结构（散列函数）的一些常见实现方式进行说明，最终结合上述内容对散列表的几种常见实现方案进行讲解。

本章内容的思维导图如图 8-1 所示。

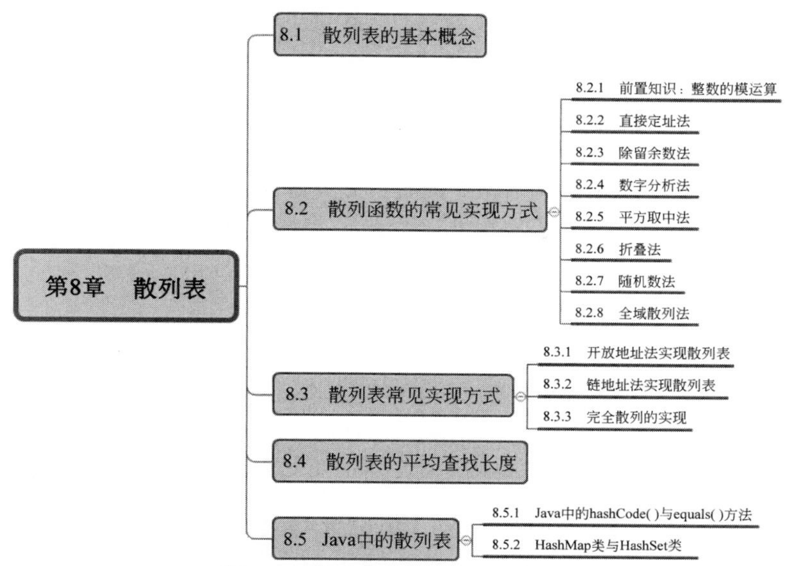

图 8-1 散列表章节学习思维导图

8.1 散列表的基本概念

散列表是一种能够按照元素本身的取值在存储空间当中快速对元素进行查找、添加与删除操作的数据结构。因为在散列表的存储空间当中元素的存储位置都是根据元素本身的取值进行映射的，所以在给出一个元素取值的情况下，可以以 $O(1)$ 的平均时间复杂度实现对散列表中元素的查找、添加与删除操作。

散列表原理示意图如图 8-2 所示。

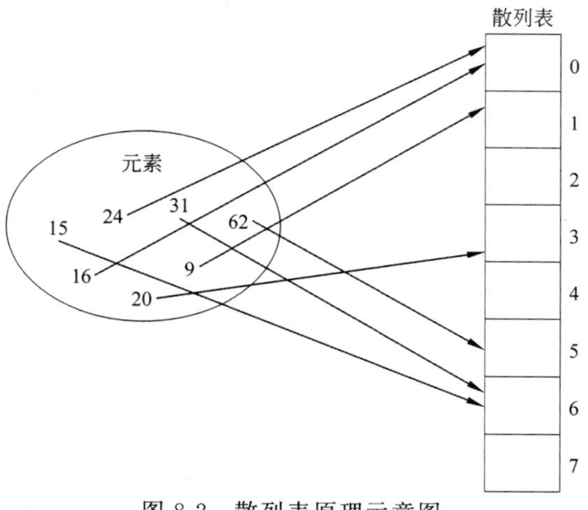

图 8-2 散列表原理示意图

散列表中用于保存元素的位置称为槽位（或者桶），可以通过整数下标的形式表示槽位的具体位置。考虑到加入散列表中的元素或者将元素映射到散列表中时所采用的数据标准并不总是整数的形式，而将非整数形式的数据映射到散列表的具体槽位存在一定困难，所以在将这一类元素加入散列表中时需要按照一种特定的形式提取出元素以整数形式表示的“特征码”，这种整数形式的元素特征码被称为元素的散列编码。例如在 Java 语言中，对于自定义的数据类型可以通过重写 hashCode()方法的方式获取这一类型对象的散列编码。对于同一类型的所有对象来讲获取散列编码的过程和标准是相同的，但是因为每个对象的散列编码取值都是根据对象中保存的属性取值（对象信息）运算生成的，所以对于同一类型保存不同对象信息的不同对象来讲，其散列编码取值也会有所不同。下面给出一个自定义的 Person 类及其根据对象属性取值重写的 hashCode()方法的代码示例：

```
/**
 Chapter8_HashTable
 com.ds.hashmethod
 Person.java
 重写了 hashCode()方法的自定义 Person 类
 */
public class Person {

    private String id;                          //证件编号
    private String name;                        //姓名
    private int age;                            //年龄

    private String phone;                       //电话号码
    private String email;                       //电子邮箱
    private String address;                     //家庭住址

    private int height;                         //身高
    private int weight;                         //体重

    //构造器、get/set 方法及其他不相关方法略

    @Override
    public int hashCode() {

        /*
        因为 hashCode()方法的返回值是根据当前类对象的对象信息生成的，所以对于同一类
        型及保存不同对象信息的不同对象来讲其 hashCode()方法的返回值会有所不同
        如果对象中存在复合数据类型的属性，则递归地调用这些属性取值的 hashCode()方法
        */

        int result = id != null ? id.hashCode() : 0;
        result = 31 * result + (name != null ? name.hashCode() : 0);
        result = 31 * result + age;
        result = 31 * result + (phone != null ? phone.hashCode() : 0);
```

```
        result = 31 * result + (email != null ? email.hashCode() : 0);
        result = 31 * result + (address != null ? address.hashCode() : 0);
        result = 31 * result + height;
        result = 31 * result + weight;
        return result;
    }

}
```

保存不同对象信息的 Person 类型对象的散列编码：

```
//保存不同对象信息的 Person 类型对象的散列编码
Person p1 = new Person(
        "0001", "Tom", 22,
        "13900000001", "tom@example.com",
        "北京市海淀区", 175, 80);
System.out.println(p1.hashCode());        //-817076599

Person p2 = new Person("0002", "Jerry", 23,
        "13900000002", "jerry@example.com",
        "上海市闵行区", 187, 90);
System.out.println(p2.hashCode());        //1195683376

Person p3 = new Person("0003", "Smith", 21,
        "13900000003", "smith@example.com",
        "哈尔滨市南岗区", 182, 87);
System.out.println(p3.hashCode());        //437625530

Person p4 = new Person("0004", "Jack", 25,
        "13900000004", "jack@example.com",
        "沈阳市大东区", 172, 72);
System.out.println(p4.hashCode());        //1513124235

Person p5 = new Person("0005", "Rose", 22,
        "13900000005", "rose@example.com",
        "大连市高新园区", 168, 55);
System.out.println(p5.hashCode());        //-1047167325
```

需要注意的是，对于重写了 hashCode()方法的自定义类型对象来讲，保存相同对象信息的对象之间其散列编码的取值一定是相同的，但是这一说法反过来讲并不一定成立，即具有相同散列编码的对象之间也可能保存了不同的对象信息。在两个对象散列编码一致的情况下二者之间所保存的对象信息是否一致还需要进一步通过 equals()方法进行判断。hashCode()与 equals()方法之间的关系将在后续内容中进行讲解。

散列函数是用于按照元素取值或者散列编码计算元素在散列表中存储槽位的函数，也就是说散列函数是散列表元素取值-存储槽位映射的具体实现。散列函数通常用 h(key)或者 hash(key)进行表示，其中 key 表示元素取值或者散列编码。散列函数的返回值通常是一个非负整数，用于表示元素在散列表存储空间中的槽位下标取值，这个下标取值也被称为元素的散列地址。下面给出一个如式(8-1)所示的简单散列函数的实现方式：

$$\text{hash}(\text{key}) = 3\,|\,\text{key}\,| + 5 \tag{8-1}$$

假设在式(8-1)所表示的散列函数中，key 表示某元素的散列编码，|key|表示散列编码的绝对值，则对该散列函数来讲：散列编码为 10 的元素的散列地址为 35，即该元素存储在散列表中下标为 35 的槽位；散列编码为－15 的元素的散列地址为 50，即该元素存储在散列表中下标为 50 的槽位；散列编码为 20 的元素的散列地址为 65，即该元素存储在散列表中下标为 60 的槽位……特殊的情况，对于式(8-1)所表示的散列函数来讲，散列编码绝对值相同的元素，例如散列编码为 30 和－30 的元素之间会具有相同的散列地址，即散列编码为 30 和－30 的元素之间会竞争散列表中下标为 95 的槽位，此时称为出现了散列冲突(或称哈希碰撞)。

一个好的散列函数应该尽可能地避免非等值元素或者散列编码之间出现散列冲突的情况，但是即使使用非常复杂的计算过程实现散列函数，散列冲突的出现也是在所难免的，此时需要通过一些特定的方式来处理散列冲突问题。散列冲突问题的处理方式会直接影响散列表元素增删及查找的实际效率，这一部分的内容将在散列表的常见实现方式中进行详细讲解。

散列表中保存元素的数量与散列表存储空间总大小的比值被称为负载因子。负载因子是一个取值小于或等于 1.0 的非负浮点值，它描述了散列表的“拥挤”程度。显然，一个散列表的负载因子越大，向其中添加元素时发生散列冲突的可能性也就越高。经过统计，当散列表的负载因子取值在 0.75 以下时添加元素发生散列冲突的可能性相对较低，在可接受的范围内。

在实现散列表时也可以赋予散列表一个自定义的负载因子阈值，当散列表的负载因子高于该阈值时，可以通过对散列表执行扩容操作降低负载因子。在散列表扩容后需要对散列表中已经保存的所有元素重新分配槽位，这个过程被称为再散列。

注意： 在一些文献或资料当中也将非等值元素在散列表中发生散列冲突后分配到散列表其他槽位进行保存的操作称为再散列，所以再散列的概念需要联系上下文以区别其具体含义。

8.2 散列函数的常见实现方式

在 8.1 节的内容中曾经讲解过：一个好的散列函数应该尽量地避免非等值元素或者散列编码之间出现散列冲突的情况，所以在设计散列函数时需要根据元素取值或者散列编码的特征及应用场景来具体规划散列函数的计算过程。除此之外，通过散列函数计算得到的散列地址还应该保证不会因为取值过大或过小而导致元素在加入散列表的过程中出现槽位下标越界的情况，因此很多散列函数还会在计算得出元素的散列地址后将散列地址与散列表的存储空间长度进行模运算，并将模运算的结果作为元素的最终散列地址返回。在这一部分的内容中将首先对模运算的概念与一些细节进行说明，然后对一些常见的散列函数设计方式进行介绍。

需要注意的是，通常情况下将传递给散列函数的参数称为“关键字”，但是“关键字”一词在不同的场景下具有不同的含义。在单纯研究散列表原理的场景下，关键字可以被直接认为是加入散列表中的元素取值本身，但是这种情况只适用于元素取值为整数类型的情况。在实际开发中，加入散列表、传递给散列函数的参数的数据类型可能是多种多样的，并不局限于整数类型，此时就需要获取元素的散列编码作为散列函数的参数进行传递。在接下来讲解的内容当中依然使用“关键字”这一词汇代表传递给散列函数的参数，但是其具体含义，则需要根据理论对应的具体实践场景加以区分。

8.2.1　前置知识：整数的模运算

模运算即取余运算，其标识符号为 mod。整数 a 对整数 b 进行模运算可以表示为 $a \bmod b$，其中 a 可以称为被模数，b 可以称为模数。在 Java 语言中可以通过%运算符实现两个整数之间的模运算，代码形式如下：

```
//Java 中的%运算符
int a = 7 % 3;
System.out.println(a);                    //1
```

在非负整数 a 对非负整数 b 进行模运算（$a \bmod b$）时具有如下特点。

特点 1：当 $a == 0$ 时，模运算的结果为 0，即 0 与任何非 0 整数进行模运算的结果都是 0。

特点 2：当 $b == 0$ 时，模运算无意义。显然，模运算是一种基于除法的运算方式，所以当模数为 0 时模运算没有意义。在通过 Java 代码实现模运算时，如果模数为 0，则会导致抛出异常，所以在执行模运算之前应该检查模数是否为 0，从而避免程序异常的发生。

特点 3：当 $a \neq 0$ 且 $b \neq 0$ 时，$a \bmod b$ 的计算结果如式(8-2)所示。

$$a \bmod b = a - b \times \left\lfloor \frac{a}{b} \right\rfloor \tag{8-2}$$

由式(8-2)可以推导出式(8-3)：

$$a = qb + r \quad 0 \leqslant r < b \tag{8-3}$$

在式(8-3)中，q 表示 a 与 b 的商向下取整的结果，r 表示余数，即 $a \bmod b$ 的运算结果。

上述 3 个特点适用于两个非负整数之间进行模运算的场景，但是当参与模运算的运算数中存在负整数时，则需要对模运算的计算过程分为以下几种情况进行说明。

情况 1：在计算 $a \bmod b$ 时如果 ab 均为负整数，则模运算的结果没有争议，此时 $a \bmod b$ 的结果等价于 $|a| \bmod |b|$ 的结果取负。

情况 2：如果 ab 两整数符号相异（不考虑 a 或 b 为 0 的情况），则需要根据 a 和 b 的符号性质进行如下分析：①当 $a<0$ 且 $b>0$ 时，例如 $a=-7$，$b=3$，若保证 a 对 b 的商值尽量大，则可以表示为 $-7=-2\times3+(-1)$，此时 $a \bmod b$ 的结果为 -1；若保证 a 对 b 的商值尽量小，则可以表示为 $-7=-3\times3+2$，此时 $a \bmod b$ 的结果为 2；②当 $a>0$ 且 $b<0$ 时，例如 $a=7$，$b=-3$，若保证 a 对 b 的商值尽量大，则可以表示为 $7=-2\times(-3)+1$，此时 $a \bmod b$ 的结果为 1；若保证 a 对 b 的商值尽量小，则可以表示为 $7=-3\times(-3)+(-2)$，此时 $a \bmod b$ 的结果为 -2。

由此可见，当 ab 两整数符号相异时不论采用哪种计算方式都可以得到负余数的结果。

在这之前曾经说明过，许多散列函数会根据关键字进行计算后将计算结果与散列表存储空间的长度进行模运算以保证最终的散列地址不会越界。对于散列函数来讲散列表存储空间的长度始终是非负的，但是作为参数的关键字可能是负数，此时散列函数的计算过程就可能出现负整数对正整数进行模运算的情况，即当 $a<0$ 且 $b>0$ 时计算 $a \bmod b$ 的情况。又因为关键字的散列地址应该始终保持非负性，所以即使在关键字为负的情况下也需要保证模运算的结果是非负的。

但是 Java 语言中的%运算符在 $a<0$ 且 $b>0$ 的情况下计算 $a \% b$ 的结果会是一个负数，也就是说 Java 语言中的%运算符会在 $a<0$ 且 $b>0$ 的情况下采用商值尽可能大的方式进行模运算，因此在通过 Java 语言设计一个散列函数时不能盲目地直接使用%运算符实现对存储空间长度的模运算，而是应该在执行模运算之前首先判断散列函数对关键字进行计算的结果是否为负数，如果结果为负数，则需要改变计算策略，保证模运算结果的非负性。

为了在达到上述目的的同时使模运算更具通用性，可以设计如下的模运算方法：

```
/**
 一个通用的模运算方法
 num 表示一个取值可能为负的整数,length 表示散列表存储空间的长度
 */
public int mod(int num, int length) {
    return ((num % length) + length) % length;
}
```

在上述的模运算方法当中，不论参数 num 的取值是否为负数，以及是否能够整除散列表存储空间的长度都可以返回一个非负的结果值。上述模运算方法可以在下面给出的散列函数实现案例中发挥很好的效果：

```
/**
 模运算方法
 */
public int mod(int num, int length) {
    return ((num % length) + length) % length;
}

//某个简单实现的散列函数
public int hashMethod(int hashCode, int length) {
    int result = hashCode * 3 + 5;
    return mod(result, length);
}
```

Java 语言中的%运算符与＋、－、*、/、＋＋、－－等运算符同属于算术运算符，在一些特殊的运算场景下可以使用 Java 语言中提供的位运算符替代算术运算符进行实现。因为相比算术运算符，位运算符可以直接操作运算数的二进制位，所以其运算效率要高于算术运算符，

因此在这些特殊的运算场景下使用位运算符替代算术运算符可以有效地提升算法效率。

例如当存在整数 b 满足 $b=2^n(n\geqslant 0)$，即整数 b 是 2 的整数次幂值时，整数 a 对于整数 b 的模运算 a mod b 可以使用位运算符中的按位与运算符 & 来替代%运算符进行实现。实现方式如式(8-4)所示。

$$a \bmod b = a \% b = a \% 2^n = a \& (2^n - 1) \tag{8-4}$$

下面以 int 型整数 a 和 b 为例对式(8-4)的成立性进行说明。

首先当整数 b 是 2 的整数次幂值时，其二进制位中必然只有 1 位为 1，其余位均为 0。将整数 b 的二进制表示下的第 k 位记为 1，其余位置均为 0，则整数 b 的二进制表示如图 8-3 所示。

$k=9$

(int)$b=2^9=512$: 0000 0000 0000 0000 0000 0010 0000 0000

图 8-3　整数 b 的二进制表示

因此 $b-1$，即 2^n-1 的二进制位表示如图 8-4 所示。

$k-1=8$

(int)$b-1=2^9-1=511$: 0000 0000 0000 0000 0000 0001 1111 1111

图 8-4　整数 $b-1$ 的二进制表示

当 a 为非负整数时，a 对 b 进行模运算的本质是在 a 原始取值的基础上不断地减去 b 的取值，直到递减差取值小于 b 为止，递减差的取值即为 a 对 b 执行模运算的结果。

非负整数 a 对整数 b 执行模运算过程的二进制表示如图 8-5 所示。

(int)a = 2781: 0000 0000 0000 0000 0000 1010 1101 1101

(int)b = 512 : 0000 0000 0000 0000 0000 0010 0000 0000

$a-b$ = 2269 : 0000 0000 0000 0000 0000 1000 1101 1101

$a-b$ = 1757 : 0000 0000 0000 0000 0000 0110 1101 1101

$a-b$ = 1245 : 0000 0000 0000 0000 0000 0100 1101 1101

$a-b$ = 733 : 0000 0000 0000 0000 0000 0010 1101 1101

$a-b$ = 221 : 0000 0000 0000 0000 0000 0000 1101 1101

图 8-5　非负整数 a 对整数 b 执行模运算过程的二进制表示

易于理解的是，当递减差的取值小于整数 b 的取值时，在递减差的二进制位当中从最高位开始到第 k 位(包含第 k 位)应该全部为 0，从第 $k-1$ 位开始到最低位这一范围中的所有 1 被保留。

递减差的二进制表示如图 8-6 所示。

递减差: 0000 0000 0000 0000 0000 0000 1101 1101

从最高位到第k位全部为0　从k-1位到最低位的1被保留

图 8-6　递减差的二进制表示

为了达到上述目的，可以直接使用非负整数 a 和 $b-1$ 进行按位与运算，按位与运算的

结果即为 $a \bmod b$ 的运算结果。

非负整数 a & $(b-1)$运算结果的二进制表示如图 8-7 所示。

(int)*a* = 2781 : 0000 0000 0000 0000 0000 1010 1101 1101
(int)*b*–1 = 511: 0000 0000 0000 0000 0000 0001 1111 1111
a & (*b*–1): 0000 0000 0000 0000 0000 0000 1101 1101

图 8-7　非负整数 a & $(b-1)$运算结果的二进制表示

当 a 为负整数时，a 对 b 进行模运算的本质是在 a 原始取值的基础上不断地累加 b 的取值，直到累加值的绝对值小于 b 为止。此时累加值的取值仍然可能是一个负数，在这种情况下需要再加上一次 b 的取值使累加值的符号发生改变，改变符号后的累加结果即为 a 对 b 执行模运算的结果。

负整数 a 对整数 b 执行模运算过程的二进制表示如图 8-8 所示。

(int)*a* =–2781 : 1111 1111 1111 1111 1111 0101 0010 0011
(int)*b* = 512 : 0000 0000 0000 0000 0000 0010 0000 0000
a+*b* =–2269 : 1111 1111 1111 1111 1111 0111 0010 0011
a+*b* =–1757 : 1111 1111 1111 1111 1111 1001 0010 0011
a+*b* =–1245 : 1111 1111 1111 1111 1111 1011 0010 0011
a+*b* =–733 : 1111 1111 1111 1111 1111 1101 0010 0011
a+*b* =–221 : 1111 1111 1111 1111 1111 1111 0010 0011
a+*b* = 291 : 0000 0000 0000 0000 0000 0001 0010 0011

图 8-8　负整数 a 对整数 b 执行模运算的二进制表示

从图 8-8 的运算结果不难看出，当负整数 a 通过不断地累加整数 b 并使其累加值发生符号改变后，累加值的二进制位的 $k-1$ 到最低位与负整数 a 原始取值二进制位的 $k-1$ 到最低位是完全一致的，这是由于在 Java 语言中使用补码表示负整数所导致的，所以从这一点来讲完全可以使用负整数 a 与 $b-1$ 直接进行按位与运算，最终同样可以得到负整数 a 对 b 执行模运算的非负结果。

负整数 a & $(b-1)$运算结果的二进制表示如图 8-9 所示。

(int)*a* =–2781 : 1111 1111 1111 1111 1111 0101 0010 0011
(int)*b*–1 = 511: 0000 0000 0000 0000 0000 0001 1111 1111
a & (*b*–1): 0000 0000 0000 0000 0000 0001 0010 0011

图 8-9　负整数 a & $(b-1)$运算结果的二进制表示

综上所述，不论整数 a 取值的符号性质如何，只要整数 b 是 2 的整数次幂的非负整数便可使用 a & $(b-1)$的方式替代运算 a % b 的结果，从而提高算法的效率。

为了将式(8-4)所体现的性质应用在散列函数求取关键字散列地址的计算过程中，很多散列表的实现方案会将散列表存储空间的初始大小定义为 2 的整数次幂，并且在对散列表存储空间进行扩容时都采取乘 2 的方式来计算新的存储空间的大小。

8.2.2　直接定址法

直接定址法是一种比较简单的散列函数实现方案，通常使用关键字本身或者关键字的一个线性函数来作为关键字散列地址的计算过程。直接定址法运算公式如式(8-5)所示。

$$\text{hash}(\text{key}) = a \times \text{key} + b \tag{8-5}$$

通过直接定址法实现的散列函数通常具有如下特点。

特点1：对于取值相异的关键字之间计算得到的散列地址也相异，不会出现散列冲突现象。

特点2：计算结果的最大值不会超过散列表存储空间的最大下标。

直接定址法的原理简单，易于代码实现，并且计算所得散列地址不会出现散列冲突现象，但是其缺点也是显而易见的：直接定址法是一种通过空间消耗换取关键字查找、增删效率的做法，比较适合于散列表保存元素数量较少且取值相对连续的情况。如果散列表中存储的元素较多，则空间浪费的情况也会相对严重，因此直接定址法在实际应用当中并不常见。

8.2.3　除留余数法

为了保证散列函数对任意正负、取值的关键字都能够计算出取值在指定范围内的散列地址，通常会使用关键字对散列表存储空间的大小进行模运算的方式设计散列函数，而这种设计方式即为除留余数法。除留余数法的运算公式如式(8-6)所示。

$$\text{hash}(\text{key}) = \text{key} \bmod n \tag{8-6}$$

在式(8-6)中，n 表示散列表存储空间的大小，通过式(8-6)计算所得的所有散列地址均分布在$[0, n-1]$的下标范围内。

使用除留余数法设计散列函数的代价也是显而易见的：不同取值的关键字之间可能会出现散列冲突的情况。例如按照式(8-6)所示的方式构建散列函数，那么在将取值为19的关键字和取值为35的关键字加入存储空间长度为16的散列表中时，二者就会在下标为3的槽位上出现散列冲突现象。

为了避免在散列表中出现大规模散列冲突现象，通常会在对散列表存储空间大小除留余数之前首先针对关键字进行一些复杂运算，然后将运算结果对散列表存储空间的大小进行除留余数。下面通过式(8-7)给出一个这样的散列函数实现案例：

$$\text{hash}(\text{key}) = (3\text{key}^2 - 5\text{key} + 8) \bmod n \tag{8-7}$$

除此之外还可以通过选择合适的模数取代 n 的取值来降低散列冲突的概率，此时式(8-6)可以变形为式(8-8)：

$$\text{hash}(\text{key}) = \text{key} \bmod p \quad p \leqslant n \tag{8-8}$$

在式(8-8)中，可以将整数 p 选定为取值小于散列表存储空间大小的最大质数，这样做的好处是在最大限度降低散列表存储空间浪费的情况下保证 p 是一个较大的质数，降低散列冲突的概率。一种更加严谨的做法是将 p 选定为不包含小于20的质因子的合数，这样做的好处是 p 能够充分地利用较大的质数因子得到更为均匀的散列分布的同时避免了与较小质数发生冲突的可能性。

实际上在很多其他的散列函数设计方案当中使用了除留余数的思想。根据除留余数之前对关键字进行运算的方式及过程的不同，又可以将这些散列函数的具体实现方式分为很多种，但是不论通过什么样的方式对关键字进行前置计算，其最终目的都是在除留余数之后尽可能地降低散列冲突发生的可能性。

8.2.4 数字分析法

当加入散列表中的数字数据呈现出一定的规律时，可以通过对这些有规律的数字数据进行分析找出数字数据中出现重复概率最低的部分用于计算数字数据在散列表中的散列地址。这种通过对数字数据本身进行分析并计算散列地址的散列函数设计方式称为数字分析法。

下面以员工身份证号码为例，给出一种数字分析法计算散列地址的散列函数设计方式。

假设某公司部分员工的身份证号码如表 8-1 所示，并且散列表的存储空间的长度为 16，则可得到如表 8-1 所示的散列地址信息。

表 8-1 某公司部分员工的身份证号码及对应的散列地址

散列表长度	员工身份证号码	散列地址
16	230100********8201	9
16	230100********0534	6
16	230100********3230	14
16	230100********6675	3
16	230100********0610	2
16	230100********9383	7
16	230100********4868	4
16	230100********4219	11

身份证号码总共由 18 位数字构成（不考虑身份证号码最后一位为 X 的情况）。身份证号码的前 6 位为地区编码，同一地区员工身份证号码的前 6 位极易出现重复的情况，所以身份证号码的前 6 位并不适合用来计算散列地址。身份证号码的中间 8 位为出生日期，根据生日悖论的相关描述可知：当统计人数在 23 人以上时，至少有两人生日相同的概率就已经超过了 50%；当统计人数在 50 人以上时，至少有两人生日相同的概率就已经超过了 97%，所以在员工人数较多的情况下身份证号码的中间 8 位也不适合用于计算散列地址。身份证号码的最后 4 位包含了同地址辖区内出生人口序数、性别、校验码等信息，这一部分数字的重复概率最低，适合用于计算身份证号码对应的散列地址。将身份证号码的后四位单独截取出来并与散列表的存储空间长度进行模运算即可得到上表中显示的散列地址。

在通过数字分析法构建散列函数时，如果加入散列表中的数字数据非常多，就会导致散列冲突的概率增加，此时可以通过对数字数据的截取部分进行特定的数学运算降低散列冲突发生的概率。

8.2.5 平方取中法

平方取中法实现散列函数借鉴了 John von Neumann 于 20 世纪 40 年代中期提出的平方取中法计算伪随机数序列的思想。平方取中法实现散列函数的具体做法是在将关键字进行平方运算后截取其中某一段的连续数据构成新的数值，并将该取值与散列表存储空间长度进行模运算，从而得到最终的关键字散列地址。

通过平方取中法实现散列函数具有函数实现简单、能够有效降低散列冲突概率、散列地址分布均匀等优点。下面通过式(8-9)给出平方取中法的一种实现方案：

$$\text{hash}(\text{key}) = \text{int}(\text{key}^2[k, k+d-1]) \bmod n \tag{8-9}$$

在式(8-9)中，d 表示一个取值合理的随机非负整数，n 表示散列表存储空间的大小，$\text{int}(\text{key}^2[k, k+d-1])$ 表示选取关键字平方值中第 k 位到第 $k+d-1$ 位长度为 d 的数字重新构成的整数值。需要注意的是，所选取的中间段的起始位置 k 和长度 d 应该根据具体问题来确定，不能过于随意。如果选择不当，则可能会导致散列冲突的概率增加，从而影响散列表的查询效率。

8.2.6 折叠法

通过折叠法实现散列函数的过程是将关键字分为等长的多段取值(最后一段长度可以稍短一些)，并对多段取值之间有规律地进行运算，并最终将运算结果与散列表存储空间长度进行模运算，从而得到关键字散列地址。下面通过式(8-10)给出一种比较简单的折叠法实现散列函数的方案：

$$\text{hash}(\text{key}) = \sum_{k=0}^{\lceil \frac{m}{d} \rceil} \text{int}(\text{key}[k \times d, (k+1) \times d - 1]) \bmod n \quad 0 \leqslant d \leqslant m \tag{8-10}$$

在式(8-10)中，n 表示散列表存储空间大小，m 表示关键字长度，d 表示关键字的分段长度。式(8-10)所描述的散列函数计算过程为将长度为 m 的关键字按照长度 d 进行分段，并将所有分段转换为整数取值后累加，最终将累加值与散列表长度进行模运算并得到关键字散列地址。

在对关键字进行分段的过程中可以对关键字的十进制表示进行分段，也可以对关键字的其他进制表示进行分段；分段之间的计算方式可以是简单的四则运算，也可以是相对复杂的其他运算方式。例如在 Java 中提供的散列表实现类 HashMap 当中用来计算关键字散列地址的 hash()方法的代码如下：

```
static final int hash(Object key) {
    int h;
    return (key == null) ? 0 : (h = key.hashCode()) ^ (h >>> 16);
}
```

这段代码省略了对散列表存储空间大小进行模运算的步骤,但并不影响对这段散列函数实现方式进行理解。在上述代码中,在关键字 key 非空的情况下,将关键字的散列编码(通过 key.hashCode()方法获取)保存在变量 h 中,并将 h 的二进制位向右位移 16 位,然后将 h 的原值与位移后的取值进行异或运算,从而得到关键字 key 的(未进行模运算的)散列地址。在上述方法中相当于对关键字 key 的散列编码进行了 2 段折叠,折叠方式为向右位移 16 位。折叠之后的两段取值之间进行了异或运算,最终得到关键字 key 的(未进行模运算的)散列地址。

折叠法在处理具有固定长度的关键字时非常有效,可以将关键字按照固定长度分段后进行计算,提高了散列的效率,因此对于处理大量关键字的场景,折叠法是一种快速高效的散列函数设计方式。

8.2.7 随机数法

降低关键字之间散列冲突的一种常见方式是在散列函数的计算过程中引入随机数。同时在散列函数计算的过程中引入随机数还能够保证同一个散列函数在被重新初始化之后计算过程会与之前有所不同,从而降低了同一组关键字在相同的散列函数计算过程下反复引起大规模散列冲突的可能性,增加散列表的安全性和健壮性。

通过随机数法实现散列函数就是上述思想的具体体现。实际上随机数法和除留余数法是相似的,与其说它们是一种具体的散列函数实现方式,不如说它们更偏向于一种散列表的实现思想,可以和其他散列函数的实现方式相结合,从而降低关键字之间散列地址发生冲突的概率。下面通过式(8-11)给出一种结合随机数法和折叠法的散列函数实现方式:

$$\text{hash}(\text{key}) = \sum_{k=0}^{\lceil \frac{m}{d} \rceil} \text{int}(\text{random}[k] \times \text{key}[k \times d, (k+1) \times d - 1]) \bmod n$$

$$0 \leqslant d \leqslant m, \text{random}[k] \neq 0 \tag{8-11}$$

式(8-11)在式(8-10)的基础上引入了随机数数组 random,并将关键字的每段分段取值均与随机数数组中的一位随机数相乘。假设某种散列表的实现类通过式(8-11)的方式构建散列函数,并且只要在每次对该类型的散列表进行实例化时都重新初始化随机数数组 random,就可以保证该散列表类型的不同对象所使用的随机数数组也不相同,保证了相同数据在不同散列表对象中计算散列地址的随机性,而在同一个该类型散列表对象的内部,因为随机数数组不再重新初始化,所以保证了不同数据加入该散列表对象过程中散列地址计算过程的一致性。

在不考虑其他限制的前提下,式(8-11)中随机数数组 random 的每位取值都可以是完全随机的,但是这种毫无限制的随机数生成方式并不能将不同关键字之间散列冲突的概率降至最低。为了进一步降低散列冲突发生的概率还需要对随机数法当中随机数的生成方式和范围进一步地进行约束,这一点在全域散列法当中有所体现。

8.2.8 全域散列法

全域散列法相当于是对随机数法的一种升级。在保留散列函数计算过程中引入随机数的基础上对随机数的取值范围和选择方式都进行了约束，使通过这种方式构建的散列函数计算得到散列地址的散列冲突概率最低。同样地，全域散列法也是一种散列函数的设计思想，只要设计的散列函数符合全域散列的概念都可以看作全域散列法的具体实现。

首先给出全域散列的概念。设 H 为由一组数量有限的散列函数构成的函数集，它将给定的关键字全域 U 映射到 $\{0,1,2,\cdots,n-1\}$ 当中（n 表示散列表存储空间大小）。如果对任意一对不同的关键字 k、$l\in U$，满足 $\text{hash}(k)=\text{hash}(l)$ 的散列函数 $\text{hash}(\text{key})\in H$ 的个数至多为 $|H|/n$ 个（$|H|$ 表示散列函数集 H 中散列函数的数量），则这样的散列函数集 H 被称为全域的；从全域的散列函数集 H 中选择的散列函数即为全域散列的。上面的概念也可以如下理解：如果从全域散列函数集 H 当中随机挑选一个全域散列函数，当关键字 $k\neq l$ 时二者发生散列冲突的概率将不大于 $1/n$，这也正好是从长度为 n 的散列表存储空间的有效槽位下标中独立随机地挑选两关键字散列地址时发生散列冲突的概率。

下面给出设计一种较为简单的全域散列函数集的具体步骤。

步骤1：选择一个足够大的素数 p，确保散列函数的范围足够大，使每个可能加入散列表中的关键字都能落在 $[0,p-1]$ 的范围内，并且保证 $p>n$ 是成立的。这一步骤通常可以通过扫描所有可能加入散列表中的关键字找到这些关键字的最大值且与散列表存储空间的大小进行比较，以此来对素数 p 进行选择。

步骤2：在 $[1,p-1]$ 的范围内选取随机数 a 和 b，使随机数 ab 构成如式(8-12)所示的散列函数：

$$\text{hash}_{\text{ab}}(\text{key})=((a\times\text{key}+b)\bmod p)\bmod n \qquad (8\text{-}12)$$

此时式(8-12)所示散列函数即构成一个全域散列函数。对于任意 $a,b\in[1,p-1]$ 根据式(8-12)构成的散列函数集即为全域散列函数集。此时的全域散列函数集如式(8-13)所示。

$$H=\{\text{hash}_{\text{ab}}(\text{key}):a,b\in[1,p-1]\} \qquad (8\text{-}13)$$

根据前面所说明的内容可知，通过同一全域散列函数计算任意两个不等值关键字散列地址发生散列冲突的概率为 $1/n$，这样就保证了散列地址分布的均匀性，但是当加入同一散列表中的关键字数量足够大时，即使使用全域散列函数分配散列地址也无法避免出现散列冲突的情况。此时还需要具体的散列冲突处理方案进行处理。这一内容将在后续章节中完全散列的实现部分进行讲解。

8.3 散列表常见实现方式

在前面的内容中说明了几种不同的散列函数实现方式。任何一种散列函数的实现方式其目的都在于降低非等值元素之间出现散列冲突的概率并且尽可能地保证元素在散列表中的分布是均匀的，但是不论使用什么样的散列函数实现方案，只要加入散列表中的元素的数量足够大，就必然会导致散列冲突的发生。在发生散列冲突的情况下，为了尽可能地保证散列表中元素增删、查询的效率仍然趋近于$O(1)$，就需要设计具体的散列冲突处理方案，而不同的散列冲突处理方案也就从整体上决定了散列表的不同实现方式。下面开始对几种不同的散列表实现方式进行讲解。

8.3.1 开放地址法实现散列表

在通过开放地址法实现的散列表当中，如果新加入散列表的元素在某一槽位上出现散列冲突的情况，散列表将按照一个特定的探索序列不断地探测下一个可用的槽位。在探测过程中如果发现某一槽位空闲，则将新元素存放于该空闲槽位上，新元素添加成功；如果在探测过程中发现散列表全满或者发现存在新元素的等值元素，则将导致新元素添加失败。

在开放地址法当中，根据发生散列冲突时探测下一位可用槽位所使用的探测序列的不同，又可以将处理散列冲突的方案进一步分为线性探测法、二次探测法和双重散列法。需要注意的是，不论是通过哪种具体方式实现的开放地址法都不支持在散列表中存储等值元素。下面开始对这几种开放地址法处理散列冲突的方案进行详细说明。

1. 线性探测法处理散列冲突

通过线性探测法处理散列冲突的方式最为简单，下面以将取值为 key 的元素加入存储空间大小为$n(n>0)$、负载因子为α的散列表中为例讲解线性探测法的具体实现步骤。

步骤 1：首先通过散列函数 hash(key)计算该元素在散列表中的散列地址并记为i。

步骤 2：如果散列表下标为i的槽位空闲，则直接将元素 key 保存在该位置上，新元素 key 添加成功；如果散列表下标为i的槽位已被占用，即发生散列冲突，则按照$(i+1) \bmod n$，$(i+2) \bmod n$，$(i+3) \bmod n$…的方式逐位向后探测空闲槽位。使用$(i+k) \bmod n$的方式选取探测地址的优点在于即使在探测过程中出现$i+k>n-1$的情况也可以通过对散列表长度的模运算返回散列表的起始部分继续进行探测。

步骤 3：在探测过程中如果找到某一空闲槽位，则将新元素 key 保存在该槽位中，新元素 key 添加成功；如果发现散列表中存在元素 key 的等值元素，或者探测回到散列表下标为i的位置仍然没有找到可用的空闲槽位，则新元素 key 添加失败。

步骤 4：若新元素 key 添加成功，则需判断当前散列表元素占用率是否超过负载因子限制。若当前散列表元素占用率大于或等于α，则需对散列表进行扩容并对已经存储在散列表中的元素进行再散列。

在上述步骤中新元素散列地址的计算方式可以总结为式(8-14)：

$$
\begin{aligned}
&\text{address(key)} = i \\
&\text{address(key)}_1 = (i+1) \bmod n \\
&\text{address(key)}_2 = (i+2) \bmod n \\
&\text{address(key)}_3 = (i+3) \bmod n \\
&\cdots
\end{aligned}
\tag{8-14}
$$

线性探测法处理散列冲突的流程如图 8-10 所示。

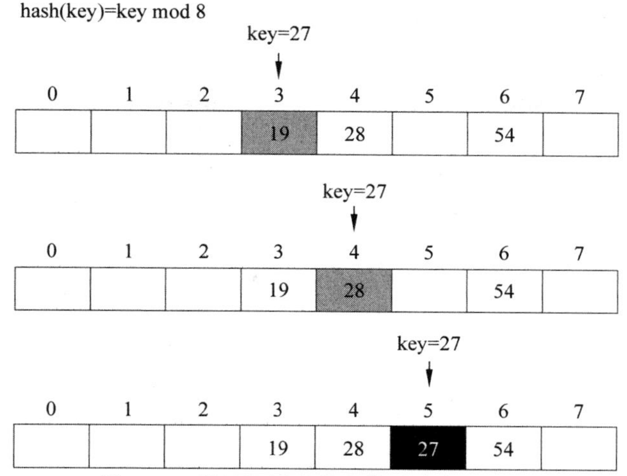

图 8-10 线性探测法处理散列冲突的流程

线性探测法处理散列冲突的优点在于原理简单、易于实现，但是其缺点在于容易导致大规模元素聚集，增加散列冲突发生的概率。

2. 二次探测法处理散列冲突

通过二次探测法处理散列冲突的整体流程与线性探测法相似，二者的主要区别在于发生散列冲突时进行空闲槽位探测所使用的探测序列不同。下面同样以将取值为 key 的元素加入存储空间大小为 $n(n>0)$、负载因子为 α 的散列表中为例讲解二次探测法的具体实现步骤。

步骤 1：首先通过散列函数 hash(key)计算该元素在散列表中的散列地址并记为 i。

步骤 2：如果散列表下标为 i 的槽位空闲，则直接将元素 key 保存在该槽位中，新元素 key 添加成功；如果散列表下标为 i 的槽位已被占用，即发生散列冲突，则按照 $(i+1^2) \bmod n$，$(i-1^2) \bmod n$，$(i+2^2) \bmod n$，$(i-2^2) \bmod n$…的方式双向交换地探索空闲槽位。使用 $(i\pm k^2) \bmod n$ 的方式选取探测地址的优点在于即使在探测过程中出现 $i+k^2>n-1$ 或者 $i-k^2<0$ 的情况也可以通过对散列表长度的模运算返回散列表的起始部分或者最末部分继续进行探测。

步骤 3：在探测过程中如果找到某一空闲槽位，则将新元素 key 保存在该槽位中，新元素 key 添加成功；如果发现散列表中存在元素 key 的等值元素，或者探测回到散列表下标为 i 的位置仍然没有找到可用的空闲槽位，则新元素 key 添加失败。

步骤 4：若新元素 key 添加成功，则需判断当前散列表元素占用率是否超过负载因子限制。若当前散列表元素占用率大于或等于 α，则需对散列表进行扩容并对已经存储在散列表中的元素进行再散列。

在上述步骤中，新元素散列地址的计算方式可以总结为式(8-15)：

$$\text{address}(\text{key}) = i$$
$$\text{address}(\text{key})_1 = (i + 1^2) \bmod n$$
$$\text{address}(\text{key})_2 = (i - 1^2) \bmod n$$
$$\text{address}(\text{key})_3 = (i + 2^2) \bmod n$$

$$\text{address}(\text{key})_4 = (i - 2^2) \bmod n$$
$$\text{address}(\text{key})_5 = (i + 3^2) \bmod n$$
$$\text{address}(\text{key})_6 = (i - 3^2) \bmod n$$
$$\cdots \tag{8-15}$$

二次探测法处理散列冲突的流程如图 8-11 所示。

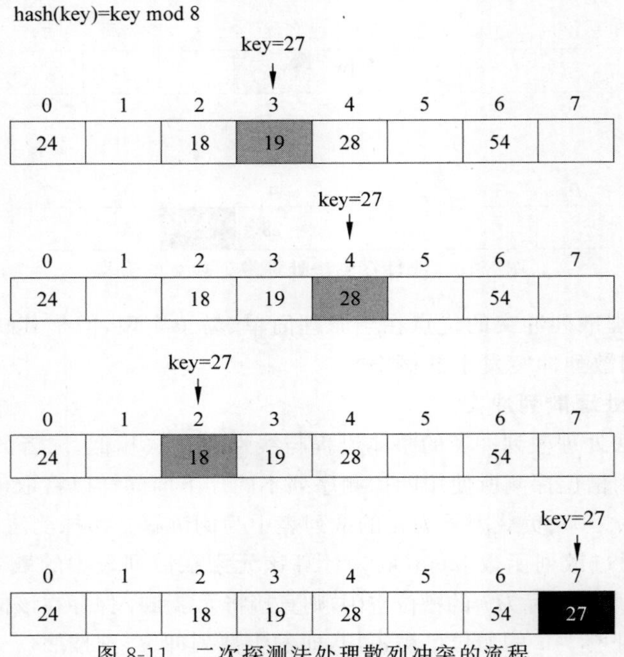

图 8-11　二次探测法处理散列冲突的流程

通过二次探测法处理散列冲突时所生成的探测地址是跳跃的、不连续的。通过这种方式生成的探测地址能够分散发生散列冲突元素的位置，降低再次发生散列冲突的概率。

3. 双重散列法处理散列冲突

通过双重散列法处理散列冲突的方式是将元素散列地址的生成方式拆分为两部分散列函数 $\text{hash}_1(\text{key})$和 $\text{hash}_2(\text{key})$，二者之间的关系如式(8-16)所示。

$$\text{address}(\text{key}) = (\text{hash}_1(\text{key}) + k \times \text{hash}_2(\text{key})) \bmod n \tag{8-16}$$

在式(8-16)中 $\text{hash}_1(\text{key})$和 $\text{hash}_2(\text{key})$需要被定义为两个相异的散列函数。将取值为 key 的元素按照上述散列地址计算方式加入存储空间大小为 $n(n>0)$、负载因子为 α 的散列表中的过程如下。

步骤 1：首先通过散列函数 $\text{hash}_1(\text{key})$计算该元素在散列表中的散列地址并记为 i。

步骤 2：如果散列表下标为 i 的槽位空闲，则直接将元素 key 保存在该槽位中，新元素 key 添加成功；如果散列表下标为 i 的槽位已被占用，即发生散列冲突，则以 $\text{hash}_2(\text{key})$的取值为周期，按照$(i+k\times\text{hash}_2(\text{key})) \bmod n(k>0)$的方式逐位向后探测空闲槽位。

步骤 3：在探测过程中如果找到某一空闲槽位，则将新元素 key 保存在该槽位中，新元素 key 添加成功；如果发现散列表中存在元素 key 的等值元素，或者探测回到散列表下标为 i 的位置仍然没有找到可用的空闲槽位，则新元素 key 添加失败。

步骤 4：若新元素 key 添加成功，则需判断当前散列表元素占用率是否超过负载因子的限制。若当前散列表元素占用率大于或等于 α，则需对散列表进行扩容并对已经存储在散列表中的元素进行再散列。

双重散列法处理散列冲突的流程如图 8-12 所示。

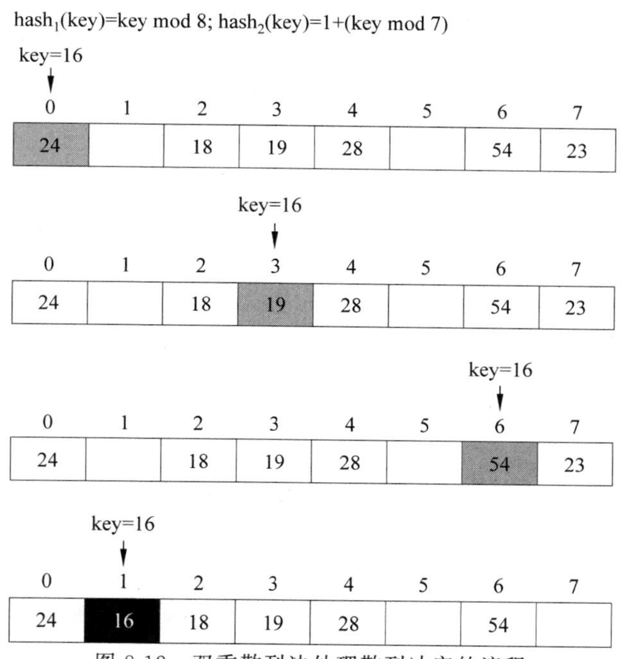

图 8-12　双重散列法处理散列冲突的流程

为了能够在探索过程中遍历完整的散列表，$hash_2(key)$的取值必须与散列表的大小 n 互质。因为在之前曾经说明过，为了能够使用更加高效的 & 运算实现关键字与散列表长度的模运算，散列表通常会将存储空间的大小设置为 2 的整数次幂。此时一种保证上述 $hash_2(key)$取值条件成立的简单做法是将 $hash_2(key)$设计为一个总是产生奇数的散列函数。当然，如果将散列表的大小设置为质数，则将 $hash_2(key)$设计为总是返回比 n 更小的正整数的散列函数，如式(8-17)所示。

$$hash_1(key) = key \bmod n ; hash_2(key) = 1 + (key \bmod (n-1)) \tag{8-17}$$

同样可以保证在探索过程中能够遍历完整的散列表。

双重散列法是开放地址法的经典实现方式。相较于线性探测法和二次探测法来讲，双重散列法所生成的探测地址具有随机选择排列的诸多特性，所以双重散列法不仅效率更高，而且还能有效地避免元素聚集问题，减少后续散列冲突的概率。

8.3.2 链地址法实现散列表

链地址法也称为拉链法，是与开放地址法完全不同的一种散列表实现方案。在链地址法实现的散列表当中，当元素之间产生散列冲突时，散列表不再按照特定的探索序列逐步探索散列表中的空闲槽位，而是将所有产生散列冲突的非等值元素全部保存在同一条链表结构当中，形成一种“数组加链表”的散列结构。与开放地址法相似的是，通过链地址法实现的散列表同样不支持存储等值元素。下面同样以将取值为 key 的元素加入存储空间大小为 $n(n>0)$、负载因子为 α 的散列表中为例讲解链地址法的具体实现步骤。

步骤 1：首先通过散列函数 hash(key)计算该元素在散列表中的散列地址并记为 i。

步骤 2：如果散列表下标为 i 的槽位空闲，则创建一个链表节点保存这个取值为 key 的新元素，并将这个链表节点直接保存在散列表下标为 i 的槽位上，新元素 key 添加成功；如果散列表下标为 i 的槽位被占用，即发生散列冲突，则以散列表下标为 i 的槽位所保存的链表节点为头节点向下对这条链表进行遍历。

步骤 3：在遍历链表过程中，对新元素 key 的取值与链表中每个节点保存的元素取值分别进行比较。如果在比较过程中发现链表内存在与新元素 key 等值的元素，则新元素 key 添加失败；如果链表遍历结束后未发现与新元素 key 等值的元素，则创建一个用于保存新元素 key 的链表节点，并将该节点以头插入或者尾插入的方式加入这一列链表结构当中，新元素 key 添加成功。需要注意的是，如果以头插入的方式将保存新元素 key 的节点添加到链表当中，则在节点头插入完成后需要将散列表下标为 i 的槽位取值修改为该新建节点，即散列表下标为 i 的槽位始终记录由所有散列地址为 i 的非等值元素构成链表的头节点。

步骤 4：若新元素 key 添加成功，则需判断当前散列表中槽位占用数与散列表容量的比值是否超过负载因子的限制。若当前散列表中槽位占用数与散列表容量的比值大于或等于 α，则需对散列表进行扩容并对已经存储在散列表中的元素进行再散列。

链地址法处理散列冲突的流程如图 8-13 所示。

通过链地址法实现的散列表在结构上综合了数组与链表两种数据结构的特点。

在元素增删方面，通过链地址法实现的散列表将产生散列冲突的元素使用链表进行保存，所以其元素增删易于实现，相当于对链表节点进行增删。

在元素查询方面，当散列冲突较多时链地址法的性能可能下降。因为查询元素时需要遍历链表，如果链表过长，则会导致查询效率变低。

从整体来讲链地址法可以实现高容量的散列表，因为它可以使用链表来存储冲突的元素而不是扩展散列表的大小，但也正是因为使用链表来存储冲突的元素，所以链地址法会消耗额外的内存空间，以此来存储链表节点，相比其他散列表的实现方案链地址法可能需要更多的内存。

8.3.3 完全散列的实现

在加入散列表中元素是相对静态的且不总是发生增删改变的情况下，通过实现完全散列的方式处理散列冲突会使散列表具有比较优异的平均性能。

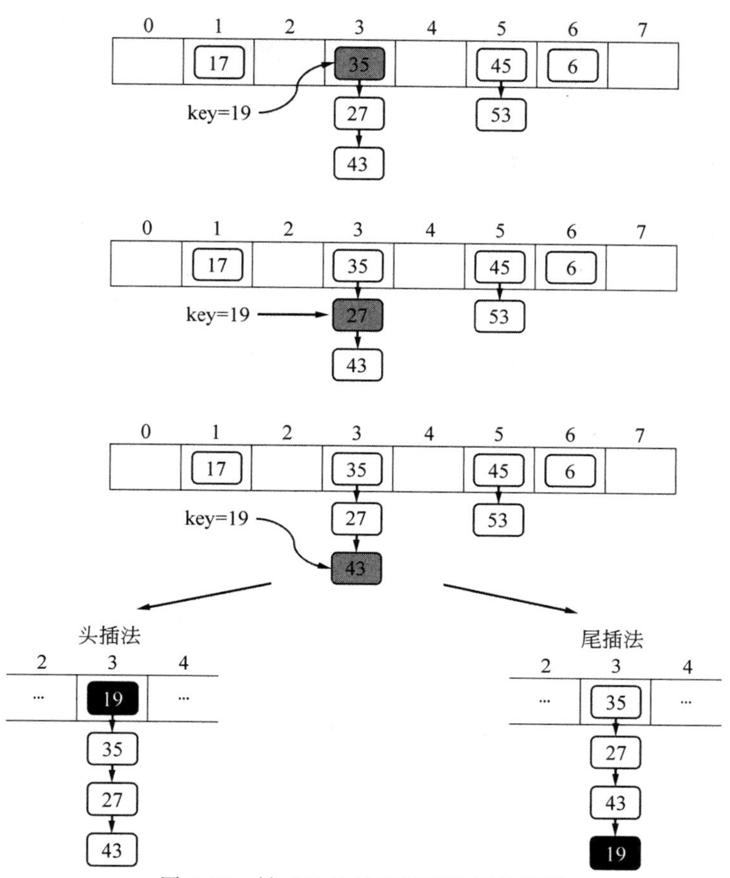

图 8-13 链地址法处理散列冲突的流程

通过完全散列方式实现的散列表与通过链地址法实现的散列表具有一定的相似性：它们都使用两级结构来处理散列冲突，但是与链地址法的"数组加链表"的两级实现方式不同，完全散列的两级结构是通过"数组加数组"实现的，严格意义上来讲是通过"散列表加散列表"的方式实现的。也就是说通过完全散列实现的散列表相当于"二维散列表"，并且在完全散列的实现过程中，其一二级散列表都使用了全域散列的散列函数：第一级散列表使用全域散列函数降低全部元素之间发生散列冲突的概率；第二级散列表使用全域散列函数确保存储于同一二级散列表下所有已经发生散列冲突的元素之间不会再次发生散列冲突。同样地，通过完全散列方式实现的散列表依然不支持等值元素的存储。下面以将 $m(m>0)$ 个取值相异的非负静态元素加入存储空间大小为 $n(n>0)$ 的散列表中为例对完全散列的实现过程进行讲解。

步骤 1：按照散列表的存储空间大小 n 构建一个全域散列函数集 H，并在完全散列函数集 H 中挑选一个全域散列函数 $hash_{main}(key)$ 作为全局的主散列函数。假设 $hash_{main}$

(key)=((a_{main}×key+b_{main}) mod p) mod n，其中 p 为一个保证所有元素均落在[0，p−1]范围内且保证 $p>n$ 成立的足够大的素数，a_{main} 和 b_{main} 为在[1，p−1]范围内随机选取的随机正整数。

步骤 2：通过主散列函数 $hash_{main}$(key)分别计算 m 个元素的散列地址，并分别记录在散列表下标[0，n−1]的槽位上有多少个元素发生了散列冲突。

步骤 3：假设在散列表下标为 i 的槽位上只存在 1 个元素，即在未发生散列冲突的情况下，直接将该元素存储在散列表下标为 i 的位置上；若在散列表下标为 i 的槽位上存在 k(k>1)个元素，即在 k 个元素之间发生散列冲突的情况下，则在散列表下标为 i 的槽位上创建二级散列表。将二级散列表的长度定义为 k^2，那么在使用 $hash_i$(key)=((a_i×key+b_i) mod p) mod k^2 作为该二级散列表散列函数的情况下，可以将 k 个元素中任意一对互异的元素在二级散列表上产生散列冲突的概率降至 1/2 以下。在 $hash_i$(key)中，a_i 和 b_i 为在[1，p−1]范围内随机选取的与 a_{main} 和 b_{main} 相异的正整数。

通过实现完全散列处理散列冲突的流程如图 8-14 所示。

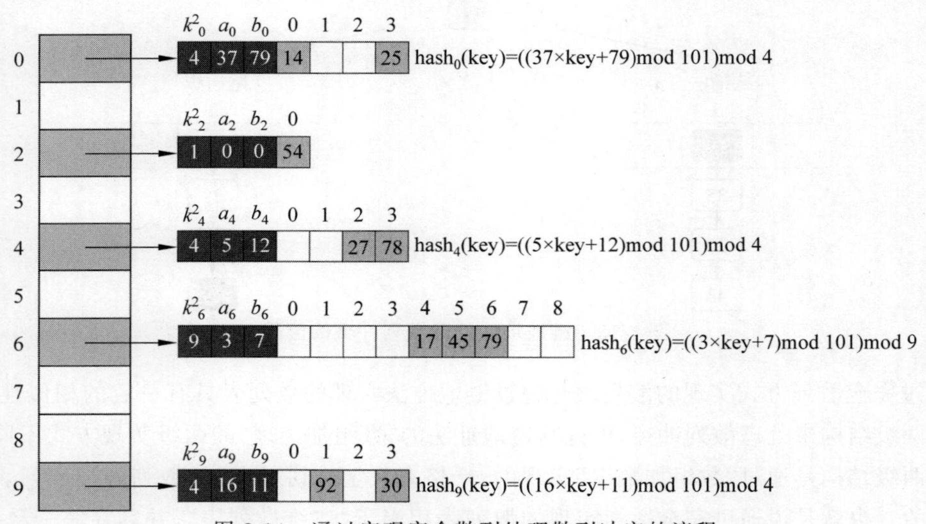

图 8-14 通过实现完全散列处理散列冲突的流程

在图 8-14 中，例如对于元素 78 和 27 来讲，因为 $hash_{main}$(78)=4、$hash_{main}$(27)=4，所以二者在散列表中下标为 4 的槽位发生了散列冲突；又因为 $hash_4$(78)=3、$hash_4$(27)=2，所以最终元素 78 置于二级散列表下标为 3 的槽位，元素 27 置于同一二级散列表下标为 2 的槽位。特殊的情况，图 8-14 中散列地址为 2 的元素只有 54，即在一级散列表下标为 2 的槽位上并未发生散列冲突，从理论上来讲应该将元素 54 直接存储在一级散列表下标为 2 的槽位上，但是从实际开发的角度来讲，一个以数组形式表示的一级散列表，其中每位元素的数据类型都必然是统一的二级散列表，所以此时仍然需要为元素 54 单独创建一个长度为 1 的二级散列表对其进行存储。

如图 8-14 所示，在为发生散列冲突的元素构建的二级散列表当中，前 3 位分别保存了二级散列表的大小及二级散列表所用散列函数的相关参数，这种做法可以在从二级散列表中进行元素查询时更加方便地构建起对应的二级散列函数。例如对于一级散列表中下标为 6 的槽位上的二级散列表来讲，其前 3 位分别保存了 $k_6^2=9$，$a_6=3$，$b_6=7$ 的信息，那么这个二级散列表所使用的二级散列函数即为 $\text{hash}_6(\text{key})=((3\times\text{key}+7) \bmod 101) \bmod 9$。

对于通过完全散列实现的散列表来讲，虽然将二级散列表的长度设定为散列冲突元素数量的平方，看上去可能会在最坏的情况下消耗 $O(n^2)$ 级别的额外空间来处理散列冲突，但是只要适当地选取第一级的全局主散列函数即可将预期的总体存储空间限制为 $O(n)$ 级别。这是因为完全散列通常用于存储静态的散列数据，所以可以根据预期的元素数量 m 和散列表大小 n 来选择合适的主散列函数参数，以使散列冲突的元素数量尽可能少。例如在选择全局主散列函数时可以通过增大素数 p 的取值来分散元素的分布，从而降低散列冲突的概率，同时选择合适的参数 a_{main} 和 b_{main} 也能帮助增加散列函数的随机性，进一步减少散列冲突的发生，因此，通过精心选择全局主散列函数可以在保证散列冲突处理效果的同时将总体的预期存储空间限制在 $O(n)$ 级别而不是 $O(n^2)$ 级别，这样可以在一定程度上平衡存储空间的消耗和散列冲突处理的效果。

对于二级散列表来讲，因为通过以散列冲突元素数量的平方作为其长度并搭配使用全域散列函数的方式可以将表中任意一对互异元素再次发生散列冲突的概率降至 1/2 以下，所以只要进行几次简单的尝试和选择就可以为一个二级散列表确定一个合适的二级散列函数，确保其中所有已经在一级散列表上发生过散列冲突的元素之间在此二级散列表上不再发生散列冲突。

对于通过完全散列实现的散列表来讲，由于每个元素都被映射到二级散列表的唯一槽位上，不会发生冲突，因此没有执行再散列或动态调整散列表大小的过程，因此在将静态元素加入通过完全散列实现的散列表过程中并不需要检查元素数量-存储空间占用比和负载因子阈值之间的关系。或者说，即使为通过完全散列实现的散列表设定一个负载因子的阈值，但是因为加入散列表中的元素总是静态的且元素数量总是已知的，所以在初始化散列表时总是可以根据表中元素数量选择一个散列表的整体容量，使元素数量对这一容量的比值总是在负载因子的阈值之下。

注意：关于完全散列各方面性能的相关数据结论，在《算法导论》中已有非常详细的证明步骤。相关文献的引用将在本书末具体给出。

8.4 散列表的平均查找长度

散列表的平均查找长度(Average Search Length，ASL)是衡量散列表性能的一个重要指标，它表示从散列表中查找一个元素所需的平均操作次数。散列表平均查找长度的计算与散列表所采用的散列函数、处理散列冲突的方式及加入其中的具体元素的取值相关。

对于一组数量为 n 个的元素 keys 来讲，其在散列表中的平均查找长度可以通过式(8-18)进行计算：

$$ASL_{keys}=\frac{\sum_{i=0}^{n-1} SL(keys[i])}{n} \tag{8-18}$$

在式(8-18)中，SL(keys[i])表示序列中第 i 个元素在散列表中的查找长度。当元素 keys[i]在散列表中没有发生散列冲突时 SL(keys[i])的取值为 1，即通过散列函数计算所得该元素的散列地址通过 1 次比较即可直接在散列表中定位到该元素 keys[i]；若元素 keys[i]在散列表中存在散列冲突，则需要根据散列表所采用具体的散列冲突处理方案计算 SL(keys[i])的取值。计算过程中元素 keys[i]与散列表中元素的每次比较（包括元素找到时自身与自身的比较）都会使 SL(keys[i])的取值自增 1。

下面给出一组具体的 keys＝{36，53，70，38，66，23，45，62，79，30}在几种不同方案实现的散列表中平均查找长度的计算结果。

方案 1：通过线性探测法实现的散列表，其中散列表长度为 16，hash(key)＝(3×key＋5) mod 16。该散列表的 ASL 的计算过程如图 8-15 所示。

keys={36, 53, 70, 38, 66, 23, 45, 62, 79, 30}
hash(key)=(3×key+5)mod 16

0	1	2	3	4	5	6	7	8	9	10	11	12	13	14	15
30	36	79		53			70	38		23	66	45			62

ASL=(1+1+1+2+1+1+1+1+1+2)/10=1.2

图 8-15 keys 在通过线性探测法实现的散列表中的 ASL

方案 2：通过二次探测法实现的散列表，其中散列表长度为 16，hash(key)＝(2×key＋1) mod 16。该散列表的 ASL 的计算过程如图 8-16 所示。

keys={36, 53, 70, 38, 66, 23, 45, 62, 79, 30}
hash(key)=(2×key+1)mod 16

0	1	2	3	4	5	6	7	8	9	10	11	12	13	14	15
62	79				66	30			36		53	45	70	38	23

ASL=(1+1+1+2+1+1+2+4+3+6)/10=2.2

图 8-16 keys 在通过二次探测法实现的散列表中的 ASL

方案 3：通过双重散列法实现的散列表，其中散列表长度为 16，$hash_1$(key)＝key mod 16，$hash_2$(key)＝1＋(key mod 15)。该散列表的 ASL 的计算过程如图 8-17 所示。

方案 4：通过链地址法实现的散列表，其中散列表长度为 8，hash(key)＝key mod 8，并且链表的构建方式采用尾插法。该散列表的 ASL 的计算过程如图 8-18 所示。

方案 5：通过完全散列实现的散列表，其中散列表长度为 10，$hash_{main}$(key)＝((22×key＋5) keys={36, 53, 70, 38, 66, 23, 45, 62, 79, 30}

$hash_1(key)=key \bmod 16$; $hash_2(key)=1+(key \bmod 15)$

0	1	2	3	4	5	6	7	8	9	10	11	12	13	14	15
30		66		36	53	70	23		79				45	62	38

ASL=(1+1+1+2+1+1+1+1+3+3)/10=1.5

图 8-17 keys 在通过双重散列法实现的散列表中的 ASL

keys={36, 53, 70, 38, 66, 23, 45, 62, 79, 30}

hash(key)=key mod 8;

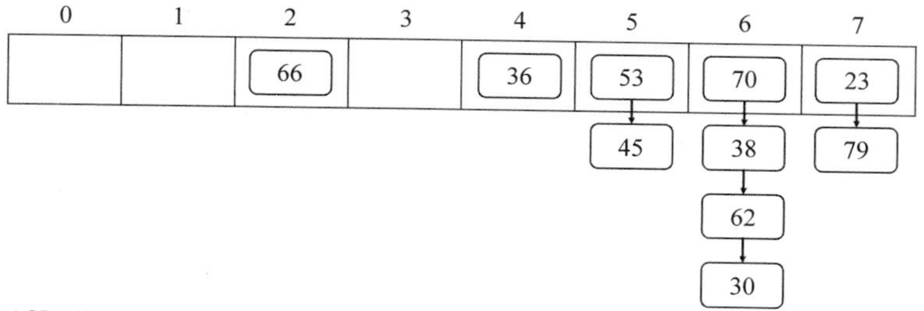

ASL=(1+1+1+2+1+1+2+3+2+4)/10=1.8

图 8-18 keys 在通过链地址法实现的散列表中的 ASL

mod 101) mod 10，$hash_0$(key)=((37×key+79) mod 101) mod 9，$hash_3$(key)=((5×key+12) mod 101) mod 4，$hash_6$(key)=((3×key+17) mod 101) mod 16。该散列表的 ASL 计算过程如图 8-19 所示。

keys={36, 53, 70, 38, 66, 23, 45, 62, 79, 30}

$hash_{main}(key)=((22\times key+5) \bmod 101) \bmod 10$;

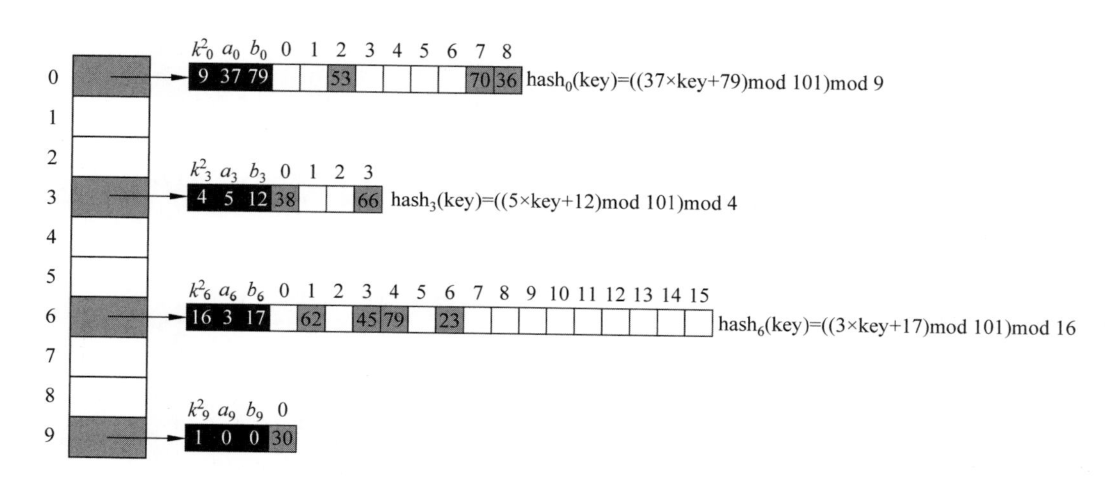

ASL=(1+1+1+1+1+1+1+1+1+1)/10=1

图 8-19 keys 在通过完全散列实现的散列表中的 ASL

8.5 Java 中的散列表

散列表作为一种非常重要的数据结构在各种编程场景中都有着非常广泛的应用。在Java语言原生类库中提供了许多散列表的相关实现类，其中应用最为广泛的是java.util包下的HashMap与HashSet两种类型。在Java语言的不同版本当中HashMap与HashSet的使用方式比较一致，但是其内部实现方案却进行了大量的版本迭代和优化。下面将以HashMap与HashSet为例对Java语言中散列表的一些经典实现方案进行讲解。

8.5.1 Java 中的 hashCode()与 equals()方法

在8.1节的内容中曾经讲解过：如果需要将一个自定义复杂类型的对象加入散列表当中，就需要重写这个自定义类型的hashCode()方法，用于按照该类型对象所保存的信息生成一个对象的int型散列编码。实际上在通过集成开发环境对自定义数据类型的hashCode()方法进行重写时通常会绑定生成这种类型的equals()方法。之所以对hashCode()与equals()方法进行绑定，是因为这两种方法在逻辑上存在相关性，并且这种逻辑上的相关性直接影响到了该类型对象在存入散列表结构中时能否正确地进行散列操作及在散列表中对该类型对象进行查询时结果的正确性，代码如下：

```
/**
 Chapter8_HashTable
 com.ds.hashmethod
 Person.java
 重写了 hashCode()与 equals()方法的自定义 Person 类
 */
public class Person {

    private String id;                        //证件编号
    private String name;                      //姓名
    private int age;                          //年龄

    private String phone;                     //电话号码
    private String email;                     //电子邮箱
    private String address;                   //家庭住址

    private int height;                       //身高
    private int weight;                       //体重

    @Override
    public boolean equals(Object o) {
        if (this == o) return true;
        if (o == null || getClass() != o.getClass()) return false;

        Person person = (Person) o;
```

```
        if (age != person.age) return false;
        if (height != person.height) return false;
        if (weight != person.weight) return false;
        if (id != null ?!id.equals(person.id) : person.id != null)
            return false;
        if (name != null ?!name.equals(person.name) : person.name != null)
            return false;
        if (phone != null ?!phone.equals(person.phone) : person.phone != null)
            return false;
        if (email != null ?!email.equals(person.email) : person.email != null)
            return false;
        return address != null ?
                address.equals(person.address) : person.address == null;
    }

    @Override
    public int hashCode() {
        int result = id != null ? id.hashCode() : 0;
        result = 31 * result + (name != null ? name.hashCode() : 0);
        result = 31 * result + age;
        result = 31 * result + (phone != null ? phone.hashCode() : 0);
        result = 31 * result + (email != null ? email.hashCode() : 0);
        result = 31 * result + (address != null ? address.hashCode() : 0);
        result = 31 * result + height;
        result = 31 * result + weight;
        return result;
    }
}
```

关于 hashCode()方法的内容与作用已经在 8.1 节当中进行过说明，所以在此不再赘述，下面主要对 equals()方法的内容与作用进行说明。

equals()方法与 hashCode()方法相同，它们都是定义在 Java 中的最高父类 Object 类型中的公共方法，所以在任意数据类型当中都可以对 equals()方法进行重写。equals()方法的返回值是一个 boolean 类型的真值，参数则是一个其他对象。在 Object 类型中，未被重写的 equals()方法底层通过==运算符进行实现，其作用在于比较两个对象的内存地址。如果两个对象的内存地址相同，则 equals()方法的返回值为 true，相反，则返回值为 false。

```
//Object 类型中未被重写的 equals()方法
public boolean equals(Object obj) {
    return (this == obj);
}
```

一个好的 equals()方法的重写应该具有以下特点。

特点 1：对称性。如果 A.equals(B)的结果为 true，则 B.equals(A)的结果也应该为 true。

特点 2：自反性。对于任何非 null 的对象 A，通过调用 A.equals(A)都应该返回 true。

特点 3：传递性。如果 A.equals(B)为 true，并且 B.equals(C)为 true，则 A.equals(C)也应该为 true。

特点 4：一致性。在对象没有被修改的情况下，多次调用 equals()方法应该返回相同的结果。

特点 5：非空性。任何非 null 的对象与 null 进行比较应该返回 false。

此外，在重写 equals()方法时还应该遵循如下约定。

约定 1：对于非空对象 A，A.equals(null)应该返回 false。

约定 2：对于任何不同类型的对象 A 和 B，A.equals(B)和 B.equals(A)应该返回 false。

实际上，集成开发环境自动重写一种类型 equals()方法时所参考的标准即为上述 equals()方法所应该具有的特点和约定，所以通过自动重写所得到的 equals()方法通常可以直接在开发场景中使用。

通过前面给出的 Person 类的代码示例可以看出，当通过开发工具自动重写一种类型的 equals()方法后，相比对象的内存地址，重写后的 equals()方法更加关注两个对象之间的类型是否相同，以及对象之间相同对象属性的取值是否一致。也就是说重写之后的 equals()方法只有在方法调用对象和参数对象的类型完全一致且对应属性取值完全相同的情况下才会返回 true，其他情况均返回 false。那么从对对象属性取值较为关注的角度来看，equals()方法与 hashCode()方法存在一定的逻辑关系。

在本章讲解过的几种散列表的常见实现方案中都已经强调过其不支持等值元素添加的特性，所以在将等值元素加入散列表中时，后加入散列表的等值元素将会添加失败。这样对于散列表添加元素的过程来讲，元素之间等值性的定义和判断将会对发生散列冲突的元素在散列表中添加成功与否起到非常重要的作用。

在实际开发场景下，对于基本数据类型的元素来讲等值性的定义非常简单：只要两元素的字面取值相等，两元素之间就必为等值元素，但是对于复杂数据类型尤其是自定义数据类型的元素来讲，单纯通过元素的内存地址判断两元素是否等值是不够严谨的，所以通常在复杂数据类型内部会根据类型所具有的对象属性来重写 equals()方法，并通过两个同类型对象之间调用 equals()方法的返回值来判断两元素是否等值。也就是说对于重写过 equals()方法的某一数据类型来讲，当该类型的任意两个对象的所有对应对象属性取值完全一致时即认为这两个对象之间是等值的，但是此时两对象的内存地址可能并不相同。

既然重写后的 hashCode()方法与 equals()方法都是关注于对象所保存的信息（对象所具有的对象属性取值）的，那么从理论上来讲当两个对象的 hashCode()取值相同时二者相互调用 equals()方法的返回值也应该为 true，但是在实际情况下，即使使用非常复杂的数学过程来生成对象 hashCode()方法的返回值也有可能出现两对象之间 equals()方法的返回值为 false，但是二者 hashCode()方法返回值相等的情况。回到散列表的相关研究中来：如果两个对象的 hashCode()方法的返回值相等，则在两个对象加入同一散列表中时必然会导致散列冲突，所以在处理这样的对象之间发生的散列冲突时就需要使用与 hashCode()方法具有相同的关注点、相同生成标准的 equals()来决定后加入散列表中的冲突对象是否与之前加入散列表中的冲突对象构成等值关系，进一步决定后加入散列表中的冲突元素是否能够添加成功，而这也正是在大多数开发工具中绑定生成 hashCode()方法与 equals()方法的原因。

综上所述，如果某类型的对象有可能加入散列表结构当中，就有必要对这一类型进行 hashCode()方法与 equals()方法的重写。一个重写得足够严谨的 hashCode()方法可以保证同类型非等值对象之间在散列表中发生散列冲突的概率足够低，而一个重写得足够严谨的 equals()方法则可以正确判断在散列表中发生散列冲突的同类型元素之间是否构成等值关系，从而决定后加入散列表中的元素是否能够保存成功。

8.5.2 HashMap 类与 HashSet 类

在 Java 语言的原生类库中，HashMap 与 HashSet 是非常常用的两种散列表实现类，而这其中 HashSet 又是基于 HashMap 进行实现的。

HashMap 类型是 Map 接口的实现类，因此是一种键-值对(Key-Value Pair)存储容器。HashMap 类型通过泛型的方式对加入其中键-值对的键和值的数据类型进行约束，因此可以定义保存任意非基本数据类型键-值对的 HashMap。

```
//定义一个用于保存键类型为 Integer、值类型为 Person 的键-值对的 HashMap
HashMap<Integer, Person> map = new HashMap<>();
```

在 HashMap 内部，将每一组键-值对都封装为一个 Entry 接口的实现类对象(后简称 Entry 对象)。每个 Entry 对象都以其中所保存键的散列编码为自身的散列编码，而所有的 Entry 对象又都存储在一个通过链地址法实现的散列表当中。

HashMap 的键-值对散列表结构如图 8-20 所示。

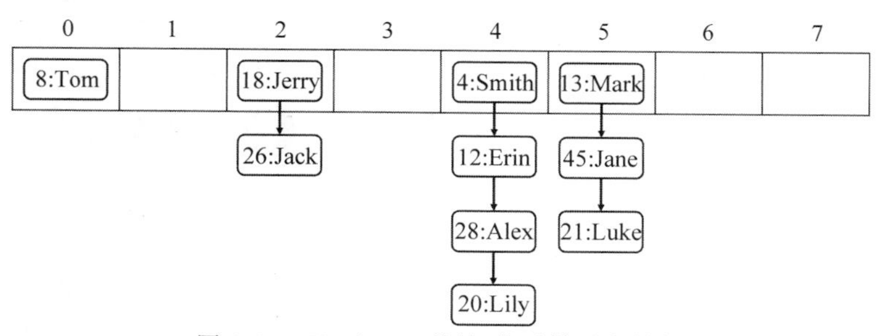

图 8-20　HashMap 的键-值对散列表结构

下面对 HashMap 类型中提供的用于键-值对增删、查找的常见方法进行简要说明。

V put(K key, V value)方法：用于向 HashMap 中添加键-值对的方法。因为在 HashMap 中键-值对被封装为 Entry 对象且 Entry 以其中所保存键的散列编码为基准全部保存在散列表当中，所以 HashMap 不支持保存键重复的键-值对。当键重复时 put()方法会使用键对应的新值替换等值键对应的原有值并将被替换的原有值返回。

V remove(K key)方法：用于通过键删除 HashMap 中键-值对的方法。当参数键对应的键-值对在 HashMap 中存在且删除成功时，该方法将返回被删除键-值对的值。

V get(K key)方法：用于通过键在 HashMap 中查找对应值的方法。如果 HashMap 中存在键对应的键-值对，则返回这一键-值对的值；如果不存在，则返回 null。

boolean containsKey(K key)方法：判断当前 HashMap 中是否包含参数指定的键的方法。

boolean containsValue(V value)方法：判断当前 HashMap 中是否包含参数指定的值的方法。

HashMap 类型的实现并不是一成不变的，与此相反，在几次 JDK 的重要版本迭代中对 HashMap 的实现细节上进行了更改，这使 HashMap 在性能和线程安全性等方面都有所提升。下面选取 Java 8 当中 HashMap 的两个变更进行说明。

变更 1：红黑树的引入。HashMap 底层使用一个通过链地址法实现的散列表保存其中的键-值对 Entry 对象。在 Java 8 当中，当一个 HashMap 中散列表数组的长度大于或等于 64 并且其中某条链表的长度大于或等于 8 的时候会将这条链表修改为红黑树的形式，以提升在这些发生散列冲突的键-值对之间进行查找的效率。与此相反，当因为删除键-值对而导致红黑树中节点的数量小于或等于 6 时，HashMap 还会将红黑树结构重新转换回链表结构(这个过程可以称为退化)以提高键-值对增删的效率。

HashMap 中单链表与红黑树的转换如图 8-21 所示。

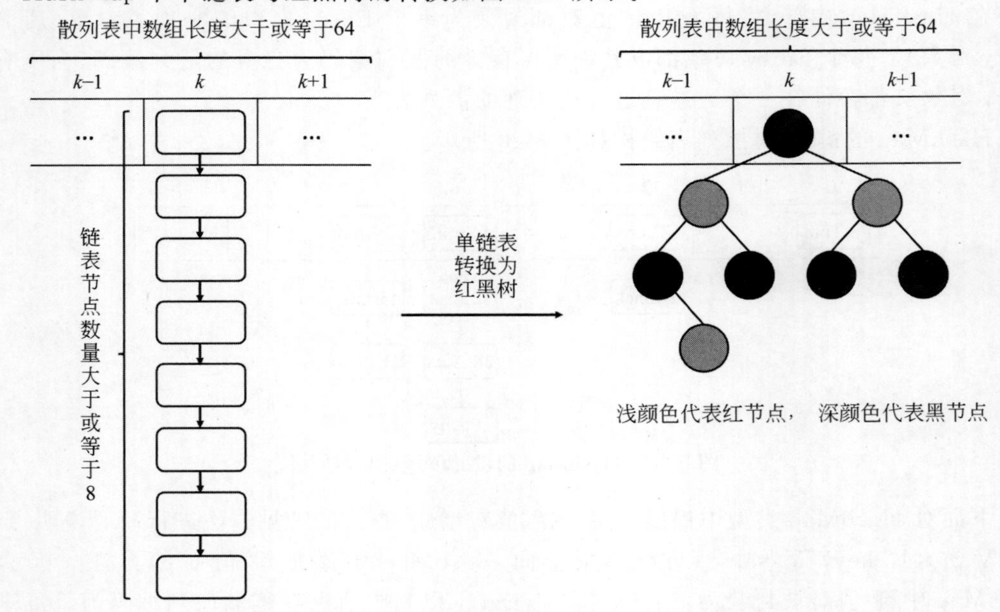

图 8-21　HashMap 中单链表与红黑树的转换

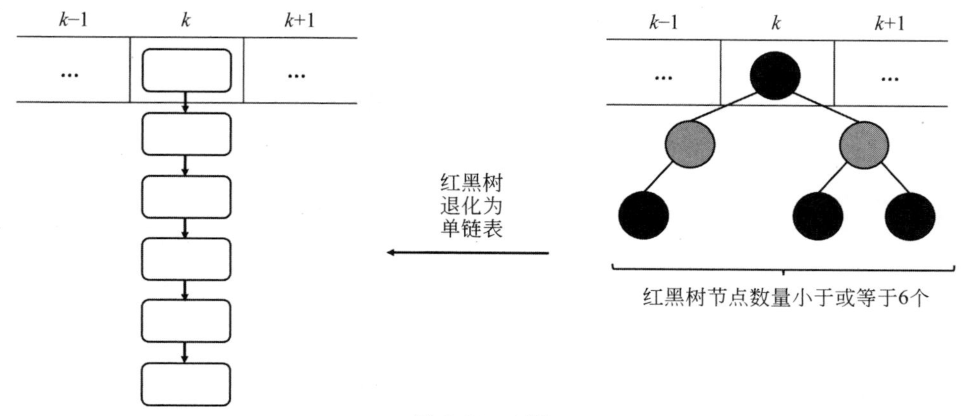

图 8-21 （续）

变更 2：链表插入方式的变更。在 Java 8 之前的版本当中 HashMap 会将 Entry 对象以头插入的方式加入链表结构当中，但是事实证明这种头插入的方式在多线程的情况下可能会导致死循环的发生。具体情况可以参考图 8-22，所以在 Java 8 版本中将 Entry 对象插入链表中的方式修改为尾插入的方式，从而确保即使在多线程操作的环境下也不会引发死循环的问题。

Java 8 之前版本 HashMap 出现死循环的情况如图 8-22 所示。

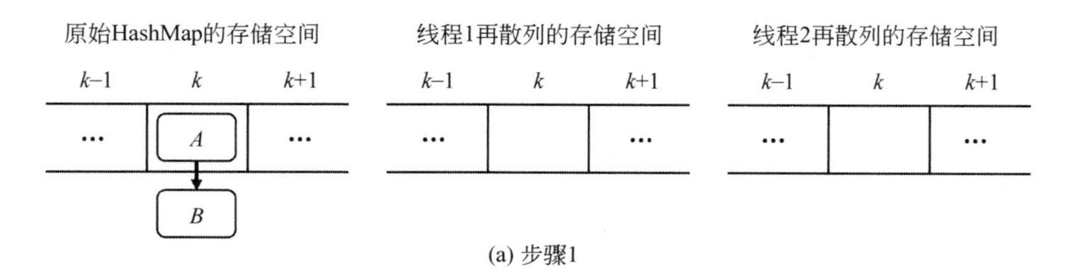

(a) 步骤1

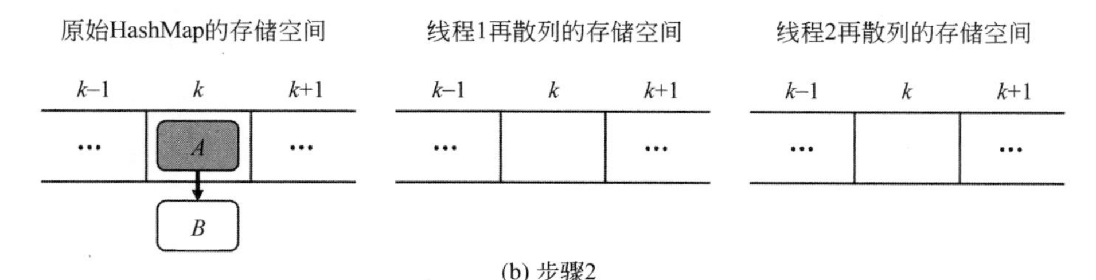

(b) 步骤2

图 8-22　Java 8 之前版本 HashMap 出现死循环的情况

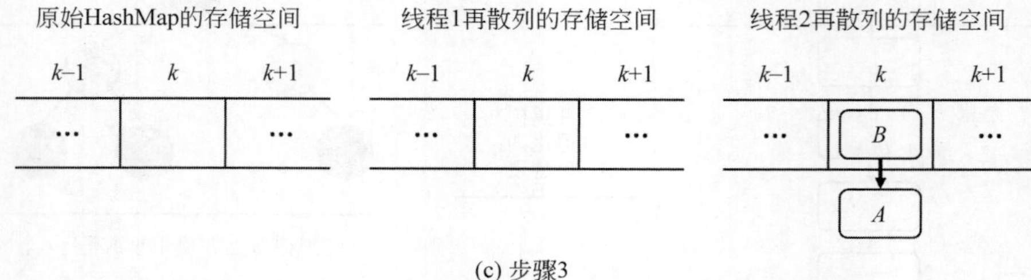

(c) 步骤3

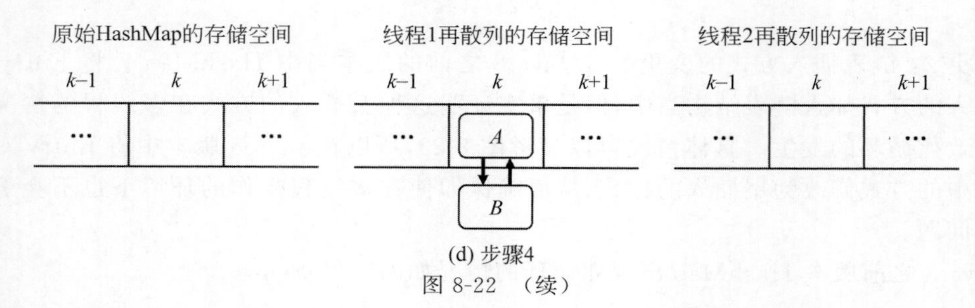

(d) 步骤4

图 8-22 （续）

由于 HashSet 类型是 Set 接口的实现类，而 Set 接口又是 Collection 接口的子接口，所以 HashSet 是一种元素单个存储且无序不重复的存储容器。通过名字不难看出，HashSet 所使用的数据结构也是散列表，而 HashSet 的底层代码实现则巧妙地复用了 HashMap 这种已有的散列表实现类。

下面首先给出 HashSet 源码的部分片段：

```
/**
 HashSet 的源码片段
  * /
public class HashSet<E> extends AbstractSet<E>
        implements Set<E>, Cloneable, Serializable
{
    private static final Object PRESENT = new Object();
    private transient HashMap<E, Object> map;

    //...

    public boolean add(E e) {
        return map.put(e, PRESENT) == null;
    }

    //...
}
```

在上述代码中，HashSet首先在内部实例化了一个HashMap作为其底层散列表结构的具体实现，并且定义了一个Object类型的静态全局变量PRESENT作为占位符。当HashSet在调用add()方法执行元素添加操作时，其add()方法的内部实际上调用了HashMap中的put()方法，并将占位符PRESENT作为键-值对的值进行传递。同理，HashSet类型中其他关于元素增删、查询操作的方法实现都与上述代码中add()方法的实现思路类似，都是借助于其内部的HashMap对象的已有方法实现的。这样一来，HashSet不仅借助HashMap类型实现了基于散列表的单个元素的增删、查找操作，而且还具有了HashMap类型关于散列表实现的一切优秀特性，最大限度地实现了代码的复用。

第 9 章 图结构

图结构及与之相关的基本算法在程序开发和实际应用领域都占据着非常重要的地位。与图结构相关的问题往往都是非常直观且实用的,例如通过图的最小生成树算法可以计算在多个服务器节点之间进行布线的最小总代价问题;通过单源最短路径算法可以计算从某一城市出发途径其他城市抵达目标城市的最短路线问题;通过 AOV 网图和拓扑排序算法可以解决课程规划的先后顺序问题;通过 AOE 网图和关键路径算法可以确定工程实施过程中哪些工作的起始和结束时间不能发生改变的问题等。在本章节中将首先说明图结构中的相关定义和图结构在计算机中的表示方式问题,然后以此为基础对图结构的一些相关算法进行讲解。

本章内容的思维导图如图 9-1 所示。

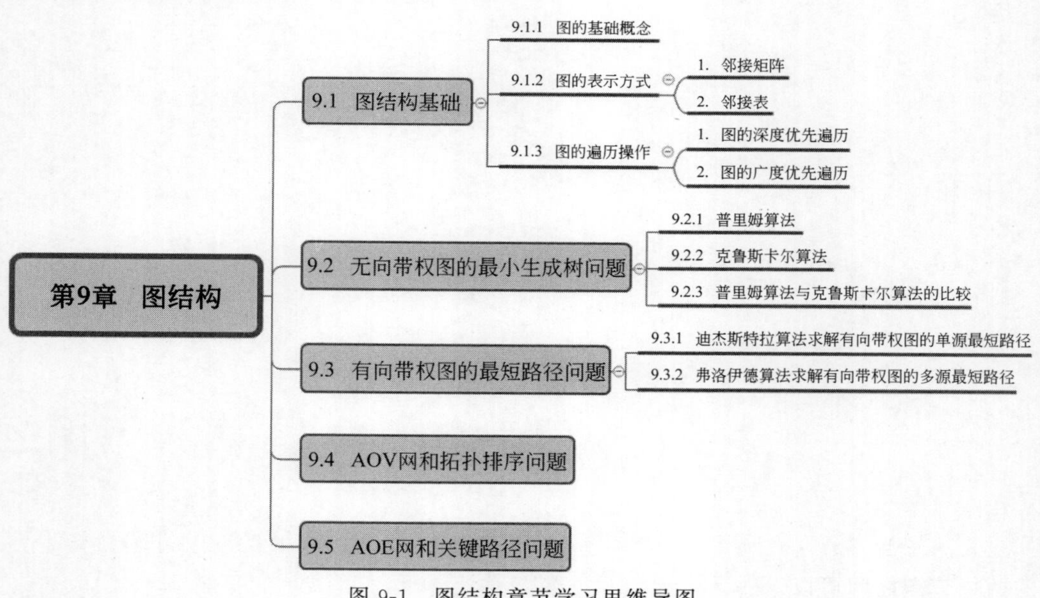

图 9-1 图结构章节学习思维导图

9.1 图结构基础

9.1.1 图的基础概念

与树结构相似，图结构也是由节点和边（或者弧）构成的，但是在逻辑上图结构表示的是一种“多对多”的数据对应关系。例如在地图当中，从某个城市出发可以通过不同的路线抵达多个不同的城市，而从不同的城市出发又可以通过不同的路线抵达相同的终点。这样一来，位于同一张地图上的各个城市之间就形成了多对多的关系。

图结构表示的多对多关系如图 9-2 所示。

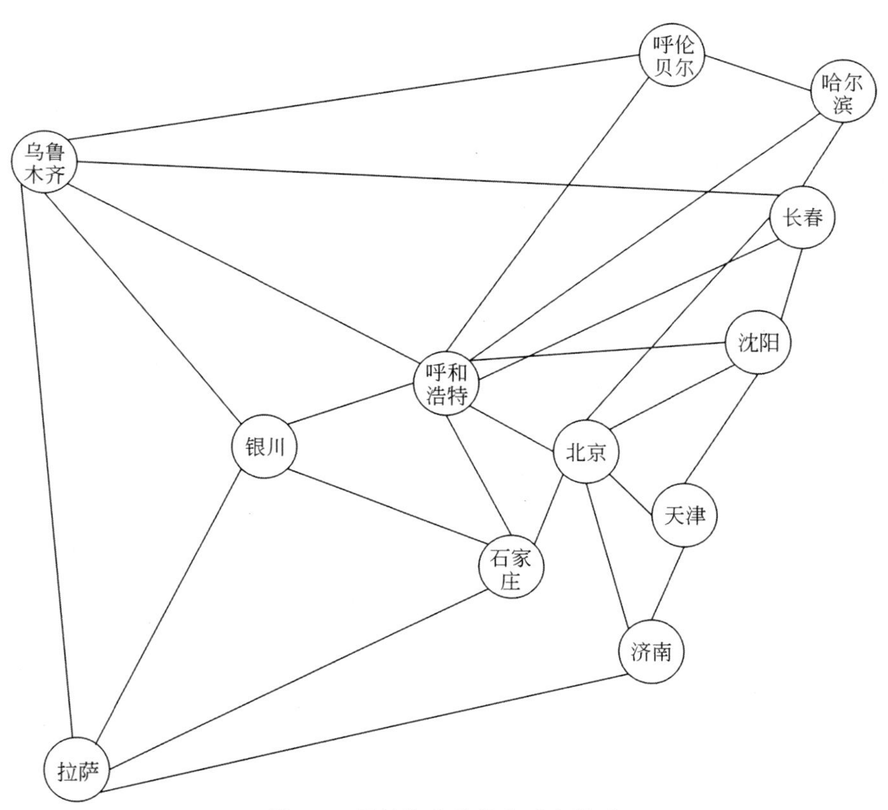

图 9-2 图结构表示的多对多关系

在图结构当中，根据节点之间的连接是否存在方向性可以将图分为无向图和有向图两种。在无向图当中节点之间的连接称为边。边不存在方向性，可以认为通过同一条边所连接的两个节点之间可以通过这条边相互往来。在无向图中可以将连接 A、B 两节点的边表示为(A,B)，在有向图中节点之间的连接称为弧。弧存在方向性，若以节点 A 为弧的起点、以节点 B 为弧的终点，则通过该弧只能从节点 A 走向节点 B。如果要从节点 B 返回节点

A，则需要另外定义一个以节点 B 为起点、以节点 A 为终点的弧。在有向图中将从节点 A 指向节点 B 的弧表示为 $<A,B>$；将从节点 B 指向节点 A 的弧表示为 $<B,A>$。

无向图和有向图如图 9-3 所示。

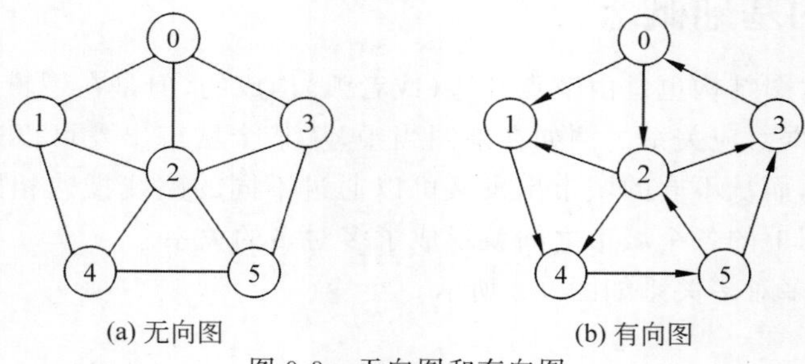

图 9-3　无向图和有向图

在有向图或者无向图中，如果从节点 A 出发途径多个中间节点及多条边或者弧能够抵达节点 B，则称节点 AB 之间存在路径。在无向图中路径也是无方向的，而在有向图中路径具有方向。路径的长度等于路径上边或弧的数量。如果在同一路径当中的所有节点均不重复，则这一路径称为简单路径。如果某一路径的头尾节点是相同的，则称这一路径为回路或环；除头尾节点外其他节点均不重复的回路或环称为简单回路或简单环。需要特别注意的是，在有向图中如果路径的起点和终点相同，但方向不同，则一般来讲也会看作不同的回路或环。

上述各定义如图 9-4 所示。

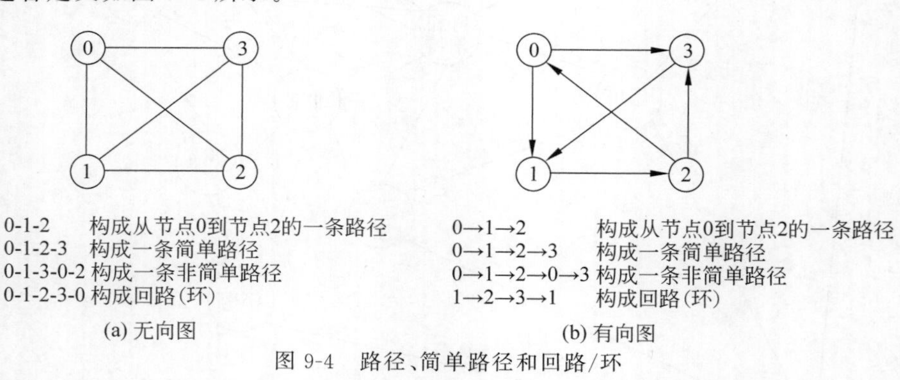

图 9-4　路径、简单路径和回路/环

树结构与图结构的区别还在于图结构中可以存在回路或者环，而树结构中不允许存在回路或者环，因此如果用图的相关概念去定义树结构，则可以描述为树结构是一种不存在回路或环的特殊图。

如果在一个图结构中任意节点与除了自己之外的其他节点之间均存在直接的边或者弧相连，则这种图被称为完全图。在存在 n 个节点的无向完全图中，因为任意节点均与除自己之外的 $n-1$ 个节点存在相连的边，所以在排除重复的边后图中存在 $n(n-1)/2$ 条边；在存在 n 个节点的有向完全图中，因为任意节点均与除自己之外的 $n-1$ 个节点存在往返的两条弧，所以图中共存在 $n(n-1)$ 条弧。

无向完全图和有向完全图如图 9-5 所示。

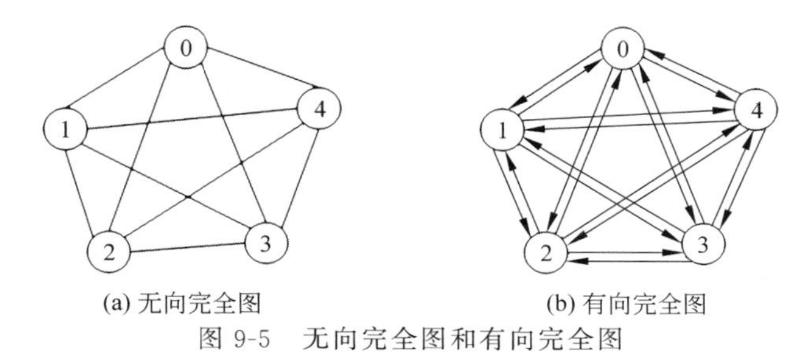

图 9-5 无向完全图和有向完全图

图结构的定义也可以是递归的：由图 G 当中的部分节点与部分边或者弧构成的规模更小的图 G' 即为图 G 的子图。

图结构的子图如图 9-6 所示。

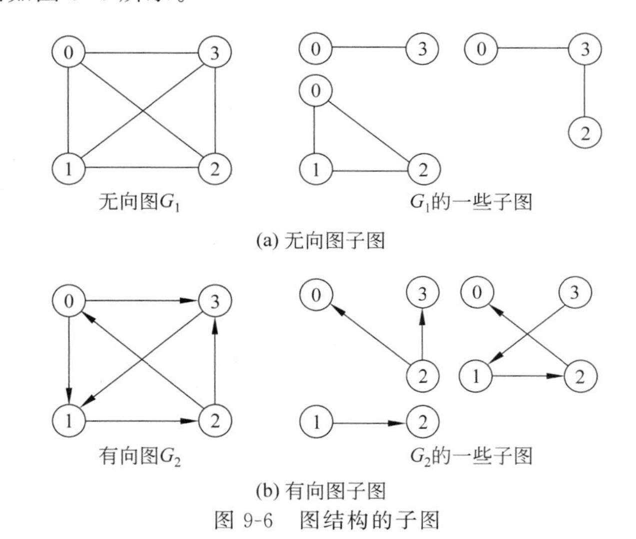

图 9-6 图结构的子图

在无向图中如果从节点 A 到节点 B 存在路径，则称节点 AB 之间是连通的；如果无向图中任意两节点之间均是连通的，则将该无向图称为连通图。如果一张无向图本身不是连通图，但是图中存在可以作为连通图的极大子图，则这些极大连通子图可以称为该无向图的连通分量。如果一张无向图本身是连通图，则该图的连通分量只有一个，即该无向图本身。

无向图的连通图和连通分量如图 9-7 所示。

在有向图中，如果在节点 AB 之间存在路径使 A 能够抵达 B 且同时存在路径使 B 能够抵达 A，则称节点 AB 之间是强连通的，此时从节点 A 抵达节点 B 的路径与从节点 B 抵达节点 A 的路径可能是不对称的；如果有向图中任意两节点之间均是强连通的，则称该有向图为强连通图。如果一张有向图本身不是强连通图，但是图中存在可以作为强连通图的极大子图，则这些极大强连通子图可以称为该有向图的强连通分量。如果一张有向图本身是强连通图则该图的强连通分量同样只有一个，即该有向图本身。

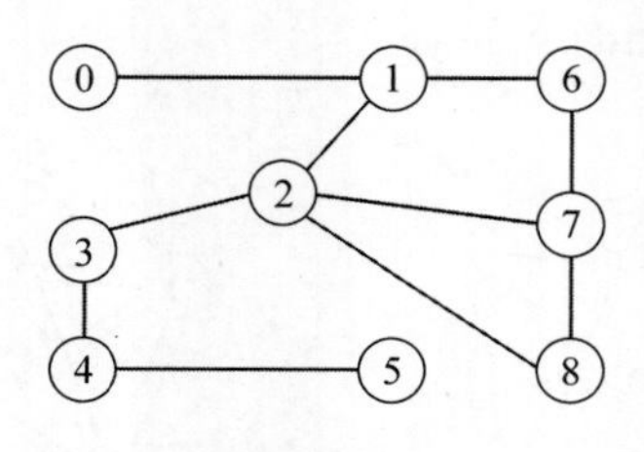

(a) 无向连通图G_1

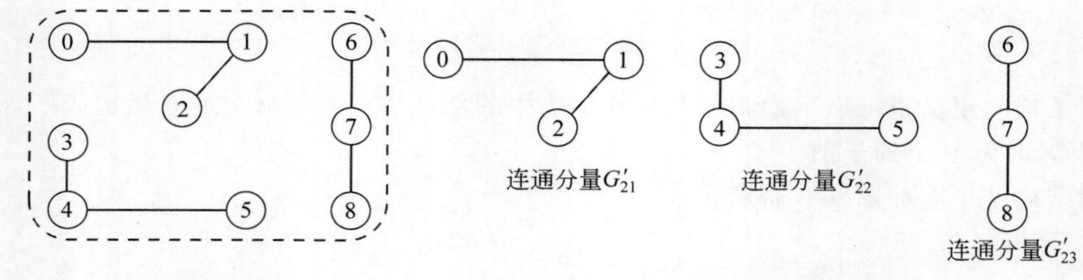

(b) 无向非连通图G_2　　(c) 无向非连通图G_2的3个连通分量

图 9-7　无向图的连通图和连通分量

有向图的强连通图和强连通分量如图 9-8 所示。

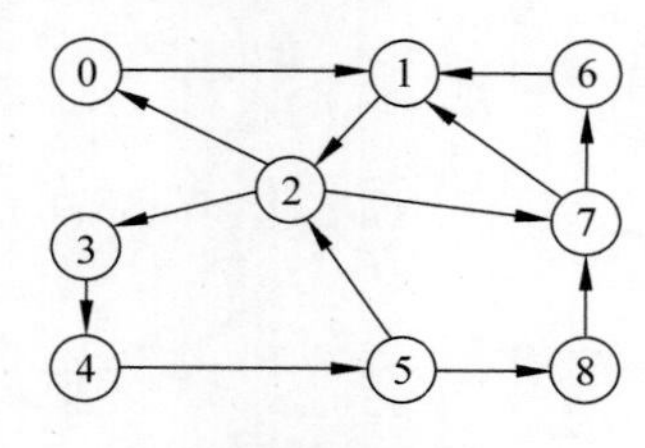

(a) 有向强连通图G_1

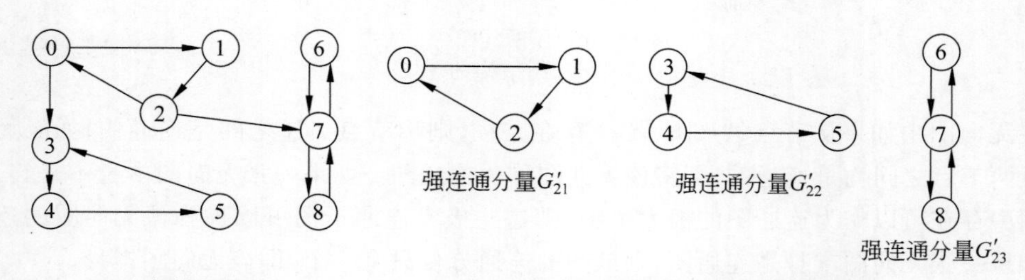

(b) 有向弱连通图G_2　　(c) 有向弱连通图G_2的3个强连通分量

图 9-8　有向图的强连通图和强连通分量

对于图结构当中的节点同样存在度的概念。在无向图当中节点不区分出度和入度，无向图中一个节点的度等价于与之相连的边的数量；在有向图当中节点需要区分出度和入度，在有向图中一个节点的出度等于以这个节点为起点的弧的数量，一个节点的入度等于以这个节点为终点的弧的数量，一个节点的度等于其出度和入度的和。

图结构中节点度的示意如图 9-9 所示。

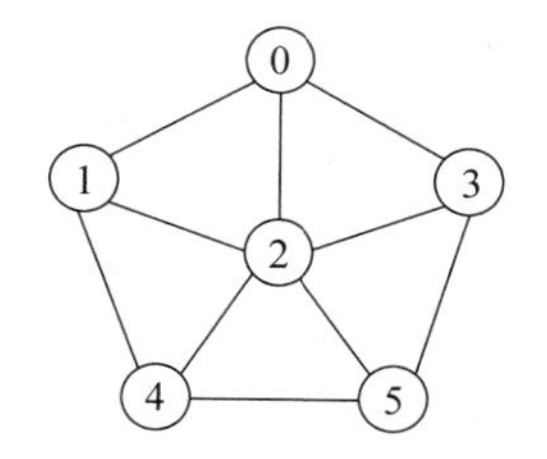

节点编号	节点的度
0	3
1	3
2	5
3	3
4	3
5	3

(a) 无向图中节点的度

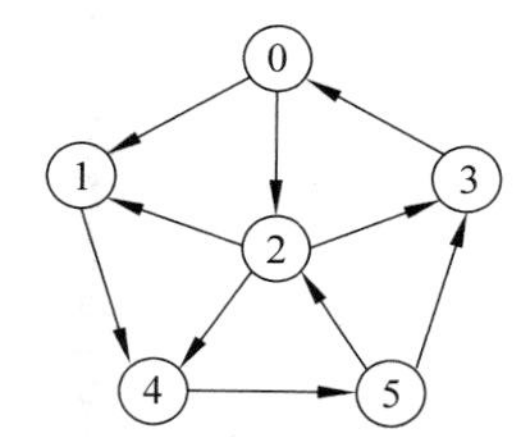

节点编号	节点入度	节点出度
0	1	2
1	2	1
2	2	3
3	2	1
4	2	1
5	1	2

(b) 有向图中节点的度

图 9-9 图结构中节点度的示意

图结构中的边或弧存在权值的概念。所谓边或弧的权值可以理解为在图中通过此边或弧从一个节点抵达另一节点的距离、时间或者任何其他含义的消耗。根据图中边或弧是否带有权值，可以将图分为带权图和无权图；再结合有向图与无向图的概念即可衍生出无向无权图、无向带权图、有向无权图、有向带权图 4 种不同的图类型。在无权图中两节点之间的简单路径即为最短路径，但是这一点在带权图中不一定成立，因为在带权图中需要考虑路径中边权的和，只有边权路径的和最小的路径才是两节点之间的最短路径。

无向带权图和有向带权图如图 9-10 所示。

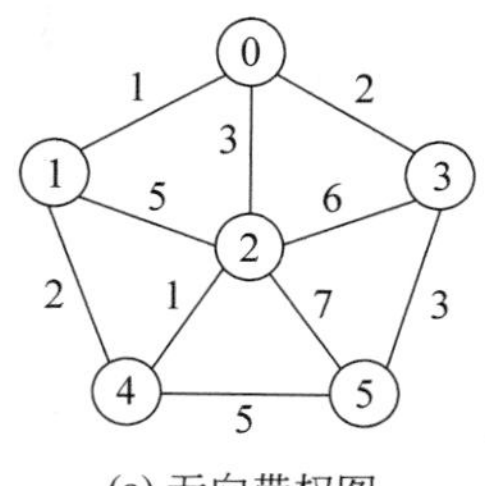

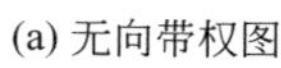
(a) 无向带权图

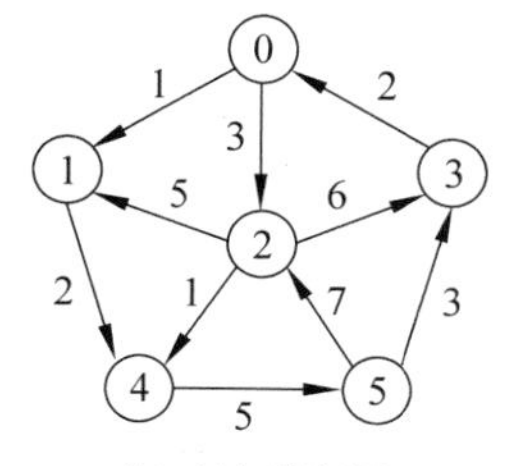

(b) 有向带权图

图 9-10 无向带权图和有向带权图

9.1.2 图的表示方式

与树结构相比，图结构在计算机中的存储方式要相对复杂，因为在图结构当中不仅将数据保存在节点当中，同时图中的边或者弧也要保存诸如起点节点、终点节点、边权等一系列信息，所以如果采用和树结构相类似的方式在计算机中存储图结构，不仅要额外定义边或弧这一数据类型，节点和边或弧之间关系的表示方式也复杂了很多，所以在计算机中对图结构进行存储时通常会使用邻接矩阵或者邻接表的方式。

1. 邻接矩阵

邻接矩阵是指将图中的 $n(n\geqslant 1)$ 个节点从 0 到 $n-1$ 进行编号后所形成的一种特殊的二维数组。假设将一个包含 n 个节点的图 G 的邻接矩阵记为 AM[n][n]，则在该邻接矩阵中 AM[i][j]($0\leqslant i, j\leqslant n-1$)即可表示图中编号为 i 的节点与编号为 j 的节点之间是否存在边或弧、边或弧的权值等信息。

假设图 G 为无向无权图或者有向无权图，则邻接矩阵 AM 可以定义为一个真值类型的二维数组，数组中元素 AM[i][j]的真假即表示图中编号为 i 的节点与编号为 j 的节点之间是否存在边或弧。若图 G 为无向带权图或者有向带权图，则邻接矩阵 AM 可以定义为一个数值类型的二维数组，数组中元素 AM[i][j]的取值即表示图中编号为 i 的节点与编号为 j 的节点之间边或弧的权值。如果图中编号为 i 的节点与编号为 j 的节点之间不存在边或弧，则 AM[i][j]的取值可以使用一个极大值或者极小值进行表示。

图的邻接矩阵表示如图 9-11 所示。

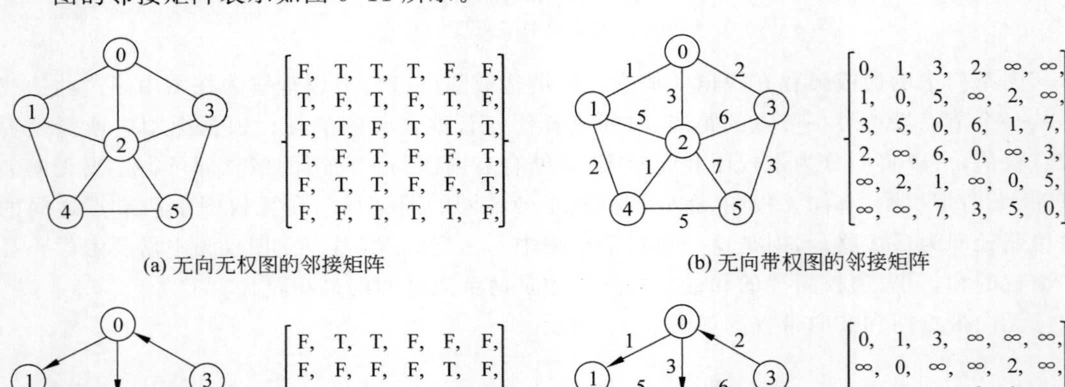

(a) 无向无权图的邻接矩阵　　(b) 无向带权图的邻接矩阵

(c) 有向无权图的邻接矩阵　　(d) 有向带权图的邻接矩阵

图 9-11　图的邻接矩阵表示

从图 9-11 中不难看出，对于节点数量为 n 的图的邻接矩阵 AM 存在如下特点。

特点 1：邻接矩阵中从 AM[0][0]到 AM[$n-1$][$n-1$]的对角线均表示一个节点从自己出发到再回到自己的路径长度，所以在一个不存在自环的图中这一对角线上的取值应该均为 false 或者 0。

特点 2：对于无向图来讲因为从节点 i 到节点 j 的路径是双向的，所以无向图的邻接矩阵是一个对称矩阵，即 AM[i][j] == AM[j][i]，但是这一特点对于有向图的邻接矩阵是不成立的，因为有向图的弧存在方向，所以对于有向图的邻接矩阵来讲 AM[i][j]与 AM[j][i]不一定相等。

特点 3：对于一个稀疏图，即边或弧的数量少于 $n\log n$ 的图（相反即为稠密图）来讲，邻接矩阵中大部分元素都是无效的，即它们表示不存在的边或弧，使用邻接矩阵来表示这些图会带来极大的空间浪费。此时可以使用 2.2.3 节中讲解过的十字链表对该稀疏邻接矩阵进行存储以优化其空间占用，提高图中边或弧信息的查找效率。

2. 邻接表

邻接表由数组和链表两部分构成。数组中的每个元素保存图中一个节点的信息，并且每个数组元素指向一个链表，链表中保存该节点所指出的边或弧的信息。

邻接表的数组部分用于保存图结构中每个节点的信息，所以对于一个存在 $n(n \geqslant 0)$ 个节点的图来讲它所对应的邻接表的数组部分的长度为 n，而图中每个节点在数组中的下标即可认为是该节点的编号。除了用于保存节点的数据域之外邻接表数组部分的每位元素还会设置一个后继指针域，用于引起以该位置保存节点为起点的边或弧的信息所构成的链表部分。

邻接表中的每条链表都用于保存以图结构中某一节点为起点的所有边或弧的信息。例如在一条由邻接表数组的部分中，下标为 $i(0 \leqslant i \leqslant n-1)$ 的元素引出的链表中保存的就是图结构中所有以编号为 i 的节点为起点的边或弧的信息。因为在图结构中一条边或者弧均存在两个端点，所以除了当前起点节点 i 之外，链表中的每个环节还需要设置一个数据域，用于保存与之对应的边或弧的终点节点的编号。如果邻接表保存的是带权图的信息，则链表的每个环节还需要设置额外的数据域，用于保存边或弧的权值。

图的邻接表表示如图 9-12 所示。

从图 9-12 中不难看出，如果使用邻接表存储无向图的信息，则用于存储图中边(i, j)信息的链表节点必然存在一个与之对称的节点存储边(j, i)的信息，这样会导致一定的数据冗余，但是如果使用邻接表存储有向图的信息，则因为在有向图当中弧都是具有方向的，即图中弧$\langle i, j\rangle$不一定具有对称的弧$\langle j, i\rangle$，所以此时邻接表中的冗余数据会相对较少。

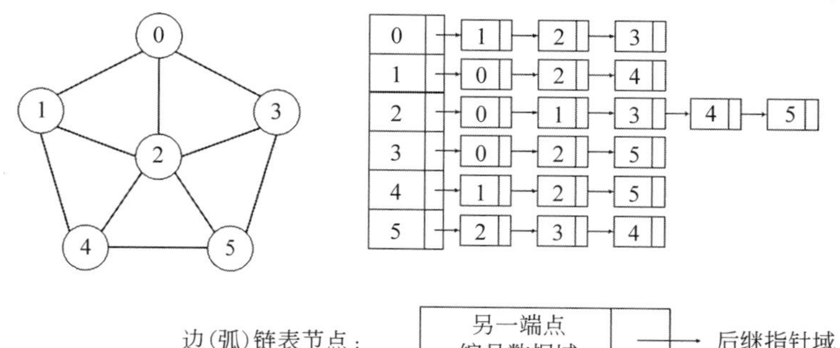

(a) 无向无权图的邻接表

图 9-12　图的邻接表表示

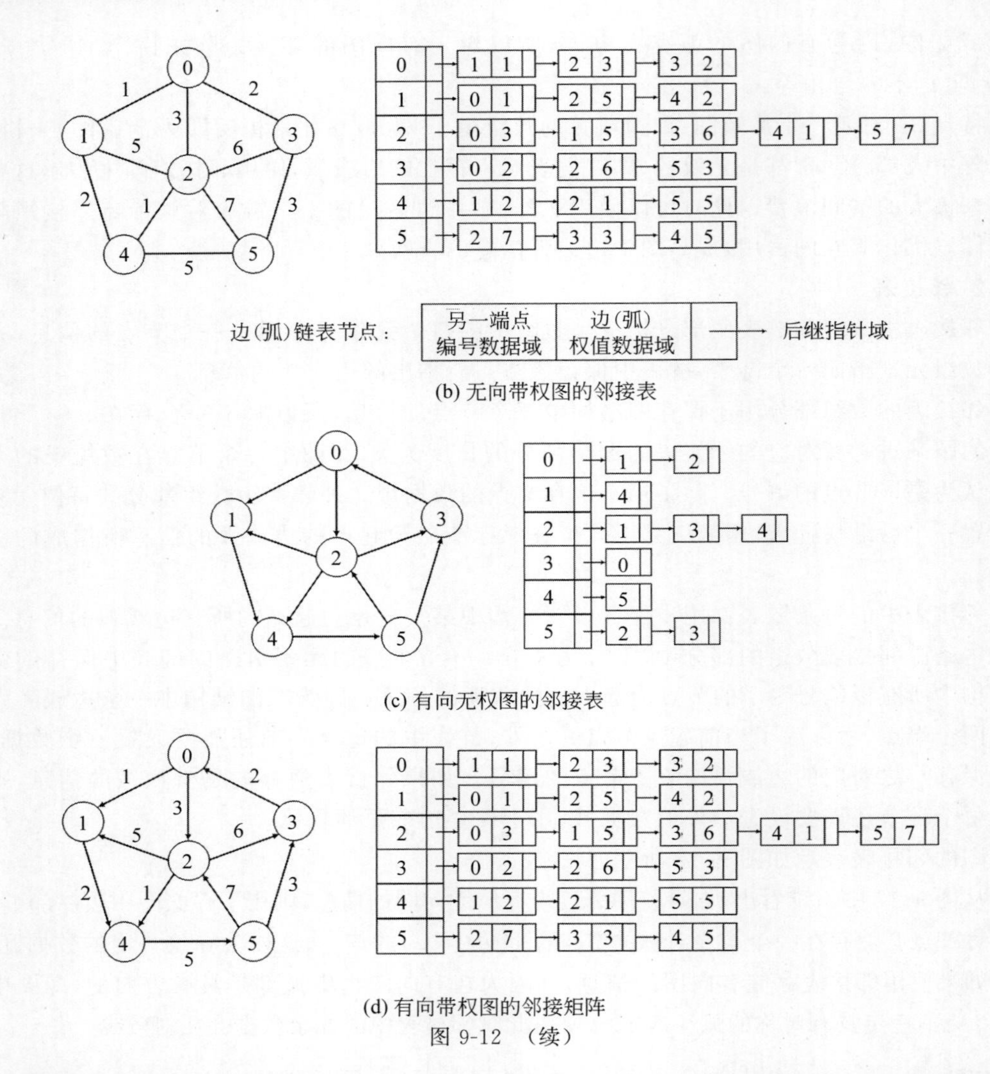

(b) 无向带权图的邻接表

(c) 有向无权图的邻接表

(d) 有向带权图的邻接矩阵

图 9-12 （续）

需要特殊说明的是，邻接表中用于保存边或弧信息的链表部分同样可以使用数组结构替代实现，而两种实现方式的区别实际上体现的就是链表与数组这两种基础物理结构之间的区别。在使用链表结构保存边或弧的信息时更有利于在图结构中动态地进行边或弧的增删操作，而在使用数组结构保存边或弧的信息时更有利于快速地在图中定位一条边或弧，从而对图结构进行运算。

9.1.3 图的遍历操作

与树结构相似，对于图结构中的所有节点，也可以进行深度优先遍历操作和广度优先遍历操作，而且这两种遍历操作的实现方式与树结构相似，但是因为在图结构中可能存在回路或者环，所以在对图结构执行深度优先遍历和广度优先遍历操作时需要使用一个与图中节点数量等长的真值类型数组来记录图中哪些节点已经访问过，由此避免图中回路或环所导致的死递归或者死循环。下面给出对以邻接表方式表示的无向图进行深度优先遍历和广度优先遍历的实现示例，有向图的相关操作与此原理相同。

1. 图的深度优先遍历

对图结构进行深度优先遍历操作的实现代码如下：

```
/**
 Chapter9_Graph
 com.ds.graph
 Traversal.java
 图的遍历
 */
public class Traversal {

    //邻接表节点数据类型内部类
    private static class Node {
        int num;                                    //节点编号
        Edge edge;                                  //边链表的头节点指针域

        public Node(int num) {
            this.num = num;
        }

        public Edge edge(int target) {
            this.edge = new Edge(target);
            return this.edge;
        }

    }

    //邻接表边数据类型内部类
    private static class Edge {
        int target;                                 //边的另一端节点编号
        Edge next;                                  //后继指针域

        public Edge(int target) {
            this.target = target;
        }

        public Edge next(int target) {
            this.next = new Edge(target);
            return this.next;
        }

    }

    //图的深度优先遍历，graph 为图的邻接表
```

```
    public List<Integer> deepFirstTraversal(Node[] graph) {

        if(graph.length == 0) {
            return null;
        }

        //结果序列
        List<Integer> result = new ArrayList<>();
        //记录节点被访问情况的数组
        boolean[] visited = new boolean[graph.length];

        //执行图的深度优先遍历
        deepFirstTraversalInner(graph, 0, visited, result);
        return result;

    }

    /**
     图的深度优先遍历过程方法
     graph 为图的邻接表,num 为被遍历节点的编号,visited 为记录节点被访问情况的数组,
     result 为结果序列
     */
    private void deepFirstTraversalInner(
            Node[] graph, int num,
            boolean[] visited, List<Integer> result) {
        if(visited[num]) {
            return;
        }

        result.add(num);
        visited[num] = true;

        //对图的邻居节点执行深度优先遍历
        Edge edge = graph[num].edge;
        while(edge != null) {
            deepFirstTraversalInner(graph, edge.target, visited, result);
            edge = edge.next;
        }

    }
}
```

图的深度优先遍历的执行流程如图 9-13 所示。

2. 图的广度优先遍历

对图结构进行广度优先遍历操作的实现代码如下：

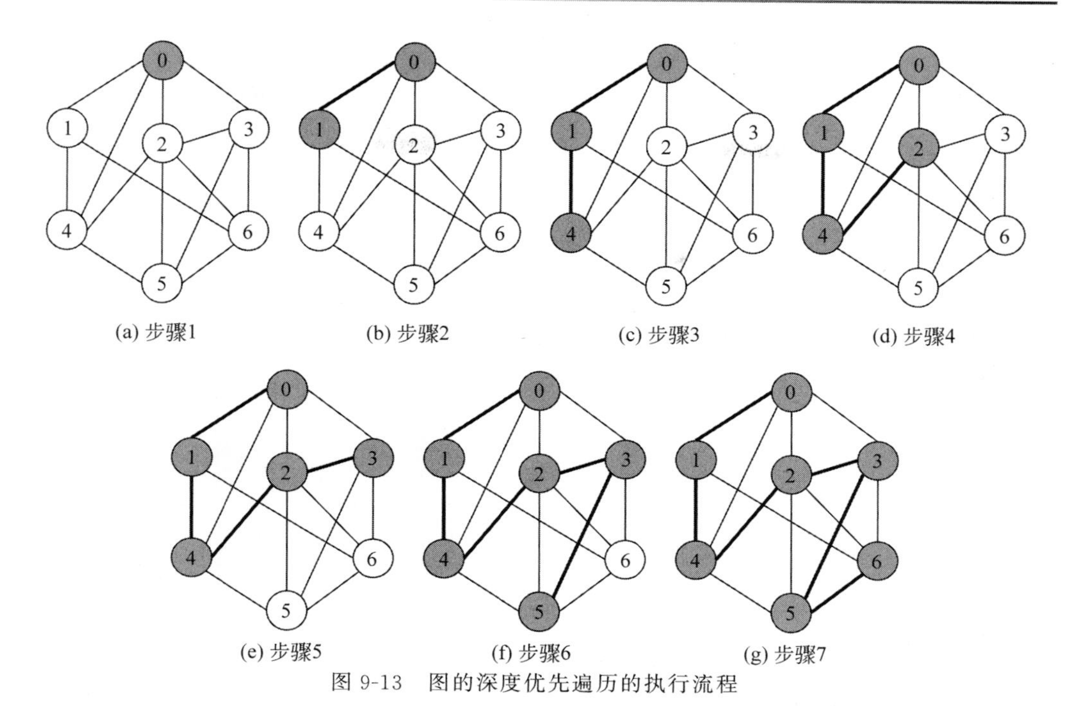

图 9-13　图的深度优先遍历的执行流程

```
/**
 Chapter9_Graph
 com.ds.graph
 Traversal.java
 图的遍历
  */
public class Traversal {

    //邻接表节点数据类型内部类
    private static class Node {
        int num;                                //节点编号
        Edge edge;                              //边链表的头节点指针域

        public Node(int num) {
            this.num = num;
        }

        public Edge edge(int target) {
            this.edge = new Edge(target);
            return this.edge;
        }

    }

    //邻接表边数据类型内部类
```

```
private static class Edge {
    int target;                                   //边的另一端节点编号
    Edge next;                                    //后继指针域

    public Edge(int target) {
        this.target = target;
    }

    public Edge next(int target) {
        this.next = new Edge(target);
        return this.next;
    }

}

//图的广度优先遍历,graph 为图的邻接表
public List<Integer> breadthFirstTraversal(Node[] graph) {

    if(graph.length == 0) {
        return null;
    }

    //结果序列
    List<Integer> result = new ArrayList<>();

    //记录节点被访问情况的数组
    boolean[] visited = new boolean[graph.length];

    //广度优先遍历的辅助队列
    Queue<Node> queue = new LinkedList<>();

    //图中编号最小的节点初始入队列
    queue.offer(graph[0]);
    visited[0] = true;

    //循环条件为队列非空
    while(!queue.isEmpty()) {

        //出队列的一个节点
        Node node = queue.poll();
        result.add(node.num);

        //将当前节点的邻居节点入队列并标记为已访问
        Edge edge = node.edge;
        while(edge != null) {
            if(!visited[edge.target]) {
                queue.offer(graph[edge.target]);
                visited[edge.target] = true;
            }
```

```
                edge = edge.next;
            }

        }

        return result;

    }
}
```

图的广度优先遍历的执行流程如图 9-14 所示。

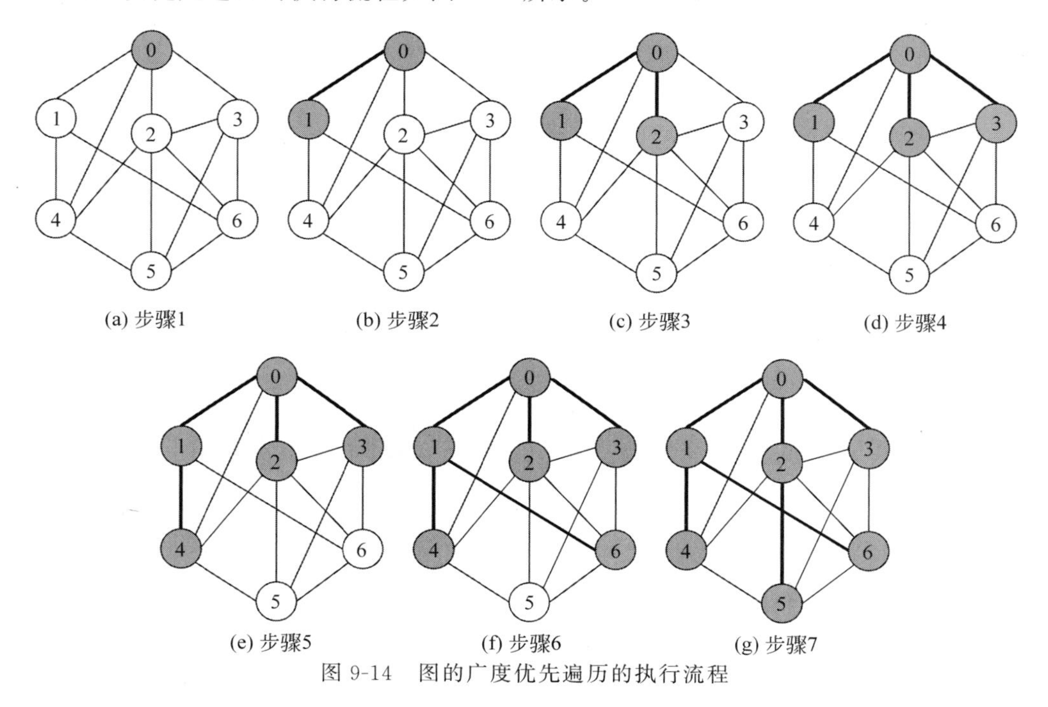

图 9-14　图的广度优先遍历的执行流程

9.2　无向带权图的最小生成树问题

所谓无向图的生成树是指在去掉无向图中所有的回路和环之后依然能够使各个节点之间相互连通的树结构。同理，也可以将生成树认为是包含 $n(n>0)$ 个节点的无向图的一张无回路子图，这张子图包含了图中全部的 n 个节点和 $n-1$ 条边。对于一张无向图来讲其生成树的结构可能是不唯一的。

无向带权图的最小生成树是指一个无向带权图的所有生成树当中具有最小边权和的生成树结构。同样地，无向带权图的最小生成树结构也可能是不唯一的，但是它们之间的边权和总是相等的。

无向带权图的最小生成树问题在现实生活当中有着丰富的应用场景。例如在一个服务器机房中存在 n 个服务器节点，每个节点之间需要通过部署网线才能进行双向通信，并且服务器节点之间部署网线的距离互不相同。如果想要将该机房当中所有的服务器节点以最小的网线长度消耗连接在同一个局域网当中并保证各个节点之间均可以互相通信（任意两节点进行通信过程中可以经过其他节点），就可以通过无向带权图的最小生成树算法对其进行计算。

求取无向带权图最小生成树的算法主要有普里姆（Prim）算法和克鲁斯卡尔（Kruskal）算法。这两种算法都体现了贪心算法的核心思想，但是二者之间的贪心策略有所不同。下面开始对这两种算法的具体内容进行讲解。

注意：如果在一个无向带权图中包含多于 1 个连通分量，则这个无向带权图的最小生成树结构会是由图中所有连通分量的最小生成树所构成的森林。在求取这种无向带权图的最小生成树森林时只要对图中各个连通分量分别使用普里姆算法或者克鲁斯卡尔算法求取最小生成树后将这些最小生成树存储在同一结构当中即可。为了便于说明，在后续内容中仅使用可作为连通图（只具有一个连通分量）的无向带权图作为示例对算法内容进行说明。

9.2.1 普里姆算法

普里姆算法由计算机科学家 Robert Prim 于 1957 年提出，其基本思路是从一个起始节点开始不断地选取与当前已选节点集合最近的未选节点加入集合，直至所有节点均被选取为止。在这个过程中被选择的节点和边就构成了图的最小生成树。

给定一个包含 $n(n>0)$ 个节点无向带权连通图 G，对于图 G 执行普里姆算法的步骤如下。

步骤 1：去掉图 G 中所有的边得到一个仅包含图 G 中所有节点的子图 G'，使图 G 中的 n 个节点在子图 G' 中构成 n 个互相独立的连通分量。

步骤 2：在子图 G' 中选择一个节点作为初始化的最大连通分量，通常这个节点可以选择图中编号最小的节点。

步骤 3：选出图 G 中具有最小权值的边，对于这一选中的权值最小的边具有以下要求：①该边的一个端点必须位于最大连通分量中，而另一个端点则不能位于最大连通分量当中；②该边不能已经出现在子图 G' 中，即该边未被选择过。符合上述要求的权值最小的边可以在扩大子图 G' 中最大连通分量规模的同时不会在子图 G' 中构成回路或者环。如果符合上述条件的权值最小的边不唯一，则任意选择其中的一个权值最小的边。将选中的符合上述条件的权值最小的边加入子图 G' 中。

步骤 4：重复执行步骤 3，直到子图 G' 中仅剩余 1 个连通分量后算法结束。此时子图 G' 即为图 G 的一个最小生成树。

普里姆算法的执行流程如图 9-15 所示。

普里姆算法实现，代码如下：

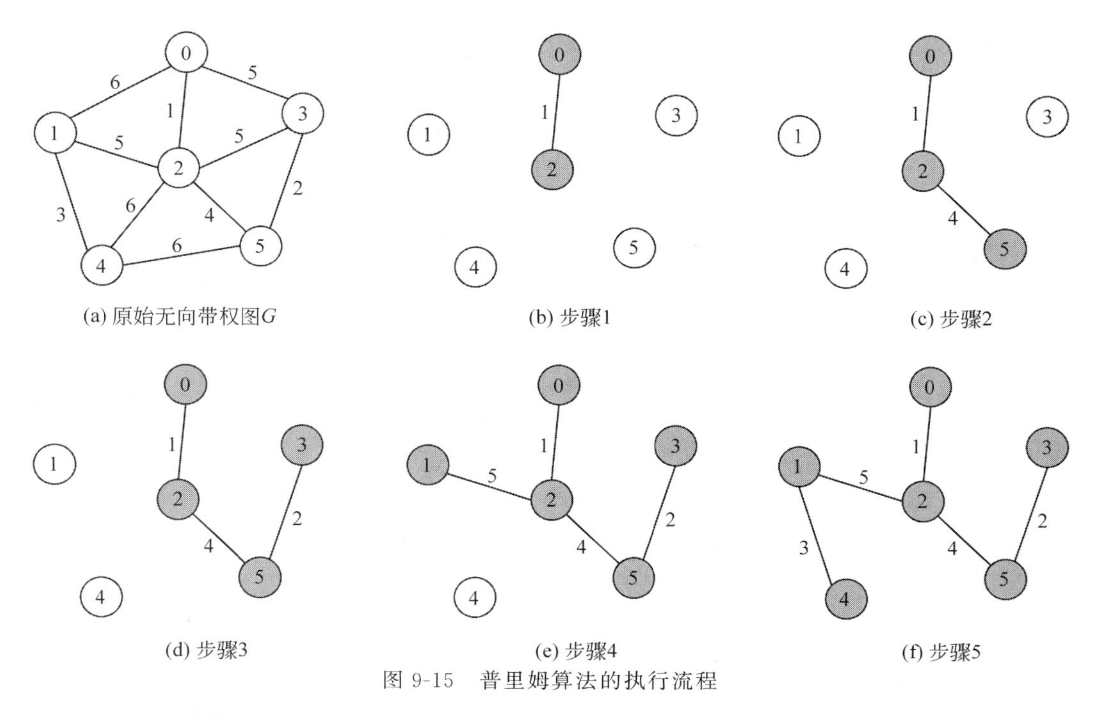

图 9-15 普里姆算法的执行流程

```
/**
 Chapter9_Graph
 com.ds.graph
 MinimumSpanningTree.java
 无向带权图的最小生成树
 */
public class MinimumSpanningTree {

    //普里姆算法
    public int[][] prim(int[][] graph) {

        /*
         用于记录最小生成树的结果数组
         数组的每行是一个三元组,表示最小生成树一条边的两个端点编号与边权
         如果图中存在 n 个节点,则结果数组有 n-1 行
         */
        int k = 0;
        int[][] result = new int[graph.length-1][3];

        //用于标记编号为 i 的节点是否已经纳入最大连通分量的数组
        boolean[] visited = new boolean[graph.length];
        //记录被选中边在最大连通分量中端点编号的数组
        int[] parent = new int[graph.length];
        //记录各个节点与最大连通分量最短距离的数组
        int[] distance = new int[graph.length];
```

```
        //该数组的初始值设为一个极大值
        Arrays.fill(distance, Integer.MAX_VALUE);
        //以图中编号为 0 的节点为初始化最大连通分量
        distance[0] = 0;

        //用于记录图中未纳入最大连通分量节点数量的变量
        int unvisited = graph.length;
        //循环结束条件为图中所有节点均已纳入最大连通分量
        while(unvisited > 0) {

            /*
             遍历所有不存在于最大连通分量中的节点,找到以这些节点为端点的边中权值最小的边
             记录这条边的权值及其位于最大连通分量之外的端点编号
             */
            int u = -1;
            int min = Integer.MAX_VALUE;

            for(int i = 0; i < distance.length; i++) {
                if(!visited[i] && distance[i] < min) {
                    min = distance[i];
                    u = i;
                }
            }

            /*
             将选中权值最小的边位于最大连通分量之外的端点纳入最大连通分量,并在结果数
             组中记录这条被选中的权值最小的边的端点和权值信息
             */
            visited[u] = true;
            if(u != 0) {
                result[k++] = new int[] {parent[u], u, min};
            }

            /*
             以纳入最大连通分量的新节点为核心,更新所有与之相关的边的另一端点到达最大
             连通分量的最短距离,以及位于最大连通分量中这条边的端点编号
             */
            for(int v = 0; v < graph.length; v++) {
                if(graph[u][v] != 0 && !visited[v] && graph[u][v] < distance[v]) {
                    parent[v] = u;
                    distance[v] = graph[u][v];
                }
            }

            //图中未纳入最大连通分量的节点数量-1
            unvisited--;

        }

        return result;

    }

}
```

假设无向带权图 G 中存在 N 个节点并使用邻接矩阵表示该图，从上述代码实现可知，算法需要遍历图中所有节点并将其纳入最小生成树，这一过程对应上述代码中最外层的 while 循环，该循环的执行频次为 N。在最外层循环内部存在两个子循环：①用于查找当前所有未纳入最大连通分量的节点中距离最大连通分量最近节点的循环；②根据选中并纳入最大连通分量的新节点更新其他未纳入节点到最大连通分量最近距离的循环。这两个子循环的执行频次均为 N，所以普里姆算法的时间复杂度为 $O(N(N+N))=O(N^2)$。如果在算法中使用较为高效的排序算法或者优先队列等结构优化权值最小边的查找过程，则可以进一步地将普里姆算法的时间复杂度降低到 $O(N\log N)$级别。

9.2.2 克鲁斯卡尔算法

克鲁斯卡尔算法是由计算机科学家 Kruskal 于 1956 年提出的，其基本思想为将图中所有的边按照权值从小到大进行排序，然后按照从小到大的顺序逐步加入边并判断是否导致环的形成。如果加入一条边后不会形成环，则将该边加入最小生成树中，与此相反，则舍弃该边继续考虑下一条边。当最小生成树中的边数达到顶点数减 1 时算法结束，此时得到的就是原图的最小生成树。

给定一个包含 $n(n>0)$个节点无向带权连通图 G，对于图 G 执行克鲁斯卡尔算法的步骤如下。

步骤 1：去掉图 G 中所有的边得到一个仅包含图 G 中所有节点的子图 G'，使图 G 中的 n 个节点在子图 G'中构成 n 个互相独立的连通分量。

步骤 2：将图 G 中的所有边按照权值大小进行升序排序，或者将这些边加入一个以边权为标准的优先队列当中并以权值最小的边作为队列头。

步骤 3：选出图 G 中的权值最小的边，并判断将这条权值最小的边加入子图 G'后是否会构成环。如果将该边加入子图 G'后会构成环，则舍弃这条权值最小的边，重新选择下一条权值最小的边，直到所选权值最小的边在加入子图 G'后不会构成环为止，然后将该边加入子图 G'中。

步骤 4：重复执行步骤 3，直到子图 G'中仅剩余 1 个连通分量后算法结束。此时子图 G'即为图 G 的一个最小生成树。

克鲁斯卡尔算法的执行流程如图 9-16 所示。

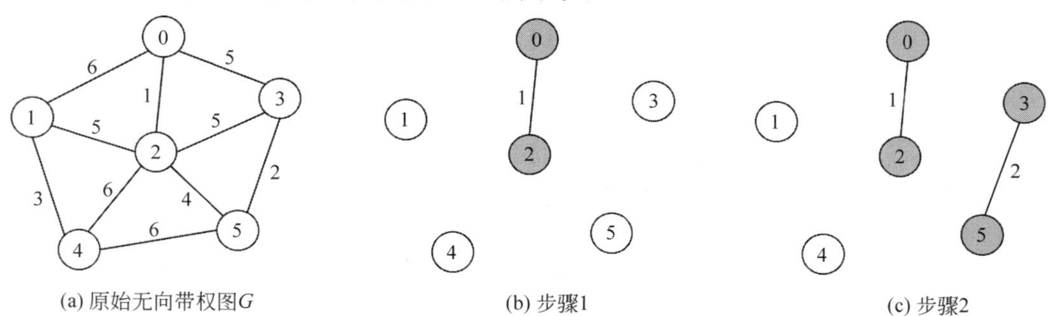

图 9-16 克鲁斯卡尔算法的执行流程

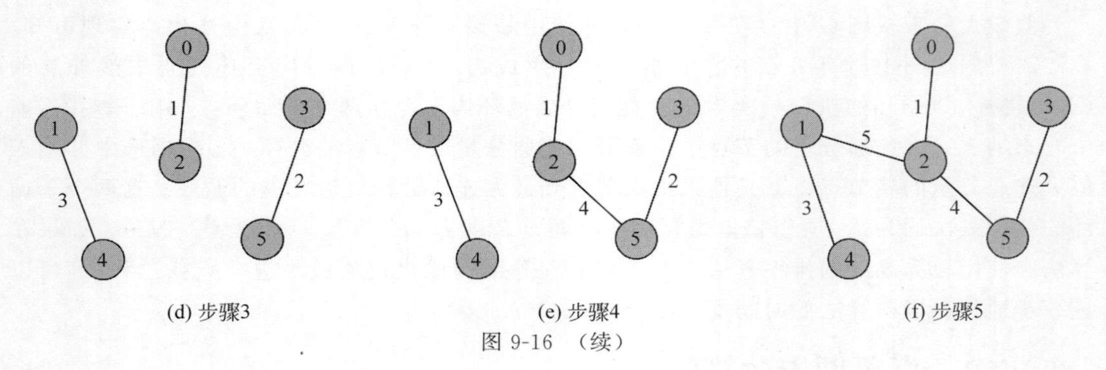

图 9-16 （续）

克鲁斯卡尔算法实现，代码如下：

```
/**
 Chapter9_Graph
 com.ds.graph
 MinimumSpanningTree.java
 无向带权图的最小生成树
 */
public class MinimumSpanningTree {

    //用于标记两节点之间不存在边时边权的静态全局变量
    private static int N = Integer.MAX_VALUE;

    /**
     克鲁斯卡尔算法所用边的数据类型
     边类型实现了 Comparable 接口
     允许两条边对应 Edge 对象之间通过权值进行大小比较实现升序排序
     */
    private static class Edge implements Comparable<Edge> {

        int u;
        int v;
        int weight;

        public Edge(int u, int v, int weight) {
            this.u = u;
            this.v = v;
            this.weight = weight;
        }

        @Override
        public int compareTo(Edge o) {
            return this.weight - o.weight;
        }
    }
```

```
//克鲁斯卡尔算法
public int[][] kruskal(int[][] graph) {

    /*
     用于记录最小生成树的结果数组
     数组的每行是一个三元组,表示最小生成树一条边的两个端点编号与边权
     如果图中存在 n 个节点,则结果数组有 n-1 行
     */
    int k = 0;
    int[][] result = new int[graph.length-1][3];

    //创建用于保存每个连通分量根节点的数组并初始化所有连通分量的根节点为自己
    int[] parent = new int[graph.length];
    for(int i = 0; i < graph.length; i++) {
        parent[i] = i;
    }

    /*
     创建用于保存所有边的优先队列并将图中所有的边封装为 Edge 类型后加入优先队列
     */
    PriorityQueue<Edge> queue = new PriorityQueue<>();
    for(int i = 0; i < graph.length; i++) {
        for(int j = i+1; j < graph.length; j++) {
            if(graph[i][j] != N) {
                queue.offer(new Edge(i, j, graph[i][j]));
            }
        }
    }

    while(!queue.isEmpty()) {

        //从优先队列中出队列一个权值最小的边
        Edge edge = queue.poll();

        //分别以权值最小的边的两个端点作为入口,查找其所在的连通分量的根节点
         */
        int p1 = findParent(parent, edge.u);
        int p2 = findParent(parent, edge.v);

        /*
         如果权值最小的边的两个端点分别隶属于不同的连通分量,则表示加入该权值最小
         的边不会导致环的产生
         */
        if(p1 != p2) {
            //合并两个连通分量
            parent[p2] = p1;
            //记录选中权值最小的边的信息
            result[k++] = new int[] {edge.u, edge.v, edge.weight};
        }
```

```
    }

    return result;

}

/**
用于判断两个连通分量是否为同一连通分量的方法
用到了并查集和路径压缩的思想
 * /
private int findParent(int[] parent, int v) {
    while (parent[v] != v) {
        //路径压缩,使查找更快
        parent[v] = parent[parent[v]];
        v = parent[v];
    }
    return v;
}

}
```

克鲁斯卡尔算法的主要时间开销在于对图中的所有边按照权值进行排序的过程。假设无向带权图 G 中存在 M 条边，如果使用较高效的排序算法或者优先队列等结构实现对图中所有边按照权值的升序排序，则该排序过程的时间复杂度为 $O(M\log M)$。后续对于权值最小的边进行选择、判断选中权值最小的边加入生成树是否构成环及选中权值最小的边加入最小生成树的过程，时间复杂度在最坏的情况下为 $O(M)$。综上所述，克鲁斯卡尔算法的时间复杂度为 $O(M\log M)$。

9.2.3 普里姆算法与克鲁斯卡尔算法的比较

首先在实现思路上虽然两种算法都使用了贪心算法作为核心实现思想，但是二者之间的贪心策略有所不同。普里姆算法的贪心策略是将当前距离最大连通分量最近的点纳入最大连通分量当中，直到图中只剩余一个连通分量为止；克鲁斯卡尔算法的贪心策略是选择图中权值最小且两端点分属于不同连通分量的边加入最小生成树当中，直到所有节点共同隶属于同一连通分量为止。

下面用一种比较形象的方式对上述两种贪心策略进行解释。普里姆算法的贪心策略类似于中国春秋战国时期秦灭六国所采用的方式：远交近攻、步步蚕食。直到秦国周边所有的国家都被吞并为止，秦国统一六国的过程最终结束。克鲁斯卡尔算法的贪心策略则类似于中世纪的欧洲，每个小国家都各自为战，同时选择距离自己最近的对手进行吞并，直到最后剩下的两个最大的国家一决胜负，完成合并，最终统一为一个最大的国家。

在时间复杂度方面，普里姆算法的时间复杂度为 $O(N^2)$ 或者 $O(N\log N)$，其中 N 表示无向带权图中节点的数量；克鲁斯卡尔算法的时间复杂度为 $O(M\log M)$，其中 M 表示无向带权图中边的数量。由此可见，普里姆算法的时间复杂度只与无向带权图中节点的数量相关而与边的数量无关，所以普里姆算法更适合于处理边比较稠密的无向带权图，而克鲁斯卡尔算法的时间复杂度则只与无向带权图中边的数量相关而与节点的数量无关，所以克鲁斯卡尔算法更适合于处理边比较稀疏的无向带权图。

虽然在实现思路与适用场景方面普里姆算法与克鲁斯卡尔算法之间存在差异性，但是在针对同一无向带权图计算最小生成树时这两种算法的结果是可以相互验证的，即使这个无向带权图的最小生成树结构不唯一，通过两种算法分别得到的最小生成树结构的权值总和也一定是相同的。

9.3　有向带权图的最短路径问题

有向带权图的最短路径问题在地图导航、路径规划等方面都有着广泛的应用。

有向带权图的最短路径问题又可以详细地分为单源最短路径问题和多源最短路径问题，其中单源最短路径问题是指以有向带权图中的一个节点为起点计算从该起点出发抵达其他节点的最短路径及最短路径权值和的问题，而多源最短路径问题指的是分别以有向带权图中的各个节点为起点，分别计算从某一起点出发抵达其他节点的最短路径及最短路径权值和的问题。

有向带权图的单源最短路径问题可以通过迪杰斯特拉(Dijkstra)算法进行实现，而有向带权图的多源最短路径问题可以通过弗洛伊德(Floyd)算法进行实现。这两种算法都体现了动态规划算法的核心思想。下面开始对这两种算法的具体内容进行讲解。

9.3.1　迪杰斯特拉算法求解有向带权图的单源最短路径

迪杰斯特拉算法由计算机科学家 Edsger W.Dijkstra 于 1956 年提出。算法的核心思想是维护两个由图中节点构成的集合，分别定义“已确定最短路径的节点集”和“未确定最短路径的节点集”。算法每执行一轮都从未确定最短路径的节点集中取出一个距离起点最近的节点纳入已确定最短路径的节点集当中，并根据这个选中节点指出的所有弧更新从起点节点开始途径这个选中节点抵达其他节点的最短路径及最短路径边权和。

给定一个包含 $n(n>0)$ 个节点有向带权图 G，对于图 G 执行迪杰斯特拉算法的步骤如下。

步骤 1：初始化状态下的图 G 中，除起点节点外其余全部节点均处于未确定最短路径的状态，相当于从起点节点到达其他节点的最短路径均未知，边权和无穷大。

步骤 2：在未确定最短路径的节点集中选出一个节点 node(初始状态下 node 为起点节点)，使从起点节点到达节点 node 的路径边权和最小(初始状态下从起点到自己的边权和为 0)，将该节点纳入已确定最短路径的节点集。

步骤 3：根据节点 node 的所有指出弧，计算从起点节点出发途径节点 node 到达 node

所有相邻节点的路径边权和，计算方式如下：起点节点到达 node 相邻节点的边权和＝起点节点到达 node 节点的边权和＋node 节点到达相邻节点的边权。

步骤 4：如果步骤 3 的计算结果小于已知的从起点节点到达 node 某一相邻节点的边权和（找到了一条从起点节点到达某一相邻节点的更短路径），则将其更新为上述运算结果，同时更新起点节点到达 node 这一相邻节点的路径。特殊的情况，如果在更新前起点节点到达 node 某一相邻节点的边权和为无穷大，更新后相当于建立起从起点节点出发途径 node 节点到达这一相邻节点的一条路径（这条路径可能尚且不是最短路径）。

步骤 5：重复执行步骤 2～4，直到所有节点均已纳入已确定最短路径的节点集为止，算法结束。

迪杰斯特拉算法的执行流程如图 9-17 所示。

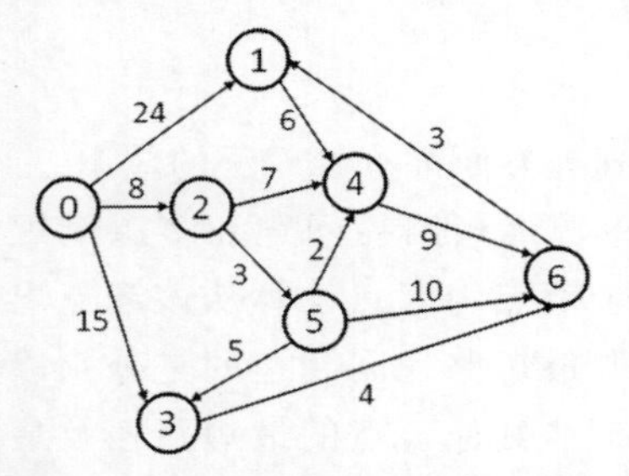

节点编号	0	1	2	3	4	5	6	已确定最短距离点集
最短路径								
最短距离								

(a) 原始有向带权图G

节点编号	0	1	2	3	4	5	6	已确定最短距离点集
最短路径	0	01	02	03				
最短距离	0	24	8	15				0

(b) 选取点0

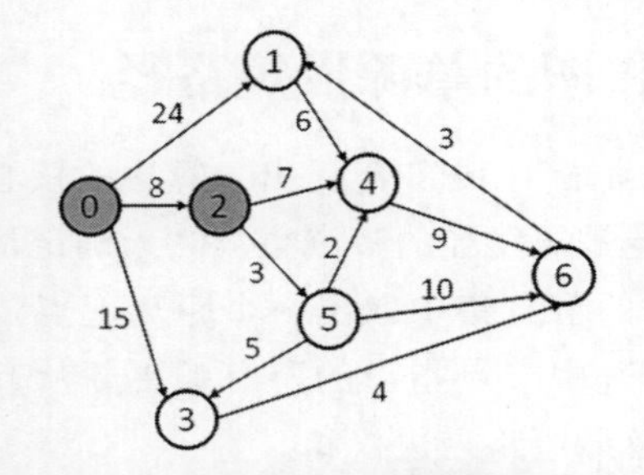

节点编号	0	1	2	3	4	5	6	已确定最短距离点集
最短路径	-	01	02	03	024	025		
最短距离	-	24	8	15	15	11		0,2

(c) 选取点2

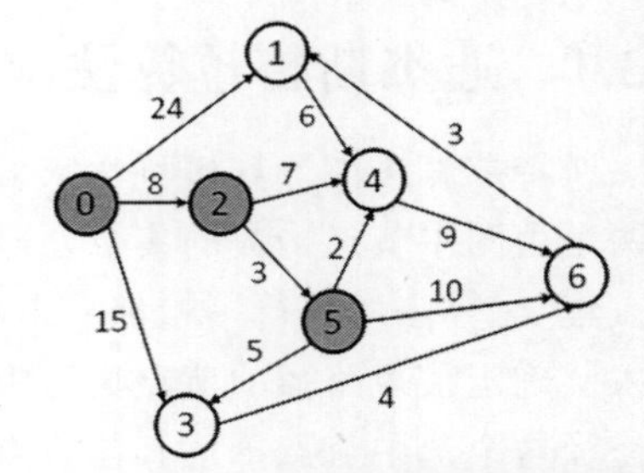

节点编号	0	1	2	3	4	5	6	已确定最短距离点集
最短路径	-	01	02	03	0254	025	0256	
最短距离	-	24	8	15	13	11	21	0,2,5

(d) 选取点5

图 9-17 迪杰斯特拉算法的执行流程

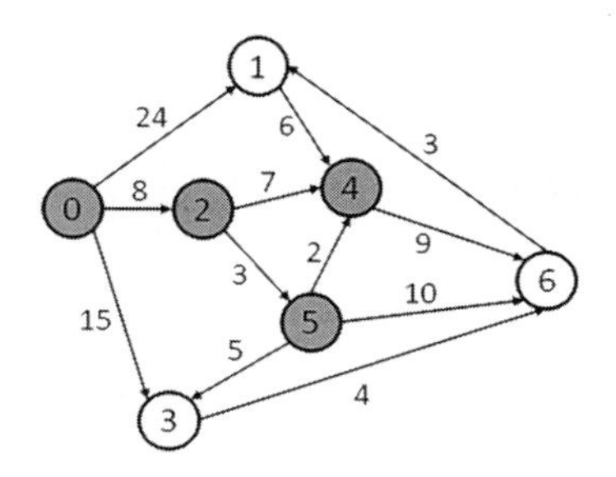

节点编号	0	1	2	3	4	5	6	已确定最短距离点集
最短路径	-	01	02	03	0254	025	0256	
最短距离	-	24	8	15	13	11	21	0,2,5,4

(e) 选取点4

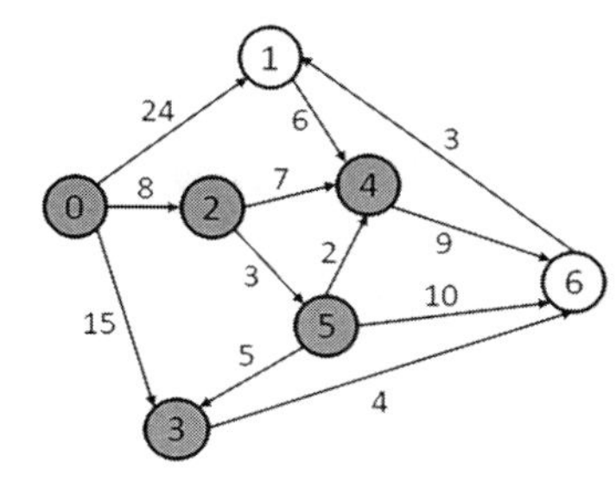

节点编号	0	1	2	3	4	5	6	已确定最短距离点集
最短路径	-	01	02	03	0254	025	036	
最短距离	-	24	8	15	13	11	19	0,2,5,4,3

(f) 选取点3

节点编号	0	1	2	3	4	5	6	已确定最短距离点集
最短路径	-	0361	02	03	0254	025	036	
最短距离	-	22	8	15	13	11	19	0,2,5,4,3,6

(g) 选取点6

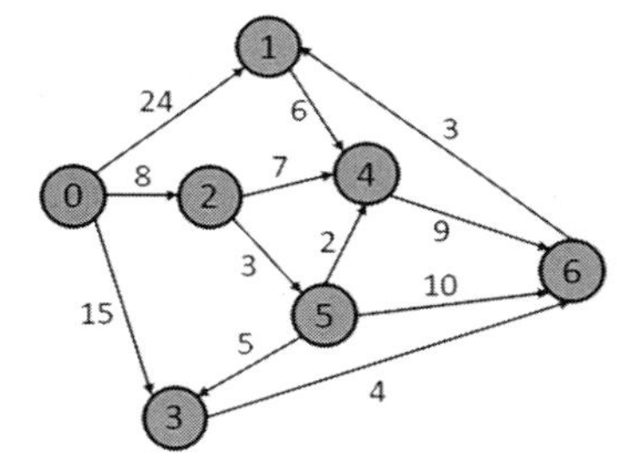

节点编号	0	1	2	3	4	5	6	已确定最短距离点集
最短路径	-	0361	02	03	0254	025	036	
最短距离	-	22	8	15	13	11	19	0,2,5,4,3,6,1

(h) 选取点1

图 9-17 （续）

迪杰斯特拉算法实现，代码如下：

```
/**
 Chapter9_Graph
 com.ds.graph
 ShortestPath.java
 有向带权图的最短路径
 */
public class ShortestPath {

    //用于标记两节点之间不存在弧时边权的静态全局变量
    private static final int N = 10000000;

    //用于保存最短路径信息的路径类型内部类
    public static class Path {
        public int dist;                        //起点到当前节点的最短距离
        public List<Integer> path;              //起点到当前节点的最短路径
```

```
        public Path(int dist, List<Integer> path) {
            this.dist = dist;
            this.path = path;
        }
    }

    /*
    迪杰斯特拉算法
    graph 为有向带权图的邻接矩阵表示,src 为有向带权图起点节点的编号
     */
    public Path[] dijkstra(int[][] graph, int src) {

        int nodeCount = graph.length;

        //记录起点到每个点的最短路径长度
        int[] dist = new int[nodeCount];
        //记录每个点是否已确定最短路径(已确定最短路径的节点集)
        boolean[] visited = new boolean[nodeCount];
        //记录到每个节点最短路径的前驱节点
        int[] parent = new int[nodeCount];

        //初始化 dist、visited 和 parent 数组
        Arrays.fill(dist, N);
        Arrays.fill(visited, false);
        Arrays.fill(parent, -1);

        //起点到自己的距离为 0
        dist[src] = 0;

        //执行 n-1 次,因为第 1 次执行已经包含了起点
        for (int i = 0; i < nodeCount-1; i++) {

            //选取 dist 最小的未确定的最短路径的节点
            int minIndex = -1;
            int minDist = N;

            for (int j = 0; j < nodeCount; j++) {
                if (!visited[j] && dist[j] < minDist) {
                    minIndex = j;
                    minDist = dist[j];
                }
            }

            //将该节点标记为已确定最短路径
            visited[minIndex] = true;

            //更新与该节点相邻的节点的 dist 值和抵达该节点的前驱节点编号
            for (int k = 0; k < nodeCount; k++) {
```

```
                if (!visited[k] && graph[minIndex][k] != N) {
                    int newDist = dist[minIndex] + graph[minIndex][k];
                    if (newDist < dist[k]) {
                        dist[k] = newDist;
                        parent[k] = minIndex;
                    }
                }
            }
        }

        //封装起点到每个节点的最短路径信息
        Path[] result = new Path[nodeCount];
        for (int i = 0; i < nodeCount; i++) {
            List<Integer> path = new LinkedList<>();
            int node = i;
            while (node != -1) {
                path.add(0, node);
                node = parent[node];
            }
            result[i] = new Path(dist[i], path);
        }

        return result;
    }

}
```

在存在 N 个节点、M 条弧的有向带权图中迪杰斯特拉算法的最坏时间复杂度为 $O(N^2)$，此时图中弧的数量 $M=N(N-1)$，即相当于扫描图中的所有弧找出从起点节点到达其他节点的最短路径，但是在常规情况下有向带权图中弧的数量都不会达到 $N(N-1)$ 规模，所以一般情况下迪杰斯特拉算法的时间复杂度都是小于 $O(N^2)$ 的。当然，如果使用优先队列等数据结构来优化算法，则可以将算法时间复杂度降至 $O(M+N\log N)$ 级别，但是在实际应用中如果图的规模比较小，则常规版本迪杰斯特拉算法的效率就已经能够满足使用需求。

9.3.2 弗洛伊德算法求解有向带权图的多源最短路径

弗洛伊德算法是由 Robert Floyd 于 1962 年提出的，是用于求解有向带权图多源最短路径的一种算法。因为在同一时期 Bernard Roy 和 Stephen Warshall 也分别独立提出类似的算法，所以这个算法有时也被称为 Floyd-Warshall 算法、Roy-Warshall 算法或者 Roy-Floyd 算法。

弗洛伊德算法是一种动态规划算法。它的核心思想是向图中依次插入各个节点，并判断以插入节点为中转能否构建出图中任意两个相异节点之间的更短路径，因此弗洛伊德算法也被称为“插点法”。可以做出反向理解的是，如果从图中节点 A 到节点 B 的最短路径上允许经过节点C，则从节点A到节点C及从节点C到节点B的路径必定也是两节点之间的最短路径。基于这个思想，弗洛伊德算法通过维护每对节点间的最短路径长度和中转路径，可以逐步确定从任意节点到其他节点的最短路径，并且最为经典的是弗洛伊德算法仅需要使用5～6行代码即可实现其算法核心。

给定一个包含$n(n>0)$个节点有向带权图G，对于图G执行弗洛伊德算法的步骤如下。

步骤1：初始化状态下的图G中，全部节点均处于未确定最短路径的状态，相当于从任意节点到达其他节点的最短路径均未知，边权和无穷大。

步骤2：创建用于记录从图G中任意节点i出发抵达其他节点j最短路径距离的矩阵dist及记录该最短路径上终点节点的前驱节点的矩阵prev。最短距离矩阵dist的初始状态与图G的邻接表相一致。初始状态下，若编号为i与j的两节点之间同时满足$i \neq j$且从i到j存在直接弧这两个条件，则将prev[i][j]的取值记为i，即表示在初始状态下从i节点出发抵达j节点的路径上终点节点j的前驱节点为出发节点i，其余情况下将prev[i][j]记为-1，即表示i和j两节点相同或在初始状态下不存在从i节点到j节点的直接弧。

步骤3：选中图G中的一个节点，按照其在图G中的编号记为节点k。判断从某一节点i出发经过节点k中转是否可以缩减抵达另一节点j的路径长度(边权和)。如果可以缩短路径长度，则将图中i和j两点之间的最短路径长度dist[i][j]更新为dist[i][j]=dist[i][k]+dist[k][j]，并更新从节点i抵达节点j的最短路径上终点j的前驱节点为k到j路径上节点j的前驱节点，即prev[i][j]=prev[k][j]。对prev[i][j]取值的修改相当于将原来i和j节点之间的路径切换为从i节点出发途径k节点中转，从而抵达j节点的一条最短路径。关于这一操作的详细理解方式将在后文中进行说明。

步骤4：按照节点在图G中的编号顺序逐对节点重复执行步骤3，直至图中所有的节点对均扫描完毕为止。

步骤5：按照节点在图G中的编号顺序将图中节点逐个作为中转节点k重复执行步骤3～4，直至图中所有节点完成上述操作为止，算法结束。

弗洛伊德算法实现，代码如下：

```
/**
 Chapter9_Graph
 com.ds.graph
 ShortestPath.java
 有向带权图的最短路径
  * /
public class ShortestPath {

    //用于标记两节点之间不存在弧时边权的静态全局变量
    private static final int N = 10000000;

    //用于保存最短路径信息的路径类型内部类
```

```
public static class Path {
    public int dist;                          //起点到当前节点的最短距离
    public List<Integer> path;                //起点到当前节点的最短路径

    public Path(int dist, List<Integer> path) {
        this.dist = dist;
        this.path = path;
    }
}

//弗洛伊德算法
public Path[][] floyd(int[][] graph) {

    int nodeCount = graph.length;

    //保存两点之间最短路径距离的数组
    int[][] dist = new int[nodeCount][nodeCount];
    //保存两点之间中转前驱节点的数组
    int[][] prev = new int[nodeCount][nodeCount];

    //对两个数组进行初始化
    for (int i = 0; i < nodeCount; i++) {
        for (int j = 0; j < nodeCount; j++) {
            dist[i][j] = graph[i][j];
            if(i != j && graph[i][j] != N) {
                prev[i][j] = i;
            } else {
                prev[i][j] = -1;
            }
        }
    }

    /*
     弗洛伊德算法核心代码
     */

    //最外层循环控制中转节点的选择
    for (int k = 0; k < nodeCount; k++) {
        //内部两层循环控制所有非中转节点对之间最短路径的计算
        for (int i = 0; i < nodeCount; i++) {
            for (int j = 0; j < nodeCount; j++) {
                /*
                 如果途径节点 k 能够缩短节点 i 到节点 j 的距离,则更新 dist[i][j] =
                 dist[i][k] + dist[k][j]
                 同时切换路径,将原有的从节点 i 到节点 j 的路径切换为从节点 i 出发,途
                 径节点 k 抵达节点 j 的路径
                 具体表示方式为 prev[i][j] = prev[k][j]
                 */
                if (dist[i][k] + dist[k][j] < dist[i][j]) {
```

```
                        dist[i][j] = dist[i][k] + dist[k][j];
                        prev[i][j] = prev[k][j];
                    }
                }
            }
        }

        //对运算结果进行收集并返回
        Path[][] result = new Path[nodeCount][nodeCount];

        for(int i = 0; i < nodeCount; i++) {
            for(int j = 0; j < nodeCount; j++) {
                List<Integer> path = new LinkedList<>();
                if(i != j) {
                    int node = j;
                    while(node != -1) {
                        path.add(0, node);
                        node = prev[i][node];
                    }
                }
                result[i][j] = new Path(dist[i][j], path);
            }
        }

        return result;

    }

}
```

弗洛伊德算法的执行流程如图 9-18 所示。

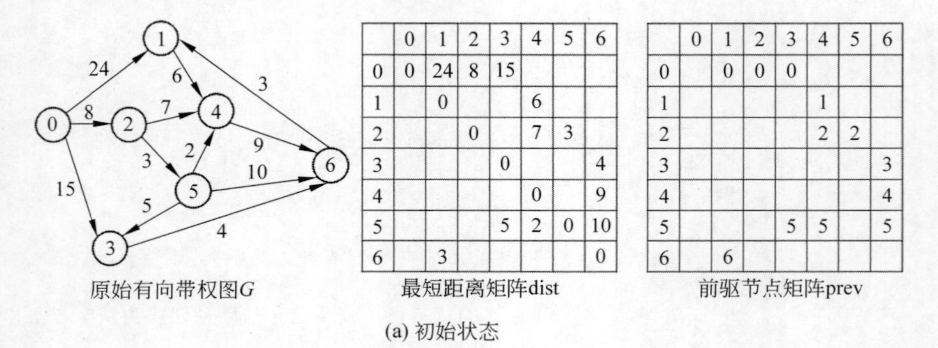

原始有向带权图G

最短距离矩阵dist

	0	1	2	3	4	5	6
0	0	24	8	15			
1		0			6		
2			0		7	3	
3				0			4
4					0		9
5				5	2	0	10
6		3					0

前驱节点矩阵prev

	0	1	2	3	4	5	6
0		0	0	0			
1					1		
2					2	2	
3							3
4							4
5				5	5		5
6		6					

(a) 初始状态

图 9-18　弗洛伊德算法的执行流程

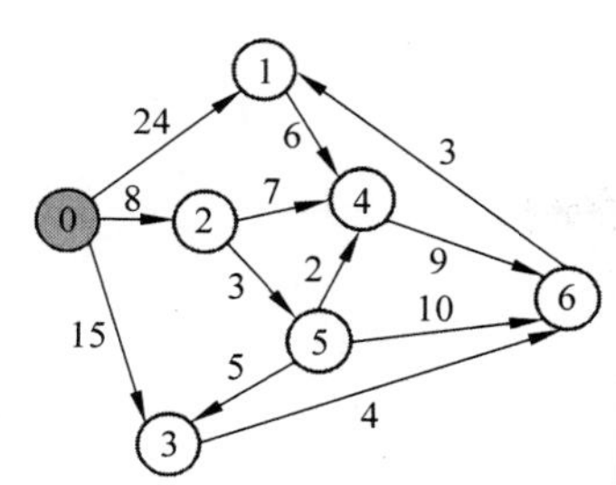

	0	1	2	3	4	5	6
0	0	24	8	15			
1		0			6		
2			0		7	3	
3				0			4
4					0		9
5				5	2	0	10
6		3					0

最短距离矩阵dist

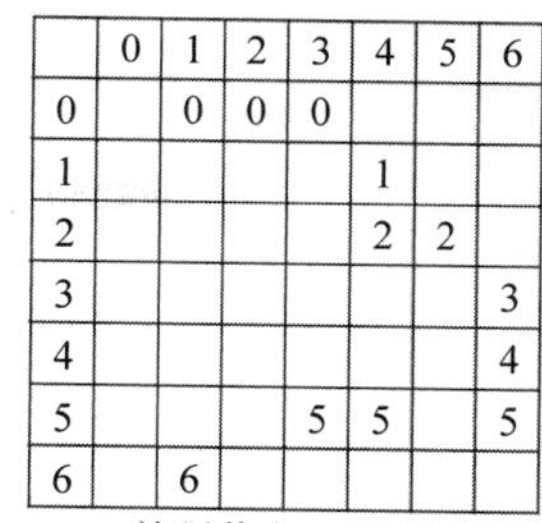

	0	1	2	3	4	5	6
0		0	0	0			
1					1		
2					2	2	
3							3
4							4
5				5	5		5
6		6					

前驱节点矩阵prev

(b) 插入节点0

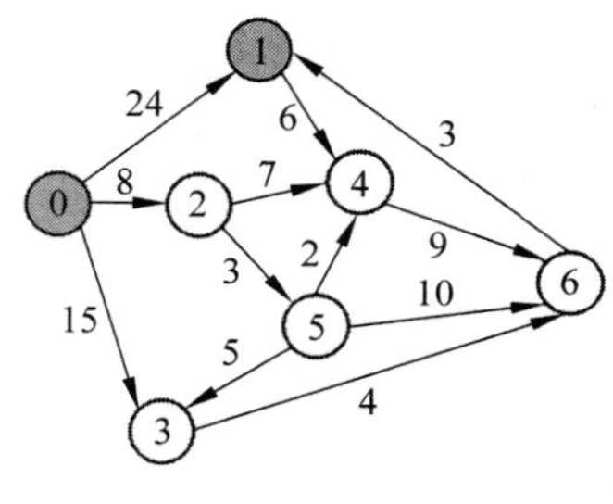

	0	1	2	3	4	5	6
0	0	24	8	15	30		
1		0			6		
2			0		7	3	
3				0			4
4					0		9
5				5	2	0	10
6		3			9		0

最短距离矩阵dist

	0	1	2	3	4	5	6
0		0	0	0	1		
1					1		
2					2	2	
3							3
4							4
5				5	5		5
6		6			1		

前驱节点矩阵prev

(c) 插入节点1

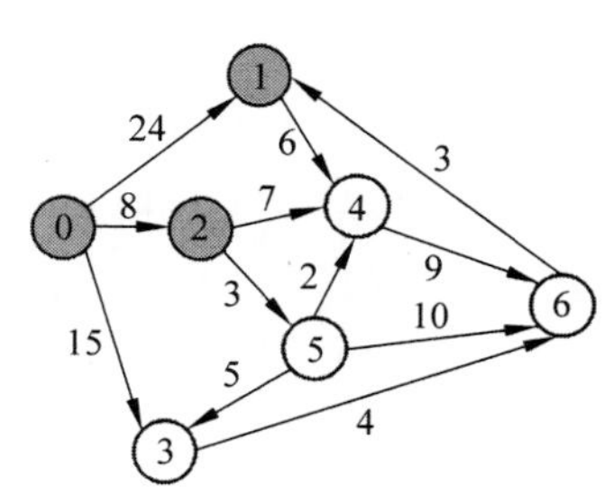

	0	1	2	3	4	5	6
0	0	24	8	15	15	11	
1		0			6		
2			0		7	3	
3				0			4
4					0		9
5				5	2	0	10
6		3			9		0

最短距离矩阵dist

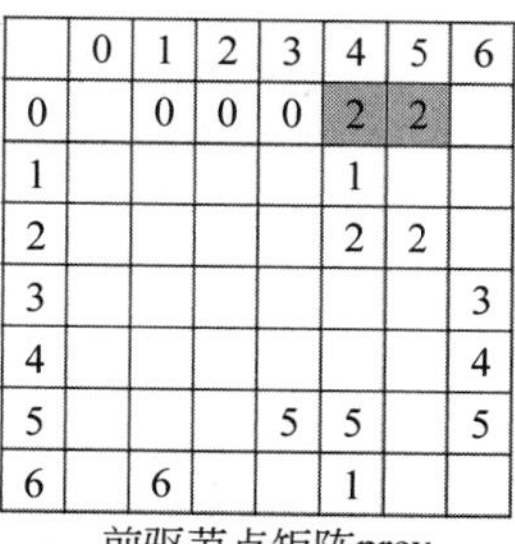

	0	1	2	3	4	5	6
0		0	0	0	2	2	
1					1		
2					2	2	
3							3
4							4
5				5	5		5
6		6			1		

前驱节点矩阵prev

(d) 插入节点2

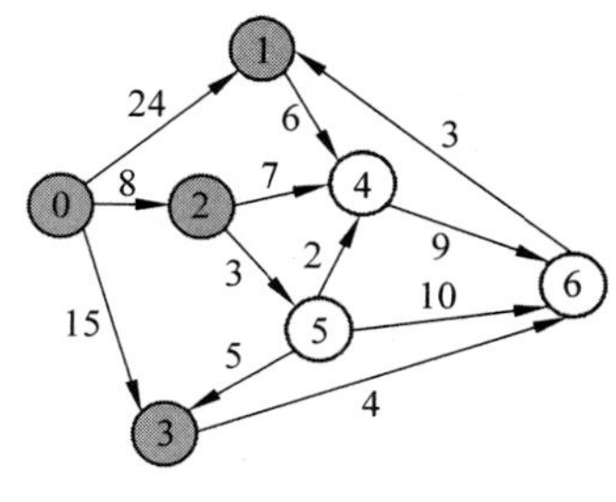

	0	1	2	3	4	5	6
0	0	24	8	15	15	11	19
1		0			6		
2			0		7	3	
3				0			4
4					0		9
5				5	2	0	9
6		3			9		0

最短距离矩阵dist

	0	1	2	3	4	5	6
0		0	0	0	2	2	3
1					1		
2					2	2	
3							3
4							4
5				5	5		3
6		6			1		

前驱节点矩阵prev

(e) 插入节点3

图 9-18 （续）

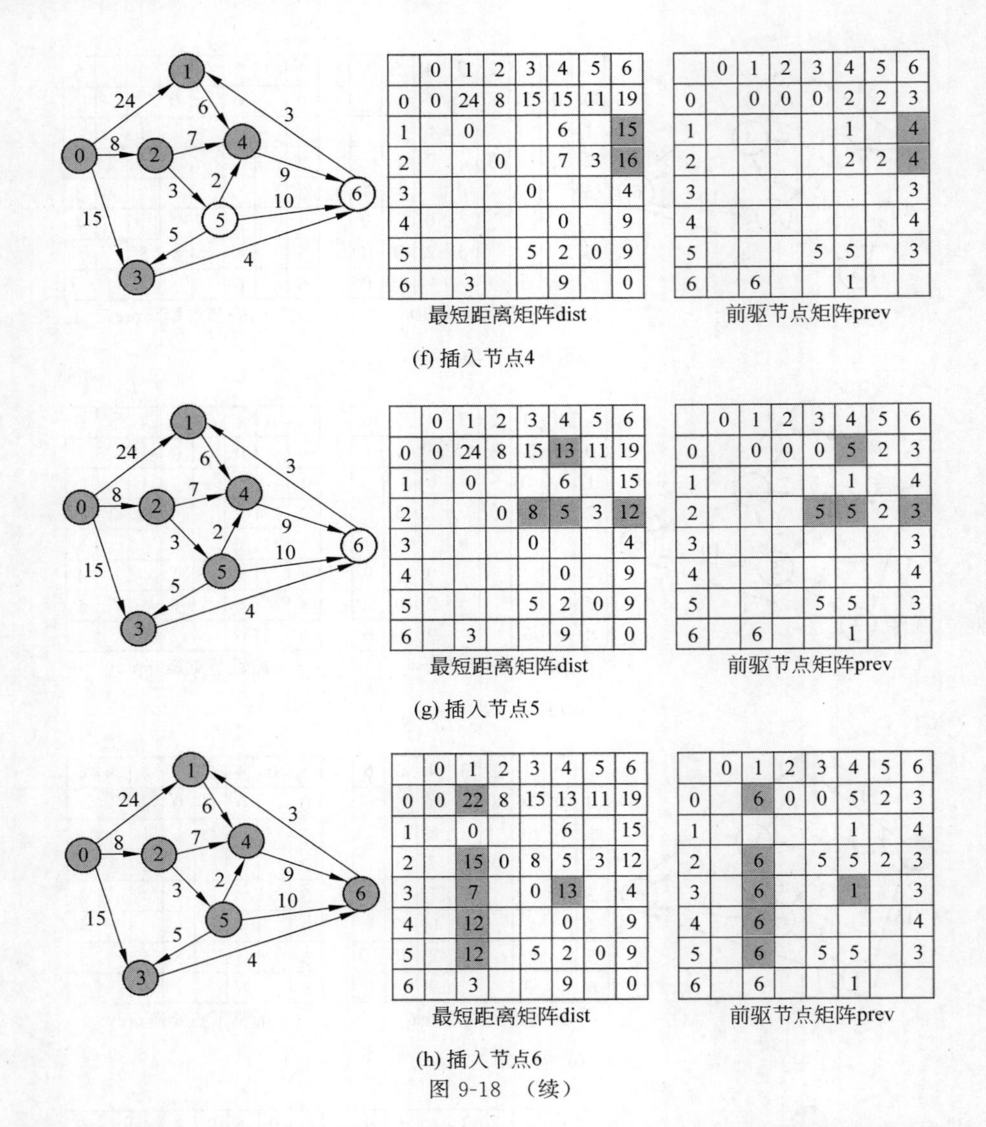

	0	1	2	3	4	5	6
0	0	24	8	15	15	11	19
1		0			6		15
2			0		7	3	16
3				0			4
4					0		9
5				5	2	0	9
6		3			9		0

最短距离矩阵dist

	0	1	2	3	4	5	6
0		0	0	0	2	2	3
1					1		4
2					2	2	4
3							3
4							4
5				5	5		3
6		6			1		

前驱节点矩阵prev

(f) 插入节点4

	0	1	2	3	4	5	6
0	0	24	8	15	13	11	19
1		0			6		15
2			0	8	5	3	12
3				0			4
4					0		9
5				5	2	0	9
6		3			9		0

最短距离矩阵dist

	0	1	2	3	4	5	6
0		0	0	0	5	2	3
1					1		4
2				5	5	2	3
3							3
4							4
5				5	5		3
6		6			1		

前驱节点矩阵prev

(g) 插入节点5

	0	1	2	3	4	5	6
0	0	22	8	15	13	11	19
1		0			6		15
2		15	0	8	5	3	12
3		7		0	13		4
4		12			0		9
5		12		5	2	0	9
6		3			9		0

最短距离矩阵dist

	0	1	2	3	4	5	6
0		6	0	0	5	2	3
1					1		4
2		6		5	5	2	3
3		6			1		3
4		6					4
5		6		5	5		3
6		6			1		

前驱节点矩阵prev

(h) 插入节点6

图 9-18 （续）

注意：在图 9-18 的所有最短距离矩阵 dist 中未填写部分即为无穷大值；所有前驱节点矩阵 prev 中未填写部分即为－1。

弗洛伊德算法执行完毕后，最短距离矩阵 dist 与前驱节点矩阵 prev 的阅读方式如下：例如在图 9-18(h)中，根据 dist[5][1]＝12 的记录可知从编号为 5 的节点出发抵达编号为 1 的节点之间存在路径，并且最短路径的距离为 12。此时根据 prev[5][1]＝6 的记录可知从节点 5 到达节点 1 的最短路径上终点节点 1 的前驱节点为 6，即此时可以确定节点 5 到达节点 1 的最短路径为 5→…→6→1，然后根据 prev[5][6]＝3 的记录可知从节点 5 到达节点 6 的最短路径上终点节点 6 的前驱节点为 3，即此时可以确定从节点 5 到达节点 1 的最短路径为 5→…→3→6→1；以此类推，最终根据 prev[5][3]＝5 且 dist[5][3]＝5 的记录可知从节点 5 可以直接抵达节点 3，即此时可以确定从节点 5 到达节点 1 的最短路径为 5→3→6→1。与此相反，若在前驱节点矩阵 prev 中存在节点对 i 和 j 使 prev[i][j]=−1 且此时在最短距离矩阵 dist 中存在 dist[i][j]为无穷大，则表示从节点 i 出发抵达节点 j 之间不存在路径。

根据上述对弗洛伊德算法中最短距离矩阵 dist 与前驱节点矩阵 prev 阅读方式的说明可以得出在算法执行过程中对 prev 矩阵的修改操作即 prev[i][j]=prev[k][j]一句代码的如下理解，如图 9-19(a)所示，节点 0 与节点 1 之间存在两条路径可以连通，分别为路径 0→2→1 与路径 0→3→5→4→1。在插入节点 5 之前，如图 9-19(b)所示，节点 0 与节点 1 之间只能通过路径 0→2→1 相连通，此时 dist[0][1]=10，prev[0][1]=2，即表示此时从节点 0 到达节点 1 的最短路径采用的是终点节点 1 的前驱节点为节点 2 的这条路径；在插入节点 5 之后，如图 9-19(c)所示，节点 0 与节点 1 之间的最短路径发生了变化，节点 0 通过路径 0→3→5→4→1 到达节点 1 的路径更短，此时 dist[0][1]的取值更新为 8，prev[0][1]的取值更新为 prev[5][1]的取值，即更新为 4，表示此时从节点 0 到达节点 1 的最短路径采用的是终点节点 1 的前驱节点为节点 4 的这条路径，而这条路径必然是以节点 5 为中转的，这也正是 prev[5][1]当中下标 5 所表示的含义。由此可见，在算法运行的过程中所执行的 prev[i][j]=prev[k][j]的操作其本质是在执行插点操作后对节点 i 和 j 之间最短通路路径的切换操作，而切换完毕的结果路径必然是以当前插入的节点为中转的。

上述说明过程如图 9-19 所示。

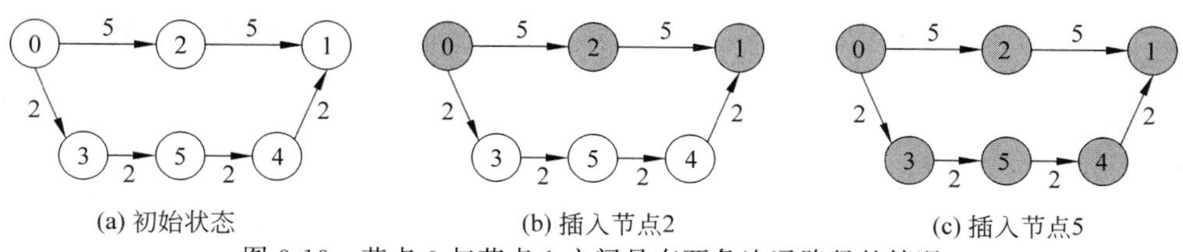

图 9-19 节点 0 与节点 1 之间具有两条连通路径的情况

对存在 N 个节点的有向带权图执行弗洛伊德算法的时间复杂度为 $O(N^3)$，因为在每次向图中纳入一个中转节点时都要扫描图中所有其他的节点进行最短路径的更新操作，这一操作的时间复杂度为 $O(N^2)$，而图中所有的节点都要作为中转节点执行这一步骤，所以弗洛伊德算法的总体时间复杂度为 $O(N^3)$。虽然算法的时间复杂度已经达到了立方级别，但是弗洛伊德算法的代码实现简单，仍旧可以高效地求解有向带权图的多源最短路径问题。

9.4 AOV 网和拓扑排序问题

在讲解 AOV 网与拓扑排序问题之前首先给出一个该问题较为常见的应用场景——课程排布问题。

假设有如表 9-1 所示的多门功课。

表 9-1 课程学习关系表

课程名称	前置课程
线性代数	—
高等数学	—
离散数学	高等数学、线性代数
数据结构	离散数学
算法设计与分析	数据结构
概率论与数理统计	高等数学
编程语言基础	—
Java 语言编程	编程语言基础
Android 操作系统	Java 语言编程、数据结构
数据结构课程设计(Java 语言实现)	数据结构、Java 语言编程
Android 应用开发	Android 操作系统

表 9-1 中的课程之间,除一些基础类课程之外其他课程均需要一些前置课程作为基础。现在需要设计一个算法,能够根据类似于表 9-1 中所提供的课程间的先后学习关系对课程的修习顺序进行排序。这种根据任务之间逻辑顺序先后进行排序的算法就是拓扑排序算法。

拓扑排序算法的实现一般基于 AOV(Activity on Vertex)网结构。AOV 网是一种有向无环图。在 AOV 网中,任务以顶点(Vertex)进行表示,任务之间的先后逻辑关系以一条有向的弧进行指引,顶点之间的弧也被称为活动(Activity)。如果将表 9-1 中所述的课程学习关系列举为一个 AOV 网,则其结构如图 9-20 所示。

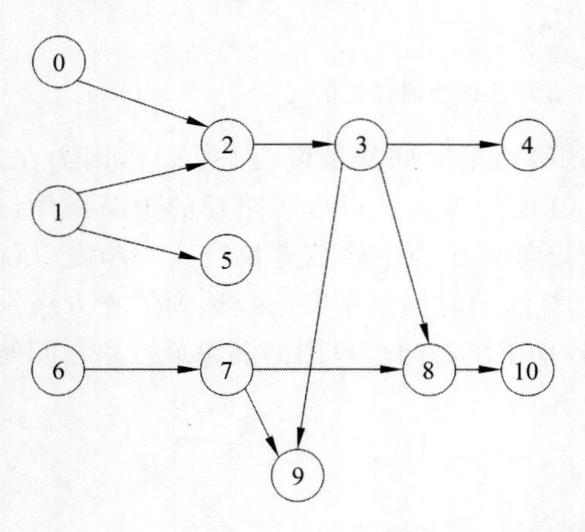

课程编号	课程名称	前置课程
0	线性代数	—
1	高等数学	—
2	离散数学	高等数学、线性代数
3	数据结构	离散数学
4	算法设计与分析	数据结构
5	概率论与数理统计	高等数学
6	编程语言基础	—
7	Java语言编程	编程语言基础
8	Android操作系统	Java语言编程、数据结构
9	数据结构课程设计(Java语言实现)	数据结构、Java语言编程
10	Android应用开发	

图 9-20 表 9-1 课程关系对应的 AOV 网

AOV 网之所以是一种有向无环图,是因为在任务的先后逻辑关系当中不允许出现“指回”的情况。例如任务 B 的开始依赖于任务 A 的结束,任务 C 的开始依赖于任务 B 的结束，如果此时任务 A 的开始依赖于任务 C 的结束就会在逻辑上产生“指回”的情况，此时 ABC 这 3 个任务均无法开始执行。

带有指回的任务关系如图 9-21 所示。

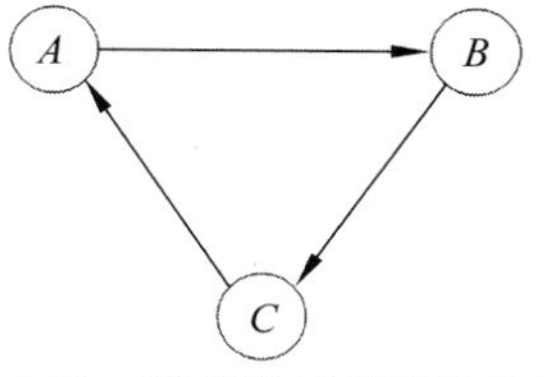

图 9-21　带有指回的任务关系

给定一个包含 $n(n>0)$ 个节点的 AOV 网，对其中节点所表示的任务进行拓扑排序的操作步骤如下。

步骤 1：创建一个用于实现拓扑排序操作的辅助队列结构。

步骤 2：将 AOV 网中所有入度为 0 的节点按照编号加入辅助队列。

步骤 3：将队列头节点出队列并加入拓扑排序结果集当中，同时删除 AOV 网中以队列头节点为起点的所有弧，这些弧的终点节点的入度同时减 1。

步骤 4：重复执行步骤 2 到步骤 3，直到辅助队列为空，算法结束。

基于 AOV 网的拓扑排序算法的执行流程如图 9-22 所示。

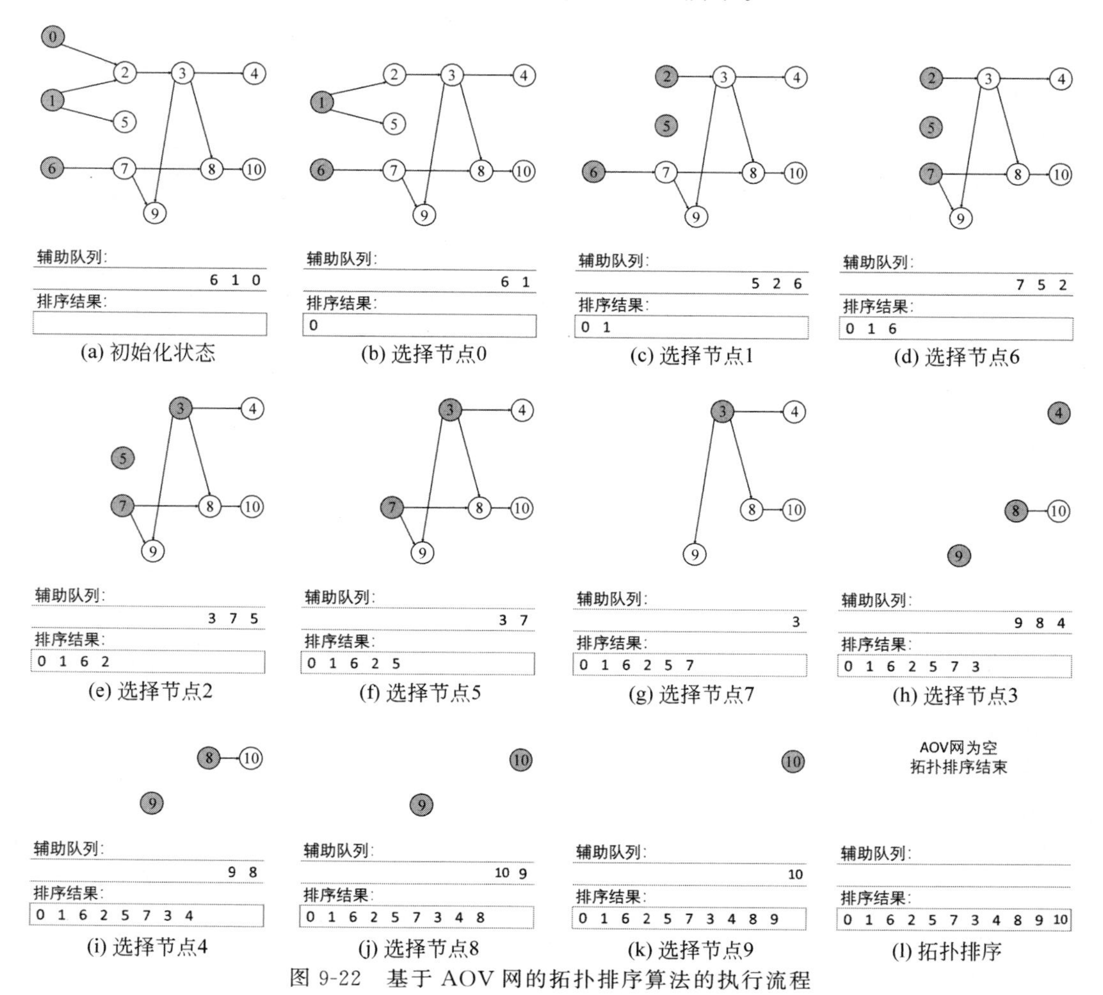

图 9-22　基于 AOV 网的拓扑排序算法的执行流程

基于 AOV 网的拓扑排序算法实现,代码如下:

```
/**
 Chapter9_Graph
 com.ds.graph
 TopologicalSort.java
 基于 AOV 网的拓扑排序算法
 */
public class TopologicalSort {

    //用于表示 AOV 网的邻接表的节点类型内部类
    private static class Node {

        int num;                                //节点编号
        String data;                            //节点数据
        int inDegree;                           //节点入度

        //以当前节点为起点的弧链表的指针域
        Edge edge;

        public Node(int num, String data, int inDegree) {
            this.num = num;
            this.data = data;
            this.inDegree = inDegree;
        }

        public Edge edge(int target) {
            this.edge = new Edge(target);
            return this.edge;
        }

    }

    //用于表示 AOV 网的邻接表的弧类型内部类
    private static class Edge {

        int target;                             //弧终点节点的编号
        Edge next;                              //后继指针域

        public Edge(int target) {
            this.target = target;
        }

        public Edge next(int target) {
            this.next = new Edge(target);
            return this.next;
        }
    }

    //基于 AOV 网的拓扑排序算法代码实现
    public String[] topologicalSort(Node[] aov) {
```

```
        int k = 0;
        String[] result = new String[aov.length];

        //辅助队列结构
        Queue<Node> queue = new LinkedList<>();

        //记录 AOV 网中节点是否被访问过的数组
        boolean[] visited = new boolean[aov.length];

        /*
         为了在算法结束后不改变原有的 AOV 网邻接表结构,使用一个临时数组记录
         排序过程中节点的入度变化并在为该数组初始化时,直接将入度为 0 的节点加入辅助队列
         */
        int[] inDegree = new int[aov.length];
        for(int i = 0; i < aov.length; i++) {
            inDegree[i] = aov[i].inDegree;
            if(aov[i].inDegree == 0) {
                queue.offer(aov[i]);
                visited[i] = true;
            }
        }

        //循环条件为队列不为空
        while(!queue.isEmpty()) {

            //头节点出队列
            Node node = queue.poll();
            result[k++] = "[" + node.num + ", " + node.data + "]";

            //头节点和指向节点的入度均-1
            Edge edge = node.edge;
            while(edge != null) {
                inDegree[edge.target]--;
                edge = edge.next;
            }

            //将入度为 0 且未访问过的节点入队列
            for(int i = 0; i < inDegree.length; i++) {
                if(!visited[i] && inDegree[i] == 0) {
                    queue.offer(aov[i]);
                    visited[i] = true;
                }
            }

        }

        return result;

    }

}
```

在对存在 N 个节点与 M 条弧的 AOV 网执行拓扑排序算法时算法遍历了图中所有的节点和边，所以基于 AOV 的拓扑排序算法的时间复杂度为 $O(N+M)$。因为拓扑排序算法的执行过程与图结构的广度优先遍历算法有相似之处，所以采用邻接表结构能够更好地实现该算法。

9.5 AOE 网和关键路径问题

关键路径问题在工程进度控制和项目流程管理等方面都有着重要的应用。首先给出如图 9-23 所示的某工程的进度流程图。

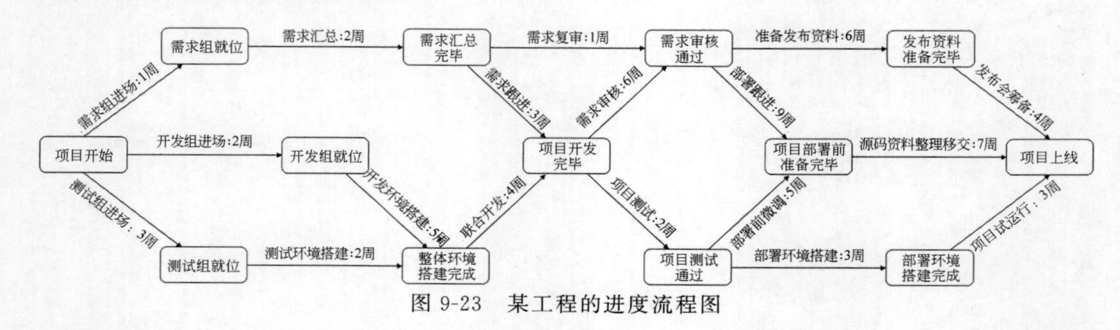

图 9-23　某工程的进度流程图

如果将图 9-23 中的节点与弧进行编号和整理，则图 9-23 可以抽象为如图 9-24 所示的结构。

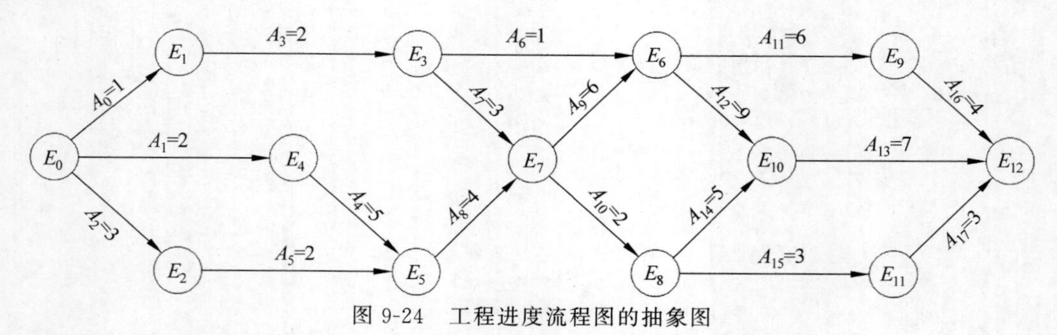

图 9-24　工程进度流程图的抽象图

经过抽象的工程进度流程图就是一个 AOE 网。

在 AOE 网中每个节点表示一个事件(Event)。事件本身没有持续时间长短的概念，也可以认为事件的发生是在一瞬间完成的，但是事件与事件之间具有先后发生的顺序关系，这种关系通过两个事件之间弧的方向进行表示。弧起点上的事件总是先于弧终点上的事件先发生，并且后继事件必须等待所有的前驱事件全部执行完毕后才能发生。

AOE 网中带有权值的弧表示活动(Activity)。活动具有持续时间长短的概念，也可以认为从一个事件发生到导致另一个事件发生之间经过的过程就是活动，而这段持续过程所用的时间就是活动的持续时间，活动的持续时间最终体现为弧的权值。

AOE 网存在一个起点，起点表示的事件先于 AOE 网中的所有其他事件发生，这一起点也被称为始点。AOE 网同样存在一个终点，终点表示的事件晚于 AOE 网中的所有其他事件发生，这一终点也被称为汇点。由 AOE 网中所有事件发生的先后逻辑关系可知 AOE 网与 AOV 相似，都是一种有向无环图结构。

虽然 AOE 网与 AOV 网都属于有向无环图结构，但是二者之间存在一些区别。①AOV 网与 AOE 网节点和弧表示的内容不同。在 AOV 网中节点表示的是任务，弧仅仅用来表示任务之间的先后执行顺序。在 AOE 网中节点表示事件，弧表示活动；②AOV 网与 AOE 网携带的信息不同。AOV 网中的弧没有权值，而节点也不记录任务的执行持续时间。AOE 网中的弧带有权值，表示活动的持续时间；③AOV 网与 AOE 网能够解决的问题也有所不同。AOV 网因为只能通过弧的指向来表示任务执行的先后顺序，所以 AOV 网只适用于拓扑排序操作。在 AOE 网中不仅通过弧表示了活动，并且弧的权值还记录了活动的持续时长，所以可以用来解决关键路径问题。

在 AOE 网表示的工程进度流程当中，某些事件的发生或者活动的执行可早可晚，对于工程的整体进度不会产生决定性影响。相反，工程进度中某些事件或者活动执行的时间早晚则可能直接影响工程的整体进度。如果这些事件或者活动提前发生，则工程的整体进度可能提前；如果这些事件或者活动延后发生，则工程的整体进度可能延后。在 AOE 网中由这些“牵一发而动全身”的事件与活动所构成的路径称为 AOE 网的关键路径。

关键路径算法是用于求解 AOE 网关键路径的算法，并且在算法执行过程中还能够计算出 AOE 网中所有事件、活动的最早、最晚开始时间。下面对基于 AOE 网的关键路径算法的执行流程进行讲解。

给定一个包含 $n(n>1)$ 个事件和 $m(m\geqslant n-1)$ 个活动的 AOE 网，对其中关键路径的求解流程如下。

步骤 1：计算所有事件的最早开始时间。事件的最早开始时间是指在不提前整体工期的前提下任意事件所允许的最早开始时间。AOE 网中编号为 i 事件的最早开始时间的计算方式如式(9-1)所示。

$$\text{EST}[i]=\begin{cases}0 & \text{编号 } i \text{ 的事件为始点事件}\\ \max(\text{EST}[j\rightarrow i]+\text{Activity}[j\rightarrow i]) & \text{编号 } i \text{ 的事件为非始点事件}\end{cases} \tag{9-1}$$

式(9-1)中 $\text{EST}[j\rightarrow i]$ 表示事件 i 的一个前驱事件的最早开始时间，即节点 i 一个前驱节点的最早开始时间；$\text{Activity}[j\rightarrow i]$ 表示事件 i 与其前驱事件 j 之间活动的权值，即节点 i 以其前驱节点 j 为起点的指入弧的权值。式(9-1)可以理解为①始点事件的最早开始时间必然为 0；②如果一个事件不是始点事件，则其最早开始时间为其全部前驱事件的最早开始时间与以这些前驱事件为起点、指向该事件的弧的边权和中的最大值。

在计算事件的最早开始时间时可以对 AOE 网中的事件按照入度进行顺序拓扑排序，并按照这一拓扑排序结果分别计算每个事件的最早开始时间。

事件最早开始时间的计算方式如图 9-25 所示。

图 9-24 中所有事件(节点)的最早开始时间如表 9-2 所示。

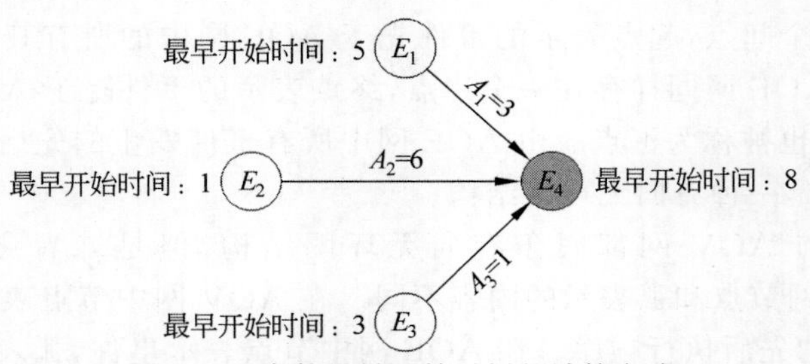

图 9-25 事件最早开始时间的计算方式

表 9-2 图 9-24 中所有事件(节点)的最早开始时间

时 间	节点编号						
	E_0	E_1	E_2	E_3	E_4	E_5	E_6
最早开始时间	0	1	3	3	2	7	17
	E_7	E_8	E_9	E_{10}	E_{11}	E_{12}	
	11	13	23	26	16	33	

步骤 2：计算所有事件的最晚开始时间。事件的最晚开始时间是指在不延后整体工期的前提下任意事件所允许的最晚开始时间。AOE 网中编号为 i 事件的最晚开始时间的计算方式如式(9-2)所示。

$$\mathrm{LST}[i]=\begin{cases}\mathrm{EST}[i] & \text{编号 } i \text{ 的事件为汇点事件}\\ \min(\mathrm{LST}[i\rightarrow j]-\mathrm{Activity}[i\rightarrow j]) & \text{编号 } i \text{ 的事件为非汇点事件}\end{cases} \tag{9-2}$$

式(9-2)中 $\mathrm{LST}[i\rightarrow j]$表示事件 i 的一个后继事件的最晚开始时间，即节点 i 一个后继节点的最晚开始时间；$\mathrm{Activity}[i\rightarrow j]$表示事件 i 与其后继事件 j 之间活动的权值，即节点 i 以其后继节点 j 为终点的指出弧的权值。式(9-2)可以理解为①汇点事件的最晚开始时间与其最早开始时间相等；②如果一个事件不是汇点事件，则其最晚开始时间为其全部后继事件的最晚开始时间与以这些后继事件为终点、从该事件指出的弧的边权差值中的最小值。

在计算事件的最晚开始时间时可以对 AOE 网中的事件按照出度进行逆序拓扑排序，并按照这一拓扑排序结果分别计算每个事件的最晚开始时间。

事件最晚开始时间的计算方式如图 9-26 所示。

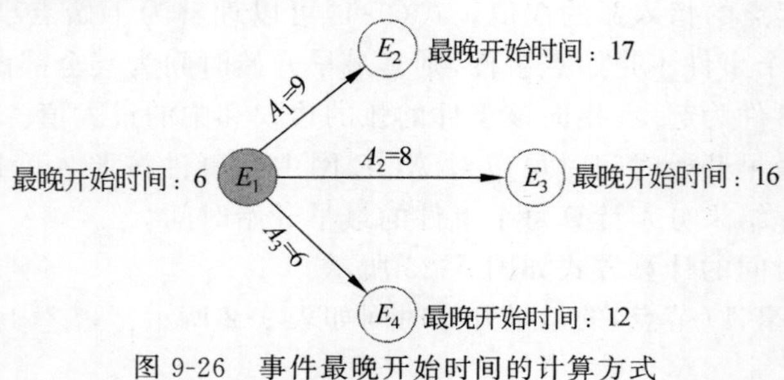

图 9-26 事件最晚开始时间的计算方式

图 9-24 中所有事件(节点)的最晚开始时间如表 9-3 所示。

表 9-3　图 9-24 中所有事件(节点)的最晚开始时间

时　　间	节点编号						
最晚开始时间	E_0	E_1	E_2	E_3	E_4	E_5	E_6
	0	6	5	8	2	7	17
	E_7	E_8	E_9	E_{10}	E_{11}	E_{12}	
	11	21	29	26	30	33	

步骤 3：计算所有活动的最早开始时间。AOE 网中活动的最早开始时间等于其起点事件的最早开始时间。

图 9-24 中所有活动(弧)的最早开始时间如表 9-4 所示。

表 9-4　图 9-24 中所有活动(弧)的最早开始时间

时　　间	弧编号					
最早开始时间	A_0	A_1	A_2	A_3	A_4	A_5
	0	0	0	1	2	3
	A_6	A_7	A_8	A_9	A_{10}	A_{11}
	3	3	7	11	11	17
	A_{12}	A_{13}	A_{14}	A_{15}	A_{16}	A_{17}
	17	26	13	13	23	16

步骤 4：计算所有活动的最晚开始时间。AOE 网中活动的最晚开始时间等于其终点事件的最晚开始时间减去活动所对应弧的权值。

图 9-24 中所有活动(弧)的最晚开始时间如表 9-5 所示。

表 9-5　图 9-24 中所有活动(弧)的最晚开始时间

时　　间	弧编号					
最晚开始时间	A_0	A_1	A_2	A_3	A_4	A_5
	5	0	2	6	2	5
	A_6	A_7	A_8	A_9	A_{10}	A_{11}
	16	8	7	11	19	23
	A_{12}	A_{13}	A_{14}	A_{15}	A_{16}	A_{17}
	17	26	21	27	29	30

步骤 5：查找关键活动。在 AOE 网中最早开始时间与最晚开始时间相等的活动就是

关键活动。

步骤 6：构建关键路径。由 AOE 网中所有关键活动及其起点事件、终点事件所串联起来的一条由始点通向汇点的路径即为当前 AOE 网的关键路径。

如图 9-24 所示的 AOE 网的关键路径如图 9-27 所示。

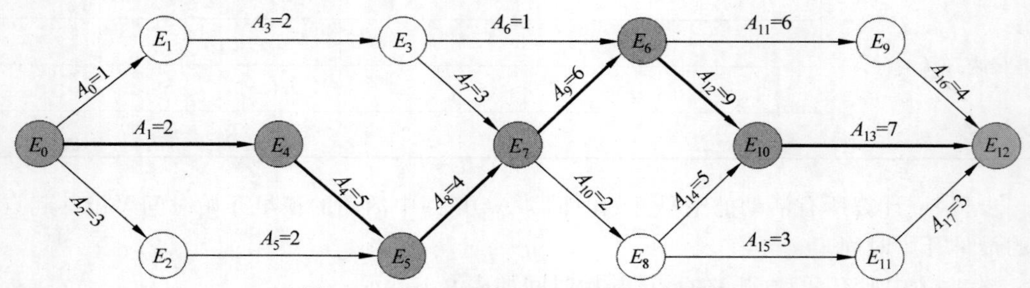

图 9-27　图 9-24 所示 AOE 网的关键路径

AOE 网的关键路径存在如下特点：①关键路径以 AOE 网的始点为起点、以 AOE 网的汇点为终点；②AOE 网的关键路径是 AOE 网中所有从始点通向汇点的路径中弧权值和最大的一条路径；③AOE 网的关键路径可能是不唯一的，但是同一个 AOE 网所有关键路径的弧权值和一定是相同的。

注意：基于 AOE 网的关键路径算法的代码实现内容较多，考虑到章节篇幅在此不进行代码示例的粘贴。完整的示例代码可以在本书配套的源码中进行查找。

基于 AOE 网的关键路径算法的时间复杂度可以认为是 $O(N+M)$，其中 N 表示 AOE 网中的事件（节点）的数量，M 表示 AOE 网中的活动（弧）的数量。关键路径算法的核心是计算每个活动的最早开始时间和最晚开始时间，因此算法的时间复杂度主要取决于计算这些时间的效率。在计算事件的最早开始时间之前首先要对 AOE 网中的所有节点按照入度进行拓扑排序，这一过程的时间复杂度为 $O(N+M)$。对于一个节点来讲，它的最早开始时间可以通过计算它所有前驱节点的最早开始时间和该节点所对应的活动权值之和来求解，需要遍历该节点的所有前驱节点和它们的出边，所以在计算所有节点的最早开始时间的这一过程中相当于遍历了 AOE 网中的所有边，因此这一过程的时间复杂度为 $O(M)$。综上所述，计算 AOE 网中所有事件（节点）最早开始时间的时间复杂度为 $O(N+M)+O(M)$。因为计算 AOE 网中所有事件（节点）最晚开始时间的过程与计算所有事件（节点）最早开始时间的过程是对称的，所以这一过程的时间复杂度同样为 $O(N+M)+O(M)$。因为在计算所有活动（弧）的最早、最晚开始时间及构建关键路径的过程中又相当于对 AOE 网中的所有边进行了 3 次遍历，所以这两步骤的总时间复杂度为 $3\times O(M)$。综上所述，基于 AOE 网的关键路径算法总的时间复杂度近似于 $2\times(O(N+M)+O(M))+3\times O(M)=O(N+M)$。

参考文献

[1] Yehoshua Perl,Alon Itai,Haim Avni. Interpolation search—a log logN search[J]. Communications of the ACM,1978,21(7):550-553.

[2] Zvi Galil, On Improving the Worst Case Running Time of the Boyer-Moore String Matching Algorithm[J]. Communications of the ACM,1979,22(9):505-508.

[3] 潘冠桦,张兴忠. Sunday算法效率分析[J]. 计算机应用,2012, 32(11):3082-3088.

[4] Thomas H.Cormen,Charles E.Leiserson,Ronald L.Rivest,et al. 算法导论(原书第3版)[M]. 殷建平,徐云,王刚,等译. 北京:机械工业出版社,2009.

[5] 严蔚敏,吴伟民. 数据结构(C语言版)[M]. 北京:清华大学出版社,2007.

[6] 拉弗. Java数据结构和算法[M]. 计晓云, 译. 2版. 北京:中国电力出版社,2004.

[7] 马克·艾伦·维斯. 数据结构与算法分析:Java语言描述[M]. 陈越, 译. 北京:机械工业出版社,2016.

图书推荐

书　　名	作　　者
仓颉语言实战(微课视频版)	张磊
仓颉语言核心编程——入门、进阶与实战	徐礼文
仓颉语言程序设计	董昱
仓颉程序设计语言	刘安战
仓颉语言元编程	张磊
仓颉语言极速入门——UI全场景实战	张云波
HarmonyOS移动应用开发(ArkTS版)	刘安战、余雨萍、陈争艳 等
公有云安全实践(AWS版·微课视频版)	陈涛、陈庭暄
虚拟化KVM极速入门	陈涛
虚拟化KVM进阶实践	陈涛
移动GIS开发与应用——基于ArcGIS Maps SDK for Kotlin	董昱
Vue+Spring Boot前后端分离开发实战(第2版·微课视频版)	贾志杰
前端工程化——体系架构与基础建设(微课视频版)	李恒谦
TypeScript框架开发实践(微课视频版)	曾振中
精讲MySQL复杂查询	张方兴
Kubernetes API Server源码分析与扩展开发(微课视频版)	张海龙
编译器之旅——打造自己的编程语言(微课视频版)	于东亮
全栈接口自动化测试实践	胡胜强、单镜石、李睿
Spring Boot+Vue.js+uni-app全栈开发	夏运虎、姚晓峰
Selenium 3自动化测试——从Python基础到框架封装实战(微课视频版)	栗任龙
Unity编辑器开发与拓展	张寿昆
跟我一起学uni-app——从零基础到项目上线(微课视频版)	陈斯佳
Python Streamlit从入门到实战——快速构建机器学习和数据科学Web应用(微课视频版)	王鑫
Java项目实战——深入理解大型互联网企业通用技术(基础篇)	廖志伟
Java项目实战——深入理解大型互联网企业通用技术(进阶篇)	廖志伟
深度探索Vue.js——原理剖析与实战应用	张云鹏
前端三剑客——HTML5+CSS3+JavaScript从入门到实战	贾志杰
剑指大前端全栈工程师	贾志杰、史广、赵东彦
JavaScript修炼之路	张云鹏、戚爱斌
Flink原理深入与编程实战——Scala+Java(微课视频版)	辛立伟
Spark原理深入与编程实战(微课视频版)	辛立伟、张帆、张会娟
PySpark原理深入与编程实战(微课视频版)	辛立伟、辛雨桐
HarmonyOS原子化服务卡片原理与实战	李洋
鸿蒙应用程序开发	董昱
HarmonyOS App开发从0到1	张诏添、李凯杰
Android Runtime源码解析	史宁宁
恶意代码逆向分析基础详解	刘晓阳
网络攻防中的匿名链路设计与实现	杨昌家
深度探索Go语言——对象模型与runtime的原理、特性及应用	封幼林
深入理解Go语言	刘丹冰
Spring Boot 3.0开发实战	李西明、陈立为

续表

书　　名	作　　者
全解深度学习——九大核心算法	于浩文
HuggingFace 自然语言处理详解——基于 BERT 中文模型的任务实战	李福林
动手学推荐系统——基于 PyTorch 的算法实现(微课视频版)	於方仁
深度学习——从零基础快速入门到项目实践	文青山
LangChain 与新时代生产力——AI 应用开发之路	陆梦阳、朱剑、孙罗庚、韩中俊
图像识别——深度学习模型理论与实战	于浩文
编程改变生活——用 PySide6/PyQt6 创建 GUI 程序(基础篇·微课视频版)	邢世通
编程改变生活——用 PySide6/PyQt6 创建 GUI 程序(进阶篇·微课视频版)	邢世通
编程改变生活——用 Python 提升你的能力(基础篇·微课视频版)	邢世通
编程改变生活——用 Python 提升你的能力(进阶篇·微课视频版)	邢世通
Python 量化交易实战——使用 vn.py 构建交易系统	欧阳鹏程
Python 从入门到全栈开发	钱超
Python 全栈开发——基础入门	夏正东
Python 全栈开发——高阶编程	夏正东
Python 全栈开发——数据分析	夏正东
Python 编程与科学计算(微课视频版)	李志远、黄化人、姚明菊 等
Python 数据分析实战——从 Excel 轻松入门 Pandas	曾贤志
Python 概率统计	李爽
Python 数据分析从 0 到 1	邓立文、俞心宇、牛瑶
Python 游戏编程项目开发实战	李志远
Java 多线程并发体系实战(微课视频版)	刘宁萌
从数据科学看懂数字化转型——数据如何改变世界	刘通
Dart 语言实战——基于 Flutter 框架的程序开发(第 2 版)	亢少军
Dart 语言实战——基于 Angular 框架的 Web 开发	刘仕文
FFmpeg 入门详解——音视频原理及应用	梅会东
FFmpeg 入门详解——SDK 二次开发与直播美颜原理及应用	梅会东
FFmpeg 入门详解——流媒体直播原理及应用	梅会东
FFmpeg 入门详解——命令行与音视频特效原理及应用	梅会东
FFmpeg 入门详解——音视频流媒体播放器原理及应用	梅会东
FFmpeg 入门详解——视频监控与 ONVIF+GB28181 原理及应用	梅会东
Python 玩转数学问题——轻松学习 NumPy、SciPy 和 Matplotlib	张骞
Pandas 通关实战	黄福星
深入浅出 Power Query M 语言	黄福星
深入浅出 DAX——Excel Power Pivot 和 Power BI 高效数据分析	黄福星
从 Excel 到 Python 数据分析：Pandas、xlwings、openpyxl、Matplotlib 的交互与应用	黄福星
云原生开发实践	高尚衡
云计算管理配置与实战	杨昌家
HarmonyOS 从入门到精通 40 例	戈帅
OpenHarmony 轻量系统从入门到精通 50 例	戈帅
AR Foundation 增强现实开发实战(ARKit 版)	汪祥春
AR Foundation 增强现实开发实战(ARCore 版)	汪祥春